Helmut Koch

Einführung in die klassische Mathematik I

Vom quadratischen Reziprozitätsgesetz
bis zum Uniformisierungssatz

Mit 25 Abbildungen

Springer-Verlag Berlin Heidelberg GmbH

Prof. Dr. habil. Helmut Koch
Karl-Weierstraß-Institut für Mathematik der
Akademie der Wissenschaften der DDR
Mohrenstr. 39
DDR-1080 Berlin

Lizenzausgabe für
Springer-Verlag Berlin Heidelberg New York

Vertriebsrecht für alle sozialistischen Länder:
Akademie-Verlag Berlin, DDR-1086 Berlin

ISBN 978-3-642-64895-3   ISBN 978-3-642-61642-6 (eBook)
DOI 10.1007/978-3-642-61642-6

CIP-Kurztitelaufnahme der Deutschen Bibliothek
Koch, Helmut:
Einführung in die klassische Mathematik / Helmut Koch —
Berlin; Heidelberg; New York; London; Paris; Tokyo:
Springer
1. Vom quadratischen Reziprozitätsgesetz bis zum
Uniformisierungssatz — 1986.

Bindearbeiten: K. Triltsch, Würzburg
2144/3140-543210

Vorwort

Was du ererbt von deinen Vätern hast,
Erwirb es, um es zu besitzen.

GOETHE, Faust I

Dieses Buch wendet sich an jedermann, der über eine zweijährige Hochschulbildung auf dem Gebiet der Mathematik verfügt. Es will dem Leser einen Eindruck von klassischen Ergebnissen der Mathematik vor allem aus dem 19. Jahrhundert und der ersten Hälfte des 20. Jahrhunderts vermitteln.

Der vorgesehene Umfang des Buches schrieb eine Auswahl des Stoffes vor, die, im Einklang mit den mathematischen Neigungen des Verfassers, nach den folgenden Gesichtspunkten durchgeführt wurde: Im Vordergrund stehen Ergebnisse, die von wesentlichem Einfluß auf die Herausbildung der heutigen Mathematik der Strukturen im Sinne von BOURBAKI gewesen sind. Das Strukturdenken in der Mathematik beginnt im 19. Jahrhundert mit GAUSS und GALOIS. Aber von RIEMANN und DEDEKIND leitet sich die weitere Entwicklung der Strukturmathematik im 20. Jahrhundert im engeren Sinne her. Das Werk dieser beiden Mathematiker steht daher im Mittelpunkt des vorliegenden ersten Bandes, der hauptsächlich der Mathematik des 19. Jahrhunderts gewidmet ist. Einen hervorragenden Platz in der heutigen Mathematik nimmt zweifellos die Theorie der Lieschen Gruppen ein. Jedoch fanden die Ideen von LIE erst über ihre weitere Ausarbeitung vor allem durch E. CARTAN den ihnen gebührenden Platz im Gebäude der Mathematik. Diese Theorie wird daher erst im zweiten Band dieses Buches behandelt.

Die Grundidee des Buches besteht darin, Ergebnisse der Mathematik im Geist ihrer Entstehungszeit darzustellen. Die Vorteile einer solchen Darstellung sind neben dem Gewinn der historischen Dimension das direkte Vordringen zum Wesentlichen ohne den Ballast vieler Kapitel an Vorbereitungen, der gewöhnlich moderne Lehrbücher der Mathematik charakterisiert, sowie die direkte Motivierung des Lesers durch die Hauptproblemstellungen in dem jeweils betrachteten historischen Moment, die am Anfang von Kapiteln und teilweise auch von Abschnitten dieses Buches erklärt werden. Die Nachteile einer solchen historischen Darstellung liegen ebenfalls auf der Hand. Die Form der ursprünglichen Darstellung weicht oft so weit von den heutigen mathematischen Denkgewohnheiten ab, daß ein zusätzlicher Aufwand für das Verständnis des Stoffes erforderlich ist, der nur bei historischer Forschung gerechtfertigt erscheint, die in diesem Buch aber nicht beabsichtigt ist. Der Fortschritt in der Mathematik besteht auch in der Vereinfachung ursprünglich kompliziert erscheinender Ergebnisse, indem man sie in den ihnen adäquaten Rahmen stellt (der dann jedoch oft den oben genannten Ballast an Vorbereitungen erfordert). Der Ausweg aus dieser Situation, den wir in diesem Buch gegangen sind, besteht darin, daß wir uns grundsätzlich der heutigen mathematischen Sprache bedienen und an einigen Stellen Beweise zurückstellen, bis sie zu einem später im Buch zu behandelndem historischen Zeitpunkt durch Einbringung wesentlich neuer Ideen die heutige Einfachheit gewonnen haben. Das gilt z. B. für die Galoissche Gleichungstheorie, deren Hauptsätze durch die

Dedekindsche Umformung im Rahmen einer Theorie der Körpererweiterungen ihre heutige Form gefunden haben. Ihre Attraktivität gewinnt die Theorie jedoch durch die Anwendung auf das Problem der Lösung von Gleichungen, die in der ursprünglichen, Galoisschen Form erfolgt. Wir stellen daher zunächst in Kap. 7 die Galoissche Theorie als Gleichungstheorie und dann in Kap. 17 als Körpertheorie dar.

Die Anordnung des Stoffes folgt im allgemeinen der historischen Entwicklung, wobei wir mit Gauss' *„Disquisitiones arithmeticae"* beginnen und mit der *„Idee der Riemannschen Fläche"* von Weyl den ersten Band beschließen. Eine Reihe von Kapiteln wird mit Rückblenden auf die Mathematik des 16. bis 18. Jahrhunderts eröffnet. Insbesondere wurde bei der Arbeit an diesem Buche deutlich, daß alle fundamentalen Fragestellungen der Mathematik des 19. Jahrhunderts (soweit sie hier behandelt werden) bereits von Euler berührt wurden.

Vielfach haben mathematische Ideen bei ihrer Entstehung nicht die genügende Klarheit, die für ihre Darstellung in einem Lehrbuch notwendig ist. In diesem Fall behandeln wir sie erst an der Stelle, wo diese Klarheit erreicht ist. So folgt bei uns die Theorie der Abelschen Integrale (Kap. 12) auf die Einführung des Begriffs der Riemannschen Fläche (Kap. 10). Spätere Vereinfachungen, die sich im Rahmen der ursprünglichen Ideen halten, werden ohne Kommentar eingearbeitet, wie überhaupt die Werke der großen Mathematiker in diesem Buch nur als Leitlinie dienen. Die Hauptsätze und die Beweise einiger Theorien haben schon vor längerer Zeit eine endgültige Form gefunden, die in vielen Lehrbüchern stereotyp wiederholt wird und sich ideenmäßig wenig von der Form ihrer Entstehungszeit unterscheidet. Hierzu gehört z. B. die Theorie der Funktionen endlichen Wachstums (Kap. 26). Wir stellen sie in der üblichen Form dar. Ganz allgemein haben wir nur solche Ergebnisse aufgenommen, deren Form und Beweis als endgültig anzusehen sind. Die wichtigste Ausnahme hiervon bildet der Primzahlsatz (Kap. 27), dessen Formulierung und Beweis auf der Kenntnis der Nullstellen der Riemannschen ζ-Funktion beruht, die gegenwärtig in hohem Maße vorläufigen Charakter hat. Dieser Satz stellt jedoch einen Höhepunkt in der Entwicklung der Mathematik dar, der in diesem Buch nicht fehlen sollte.

Das Buch beabsichtigt keine historische Würdigung der Mathematik des 19. Jahrhunderts als Ganzes. Es wird alles mit Schweigen übergangen, was beim Leser als bekannt vorausgesetzt wird. Hierzu gehören die Cantorsche Mengenlehre, die Entwicklung der „Weierstraßschen Strenge" und anderes, was in der Mathematik des 19. Jahrhunderts aus heutiger Sicht von großer Bedeutung war. Eine solche Würdigung aus unterschiedlichen Blickwinkeln findet sich in den folgenden Werken:

Klein, F., *Die Entwicklung der Mathematik im* 19. *Jahrhundert, Teil I, Springer-Verlag* 1926.

Autorenkollektiv unter Redaktion von A. N. Kolmogorow und A. P. Juschkewitsch, Die Mathematik im 19. Jahrhundert, *Band* I, *Nauka* 1978, *Band* II, *Nauka* 1981, *Band* III in Vorbereitung (russisch).

Autorenkollektiv unter Leitung von J. Dieudonné, *Abrégé d'histoire des mathematiques* 1700—1900, *Band* I, II, *Hermann* 1978.

Ein Teil des mathematischen Rüstzeugs, das beim Leser als bekannt vorausgesetzt wird, haben wir als Erinnerungshilfe am Schluß des Buches in Anhängen zusammengefaßt. Es folgen dann noch Hinweise auf verwendete und weiterführende Literatur. Die Hinweise auf die Orginalliteratur im laufenden Text sollen weniger dazu dienen, den Leser zu deren Lektüre anzuregen, sondern sind als zusätzliche wissenschaftshistorische Information gedacht.

Meine Lehrer H. Reichardt und I. R. Schafarewitsch haben mir in Vorlesungen, Büchern und Gesprächen in starkem Maße das Bild der Mathematik vermittelt, das ich versuche, hier darzustellen. Dafür möchte ich ihnen herzlich danken. Weiter gilt mein Dank vor allem D. Schwarz, der fast das gesamte Manuskript des Buches gründlich durchgearbeitet und zahlreiche Verbesserungen und Berichtigungen veranlaßt hat. Von den weiteren Kollegen, die Teile des Manuskripts gelesen und mir wertvolle Hinweise gegeben haben, nenne ich meine Frau, H. Bothe, E. Krauss, W. Narkiewicz, O. Neumann, H. Pieper und I. Schiemann. Mein Dank gilt auch dem Akademie-Verlag Berlin für seine vorbildliche Betreuung dieser Publikation, besonders Frau G. Reiher, die das Manuskript sorgfältig redigierte, sowie den Kollegen in der Druckerei für ihre gewissenhafte Arbeit.

Helmut Koch

Bezeichnungen

Z Ring der ganzen Zahlen,

Q Körper der rationalen Zahlen,

$I\!R$ Körper der reellen Zahlen,

C Körper der komplexen Zahlen.

Für eine komplexe Zahl $z = x + iy$ bezeichnet $\mathrm{Re}\, z = x$ bzw. $\mathrm{Im}\, z = y$ den Real- bzw. den Imaginärteil von z.

Für einen beliebigen Ring Λ bezeichnet Λ^{+} die additive Gruppe und $\Lambda^{\times}$ die Einheitengruppe von Λ (vgl. Abschn. A 1.1.).

$A := B$ und $B =: A$ bedeuten, daß A durch B definiert wird.

Das Ende eines Beweises ist durch das Zeichen $\square$ gekennzeichnet. Steht $\square$ direkt hinter einem Satz, so ist der Beweis schon vor der Formulierung des Satzes geführt worden, oder der Beweis ist dem Leser als Übungsaufgabe überlassen. Das Zeichen $\boxtimes$ bedeutet, daß der Beweis eines Satzes an späterer Stelle geführt wird, wobei jeweils angegeben wird, wo das geschieht.

Für eine reelle Zahl a ist $[a]$ die größte ganze Zahl $\leq a$.

Für zwei reelle Zahlen a, b mit $a < b$ ist $[a, b] := \{x \in I\!R \mid a \leq x \leq b\}$ bzw. $(a, b) := \{x \in I\!R \mid a < x < b\}$ das abgeschlossene bzw. das offene Intervall zwischen a und b.

Für eine komplexe Zahl $z = x + iy$ ist $\mathrm{Re}\, z = x$ bzw. $\mathrm{Im}\, z = y$ der Real- bzw. der Imaginärteil von z.

log bezeichnet immer den natürlichen Logarithmus. Für eine komplexe Zahl $z = re^{i\varphi}$, $-\pi < \varphi \leq \pi$, bezeichnet $\log z$ im allgemeinen den Hauptwert $\log r + i\varphi$ des Logarithmus.

Die Exponentialfunktion wird häufig mit exp bezeichnet.

Für komplexwertige Funktionen f, g und die reellwertige Funktion $h > 0$ bedeutet

$$f = g + O(h)\,,$$

daß es eine Konstante $c > 0$ mit $|f - g| \leq ch$ gibt.

Inhalt

1. Kongruenzen

1.1.   Einleitung. Gauß' „Disquisitiones arithmeticae"

Als GAUSS 1795 die Göttinger Universität bezog, war er sich noch nicht im klaren
darüber, ob er Philologe oder Mathematiker werden solle. Den Ausschlag für die
Mathematik gab die Entdeckung, daß das regelmäßige Siebzehneck mit Zirkel und
Lineal konstruierbar ist, die er am 29. März 1796, noch im Bette liegend, machte,
nachdem er sich längere Zeit mit der Frage beschäftigt hatte. Diese Entdeckung
beruht auf einer algebraischen Theorie, die er als Anwendung in seine 1799 vollendeten,
lateinisch geschriebenen „*Disquisitiones arithmeticae*" aufnahm. Der Gegenstand der
übrigen Abschnitte dieses Werkes ist die „*höhere Arithmetik*", worunter GAUSS
alle mathematischen Untersuchungen versteht, die es „*mit den ganzen Zahlen zu tun
haben*". Als seine Vorgänger erwähnt GAUSS in seiner Vorrede zu den „*Disquisitiones
arithmeticae*" EUKLID, DIOPHANT, FERMAT, EULER, LAGRANGE und LEGENDRE.

In den ersten drei Abschnitten faßt GAUSS das Wissen seiner Zeit zusammen. Im
vierten Abschnitt beweist er das *quadratische Reziprozitätsgesetz* als erste fundamentale Leistung des Buches. Eine zweite ist die Weiterentwicklung der Theorie der
quadratischen Formen im fünften und bei weitem umfangreichsten Abschnitt. Der
kurze sechste Abschnitt bringt „*verschiedene Anwendungen der vorhergehenden Untersuchungen*". Schließlich handelt der siebente letzte Abschnitt von der Kreisteilung.

Die „*Disquisitiones arithmeticae*" wurden von MASER ins Deutsche übersetzt und
1889 unter dem Titel „*Arithmetische Untersuchungen*" publiziert. Diese Ausgabe liegt
unseren Ausführungen zugrunde. Der Inhalt der ersten drei Abschnitte ist heutzutage größtenteils Bestandteil der algebraischen Grundvorlesungen an Hochschulen.
Wir können uns daher hier mit einigen Andeutungen begnügen. Die Beweise für die
Sätze in den Abschnitten 4 und 5 sind lang und undurchsichtig. Es dauerte bis zum
letzten Drittel des 19. Jahrhunderts, bis DEDEKIND und KRONECKER auf Grund
ihrer Theorien der algebraischen Zahlen zu durchsichtigen Beweisen gelangten
(Abschn. 25.3., Kap. 21). Die Kreisteilung in Abschn. 7 der „*Disquisitiones arithmeticae*" stellen wir ausführlich in Kap. 3 dieses Buches dar. Im vorliegenden Kapitel
behandeln wir die Abschnitte 1 bis 4. Unser Kap. 2 bringt einige Ausführungen zur
Theorie der quadratischen Formen. Die dort abgeleiteten Ergebnisse stammen
hauptsächlich von LAGRANGE (*Recherches d'arithméthique, Nouv, Mém. Acad. roy.
Sci. Belles-Lettres Berlin* 1773, 1775).

1.2.   Einfachste Gesetzmäßigkeiten für Kongruenzen

Zwei ganze Zahlen b, c heißen *kongruent modulo einer natürlichen Zahl a*, wenn a ein
Teiler der Differenz $b - c$ ist. Wir schreiben hierfür

$$b \equiv c \pmod{a}.$$

Mit $b \equiv c \pmod{a}$ und $d \equiv e \pmod{a}$ ist auch $b + d \equiv c + e \pmod{a}$ und $bd = ce$ (mod a), d. h., man rechnet mit Kongruenzen analog wie mit Gleichungen. Bezüglich der Division gilt der folgende

Satz 1. *Für eine natürliche Zahl a und ganze Zahlen b, c ist die Kongruenz*

$$bx \equiv c \pmod{a} \tag{1}$$

genau dann lösbar, wenn der größte gemeinsame Teiler (a, b) von a und b in c aufgeht:
$(a, b) \mid c$.

Beweis. DieLösbarkeit von (1) bedeutet, daß es ganzeZahlen x_1, y_1 mit $bx_1 = c + ay_1$ gibt. Hieraus folgt $(a, b) \mid c$. Umgekehrt sei $(a, b) \mid c$ vorausgesetzt. Dann findet man aus der Darstellung $(a, b) = bx_2 + ay_2$ mit ganzen x_2, y_2 (euklidischer Algorithmus, Abschn. A 1.2.) die Lösung $x = x_2 c / (a, b)$ von (1). $\square$

Zwei Lösungen x_1, x_2 der Kongruenz (1) werden als gleich angesehen, wenn $x_1 \equiv x_2$ (mod a). Wie man leicht sieht, ist die Lösung von (1) in diesem Sinne eindeutig, wenn $(a, b) = 1$ ist.

Bezüglich paarweise teilerfremder natürlicher Zahlen $a_1, \ldots, a_s$ gilt der heute als *Chinesischer Restklassensatz* bezeichnete

Satz 2. *Sind $b_1, \ldots, b_s$ beliebige ganze Zahlen und $a = a_1 \ldots a_s$, so gibt es eine ganze Zahl b mit*

$$b \equiv b_i \pmod{a_i} \quad \text{für} \quad i = 1, \ldots, s \,. \tag{2}$$

b ist modulo a eindeutig bestimmt.

In der Sprache der heutigen Algebra ordnet sich Satz 2 dem folgenden Sachverhalt unter.

Das Rechnen mit Kongruenzen modulo a ist gleichbedeutend mit dem Rechnen im Restklassenring Z/aZ (für $aZ := \{ax \mid x \in Z\}$ schreibt man häufig auch (a): das von a erzeugte Hauptideal).

Satz 2'. *Die Zuordnung $\psi: b + aZ \to (b + a_1 Z, \ldots, b + a_s Z)$ definiert einen Ringisomorphismus von Z/aZ auf die direkte Summe $Z/a_1 Z + \ldots + Z/a_s Z$.*

Beweis. ψ ist offensichtlich ein Homomorphismus von Ringen, und der Kern von ψ besteht nur aus der Nullklasse aZ. Daher ist ψ injektiv. Da ψ eine Abbildung endlicher Ringe mit der gleichen Anzahl a von Elementen ist, ist ψ auch surjektiv. $\square$

Der folgende Satz geht auf LAGRANGE zurück (*Mém. Acad. Sci. Berlin* 1768).

Satz 3. *Sind a_0, a_1, $\ldots$, a_s beliebige ganze Zahlen, und ist p eine Primzahl, die a_0 nicht teilt, so hat die Kongruenz*

$$a_0 x^s + a_1 x^{s-1} + \ldots + a_s \equiv 0 \pmod{p} \tag{3}$$

höchstens s Lösungen. $\square$

Wir verstehen heute diese Kongruenz als Gleichung mit Koeffizienten im Körper Z/pZ mit p Elementen. Für reelle Zahlen war das entsprechende Ergebnis bereits DESCARTES und NEWTON bekannt.

1.3.   Potenzreste

Der dritte Abschnitt der „*Disquisitiones arithmeticae*" behandelt diePotenzreste, d. h., die Potenzen a, a^2, $\ldots$ werden bezüglich ihrer Kongruenzeigenschaften für einen Primzahlmodul p mit $a \equiv 0 \pmod{p}$ untersucht. Die ersten Überlegungen von GAUSS laufen darauf hinaus, daß die $p - 1$ primen Restklassen mod p eine Gruppe bezüglich der Multiplikation bilden (Satz 1). Hiernach gilt insbesondere

Satz 4. *Für $a \not\equiv 0 \ (\mathrm{mod}\ p)$ gilt $a^{p-1} \equiv 1 \ (\mathrm{mod}\ p)$.* □

GAUSS gibt folgenden Kommentar: „*Dieser Satz, welcher sowohl wegen seiner Eleganz als wegen seines hervorragenden Nutzens höchst bemerkenswert ist, wird nach seinem Erfinder Fermatsches Theorem genannt.*" (*Fermatii Opera Math., Tolosae* 1679). Der erste publizierte Beweis findet sich bei EULER (*Comm. Acad. Sci. Imp. Petropolitanae* **VIII,** 1736).

In einer späteren Arbeit von EULER (*Novi Comm. Acad. Sci. Petropolitanae* 1760/61) findet sich die Verallgemeinerung $a^{\varphi(m)} \equiv 1 \ (\mathrm{mod}\ m)$ für eine beliebige natürliche, zu a prime Zahl m, wobei $\varphi(m)$ gleich der Anzahl der zu m primen Zahlen zwischen 0 und m ist. Auf Vorschlag von GAUSS wird $\varphi(m)$ als *Eulersche Funktion* bezeichnet.

In enger Beziehung zum Fermatschen Theorem steht der folgende Satz, der besagt, daß die multiplikative Gruppe der primen Restklassen bezüglich eines Primzahlmoduls p zyklisch ist.

Satz 5. *Es gibt eine Zahl a, für die $a^i \not\equiv 1 \ (\mathrm{mod}\ p)$ für $i = 1, \ldots, p - 2$ gilt.*
Eine solche Zahl a wird nach EULER als *Primitivwurzel* mod p bezeichnet.

GAUSS gibt zwei Beweise von Satz 5. Sie beruhen auf dem Satz 3, wonach die Kongruenz $x^d \equiv 1 \ (\mathrm{mod}\ p)$ höchstens d Lösungen hat. Gäbe es keine Primitivwurzel, so wäre die Lösungsanzahl von $x^d \equiv 1 \ (\mathrm{mod}\ p)$ für einen gewissen Teiler d von $p - 1$ zu groß.

Der erste Gaußsche Beweis, den man als den kanonischen Beweis von Satz 5 ansehen kann, verläuft folgendermaßen.

Für eine beliebige natürliche Zahl n gilt

$$\sum_{d \mid n} \varphi(d) = n , \tag{4}$$

wobei die Summe über alle Teiler d von n zu erstrecken ist.

Wir betrachten die multiplikative Gruppe G der primen Restklassen mod p. Es gibt höchstens $\varphi(d)$ Elemente $g \in G$ der Ordnung d. Denn wenn es ein solches Element g gibt, so erhält man die d Lösungen von $x^d = 1$ in der Form $g, g^2, \ldots, g^d$, und von diesen d Elementen haben nach Definition von φ genau $\varphi(d)$ die Ordnung d. Wir wenden nun (4) auf die Gruppenordnung $p-1$ von G an. Hätte G kein Element der Ordnung $p-1$, so wäre die Anzahl der Elemente von G echt kleiner als

$$\sum_{d \mid p-1} \varphi(d) = p - 1 .$$

Das ist ein Widerspruch. □

Sei h eine Primitivwurzel mod p. Dann gibt es zu $a \not\equiv 0 \ (\mathrm{mod}\ p)$ ein eindeutig bestimmtes v mit $0 \leq v < p - 1$ und $a \equiv h^v \ (\mathrm{mod}\ p)$. v heißt *Index von a*: $v = \mathrm{ind}\ a$. Diese Bildung ist analog zum Logarithmus.

Beispiel. $p = 17$, $h = 3$.

Numerus-tafel

v	0	1	2	3	4	5	6	7	8	9	10	11	12	13	14	15
a	1	3	9	10	13	5	15	11	16	14	8	7	4	12	2	6

Index-tafel

a	1	2	3	4	5	6	7	8	9	10	11	12	13	14	15	16
v	0	14	1	12	5	15	11	10	2	3	7	13	4	9	6	8

1.4. Quadratische Reste

Im Abschn. 4 der „*Disquisitiones arithmeticae*" werden quadratische Reste betrachtet und der erste vollständige Beweis für das quadratische Reziprozitätsgesetz gegeben, das von GAUSS als „*Theorema fundamentale der Theorie der quadratischen Reste*" bezeichnet wird. Er hat insgesamt sieben Beweise für dieses Theorem gegeben, die jedoch alle als Verifikationen zu betrachten sind, die keine Einsicht in die Hintergründe des Gesetzes geben. Wir begnügen uns hier mit der Formulierung des Satzes und bringen in Abschn. 3.7. einen kurzen, auf GAUSS zurückgehenden Beweis. Später werden wir sehen, wie man das quadratische Reziprozitätsgesetz als Korollar eines Satzes erhält, der sich auf algebraische Zahlen bezieht, die mit der Kreisteilung zusammenhängen (Abschn. 25.3.).

Die Zahl a heißt *quadratischer Rest mod* p, wenn eine Zahl x mit $x^2 \equiv a \pmod{p}$ existiert. Da der Fall $p = 2$ uninteressant ist, setzen wir im folgenden $p \neq 2$ voraus.

Von LEGENDRE wurde 1808 für $a \not\equiv 0 \pmod{p}$ das Symbol $\left(\dfrac{a}{p}\right)$ eingeführt, das gleich 1 ist, wenn a quadratischer Rest mod p, und sonst gleich -1 ist. Wie man leicht sieht, gilt

$$\left(\frac{ab}{p}\right) = \left(\frac{a}{p}\right)\left(\frac{b}{p}\right),$$

$$\left(\frac{a}{p}\right) \equiv a^{\frac{p-1}{2}} \pmod{p} \; (\textit{Eulersches Kriterium}) . \tag{5}$$

Man setze $a \equiv h^{\nu}$, $b \equiv h^{\mu} \pmod{p}$ mit einer Primitivwurzel h (Satz 5). Dann ist offenbar $\left(\dfrac{a}{p}\right) = (-1)^{\nu}$, $\left(\dfrac{b}{p}\right) = (-1)^{\mu}$. Hieraus ergibt sich auch ohne weiteres der folgende Satz, den GAUSS auf andere Weise beweist.

Satz 6. *Die Hälfte der Zahlen* $1, \ldots, p - 1$ *sind quadratische Reste, die übrigen Nichtreste.* $\square$

(In der zyklischen Gruppe der primen Restklassen mod p bilden die Quadrate eine Untergruppe vom Index 2.)

Im folgenden interessiert die Abhängigkeit von $\left(\dfrac{a}{p}\right)$ von der Primzahl p. Als *ersten Ergänzungssatz zum quadratischen Reziprozitätsgesetz* bezeichnet man den folgenden

Satz 7. $\left(\dfrac{-1}{p}\right) = \begin{cases} +1 & \textit{für} \quad p \equiv 1 \pmod{4}, \\ -1 & \textit{für} \quad p \equiv 3 \pmod{4}. \end{cases}$

Beweis. Dies ist ein Spezialfall von (5). $\square$

Als *zweiten Ergänzungssatz* bezeichnet man

Satz 8. $\left(\dfrac{2}{p}\right) = \begin{cases} +1 & \textit{für} \quad p \equiv 1, 7 \pmod{8}, \\ -1 & \textit{für} \quad p \equiv 3, 5 \pmod{8}. \end{cases}$ $\boxtimes$ (Abschn. 3.7.)

Die Kombination von Satz 7 und Satz 8 ergibt wegen (5)

Satz 9. $\left(\dfrac{-2}{p}\right) = \begin{cases} +1 & \textit{für} \quad p \equiv 1, 3 \pmod{8}, \\ -1 & \textit{für} \quad p \equiv 5, 7 \pmod{8}. \end{cases}$ $\square$

Die Gruppe der primen Restklassen mod 8 hat drei Untergruppen der Ordnung 2. Die Primzahlen p, für die $-1, 2, -2$ quadratischer Rest ist, gehören zu jeweils einer dieser Untergruppen.

Endlich besagt das *quadratische Reziprozitätsgesetz*:

Satz 10. *Seien p, q Primzahlen $\neq 2$. Dann gilt*

$$\left(\frac{p}{q}\right) = \left(\frac{q}{p}\right), \quad wenn\ p\ oder\ q \equiv 1\ (\mathrm{mod}\ 4),$$

$$\left(\frac{p}{q}\right) = -\left(\frac{p}{q}\right), \quad wenn\ p\ und\ q \equiv 3\ (\mathrm{mod}\ 4). \quad \boxtimes \ (\text{Abschn. 3.7.})$$

Es sei dem Leser überlassen, die Aussage im Anschluß an Satz 9 zu verallgemeinern zu einem Satz über die Abhängigkeit von $\left(\dfrac{a}{p}\right)$ vom Nenner p, wenn a eine ganze Zahl ist und p die zu a primen Primzahlen durchläuft.

1.5. Ausblick. Biquadratische Reste

Nach dem Studium der quadratischen Reste war es natürlich zu überlegen, ob für andere Potenzreste eine ähnliche Theorie möglich sei. GAUSS hat über *biquadratische Reste* (d. h. vierte Potenzreste) in den Jahren 1828 und 1832 zwei Arbeiten publiziert, die auf Forschungen zurückgingen, die er seit 1805 durchgeführt hatte. Er kam dabei sehr bald zu der Erkenntnis, daß sich eine befriedigende Theorie der biquadratischen Reste nur dann durchführen läßt, wenn man von dem Bereich der ganzen Zahlen zu einem größeren übergeht, der heute als *Ring der ganzen Gaußschen Zahlen* bezeichnet wird und aus allen Zahlen der Form $a + b\sqrt{-1}$ besteht, wobei a und b beliebige ganze Zahlen sind (Kap. 16). GAUSS schreibt, daß *„die Begründung einer allgemeinen Theorie ... mit Notwendigkeit erforderte, das Gebiet der höheren Arithmetik gewissermaßen unendlich vielmal zu vergrößern"*.

Die Ursache dafür, daß es notwendig wird, *das Gebiet der Arithmetik zu erweitern,* kann man vom heutigen Standpunkt leicht einsehen, wenn man bedenkt, daß die Theorie der quadratischen Reste auf dem Homomorphismus der primen Restklassengruppe $(Z/pZ)^{\times}$ auf die Gruppe der zweiten Einheitswurzeln, der durch das Legendre-Symbol $\left(\dfrac{a}{p}\right)$ gegeben ist, beruht. Die Theorie der biquadratischen Reste beruht auf einem entsprechenden Homomorphismus auf die Gruppe der vierten Einheitswurzeln. Diese liegen im Ring der Gaußschen Zahlen.

Im Artikel 67 der zweiten Abhandlung formuliert GAUSS das „*Fundamentaltheorem der biquadratischen Reste"* als Analogon zum quadratischen Reziprozitätsgesetz. GAUSS schreibt dann: „*Trotz der großen Einfachheit dieses Satzes aber gehört doch der Beweis desselben zu den verborgensten Geheimnissen der höheren Arithmetik."* Er behält sich den Beweis für eine dritte Abhandlung vor, die aber nie geschrieben wurde. Im Nachlaß von GAUSS fand sich eine Beweisskizze. Der erste Beweis stammt von JACOBI (*Vorlesungen über Zahlentheorie, Universität Königsberg* 1835/36).

Die Theorie der Gaußschen Zahlen wurde in der zweiten Hälfte des 19. Jahrhunderts Bestandteil der allgemeinen Theorie der algebraischen Zahlen (Kap. 18). Das biquadratische Reziprozitätsgesetz ging in den zwanziger Jahren unseres Jahrhunderts im *allgemeinen Artinschen Reziprozizätsgesetz* auf, das im zweiten Band dieses Buches behandelt wird.

Aufgaben

1.1. Sei n eine natürliche Zahl mit der Primzahlzerlegung $n = p_1^{a_1} \ldots p_s^{a_s}$. Man zeige, daß die Gruppe $(Z/nZ)^\times$ der primen Restklassen mod n gleich dem direkten Produkt der Gruppen $(Z/p_i^{a_i}Z)^\times$ für $i = 1, \ldots, s$ ist. Weiter zeige man, daß für eine Primzahl $p \neq 2$ die Gruppe $(Z/p^aZ)^\times$ zyklisch ist. Welche Struktur hat $(Z/2^aZ)^\times$?

1.2. Man löse die Kongruenz $7x \equiv 12 \pmod{17}$ mit Hilfe der Index- und der Numerustafel in Abschn. 1.4. Weiter untersuche man die Lösbarkeit der Kongruenzen $5^x \equiv 7 \pmod{17}$, $8^x \equiv 9 \pmod{17}$, $4^x \equiv 6 \pmod{17}$.

1.3. Man bestimme eine Primitivwurzel für 41 und stelle eine Numerus- und eine Indextafel auf.

1.4 (*Wilsonscher Satz*). Sei p eine Primzahl. Man zeige

$$(p - 1) \, ! \equiv -1 \pmod{p} \, .$$

1.5. Sei p eine Primzahl und $n \leq p$. Man zeige, daß die Kongruenz $f(x) \equiv 0 \pmod{p}$ mit $f(x) = x^n + a_1 x^{n-1} + \ldots + a_n, a_1, \ldots, a_n \in Z$, genau dann n verschiedene Lösungen hat, wenn es ein $g(x) \in Z[x]$ mit $f(x) \, g(x) \equiv x^p - x \pmod{p}$ gibt.

1.6. Eine Funktion $h(a)$, die für alle natürlichen Zahlen a definiert ist und Werte in einem Ring annimmt, heißt *multiplikativ*, wenn für alle teilerfremden a_1, a_2

$$h(a_1 a_2) = h(a_1) \, h(a_2)$$

gilt. Man zeige daß die Eulersche Funktion $\varphi(a)$ multiplikativ ist.

1.7. Sei $\mu(a)$ die multiplikative Funktion, die für Primzahlpotenzen p^α die Werte $\mu(p^\alpha) = -1$ für $\alpha = 1$ bzw. $\mu(p^\alpha) = 0$ für $\alpha > 1$ annimmt. $\mu(a)$ heißt *Möbiussche Funktion*. Man zeige

$$\sum_{d \,|\, a} \mu(d) = \begin{cases} 0 & \text{für} \quad a > 1 \, , \\ 1 & \text{für} \quad a = 1 \, , \end{cases} \tag{6}$$

wobei die Summe über alle Teiler d von a zu erstrecken ist.

1.8. Seien $f(a)$ und $g(a)$ Funktionen mit Werten in einer additiven abelschen Gruppe, die für alle natürlichen Zahlen a erklärt sind. Dann gilt

$$\sum_{d \,|\, a} f(d) = g(a) \quad \text{für alle } a$$

genau dann, wenn

$$\sum_{d \,|\, a} \mu(a/d) \, g(d) = f(a) \quad \text{für alle } a$$

gilt (*Möbiussche Umkehrformel*).

1.9. Welche Formel entspricht (4) und (6) für eine beliebige multiplikative Funktion ?

1.10. Seien a_1, a_2 ganze Zahlen und m_1, m_2 natürliche teilerfremde Zahlen. Man zeige, daß sich das Kongruenzensystem $x \equiv a_1 \pmod{m_1}$, $x \equiv a_2 \pmod{m_2}$ mit Hilfe des euklidischen Algorithmus (Abschn. A 1.2.) lösen läßt.

1.11. Sei α eine reelle Zahl und $q_1 = [\alpha]$ die größte ganze Zahl, die kleiner oder gleich α ist. Im Fall $\alpha \neq q_1$ schreiben wir $\alpha = q_1 + 1/\alpha_1$. Dann ist $\alpha_1 > 1$. Falls $\alpha_1 \neq [\alpha_1]$ ist, setzen wir den Prozeß fort und stellen α_1 in der Form $\alpha_1 = q_2 + 1/\alpha_2$ dar, u.s.w. Man zeige, daß der so definierte *Kettenbruchalgorithmus* für rationale Zahlen α nach endlich vielen Schriften abbricht und stelle den Zusammenhang mit dem euklidischen Algorithmus (Abschn. A 1.2.) her.

1.12. Für den Kettenbruch $q_1 + \cfrac{1}{q_2 + \cfrac{}{\ddots \, + \cfrac{1}{q_s}}}$ schreibt man abkürzend $[q_1; q_2, \ldots, q_s]$.

Wenn $\alpha = [q_1; q_2, \ldots, q_n, \alpha_n]$ ist, heißt $[q_1; q_2, \ldots, q_s]$ für $s \leq n$ der *s-te Näherungsbruch* von α. Sei P_s/Q_s mit $Q_s \geq 1$ die Darstellung von $[q_1; q_2, \ldots, q_s]$ als unkürzbarer Bruch. Wir setzen zusätzlich $P_0 = 1$, $Q_0 = 0$. Man zeige:

a) $P_s = q_s P_{s-1} + P_{s-2}$, $Q_s = q_s Q_{s-1} + Q_{s-2}$ für $s \geq 2$.

b) $P_s Q_{s-1} - Q_s P_{s-1} = (-1)^s$ für $s \geq 1$.

c) $P_1/Q_1 < P_3/Q_3 < \ldots \alpha \ldots < P_4/Q_4 < P_2/Q_2$.

d) Für irrationales α gilt $\lim_{s \to \infty} P_s/Q_s = \alpha$.

1.13. Seien a, b ganze Zahlen und m eine zu a prime natürliche Zahl. Weiter sei $m/a = [q_1; q_2, \ldots, q_n]$. Man zeige, daß die Kongruenz $ax \equiv b \pmod{m}$ die Lösung $x \equiv (-1)^{n-1} P_{n-1} b \pmod{m}$ hat, wobei P_{n-1}/Q_{n-1} der $(n-1)$-te Näherungsbruch von m/a ist.

1.14. Sei $p \neq 2$ eine Primzahl, $p = a^2 + b^2$ mit natürlichen Zahlen a, b, $a \equiv 1 \pmod 2$ (vgl. Kap. 2, Satz 10). Man zeige $\left(\dfrac{a}{p} \right) = 1$.

(Hinweis: Man benutze das quadratische Reziprozitätsgesetz.)

2. Quadratische Formen

2.1. Einleitung

Seien a, b, c ganze Zahlen und x, y Unbestimmte. Eine *binäre quadratische Form* ist ein Polynom

$$ax^2 + 2bxy + cy^2 . \tag{1}$$

Die Theorie der ganzzahligen binären quadratischen Formen beschäftigt sich hauptsächlich mit der Frage, welche ganzen Zahlen (1) annehmen kann, wenn für x und y ganze Zahlen eingesetzt werden. Sie ist daher als Teilgebiet der Theorie der Diophantischen Gleichungen anzusehen, in der nach den möglichen Werten eines beliebigen Polynoms mit ganzzahligen Koeffizienten gefragt wird, wenn man für die Unbestimmten ganze Zahlen einsetzt.

Vor GAUSS wurden quadratische Formen vor allem von LAGRANGE behandelt, ,,*und vieles auf die Natur der Formen bezügliche wurde sowohl von diesem großen Geometer* (d. h. Mathematiker) *als auch von Euler teils zuerst gefunden, teils, nachdem es von Fermat gefunden, bewiesen*".[1] GAUSS gibt jedoch eine unabhängige Darstellung des Stoffes, um darauf seine weitergehenden eigenen Ergebnisse aufzubauen. GAUSS kürzt die Form (1) durch (a, b, c) ab. Daneben werden wir im folgenden die Vektorschreibweise benutzen und dementsprechend

$$ax^2 + 2bxy + cy^2 = zAz^\mathsf{T} \tag{2}$$

setzen, wobei $z := (x, y)$, $A := \begin{pmatrix} a & b \\ b & c \end{pmatrix}$ und $z^\mathsf{T} = \begin{pmatrix} x \\ y \end{pmatrix}$ den transponierten Vektor bezeichnet. Noch kürzer bezeichnen wir die Form (1) durch (A).

Eine wichtige Rolle spielt die Zahl $-\det A$, die *Diskriminante der quadratischen Form*.

DIRICHLET hat in seinen *Vorlesungen über Zahlentheorie*, die von DEDEKIND zuerst 1871 herausgegeben wurden, die Gaußsche Theorie der quadratischen Formen vereinfacht dargestellt. Wir orientieren uns im folgenden teilweise an diesen *Vorlesungen*.

2.2. Zerfallende Formen

Satz 1. *Die quadratische Form* (1) *zerfällt genau dann in das Produkt einer rationalen Zahl und zweier Linearformen in* x, y *mit ganzen Koeffizienten, wenn die Diskriminante* D *der Form ein Quadrat ist.*

---

[1] Eine sorgfältige Analyse der zahlentheoretischen Ergebnisse der Mathematiker FERMAT, EULER, LAGRANGE und LEGENDRE und damit eine Illustration der angeführten Bemerkung von GAUSS ist Gegenstand des Buches WEIL [1].

Der Beweis von Satz 1 ergibt sich aus der Identität

$$ax^2 + 2bxy + cy^2 = \frac{1}{a}\left(ax + (b + \sqrt{D})\,y\right)\left(ax + (b - \sqrt{D})\,y\right). \ \Box \tag{3}$$

Wenn die Form (1) wie in Satz 1 zerfällt, kann man ihre zahlentheoretischen Eigenschaften auf diejenigen der Linearformen zurückführen. Wir nehmen daher im folgenden an, daß die Diskriminante der zu betrachtenden Form kein Quadrat ist.

2.3.   Die Äquivalenz von Formen

Führt man eine ganzzahlige lineare Transformation der Unbestimmten durch,

$$\mathbf{z}^{\mathsf{T}} = \begin{pmatrix} x \\ y \end{pmatrix} = \mathbf{B}\begin{pmatrix} x' \\ y' \end{pmatrix} = \mathbf{B}\mathbf{z}'^{\mathsf{T}}, \tag{4}$$

so geht die Form $(\mathbf{A})$ in $(\mathbf{B}^{\mathsf{T}}\mathbf{A}\mathbf{B})$ über, deren Diskriminante gleich $-\det \mathbf{A}(\det \mathbf{B})^2$ ist (vgl. (2)). Wenn $\mathbf{B}$ insbesondere umkehrbar ist, d. h. $\det \mathbf{B} = \pm 1$, so heißen beide Formen *äquivalent*. Zwei Formen heißen *eigentlich äquivalent*, wenn sie durch eine Transformation mit $\det \mathbf{B} = 1$ ineinander übergeführt werden können.[1]

Äquivalente Formen stellen die gleichen Zahlen dar, sind also bezüglich unserer Fragen nicht wesentlich verschieden. Sie haben die gleiche Diskriminante. Als wichtige Probleme stellen sich daher zunächst die folgenden:

„I. *Wenn irgend zwei Formen mit der selben Diskriminante gegeben sind, so soll man ermitteln, ob sie äquivalent sind oder nicht.*

II. *Wenn irgend eine Form gegeben ist, so soll man finden, ob eine gegebene Zahl durch sie dargestellt werden kann und soll alle Darstellungen angeben.*"

Zur Lösung des ersten Problems führt GAUSS den Begriff der benachbarten Formen ein: Die Formen $(a, b, c) = (\mathbf{A})$ und $(a', b', c') = (\mathbf{A}')$ heißen *benachbart*, wenn sie die gleiche Diskriminante haben, $c = a'$ und $b + b' \equiv 0 \pmod{c}$ ist.

Satz 2. *Zwei benachbarte Formen sind eigentlich äquivalent.*

Beweis. Sei $\mathbf{B} = \begin{pmatrix} 0 & -1 \\ 1 & d \end{pmatrix}$ mit $d = \dfrac{(b + b')}{c}$. Dann ist $\det \mathbf{B} = 1$ und $\mathbf{A}' = \mathbf{B}^{\mathsf{T}}\mathbf{A}\mathbf{B}$. $\Box$

2.4.   Primitive Darstellungen

Eine Darstellung

$$m = au^2 + 2buv + cv^2 \tag{5}$$

der Zahl m durch die Form (a, b, c) heißt *primitiv*, wenn u und v teilerfremd sind.

Der folgende Satz stellt den Zusammenhang zwischen quadratischen Formen und quadratischen Resten her.

Satz 3. *Wenn die Zahl m eine primitive Darstellung durch die Form (a, b, c) gestattet, ist die Diskriminante D der Form quadratischer Rest* mod m.

---

[1] Der Begriff der eigentlichen Äquivalenz kommt bei LAGRANGE noch nicht vor. Er hat entscheidende Bedeutung für die Komposition der Formenklassen, die nur für Klassen bezüglich der eigentlichen Äquivalenz befriedigend durchgeführt werden kann (Abschn. 2.9., Kap. 21).

Beweis. Sei (5) die primitive Darstellung von m. Dann gibt es ganze Zahlen u', v' mit $uv' - vu' = 1$. Wir setzen $\boldsymbol{B} = \begin{pmatrix} u & u' \\ v & v' \end{pmatrix}$. Die quadratische Form $(\boldsymbol{B}^\mathsf{T}\boldsymbol{A}\boldsymbol{B})$ hat den ersten Koeffizienten m. Die Behauptung folgt daher aus $D = -\det \boldsymbol{A} = -\det(\boldsymbol{B}^\mathsf{T}\boldsymbol{A}\boldsymbol{B})$. $\square$

Sei $n = u'(ua + vb) + v'(ub + vc)$ der zweite Koeffizient von $(\boldsymbol{B}^\mathsf{T}\boldsymbol{A}\boldsymbol{B})$. u', v' sind durch die Forderung $uv' - vu' = 1$ bis auf einen Summanden tu, tv mit einer beliebigen ganzen Zahl t eindeutig bestimmt. Beim Übergang von u', v' zu $u' + tu$, $v' + tv$ geht n in $n + tm$ über. Die Restklasse von n mod m ist also eindeutig durch die Darstellung (5) von m bestimmt. Wir sagen, daß *die Darstellung* (5) *zur Wurzel n gehört*. Aus diesen Überlegungen folgt

Satz 4. *Die Darstellung* (5) *gehöre zur Wurzel n. Dann sind die Formen* (a, b, c) *und* $(m, n, (n^2 - D)/m)$ *eigentlich äquivalent.* $\square$

Satz 4 zeigt den Zusammenhang zwischen den Transformationen der Form (a, b, c) und der Darstellbarkeit einer Zahl m durch diese Form. Um einen Überblick über die verschiedenen möglichen Darstellungen von m durch (a, b, c), die zur Wurzel n gehören, zu erhalten, hat man alle Transformationen $\boldsymbol{B}$ zu bestimmen, die (a, b, c) in $(m, n, (n^2 - D)/m)$ überführen. Das führt auf die Aufgabe, die Transformationen zu finden, die (a, b, c) in sich überführen, der wir uns zunächst zuwenden.

2.5. Transformationen, die eine Form in sich überführen

Der größte gemeinsame Teiler von a, $2b$ und c sei gleich s.

Satz 5. *Eine Transformation* $\boldsymbol{B} = \begin{pmatrix} u & u' \\ v & v' \end{pmatrix}$ *mit* $\det \boldsymbol{B} = 1$ *führt* (a, b, c) *genau dann in sich über, wenn*

$$u = \frac{t - bw}{s}, \quad u' = \frac{-cw}{s}, \quad v = \frac{aw}{s}, \quad v' = \frac{t + bw}{s} \tag{6}$$

ist, wobei t und w ganze Zahlen sind, die den Bedingungen

$$t \equiv bw \pmod{s} \tag{7}$$

und

$$t^2 - Dw^2 = s^2 \tag{8}$$

genügen.

(6) definiert eine eineindeutige Abbildung aller Paare s, w, die den Bedingungen (7), (8) genügen, auf alle Transformationen $\boldsymbol{B} = \begin{pmatrix} u & u' \\ v & v' \end{pmatrix}$ mit $\det \boldsymbol{B} = 1$, die (a, b, c) in sich überführen.

Bemerkung. Die Gleichung (8), die schon in einer berühmten Aufgabe von ARCHIMEDES vorkommt, wird im Fall $s = 1$ (zu Unrecht) als *Pellsche Gleichung* bezeichnet.

Beweis von Satz 5. Hat $\boldsymbol{B}$ die Form (6), so wird $\det \boldsymbol{B} = (t^2 - Dw^2)/s^2 = 1$, und (a, b, c) geht in sich über. Sei andererseits vorausgesetzt, daß $\boldsymbol{B} = \begin{pmatrix} u & u' \\ v & v' \end{pmatrix}$ mit $\det \boldsymbol{B} = 1$ die Form (a, b, c) in sich überführt. Dann ist

$$au^2 + 2buv + cv^2 = a, \tag{9}$$

$$auu' + b(uv' + u'v) + cvv' = b. \tag{10}$$

Für (10) können wir auch

$$auu' + 2bu'v + cvv' = 0 \tag{11}$$

schreiben. Elimination von b bzw. c aus (9), (11) ergibt

$$au' = -cv, \quad a(u - v') = -2bv \,.$$

Hiernach ist a/s ein Teiler des größten gemeinsamen Teilers g.g.T. $(cv/s, 2bv/s)$ von cv/s und $2bv/s$. Da a/s zu g.g.T. $(c/s, 2b/s)$ teilerfremd ist, muß a/s ein Teiler von v sein. Wir setzen $w = sv/a$, was erlaubt ist, da $a \neq 0$ ist, sonst wäre D ein Quadrat. Dann wird $u - v' = -2bw/s$, woraus folgt, daß $s(u + v')$ durch 2 teilbar ist. Wir setzen $t = s(u + v')/2$. Dann sind die Gleichungen (6) erfüllt. Daher gilt $t \equiv bw \pmod{s}$ und $s^2 \det \boldsymbol{B} = t^2 - Du^2 = s^2$. $\square$

Da für eine ganze Zahl d die Betrachtung von (a, b, c) und (da, db, dc) gleichwertig ist, kann man sich auf Formen (a, b, c) mit g.g.T. $(a, b, c) = 1$ beschränken. Interessant sind daher nur die Fälle $s = 1$ und $s = 2$. Die Zulassung von $s = 2$ erlaubt es, auch Formen zu behandeln, deren mittlerer Koeffizient ungerade ist, indem man alle Koeffizienten mit 2 multipliziert. Die Einschränkung auf gerade mittlere Koeffizienten, die den Leser verwundert haben könnte, ist also unwesentlich.

Im folgenden beschränken wir uns auf quadratische Formen mit g.g.T. $(a, b, c) = 1$ und daher $s = 1$ oder $s = 2$, die als *primitive Formen* bezeichnet werden. Im Fall $s = 2$ ist $D \equiv 1 \pmod 4$. Im Fall $s = 1$ können offensichtlich alle ganzen Zahlen als Diskriminanten auftreten.

2.6.   Formen mit negativer Diskriminante

Die Lösung der Probleme I und II fällt unterschiedlich aus, je nachdem ob die Diskriminante positiv oder negativ ist. Wir betrachten zunächst den zweiten Fall. In diesem Abschnitt ist die Diskriminante $D = - \det \boldsymbol{A}$ der betrachteten Form $(\boldsymbol{A})$ immer negativ.

Satz 6. *Seien (a, b, c) und (a', b', c') äquivalente Formen mit negativer Diskriminante. Dann haben die Zahlen a, c, a', c' das gleiche Vorzeichen.*

Beweis. Wegen $ac = b^2 - D > 0$ haben a und c gleiches Vorzeichen. Entsprechendes gilt für a' und c'. Weiter ist wegen der Äquivalenz der Formen (a, b, c) und (a', b', c')

$$a' = au^2 + 2buv + cv^2 \tag{12}$$

für gewisse ganze Zahlen u, v. Hieraus folgt

$$a'a = (au + bv)^2 - Dv^2 > 0 \,. \ \square \tag{13}$$

Wegen Satz 6 können zwei Formen $(\boldsymbol{A})$ und $(-\boldsymbol{A})$ niemals äquivalent sein. Es genügt daher für die Lösung der Probleme I und II, Formen (a, b, c) mit positivem a zu betrachten. Wir nennen eine solche Form *positiv*.

Satz 7. *Zu jeder positiven Form (a_1, b_1, c_1) mit negativer Diskriminante D gibt es eine eigentlich äquivalente Form (a, b, c) mit*

$$2|b| \leqq a \leqq \min \{\sqrt{(4/3)\,|D|}\,, c\} \,. \tag{14}$$

Beweis. Eine Form (a, b, c) mit (14) heißt *reduziert*. Sei (a_1, b_1, c_1) nicht reduziert. Wir haben zu zeigen, daß (a_1, b_1, c_1) zu einer reduzierten Form eigentlich äquivalent ist. Sei b' der absolut kleinste Rest der Zahl $-b_1$ nach dem Modul $a' =: c_1$ und $a'' := (b'^2 - D)/a'$. Dann ist a'' eine ganze Zahl wegen

$$b'^2 - D \equiv b_1^2 - D = a_1 a' \equiv 0 \pmod{a'} .$$

Die Form (a', b', a'') ist der Form (a_1, b_1, a') benachbart. Weiter gilt $|b'| \leqq a'/2$. Damit haben wir eine zu (a_1, b_1, a') eigentlich äquivalente Form (a', b', a'') gefunden, für die die linke Ungleichung in (14) erfüllt ist (Satz 2). Wenn $a' > a''$ ist, wiederholen wir das Verfahren und erhalten eine eigentlich äquivalente Form (a'', b'', a'''), usw. Die Prozedur muß nach endlich vielen Schritten abbrechen, da es sonst eine unendliche Folge $a' > \ldots > a^{(i)} > \ldots$ positiver ganzer Zahlen gäbe. Sei also $a^{(n)} \leqq a^{(n+1)}$. Dann wird

$$a^{(n)2} \leqq a^{(n)} a^{(n+1)} = b^{(n)2} - D \leqq a^{(n)2}/4 - D .$$

Hieraus folgt $a^{(n)} \leqq \sqrt{(4/3)|D|}$. Die Form $(a, b, c) = (a^{(n)}, b^{(n)}, a^{(n+1)})$ leistet also das in Satz 7 Verlangte. $\square$

Es bleibt die Äquivalenz reduzierter Formen zu untersuchen.

Satz 8. *Eine reduzierte Form (a, b, c), die zu einer anderen reduzierten Form eigentlich äquivalent ist, genügt einer der Bedingungen*

$$a = 2|b| \quad oder \quad a = c .$$

Ist eine dieser Bedingungen erfüllt, so ist (a, b, c) zu $(a, \pm b, c)$ aber zu keiner weiteren reduzierten Form eigentlich äquivalent.

Beweis. Sei $a = 2b$ bzw. $a = -2b$. Dann ist

$$\begin{pmatrix} a & -b \\ -b & c \end{pmatrix} = \begin{pmatrix} 1 & 0 \\ -1 & 1 \end{pmatrix}\begin{pmatrix} a & b \\ b & c \end{pmatrix}\begin{pmatrix} 1 & -1 \\ 0 & 1 \end{pmatrix} \quad \text{bzw.} \quad \begin{pmatrix} a & -b \\ -b & c \end{pmatrix} = \begin{pmatrix} 1 & 0 \\ 1 & 1 \end{pmatrix}\begin{pmatrix} a & b \\ b & c \end{pmatrix}\begin{pmatrix} 1 & 1 \\ 0 & 1 \end{pmatrix}$$

Sei $a = c$. Dann ist

$$\begin{pmatrix} a & -b \\ -b & c \end{pmatrix} = \begin{pmatrix} 0 & 1 \\ -1 & 0 \end{pmatrix}\begin{pmatrix} a & b \\ b & c \end{pmatrix}\begin{pmatrix} 0 & -1 \\ 1 & 0 \end{pmatrix} .$$

Wir nehmen nun umgekehrt an, daß die reduzierte Form (a, b, c) durch die Transformation $\boldsymbol{B} = \begin{pmatrix} u & u' \\ v & v' \end{pmatrix}$ mit det $\boldsymbol{B} = 1$ in die reduzierte Form (a', b', c') übergeht. Dann ist

$$a' = au^2 + 2buv + cv^2 \tag{15}$$

und

$$b' = auu' + b(uv' + u'v) + cvv' . \tag{16}$$

Durch Multiplikation mit a geht (15) in

$$aa' = (au + bv)^2 - Dv^2$$

über. Wegen (14) ist $aa' \leqq (4/3)|D|$ und daher $v = 0$ oder $|v| = 1$.

Wir betrachten zunächst den Fall $v = 0$. Dann ist $uv' = 1$, $a' = au^2$ und $b' = auu' + b$. Hieraus folgt $u = v' = \pm 1$ und daher $a' = a$ und $b' - b = \pm au'$. Also gilt wegen (14)

$$a|u'| \leqq |b| + |b'| \leqq a .$$

Hiernach ist entweder $u' = 0$, d. h. $b' = b$, $c' = c$, oderes ist $|u'| = 1$. Im letzteren Fall ist $|b| + |b'| = a$, und wegen (14) gilt $|b| = |b'| = a/2$, $c' = c$, d. h., es liegt der erste der beiden in Satz 8 angegebenen Fälle vor.

Sei jetzt $|v| = 1$. Dann hat (15) die Form

$$a' = au^2 \pm 2bu + c \, .$$

O.B.d.A. nehmen wir $a' \leqq a$ an. Dann ist wegen (14) auch $a' \leqq c$, also

$$au^2 \leqq au^2 + c - a' = 2|bu| \leqq a|u| \leqq au^2 \, .$$

Hieraus folgt $c = a' = a$ und $au^2 = 2|bu|$. Jetzt kann man (16) in der Form

$$b + b' = auu' + 2buv' + cvv' = a(uu' \pm u^2v' \pm v')$$

schreiben. Hieraus folgt wie im Fall $v = 0$, daß $b + b' = 0$ oder $|b + b'| = a$ sein muß. Im zweiten Fall wird $b = b'$, $c = c'$, im ersten $b = -b'$, $c = c'$, d. h., es liegt der zweite in Satz 8 angegebene Fall eigentlicher Äquivalenz vor. $\Box$

Um einen Überblick über die Klassen eigentlich äquivalenter positiver Formen mit gegebener negativer Diskriminante zu erhalten, muß man die entsprechenden reduzierten Formen (a, b, c) auffinden. Das kann folgendermaßen geschehen: Man nehme alle b mit $|b| \leqq \dfrac{1}{2}\sqrt{\dfrac{4}{3}|D|}$ und zerlege $b^2 - D$ in zwei Faktoren $a \leqq c$, die beide $\geqq 2|b|$ sind. Offensichtlich findet man so alle gesuchten Formen. Speziell gilt

Satz 9. *Die Anzahl der reduzierten Formen mit gegebener negativer Diskriminante ist endlich.* $\Box$

Für die kleinsten Werte von $|D|$ erhält man folgende Tabelle reduzierter Formen, die jeweils eine Klasse eigentlich äquivalenter Formen repräsentieren.

$-D = 1$	$(1, 0, 1)$	$-D = 7$	$(1, 0, 7), (2, 1, 4)$
2	$(1, 0, 2)$	8	$(1, 0, 8), (2, 0, 4), (3, 1, 3)$
3	$(1, 0, 3), (2, 1, 2)$	9	$(1, 0, 9,) (2, 1, 5), (3, 0, 3)$
4	$(1, 0, 4), (2, 0, 2)$	10	$(1, 0, 10), (2, 0, 5)$
5	$(1, 0, 5), (2, 1, 3)$	11	$(1, 0, 11), (2, 1, 6), (3, 1, 4), (3, -1, 4)$
6	$(1, 0, 6), (2, 0, 3)$	12	$(1, 0, 12), (2, 0, 6), (3, 0, 4), (4, 2, 4)$

Um sich eine Übersicht über die verschiedenen primitiven Darstellungen einer Zahl m durch die quadratische Form (a, b, c) zu verschaffen, kann man nun folgendermaßen vorgehen.

Damit sich m durch (a, b, c) darstellen läßt, muß D nach Satz 3 quadratischer Rest mod m sein. Sei dies erfüllt. Dann bestimme man alle n mit $-m/2 < n \leqq m/2$ und $n^2 \equiv D \pmod{m}$ und stelle fest, ob (a, b, c) und $(m, n, (n^2 - D)/m)$ eigentlich äquivalent sind, was durch die oben beschriebene Zurückführung auf reduzierte Formen und Satz 8 möglich ist. Genau dann, wenn dies der Fall ist, gibt es eine Darstellung von m durch (a, b, c), die zur Wurzel n gehört (Satz 4). Um die verschiedenen Darstellungen von m durch (a, b, c) zur Wurzel n zu finden, hat man die Gleichung (8) mit der Nebenbedingung (7) zu lösen. Die Gleichungen (6) gestatten dann, von einer Lösung x_0, y_0 der Gleichung $ax^2 + 2bxy + cy^2 = m$, die zur Wurzel n gehört, zu allen anderen x_1, y_1 durch die Beziehung $(x_1, y_1)^\mathsf{T} = \boldsymbol{B}(x_0, y_0)^\mathsf{T}$ überzugehen.

Die Lösung der Gleichung (8) bereitet für negative Diskriminanten keine Schwierigkeiten. Statt (8) betrachten wir

$$4(t^2 - Dw^2) = 4s^2 \, . \tag{17}$$

Da $4D$ durch s^2 teilbar ist, gilt das gleiche für $4t^2$. Also ist $2t$ durch s teilbar. Sei $v = 2t/s$. Dann geht (17) in

$$v^2 - (4D/s^2)\, w^2 = 4 \tag{18}$$

über. Wir unterscheiden drei Fälle.

1. $|4D/s^2| > 4$. Dann hat (18) die zwei Lösungen $v = \pm 2$, $w = 0$.
2. $|4D/s^2| = 4$. Dann hat (18) vier Lösungen $v = \pm 2$, $w = 0$ und $v = 0$, $w = \pm 1$.
3. $|4D/s^2| < 4$. Wir haben $-4D/s^2 \equiv -(2b/s)^2 \pmod 4$. Daher ist $4D/s^2 = -3$.

Es gibt sechs Lösungen $v = \pm 2$, $w = 0$ und $v = \pm 1$, $w = \pm 1$.

2.7.   Drei Sätze von Euler

Als Anwendung beweisen wir den folgenden Satz, der schon von FERMAT vermutet und von EULER zuerst bewiesen wurde.

Satz 10. *Eine Primzahl $p \neq 2$ kann genau dann in die Summe zweier Quadrate zerlegt werden, und zwar nur auf eine einzige Weise, wenn $p \equiv 1 \pmod 4$ ist.*

Beweis. Nach Kap. 1, Satz 7 und Satz 3, ist $p \equiv 1 \pmod 4$, wenn p durch die Form $(1, 0, 1)$ darstellbar ist, was man auch leicht direkt sieht. Sei also $p \equiv 1 \pmod 4$ und $-1 \equiv n^2 \pmod p$. n ist durch $0 < n < p/2$ eindeutig bestimmt. Die Formen $(p, n, (n^2 + 1)/p)$ und $(p, -n, (n^2 + 1)/p)$ sind zu $(1, 0, 1)$ eigentlich äquivalent, da es nur eine reduzierte positive Form mit der Diskriminante -1 gibt. Also läßt sich p durch $(1, 0, 1)$ darstellen.

Aus einer Lösung x_0, y_0 ergeben sich sofort acht Lösungen $\pm x_0$, $\pm y_0$ und $\pm y_0$, $\pm x_0$. Andererseits hat die Gleichung (8) vier Lösungen. Da wir zwei Wurzeln n und $-n$ haben, gibt es insgesamt acht Lösungen der Gleichung $x^2 + y^2 = p$, die wir oben bereits gefunden haben und die alle die gleiche Darstellung von p als Summe zweier Quadrate liefern. $\square$

EULER hat auch die beiden folgenden Sätze bewiesen, die der Leser ebenso wie Satz 10 beweisen kann, wenn er berücksichtigt, daß nach Kap. 1, Satz 9, die Zahl -2 genau dann quadratischer Rest modulo einer Primzahl $p \neq 2$ ist, wenn $p \equiv 1 \pmod 8$ oder $p \equiv 3 \pmod 8$ ist, und daß nach Kap. 1, Satz 10, die Zahl -3 genau dann quadratischer Rest modulo einer Primzahl $p \neq 3$ ist, wenn $p \equiv 1 \pmod 3$ ist.

Satz 11. *Eine Primzahl $p \neq 2$ kann genau dann in die Summe eines Quadrates und eines doppelten Quadrats zerlegt werden, und zwar auf eine einzige Weise, wenn $p \equiv 1 \pmod 8$ oder $p \equiv 3 \pmod 8$ ist.* $\square$

Satz 12. *Eine Primzahl $p \neq 3$ kann genau dann in die Summe eines Quadrats und eines dreifachen Quadrats zerlegt werden, und zwar auf eine einzige Weise, wenn $p \equiv 1 \pmod 3$ ist.* $\square$

GAUSS spricht in den „*Disquisitiones arithmeticae*" von der „*hervorragenden Eleganz*" dieser drei Sätze und sagt, daß „*sie gewissermaßen klassisches Ansehen erhalten haben, weil sich Euler eingehend mit ihnen beschäftigt hat*".

2.8.   Formen mit positiver Diskriminante

Die Theorie der Formen mit positiver Diskriminante ist schwieriger. Vor allem hat die Gleichung (8) immer unendlich viele Lösungen. Das wurde zuerste von LAGRANGE exakt bewiesen. Wir gehen hier auf diese Frage nicht ein, kommen aber in Kap. 19 in allgemeinerem Zusammenhang darauf zurück. Wie im Fall negativer Diskriminante gibt es auch bei positiver Diskriminante nur endlich viele Klassen von Formen mit fixierter Diskriminante. Wir werden dies in Kap. 21 beweisen. Dort werden wir auch das Problem der *Komposition der Formenklassen* lösen. Im folgenden Abschnitt geht es nur darum, diese von GAUSS aufgeworfene Fragestellung zu erklären.

2.9.   Die Komposition der Formenklassen

Die Komposition der Formenklassen leitet sich von der Aufgabe her, zu zwei Formen (A_1) und (A_2) eine dritte (A_3) zu finden, so daß, wenn (A_1) die Zahl m_1 und (A_2) die Zahl m_2 darstellt, (A_3) die Zahl $m_1 m_2$ darstellt. GAUSS hat dieses Problem gelöst, jedoch ist seine Darstellung sehr kompliziert. Eine endgültige Vereinfachung brachte erst die konsequente Einordnung der Theorie der quadratischen Formen in die Theorie der quadratischen Zahlkörper durch DEDEKIND (Kap. 21).

Eine vereinfachte Darstellung der Gaußschen Formenkomposition hat DIRICHLET gegeben. Im weiteren folgen wir dem *X. Supplement* zu seinen *Vorlesungen über Zahlentheorie* in der Auflage von 1894.

Wir beschränken uns auf Formenklassen mit fixierter Diskriminante und $s = 1$. Sind zwei Klassen K_1 und K_2 vorgelegt, so kann man in ihnen immer Formen

$$(a, b, a'c), \quad (a', b, ac) \tag{19}$$

finden, wobei a, a', $2b$ keinen gemeinsamen Teiler haben. Mit $X = xx' - cyy'$ und $Y = (ax + by) y' + (a'x' + by') y$ wird dann

$$(ax^2 + 2bxy + a'cy^2)(a'x'^2 + 2bx'y' + acy'^2) = aa'X^2 + 2bXY + cY^2 . \tag{20}$$

Die Klasse K_3 von (aa', b, c) hängt nicht von der Wahl der Formen (19) ab und wird als Produkt von K_1 und K_2 definiert.

Man erhält auf diese Weise eine abelsche Gruppe, deren Einselement die Klasse von $(1, 0, -D)$ ist. $((1, 0, -D)$ ist durch $\boldsymbol{B} = \begin{pmatrix} 1 & b \\ 0 & 1 \end{pmatrix}$ zu $(1, b, b^2 - D)$ eigentlich äquivalent. Daher sind die Formen (a, b, c), $(1, b, b^2 - D)$ passende Vertreter ihrer Klassen für die Multiplikation (20). Das Inverse der Klasse von (a, b, c) ist die Klasse von (c, b, a).

Aufgaben

2.1. Man zeige, daß sich eine von 2 und 5 verschiedene Primzahl p genau dann durch die Form $x^2 + 5y^2$ bzw. $2x^2 + 2xy + 3y^2$ darstellen läßt, wenn $p \equiv 1$ oder 9 (mod 20) bzw. $p \equiv 3$ oder 7 (mod 20) ist.

2.2. Man zeige, daß sich eine von 2 und 3 verschiedene Primzahl p genau dann durch die Form $x^2 + 6y^2$ bzw. $2x^2 + 3y^2$ darstellen läßt, wenn $p \equiv 1$ oder 7 (mod 24) bzw. $p \equiv 5$ oder 11 (mod 24) ist.

2.3. Man zeige, daß sich eine von 2 und 7 verschiedene Primzahl p genau dann durch die Form $x^2 + 7y^2$ darstellen läßt, wenn $p \equiv 1, 2$ oder 4 (mod 7) ist.

2.4. Welche Primzahlen werden durch die Form $x^2 + xy + 2y^2$ dargestellt ?

2.5.   Man zeige: Drei teilerfremde natürliche Zahlen x, y, z genügen genau dann der Gleichung $x^2 + y^2 = z^2$, wenn x, y von der Form $2uv$, $u^2 - v^2$ und z von der Form $u^2 + v^2$ ist, wobei u und v natürliche teilerfremde Zahlen sind, von denen eine gerade ist.

2.6. Unter Benutzung von Aufgabe 2.5 zeige man, daß die Gleichung $x^4 + y^4 = z^2$ keine Lösung in natürlichen Zahlen x, y, z besitzt.

3. Kreisteilung

3.1. Problemstellung

Der 7. Abschn. der „*Disquisitiones anthmeticae*" behandelt die Kreisteilung. Wir geben eine ausführliche Darstellung des Hauptergebnisses, das sowohl in GAUSS' persönlicher Entwicklung (Abschn. 1.1) als auch in der Entwicklung der Algebra eine hervorragende Rolle gespielt hat.

Die alten Griechen interessierten sich für das Problem, den Kreis mit Zirkel und Lineal in n gleiche Teile zu teilen. Es gelang ihnen, dies für n von der Form $n = 2^a \cdot 3 \cdot 5$ durchzuführen, wobei a eine beliebige nichtnegative ganze Zahl ist.[1]) GAUSS konnte zeigen, daß dies auch möglich ist für ein n der Form $n = 2^a \cdot p_1 \ldots p_s$, wobei die p_i paarweise verschiedene Primzahlen der Form $p_i = 1 + 2^{h_i}$ sind. (Man sieht leicht, daß $1 + 2^h$ nur dann eine Primzahl sein kann, wenn h eine Potenz von 2 ist.) Die kleinste neue Primzahl dieser Art ist 17.

Betrachten wir den Einheitskreis in der komplexen Zahlenebene, so haben wir bei der n-Teilung die Zahlen

$$\cos \frac{2\pi k}{n} + i \sin \frac{2\pi k}{n} = \exp\left(\frac{2\pi k i}{n}\right) \quad \text{für} \quad k = 1, \ldots, n - 1 \tag{1}$$

darzustellen. Konstruktion mit Zirkel und Lineal bedeutet, daß diese Zahlen, ausgehend von ganzen Zahlen, mit Hilfe der vier Grundrechenarten und des Ziehens von Quadratwurzeln aus reellen Ausdrücken gewonnen werden können. Da die Zahlen der Form (1) Nullstellen des Polynoms $x^n - 1$ sind, kommt es auf die Betrachtung dieses Polynoms an. Weiter sieht, man leicht daß, wenn die Kreisteilung für teilerfremde n_1, n_2 möglich ist, sie dann auch für $n_1 n_2$ möglich ist. Die Einteilung des Kreises in 2^a Teile beruht auf der bekannten Winkelzweiteilung. Wir beschränken uns daher im folgenden auf $n = p \neq 2$ Primzahl.

Wir überzeugen uns noch, daß die Wurzel aus einer komplexen Zahl durch mehrfaches Wurzelziehen aus reellen Zahlen bewerkstelligt wird. Sei

$$\sqrt{a + bi} = c + di \,.$$

Dann wird $a = c^2 - d^2$, $b = 2cd$, also genügen c^2 und $-d^2$ der quadratischen Gleichung $x^2 - ax - b^2/4 = 0$. Daraus folgt die Behauptung.

Als endgültige Formulierung des Problems kommt es also darauf an, für eine Primzahl p eine Folge von komplexen Zahlen $\alpha_1, \ldots, \alpha_t$ zu finden, so daß $\alpha_t = \exp \frac{2\pi i}{p}$ ist und α_k für $k = 1, \ldots, t$ Lösung einer quadratischen Gleichung ist mit Koeffizienten, die

---

[1]) Genaueres hierzu in dem Artikel von R. BÖKER „*Winkel- und Kreisteilung*" in: *Pauly-Wissowa Realenzyklopädie der Klassischen Altertumswissenschaften*, 2. *Reihe, Halbband* 17 (1961), 127—150.

Polynome in $\alpha_1, \dots, \alpha_{k-1}$ mit rationalen Koeffizienten sind. In der Sprache der Körpererweiterungen (Abschn. A 1.5.) formuliert man diese Bedingung einfacher als $[Q(\alpha_1, \dots, \alpha_k) : Q(\alpha_1, \dots, \alpha_{k-1})] \mid 2$ für $k = 1, \dots, t$.

3.2.　Hilfssätze über Polynome

Wir benötigen einige Sätze über Polynome mit ganzzahligen Koeffizienten, die auch in anderem Zusammenhang von Interesse sind. Ein Polynom $f(x)$ vom Grad n heißt *normiert*, wenn der Koeffizient bei x^n gleich 1 ist. Der *Inhalt* $I(f)$ eines Polynoms f ist der größte gemeinsame Teiler seiner Koeffizienten.

Satz 1. *(Gaußscher Satz). Seien g und h Polynome mit ganzen Koeffizienten. Dann gilt*

$$I(gh) = I(g)\,I(h)\,.$$

Beweis. O.B.d.A. können wir annehmen, daß der Inhalt von g und h gleich 1 ist. Sei

$$g(x) = b_0 + \dots + b_r x^r\,, \quad h(x) = c_0 + \dots + c_s x^s\,.$$

Angenommen, es gibt eine Primzahl p, die $I(gh)$ teilt. Dann sei i bzw. j die kleinste Zahl, so daß b_i bzw. c_j nicht durch p teilbar ist. Dann ist

$$b_i c_j + b_{i+1} c_{j-1} + \dots + b_{i-1} c_{j+1} + \dots \,,$$

der Koeffizient von $g(x)\,h(x)$ bei x^{i+j}, nicht durch p teilbar im Widerspruch zur Annahme, daß p den Inhalt von gh teilt. $\square$

Satz 2. *Seien g und h normierte Polynome mit rationalen Koeffizienten. Wenn gh ganze Koeffizienten hat, haben auch g und h ganze Koeffizienten.*

Beweis. Wir multiplizieren g und h mit einer Zahl a so, daß ag und ah ganze Koeffizienten haben. Wenn gh ganze Koeffizienten hat, gilt $I(a^2 gh) = a^2$. Andererseits ist nach Satz 1 $I(a^2 gh) = I(ag)\,I(ah)$. Da $I(ag)$ und $I(ah)$ Teiler von a sind, folgt $I(ag) = I(ah) = a$. $\square$

Satz 3. *(Eisensteinsches Irreduzibilitätskriterium). Sei $f(x) = x^n + a_1 x^{n-1} + \dots + a_n$ ein Polynom mit ganzen Koeffizienten, die alle durch eine Primzahl p teilbar sind. p gehe in a_n genau zur ersten Potenz auf. Dann ist $f(x)$ irreduzibel über Q, d. h., es gibt keine nichtkonstanten Polynome $g(x)$, $h(x)$ mit rationalen Koeffizienten und $f(x) = g(x)\,h(x)$.*

Beweis. Angenommen, es gäbe eine solche Zerlegung. Dann hätten g und h nach Satz 2 ganze Koeffizienten. Wir können daher zu den entsprechenden Polynomen $\bar{f}, \bar{g}, \bar{h}$ mit Koeffizienten im Restklassenkörper Z/pZ übergehen. Nach Voraussetzung ist $\bar{f}(x) = x^n$. Da im Polynomring $Z/pZ[x]$ der Satz von der eindeutigen Zerlegung eines Polynoms in irreduzible Polynome gilt (Abschn. A 1.2.), ist $\bar{g}(x) = x^r$, $\bar{h}(x) = x^s$. Hieraus folgt, daß a_n durch p^2 teilbar ist, im Widerspruch zur Voraussetzung. $\square$

Satz 4. *Sei p eine Primzahl. Dann ist das Polynom $f(x) := x^{p-1} + x^{p-2} + \dots + x + 1$ irreduzibel über Q.*

Beweis. Mit $y = x - 1$ wird nach dem binomischen Lehrsatz

$$f(x) = (x^p - 1)/(x - 1) = \sum_{i=1}^{p} \binom{p}{i} y^{i-1}\,.$$

Auf das rechts stehende Polynom treffen die Voraussetzungen von Satz 3 zu. Es ist daher irreduzibel, und das gleiche gilt für $f(x)$. $\square$

GAUSS gibt einen anderen Beweis für Satz 4.

3.3. Definition der Gaußschen Perioden und diesbezügliche Sätze

Sei ζ eine p-te Einheitswurzel, $\zeta \neq 1$. Dann sind $\zeta, \zeta^2, \ldots, \zeta^p = 1$ die sämtlichen Nullstellen von $x^p - 1$. Nach dem Vietaschen Wurzelsatz ist daher

$$\sum_{i=0}^{p-1} \zeta^{il} = \begin{cases} p & \text{für} \quad p \mid l, \\ 0 & \text{sonst.} \end{cases} \tag{2}$$

Sei g eine Primitivwurzel mod p, d. h., $g, g^2, \ldots, g^{p-1} \equiv 1 \pmod{p}$ durchlaufen die primen Restklassen mod p (Abschn. 1.3.). Hieraus folgt, daß die Zahlen $\zeta, \zeta^g, \ldots, \zeta^{g^{p-2}}$ alle p-ten Einheitswurzeln außer 1 durchlaufen. Das gleiche gilt allgemeiner für $\zeta^l, \zeta^{lg}, \ldots, \zeta^{lg^{p-2}}$, wenn $l \neq 0 \pmod{p}$ ist.

Seien e, f natürliche Zahlen mit $ef = p - 1$, und sei $h = g^e$. Unter der *Gaußschen Periode* (f, l) versteht man die Zahl

$$(f, l) = \zeta^l + \zeta^{lh} + \cdots + \zeta^{lh^{f-1}} .$$

Beispiel. $p = 17$, $g = 3$, $f = 8$, $l = 1, 3$.

$$(8,1) = \zeta + \zeta^{-1} + \zeta^2 + \zeta^{-2} + \zeta^4 + \zeta^{-4} + \zeta^8 + \zeta^{-8} ,$$

$$(8,3) = \zeta^3 + \zeta^{-3} + \zeta^5 + \zeta^{-5} + \zeta^6 + \zeta^{-6} + \zeta^7 + \zeta^{-7} .$$

Offenbar ist $(f, l) = (f, lh)$, und (f, g^i) durchläuft für $i = 0, 1, \ldots, e - 1$ alle Perioden (f, l) außer $(f, 0) = f$.

Satz 5. *Es gilt* $(f, l)\,(f, m) = \sum\limits_{i=0}^{f-1} (f, lh^i + m)$.

Beweis. $\left(\sum\limits_{i=0}^{f-1} \zeta^{lh^i}\right) \left(\sum\limits_{j=0}^{f-1} \zeta^{mh^j}\right) = \sum\limits_{i,j=0}^{f-1} \zeta^{lh^i + mh^j} = \sum\limits_{i,j=0}^{f-1} \zeta^{lh^{i+j} + mh^j} = \sum\limits_{i=0}^{f-1} (f, lh^i + m)$. $\square$

Satz 6. *Sei* $l \neq 0 \pmod{p}$. *Dann ist* (f, m) *gleich einem Polynom in* (f, l) *mit rationalen Koeffizienten vom Grad höchstens* $e - 1$.

Beweis. Nach Satz 5 ist

$$(f, l)^s = \sum_{i=0}^{e-1} a_{is}(f, lg^i) \text{ mit ganzen Zahlen } a_{is}, \ s = 2, \ldots, e - 1 .$$

Zusammen mit

$$1 + (f, l) = -\sum_{i=1}^{e-1} (f, lg^i)$$

ergibt das ein lineares Gleichungssystem von $e - 1$ Gleichungen in $e - 1$ Unbekannten (f, lg^i), $i = 1, \ldots, e - 1$.

Angenommen, die Determinante des Systems ist gleich 0. Dann gibt es eine lineare Abhängigkeit zwischen den Potenzen $(f, l)^s$, $s = 0, \ldots, e - 1$:

$$\sum_{s=0}^{e-1} b_s(f, l)^s = 0 .$$

Führen wir diese Betrachtungen für ζ^a statt für ζ durch, $a = 2, \ldots, p - 1$, so erhalten wir dieselbe Gleichung. Diese wird daher auch von (f, la) erfüllt. Daraus folgt, daß zwei der e Perioden der Länge f gleich sind. Daher gibt es eine lineare Abhängigkeit zwischen $\zeta, \zeta^2, \ldots, \zeta^{p-1}$. Das widerspricht aber der Irreduzibilität des Kreisteilungspolynoms $(x^p - 1)/(x - 1) = x^{p-1} + x^{p-2} + \ldots + 1$ (Satz 4). $\square$

Satz 7. *Sei $\varphi(x_1, \ldots, x_f)$ ein symmetrisches Polynom. Dann ist $\varphi(\zeta^l, \zeta^{lh}, \ldots, \zeta^{lhf-1})$ eine Linearkombination von (f, g^i), $i = 0, \ldots, e - 1$, mit rationalen Koeffizienten.*

Beweis. Nach der Theorie der symmetrischen Polynome (Abschn. 7.3.) und wegen Satz 5 genügt es, Satz 7 für Potenzsummen zu beweisen: $\varphi(x_1, \ldots, x_f) = \sum\limits_{i=1}^{f} x_i^j$,

$$\varphi(\zeta^l, \ldots, \zeta^{lhf-1}) = \sum\limits_{i=0}^{f-1} \zeta^{ljh^i} = (f, lj) \cdot \square$$

Satz 8. *Sei $p - 1 = abc$ und $\varphi(x_1, \ldots, x_b)$ eine symmetrische Funktion. Dann ist $\varphi((c, l), (c, lg^a), \ldots, (c, lg^{a(b-1)}))$ eine Linearkombination von Perioden (bc, g^i), $i = 0, \ldots, a - 1$, mit rationalen Koeffizienten.*

Beweis. Sei wieder $\varphi(x_1, \ldots, x_b) = \sum\limits_{i=1}^{b} x_i^j$. Nach Satz 5 ist

$$(c, l)^j = \sum\limits_{k=0}^{ab-1} a_k(c, g^k) \tag{3}$$

mit ganzen Zahlen a_k, also

$$\sum\limits_{i=0}^{b-1} (c, lg^{ai})^j = \sum\limits_{i=0}^{b-1} \sum\limits_{k=0}^{ab-1} a_k(c, g^{k+ai})$$

$$= \sum\limits_{k=0}^{ab-1} a_k \sum\limits_{i=0}^{b-1} (c, g^{k+ai}) = \sum\limits_{k=0}^{ab-1} a_k(bc, g^k) .$$

Dabei haben wir benutzt, daß (3) bestehen bleibt, wenn man von $\zeta^{g^{ai}}$ statt von ζ ausgeht. $\square$

3.4.   Lösung des Problems

Sei $p - 1 = p_1 \ldots p_s$ ein Produkt von Primzahlen und $p - 1 = p_1 f_1$. Die symmetrischen Funktionen der Perioden $(f_1, g^i), i = 0, \ldots, p_1 - 1$, sind rationale Zahlen. Um dies einzusehen, betrachten wir Satz 8 in dem Fall $a = 1$, $b = p_1$, $c = f_1$. Die Perioden $(p_1 f_1, m)$ sind nach (2) rational. Daraus folgt die Behauptung.

Die Perioden (f_1, g^i), $i = 0, \ldots, p_1 - 1$, sind also die Lösungen einer Gleichung vom Grad p_1 mit rationalen Koeffizienten. Durch den Übergang von ζ zu ζ^g werden die Perioden zyklisch vertauscht. Setzen wir $(f_1, 1)$ gleich einer beliebigen dieser Lösungen, so wird ζ bis auf Potenzierung mit einer Potenz von g^{p_1} festgelegt. Die übrigen Perioden lassen sich nach Satz 6 durch $(f_1, 1)$ ausdrücken.

Weiter sei $f_1 = p_2 f_2$. Die symmetrischen Funktionen der Perioden $(f_2, g^{p_1 i})$, $i = 0, \ldots, p_2 - 1$, lassen sich wieder nach Satz 8 als Linearkombinationen von Perioden (f_1, g^i), $i = 0, \ldots, p_1 - 1$, darstellen. Man hat jetzt $a = p_1$, $b = p_2$, $c = f_2$ zu setzen. Insbesondere sind die Perioden $(f_2, g^{p_1 i})$, $i = 0, \ldots, p_2 - 1$, Lösungen einer Gleichung vom Grad p_2 mit Koeffizienten in $\mathbb{Q}((f_1, 1))$.

Man fährt so fort und gelangt schließlich zu den Perioden $(1, l) = \zeta^l$, womit das Auffinden der Lösungen der Kreisteilungsgleichung auf die sukzessive Lösung von Gleichungen von Primzahlgrad zurückgeführt ist, wobei alle Primteiler von $p - 1$ vorkommen.

Ist insbesondere $p = 1 + 2^h$, so hat man h quadratische Gleichungen zu lösen. Damit ist die ursprüngliche Aufgabe der Konstruktion von regelmäßigen p-Ecken mit Zirkel und Lineal für $p = 1 + 2^h$ gelöst.

3.5. $p = 17$

Wir führen jetzt das Beispiel $p = 17$, $g = 3$, zu Ende. In Abschn. 3. haben wir die Perioden der Länge 8 aufgestellt. Wir haben nach (2) von Satz 5

$$(8,1) + (8,3) = -1, \; (8,1)\,(8,3) = \sum_{i=0}^{7} (8, (-8)^i + 3) \,.$$

Da $(-8)^i + 3 \not\equiv 0 \pmod{17}$ für alle i ist, sind die Summanden von $\sum_{i=0}^{7} (8, (-8)^i + 3)$ gleich $(8,1)$ oder $(8,3)$. Da $(8,1)\,(8,3)$ rational ist, müssen $(8,1)$ und $(8,3)$ gleich oft auftreten, $(8,1)(8,3) = -4$. $(8,1)$ ist also eine Nullstelle des Polynoms

$$x^2 + x - 4 \,. \tag{3}$$

Wir haben vier Perioden der Länge 4:

$$(4,1) = (4,4), \; (4,2) = (4,8), \; (4,3) = (4,5), \; (4,6 = (4,7) \,.$$

Diese sind nach Satz 6 Polynome mit rationalen Koeffizienten in $(4,1)$. Wir ziehen es jedoch vor, $(4,2)$, $(4,3)$, $(4,6)$ durch $(4,1)$ und $(8,1)$ auszudrücken. Es gilt

$$(4,1) + (4,2) = (8,1) \,,$$

$$(4,3) + (4,6) = (8,3) = -1 - (8,1) \,,$$

$$(4,1)^2 = (4,2) + 2(4,3) + 4 \,.$$

Hieraus erhält man die gewünschten Darstellungen. Weiter gilt

$$(4,1)(4,2) = \sum_{i=0}^{3} (4,(-4)^i + 2) = -1 \,.$$

$(4,1)$ ist also eine Nullstelle des Polynoms

$$x^2 - (8,1)\, x - 1 \,. \tag{4}$$

Von den acht Perioden der Länge 2 benötigen wir nur $(2,1)$ und $(2,4)$. Wegen

$$(2,1) + (2,4) = (4,1) \,,$$

$$(2,1)(2,4) = (2,3) + (2,5) = (4,3) = \tfrac{1}{2}\big((4,1)^2 + (4,1) - (8,1) - 4\big)$$

ist $(2,1)$ eine Nullstelle von

$$x^2 - (4,1)\, x + \tfrac{1}{2}\big((4,1)^2 + (4,1) - (8,1) - 4\big) \,. \tag{5}$$

Schließlich ist $(2,1) = \zeta + \zeta^{-1}$, und daher ist ζ eine Nullstelle von

$$x^2 - (2,1)\, x + 1 \,. \tag{6}$$

Indem man jeweils für $(8,1)$, $(4,1)$, $(2,1)$, ζ eine der beiden Nullstellen von (3), (4), (5), (6) wählt, wird eine der 16 primitiven 17ten Einheitswurzeln fixiert.

3.6.   Perioden der Länge $(p-1)/2$

Wir betrachten noch den Spezialfall der Perioden von der Länge $f = (p-1)/2$.
Wir haben

$$(f, 1) + (f, g) = -1$$

und

$$(f, 1)(f, g) = \sum_{i=0}^{f-1} (f, g^{2i} + g) = a(f, 1) + b(f, g) + c(f, 0) . \tag{7}$$

Offenbar wird c gleich 1 oder 0, je nachdem ob die Kongruenz $g^{2i} + g \equiv 0 \pmod{p}$
eine Lösung i hat oder nicht. Da die linke Seite von (7) rational ist, gilt $a = b$. Andererseits ist $a + b + c = f$ und daher $c \equiv f \pmod 2$). Also ist $c = 0$ für $f \equiv 0 \pmod 2$ und
$c = 1$ für $f \equiv 1 \pmod 2$. Zusammenfassend erhalten wir

$$(f, 1)(f, g) = \begin{cases} -f/2 & \text{für} \quad f \equiv 0 \pmod 2 , \\ (f+1)/2 & \text{für} \quad f \equiv 1 \pmod 2 . \end{cases}$$

Hieraus folgt

$$(f, 1) - (f, g) = \sum_{i=1}^{p-1} \left(\frac{i}{p}\right) \zeta^i = \pm \sqrt{(-1)^f p} . \tag{8}$$

Welches der beiden Vorzeichen zu nehmen ist, hängt von der Wahl der zugrunde gelegten Einheitswurzel ζ ab. Setzt man $\zeta := \exp(2\pi i/p)$, so ist das Vorzeichen festgelegt.
Seine Bestimmung erweist sich als überaus schwierig. GAUSS hat diese Frage, die für
verschiedene zahlentheoretische Probleme von Bedeutung ist, sehr interessiert, und
er hat sie nach langen Bemühungen lösen können. In seiner diesbezüglichen Arbeit aus
dem Jahre 1811 schreibt er:

*„Daher geht das Ziel dieser Abhandlung dahin, einen strengen Beweis dieses höchst
eleganten Satzes, den wir einst mehrere Jahre hindurch auf verschiedene Arten vergeblich
versucht und schließlich durch eigentümliche und ziemlich subtile Betrachtungen glücklich
zu Stande gebracht haben, anzugeben und den Satz unbeschadet seiner Eleganz oder vielmehr unter Erhöhung derselben zu weit größerer Allgemeinheit zu erheben."*

GAUSS gibt den genauen Wert der Summe $\tau_n := \sum_{u=0}^{n-1} \exp(2\pi i u^2/n)$ für beliebige
natürliche n an. Für ungerades n findet er

$$\tau_n = \begin{cases} \sqrt{n} & \text{für} \quad n \equiv 1 \pmod 4 , \\ i\sqrt{n} & \text{für} \quad n \equiv 3 \pmod 4 . \end{cases} \tag{9}$$

Offenbar ist für $n = p$ Primzahl und $\zeta := \exp(2\pi i/p)$

$$\tau_p = 1 + 2(f, 1) = (f, 1) - (f, g) .$$

3.7.   Beweis des quadratischen Reziprozitätsgesetzes

Wir wollen jetzt, ausgehend von (8), das quadratische Reziprozitätsgesetz (Kap. 1,
Satz 10) beweisen. Sei q eine ungerade Primzahl $\neq p$. Wir haben

$$\tau_p^2 = (-1)^{(p-1)/2} p$$

und daher

$$\tau_p^q = (-1)^{(p-1)(q-1)/4} p^{(q-1)/2} \tau_p . \tag{10}$$

3*

Nach Kap. 1, (5), ist

$$p^{(q-1)/2} \equiv \left(\frac{p}{q}\right) \pmod{q} \, . \tag{11}$$

Weiter ist

$$\tau_p^q = \left(\sum_{i=1}^{p-1} \left(\frac{i}{p}\right)\zeta^i\right)^q = \sum_{i=1}^{p-1}\left(\frac{i}{p}\right)\zeta^{iq} + q\alpha = \left(\frac{q}{p}\right)\tau_p + q\alpha \tag{12}$$

mit einem α aus $Z[\zeta]$.

Aus (10) bis (12) folgt

$$c\tau_p = q\beta \tag{13}$$

mit einem β aus $Z[\zeta]$ und $c = (-1)^{(p-1)(q-1)/4}\left(\frac{p}{q}\right) - \left(\frac{q}{p}\right)$.

Das quadratische Reziprozitätsgesetz ist gleichbedeutend mit $c = 0$, und letzteres folgt unmittelbar aus (13), wenn man berücksichtigt, daß sich die Elemente γ aus $Z[\zeta]$ wegen $1 + \zeta + \dots + \zeta^{p-1} = 0$ und Satz 4 eindeutig in der Form

$$\gamma = \sum_{i=1}^{p-1} a_i\,\zeta^i \quad \text{mit} \quad a_i \in Z$$

schreiben lassen und daß $|c| \leqq 2$ ist.

Den zweiten Ergänzungssatz (Kap. 1, Satz 8) beweist man analog, indem man von einer primitiven achten Einheitswurzel ζ und der Beziehung

$$\tau_2'^2 = 2 \quad \text{mit} \quad \tau_2' := \zeta + \zeta^{-1}$$

ausgeht. Hieraus folgt

$$\left(\frac{2}{q}\right)\tau_2' = 2^{(q-1)/2}\tau_2' + q\alpha = \tau_2'^q + q\alpha = \zeta^q + \zeta^{-q} + q\beta$$

mit $\alpha, \beta \in Z[\zeta]$. Weiter gilt

$$\zeta^q + \zeta^{-q} = (-1)^{(q^2-1)/8}\,\tau_2' \, .$$

Nun folgt die Behauptung wie oben.

Aufgaben

3.1. Sei n eine natürliche Zahl. Eine *primitive n-te Einheitswurzel* ist eine komplexe Zahl ζ mit $\zeta^n = 1$ und $\zeta^i \neq 1$ für $i = 1, 2, \dots, n - 1$. Man zeige, daß man alle primitiven n-ten Einheitswurzeln in der Form ζ^i erhält, wobei ζ eine fixierte primitive n-te Einheitswurzel ist und i die Menge M_n der zu n primen natürlichen Zahlen $< n$ durchläuft.

3.2. $\Phi_n(x) = \prod_{i \in M_n} (x - \zeta^i)$ heißt *n-tes Kreisteilungspolynom*. Man zeige, daß $\Phi_n(x)$ nze rationale Koeffizienten hat.

ga3.3. Sei $f(x) \in Z[x]$ und p eine Primzahl. Man zeige $f(x)^p \equiv f(x^p) \pmod{p}$, wobei die Kongruenz koeffizientenweise zu verstehen ist.

3.4. Sei ξ_0 eine beliebige n-te Einheitswurzel. Man zeige $n\xi_0^{n-1} = \prod_{\xi} (\xi_0 - \xi)$, wobei das Produkt über alle von ξ_0 verschiedenen n-ten Einheitswurzeln zu erstrecken ist.

3.5. Sei ζ eine primitive n-te Einheitswurzel, $f_\zeta(x)$ das zu ζ gehörige, über Q irreduzible Polynom. Man zeige, daß $f_\zeta(x)$ ganze Koeffizienten hat.

3.6. Sei p eine Primzahl mit $f_\zeta(\zeta^p) \neq 0$. Man zeige, daß im Ring $Z[\zeta]$ die Teilbarkeitsbeziehung $p \mid f_\zeta(\zeta^p) \mid n$ gilt. Man leite hieraus $f_\zeta(\zeta^q) = 0$ für alle zu n primen Zahlen q her und zeige, daß $\Phi_n(x)$ über P irreduzibel ist.

3.7. Man berechne $\Phi_n(x)$ in dem Fall, daß n eine Primzahlpotenz ist.

3.8. Sei ζ eine primitive 7. bzw. 9. Einheitswurzel. Man berechne das irreduzible Polynom $f(x) \in Z[x]$, das zu $\zeta + \zeta^{-1}$ gehört, und untersuche die Primzahlen, die als Teiler von $f(a)$ für $a \in Z$ auftreten.

4.   Flächentheorie

4.1.   Einleitung.
Gauß' „Disquisitiones generales circa superficies curvas"

1928 publizierte Gauss seine Untersuchungen zur Flächentheorie (*Disquisitiones generales circa superficies curvas. Comm. Soc. Reg. Sci. Gottingensis Rec.* **6** (1828)). Diese große Arbeit, die noch 1900 von Darboux als abgeschlossenste und nützlichste Einleitung zum Studium der Differentialgeometrie bezeichnet wurde, stellt Gauss' wichtigsten veröffentlichten Beitrag zur Geometrie dar.

Die Anregungen für eine Geometrie der gekrümmten Flächen erhielt Gauss aus der Astronomie und aus derHannoverschen Landesvermessung, mit der er viele Jahre lang beschäftigt war.

Riemann entwickelte die Gedanken Gauss' zur Geometrie weiter. Wir stellen sie in diesem Buch hauptsächlich in dem von Riemann gegebenen Rahmen dar (Kap. 14). Das vorliegende Kapitel gibt nur eine Einführung.

4.2.   Kurven in der Ebene

Wir beginnen mit einigen Bemerkungen über Kurven in der Ebene, die einen Ausgangspunkt für Gauss' Überlegungen bildeten.

Alle in diesem Kapitel auftretenden Funktionen f werden als zweimal stetig differenzierbar vorausgesetzt. Die Ableitung von f nach der Veränderlichen x wird häufig mit f_x bezeichnet.

Wir stellen eine Kurve in der euklidischen Ebene (Anh. 4) mit Hilfe eines Koordinatensystems mit den Koordinaten x, y dar. Die Kurve gehe durch den Punkt (0,0). Wir interessieren uns nur für eine Umgebung des Punktes (0,0). In dieser sei die Kurve durch die Gleichung $y = f(x)$ mit einer zweimal stetig differenzierbaren Funktion f gegeben. O.B.d.A. nehmen wir an, daß die erste Ableitung im Punkt 0 verschwindet, d. h., daß die Tangente an die Kurve im Nullpunkt gleich der x-Achse ist. Wir wollen den Kreis bestimmen, der sich im Nullpunkt an die Kurve anschmiegt (Abb. 1).

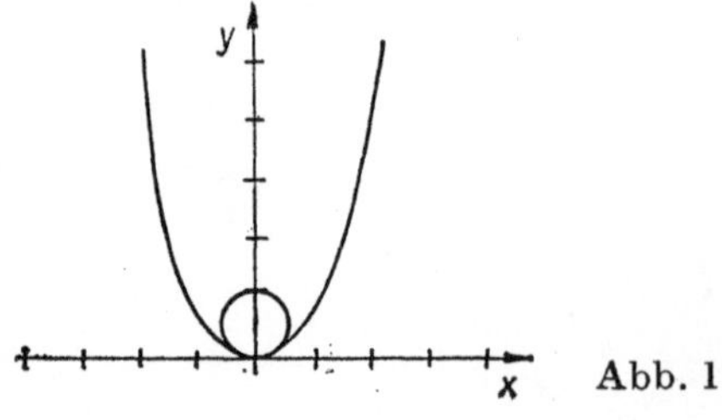

Abb. 1

Sei zunächst $f_{xx}(0) \neq 0$. Dann hat die Kurve in $(0,0)$ ein Maximum oder ein Minimum, je nachdem ob $f_{xx}(0)$ kleiner oder größer 0 ist. Der Schmiegkreis liegt im ersten Fall unterhalb und im zweiten Fall oberhalb der x-Achse und berührt diese im Punkt $(0,0)$. Ist r der Radius des Schmiegkreises, versehen mit dem Vorzeichen von $f_{xx}(0)$, so ergibt sich für die Gleichung des Kreises

$$x^2 + (y - r)^2 = r^2 \; .$$

Für Punkte (x, y) in der Nähe von $(0,0)$ erhält man daher

$$y = r - \sqrt{r^2 - x^2} = x^2/2r + \dots ,$$

wobei die Punkte Glieder mit höheren x-Potenzen andeuten. Damit sich der Kreis an die Kurve anschmiegt, haben wir also wegen $f(x) = f_{xx}(0)\, x^2/2 + \dots$

$$1/r = f_{xx}(0) \tag{1}$$

zu setzen. Diese Zahl wird, auch im Fall $f_{xx}(0) = 0$, als *Krümmung der Kurve im Punkt* $(0,0)$ bezeichnet. Das Vorzeichen der Krümmung hat eine invariante Bedeutung, wenn man die Ebene als orientiert betrachtet und die Kurve einen Durchlaufungssinn hat. Bei unserer Beschreibung der Kurve als Funktion von x werde die Kurve nach wachsenden x durchlaufen. Sei t der Tangenteneinheitsvektor an den Nullpunkt in Richtung wachsender x und n der Normalenvektor in Richtung des Mittelpunktes des Schmiegkreises. Die Krümmung ist positiv genau dann, wenn t, n die gleiche Orientierung wie die Koordinatenachsen haben, d. h. bei unserer Festlegung, wenn n in der oberen Halbebene liegt.

4.3. Kurven im Raum

Wir betrachten jetzt Kurven im dreidimensionalen euklidischen Raum E^3 mit den Koordinaten x, y, z (Anh. 4) (bezüglich des Nullpunktes O und der orthonormierten Basis e_1, e_2, e_3 des zu E^3 gehörigen Vektorraums V^3). In Parameterdarstellung ist eine Kurve C gegeben durch eine eindeutige Abbildung eines Intervalls $[a, b]$ der reellen Achse in E^3, die zweimal stetig differenzierbar ist, d. h., wenn C durch die Koordinatenfunktionen $x(t)$, $y(t)$, $z(t)$ für $a \leq t \leq b$ gegeben ist, so sollen diese Funktionen zweimal stetig differenzierbar sein. Weiter setzen wir voraus, daß die Ableitungen $\dot{x}(t)$, $\dot{y}(t)$, $\dot{z}(t)$ nicht gleichzeitig verschwinden. Wir denken uns die Kurve C orientiert entsprechend ihrer Durchlaufung mit wachsenden t. Zwei Kurven C und C' werden als *gleich* angesehen, wenn es eine Funktion t' von t mit $dt'/dt > 0$ und $C(t') = C(t)$ gibt, d. h., C und C' unterscheiden sich nur durch ihre Parametrisierung und haben den gleichen Durchlaufungssinn. Nach Definition der Ableitung schmiegt sich der im Punkt $C(t)$ angebrachte Vektor

$$\dot{C}(t) = \dot{x}(t)\, e_1 + \dot{y}(t)\, e_2 + \dot{z}(t)\, e_3 \tag{2}$$

an die Kurve C an. Er heißt *Tangentenvektor im Punkte $C(t)$*.

4.4. Flächen

Wir kommen jetzt zum eigentlichen Gegenstand der Gaußschen Arbeit, der Untersuchung von Flächen in E^3. Wir interessieren uns nur für das Verhalten einer Fläche $\mathcal{F}$

in der Nähe eines Punktes $O \in E^3$, den wir als Nullpunkt des Koordinatensystems wählen. $\mathscr{F}$ sei durch die Gleichung $z = f(x, y)$ in den Koordinaten x, y, z gegeben.

Sei C eine Kurve auf der Fläche, die durch den Punkt $P = C(t_0)$ geht. Der Tangentialvektor $\dot{C}(t_0)$ an die Kurve im Punkte P hat dann die Koordinaten

$$\dot{x}(t_0),\ \dot{y}(t_0),\ \dot{z}(t_4) = f_x(P)\,\dot{x}(t_0) + f_y(P)\,\dot{y}(t_0)\ . \tag{3}$$

Die Koordinaten der Tangentialvektoren an Kurven im Punkt P der Fläche $\mathscr{F}$ genügen also der gleichen linearen Gleichung und liegen folglich in einer Ebene, der *Tangentialebene an die Fläche im Punkt P*. Das Koordinatensystem sei so gewählt, daß die Tangentialebene an $\mathscr{F}$ in O gleich der xy-Ebene ist, d. h., es sei $f_x(O) = f_y(O) = 0$.

Wir setzen

$$a := f_{xx}(O)\ ,\quad b := f_{xy}(O)\ ,\quad c := f_{yy}(O)\quad \text{und}\quad A = \begin{pmatrix} a & b \\ b & c \end{pmatrix}.$$

Dann beginnt die Taylor-Entwicklung von $f(x, y)$ mit der quadratischen Form

$$\tfrac{1}{2}(x,\ y)\,A\,(x,\ y)^{\mathsf{T}}\ . \tag{4}$$

Als *Gaußsche Krümmung R der Fläche $\mathscr{F}$ im Nullpunkt* definieren wir

$$R = \det A\ . \tag{5}$$

Diese Definition ist unabhängig von der Wahl des zulässigen Koordinatensystems: Da wir den Nullpunkt und die xy-Ebene fixiert haben, kommt als Transformation nur noch eine Drehung um die z-Achse in Frage. Diese sei durch $(x,y)^{\mathsf{T}} = B(x',\ y')^{\mathsf{T}}$ gegeben. In den Koordinaten x', y', z ist die Fläche durch die Gleichung

$$z = f(B(x',\ y')^{\mathsf{T}}) = f'(x',\ y')$$

gegeben. Wenn $\tfrac{1}{2}(x',\ y')\,A'(x',\ y')^{\mathsf{T}}$ die entsprechend (4) zu $f'(x',\ y')$ gehörige quadratische Form ist, wird

$$(x',\ y')\,A'(x',\ y')^{\mathsf{T}} = (x,\ y)\,A(x,y)^{\mathsf{T}} = (x',\ y')\,B^{\mathsf{T}}AB(x',\ y')^{\mathsf{T}}\ ,$$

also $A' = B^{\mathsf{T}}AB$ und $\det A' = (\det B)^2 \det A = \det A$ (Abschn. 2.3.). Offensichtlich ist (5) auch invariant bei Spiegelung an der xy-Ebene. Daher ist die Gaußsche Krümmung eine Invariante der metrischen Geometrie.

4.5. Geometrische Deutung der Gaußschen Krümmung

GAUSS gibt eine schöne geometrische Deutung von R, die sogleich die Invarianz von R zeigt. Der kritische Leser möge das folgende als heuristische Überlegung ansehen.

Unter den beiden Normalenrichtungen zur Tangentialebene im Nullpunkt zeichnen wir diejenige in Richtung positiver z-Werte aus. Der entsprechende Normaleneinheitsvektor $n(P)$ an die Fläche in einem Punkt P in der Nähe des Nullpunktes hat die Koordinaten

$$x_1 = -\frac{f_x}{\sqrt{1 + f_x^2 + f_y^2}}\ ,\qquad y_1 = -\frac{f_y}{\sqrt{1 + f_x^2 + f_y^2}}\ ,\qquad z_1 = \frac{1}{\sqrt{1 + f_x^2 + f_y^2}}\ , \tag{6}$$

denn dieser Einheitsvektor steht senkrecht auf den durch (3) gegebenen Tangentenvektoren und geht für $P \to O$ in $(0, 0, 1)$ über.

Wir betrachten jetzt die Einheitskugel, auf der wir dem Punkt P den Punkt $n(P)$ zu ordnen. Dann wird einem Stück $d\mathscr{F}$ unserer Fläche im E^3 ein Flächenstück $d\mathscr{S}$ auf der Einheitskugel entsprechen. d$\mathscr{S}$ heißt *sphärisches Bild* von d$\mathscr{F}$. Wir betrachten insbesondere das Testdreieck mit den Eckpunkten O, d$P = (\mathrm{d}x, \mathrm{d}y, \mathrm{d}z)$, $\partial P = (\partial x, \partial y, \partial z)$ in einer kleinen Umgebung des Nullpunktes. Da die Tangentialebene an die Fläche in O gleich der xy-Ebene ist, ist der orientierte Inhalt d$\mathscr{F}$ dieses Testdreiecks angenähert gleich

$$\tfrac{1}{2}\,(\mathrm{d}x\,\partial y - \mathrm{d}y\,\partial x)\,.$$

Der Inhalt ist positiv oder negativ, je nachdem ob die Vektoren $O\mathrm{d}P$, $O\partial P$, e_3 die gleiche Orientierung wie e_1, e_2, e_3 haben oder nicht. Den Punkten dP und ∂P mögen die Punkte $(\mathrm{d}x_1, \mathrm{d}y_1, 1 + \mathrm{d}z_1)$ und $(\partial x_1, \partial y_1, 1 + \partial z_1)$ auf der Einheitskugel entsprechen. Dann gilt nach (10)

$$\mathrm{d}x_1 = -\,f_{xx}(O)\,\mathrm{d}x - f_{xy}(O)\,\mathrm{d}y + \ldots\,,$$

$$\mathrm{d}y_1 = -\,f_{xy}(O)\,\mathrm{d}x - f_{yy}(O)\,\mathrm{d}y + \ldots\,, \ \mathrm{d}z_1 = 0 + \ldots\,,$$

wobei die Punkte Glieder höherer Ordnung in dx, dy andeuten, und Entsprechendes für ∂x_1, ∂y_1, ∂z_1.

Der orientierte Inhalt d$\mathscr{S}$ des sphärischen Bildes unseres Testdreiecks ist daher angenähert gleich

$$\frac{1}{2}\,\det\begin{pmatrix} \mathrm{d}x_1 & \partial x_1 \\ \mathrm{d}y_1 & \partial y_1 \end{pmatrix} = \frac{1}{2}\,\det -A \begin{pmatrix} \mathrm{d}x & \partial x \\ \mathrm{d}y & \partial y \end{pmatrix}.$$

Lassen wir das Testdreieck gegen 0 gehen, so erhalten wir

$$\frac{\mathrm{d}\mathscr{F}}{\mathrm{d}\mathscr{S}} = R\,. \tag{7}$$

4.6. Eulers Beitrag zur Flächentheorie

Bereits Euler hat die Krümmungsverhältnisse in einem Punkt einer Fläche dadurch studiert, daß er die Krümmung der Kurve betrachtete, die man erhält, wenn man die Fläche mit einer Ebene durch den Normalenvektor in diesem Punkt schneidet (*Recherches sur la courbure des surfaces, Mém. Acad. Sci. Berlin* 16 (1760)).

Ein solcher Normalenschnitt für den Punkt O unserer Fläche ist gegeben durch seinen Schnitt mit der xy-Ebene (der Tangentialebene im Punkt O an die Fläche). Dieser sei in Parameterdarstellung durch $x = t\cos\alpha$, $y = t\sin\alpha$ für $t \in \mathbb{R}$ gegeben, also $z = f(t\cos\alpha, t\sin\alpha) =: g(t,\alpha)$. Für die zugehörige Krümmung $K(\alpha)$ ergibt sich nach (1)

$$K(\alpha) = g_{tt}(O) = f_{xx}(O)\cos^2\alpha + f_{xy}(O)\,2\cos\alpha\sin\alpha + f_{yy}(O)\sin^2\alpha\,.$$

Durch eine Drehung des Koordinatensystems um die z-Achse kann man immer erreichen, daß $f_{xy}(O) = 0$ wird, was wir im folgenden annehmen. Es sind zwei Fälle möglich. Entweder wir haben $f_{xx}(O) = f_{yy}(O)$, dann wird $K(\alpha) = f_{xx}(O)$ und ist unabhängig von dem Winkel α. Oder es gilt $f_{xx}(O) \neq f_{yy}(O)$, dann nimmt

$$K(\alpha) = f_{xx}(O) + \big(f_{yy}(O) - f_{xx}(O)\big)\sin^2\alpha$$

die Extremwerte $f_{xx}(O)$ bzw. $f_{yy}(O)$ für $\alpha = 0$ bzw. $\alpha = \pi/2$ an. Diese werden als *Hauptkrümmungen* bezeichnet. Es gilt also

Satz 1 (Euler). *Die Normalenschnitte einer Fläche in einem Punkt O haben entweder alle gleiche Krümmung in O, oder es gibt in der Tangentialebene in O zwei orthogonale*

Geraden, die sich in O schneiden, so daß der zugehörige Normalenschnitt der einen Geraden maximale und der der anderen Geraden minimale Krümmung hat. $\square$

Aus den obigen Betrachtungen und (5) folgt unmittelbar

Satz 2. *Die Gaußsche Krümmung ist gleich dem Produkt der Hauptkrümmungen.* $\square$

RODRIGUES definierte bereits 1815 in seiner Arbeit ,,*Recherches sur la théorie analytique de lignes et rayons de courbure des surfaces*'' (*Bull. Soc. Philomatique, Paris*) die ,,*Gaußsche Krümmung*'' entsprechend (7) und bewies Satz 2.

4.7.   Die innere Geometrie der Flächen

Für die weiteren Überlegungen von GAUSS war es von größter Bedeutung, daß er zu einer allgemeineren Beschreibung der Fläche überging: x, y und z seien als Funktionen zweier Parameter p und q gegeben. Sei $C = C(t)$ eine Kurve auf der Fläche. Die Länge l des Weges zwischen zwei Punkten P und Q auf C längs C wird gegeben durch das Integral über das Linienelement $\mathrm{d}s := \sqrt{\mathrm{d}x^2 + \mathrm{d}y^2 + \mathrm{d}z^2}$ längs C:

$$l = \int_P^Q \sqrt{\dot{x}^2 + \dot{y}^2 + \dot{z}^2}\, \mathrm{d}t\,.$$

$\mathrm{d}x^2 + \mathrm{d}y^2 + \mathrm{d}z^2$ können wir durch p und q in der Form

$$\mathrm{d}x^2 + \mathrm{d}y^2 + \mathrm{d}z^2 = E\,\mathrm{d}p^2 + 2F\,\mathrm{d}p\,\mathrm{d}q + G\,\mathrm{d}q^2 \tag{8}$$

ausdrücken, wobei E, F und G Funktionen von p und q sind.

Variiert man die Fläche so, daß alle Weglängen invariant bleiben, so muß auch die Form (8) fest bleiben. Andererseits bleiben offenbar die Weglängen invariant, wenn bei einer Variation der Fläche die Form (8) fest bleibt. Eine solche Variation der Fläche nennen wir eine *Verbiegung*. Zur inneren Geometrie der Fläche gehören die zugeordneten geometrischen Größen, die bei Verbiegungen invariant bleiben.

Als eines der wichtigsten Ergebnisse seiner Arbeit erhielt GAUSS den Satz, daß die oben definierte Krümmung R bei Verbiegungen invariant ist. Er bezeichnete diesen Satz als ,,*Theorema egregium*''. Genauer bewies er

Satz 2. *Es gilt*

$$4(EG - F^2)\,R = E(E_q G_q - 2F_p G_q + G_p^2) + F(E_p G_q - E_q G_p - 2E_q F_q +$$
$$+ 4E_p F_q - 2F_p G_p) + G(E_p G_p - 2E_p F_q + E_q^2) - 2(EG - F^2) \times$$
$$\times (E_{qq} - 2F_{pq} + G_{pp})\,. \boxtimes \tag{9}$$

Da (8) positiv-definit ist, gilt $EG - F^2 > 0$, d. h., R ist durch (9) bestimmt.

RIEMANN stellte die Formel (9) in einen allgemeineren Zusammenhang und gab ihr eine strukturelle Deutung. Wir kommen hierauf in Kap. 14 zurück. Der Beweis von Satz 2 erfolgt in Abschn. 14.10.

Als Spezialfall erhält man den von MONGE angegebenen, aber nicht ausreichend bewiesenen Satz, wonach für eine Fläche, die sich glätten läßt (in den Bezeichnungen von Abschn. 4.), $f_{xx}f_{yy} = f_{xy}^2$ gilt.

Im weiteren beschäftigte sich GAUSS mit geodätischen Linien, d. h. kürzesten Verbindungen zweier Punkte, auf der Fläche und entwickelte eine Dreieckstheorie als Verallgemeinerung der gewöhnlichen und der sphärischen Trigonometrie. Eines seiner interessantesten Ergebnisse ist die Verallgemeinerung des Satzes, daß in einem ebenen Dreieck die Summe der Innenwinkel gleich π ist: Für ein Dreieck auf einer Fläche, dessen Seiten geodätische Linien sind, ist die Summe der Innenwinkel gleich π plus Gesamtkrümmung des Dreiecks, wobei unter Gesamtkrümmung das Flächenintegral der Gaußschen Krümmung über das Dreieck zu verstehen ist.

Geodätische Linien werden wir in Kap. 14 im Rahmen der Riemannschen Geometrie betrachten.

Aufgaben

4.1. Seien $x(t)$ und $y(t)$ stetig differenzierbare Funktionen von t im Intervall $[a, b]$ und C die orientierte ebene Kurve mit den Punkten $C(t) = (x(t), y(t))$, $a \leqq t \leqq b$ (vgl. Abschn. 4.3.). Die Bogenlänge der Kurve C ist durch

$$b(C) := \int_a^b \sqrt{\dot{x}(t)^2 + \dot{y}(t)^2}\, \mathrm{d}t$$

definiert.

a) Man zeige, daß $b(C)$ unabhängig von der Wahl des Parameters t ist.

b) Sei $a = t_0 < t_1 < \ldots < t_n = b$ und Γ_n das zugehörige in C eingeschriebene Polygon, das durch geradlinige Verbindung der Punkte $C(t_0)$, $C(t_1)$, $\ldots$, $C(t_n)$ entsteht. Sei $b(R_n)$ die Länge dieses Polygons. Man zeige $\lim_{n \to \infty} b(\Gamma_n) = b(C)$, wenn die Parameter t_ν so gewählt sind, daß die Abstände $t_\nu - t_{\nu-1}$ für $\nu = 1, \ldots, n$ bei wachsendem n beliebig klein werden.

c) C heißt im Punkte $C(t)$ (für den Parameter t) *regulär*, wenn $\dot{C}(t) \neq (0,0)$ ist, und *singulär*, wenn $\dot{C}(t) = (0,0)$ ist. Sei C im Intervall $[a, b]$ regulär. Man zeige, daß sich C durch die Bogenlänge parametrisieren läßt, d.h., die Funktion $s(h) = \int_a^h \sqrt{\dot{x}(t)^2 + \dot{y}(t)^2}\, \mathrm{d}t$ läßt sich für $a \leqq h \leqq b$ eindeutig umkehren, und die Umkehrfunktion ist stetig differenzierbar.

4.2. Die Kurve C sei durch die Bogenlänge s parametrisiert, und $C(s)$ sei zweimal stetig differenzierbar.

a) Man zeige, daß der Tangentialvektor $\boldsymbol{t} = \dot{C}(s)$ die Länge 1 hat.

b) Sei $\boldsymbol{n}$ der Normaleneinheitsvektor von C im Punkt $C(s)$, d. h., $\boldsymbol{n}$ ist senkrecht zu $\boldsymbol{t}$ und die orthonormierte Basis $\boldsymbol{t}$, $\boldsymbol{n}$ ist positiv orientiert. Man zeige, daß der Vektor $\dot{\boldsymbol{t}} = \dfrac{\mathrm{d}\boldsymbol{t}}{\mathrm{d}s}$ proportional zu $\boldsymbol{n}$ und der Proportionalitätsfaktor gleich der Krümmung r im Punkt $C(s)$ ist.

c) Man zeige $\dot{\boldsymbol{n}} = -r\boldsymbol{t}$. (Die Formeln $\dot{\boldsymbol{t}} = r\boldsymbol{n}$ und $\dot{\boldsymbol{n}} = -r\boldsymbol{t}$ werden als Frenetsche Formeln der ebenen Kurventheorie bezeichnet.)

4.3. Seien r, φ Polarkoordinaten in der xy-Ebene, und sei durch $z = f(r)$, $0 \leqq r \leqq r_1$, eine Rotationsfläche gegeben. Man bestimme die Gaußsche Krümmung R der Fläche in Abhängigkeit von r. Wann ist R konstant?

5. Harmonische Analyse

5.1. Die Gleichung der schwingenden Saite

In der Mitte des 18. Jahrhunderts beschäftigten sich die bedeutendsten Mathematiker mit der Lösung der Gleichung der (in der xy-Ebene) schwingenden Saite

$$\frac{\partial^2 y}{\partial t^2} = c^2 \frac{\partial^2 y}{\partial x^2}, \tag{1}$$

die an den Punkten $(0,0)$ und $(0, l)$ fest eingespannt ist. Dabei bezeichnet t die Zeit und c einen von der Maßeinheit abhängigen Parameter.

D'ALEMBERT (*Mém. Acad. Sci. Berlin* 1747) löste diese Gleichung durch Übergang zu den neuen Variablen $v^+ = x + ct$, $v^- = x - ct$, wodurch (1) in

$$\frac{\partial^2 y}{\partial v^+ \, \partial v^-} = 0 \tag{2}$$

übergeht. Die allgemeine Lösung dieser Gleichung hat die Form

$$y = f(v^+) + g(v^-)$$

mit zwei Funktionen f, g, die noch den Randbedingungen $y = 0$ für $x = 0$, l und beliebiges t zu genügen haben. Das bedeutet

$$f(w) + g(-w) = 0 , \quad f(l + w) + g(l - w) = 0 \tag{3}$$

für alle $w \in \mathbb{R}$. Diese Bedingungen sind genau dann erfüllt, wenn f als periodische Funktion mit der Periode $2l$ beliebig vorgegeben wird und $g(w) = - f(- w)$ gesetzt wird. Die d'Alembertsche Lösung lautet also

$$y = f(ct + x) - f(ct - x) . \tag{4}$$

Über die Natur der Funktion f entstand ein Streit zwischen D'ALEMBERT und EULER. Ersterer war der Meinung, daß sich y als Funktion von x und t „analytisch" ausdrücken lassen müsse, während letzterer meinte, man könne $f(w)$ zwischen $-l$ und $+l$ „beliebig" vorgeben.

Schon früher, 1713, hatte TAYLOR (*Philos. Trans.*) die speziellen Lösungen

$$y = \sin \frac{n\pi x}{l} \cos \frac{n\pi ct}{l} \qquad \text{für } n = 1, 2, \dots$$

von (1) angegeben und damit gewissermaßen an PYTHAGORAS angeknüpft, der den Zusammenhang zwischen der Konsonanz von Tönen und dem Verhältnis der Saitenlängen bei ihrer Erzeugung auf einem Monochord entdeckt hatte. D. BERNOULLI (*Mém. Acad. Sci. Berlin* 1753) gab, an TAYLOR anknüpfend, die aus den Grundschwingungen zusammengesetzte Lösung

$$y = \sum_{n=1}^{\infty} a_n \sin \frac{n\pi x}{l} \cos \frac{n\pi c}{l} (t - b_n)$$

an, wobei a_n, b_n reelle Parameter sind, und hielt die Lösung für die allgemeinste. EULER antwortete auf die Arbeit sofort (*Mém. Acad. Sci. Berlin* 1753), daß dies nur dann der Fall sein können, wenn sich jede periodische Funktion f mit der Periode 2π in der Form

$$f(x) = b_0/2 + \sum_{n=1}^{\infty} (a_n \sin nx + b_n \cos nx) \tag{5}$$

darstellen lasse.

Es dauerte über 50 Jahre, bis ein wesentlicher Fortschritt in dieser Frage erzielt wurde, als FOURIER (*Bericht vor der Pariser Akademie am 21. 12. 1807*) entdeckte, daß, wenn eine Funktion sich in der Form (5) darstellen läßt, die Koeffizienten a_n, b_n von der Form

$$a_n = \frac{1}{\pi} \int_{-\pi}^{\pi} f(x) \sin nx \, dx, \qquad b_n = \frac{1}{\pi} \int_{-\pi}^{\pi} f(x) \cos nx \, dx \tag{6}$$

sein müssen. a_n, b_n werden als *Fourier-Koeffizienten* von $f(x)$ bezeichnet. Für eine gerade Funktion treten nur die Koeffizienten a_0, b_1, b_2, ... auf. In diesem Fall war (6) bereits EULER bekannt gewesen (*Novi Comm. Acad. Sci. Imp. Petropolitanae* 11 (1793)). Dieses posthum veröffentlichte Ergebnis blieb aber unbeachtet.

Im Jahre 1829 erschien im *J. reine angew. Math.* 4 eine Arbeit von DIRICHLET, „*Sur la convergence des séries trigonométriques qui servent a représenter une fonction arbitraire entre des limites donnés*", in der bewiesen wurde, daß für sehr milde Bedingungen an die Funktion f diese sich in der Form (5) darstellen läßt, wobei die Koeffizienten a_n, b_n durch (6) gegeben sind. RIEMANN bezeichnete diese Arbeit in seiner Habilitationsschrift (*Göttingen* 1854) als „*die erste gründliche Arbeit über diesen Gegenstand*". Im folgenden geben wir eine Darstellung der Dirichletschen Arbeit. Für weitere Einzelheiten der Vorgeschichte der harmonischen Analyse verweisen wir auf den ersten Abschnitt von RIEMANNS Habilitationsschrift.

5.2.   Formulierung des Dirichletschen Satzes und Beweisansatz

Satz 1 (*Satz von* DIRICHLET). *Sei f eine Funktion (d. h. eine Abbildung von $\mathbb{R}$ in $\mathbb{R}$) mit der Periode 2π, die den folgenden Bedingungen genügt:*

1. *Das Intervall $[-\pi, \pi]$ läßt sich in endlich viele Teilintervalle $[a, b]$ einteilen, so daß f in (a, b) stetig und entweder monoton wachsend oder monoton fallend ist.*

2. *Für die Anfangspunkte a dieser Intervalle sind die Grenzwerte*

$$f^-(a) = \lim_{\substack{x < a \\ x \to a}} f(x) \quad und \quad f^+(a) = \lim_{\substack{x > a \\ x \to a}} f(x)$$

endlich, und es gilt

$$f(a) = \tfrac{1}{2} \left(f^-(a) + f^+(a) \right). \tag{7}$$

Dann hat f eine Darstellung (5), wobei die Koeffizienten a, b durch (6) gegeben sind.

Der Ausgangspunkt des Beweises von Satz 1 besteht in folgendem:
Wir betrachten die Funktionen

$$f_n(x) = \tfrac{1}{2} b_0 + \sum_{j=1}^{n} (a_j \sin jx + b_j \cos jx)\,, \quad n = 1, 2, \dots . \tag{8}$$

Durch Einsetzung der Integrale (6), die auf Grund der Voraussetzungen über f existieren, erhält man

$$f_n(x) = \frac{1}{2\pi} \int_{-\pi}^{\pi} f(y)\,\mathrm{d}y + \frac{1}{\pi} \sum_{j=1}^{n} \int_{-\pi}^{\pi} f(y)\,(\sin jy \sin jx + \cos jy \cos jx)\,\mathrm{d}y$$

$$= \frac{1}{\pi} \int_{-\pi}^{\pi} f(y) \left(\frac{1}{2} + \sum_{j=1}^{n} \cos j\,(y - x) \right) \mathrm{d}y\,. \tag{9}$$

Wir haben $\lim\limits_{n \to \infty} f_n(x) = f(x)$ zu zeigen.

Hilfssatz 1. *Für reelle z gilt*

$$(\tfrac{1}{2} + \sum_{j=1}^{n} \cos jz)\, 2 \sin \tfrac{1}{2} z = \sin (n + \tfrac{1}{2})\, z\,. \tag{10}$$

Beweis. Aus dem Additionstheorem für die Sinusfunktion folgt

$$2 \cos jz \sin \tfrac{1}{2} z = \sin (j + \tfrac{1}{2})\, z - \sin (j - \tfrac{1}{2})\, z$$

und daher

$$\sin \tfrac{1}{2} z + 2 \sum_{j=1}^{n} \cos jz \sin \tfrac{1}{2} z$$

$$= \sin \tfrac{1}{2} z + \sum_{j=1}^{n} (\sin (j + \tfrac{1}{2})\, z - \sin (j - \tfrac{1}{2}z)) = \sin (n + \tfrac{1}{2})\, z. \;\; \square$$

Wir setzen (10) in (9) ein und erhalten

$$f_n(x) = \frac{1}{\pi} \int_{-\pi}^{\pi} f(y)\, \frac{\sin (n + \tfrac{1}{2})\,(y - x)}{2 \sin (y - x)/2}\,\mathrm{d}y.$$

Dabei ist der Integrand an der Stelle $y = x$ gleich $f(y)\,(n + \tfrac{1}{2})$ zu setzen. Wir gehen zu der neuen Integrationsvariablen $u = y - x$ über und setzen $2n + 1 = k$. Dann wird

$$f_n(x) = \frac{1}{\pi} \int_{-(\pi+x)}^{0} f(x + u)\, \frac{\sin ku/2}{2 \sin u/2}\,\mathrm{d}u + \frac{1}{\pi} \int_{0}^{\pi-x} f(x + u)\, \frac{\sin ku/2}{2 \sin u/2}\,\mathrm{d}u\,.$$

Hierin gehen wir im ersten Integral von u zu $-2u$ und im zweiten von u zu $2u$ über:

$$f_n(x) = \frac{1}{\pi} \int_{0}^{\frac{\pi+x}{2}} f(x - 2u)\, \frac{\sin ku}{\sin u}\,\mathrm{d}u + \frac{1}{\pi} \int_{0}^{\frac{\pi-x}{2}} f(x + 2u)\, \frac{\sin ku}{\sin u}\,\mathrm{d}u\,.$$

Hilfssatz 2. *Sei* $0 \leqq a < b < \pi$ *und* $g(u)$ *für* $a \leqq u \leqq b$ *eine stetige monotone Funktion. Dann gilt*

$$\lim_{n \to \infty} \int_a^b g(u) \frac{\sin ku}{\sin u} \, du = 0 \quad \textit{für} \quad a > 0 , \tag{11}$$

$$\lim_{n \to \infty} \int_a^b g(u) \frac{\sin ku}{\sin u} \, du = \frac{\pi}{2} g(0) . \tag{12}$$

Indem wir die Integrationsintervalle in Teilintervalle zerlegen, in denen $f(x \pm 2u)$ monoton ist, erhalten wir aus Hilfssatz 2 ohne weiteres $\lim_{n \to \infty} f_n(x) = f(x)$. Zum Beweis von Satz 1 genügt es daher, Hilfssatz 2 zu beweisen.

5.3.   Beweis von Hilfssatz 2

Wir führen zunächst Hilfssatz 2 auf einen Spezialfall zurück. Durch Zerlegung in Teilintervalle erreichen wir, daß $a \geqq \pi/2$ oder $b \leqq \pi/2$ angenommen werden kann. Im ersten Fall setzen wir $u = \pi - u'$ und erhalten

$$\int_a^b g(u) \frac{\sin ku}{\sin u} \, du = \int_{\pi-b}^{\pi-a} g(\pi - u') \frac{\sin ku'}{\sin u'} \, du' .$$

$g(\pi - u')$ ist mit $g(u)$ monoton und stetig im entsprechenden Intervall, wobei $0 \leqq \pi - b \leqq \pi - a \leqq \pi/2$ ist. Wir können daher im Hilfssatz 2 $b \leqq \pi/2$ annehmen.

Es genügt, (12) zu beweisen. Ist nämlich $g(u)$ für $a \leqq u \leqq b$ definiert und stetig und monoton, so definieren wir $g(u)$ für $0 \leqq u < a$ durch $g(u) = g(a)$. Die erweiterte Funktion ist wieder stetig und monoton, und es wird

$$\int_b^b g(u) \frac{\sin ku}{\sin u} \, du = \int_a^b g(u) \frac{\sin ku}{\sin u} \, du - \int_a^a g(u) \frac{\sin ku}{\sin u} \, du = 0 .$$

Weiter sieht man leicht, daß es genügt, monoton fallende, positive Funktionen zu betrachten.

Wir bemerken, daß

$$\int_0^{\pi/2} \frac{\sin ku}{\sin u} \, du = \int_0^{\pi/2} \Big(1 + \sum_{j=1}^{n} 2 \cos 2 ju\Big) \, du = \frac{\pi}{2} \tag{13}$$

ist (Hilfssatz 1). Weiter zerlegen wir $\dfrac{\sin ku}{\sin u}$ in positive und in negative Bestandteile:

Die Funktion ist $\geqq 0$ für u zwischen $2j\pi/k$ und $(2j + 1)\,\pi/k$ und $\leqq 0$ für u zwischen $(2j + 1)\,\pi/k$ und $(2j + 2)\,\pi/k$, $j = 0, 1, \ldots$. Sei

$$r_i := \int_{(i-1)\pi/k}^{i\pi/k} \left| \frac{\sin ku}{\sin u} \right| du \quad \text{für} \quad i = 1, \ldots, n, \; r_{n+1} := \int_{n\pi/k}^{\pi/2} \left| \frac{\sin ku}{\sin u} \right| du .$$

Bei Verschiebung um $i\pi/k$ bleibt der Zähler des Integranden unverändert, und der Nenner wächst. Daher gilt

$$r_1 > r_2 > \ldots > r_{n+1}\,.$$

Außerdem ist wegen (13)

$$r_1 - r_2 + \ldots + (-1)^n r_{n+1} = \frac{\pi}{2}\,,$$

also

$$r_1 - r_2 + \ldots - r_{2m} < \frac{\pi}{2}\,,\; r_1 - r_2 + \ldots + r_{2m-1} > \frac{\pi}{2}$$

für $2m < n$.

Sei weiter

$$S_k := \int\limits_0^b g(u)\, \frac{\sin ku}{\sin u}\, du, \quad R_i := \int\limits_{(i-1)\pi/k}^{i\pi/k} g(u)\, \left|\frac{\sin ku}{\sin u}\right|\, du\,.$$

Dann ist $R_1 > R_2 > \ldots$, $S_k \geqq R_1 - R_2 + \ldots - R_{2m}$, $S_k \leqq R_1 - R_2 + \ldots + R_{2m-1}$ für $2m < bk/\pi$ und

$$r_i g\left(\frac{(i-1)\pi}{k}\right) \geqq R_i \geqq r_i g\left(\frac{i\pi}{k}\right)\,.$$

Hieraus folgt

$$S_k \geqq (r_1 - r_2)\, g\left(\frac{\pi}{k}\right) + (r_3 - r_4)\, g\left(\frac{3\pi}{k}\right) + \ldots + (r_{2m-1} - r)\, g\left(\frac{(2m-1)\pi}{k}\right) \geqq$$

$$\geqq (r_1 - r_2 + \ldots - r_{2m})\, g\left(\frac{2m\pi}{k}\right) \geqq \frac{\pi}{2}\, g\left(\frac{2m\pi}{k}\right) - r_{2m}\, g\left(\frac{2m\pi}{k}\right),$$

$$S_k \leqq r_1 g(0) - (r_2 - r_3)\, g\left(\frac{2\pi}{k}\right) - \ldots - (r_{2m-2} - r_{2m-1})\, g\left(\frac{(2m-2)\pi}{k}\right) \leqq$$

$$\leqq r_1 g(0) - (r_2 - r_3 + \ldots - r_{2m-1})\, g\left(\frac{2m\pi}{k}\right) \leqq$$

$$\leqq r_1\left(g(0) - g\left(\frac{2m\pi}{k}\right)\right) + \frac{\pi}{2}\, g\left(\frac{2m\pi}{k}\right) + r_{2m} g\left(\frac{2m\pi}{k}\right).$$

Jetzt lassen wir m in Abhängigkeit von n gegen ∞ gehen, wobei gleichzeitig m/k gegen 0 gehe und die Bedingung $2m < bk/\pi$ erfüllt sei (man setze z. B. $m = [b \log k/\pi]$) Für r_m haben wir folgende Abschätzung:

$$r_m = \int\limits_{(m-1)\pi/k}^{m\pi/k} \left|\frac{\sin ku}{\sin u}\right|\, du \leqq \frac{\pi}{k \sin (m-1)\pi/k}$$

$$= \frac{1}{(m-1)}\, \frac{(m-1)\pi/k}{\sin (m-1)\pi/k}\,.$$

Für $m/k \to 0$ und $m \to \infty$ folgt $r_m \to 0$.

Aus Hilfssatz 1 ergibt sich leicht, daß r_1 für $n \to \infty$ beschränkt bleibt.

Aus den Abschätzungen für S_k folgt nun $\lim\limits_{n \to \infty} S_k = \dfrac{\pi}{2}\, g(0)$. $\square$

Soweit zu der Dirichletschen Arbeit. In den folgenden Abschnitten bringen wir Ergänzungen und Beispiele.

5.4. Die Fouriersche Formel

Wir haben bisher Funktionen mit der Periode 2π betrachtet. Statt dessen können wir auch Funktionen mit der Periode $2l$ für positive l untersuchen. Wir interessieren uns in diesem Abschnitt dafür, was man erhält, wenn man l gegen ∞ gehen läßt.

Satz 2 *(Fouriersche Formel). Sei $f \colon \mathbb{R} \to \mathbb{R}$ eine Funktion, die den folgenden Bedingungen genügt:*

1. Jedes endliche Intervall läßt sich in endlich viele Teilintervalle $[a, b]$ einteilen, so daß f in (a, b) stetig und monoton wachsend oder fallend ist.

2. Für die Anfangspunkte a dieser Intervalle sind die Grenzwerte $f^-(a)$ und $f^+(a)$ endlich, und es gilt

$$f(a) = \tfrac{1}{2}\left(f^-(a) + f^+(a)\right).$$

3. Das uneigentliche Integral

$$\int_{-\infty}^{\infty} |f(t)|\; \mathrm{d}t$$

existiert.

Dann existiert auch das Integral

$$\frac{1}{\pi} \int_{0}^{\infty} \int_{-\infty}^{\infty} f(t) \cos u(t - x)\; \mathrm{d}t\; \mathrm{d}u \tag{14}$$

für alle $x \in \mathbb{R}$ und ist gleich $f(x)$.

Beweis. Wir betrachten zunächst Funktionen f mit kompaktem Träger, d. h., wir setzen voraus, daß es ein $h \geqq 0$ gibt mit $f(x) = 0$ für $|x| > h$. In diesem Fall gilt nach Satz 1 für $l > h$ und $|x| \leqq l$

$$f(x) = \frac{1}{2}\, b_0 + \sum_{j=1}^{\infty} \left(a_j \sin \frac{j\pi x}{l} + b_j \cos \frac{j\pi x}{l} \right)$$

mit

$$a_j = \frac{1}{l} \int_{-h}^{h} f(t) \sin \frac{j\pi t}{l}\; \mathrm{d}t\,, \qquad b_j = \frac{1}{l} \int_{-h}^{h} f(t) \cos \frac{j\pi t}{l}\; \mathrm{d}t\,.$$

Hieraus folgt

$$f(x) = \frac{1}{2l} \int_{-h}^{h} f(t)\; \mathrm{d}t + \frac{1}{l} \sum_{j=1}^{\infty} \int_{-h}^{h} f(t) \cos \frac{j\pi(t - x)}{l}\; \mathrm{d}t\,.$$

Für $l \to \infty$ geht die rechte Seite in

$$\frac{1}{\pi} \int_{0}^{\infty} \int_{-h}^{h} f(t) \cos u(t - x)\; \mathrm{d}t\; \mathrm{d}u$$

über, womit Satz 2 für Funktionen mit kompaktem Träger bewiesen ist.

Sei jetzt f eine beliebige Funktion, die den Bedingungen 1—3 genügt. In

$$I(v, f, x) := \frac{1}{\pi} \int_0^v \int_{-\infty}^\infty f(t) \cos u(t-x)\, dt\, du$$

können wir wegen Bedingung 3 die Integrationen vertauschen und erhalten

$$I(v, f, x) = \frac{1}{\pi} \int_{-\infty}^\infty f(t) \frac{\sin v(t-x)}{t-x}\, dt\ .$$

Wir definieren

$$f_l(t) =: \begin{cases} f(t) & \text{für} \quad |t| \leqq l\ , \\ 0 & \text{für} \quad |t| > l\ . \end{cases}$$

Sei $\varepsilon > 0$ beliebig vorgegeben. Bei festem x wird wegen Bedingung 3 für genügend großes l und beliebiges v

$$|I(v, f - f_l, x)| < \frac{\varepsilon}{2}\ . \tag{15}$$

Andererseits haben wir bereits gesehen, daß für genügend große v

$$|I(v, f_l, x) - f(x)| < \frac{\varepsilon}{2} \tag{16}$$

wird. Aus (15) und (16) folgt leicht die Behauptung von Satz 2. $\square$

5.5. Harmonische Analyse für komplexwertige Funktionen

Wir betrachten jetzt Funktionen f mit komplexen Werten, deren Real- und Imaginärteil den Bedingungen von Satz 1 bzw. Satz 2 genügen. Man erhält für diese die Darstellung

$$f(x) = \sum_{j=-\infty}^\infty c_j \exp ijx \quad \text{mit} \quad c_j = \frac{1}{2\pi} \int_{-\pi}^\pi f(t) \exp - ijt\, dt \tag{17}$$

bzw.

$$f(x) = \frac{1}{2\pi} \int_{-\infty}^\infty \int_{-\infty}^\infty f(t) \exp iu(t-x)\, dt\, du\ . \tag{18}$$

$$\left(\sum_{j=-\infty}^\infty \text{ bzw. } \int_{-\infty}^\infty \text{ sind hier zu verstehen als } \lim_{n\to\infty} \sum_{j=-n}^n \text{ und } \lim_{n\to\infty} \int_{-n}^n\ . \right)$$

Wir definieren die *Fourier-Transformation* $\Phi(f)$ durch

$$\Phi(f)\,(u) := \frac{1}{\sqrt{2\pi}} \int_{-\infty}^\infty f(t) \exp itu\, dt\ . \tag{19}$$

Dann können wir (18) in der **Form**

$$\Phi\big(\Phi(f)\big)\,(x) = f(-x) \tag{20}$$

schreiben, die als *Fouriersche Umkehrformel* bezeichnet wird.

(17) und (20) bilden einen Ausgangspunkt für die weitere Entwicklung und die Verallgemeinerung der harmonischen Analyse. Die in (17) bzw. (19) auftretenden Exponentialfunktionen lassen sich charakterisieren als die Gesamtheit aller stetigen Gruppenhomomorphismen von $\mathbb{R}/2\pi\,\mathbb{Z}$ bzw. $\mathbb{R}$ in die multiplikative Gruppe der komplexen Zahlen vom Absolutbetrag 1.

5.6. Anwendung: Berechnung der ζ-Funktion an positiven geraden Stellen

Wir betrachten als Beispiel die Funktionen x^h für $-\pi \leqq x \leqq \pi$, $h = 1\,,\,\dots$, und berechnen dabei die Werte der Funktion

$$\zeta(s) := \sum_{n=1}^{\infty} \frac{1}{n^s}$$

für gerade positive Zahlen s. Diese Funktion wurde von RIEMANN im Zusammenhang mit der Primzahlverteilung in überaus tiefliegender Weise studiert (Kap. 15), und sie wird daher als *Riemannsche ζ-Funktion* bezeichnet.

Wir haben

$$x^h = \tfrac{1}{2}\, b_0(h) + \sum_{j=1}^{\infty} \big(a_j(h) \sin jx + b_j(h) \cos jx\big) \quad \text{für} \ -\pi < x < \pi\,.$$

Da x^h eine gerade oder eine ungerade Funktion ist, je nachdem ob h gerade oder ungerade ist, gilt $a_j(h) = b_j(h+1) = 0$ für gerade h.

Weiter erhält man durch partielle Integration für gerade h

$$b_j(h) = \frac{1}{\pi} \int\limits_{-\pi}^{\pi} x^h \cos jx \, dx = \left[\frac{1}{\pi j} x^h \sin jx\right]_{-\pi}^{\pi} - \frac{h}{\pi j} \int\limits_{-\pi}^{\pi} x^{h-1} \sin jx \, dx \,,$$

d. h.

$$b_j(h) = -\frac{h}{j}\, a_j(h-1)\,,$$

und

$$a_j(h-1) = \frac{1}{\pi} \int\limits_{-\pi}^{\pi} x^{h-1} \sin jx \, dx = \left[-\frac{1}{\pi j} x^{h-1} \cos jx\right]_{-\pi}^{\pi}$$

$$+\frac{h-1}{\pi j} \int\limits_{-\pi}^{\pi} x^{h-2} \cos jx \, dx \,,$$

d. h. $a_j(h-1) = (-1)^{j+1}\, 2\pi^{h-2}/j + \dfrac{(h-1)}{j}\, b_j(h-2)\,.$

Wegen $b_j(0) = 0$ erhält man für die Sägezahnfunktion

$$x = \sum_{j=1}^{\infty} (-1)^{j+1} \frac{2}{j} \sin jx \quad \text{für} \ -\pi < x < \pi\,.$$

Für $x = \dfrac{\pi}{2}$ findet man die Reihe

$$\frac{\pi}{4} = 1 - \frac{1}{3} + \frac{1}{5} \mp \dots\,,$$

die schon LEIBNIZ bekannt war und ihn zu dem Ausspruch „*Numero deus impare gaudet*" (*Gott freut sich über die ungeraden Zahlen*) begeisterte.[1])

Für $b_j(h)$ erhält man die Rekursionsformel

$$b_j(h) = (-1)^j 2h\pi^{h-2} \frac{1}{j^2} - \frac{h(h-1)}{j^2} b_j(h-2) \,.\tag{21}$$

Hiernach wird

$$x^2 = \frac{\pi^2}{3} + \sum_{j=1}^{\infty} (-1)^j \frac{4}{j^2} \cos jx \quad \text{für} \quad -\pi \leqq x \leqq \pi \,.$$

Für $x = \pi$ findet man

$$\pi^2 = \frac{\pi^2}{3} + \sum_{j=1}^{\infty} \frac{4}{j^2} \,,$$

also $\zeta(2) = \pi^2/6$.[2])

Allgemein gehen wir folgendermaßen vor: Aus (21) folgt

$$b_j(h) = \sum_{l=1}^{h/2} (-1)^{j+k+1} \cdot \frac{2\pi^{h-2k} h!}{j^{2k}(h-2k+1)!}$$

und daher

$$x^h = \frac{\pi^h}{h+1} + \sum_{j=1}^{\infty} \sum_{k=1}^{h/2} (-1)^{j+k+1} \cdot \frac{2\pi^{h-2k} h!}{j^{2k}(h-2k+1)!} \cos jx \quad \text{für}$$

$$-\pi \leqq x \leqq \pi \,,\ 2 \mid h \,.$$

Für $x = \pi$ wird

$$\pi^h = \frac{\pi^h}{h+1} + \sum_{j=1}^{\infty} \sum_{k=1}^{h/2} (-1)^{k+1} \cdot \frac{2^{h-2k} h!}{j^{2k}(h-2k+1)!} \,.\tag{22}$$

Wir setzen

$$B_{2k} := (-1)^{k+1} \frac{2(2k)!}{(2\pi)^{2k}} \zeta(2k) \quad \text{für} \quad k = 1, 2, \dots \,.\tag{23}$$

Die Zahlen B_{2k} werden als *Bernoullische Zahlen* bezeichnet.

Da die rechte Seite von (22) absolut konvergiert, können wir die Summen vertauschen und erhalten nach Multiplikation mit $(h+1)/\pi^h$ und Einsetzung von B_{2k}

$$h = \sum_{k=1}^{h/2} B_{2k} 2^{2k} \binom{h+1}{2k}, \quad h = 2, 4, \dots \,.\tag{24}$$

Hiernach sind alle B_{2k} rationale Zahlen. Aus (24) findet man $B_2 = \frac{1}{6}$, $B_4 = -\frac{1}{30}$, $B_6 = \frac{1}{42}$, $B_8 = -\frac{1}{30}$, $B_{14} = \frac{5}{66}$, $B_{12} = -\frac{691}{2730}$, $B_{14} = \frac{7}{6}$, $B_{16} = -\frac{3617}{510}$.

---

[1]) Nach KUMMER, *Vortrag über Leibniz* vom 4. 7. 1867 in der Preußischen Akademie der Wissenschaften. Der Ausspruch steht auf einem Notizzettel und stammt von VERGIL, *Ecloga* VIII, 75.

[2]) $\zeta(2) = \pi^2/6$ wurde zuerst von EULER bewiesen. Es war dies eine seiner sensationellsten Entdeckungen, da sich u. a. LEIBNIZ und die BERNOULLIS vergeblich bemüht hatten, den Wert von $\zeta(2)$ zu berechnen. Siehe hierzu WEIL [1], Chap. III, §§ 5, 17, 18, 19, 20.

Aufgaben

5.1. Sei y eine reelle Zahl mit $0 < y < 1$. Man zeige, daß für $-\pi < x < \pi$ die Reihenentwicklung

$$\cos yx = \frac{2y \sin \pi y}{\pi} \left(\frac{1}{2y^2} - \sum_{n=1}^{\infty} (-1)^n \frac{\cos nx}{n^2 - y^2} \right)$$

gilt. Hieraus leite man die Partialbruchzerlegung der Funktion $\cot \pi y$ her:

$$\pi \cot \pi y = \frac{1}{y} - \sum_{n=1}^{\infty} \frac{2y}{n^2 - y^2}.$$

5.2. Sei $f(x)$ eine Funktion, die für $-\pi \leq x \leq \pi$ definiert ist und den Bedingungen 1 und 2 von Satz 1 genügt. Weiter seien $c_1, \ldots, c_n, d_0, \ldots, d_n$ beliebige reelle Zahlen und

$$\Delta_n(x) = f(x) - \left(\frac{d_0}{2} + \sum_{k=1}^{n} (c_k \sin kx + d_k \cos kx) \right).$$

Als Maß für die Güte der Approximation von $f(x)$ durch das trigonometrische Polynom $\dfrac{d_0}{2} + \displaystyle\sum_{k=1}^{n} (c_k \sin kx + d_k \cos kx)$ benutzt man den *mittleren quadratischen Fehler*

$$\frac{1}{2\pi} \int_{-\pi}^{\pi} \Delta_n^2(x) \, dx.$$

a) Man zeige, daß dieser Fehler bei festem n am kleinsten ist, wenn die Koeffizienten c_k, d_k gleich den Fourier-Koeffizienten a_k, b_k sind, und beweise die Ungleichung

$$\frac{b_0^2}{2} + \sum_{k=1}^{n} (a_k^2 + b_k^2) \leq \frac{1}{\pi} \int_{-\pi}^{\pi} f(x)^2 \, dx.$$

b) (Parsevalsche Gleichung) Man zeige

$$\frac{b_0^2}{2} + \sum_{k=1}^{\infty} (a_k^2 + b_k^2) = \frac{1}{\pi} \int_{-\pi}^{\pi} f(x)^2 \, dx.$$

5.3. Sei $B_0 := 1$, $B_1 := -\frac{1}{2}$, $B_h := 0$ für ungerade $h > 1$.
a) Man zeige

$$\sum_{k=0}^{h-1} \binom{h}{k} B_k = 0 \qquad \text{für} \quad h = 2, 3, \ldots.$$

b) Man zeige, daß sich die Funktion $\dfrac{x}{e^x - 1}$ in die Taylor-Reihe

$$\sum_{k=0}^{\infty} \frac{B_k}{k!} x^k \quad \text{entwickeln läßt.}$$

c) Man zeige $\displaystyle\sum_{k=1}^{n-1} k^m = \frac{1}{m+1} \sum_{k=0}^{m} \binom{m+1}{k} B_k n^{m+1-k}$.

6. Primzahlen in arithmetischen Progressionen

6.1. Primzahlverteilung

Schon in den „*Elementen*" des EUKLID findet sich der Satz, daß es unendlich viele Primzahlen gibt. Angenommen, es gäbe nur endlich viele und dies seien die Zahlen p_1, ... , p_s. Dann betrachten wir die Zahl $p_1 p_1 \ldots p_s + 1$. Sie enthält keine der Zahlen p_1, ... , p_s als Primfaktor. Es muß also noch andere Primzahlen geben.

Von EULER stammt eine Verschärfung des Satzes von EUKLID. Er bewies 1737 (*Varia observationes circa series infinitae, Comm. Acad. Sci. Imp. Petropolitanae* **9** (1737)), daß die über alle Primzahlen p zu erstreckende Summe $\sum_p 1/p$ divergiert. Jedoch äußerte er sich im übrigen pessimistisch bezüglich der Erkennbarkeit der Verteilung der Primzahlen innerhalb der Reihe der natürlichen Zahlen: „*Die Mathematiker haben bis heute vergeblich versucht, eine Ordnung in der Reihe der Primzahlen zu entdecken, und man hat Grund zu glauben, daß dies ein Mysterium ist, in das der menschliche Geist niemals eindringen wird.*"

LEGENDRE stellte einige Vermutungen über die Primzahlverteilung auf. Eine davon, die aus dem Jahre 1785 stammt (*Recherches d'analyse indéterminée, Histoire de l'Academie Royale des Sciences de Paris* 1788), besagt, daß die Anzahl $\pi(x)$ der Primzahlen, die kleiner oder gleich der positiven reellen Zahl x sind, durch die Funktion

$$\frac{x}{\log x - 1{,}08366} \tag{1}$$

angenähert wird. Wir werden in Kap. 27 nach Vorbereitungen in den Kapiteln 15 und 26 zeigen, daß die Funktion $\int_2^x \dfrac{dt}{\log t}$ die *Primzahlfunktion* $\pi(x)$ noch besser als (1) approximiert. Eine derartige Vermutung wurde von GAUSS 1792 aufgestellt, aber niemals publiziert.

Eine weitere Vermutung von LEGENDRE bezieht sich auf die Verteilung der Primzahlen in arithmetischen Progressionen: Sei k eine natürliche Zahl. Dann verteilen sich die Primzahlen in gewisser Weise auf die $\varphi(k)$ primen Restklassen mod k (Abschn. 1.3.). LEGENDRE gab in der oben zitierten Arbeit einen „*Beweis*" des quadratischen Reziprozitätsgesetzes (Kap. 1, Satz 10) unter der Voraussetzung, daß es zu jeder Primzahl $p \equiv 1 \pmod 4$ eine Primzahl $q \equiv 3 \pmod 4$ mit $\left(\dfrac{p}{q}\right) = -1$ gibt. Dies folgt, wie man leicht sieht, aus der Annahme, daß in jeder primen Restklasse Primzahlen liegen, was von LEGENDRE vermutet, aber erst 1837 von DIRICHLET (*Abh. Preuß. Akad. Wiss.*) bewiesen wurde. Genauer zeigte DIRICHLET den folgenden

Satz 1. *Seien k und l teilerfremde natürliche Zahlen und $\bar{l}$ die Restklasse* mod k, *in der l liegt. Dann divergiert die Reihe*

$$\sum_{p \in \bar{l}} \frac{1}{p},$$

wobei die Summe über alle Primzahlen p in $\bar{l}$ zu erstrecken ist.

Der oben zitierte Satz von EULER ist ein Spezialfall von Satz 1 ($k = 1$). DIRICHLETS Beweis von Satz 1, dem wir hier im wesentlichen folgen, geht von EULERS Beweis aus, steuert aber mehrere fundamentale neue Ideen bei. Eine davon ist die Heranziehung von Charakteren der Gruppe $(Z/kZ)^\times$ der primen Restklassen mod k. Wir betrachten im nächsten Abschnitt gleich allgemeiner Charaktere endlicher abelscher Gruppen.

6.2. Charaktere endlicher abelscher Gruppen

Sei G eine endliche abelsche Gruppe. Wir schreiben G multiplikativ und bezeichnen das Einselement von G mit 1. Unter einem *Charakter* von G versteht man einen Homomorphismus χ von G in $\mathbb{C}^\times$. Die Gesamtheit aller Charaktere von G bezeichnen wir mit $\hat{G}$. Zwei Charaktere χ, χ' von G multipliziert man nach der Regel

$$(\chi \cdot \chi')\,(g) = \chi(g)\,\chi'(g) \quad \text{für} \quad g \in G\,.$$

Mit dieser Multiplikation wird $\hat{G}$ selbst eine abelsche Gruppe, deren Einselement der Charakter χ_0 ist, der jedem $g \in G$ die Zahl 1 zuordnet. χ_0 wird als *Einscharakter* bezeichnet.

Sei $m = |G|$ die Gruppenordnung von G. Dann gilt für $\chi \in \hat{G}$

$$(\chi(g))^m = \chi(g^m) = \chi(1) = 1 \quad \text{für alle } g \in G\,.$$

Daher ist der Absolutbetrag $|\chi(g)|$ von $\chi(g)$ gleich 1, woraus folgt, daß $\chi^{-1}(g) = \overline{\chi(g)}$ ist, wobei der Querstrich das Konjugiert-Komplexe bezeichnet.

Satz 2. *$\hat{G}$ ist isomorph zu G. Insbesondere ist die Anzahl der Charaktere von G gleich der Gruppenordnung von G.*

Beweis. Nach dem Hauptsatz über abelsche Gruppen (Anh. 1, Satz 7) ist G isomorph zum direkten Produkt von zyklischen Gruppen $C_1, \ldots, C_s$ der Ordnung $m_1, \ldots, m_s$. Seien $c_1, \ldots, c_s$ Erzeugende dieser Gruppen und χ_i der Charakter von C_i, der c_i die primitive m_i-te Einheitswurzel $\exp\left(\dfrac{2\pi\sqrt{-1}}{m_i}\right)$ zuordnet, $i = 1, \ldots, s$. Dann ist χ_i eine Erzeugende der zyklischen Charaktergruppe $\hat{C}_i$, und der Isomorphismus von G auf $\hat{G}$ wird gegeben durch die Zuordnung

$$c_1^{a_1} \ldots c_s^{a_s} \to \chi_1^{a_1} \ldots \chi_s^{a_s} \quad \text{mit} \quad 0 \leqq a_i < m_i \quad \text{für} \quad i = 1, \ldots, s\,.$$

Dieser Isomorphismus erfordert zu seiner Konstruktion die Auszeichnung einer Basis von G. Dagegen gibt es einen kanonischen Isomorphismus von G auf die Charaktergruppe $\hat{\hat{G}}$ von $\hat{G}$. Dieser ordnet $g \in G$ den Charakter $\chi \to \chi(g)$ von $\hat{G}$ zu. Zum Beweis von Satz 1 benötigen wir den folgenden

Satz 3. *Sei $\chi \in \hat{G}$. Dann gilt*

$$\sum_{g \in G} \chi(g) = \begin{cases} |G| & \text{für} \quad \chi = \chi_0\,, \\ 0 & \text{für} \quad \chi \neq \chi_0\,. \end{cases} \tag{2}$$

Sei $g \in G$. Dann gilt

$$\sum_{\chi \in \hat{G}} \chi(g) = \begin{cases} |G| & \text{für} \quad g = 1, \\ 0 & \text{für} \quad g \neq 1. \end{cases} \tag{3}$$

Beweis. (3) entsteht aus (2) durch Übergang von G zu $\hat{G}$. Es genügt daher, (2) zu beweisen. Für $\chi = \chi_0$ ist (2) trivial. Sei daher $\chi \neq \chi_0$, d. h., es gibt ein $a \in G$ mit $\chi(a) \neq 1$. Dann gilt

$$\sum_{g \in G} \chi(g) = \sum_{g \in G} \chi(ag) = \chi(a) \sum_{g \in G} \chi(g) = 0 . \quad \square$$

Aus Satz 3 folgt leicht, daß sich jede Funktion $f: G \to \mathbb{C}$ eindeutig in der Form

$$f(x) = \sum_{\chi \in \hat{G}} a_\chi \, \chi(x) \quad \text{mit} \quad a_\chi = \frac{1}{|G|} \sum_{g \in G} f(g) \, \chi(g)^{-1} \tag{4}$$

darstellen läßt. Dies ist das Analogon zur harmonischen Analyse auf $\mathbb{R}/z\pi\mathbb{Z}$ (Kap. 5, (17)).

6.3.   Dirichletsche L-Reihen

Sei σ eine reelle Zahl, k eine natürliche Zahl, und χ ein Charakter von $(\mathbb{Z}/k\mathbb{Z})^\times$. Wir definieren $\chi(x)$ für alle natürlichen Zahlen x durch die Festsetzung

$$\chi(x) = \chi(\bar{x}) \qquad \text{für} \quad (x, k) = 1 ,$$

$$\chi(x) = 0 \qquad \text{für} \quad (x, k) \neq 1 .$$

Offenbar gilt dann $\chi(x_1 x_2) = \chi(x_1) \, \chi(x_2)$ für alle natürlichen Zahlen x_1, x_2. Man bezeichnet χ als *Charakter modulo k*.

Als *Dirichletsche L-Reihe zum Charakter χ* bezeichnet man die Reihe

$$L(\sigma, \chi) := \sum_{n=1}^{\infty} \frac{\chi(n)}{n^\sigma} , \tag{5}$$

wobei $n^\sigma = \exp(\sigma \log n)$ gesetzt ist.

Die Reihe konvergiert absolut und gleichmäßig für $\sigma > \delta > 1$:

$$\sum_{n=1}^{\infty} \frac{|\chi(n)|}{n^\sigma} \leqq \sum_{n=1}^{\infty} \frac{1}{n^\sigma} \leqq 1 + \int_1^\infty \frac{dx}{x^\sigma} = 1 + \left[-\frac{1}{\sigma - 1} x^{1-\sigma} \right]_1^\infty \leqq 1 + \frac{1}{\delta - 1} . \tag{6}$$

$L(\sigma, \chi)$ ist daher eine stetige Funktion für $\sigma > 1$.

Für $\chi \neq \chi_0$ konvergiert die Reihe (5) sogar gleichmäßig für $\sigma > \delta > 0$. Um dies zu zeigen, benutzen wir das Cauchysche Konvergenzkriterium: Ein Folge b_1, b_2, ... konvergiert, wenn für jedes $\varepsilon > 0$ ein N existiert mit $|b_\nu - b_\mu| < \varepsilon$ für $\nu' \mu > N$. Dabei können wir uns auf $\nu' \mu$ mit $\nu \leqq \mu$ beschränken.

Wir haben die Teilsummen $\sum_{n=\nu}^{\mu} \chi(n) \, n^{-\sigma}$ zu betrachten und wenden einen Trick von ABEL an. Wir setzen

$$A_\mu = \sum_{n=\nu}^{\mu} \chi(n), \quad A_{\nu-1} = 0 .$$

Dann wird

$$\sum_{n=\nu}^{\mu} \chi(n)\, n^{-\sigma} = \sum_{n=\nu}^{\mu} (A_n - A_{n-1})\, n^{-\sigma}$$

$$= \sum_{n=\nu}^{\mu} A_n n^{-\sigma} - \sum_{n=\nu}^{\mu-1} A_n (n+1)^{-\sigma} = \sum_{n=\nu}^{\mu-1} A_n\big(n^{-\sigma} - (n+1)^{-\sigma}\big) + A_\mu \mu^{-\sigma}\,.$$

Nach Satz 3 ist $|A_n| \leqq |G|$; also

$$\Big|\sum_{n=\nu}^{\mu} \chi(n)\, n^{-\sigma}\Big| \leqq \sum_{n=\nu}^{\mu} |G|\,\big(n^{-\sigma} - (n+1)^{-\sigma}\big) + |G|\mu^{-\sigma} = |G|\, \nu^{-\sigma} \leqq |G|\, \nu^{-\delta}\,.$$

Nun ist die gleichmäßige Konvergenz von (5) offensichtlich.

Für den Beweis von Satz 1 braucht man

Satz 4. *Für $\chi \neq \chi_0$ ist $L(1, \chi) \neq 0$.* $\boxtimes$
Wir beweisen Satz 4 in Abschn. 25.4.

Satz 5 *(Eulersche Produktdarstellung). Für $\sigma > 1$ gilt*

$$L(\sigma, \chi) = \prod_p \frac{1}{1 - \chi(p)\, p^{-\sigma}}\,,$$

wobei das Produkt alle Primzahlen p durchläuft.

Beweis. Sei S eine endliche Menge von Primzahlen und $N(S)$ die Menge der natürlichen Zahlen, die Produkte der Primzahlen aus S sind. Wegen der absoluten Konvergenz von (5) für $\sigma > 1$ gilt

$$\sum_{n \in N(S)} \chi(n)\, n^{-\sigma} = \prod_{p \in S} \Big(\sum_{i=1}^{\infty} \chi(p)^i\, p^{-\sigma i} \Big)\,.$$

Für wachsende S strebt die linke Seite gegen $L(\sigma, \chi)$. $\square$

6.4. Beweis von Satz 1

Sei $\sigma > 1$. Dann hat $1 - \chi(p)\, p^{-\sigma}$ einen positiven Realteil, und durch

$$\log\big(1 - \chi(p)\, p^{-\sigma}\big) = - \sum_{m=1}^{\infty} \frac{\chi(p^m)}{m p^{m\sigma}}$$

wird der Hauptwert des Logarithmus festgelegt. Wegen Satz 5 gilt

$$\log L(\sigma, \chi) = - \sum_p \log\big(1 - \chi(p)\, p^{-\sigma}\big) = \sum_p \sum_{m=1}^{\infty} \frac{\chi(p^m)}{m p^{m\sigma}}$$

mit absolut konvergierenden Reihen, wobei $\log L(\sigma, \chi)$ einen gewissen Logarithmus von $L(\sigma, \chi)$ bezeichnet.

$$g(\sigma, \chi) := \sum_p \sum_{m=2}^{\infty} \frac{\chi(p^m)}{m p^{m\sigma}}$$

ist absolut und gleichmäßig konvergent für $\sigma > \delta > \frac{1}{2}$:

$$\sum_{p} \sum_{m=2}^{\infty} \frac{1}{m p^{m\sigma}} \leq \sum_{n=2}^{\infty} \sum_{m=2}^{\infty} \frac{1}{n^{m\sigma}} = \sum_{n=2}^{\infty} \frac{1}{n^{2\sigma}(1 - n^{-\sigma})}$$

$$< \frac{1}{1 - 2^{-\delta}} \sum_{n=2}^{\infty} \frac{1}{2^{2\delta}} < \frac{1}{(1 - 2^{-\delta})} \int_{1}^{\infty} \frac{dx}{x^{2\delta}} = \frac{1}{(1 - 2^{-\delta})(2\delta - 1)} .$$

$g(\sigma, \chi)$ ist also für $\sigma \to 1$ konvergent und daher harmlos.

Sei jetzt $a \in Z$ mit $la \equiv 1 \pmod{k}$. Dann wird wegen Satz 3

$$\sum_{\chi} \chi(a) \log L(\sigma, \chi) = \sum_{\chi} \chi(a) \sum_{p} \frac{\chi(p)}{p^{\sigma}} + \sum_{\chi} \chi(a) g(\sigma, \chi)$$

$$= \varphi(k) \sum_{p \in \bar{l}} \frac{1}{p^{\sigma}} + \sum_{\chi} \chi(a) g(\sigma, \chi) , \tag{7}$$

wobei $\sum\limits_{\chi}$ die Summe über alle Charaktere χ von $(Z/kZ)^{\times}$ bezeichnet. Nach Satz 4 ist $\log L(1, \chi)$ für $\chi \neq \chi_0$ endlich. Außerdem ist $\log L(\sigma, \chi)$ für $\sigma \to 1$ stetig. $L(\sigma, \chi_0)$ divergiert dagegen für $\sigma \to 1$:

Wir haben für $\sigma > 1$

$$L(\sigma, \chi_0) = \prod_{p + k} \left(\frac{1}{1 - p^{-\sigma}} \right) = \zeta(\sigma) \prod_{p|k} (1 - p^{-\sigma})$$

mit $\zeta(\sigma) = \sum\limits_{n=1}^{\infty} \frac{1}{n^{\sigma}} > \int_{1}^{\infty} \frac{dx}{x^{\sigma}} = \frac{1}{\sigma - 1}$ und daher

$$\lim_{\sigma \to 1} L(\sigma, \chi_0) = \infty .$$

Aus (7) folgt also

$$\lim_{\sigma \to 1} \sum_{p \in \bar{l}} \frac{1}{p^{\sigma}} = \infty. \quad \square$$

Aufgaben

6.1. In Verallgemeinerung des Euklidischen Beweises für die Existenz unendlich vieler Primzahlen zeige man, daß es unendlich viele Primzahlen $p \equiv 3 \pmod{4}$ und unendlich viele Primzahlen $p \equiv 1 \pmod{4}$ gibt. (Hinweis: Im Fall $p \equiv 1 \pmod{4}$ benutze man Satz 7, Kap. 1.)

6.2. Man zeige, daß es unendlich viele Primzahlen $p \equiv 1 \pmod{3}$ und unendlich viele Primzahlen $p \equiv 2 \pmod{3}$ gibt.

6.3. Sei k eine natürliche Zahl, $\zeta = \exp(2\pi i/k)$ und χ ein Charakter modulo k. Die Summe

$$\tau_a(\chi) := \sum_{x=1}^{k} \chi(x) \zeta^{ax}$$

heißt *Gaußsche Summe zum Charakter χ und der ganzen Zahl a* (vgl. Abschn. 3.6.).
Man zeige, daß für $\sigma > 1$ die Gleichung

$$L(\sigma, \chi) = \frac{1}{k} \sum_{a=1}^{k-1} \tau_a(\chi) \sum_{n=1}^{\infty} \frac{\zeta^{-na}}{n^{\sigma}}$$

gilt.

6.4. Sei $a \in Z$ kein Vielfaches von k. Man zeige, daß $\sum_{n=1}^{\infty} \frac{\zeta^{-na}}{n^{\sigma}}$ für alle $\delta > 0$ gleichmäßig im Intervall $\delta \leq \sigma < \infty$ konvergiert.

6.5. Man zeige $L(1, \chi) = \frac{1}{k} \sum_{a=1}^{k-1} \tau_a(\chi) \sum_{n=1}^{\infty} \frac{\zeta^{-na}}{n}$.

6.6. Man zeige $\sum_{n=1}^{\infty} \frac{\zeta^{-na}}{n} = - \log (1 - \zeta^{-a})$, wobei log den Hauptwert des Logarithmus bezeichnet.

6.7. Sei χ ein Charakter modulo k. Dann heißt χ *imprimitiver Charakter*, wenn es einen Teiler d von k mit $d \neq k$ und einen Charakter χ_d modulo d gibt, so daß $\chi(x) = \chi_d(x)$ für $(x, k) = 1$ gilt.

Man zeige, daß für einen primitiven Charakter

$$L(1, \chi) = - \frac{\tau_1(\chi)}{k} \sum_{a=1}^{k-1} \chi(a)^{-1} \log (1 - \zeta^{-a})$$

und

$$L(1, \chi) = \begin{cases} - \dfrac{\tau_1(\chi)}{k} \sum\limits_{a=1}^{k-1} \chi(a)^{-1} \log 2 \sin \dfrac{\pi a}{k}, & \text{falls} \quad \chi(-1) = 1, \\[3ex] \dfrac{\pi i \tau_1(\chi)}{k^2} \sum\limits_{a=1}^{k-1} \chi(a)^{-1} a, & \text{falls} \quad \chi(-1) = -1, \end{cases}$$

gilt.

7. Algebraische Gleichungstheorie

7.1. Die Gleichungen dritten und vierten Grades

Bis in die Mitte des 19. Jahrhunderts hinein war Algebra fast identisch mit der Frage nach den Lösungen von algebraischen Gleichungen, wobei die Gleichung n-ten Grades in einer Unbestimmten mit reellen oder komplexen Koeffizienten im Mittelpunkt stand. Daher auch die Bezeichnung *„Hauptsatz der Algebra"* für den Satz, daß jede solche Gleichung eine komplexe Zahl als Lösung hat. Eine Gleichung zu lösen bedeutete, die Lösungen mit Hilfe von Radikalen darzustellen. Wir präzisieren diesen Begriff im Abschn. 7.2.

Nachdem schon in einigen frühen Hochkulturen das Lösen quadratischer Gleichungen bekannt war, gelang es etwa um 1500 DEL FERRO und 1535 TARTAGLIA, die Gleichung dritten Grades zu lösen. Nicht viel später fand FERRARI die Lösung der Gleichung vierten Grades. Die Formel für die Lösung der Gleichung dritten Grades publizierte CARDANO. Sie wird daher fälschlich als *Cardanosche Formel* bezeichnet. CARDANO nennt 1545 in seiner *„Artis magnae sive de regulis algebraicis liber unus"* TARTAGLIA als den Erfinder der Methode und diese selbst *„eine sehr schöne und wunderbare Sache, die alle Feinheit und Herrlichkeit des menschlichen Geistes übertrifft, ein wahrhaft himmlisches Geschenk, ein Beweis der Geisteskraft und so herrlich, daß dem, der dies erreichte, nichts mehr unerreichbar erscheinen kann"*.

Sei die Gleichung dritten Grades in der Form

$$x^3 + a_1 x^2 + a_2 x + a_3 = 0 \tag{1}$$

vorgelegt, wobei a_1, a_2, a_3 komplexe Zahlen sind. Durch Übergang zu $y = x + a_1/3$ wird (1) in die Form

$$y^3 + py + q = 0 \tag{2}$$

übergeführt, wobei p und q Polynome in a_1, a_2, a_3 sind. Man sucht nun u und v mit $y = u + v$, wodurch (2) in

$$u^3 + 3u^2v + 3uv^2 + v^3 + p(u + v) + q = 0$$

übergeht. Diese Gleichung ist erfüllt, wenn man u und v so bestimmen kann, daß $u^3 + v^3 = -q$ und $3uv = -p$ gilt. Dazu betrachten wir zunächst die Gleichungen

$$u^3 + v^3 = -q\,, \quad u^3 v^3 = -(p/3)^3\,. \tag{3}$$

Nach dem Vietaschen Wurzelsatz sind u^3, v^3 die Lösungen der Gleichung $z^2 + qz - (p/3)^3 = 0$. Setzen wir also

$$u_1 = \sqrt[3]{-\frac{q}{2} + \sqrt{\left(\frac{q}{2}\right)^2 + \left(\frac{p}{3}\right)^3}}\,, \quad v_1 = \sqrt[3]{-\frac{q}{2} - \sqrt{\left(\frac{q}{2}\right)^2 + \left(\frac{p}{3}\right)^3}}\,,$$

wobei für u_1 ein beliebiger der drei Werte für die dritte Wurzel genommen wird und v_1 durch $u_1 v_1 = -p/3$ festgelegt wird, so erhalten wir in der Form $u_1 + v_1$ eine Lösung von (2). Wenn ϱ eine primitive dritte Einheitswurzel bezeichnet, erhält man die übrigen beiden Lösungen von (2) in der Form $\varrho u_1 + \varrho^2 v_1$, $\varrho^2 u_1 + \varrho v_1$.

Ist insbesondere $(q/2)^2 + (p/3)^3 \geqq 0$. so können wir für u_1 den reellen Wert der dritten Wurzel wählen. Wir sehen, daß (2) in diesem Fall eine reelle und zwei komplexe Lösungen oder eine mehrfache Lösung hat. Ist dagegen $(q/2)^2 + (p/3)^3 < 0$, so ist man gezwungen, die dritte Wurzel aus einer komplexen Zahl zu ziehen, u_1 und v_1 sind konjugiert komplex, woraus sich ergibt, daß alle drei Lösungen von (2) reell sind. Dieser Fall wird als *casus irreducibilis* (vgl. Aufgabe 7.9.) bezeichnet.

Für die Gleichung vierten Grades geht man entsprechend vor. Wir fassen uns noch kürzer: In der Gleichung

$$x^4 + px^2 + qx + r = 0 \tag{4}$$

setzen wir $x = u + v + w$ und erhalten

$$\left(u^2 + v^2 + w^2 + 2(uv + uw + vw)\right)^2$$
$$+ p\left(u^2 + v^2 + w^2 + 2(uv + uw + vw)\right) + q(u + v + w) + r = 0 \,. \tag{5}$$

Setzen wir $u^2 + v^2 + w^2 = -b_1$, $u^2v^2 + u^2w^2 + v^2w^2 = b_2$, $u^2v^2w^2 = -b_3$, so geht (5) in
$b_1^2 - 4b_1(uv + uw + vw) + 4b_2 + 8(u + v + w)\,uvw - pb_1 + 2p(uv + uw + vw) +$
$+ q(u + v + w) + r = 0$ über. Es genügt, u, v, w so zu bestimmen, daß

$$b_1^2 + 4b_2 - pb_1 + r = 0, \quad -4b_1 + 2p = 0, \quad 8uvw + q = 0$$

gilt. Dies ist gleichbedeutend mit

$$b_1 = p/2, \quad b_2 = -r/4 + p^2/16, \quad b_3 = -q^2/64, \quad uvw = -q/8.$$

Wir erhalten für u^2, v^2, w^2 eine kubische Gleichung. Die Vorzeichen von u, v, w sind so zu bestimmen, daß $uvw = -q/8$ gilt. Dann ergeben sich genau vier Lösungen von (4). Sie sind von der Form

$$u + v + w = \pm \sqrt{h_1 + \sqrt[3]{h_2 + \sqrt{h_3}} + \sqrt[3]{h_2 - \sqrt{h_3}}} \;\pm$$
$$\pm \sqrt{h_1 + \varrho\sqrt[3]{h_2 + \sqrt{h_3}} + \varrho^2\sqrt[3]{h_2 - \sqrt{h_3}}} \;\pm$$
$$\pm \sqrt{h_1 + \varrho^2\sqrt[3]{h_2 + \sqrt{h_3}} + \varrho\sqrt[3]{h_2 - \sqrt{h_3}}} \,,$$

wobei h_1, h_2, h_3 Polynome in p, q, r sind.

Nach diesen Ergebnissen richtete sich das Hauptinteresse darauf, die Gleichung fünften Grades mit Hilfe von Radikalen zu lösen. Den ersten vollständigen Beweis, daß dies im allgemeinen unmöglich ist, fand ABEL 1826 (*Beweis der Unmöglichkeit, algebraische Gleichungen von höhern Graden als dem vierten allgemein aufzulösen, J. reine angew. Math.* 1 (1826)). Die Gründe hierfür treten besonders klar in der Galoisschen Gleichungstheorie zutage, die den Hauptinhalt dieses Kapitels bildet. Wir benötigen zunächst noch einige Vorbereitungen.

7.2.   Lösung von Gleichungen mit Hilfe von Radikalen

Wir wollen zunächst den Begriff „*Lösung einer Gleichung mit Hilfe von Radikalen*" präzisieren und benutzen dabei den Körperbegriff, der sich zuerst implizit bei ABEL findet, der von *rationalen Funktionen von gegebenen Größen* x', x'', ... spricht (*Mémoire sur une classe particulière d'equations resolubles algébriquement*, *J. reine angew. Math.* 4 1829).

Sei $f(x)$ ein Polynom n-ten Grades mit Koeffizienten in einem Körper K der Charakteristik 0, und seien $\alpha_1, \ldots, \alpha_n$ die Nullstellen von $f(x)$ in einem Körper L, der K umfaßt. Dann ist die Gleichung $f(x) = 0$ (über K) in Radikalen lösbar, wenn es eine Folge von Körpern

$$K_1 = K, \; K_2, \ldots, K_s \tag{6}$$

gibt, die folgenden Bedingungen genügen:

1. *Zu jedem $i = 1, \ldots, s - 1$ gibt es eine Primzahl p_i und ein $\beta_i \in K_{i+1}$ mit $K_{i+1} = K_i(\beta_i)$, wobei $\gamma_i = \beta_i^{p_i} \in K_i$ und das Polynom $x^{p_i} - \gamma_i$ über K_i irreduzibel ist* (wir nennen β_i ein p_i-tes Radikal über K_i).

2. K_s *enthält* $\alpha_1, \ldots, \alpha_s$.

Man schreibt $\beta_i = \sqrt[p_i]{\gamma_i}$ und hat dabei im Sinn, daß β_i eine der p_i Nullstellen von $x^{p_i} - \gamma_i$ ist.

Ist insbesondere $\gamma \in \mathbb{C}$, so hat die Gleichung $x^n = \gamma$ entsprechend der *Moivreschen Formel* die n Lösungen

$$\sqrt[n]{r} \cos (\varphi/n + 2\pi\, i/n) + \sqrt{-1} \sin (\varphi/n + 2\pi i/n), \quad i = 1, \ldots, n,$$

mit $r = |\gamma|$ und $\cos \varphi = \mathrm{Re}\, \gamma/r$, $\sin \varphi = \mathrm{Im}\, \gamma/r$. Prinzipiell kann man also die Lösungen einer Gleichung, die durch Radikale gegeben sind, numerisch berechnen.

7.3. Die allgemeine Gleichung n-ten Grades und die Theorie der symmetrischen Funktionen

Weiter wollen wir den Begriff der *allgemeinen Gleichung n-ten Grades* präsizieren.

Es ist naheliegend und entspricht der ursprünglichen Fragestellung, darunter die Gleichung

$$x^n + a_1 x^{n-1} + \ldots + a_n = 0 \tag{7}$$

zu verstehen, wobei x eine Unbestimmte und $a_1, \ldots, a_n$ beliebige komplexe Zahlen sind. Eine Lösung wäre dann eine komplexwertige Funktion von $a_1, \ldots, a_n$. Wir werden dieses Konzept in Kap. 10 im Rahmen der Funktionentheorie genauer betrachten. Da die Lösung von (7) nicht eindeutig ist, führt es zunächst auf Schwierigkeiten. Wir wollen daher unter der allgemeinen Gleichung n-ten Grades die Gleichung (7) verstehen, wobei die $a_1, \ldots, a_n$ selbst Unbestimmte sind. Ausgehend von einem Körper K bilden wir den Körper $K_n = K(a_1, \ldots, a_n)$ der rationalen Funktionen von $a_1, \ldots, a_n$ und fragen nach einer Lösung von (7) in einem Erweiterungskörper L_n von K_n. Wir verschaffen uns folgendermaßen einen Körper L_n, in dem (7) in das Produkt von Linearfaktoren zerfällt:

Wir betrachten Unbestimmte $x_1, \ldots, x_n$ über K. Wenn diese die n Nullstellen eines Polynoms $f(x)$ sind, so hat $f(x)$ die Form

$$f(x) = (x - x_1) \ldots (x - x_n)$$

und daher die Koeffizienten

$$a_1' := -(x_1 + \ldots + x_n) = - \sum_i x_i \,,$$

$$a_2' = \sum_{i<j} x_i x_j$$

$$\ldots$$

$$a_k' = (-1)^k \sum_{i_1 < \cdots < i_k} x_{i_1} \ldots x_{i_k}$$

$$\ldots$$

$$a_n' := (-1)^n x_1 \ldots x_n \,.$$

$s_k = (-1)^k a_k'$ wird als k-tes *elementarsymmetrisches Polynom* bezeichnet.

Satz 1. *Die Polynome $s_1, \ldots, s_n$ sind algebraisch unabhängig über K, d. h., es gibt kein von 0 verschiedenes Polynom $p(y_1, \ldots, y_n)$ in den n Unbestimmten $y_1, \ldots, y_n$ mit Koeffizienten in K und $p(s_1, \ldots, s_n) = 0$.*

Beweis. Angenommen, es gibt ein solches Polynom p. Sei der Grad von p als Polynom in y_n gleich d minimal. Dann hat p die Form

$$p(y_1, \ldots, y_n) = p_0(y_1, \ldots, y_{n-1}) + p_1(y_1, \ldots, y_{n-1}) y_n + \ldots + p_d(y_1, \ldots, y_{n-1}) y_n^d \,.$$

$p_0(y_1, \ldots, y_{n-1})$ ist nicht identisch 0, da sonst $p(y_1, \ldots, y_n)/y_n$ ein Polynom mit $p(s_1, \ldots, s_n)/s_n = 0$ wäre im Widerspruch zur Minimalität von d.

Wir betrachten nun $p(s_1, \ldots, s_n)$ als Polynom in $x_1, \ldots, x_n$ und setzen $x_n = 0$. Dann erhalten wir $p_0(s_1', \ldots, s_{n-1}') = 0$, wobei $s_1', \ldots, s_n'$ die elementarsymmetrischen Polynome in $x_1, \ldots, x_{n-1}$ sind. Induktion über n führt nun zu dem erwünschten Widerspruch. $\square$

Nach Satz 1 wird durch die Zuordnung $\varphi\colon f(a_1, \ldots, a_n) \to f(a_1', \ldots, a_n')$ ein Ringhomomorphismus von $K[a_1, \ldots, a_n]$ in $K[x_1, \ldots, x_n]$ definiert, der injektiv ist. φ läßt sich daher zu einer Einbettung von $K(a_1, \ldots, a_n)$ in $K(x_1, \ldots, x_n)$ fortsetzen (Abschn. A 1.1).

Wir können also $K(x_1, \ldots, x_n)$ als Erweiterung von $K(a_1, \ldots, a_n)$ ansehen, und das Polynom $x^n + a_1 x^{n-1} + \ldots + a_n$ hat in $K(x_1, \ldots, x_n)$ die n Nullstellen $x_1, \ldots, x_n$.

Das Bild von φ in $K[x_1, \ldots, x_n]$ läßt sich in schöner Weise charakterisieren. Dies ist der Inhalt des Hauptsatzes über symmetrische Funktionen.

Ein Polynom $f(x_1, \ldots, x_n)$ heißt *symmetrisch*, wenn es bei einer beliebigen Permutation der Unbestimmten $x_1, \ldots, x_n$ ungeändert bleibt. Dies ist offensichtlich der Fall bei den elementarsymmetrischen Polynomen $s_1, \ldots, s_n$.

Satz 2 (*Hauptsatz über symmetrische Polynome*). *Jedes symmetrische Polynom läßt sich als Polynom in $s_1, \ldots, s_n$ darstellen.*

Beweis. Als Grad des Monoms $x_1^{k_1} \ldots x_n^{k_n}$ bezeichnen wir die Summe $k_1 + \ldots + k_n$. Unter den Monomen, die aus $x_1^{k_1} \ldots x_n^{k_n}$ durch Permutation der Unbestimmten $x_1, \ldots, x_n$ entstehen, gibt es genau ein Monom $x_1^{k_{\pi(n)}} \ldots x_n^{k_{\pi(n)}}$ mit $k_{\pi(1)} \leqq \ldots \leqq k_{\pi(n)}$, wobei π eine Permutation von $1, \ldots, n$ ist. Jedes symmetrische Polynom $t(x_1, \ldots, x_n)$ läßt sich daher eindeutig in der Form $t(x_1, \ldots, x_n) = \sum_{k_1, \ldots, k_n} h_{k_1, \ldots, k_n} t_{k_1, \ldots, k_n}(x_1, \ldots, x_n)$ schreiben, wobei $k_1, \ldots, k_n$ nichtnegative ganze Zahlen mit $k_1 \leqq \ldots \leqq k_n$ sind, $t_{k_1, \ldots, k_n}(x_1, \ldots, x_n)$ gleich der Summe über alle verschiedenen Monome $x_1^{k_{\pi(1)}} \ldots x_n^{k_{\pi(n)}}$ für Permutationen π von $1, \ldots, n$ ist und die Koeffizienten $h_{k_1, \ldots, k_n} \in K$ fast alle verschwinden.

Als *Gewicht* des Monoms $a_1^{l_1} \ldots a_n^{l_n}$ bezeichnen wir die Summe $l_1 + 2l_2 + \ldots + nl_n$. Ein homogenes Polynom in $K[a_1, \ldots, a_n]$ vom Gewicht g, d. h. eine Linearkombination von Monomen vom Gewicht g, wird bei der Abbildung φ auf ein homogenes symmetrisches Polynom vom Grad g abgebildet. Wegen Satz 1 genügt es zum Beweis von Satz 2 zu zeigen, daß die Anzahl linear unabhängiger homogener Polynome in $K[a_1, \ldots, a_n]$ vom Gewicht g gleich der Anzahl linear unabhängiger homogener, symmetrischer Polynome in $K[x_1, \ldots, x_n]$ vom Grad g ist. Das beweist man mit Hilfe der Zuordnung

$$t_{k_1, \ldots, k_n} (x_1, \ldots, x_n) \to a_1^{k_n - k_{n-1}} a_2^{k_{n-1} - k_{n-2}} \ldots a_n^{k_1} . \quad \square$$

Insbesondere kann man die Potenzsummen $x_1^g + \ldots + x_n^g$, $g = 1, \ldots, n$, durch die elementarsymmetrischen Funktionen ausdrücken. Wenn K die Charakteristik 0 hat, gilt auch die Umkehrung. Man beweist dies durch Induktion über den Grad i der elementarsymmetrischen Funktion: Für $i = 1$ gibt es nichts zu beweisen. Sei die Behauptung schon für $s_1, \ldots, s_{i-1}$ bewiesen. Wir haben eine Darstellung

$$x_1^i + \ldots + x_n^i = hs_i + p(s_1, \ldots, s_{i-1}) \text{ mit } h \in \mathbb{Q} , \tag{8}$$

wobei p ein Polynom in $s_1, \ldots, s_{i-1}$ ist. Wir haben $h \neq 0$ zu zeigen. Dazu spezialisieren wir (8), indem wir $x_j = \exp{(j2\pi \sqrt{-1}/i)}$ für $j = 1, \ldots, i$ und $x_{i+1} = \ldots = x_n = 0$ setzen. Dann sind $x_1, \ldots, x_n$ die Nullstellen des Polynoms $x^n - x^{n-i}$, d. h., es wird $s_1 = \ldots = s_{s-i} = 0$, $s_i = (-1)^{i+1}$ und daher $h = (-1)^{i+1} i$.

Als Beispiel betrachten wir das Polynom

$$d(x_1, \ldots, x_n) = \prod_{i \leq j} (x_i - x_j) . \tag{9}$$

Es wird bei geraden Permutationen in sich und bei ungeraden in $-d(x_1, \ldots, x_n)$ übergeführt. Die geraden Permutationen bilden einen Normalteiler A_n vom Index 2 in der Gruppe S_n aller Permutationen von $1, \ldots, n$. S_n wird als *symmetrische Gruppe* und A_n als *alternierende Gruppe von n Ziffern* bezeichnet. $d(x_1, \ldots, x_n)^2$ ist invariant bei allen Permutationen und läßt sich daher durch die elementarsymmetrischen Polynome ausdrücken.

Wenn $\beta_1, \ldots, \beta_n$ die Nullstellen des Polynoms $f(x) = x^n + b_1 x^{n-1} + \ldots + b_n$ sind, so ist $d(\beta_1, \ldots, \beta_n)^2 = D(f)$ ein Polynom in $b_1, \ldots, b_n$ und heißt *Diskriminante* von f. Es gilt offensichtlich der folgende Satz.

Satz 3. *Sei f ein Polynom, das in K in Linearfaktoren zerfällt. Dann hat f eine doppelte Nullstelle, d. h., $f(x)$ ist durch $(x - \beta_i)^2$ für eine gewisse Nullstelle β_i teilbar genau dann, wenn $D(f) = 0$ ist.*

Für $f(x) = x^2 + b_1 x + b_2$ wird $D(f) = b_1^2 - 4b_2$, und für $f(x) = x^3 + b_1 x^2 + b_2 x + b_3$ wird $D(f) = -4b_1^3 b_3 + b_1^2 b_2^2 + 18 b_1 b_2 b_3 - 4 b_2^3 - 27 b_3^2$ (vgl. hiermit die Cardanosche Formel in Abschn. 7.1.).

7.4.   Das Galoissche Mémoire zur Gleichungstheorie

GALOIS hat seine Ideen zur Auflösung von Gleichungen am ausführlichsten in der Arbeit „*Mémoire sur les conditions de résolubilité des equations par radicaux*" dargestellt die zuerst von LIOUVILLE im Jahre 1846 in *J. math. pures appl.* **11** (1846), 417—433 abgedruckt wurde. Zu dieser Arbeit schreibt GALOIS in einem Begleitschreiben vom 16. Januar 1831:

„Das beiliegende Mémoire ist ein Auszug einer Arbeit, die ich die Ehre hatte, vor einem Jahr der Akademie einzureichen. Diese Arbeit wurde nicht verstanden, die Sätze,

die sie enthält, wurden in Zweifel gezogen. Ich habe mich daher beschieden, in synthetischer Form die allgemeinen Prinzipien und eine einzige Anwendung meiner Theorie zu geben. Ich bitte meine Richter, wenigstens diese wenigen Seiten mit Aufmerksamleit zu lesen. Man findet hier eine allgemeine Bedingung, der jede Gleichung genügt, die durch Radikale lösbar ist, und welche umgekehrt deren Lösbarkeit sichert. Wir machen hiervon eine einzige Anwendung auf Gleichungen, deren Grad eine Primzahl ist. Hier ist das Theorem, das durch unsere Analyse gegeben wird:

Eine irreduzible Gleichung von Primzahlgrad ist dann und nur dann durch Radikale lösbar, wenn alle ihre Wurzeln rationale Funktionen von zwei beliebigen Wurzeln sind.

Diese zweite Fassung der Arbeit wurde nicht mehr abgeschickt und erst 15 Jahre später publiziert. Die erste Fassung ist verschollen.

GALOIS stützte sich bei seinen Überlegungen auf Ergebnisse von LAGRANGE (*Réflexions sur la résolution algébrique des équations, Nouv. Mém. Acad. royale Sci. Belles-Lettres Berlin* 1770/1771), auf die Gaußsche Kreisteilung (Kap. 3) und auf die Arbeit von ABEL „*Mémoire sur une classe particulière d'equations résolubles algébriquement*" (*J. reine angew. Math.* 4 (1829), 131—156). In der letzteren Arbeit wird die Galoissche Theorie für kommutative Gruppen vorweggenommen (von hier stammt die Bezeichnung „*abelsche Gruppe*").

7.5.   Der Satz vom primitiven Element

Der folgende *Satz vom primitiven Element* findet sich bei ABEL, wurde aber zuerst von GALOIS vollständig bewiesen.

Satz 4. *Sei L/K eine Körpererweiterung, und $\alpha, \beta \in L$ seien Nullstellen der Polynome $f(x)$ und $g(x)$ aus $K[x]$, die beide keine mehrfachen Nullstellen haben. Dann gibt es ein $\gamma \in L$ mit $K(\alpha, \beta) = K(\gamma)$.*

Beweis. Wir nehmen zuerst an, daß K unendlich viele Elemente enthält. Dann gibt es ein $c \in K$ mit $\alpha_i + c\beta_j \neq \alpha + c\beta$, wobei α_i, β_j die übrigen Nullstellen von f und g durchlaufen. In der Tat folgt aus $\alpha_i + y\beta_j = \alpha + y\beta$, daß $y = (\alpha - \alpha_i)/(\beta_j - \beta)$ ist. Dies gilt nur für endlich viele y.

Sei c ein Element mit der obigen Eigenschaft und $\gamma = \alpha + c\beta$. Die Polynome $g(x)$ und $f(\gamma - cx)$ haben β als einzige gemeinsame Nullstelle. Daher ist der größte gemeinsame Teiler von $g(x)$ und $f(\gamma - cx)$ gleich $x - \beta$. Dieser liegt im Polynomring über dem Körper mit den Koeffizienten von $g(x)$ und $f(\gamma - cx)$, d. h. über $K(\gamma)$ (Abschn. A 1.2.). Hieraus folgt $K(\alpha, \beta) = K(\gamma)$.

Der Fall, daß K endlich viele Elemente hat, kommt bei GALOIS nicht vor, da er unter einem Körper immer einen Körper der Charakteristik 0 versteht. Andererseits stammen von ihm erste Ergebnisse über endliche Körper in allgemeinen (*Sur la théorie des nombres, Bull. Sci. math. M. Férussac* 13 (1830)).

Der Beweis von Satz 4 im Fall eines endlichen Körpers K ergibt sich unmittelbar aus dem folgenden Satz, dessen Beweis ebenso wie der Beweis von Satz 5 in Kap. 1 verläuft.

Satz 5. *Die multiplikative Gruppe eines endlichen Körpers ist zyklisch.* $\square$

Ein *primitives Element* einer Körpererweiterung L/K ist ein Element γ von L mit $L = K(\gamma)$. Mit dieser Definition kann man Satz 4 auch in der folgenden Form aussprechen.

Satz 6. *Sei $f(x) \in K[x]$ ein Polynom ohne mehrfache Nullstellen und L eine Erweiterung von K, die durch Adjunktion von Nullstellen von $f(x)$ entsteht. Dann besitzt L ein primitives Element.*

Nach Anh. 1, Satz 11 und Satz 13, kann man eine endliche Erweiterung von Körpern der Charakteristik 0 immer durch Adjunktion von Nullstellen eines Polynoms ohne mehrfache Nullstellen erhalten. In diesem Fall besitzt also jede endliche Erweiterung ein primitives Element.

7.6.   Die Galoissche Gruppe eines Polynoms

Sei wie oben f ein Polynom aus $K[x]$ ohne mehrfache Nullstellen in einem Zerfällungskörper L von f, d. h. einer Erweiterung L von K, über der f in Linearfaktoren zerfällt (Abschn. A 1.5.). Sei n der Grad von f. GALOIS ordnete f eine Untergruppe der symmetrischen Gruppe S_n aller Permutationen der n Nullstellen von f zu. Diese Untergruppe wird als *Galoissche Gruppe* G_f des Polynoms f bezeichnet. G_f wird (in geringfügiger Abweichung von dem Vorgehen von GALOIS) folgendermaßen definiert.

Seien $y_1, \ldots, y_n$ Unbestimmte und $\alpha_1, \ldots, \alpha_n$ die Nullstellen von f in L. Weiter sei H der Ring der Polynome $h(y_1, \ldots, y_n)$ in $K(y_1, \ldots, y_n)$ mit $h(\alpha_1, \ldots, \alpha_n) \in K$. Hierzu gehören nach Satz 2 alle symmetrischen Polynome.

Wir definieren G_f als Gesamtheit aller Permutationen π von $\alpha_1, \ldots, \alpha_n$ mit

$$h(\pi\alpha_1, \ldots, \pi\alpha_n) = h(\alpha_1, \ldots, \alpha_n)$$

für alle $h(y_1, \ldots, y_n)$ aus H.

G_f ist offensichtlich eine Gruppe.

Beispiel 1. Sei $f(x) = x^n + a_1 x^{n-1} + \ldots + a_n$ das Polynom, das im Sinne von Abschn. 7.3. zur allgemeinen Gleichung gehört. Wir betrachten nach Abschn. 7.3. die Unbestimmten $a_1, \ldots, a_n$ als symmetrische Funktionen $a_i = (-1)^i s_i$ in den Unbestimmten $x_1, \ldots, x_n$ über einem Körper K_0 und legen dementsprechend den Körper $K = K_0(s_1, \ldots, s_n)$ zugrunde. Für ein Polynom $h(y_1, \ldots, y_n)$, das in H liegt, ist $h(x_1, \ldots, x_n) \in K_0(x_1, \ldots, x_n)$ symmetrisch. Die Gruppe von f ist daher die symmetrische Gruppe S_n.

Wir führen jetzt eine Reihe von Sätzen über die Gruppe eines Polynoms an, die in Kap. 17 im Rahmen eines andersartigen Aufbaus der Theorie bewiesen werden.

Satz 7. *Sei $g(y_1, \ldots, y_n) \in K[y_1, \ldots, y_n]$ ein Polynom mit*

$$g(\pi\alpha_1, \ldots, \pi\alpha_n) = g(\alpha_1, \ldots, \alpha) \ \text{für alle } \pi \in G_f \,.$$

Dann ist $g(\alpha_1, \ldots, \alpha_n) \in K$. ☒

Satz 8. *Sei β ein primitives Element von $K(\alpha_1, \ldots, \alpha_n)$, d. h. $K(\beta) = K(\alpha_1, \ldots, \alpha_n)$, und $h_i(x) \in K[x]$ ein Polynom mit $h_i(\beta) = \alpha_i$, $i = 1, \ldots, n$. Weiter sei $g(x) \in K[x]$ das zu β gehörige irreduzible Polynom. Dann liegen sämtliche Nullstellen $\beta^{(1)} = \beta, \ldots, \beta^{(m)}$ von $g(x)$ in $K(\beta)$, und*

$$\pi_\nu(\alpha_i) = h_i(\beta^{(\nu)}), \quad i = 1, \ldots, n \,, \tag{10}$$

ist für $\nu = 1, \ldots, m$ eine Permutation der Wurzeln α_i, die zu G_f gehört. Man erhält jede Permutation von G_f eindeutig in dieser Form. Insbesondere ist die Ordnung von G_f gleich dem Grad m von $K(\alpha_1, \ldots, \alpha_n)$ über K. ☒

Das Element β von $K(\alpha_1, \ldots, \alpha_n)$ hat die besondere Eigenschaft, daß man seine Konjugierten bezüglich K, d. h. $\beta^{(1)}, \ldots, \beta^{(m)}$, rational durch β ausdrücken kann. Das zugehörige Polynom $g(x)$ wird als *Normalpolynom* bezeichnet. $K(\beta)/K$ heißt *normale Erweiterung*.

Beispiel 2. Wir betrachten das Kreisteilungspolynom $f(x) = x^{p-1} + \ldots + 1$ (Kap. 3). $f(x)$ ist irreduzibel (Kap. 3, Satz 4), und man erhält alle Nullstellen von $f(x)$ aus einer speziellen ζ in der Form, ζ^ν, $\nu = 1, \ldots, p - 1$. Wenn g eine Primitivwurzel mod p ist, kann man die $p - 1$ Wurzeln von f auch in der Form $\alpha_i = \zeta^{g^i}$, $i = 1, \ldots, p - 1$, darstellen. Die Permutationen von G_f sind entsprechend Satz 8 die zyklischen Vertauschungen von $\alpha_1, \ldots, \alpha_{p-1}$, G ist also die zyklische Gruppe der Ordnung $p - 1$.

Satz 9. *Sei $e(x) \in K[x]$ ein irreduzibles Polynom mit den Nullstellen $\varepsilon_1, \ldots, \varepsilon_t$ in L. Dann ist die Gruppe H_i von f über $K(\varepsilon_i)$ eine Untergruppe von G_f, und die Gruppen H_i, $i = 1, \ldots, t$, sind in G_f zueinander konjugiert, d. h., es gibt ein $\pi_i \in G_f$ mit*

$$H_i = \pi_i H_1 \pi_i^{-1} =: \{\pi_i \pi \pi_i^{-1} \mid \pi \in H_1\}, \quad i = 1, \ldots, t.$$

Wenn $e(x)$ in L in Linearfaktoren zerfällt, gibt es für jedes $\pi \in G_f$ ein i mit $H_i = \pi H_1 \pi^{-1}$. $\boxtimes$

Nach Definition der Gruppe von f ist klar, daß H_i eine Untergruppe von G_f ist. Wir haben Satz 9 fast wörtlich aus der Galoisschen Arbeit übernommen. Der Beweis des Satzes ist bei GALOIS unvollständig. In einer Randnotiz schreibt er, daß ihm die Zeit fehle, den Beweis vollständig durchzuführen. Die erste ausführliche Darstellung der Galoisschen Theorie findet sich in JORDANS Buch „*Traité des substitutions et des équations algébriques*", *Paris* 1870.

Ist $e(x)$ insbesondere ein Normalpolynom, so ist $K(\varepsilon_i) = K(\varepsilon_j)$ und daher $H_i = H_j$. In diesem Fall ist H_1 eine Untergruppe von G_f, die mit allen ihren Konjugierten übereinstimmt, d. h. ein Normalteiler von G_f.

Satz 10. *Adjungiert man zu K ein Polynom $h(\alpha_1, \ldots, \alpha_n)$, so ist die Gruppe von f über $K\big(h(\alpha_1, \ldots, \alpha_n)\big)$ gleich der Untergruppe aller Permutationen π von G_f mit $h(\pi\alpha_1, \ldots, \pi\alpha_n) = h(\alpha_1, \ldots, \alpha_n)$.* $\boxtimes$

Satz 11. *Zu jeder Untergruppe U von G_f gibt es ein Polynom $h(\alpha_1, \ldots, \alpha_n)$, so daß U gleich der Gruppe von f über $K\big(h(\alpha_1, \ldots, \alpha_n)\big)$ ist.* $\boxtimes$

7.7. Ein Irreduzibilitätskriterium

Der Grundgedanke von GALOIS besteht darin, daß man aus der Gruppe G_f des Polynoms f die algebraischen Eigenschaften der Nullstellen $\alpha_1, \ldots, \alpha_n$ von f ablesen kann. Das gilt insbesondere für die Hauptfrage, die Darstellung von $\alpha_1, \ldots, \alpha_n$ durch Radikale, wie wir weiter unten sehen werden. In diesem Abschnitt beweisen wir das folgende Irreduzibilitätskriterium.

Satz 12. *f ist irreduzibel genau dann, wenn G_f transitiv ist, d. h., wenn zwei beliebige Nullstellen von f durch ein $\pi \in G_f$ ineinander übergeführt werden.*

B e w e i s. Sei G_f transitiv und f_1 das zu α_1 gehörige irreduzible normierte Polynom. Dann gehört $f_1(y_1)$ zu H, und nach Definition von G_f gilt $f_1(\pi\alpha_1) = f_1(\alpha_1) = 0$ für alle $\pi \in G_f$. Daher ist $f = f_1$.

Sei andererseits G_f intransitiv, wobei die Nullstellen $\alpha_1, \ldots, \alpha_s$ in sich permutiert werden, $s < n$. Dann werden die elementarsymmetrischen Funktionen von $\alpha_1, \ldots, \alpha_s$ durch alle $\pi \in G_f$ in sich übergeführt. Nach Satz 7 hat also das Polynom $\prod_{i-1}^{s} (x - \alpha_i)$ Koeffizienten in K. Demnach ist $f(x)$ reduzibel. $\square$

7.8. Irreduzible Gleichungen von Primzahlgrad mit zyklischer Gruppe

In diesem Abschnitt bezeichnet p eine Primzahl, K einen Körper, mit von p verschiedener Charakteristik, der die p-ten Einheitswurzeln enthält, und ζ eine primitive p-te Einheitswurzel.

Satz 13. *Sei f ein über K irreduzibles Polynom vom Grad p mit zyklischer Gruppe G. Dann ist f ein Normalpolynom.*

Sei α eine Nullstelle von f in einer Erweiterung L von K und σ eine Erzeugende von G. Weiter sei

$$(\zeta, \alpha) := \sum_{i=0}^{p-1} \zeta^{-i} \sigma^i \alpha \; .$$

Dann ist $(\zeta, \alpha)^p \in K$, und für eine gewisse primitive p-te Einheitswurzel ζ ist $K(\alpha) = = K\big((\zeta, \alpha)\big)$.

Bemerkung. Die Gleichung $f(x) = 0$ ist also mit Hilfe des Radikals (ζ, α) lösbar. (ζ, α) wird als *Lagrangesche Resolvente* bezeichnet.

Beweis von Satz 13. Da f irreduzibel ist, ist G transitiv. Da G außerdem zyklisch ist, werden die Nullstellen von f zyklisch vertauscht. G hat also die Ordnung p, und nach Satz 8 gilt $K(\alpha, \sigma\alpha, \ldots, \sigma^{p-1}\alpha) = K(\alpha)$, d. h., f ist ein Normalpolynom. Weiter gilt

$$(\zeta, \sigma\alpha) = \sum_{i=0}^{p-1} \zeta^{-i}\sigma^{i+1}\alpha) = \sum_{i=0}^{p-1} \zeta^{-i+1}\sigma^i\alpha = \zeta(\zeta, \alpha) \; .$$

Daher bleibt $(\zeta, \alpha)^p$ bei der Anwendung aller Permutationen aus G ungeändert und liegt nach Satz 7 in K.

Wäre für alle primitiven p-ten Einheitswurzeln ζ die Lagrangesche Resolvente $(\zeta, \alpha) = 0$, so wäre auch

$$(1, \alpha) = \sum_{i=0}^{p-1} (\zeta^i, \alpha) = p\alpha \; .$$

Diese Gleichung ist unmöglich, da $(1, \alpha)$ in K liegt. Es gibt also ein ζ mit $(\zeta, \alpha) \neq 0$. Wegen $(\zeta, \sigma\alpha) \neq (\zeta, \alpha)$ gehört (ζ, α) nicht zu K und erzeugt daher $K(\alpha)$. $\square$

Satz 14. *Sei $a \in K$ und das Polynom $f(x) = x^p - a$ irreduzibel. Dann ist die Gruppe von f zyklisch von der Ordnung p.*

Beweis. Sei α eine Nullstelle von f. Dann haben die anderen Nullstellen die Form $\zeta^i\alpha$, $i = 1, \ldots, p - 1$. Hieraus folgt die Behauptung nach Satz 8. $\square$

7.9. Die Kreisteilungsgleichung

Sei p eine Primzahl. Wir haben uns bereits klargemacht, daß das Kreisteilungspolynom $\Phi_p(x) = x^{p-1} + \ldots + 1$ irreduzibel und die zugehörige Gruppe zyklisch von der Ordnung $p - 1$ ist (Beispiel 2). Wir zeigen jetzt

Satz 15. *Die Gleichung $\Phi_p(x) = 0$ ist durch Radikale lösbar.*

Beweis. Für $p = 2$ ist die Behauptung trivial. Wir nehmen an, Satz 15 sei schon für Primzahlen $p' < p$ bewiesen. Sei $K_1 = \mathbf{Q} = K_2 \subset \ldots \subset K_r$ eine auflösende Körperkette für $\prod_{p' < p} \Phi_{p'}(x)$ und $p - 1 = p_1 \ldots p_s$. In Abschn. 3.4. haben wir gesehen, daß es Kreisteilungsperioden $\beta_0 = 1, \beta_1, \ldots, \beta_s = \zeta$ gibt, so daß ζ primitive p-te Einheitswurzel ist und β_{i+1} über $\mathbf{Q}(\beta_i)$ einer Normalgleichung f_i vom Grad p_{i+1} genügt, $i = 0, \ldots, s - 1$. Da $\Phi_p(x)$ irreduzibel ist, hat $\mathbf{Q}(\beta_{i+1})/\mathbf{Q}(\beta_i)$ den Grad p_{i+1} (Abschn. A 1.5.).

Die zu f_i gehörige Gruppe G_i hat also die Ordnung p_{i+1}. Die zu f_i über $K_r(\beta_i)$ gehörige Untergruppe U_i von G_i hat demnach die Ordnung 1 oder p_{i+1} (in Kap. 25 werden wir sehen, daß $U_i = G_i$ ist). Wenn $U_i = \{1\}$ ist, gilt $K_r(\beta_{i+1}) = K_r(\beta_i)$. Wenn $U_i = G_i$ ist, liegt der in Abschn. 7.8. betrachtete Fall vor. $\square$

Satz 15 findet sich in GAUSS' „*Disquisitiones arithmeticae*", Abschn. 7. Der Spezialfall $p = 11$ war bereits VANDERMONDE bekannt (*Mémoire sur la résolution des équations, Histoires de l'Académie Royale des Sciences de Paris* 1771).

7.10. Der Hauptsatz über die Auflösung von Gleichungen mit Hilfe von Radikalen

In diesem und den folgenden Abschnitten dieses Kapitels ist K ein Körper der Charakteristik 0.

Eines der Hauptergebnisse von GALOIS besteht darin, daß er ein Kriterium angibt, das gestattet, aus der Gruppe einer Gleichung abzulesen, ob sie mit Hilfe von Radikalen lösbar ist. Dazu benötigen wir den Begriff der auflösbaren Gruppe.

Eine endliche Gruppe G heißt *auflösbar*, wenn es eine Folge von Untergruppen

$$U_1 = G \supset U_2 \supset \ldots \supset U_s = \{1\} \tag{11}$$

gibt mit der Eigenschaft, daß U_{i+1} Normalteiler von U_i von Primzahlindex ist, $i = 1, \ldots, s - 1$. (11) wird als *Kompositionsreihe* von G bezeichnet. Wie man leicht sieht, sind Untergruppen und Faktorgruppen von auflösbaren Gruppen wieder auflösbar.

Satz 16. *Sei f ein Polynom mit Koeffizienten in einem Körper K der Charakteristik 0. f habe keine mehrfachen Nullstellen (in einem Zerfällungskörper L).*

$f(x) = 0$ ist mit Hilfe von Radikalen lösbar genau dann, wenn die zugehörige Gruppe G_f auflösbar ist.

Beweis. Wegen Satz 15 können wir o.B.d.A. annehmen, daß die im folgenden benötigten Einheitswurzeln von Primzahlordnung in K liegen. Seien $\alpha_1, \ldots, \alpha_n$ die Nullstellen von f.

Wenn $f(x) = 0$ mit Hilfe von Radikalen lösbar ist, so sei $K_1 = K \subset K_2 \subset \ldots \subset K_s$ eine auflösende Körperkette und $K_{i+1} = K_i(\beta_i)$ mit $\beta_i^{p_i} \in K_i$. Dann ist K_2/K_1 nach Satz 14 eine normale Erweiterung vom Grad p_1. Die Gruppe von f über K_2 ist daher nach Satz 9 gleich einem Normalteiler N von G_f. Wegen Satz 8 ist

$$|G_f| = [K(\alpha_1, \ldots, \alpha_n) : K] \mid [K_2(\alpha_1, \ldots, \alpha_n) : K] = |N|\,[K_2 : K]\,.$$

Der Index von N in G_f ist daher gleich 1 oder p_1. Im zweiten Fall setzen wir $U_2 = N$. Die gleiche Überlegung kann für die folgenden Erweiterungen $K_3/K_2, \ldots$ angestellt werden. Da f über K_s nach Voraussetzung eine triviale Gruppe hat, folgt, daß G_f auflösbar ist.

Sei jetzt vorausgesetzt, daß G_f auflösbar ist, und sei

$$U_1 = G_f \supset U_2 \ldots \supset U_s = \{1\}$$

eine Folge von Untergruppen, so daß U_{i+1} Normalteiler von U_i vom Primzahlindex p_i ist, $i = 1, \ldots, s - 1$. Nach Satz 11 gibt es ein Polynom $\vartheta = h(\alpha_1, \ldots, \alpha_n)$, so daß U_2 die Gruppe von f über $K(\vartheta)$ ist. Sei f_1 das Minimalpolynom von ϑ über K. Die übrigen Nullstellen von f_1 sind nach Satz 10 von der Form $\pi\vartheta := h(\pi\alpha_1, \ldots, \pi\alpha_n)$ mit $\pi \in G_f$. Da U_2 Normalteiler von G_f ist, hat f über $K(\pi\vartheta)$ nach Satz 9 ebenfalls die Gruppe U_2. Nach Satz 7 liegt daher $\pi\vartheta$ in $K(\vartheta)$. Die Gruppe von f_1 über K hat also nach Satz 8 die Ordnung p_1. Wir befinden uns in der Situation von Satz 13, d. h., es gibt ein β_1 mit $\beta_1^{p_1} \in K$ und $K(\vartheta) = K(\beta_1)$. Wir setzen $K_2 := K(\beta_1)$. Jetzt können wir die gleiche Überlegung auf $U_3 \subset U_2$ anwenden. So fortfahrend, erhalten wir die gewünschte auflösende Körperkette $K_1 = K \subset K_2 \subset \ldots \subset K = K(\alpha_1, \ldots, \alpha_n)$. $\square$

7.11. Permutationsgruppen

Zur Anwendung der bisher dargestellten allgemeinen Theorie von Galois ist es notwendig, sich mit dem Umgang mit Permutationen und Permutationsgruppen bekanntzumachen.

Da es auf die Objekte, die permutiert werden (in der Galoisschen Theorie die Wurzeln der Gleichung) nicht ankommt, ist es üblich, die Zahlen von 1 bis n zu permutieren.

Eine übersichtliche Darstellung einer Permutation π von n Zahlen erhält man durch die Zyklendarstellung: Man beginnt mit einer beliebigen Zahl a_{11} aus $\{1, \ldots, n\}$, wobei etwa 1 gewählt werde. Dahinter schreibt man nacheinander die Zahlen $a_{12} = = \pi a_{11}, \ldots$, bis man zu der ersten Zahl $a_{11} = \pi^{n_1} a_{11}$ zurückkommt. Dies gibt den ersten Zyklus $(a_{11}a_{12} \ldots a_{1n_1})$. Jetzt wählt man aus den verbleibenden Zahlen eine beliebige a_{21} und setzt mit dieser das Verfahren fort. Man erhält den Zyklus $(a_{21}a_{22}\ldots a_{2n_2})$ usw. Schließlich kommt man zu einer Darstellung

$$\pi = (a_{11}a_{12} \ldots a_{1n_1}) \ldots (a_{s1}a_{s2} \ldots a_{sn_s}) . \tag{12}$$

Die Zyklen der Länge 1 werden im allgemeinen weggelassen. Lediglich die identische Permutation schreibt man in der Form (1).

Aus der Darstellung (12) liest man folgendes ab:

1. Die Ordnung von π ist gleich dem kleinsten gemeinsamen Vielfachen der Zyklenlängen $n_1, \ldots, n_s$.

2. Für beliebiges $\varepsilon \in S_n$ ist

$$\varepsilon\pi\varepsilon^{-1} = (\varepsilon a_{11}\varepsilon a_{12} \ldots \varepsilon a_{1n_1}) \ldots (\varepsilon a_{s1}\, \varepsilon a_{s2} \ldots \varepsilon a_{sn_s}) .$$

Insbesondere wird durch Konjugation der Typus $\{n_1, \ldots, n_s\}$ von π nicht geändert.

Wir betrachten jetzt die Untergruppen von S_n. Nach Beispiel 1 und Satz 16 ist die allgemeine Gleichung n-ten Grades genau dann auflösbar, wenn S_n auflösbar ist.

S_3 besteht aus den sechs Permutationen (1), (12), (13), (23), (123), (132). Die Permutationen (1), (123), (132) bilden die alternierende Gruppe A_3, die Folge $S_3 \supset A_3 \supset \{(1)\}$ ist eine Kompositionsreihe von S_3. Hieraus ist entsprechend Abschn. 7.10. ersichtlich, daß die allgemeine Gleichung dritten Grades nach Adjunktion der dritten Einheitswurzeln durch Ziehen einer Quadratwurzel und anschließend einer dritten Wurzel lösbar ist. Dem entspricht die Cardanosche Formel (vgl. Abschn. 7.1.).

In S_4 haben wir den Normelteiler $K_4 = \{(1),\ (12)(34),\ (13)(24),\ (14)(23)\}$ und daher die Kompositionsreihe $S_4 \supset A_4 \supset K_4 \supset \{(1),\ (12)(34)\} \supset \{(1)\}$. Dies erklärt die oben angegebene Lösung der allgemeinen Gleichung vierten Grades.

Allgemein geht man von S_n zu A_n durch Adjunktion der Wurzel aus der Diskriminante der Gleichung über (siehe (9)).

A_5 besteht aus 20 Permutationen vom Typus $\{3\}$, 15 Permutationen vom Typus $\{2,2\}$, 24 Permutationen vom Typus $\{5\}$ und der identischen Permutation. Wir wollen zeigen, daß A_5 außer sich selbst nur $\{(1)\}$ als Normalteiler enthält. Eine Gruppe mit dieser Eigenschaft heißt *einfach*. Sei N ein von $\{(1)\}$ verschiedener Normalteiler von A_5. Durch Konjugation mit Elementen aus A_5 und Übergang zu einer Potenz kann man zwei beliebige Elemente aus N von gleichem Typ ineinander überführen. Da die Ordnung von N ein Teiler von 60 ist, folgt hieraus $N = A_5$. Allgemeiner kann man leicht zeigen, daß die Gruppen A_n für $n \geqq 5$ einfach sind. Aus unserer Überlegung folgt der Satz von ABEL:

Satz 17. *Die allgemeine Gleichung n-ten Grades ist für $n \geqq 5$ nicht mit Hilfe von Radikalen lösbar.*

Beweis. Mit einer Gruppe G ist auch jede Untergruppe von G auflösbar. Da A_5 in S_n für $n \geqq 5$ eingebettet werden kann, kann S_n nicht auflösbar sein. $\square$

Zum Schluß dieses Abschnittes beweisen wir noch den folgenden Satz, der zuerst von CAUCHY in seiner Arbeit ,,*Mémoire sur le nombre des valeurs qu'une fonction peut acquérir lorsqu'on y permute de toutes les manières possibles les quantités qu'elle renferme*'' (*J. Ec. Polyt.* **17** (1815)) bewiesen und von GALOIS benutzt wurde.

Satz 18. *Die Ordnung der endlichen Gruppe G sei durch die Primzahl p teilbar. Dann enthält G ein Element der Ordnung p.*

Beweis. Der Satz wird durch Induktion über die Gruppenordnung bewiesen. Für $|G| = 1$ gibt es nichts zu beweisen. Sei der Satz schon für alle echten Untergruppen von G bewiesen. Wenn eine dieser Untergruppen eine durch p teilbare Ordnung hat, sind wir fertig. Sei das nicht der Fall und $g \in G$. Die Gruppe $H_g = \{h \in G \mid hgh^{-1} = g\}$ wird als *Zentralisator* von g bezeichnet. Die Elemente g mit $H_g = G$ bilden eine abelsche Untergruppe Z von G, das *Zentrum*. Ist $H_g \neq G$, so ist nach Voraussetzung p ein Teiler von $[G:H_g]$, und die Klasse $K_g = \{g'gg'^{-1} \mid g' \in G\}$ der zu g konjugierten Elemente besteht aus $[G:H_g]$ Elementen. Da nun G in disjunkte Klassen konjugierter Elemente zerfällt, ist p ein Teiler von $|Z|$. Daher hat Z als abelsche Gruppe ein Element der Ordnung p. $\square$

7.12. Über irreduzible Gleichungen von Primzahlgrad

Wir wollen den in Abschn. 7.4. erwähnten folgenden Satz von GALOIS beweisen.

Satz 19. *Eine irreduzible Gleichung vom Primzahlgrad p ist genau dann durch Radikale lösbar, wenn sich alle ihre Lösungen $\alpha_1, \ldots, \alpha_p$ durch beliebige zwei Lösungen rational ausdrücken lassen.*

Beweis. Nach Satz 12 und Satz 16 ist Satz 19 gleichbedeutend mit der folgenden rein gruppentheoretischen Aussage:

Satz 20. *Eine transitive Permutationsgruppe G von p Ziffern ist genau dann auflösbar, wenn G, abgesehen von der identischen Permutation, keine Permutation enthält, die zwei Ziffern festläßt.*

Zum Beweis von Satz 20 beweisen wir zunächst zwei weitere Sätze.

Satz 21. *Eine Permutationsgruppe G von p Ziffern ist genau dann transitiv, wenn p ein Teiler der Ordnung von G ist.*

Beweis. Wenn p ein Teiler der Ordnung von G ist, gibt es nach Satz 18 in G eine Permutation π der Ordnung p. Diese Permutation ist notwendig von der Form $(a_1 a_2 \dots a_p)$, und jede gegebene Ziffer wird durch eine Potenz von π in eine andere gegebene übergeführt, d. h., G ist transitiv.

Sei andererseits G transitiv und G_1 die Untergruppe aller Permutationen von G, die die 1 festlassen. Sei weiter π_a eine Permutation von G, die 1 in a überführt, $a = 1, \dots, p$. Eine solche Permutation gibt es, weil G transitiv ist. Dann ist

$$G = \bigcup_{a=1}^{p} \pi_a G_1$$

eine disjunkte Nebenklassendarstellung von G nach G_1. Es folgt $|G| \, / \, |G_1| = p$. $\square$

Wir führen folgende Bezeichnungen ein. Die Ziffern $1, \dots, p$ identifizieren wir mit ihren Klassen in Z/pZ. Die *eindimensionale affine Gruppe* $A_1(Z/pZ)$ über Z/pZ ist die Gruppe aller Permutationen in S_p mit

$$\pi(k) = a + bk \quad \text{für} \quad k \in Z/pZ \, ,$$

wobei a, b Elemente aus Z/pZ mit $b \neq 0$ sind.

Man stellt leicht fest, daß die Ordnung von π im Fall $b = 1$ gleich p und im Fall $b \neq 1$ gleich der Ordnung von b in der multiplikativen Gruppe $(Z/pZ)^{\times}$ von Z/pZ ist.

Satz 22. *Eine transitive Permutationsgruppe von p Ziffern ist genau dann auflösbar, wenn sie konjugiert zu einer Untergruppe von $A_1(Z/pZ)$ ist.*

Beweis. Die Gruppe $A_1(Z/pZ)$ ist auflösbar; denn sie enthält den zyklischen Normalteiler, der von $(12 \dots p)$ erzeugt wird, und die Faktorgruppe nach diesem Normalteiler ist isomorph zu $(Z/pZ)^{\times}$.

Sei andererseits G eine auflösbare transitive Permutationsgruppe von Z/pZ. Nach Satz 18 und Satz 21 enthält G ein Element der Ordnung p. Sei

$$N_0 = \{(1)\} \subset N_1 \dots \subset N_s = G$$

eine Kompositionsreihe von G und N_i die kleinste Gruppe dieser Reihe mit $p \mid |N_i|$. Dann enthält N_i eine Permutation der Form $(a_1 \dots a_p)$. Da N_{i-1} Normalteiler von N_i ist, folgt, daß $N_{i-1} = \{(1)\}$ oder N_{i-1} transitiv ist. Im zweiten Fall wäre aber p nach Satz 21 ein Teiler von $|N_{i-1}|$ im Widerspruch zur Voraussetzung. Hieraus folgt $i = 1$. Daher ist $|N_1| = p$. Wir können o.B.d.A. annehmen, daß N_1 von $\pi = (12 \dots p)$ erzeugt wird.

Sei jetzt $\pi \in N_2$. Dann ist

$$\pi' \pi = \pi^b \pi' \tag{13}$$

für eine gewisse Zahl b, d. h.

$$\pi'(k + 1) = \pi'(k) + b \quad \text{für} \quad k \in Z/pZ \, ,$$

also $\pi'(k) = \pi'(0) + kb$, d. h. $N_2 \subset A_1(Z/pZ)$.

Wie oben bemerkt, gibt es in $A_1(Z/pZ)$ nur $\pi, \pi^2, \dots, \pi^{p-1}$ als Elemente der Ordnung p. Für $\pi' \in N_3$ gilt daher eine zu (13) analoge Vertauschungsrelation mit π. Daraus erhält man $N_3 \subset A_1(Z/pZ)$. Durch Fortsetzung des Verfahrens erhält man schließlich $G \subset A_1(Z/pZ)$. $\square$

Wir kommen jetzt zum **Beweis von Satz 20**. Sei G auflösbar. Dann ist G nach Satz 22 konjugiert zu einer Untergruppe von $A_1(Z/pZ)$. Die Gruppe $A_1(Z/pZ)$ enthält außer der identischen Permutation kein Element, das zwei Ziffern festläßt. Sei andererseits G eine transitive Permutationsgruppe von p Ziffern, die, abgesehen von der identischen Permutation, kein Element enthält, das zwei Ziffern i, j festläßt. Wir bezeichnen mit H die Gruppe aller Permutationen in S_p, die i und j festlassen. H hat die Ordnung $(p-2)!$. Offensichtlich kann in G höchstens ein Element aus jeder Nebenklasse von S_p nach H liegen. Daher ist $|G| \leqq p(p-1)$. Wegen Satz 18 und Satz 21 liegt in G ein Element π der Ordnung p. O.B.d.A. können wir annehmen, daß $\pi = (12 \ldots p)$ ist. Außer den Potenzen von π können keine weiteren Elemente der Ordnung p in G liegen, da G sonst mindestens die Ordnung p^2 hätte. Für $\pi' \in G$ ist $\pi'\pi\pi'^{-1}$ ein Zyklus der Länge p, also eine Potenz von π. Hieraus schließt man wie oben $\pi' \in \mathbf{A}_1(Z/pZ)$. $\square$

Die in den letzten Sätzen ausgedrückten Ergebnisse von GALOIS können als interessante Ergänzung zum Problem der Lösung der allgemeinen Gleichung n-ten Grades mit Hilfe von Radikalen angesehen werden für den Fall, daß $n = p$ eine Primzahl ist. Wie sich aus der Struktur von $\mathbf{A}_1(Z/pZ)$ ergibt, lassen sich die Lösungen einer irreduziblen Gleichung von Primzahlgrad, wenn sie überhaupt durch Radikale darstellbar sind, durch eine Formel ausdrücken, die als Analogon zur Cardanoschen Formel anzusehen ist.

7.13. Gleichungen fünften Grades mit symmetrischer Gruppe

Wir betrachten jetzt noch den Fall einer Gleichung fünften Grades genauer.

Satz 23. *Eine nichtauflösbare transitive Untergruppe von S_5 ist gleich S_5 oder A_5.*

Beweis. Sei U eine solche Untergruppe. O.B.d.A. können wir annehmen, daß U die Permutation $\pi = (12345)$ enthält. Nach Satz 20 gibt es in U ein Element $\eta \neq (1)$, das zwei Ziffern festläßt. η ist also ein Zyklus der Länge 2 oder 3. Im ersten Fall zeigt man leicht, daß U alle Zyklen der Länge 2 enthält und daher gleich S_5 ist. Im zweien Fall sei $\pi' = \eta\pi\eta^{-1}$. Dann kann π' keine Potenz von π sein, da sonst die von π und η erzeugte Gruppe auflösbar wäre, also η nicht zwei Ziffern festlassen könnte. Daher erhält man in der Form $\pi_i\pi'^j, i, j = 0, 1, 2, 3, 4, 25$ verschiedene Elemente, die in U liegen. U enthält daher A_5 oder eine Untergruppe von A_5 der Ordnung 30. Diese Untergruppe wäre Normalteiler von A_5, was unmöglich ist, da A_5 einfach ist. $\square$

Genauer kann man zeigen, daß jede Gruppe G mit $|G| < 60$ auflösbar ist.

Wir wollen Polynome fünften Grades über Q konstruieren, deren Gruppe gleich S_5 ist. Nach Satz 19 ist die Gruppe eines irreduziblen Polynoms f vom Grad 5 mit rationalen Koeffizienten sicher dann nicht auflösbar, wenn f drei reelle und zwei komplexe Nullstellen hat. Nach Satz 2 hat f dann die Gruppe A_5 oder S_5. Zwischen diesen beiden Möglichkeiten kann man mit Hilfe der Diskriminante von f entscheiden. Genau dann, wenn diese ein Quadrat in Q ist, liegt der erste Fall vor. Wie man leicht sieht, hat f genau dann drei reelle und zwei komplexe Nullstellen, wenn die Diskriminante von f negativ ist (vgl. (9)). Dann liegt also immer ein Polynom mit der Gruppe S_5 vor. Die Diskriminante von $f(x) = x^5 + ax + b$ ist $4^4a^5 + 5^5b^4$. Sorgt man noch dafür, daß f Eisensteinsches Polynom ist (Kap. 3, Satz 3), so ist f irreduzibel. Auf diese Weise findet man leicht ein Polynom mit der Gruppe S_5 über Q, z. B. $x^5 - 6x + 2$.

Aufgaben

7.1. Man berechne die Diskriminante der allgemeinen Gleichung dritten und vierten Grades.

7.2. Seien $\alpha_1, \alpha_2, \ldots, \alpha_n$ die Nullstellen des Polynoms f. Man zeige, daß die Diskriminante $D(f)$ von f die Form

$$D(f) = (-1)^{n(n-1)/2} \prod_{i=1}^{n} f'(\alpha_i)$$

hat.

7.3. Man zeige, daß das Polynom $x^n + ax + b$ die Diskriminante

$$(-1)^{(n-1)(n-2)/2} (n-1)^{n-1} a^n + (-1)^{n(n-1)/2} n^n b^{n-1}$$

hat. (Hinweis: Man betrachte zunächst die Polynome $x^n - 1$ und $x^n - x$.)

7.4. Man kläre den Zusammenhang zwischen den Diskriminanten der Gleichung (4) und des Polynoms $x^3 + b_1 x^2 + b_2 x + b_3$. Man berechne h_1, h_2, h_3.

7.5. Man drücke $\cos 3\alpha$ als Polynom in $\cos \alpha$ aus und leite daraus die Lösung der Gleichung $f(x) := x^3 + px + q = 0$ durch Winkeldreiteilung für den Fall ab, daß $f(x)$ drei reelle Nullstellen hat. Man leite diese Lösung ebenfalls aus der Cardanoschen Formel mit Hilfe der Moivreschen Formel ab.

7.6. Sei p eine Primzahl und K ein Körper mit von p verschiedener Charakteristik. Das Polynom $x^p - a \in K[x]$ ist genau dann reduzibel, wenn a in K eine p-te Potenz ist.

7.7. Seien $x_1, \ldots, x_n$ Unbestimmte, $s_1, \ldots, s_n$ die elementarsymmetrischen Funktionen in $x_1, \ldots, x_n$, und sei

$$p_i = x_1^i + \ldots + x_n^i, \quad i = 1, 2, \ldots .$$

Man beweise die Newtonschen Formeln

$$p_i - p_{i-1} s_1 + p_{i-2} s_2 - \ldots + (-1)^{i-1} p_1 s_{i-1} + (-1)^i i s_i = 0 \text{ für } i \leqq n$$

und

$$p - p_{i-1} s_1 + p_{i-2} s_2 - \cdots - \ldots + (-1)^n p_{i-n} s_n = 0 \text{ für } i > n .$$

7.8. Sei p eine Primzahl und K ein Körper mit von p verschiedener Charakteristik. Man berechne die Galoissche Gruppe des Polynoms $x^p - a \in K[x]$.

7.9. Sei $f(x) \in \mathbb{Q}[x]$ ein irreduzibles Polynom dritten Grades mit drei reellen Nullstellen. Man zeige, daß $f(x) = 0$ nicht in Radikalen lösbar ist mit einer Folge (6) von Körpern $K_1 = K, K_2, \ldots, K_s$, die alle in $\mathbb{R}$ liegen.

7.10. Man beweise Satz 2 im Rahmen der Galoisschen Theorie mit Hilfe von Satz 7.

7.11. Man zeige, daß die Galoissche Gruppe des Polynoms $x^3 + x^2 - 2x - 1 \in \mathbb{Q}[x]$ zyklisch von der Ordnung 3 ist.

7.12. Man zeige, daß die Galoissche Gruppe des Polynoms $x^5 + x^4 - 4x^3 - 3x^2 + 3x + 1 \in \mathbb{Q}[x]$ zyklisch von der Ordnung 5 ist. (Hinweis: Man substituiere $x = y + 1/y$.)

8. Die Anfänge der komplexen Funktionentheorie

8.1. Einleitung: Aus einem Brief von Gauß an Bessel

Zu Beginn des 19. Jahrhunderts drängte sich der Übergang vom Studium reeller Funktionen zum Studium komplexer Funktionen auf. In einem Brief an BESSEL vom 18. Dezember 1811 schreibt GAUSS:

„Zuvörderst würde ich jemand, der eine neue Function in die Analyse einführen will, um eine Erklärung bitten, ob er sie schlechterdings bloß auf reelle Größen (reelle Werthe des Arguments der Function) angewandt wissen will, und die imaginären Werthe des Arguments gleichsam nur als ein Überbein ansieht, oder ob er meinem Grundsatze beitrete, daß man in dem Reich der Größen die imaginären $a + b\sqrt{-1} = a + bi$ als gleiche Rechte mit den reellen genießend ansehen müsse. Es ist hier nicht von praktischen Nutzen die Rede, sondern die Analyse ist mir eine selbsständige Wissenschaft, die durch Zurücksetzung jener fingirten Größen außerordentlich an Schönheit und Rundung verlieren und alle Augenblick Wahrheiten, die sonst allgemein gelten, höchst lästige Beschränkungen beizufügen genöthigt seyn würde. ... Was soll man sich nun bei $\int \varphi x \cdot dx$ für $x = a + bi$ denken? Offenbar, wenn man von klaren Begriffen ausgehen will, muß man annehmen, daß x durch unendlich kleine Incremente (jedes von der Form $\alpha + \beta i$) von demjenigen Werthe, für welchen das Integral 0 seyn soll, bis zu $x = a + bi$ übergeht, und dann alle $\varphi x \cdot dx$ summirt. So ist der Sinn vollkommen festgesetzt. Nun aber kann der Übergang auf unendlich viele Arten geschehen: so wie man sich das ganze Reich aller reellen Größen durch eine unendliche gerade Linie (dargestellt) denken kann, so kann man das ganze Reich aller Größen, reeller und imaginärer Größen, sich durch eine unendliche Ebne sinnlich machen, worin jeder Punct, durch Abscisse $= a$, Ordinate $= b$ bestimmt, die Größe $a + bi$ gleichsam repräsentirt. Der stetige Übergang von einem Werthe von x zu einem andern $a + bi$ geschieht demnach durch eine Linie und ist mithin auf unendlich viele Arten möglich.

Ich behaupte nun, daß das Integral $\int \varphi x \cdot dx$ nach zweien verschiedenen Übergängen immer einerlei Werth erhalte, wenn innerhalb des zwischen beiden die Übergänge repräsentirenden Linien eingeschlossenen Flächenraumes nirgends $\varphi x = \infty$ wird. Dieß ist ein schöner Lehrsatz (eigentlich ist hierbei noch angenommen, daß φx selbst eine einförmige Function von x ist, oder wenigstens für deren Werth innerhalb jenes ganzen Flächenraumes nur ein System von Werthen ohne Unterbrechung der Stetigkeit angenommen wird), dessen eben nicht schweren Beweis ich bei einer schicklichen Gelegenheit geben werde. Er hängt mit schönen anderen Wahrheiten die Entwicklungen in Reihen betreffend zusammen. Der Übergang nach jedem Puncte läßt sich immer ausführen, ohne jemals eine solche Stelle, wo $\varphi x = \infty$ wird, zu berühren. Ich verlange daher, daß man solchen Puncten ausweichen soll, wo offenbar der ursprüngliche Grundbegriff von $\int \varphi x \cdot dx$ seine Klarheit verliert und leicht auf Widersprüche führt. Übrigens ist zugleich hieraus klar, wie eine durch $\int \varphi x \cdot dx$ erzeugte Function für einerlei Werthe von x mehrere Werthe haben kann, indem man nemlich beim Übergange dahin um einen Punct, wo $\varphi x = \infty$ entweder gar *nicht, oder einmal, oder mehreremale herumgehen kann. Definirt man z. B. log x durch*

$\int \dfrac{1}{x} \cdot \mathrm{d}x$, *von* $x = 1$ *anzufangen, so kommt man zu log x entweder ohne den Punct* 0

einzuschließen oder durch ein- oder mehrmaliges Umgehen desselben; jedesmal kommt dann die Constante $+2\pi i$ *oder* $-2\pi i$ *hinzu: so sind die vielfachen Logarithmen von jeder Zahl ganz klar. Kann φx nie für einen endlichen Werth von x unendlich werden, so ist das Integral immer nur eine einförmige Function."*

GAUSS hat dieses Programm einer komplexen Funktionentheorie niemals ausgeführt. Vielmehr war es CAUCHY, der, beginnend mit dem Jahre 1814, in über 200 Arbeiten die Anfänge der komplexen Funktionentheorie entwickelt hat.

POINCARÉ nennt in seiner Würdigung des mathematischen Werks von WEIERSTRASS (*Acta Math.* 22 (1899)) als Begründer der „*modernen*" Theorie der analytischen Funktionen GAUSS, CAUCHY, RIEMANN und WEIERSTRASS.

GAUSS hat seine Ergebnisse nicht publiziert, hat jedoch RIEMANN wesentlich beeinflußt. Die Cauchysche Theorie enthält im Keim bereits die geometrische Konzeption RIEMANNS (Kap. 10,11) und die arithmetische Konzeption WEIERSTRASS'. Im Gegensatz zu RIEMANN wünscht WEIERSTRASS, auf jede geometrische Anschauung zu verzichten, und stützt seine Theorie allein auf den Begriff der Potenzreihe. Seine Methode ist jedoch oft mühselig, und wir ziehen es vor, den Lehrbüchern der Funktionentheorie folgend, alle in diesem Kapitel abzuleitenden Ergebnisse mit der Cauchyschen Methode zu beweisen.

8.2. Grundbegriffe

Sei $z = x + iy$ eine komplexe Zahl mit dem Realteil $\mathrm{Re}\, z := x$ und dem Imaginärteil $\mathrm{Im}\, z := y$. Wir betrachten z als Punkt (x, y) der euklidischen Ebene. $|z| = \sqrt{x^2 + y^2}$ heißt *Absolutbetrag* von z. Jede komplexe Zahl $z \neq 0$ hat eine eindeutige Darstellung $z = re^{i\varphi}$, wobei $r = |z|$ positiv und $0 \leqq \varphi < 2\pi$ ist. φ heißt *Argument* von z. Der Körper aller komplexen Zahlen wird mit $\mathbb{C}$ bezeichnet.

Sei $z_1, z_2 \in \mathbb{C}$. Eine (*orientierte*) *doppelpunktfreie glatte Kurve* C von dem Anfangspunkt z_1 nach dem Endpunkt z_2 ist gegeben durch eine stetig differenzierbare Funktion $z(t)$ für $t \in [a, b]$ mit komplexen Werten und $z(a) = z_1, z(b) = z_2$, die in dem offenen Intervall (a, b) umkehrbar eindeutig ist. t heißt der *Parameter* von C. Wenn $t(t')$ eine stetig differenzierbare eineindeutige Abbildung des Intervalls $[a', b']$ auf das Intervall $[a, b]$ mit $dt/dt' > 0$ ist, so werden die Kurven, die durch $z(t)$ und durch $z_1(t') := z\big(t(t')\big)$ gegeben sind, als nicht wesentlich verschieden betrachtet. Unter einer (*stückweise glatten*) Kurve C verstehen wir eine Folge von glatten doppelpunktfreien Kurven $C_1, \ldots, C_n$, wobei der Endpunkt von C_i gleich dem Anfangspunkt von C_{i+1} ist, $i = 1, \ldots, n - 1$. Wenn die Kurven im übrigen, abgesehen von dem Endpunkt z_{n+1} von C_n und dem Anfangspunkt z_1 von C_1, keinen gemeinsamen Punkt haben, heißt C *doppelpunktfrei*. Wenn $z_{n+1} = z_1$ ist, heißt C *geschlossene* Kurve.

Sei ε eine positive reelle Zahl und $z_0 \in \mathbb{C}$. Dann heißt $K_\varepsilon(z_0) = \{z \in \mathbb{C} \mid |z - z_0| < \varepsilon\}$ ε-*Umgebung von* z_0. $K_\varepsilon(z_0)$ wird berandet von der Kurve $C_\varepsilon(z_0)$, die durch $z(t) = \varepsilon\, e^{it}$, $t \in [0, 2\pi]$ gegeben ist. Eine Teilmenge U von $\mathbb{C}$ heißt *offen*, wenn mit z_0 auch eine ε-Umgebung von z_0 in U liegt. $U \subset \mathbb{C}$ heißt (*bogenweise*) *zusammenhängend*, wenn je zwei Punkte $z_1, z_2 \in U$ durch eine Kurve in U verbunden werden können. Schließlich heißt U *einfach zusammenhängend*, wenn U zusammenhängend ist und sich jede geschlossene Kurve in U auf einen Punkt in U zusammenziehen läßt. Eine zusammenhängende offene Menge in $\mathbb{C}$ heißt *Gebiet*.

Eine geschlossene doppelpunktfreie Kurve zerlegt die Ebene in zwei Gebiete. Dieser Jordansche Kurvensatz wird hier nicht bewiesen. Bei allen Anwendungen wird die Kurve eine solche Gestalt haben, daß sich der Satz von selbst versteht.

Eine komplexwertige Funktion $f(z)$, die in einem Gebiet U der Ebene definiert ist, heißt *differenzierbar* in $z_0 \in U$, wenn für alle gegen z_0 konvergierenden Folgen $z_1, z_2, \ldots$ der Grenzwert

$$\lim_{z_n \to z_0} \frac{f(z_n) - f(z_0)}{z_n - z_0}$$

existiert und den gleichen Wert hat, der mit $f'(z_0)$ oder $\dfrac{\mathrm{d}f}{\mathrm{d}z}(z_0)$ bezeichnet wird. Wenn $f(z)$ in ganz U stetig differenzierbar ist, heißt $f(z)$ *regulär* oder *holomorph* in U.

GOURSAT zeigte 1884, daß aus der Differenzierbarkeit von $f(z)$ in U die Stetigkeit von $f'(z)$ in U folgt (*Acta Math.* 4 (1884)).

Seien $u(x, y)$ bzw. $v(x, y)$ Real- bzw. Imaginärteil von $f(z)$, d. h. $f(x + \mathrm{i}y) = u(x, y) + \mathrm{i}v(x, y)$.

Satz 1. *$f(z)$ ist genau dann in $z_0 = x_0 + \mathrm{i}y_0$ differenzierbar, wenn die partiellen Ableitungen von u und v in x_0, y_0 existieren und die Cauchy-Riemannschen Differentialgleichungen erfüllt sind*:

$$\frac{\partial u}{\partial x} = \frac{\partial v}{\partial y}, \qquad \frac{\partial u}{\partial y} = -\frac{\partial v}{\partial x}. \tag{1}$$

Der Beweis ergibt sich unmittelbar durch Übergang zu Real- und Imaginärteil und indet sich schon Mitte des 18. Jahrhunderts bei D'ALEMBERT und EULER. $\square$

8.3. Das Linienintegral

Von entscheidender Bedeutung für die Cauchysche Funktionentheorie ist der Begriff des Linienintegrals (Abschn. 8.1.): Sei C eine Kurve im Gebiet U, gegeben durch $z(t)$, $t \in [a, b]$, und f eine stetige Funktion in U. Dann definieren wir

$$\int_C f(z)\,\mathrm{d}z := \int_a^b f(z)\frac{\mathrm{d}z}{\mathrm{d}t}\,\mathrm{d}t = \int_a^b \left(u\frac{\mathrm{d}x}{\mathrm{d}t} - v\frac{\mathrm{d}y}{\mathrm{d}t}\right)\mathrm{d}t + \mathrm{i}\int_a^b \left(u\frac{\mathrm{d}y}{\mathrm{d}t} + v\frac{\mathrm{d}x}{\mathrm{d}t}\right)\mathrm{d}t. \tag{2}$$

Diese Definition ist unabhängig von der Wahl des Parameters t.

Wenn im Gebiet U eine Funktion $F(z)$ mit $F'(z) = f(z)$ existiert, ist

$$\int_C f(z)\,\mathrm{d}z = F\big(z(b)\big) - F\big(z(a)\big). \tag{3}$$

Das folgt leicht aus Satz 1. In diesem Fall ist $\int_C f(z)\,\mathrm{d}z$ also unabhängig von der Wahl des Weges von $z(a)$ nach $z(b)$. Dies ist gleichbedeutend damit, daß das Integral von $f(z)$ über eine geschlossene Kurve verschwindet. Umgekehrt sagt der folgende Cauchysche Integralsatz, aus dem die restliche Cauchysche Funktionentheorie als Corollar folgt, etwas über die Existenz einer *Stammfunktion* $F(z)$ aus.

Satz 2. *Sei U ein einfach zusammenhängendes Gebiet in $\mathbb{C}$ und $f(z)$ eine reguläre Funktion in U. Weiter sei C eine geschlossene Kurve in U. Dann gilt $\int_C f(z)\,\mathrm{d}z = 0$.*

Beweis. Sei C zunächst doppelpunktfrei. Nach dem Gaußschen Integralsatz (Anh. 3) gilt

$$\operatorname{Re} \int_C f(z)\,\mathrm{d}z = \int_C (u\,\mathrm{d}x - v\,\mathrm{d}y) = -\iint_{F(C)} \left(\frac{\partial u}{\partial y} + \frac{\partial v}{\partial x}\right)\mathrm{d}x\,\mathrm{d}y \,,$$

wobei $F(C)$ die von C eingeschlossene Fläche ist. Der Integrand des rechts stehenden Integrals verschwindet wegen Satz 1. Entsprechend findet man $\operatorname{Im} \int_C f(z)\,\mathrm{d}z = 0$.

Sei jetzt C eine beliebige geschlossene Kurve. C sei durch die Parameterdarstellung $z(t)$, $t \in [a, b]$, gegeben. Da C nach Definition stückweise glatt ist, gibt es zu jedem $t \in [a, b]$ eine ε-Umgebung, in deren Abschließung man C durch eine endliche Folge von Strecken in U ersetzen kann, ohne den Wert des Integrals zu ändern. Da man $[a, b]$ mit endlich vielen solchen ε-Umgebungen überdecken kann, folgt, daß man C durch eine endliche Folge von Strecken in U ersetzen kann, ohne den Wert des Integrals zu ändern.

Durch endliche Unterteilung der Strecken erreicht man weiter, daß zwei Strecken entweder aus den gleichen Punkten bestehen oder höchstens den Anfangs- oder den Endpunkt gemeinsam haben. Kommen in einem solchen C zwei aufeinanderfolgende Strecken vor, die sich nur durch ihre Orientierung unterscheiden, so kann man diese weglassen, ohne den Wert des Integrals zu ändern. Das gleiche gilt für eine geschlossene doppelpunktfreie Teilkurve von C. Hieraus folgt die Behauptung von Satz 2 mit Hilfe von Induktion über die Anzahl der Strecken, aus denen C besteht. $\square$

Wir geben nun Folgerungen aus dem Cauchyschen Integralsatz an.

8.4. Die Cauchyschen Integralformeln

Satz 3 (*Cauchysche Integralformeln*). *Sei $f(z)$ in dem einfach zusammenhängenden Gebiet U regulär und C eine im positiven Sinne durchlaufene Kreislinie in U mit dem Mittelpunkt z. Dann ist*

$$f(z) = \frac{1}{2\pi\mathrm{i}} \int_C \frac{f(\zeta)\,\mathrm{d}\zeta}{\zeta - z} \,, \tag{4}$$

und für die n-te Ableitung $f^{(n)}(z)$ von $f(z)$ gilt

$$f^{(n)}(z) = \frac{n!}{2\pi\mathrm{i}} \int_C \frac{f(\zeta)\,\mathrm{d}\zeta}{(\zeta - z)^{n+1}} \,. \tag{5}$$

Insbesondere existieren die Abweichungen beliebig hoher Ordnung von $f(z)$.

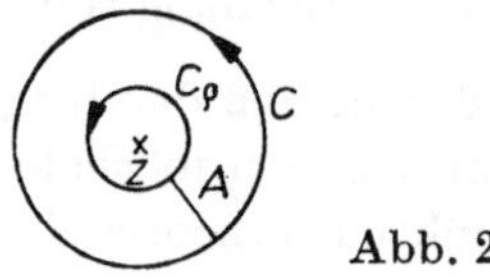

Abb. 2

Beweis. Sei C_ϱ eine positiv durchlaufene Kreislinie von genügend kleinem Radius ϱ mit dem Mittelpunkt z. Wir zerlegen den durch C und C_ϱ gegebenen Kreisring durch einen Schnitt A in ein einfach zusammenhängendes Gebiet. Dieses läßt sich mit seiner Berandung in ein Gebiet einbetten, in dem $f(\zeta)/(\zeta - z)$ als Funktion von ζ regulär ist (Abb. 2). Man kann daher auf die Berandung Satz 2 anwenden und erhält

$$\int_C \frac{f(\zeta)\,\mathrm{d}\zeta}{\zeta - z} = \int_{C_\varrho} \frac{f(\zeta)\,\mathrm{d}\zeta}{\zeta - z} = \int_{C_\varrho} \frac{f(z)\,\mathrm{d}\zeta}{\zeta - z} + \int_{C_\varrho} \left(\frac{f(\zeta) - f(z)}{\zeta - z} \right) \mathrm{d}\zeta \; .$$

Für beliebiges $\varepsilon > 0$ wird $|f(\zeta) - f(z)| < \varepsilon$ für alle ζ auf C_ϱ, wenn nur ϱ genügend klein ist. Mit $\zeta = z + \mathrm{e}^{\mathrm{i}t}$ wird daher

$$\left| \int_{C_\varrho} \left(\frac{f(\zeta) - f(z)}{\zeta - z} \right) \mathrm{d}\zeta \right| = \left| \int_0^{2\pi} (f(\zeta) - f(z))\,\mathrm{d}t \right| \leqq 2\pi\, \varepsilon \; .$$

Weiter gilt

$$\int_{C_\varrho} \frac{f(z)}{\zeta - z}\,\mathrm{d}\zeta = \int_0^{2\pi} f(z)\,\mathrm{i}\,\mathrm{d}t = 2\pi\,\mathrm{i}\,f(z) \; .$$

Hieraus folgt (4).

(5) erhält man aus (4) durch Differentiation nach z unter dem Integral. Dieses Vorgehen wird gerechtfertigt auf Grund der Vertauschbarkeit von Limes und Integral bei gleichmäßiger Stetigkeit des Integranden. $\square$

8.5. Potenzreihenentwicklung

Wir betrachten zunächst das Konvergenzverhalten der Potenzreihe

$$\sum_{n=0}^{\infty} a_n z^n \; , \tag{6}$$

wobei $a_0, a_1, \ldots$ irgendwelche komplexen Zahlen sind.

Sei (6) für $z = z_1$ konvergent. Dann ist (6) für alle z mit $|z| \leqq r < |z_1|$ absolut und gleichmäßig konvergent. Denn nach Voraussetzung ist $\lim\limits_{n \to \infty} a_n z_1^n = 0$. Also gibt es eine positive Zahl M mit $|a_n z_1^n| \leqq M$ für alle n, und es gilt für natürliche Zahlen h

$$\sum_{n=h}^{\infty} |a_n|\,|z|^n \leqq \sum_{n=h}^{\infty} M \left| \frac{z}{z_1} \right|^n \leqq \sum_{n=h}^{\infty} M r_1^n = M \frac{r_1^h}{(1 - r_1)}$$

mit $r_1 = r/|z_1| < 1$. Daraus folgt die Behauptung.

Das Supremum R aller $|z_1|$, für die $\sum\limits_{n=0}^{\infty} a_n z_1^n$ konvergent ist, wird als *Konvergenzradius* von (6) bezeichnet. (6) ist für $|z| < R$ konvergent und für $|z| > R$ divergent.

Satz 4 (*Potenzreihenentwicklung*). $f(z)$ *sei regulär in* $K_\varrho(z_0)$. *Dann ist die Potenzreihe*

$$\sum_{n=0}^{\infty} \frac{f^{(n)}(z_0)}{n!} (z - z_0)^n \tag{7}$$

für $z \in K_\varrho(z_0)$ *konvergent und gleich* $f(z)$.

Beweis. O.B.d.A. sei $z_0 = 0$. Sei ζ ein Punkt einer Kreislinie C um 0 vom Radius ϱ' mit $|z| < \varrho' < \varrho$. Es gilt

$$\frac{f(\zeta)}{\zeta - z} = f(\zeta)\,\frac{1}{\zeta}\left(1 - \frac{z}{\zeta}\right)^{-1} = \sum_{n=0}^{\infty} f(\zeta)\,\frac{z^n}{\zeta^{n+1}}\,.$$

Die rechts stehende Reihe ist bezüglich $\zeta \in C$ gleichmäßig konvergent. Daher wird wegen Satz 3

$$2\pi i f(z) = \int_C \frac{f(\zeta)}{\zeta - z}\,\mathrm{d}\zeta = \sum_{n=0}^{\infty} z^n \int_C \frac{f(\zeta)}{\zeta^{n+1}}\,\mathrm{d}\zeta = 2\pi i \sum_{n=0}^{\infty} \frac{f^{(n)}(0)}{n!}\,z^n\,.\quad \square$$

Nach Satz 4 ist eine reguläre Funktion in $K_\varrho(z_0)$ eindeutig bestimmt durch ihre Werte in einer beliebig kleinen Umgebung von z_0. Allgemeiner gilt

Satz 5. *Seien $f_1(z)$ und $f_2(z)$ reguläre Funktionen in einem Gebiet U, und sei $f_1(z) = f_2(z)$ in einem Teilgebiet U'. Dann ist $f_1(z) = f_2(z)$ in ganz U.*

Beweis. Sei z_1 ein beliebiger Punkt von U und $z_0 \in U'$. Weiter sei durch $z(t)$ für $t \in [a, b]$, $z(a) = z_0$, $z(b) = z_1$ eine Kurve in U gegeben, die z_0 mit z_1 verbindet. Wir setzen $v(z) := f_1(z) - f_2(z)$. Sei die Menge der $t \in [a, b]$ mit $v(z) = 0$ für alle z aus einer Umgebung von $z(t)$, sei $t_1 = \sup T$ und U_ε eine ε-Umgebung von $z(t_1)$, die in U liegt. Wir wählen $t_2 \in T$ so nahe an t_1, daß $|z(t_1) - z(t_2)| < \varepsilon/2$ ist. Dann ist der Kreis K um $z(t_2)$ mit dem Radius $\varepsilon/2$ in U enthalten, und $z(t_1)$ liegt im Innern von K. Aus Satz 4 folgt daher, daß $v(z)$ in K verschwindet. Das bedeutet $t_1 = b$ und $v(z_1) = 0$. $\square$

8.6. Koeffizientenabschätzung

Satz 6 *(Cauchysche Ungleichung). Sei $f(z) = \sum\limits_{n=0}^{\infty} a_n z^n$ eine reguläre Funktion für $z \in C_\varrho = C_\varrho(0)$, und sei für positives $r < \varrho$*

$$M(r) = \max_{|z| = r} |f(z)|\,.$$

Dann gilt

$$|a_n| \leqq \frac{M(r)}{r^n}\,.$$

Beweis. Nach Satz 3 und 4 ist mit $\zeta = r\,e^{it}$

$$|a_n| = \left|\frac{f^{(n)}(0)}{n!}\right| = \frac{1}{2\pi}\left|\int_{C_r} \frac{f(\zeta)\,\mathrm{d}\zeta}{\zeta^{n+1}}\right| = \frac{1}{2\pi}\left|\int_0^{2\pi} \frac{f(\zeta)\,\mathrm{d}t}{\zeta^n}\right| \leqq \frac{1}{r^n}\,M(r)\,.\quad \square$$

Aus Satz 6 erhält man leicht die absolute Konvergenz von (7) und den folgenden *Satz von* LIOUVILLE.

Satz 7. *Sei $f(z)$ in der ganzen Ebene reguläre und beschränkt. Dann ist $f(z)$ konstant.*
Beweis. Sei $|f(z)| \leqq M$. Dann ist $|a_n| \leqq M/r^n$ für alle $r > 0$ und daher $a_n = 0$ für $n = 1, 2, \ldots\,.\,\square$
Aus dem Satz von LIUOVILLE folgt der *Hauptsatz der Algebra* (Abschn. 7.1.):

Satz 8. *Sei $f(z)$ ein nichtkonstantes Polynom. Dann hat $f(z)$ eine Nullstelle.*
Beweis. Wenn $f(z)$ keine Nullstelle hat, ist $1/f(z)$ in der ganzen Ebene regulär und beschränkt, also nach Satz 7 konstant. $\square$

8.7. Prinzip vom Maximum des Absolutbetrages

Satz 9. *Sei $f(z)$ in dem Gebiet U regulär, und sei*

$$M := \sup_{z \in U} |f(z)| < \infty .$$

Dann ist $f(z)$ konstant, oder es gilt

$$|f(z)| < M \quad \text{für alle} \quad z \in U .$$

Beweis. Sei $z_0 \in U$ mit $|f(z_0)| = M$, und sei ϱ der Radius eines Kreises um z_0, der in U liegt, $0 < r \le \varrho$. Dann ist nach Satz 6

$$M = |f(z_0)| \le \max_{|z-z_0|=r} |f(z)| \le M ,$$

also $M = |f(z)|$ für alle z aus $K_\varrho(z_0)$. Hieraus schließt man, daß $f(z)$ konstant ist: Sei $M > 0$. Dann betrachten wir $\log f(z)$ in einer hinreichend kleinen Umgebung von z_0. Diese Funktion hat einen konstanten Realteil, ist also nach den Cauchy-Riemannschen Differentialgleichungen (1) konstant. Daher ist auch $f(z)$ in einer genügend kleinen Umgebung von z_0 konstant, also nach Satz 5 in ganz U konstant. $\square$

8.8. Laurent-Entwicklung

Eine Reihe der Form

$$\sum_{n=-\infty}^{\infty} a_n z^n := \sum_{n=0}^{\infty} a_n z^n + \sum_{n=1}^{\infty} a_{-n} z^{-n} \tag{8}$$

wird als *Laurentsche Reihe* bezeichnet. Wenn (8) für z_1, z_2 mit $|z_1| < |z_2|$ konvergiert, dann konvergiert (8) für alle z mit $|z_1| < r_1 \le |z| \le r_2 < |z_2|$ absolut und gleichmäßig (vgl. Abschn. 8.5.).

Satz 10 (*Laurent-Entwicklung*). *Sei $f(z)$ regulär im offenen Kreisring K_{12} mit dem Mittelpunkt z_0 und den Radien $r_1 < r_2$. Dann läßt sich $f(z)$ eindeutig in der Form*

$$f(z) = \sum_{n=-\infty}^{\infty} a_n (z - z_0)^n$$

darstellen, wobei die Koeffizienten a_n durch

$$a_n = \frac{1}{2\pi i} \int_C \frac{f(\zeta)\, \mathrm{d}\zeta}{(\zeta - z_0)^{n+1}} \tag{9}$$

gegeben sind. C ist dabei eine im positiven Sinn durchlaufene Kreislinie in K_{12} um z_0.

Beweis. O.B.d.A. sei $z_0 = 0$. Mit den Bezeichnungen der Abb. 3 haben wir nach Satz 2

$$2\pi i f(z) = \int_{B_0} \frac{f(\zeta)}{\zeta - z}\, \mathrm{d}\zeta = \int_{B_1} \frac{f(\zeta)}{\zeta - z}\, \mathrm{d}\zeta - \int_{B_2} \frac{f(\zeta)}{\zeta - z}\, \mathrm{d}\zeta$$

$$= \int_{B_1} \sum_{n=0}^{\infty} f(\zeta) \frac{z^n}{\zeta^{n+1}}\, \mathrm{d}\zeta + \int_{B_2} \sum_{n=-1}^{-\infty} f(\zeta) \frac{z^n}{\zeta^{n+1}}\, \mathrm{d}\zeta = \sum_{n=-\infty}^{\infty} z^n \int_C f(\zeta) \frac{\mathrm{d}\zeta}{\zeta^{n+1}} .$$

Andererseits folgt aus

$$f(z) = \sum_{n=-\infty}^{+\infty} b_n z^n$$

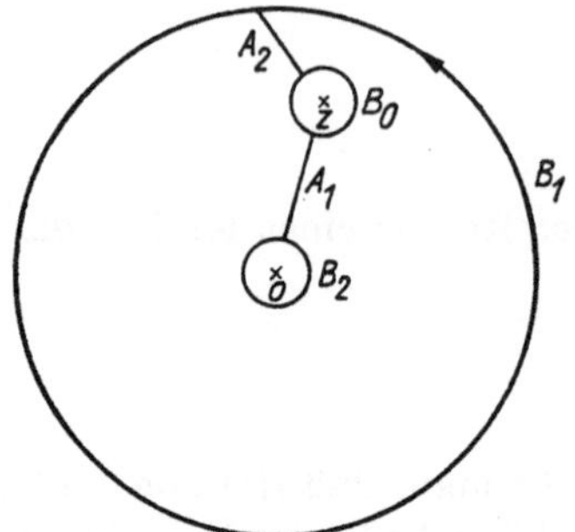

Abb. 3

wegen der gleichmäßigen Konvergenz dieser Reihe

$$\int_C \frac{f(\zeta)}{\zeta^{m+1}}\, \mathrm{d}\zeta = \int_C \sum_{n=-\infty}^{+\infty} b_n \zeta^{n-m-1}\, \mathrm{d}\zeta = b_m \int_C \frac{\mathrm{d}\zeta}{\zeta} = 2\pi i b_m. \quad \square$$

Sei jetzt $f(z)$ in einer Umgebung U des Nullpunktes beschränkt und in $U - \{0\}$ regulär. Dann existiert $\lim_{z \to 0} f(z)$ nach Satz 10, und mit $f(0) = \lim_{z \to 0} f(z)$ erhält man eine in U reguläre Funktion.

Sei andererseits $f(z)$ in $U - \{0\}$ regulär und habe eine Laurent-Entwicklung mit unendlich vielen von 0 verschiedenen negativen Koeffizienten. Dann kommt $f(z)$ in jeder Umgebung der 0 jeder komplexen Zahl beliebig oft beliebig nahe (*Satz von* CASORATI-WEIERSTRASS). Wäre das nicht der Fall für ein $w \in \mathbb{C}$, so wäre $1/(f(z) - w)$ in einer Umgebung der 0 beschränkt und außerhalb $z = 0$ regulär, also auch in 0 regulär erklärbar. Folglich wäre

$$\frac{1}{f(z) - w} = \sum_{n=n_0}^{\infty} a_n z^n \quad \text{mit } a_{n_0} \neq 0 \quad \text{und} \quad f(z) - w = \sum_{n=-n_0}^{\infty} b_n z^n$$

im Widerspruch zur Voraussetzung.

Eine Funktion $f(z)$, die sich in einer Umgebung eines Punktes z_0 in der Form

$$f(z) = \sum_{n=n_0}^{\infty} a_n (z - z_0)^n \quad \text{mit} \quad a_{n_0} \neq 0$$

darstellen läßt, heißt *meromorph* in z_0 von der Ordnung $n_0 =: \nu_{z_0}(f)$. Wenn n_0 positiv ist, hat $f(z)$ in z_0 eine *n_0-fache Nullstelle*, wenn n_0 negativ ist einen *$(-n_0)$-fachen Pol*. Im letzteren Fall setzt man $f(z_0) = \infty$.

Satz 11. *Sei $f(z)$ im Gebiet U meromorph, sei $z_1, z_2, \ldots$ eine Folge von Punkten in U, die einen Häufungspunkt in U hat, und sei $f(z_m) = 0$ für $m = 1, 2, \ldots$. Dann ist $f(z) = 0$ in U.*

Beweis. O.B.d.A. sei der Häufungspunkt gleich 0 und $z_1, z_2, \ldots \neq 0$. Angenommen, es wäre $f(z) = \sum_{n=n_0}^{\infty} a_n z^n$ mit $a_{n_0} \neq 0$. Dann wäre $f_1(z) = f(z)\, z^{-n_0}$ regulär und $\neq 0$ in einer Umgebung von 0, aber $f_1(z_1) = f_1(z_2) = \ldots = 0$. Das ist ein Widerspruch. Also ist $f(z) = 0$ in einer Umgebung von 0. Daraus folgt die Behauptung wegen Satz 5. $\quad \square$

Aus Satz 11 folgt, daß eine meromorphe Funktion durch die Werte für eine im Innern des Definitionsgebietes sich häufende Folge eindeutig bestimmt ist.

8.9. Residuen

Sei $f(z)$ meromorph in einer Umgebung des Punktes z_0 und

$$f(z) = \sum_{n=n_0}^{\infty} a_n(z - z_0)^n \,.$$

Dann heißt a_{-1} *Residuum* von $f(z)$ im Punkt z_0.

Satz 12 (*Residuensatz*). *Sei $f(z)$ in einem Gebiet U eine meromorphe Funktion, sei C eine positiv orientierte geschlossene Kurve in U, die ein einfach zusammenhängendes Gebiet $\mathscr{F}(C)$ einschließt, und sei $f(z)$ regulär in U außerhalb der Punkte $z_1, \dots, z_s$ im Innern von $\mathscr{F}(C)$ mit Residuen $c_1, \dots, c_s$. Dann gilt*

$$\int_C f(z)\,\mathrm{d}z = \sum_{m=1}^{s} 2\pi i c_m \,.$$

Beweis. Das ergibt sich aus dem Cauchyschen Integralsatz (Satz 2) und der Laurent-Entwicklung (siehe Abb. 4 und den Beweis von Satz 10). □

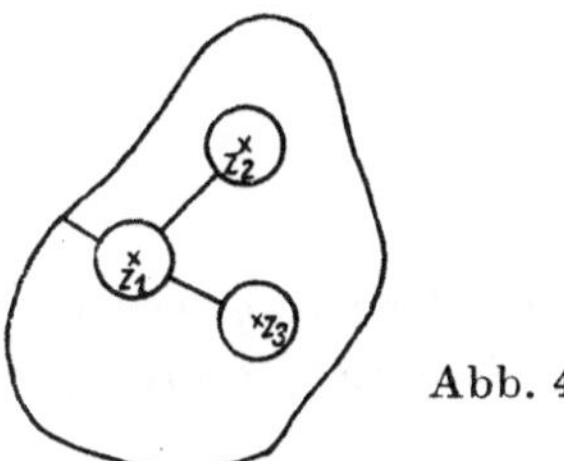

Abb. 4

Satz 13. *Die Bezeichnungen seien wie in Satz 12. Zusätzlich sei $f(z)$ auf C von 0 verschieden. Dann gilt*

$$\int_C \big(f'(z)/f(z)\big)\,\mathrm{d}z = 2\pi i \sum \nu_{z_0}(f)\,, \qquad \int_C \big(f'(z)/f(z)\big)\, z\,\mathrm{d}z = 2\pi i \sum z_0 \nu_{z_0}(f)\,, \qquad (10)$$

wobei die Summen über alle Nullstellen und Pole z_0 von f in $\mathscr{F}(C)$ zu erstrecken ist.

Beweis. Zum Beweis von (10) ist nur zu bemerken, daß die Funktion $f'(z)/f(z)$ bzw. $f'(z)/f(z))z$ außerhalb der Nullstellen und Pole von $f(z)$ in $\mathscr{F}(C)$ regulär ist. Für letztere hat sie einen einfachen Pol mit dem Residuum $\nu_{z_0}(f)$ bzw. $z_0\nu_{z_0}(f)$. □

Wir wenden Satz 13 an, um die Existenz und Eindeutigkeit der impliziten Funktion zu zeigen.

Satz 14. *Seien U und V Gebiete in $\mathbb{C}$, und sei $g(z, w)$ eine Funktion, die für alle Paare z, w aus $U \times V$ erklärt und als Funktion von z und w regulär ist. Weiter sei z_0 ein Punkt aus U, für den $g(z_0, w)$ die einfache Nullstelle w_0 habe.*

Dann gibt es eine Umgebung K_δ von z_0 und K_ε von w_0, so daß die Gleichung $g(z, w) = 0$ für $z \in K_\delta$ eine eindeutige Lösung $w = f(z)$ in K_ε hat. $f(z)$ ist eine reguläre Funktion in K_ε.

Beweis. Es gibt ein $\varepsilon > 0$, so daß $g(z_0, w)$ in $K_{2\varepsilon}(w_0)$ die einzige Nullstelle w_0 hat (Satz 11). Wegen der Stetigkeit von $g(z, w)$ gibt es dann ein $\delta > 0$, so daß $g(z, w) \neq 0$ für $z \in K_\delta(z_0) = K_\delta$ und $w \in C_\varepsilon(w_0) = C_\varepsilon$. Sei g_w die partielle Ableitung von g nach w.

6*

Nach Satz 13 ist

$$n(z) = \frac{1}{2\pi i} \int\limits_{C_\varepsilon} \frac{g_w(z, w)}{g(z, w)} \, dw$$

die Anzahl der Nullstellen von $g(z, w)$ bei fixiertem $z \in K_\delta$ in K_ε. Da $n(z_0) = 1$ und $n(z)$ in K_δ eine stetige Funktion ist, gilt $n(z) = 1$ für alle $z \in K_\delta$. Hieraus folgt der erste Teil der Behauptung von Satz 14. Die eindeutige Lösung von $g(z, w) = 0$ hat die Form

$$f(z) = \frac{1}{2\pi i} \int\limits_{C} \frac{g_w(z, w)}{g(z, w)} \, w \, dw \, .$$

Der Integrand ist eine reguläre Funktion von z. Daher ist auch $f(z)$ für $z \in K_\delta$ regulär. $\square$

8.10. Der Doppelreihensatz

Beim Umgang mit Reihen von regulären Funktionen ist der folgende *Doppelreihensatz* von WEIERSTRASS von größter Bedeutung.

Satz 15. *Seien $f_1(z)$, $f_2(z)$, ... reguläre Funktionen in einem Gebiet U, und*

$$f(z) = \sum_{n=1}^{\infty} f_n(z)$$

konvergiere gleichmäßig für jede beschränkte abgeschlossene Teilmenge von U. Dann ist $f(z)$ eine reguläre Funktion in U, und man erhält die Ableitungen von $f(z)$ durch gliedweises Differenzieren.

Beweis. Nach (5) gilt

$$f_n^{(k)}(z) = \frac{k!}{2\pi i} \int\limits_{C} \frac{f_n(\zeta) \, d\zeta}{(\zeta - z)^{k+1}}$$

für eine geschlossene Kreislinie C um z in U. Nach Voraussetzung ist

$$\sum_{n=1}^{\infty} f_n(\zeta) \, \frac{1}{(\zeta - z)^{k+1}} = f(\zeta) \frac{1}{(\zeta - z)^{k+1}}$$

gleichmäßig konvergent für $\zeta \in C$. Daher gilt

$$\frac{k!}{2\pi i} \int\limits_{C} \frac{f(\zeta) \, d\zeta}{(\zeta - z)^{k+1}} = \frac{k!}{2\pi i} \sum_{n=1}^{\infty} \int\limits_{C} \frac{f_n(\zeta) \, d\zeta}{(\zeta - z)^{k+1}} = \sum_{n=1}^{\infty} f_n^{(k)}(z) \, .$$

Die linke Seite dieser Gleichung ist eine reguläre Funktion und die k-te Ableitung von

$$\frac{1}{2\pi i} \int\limits_{C} \frac{f(\zeta) \, d\zeta}{(\zeta - z)} = \sum_{n=1}^{\infty} f_n(z) = f(z). \quad \square$$

Satz 15 kann man auf eine Potenzreihe $f(z) = \sum\limits_{n=0}^{\infty} a_n z^n$ mit dem Konvergenzradius $\varrho > 0$ anwenden. Es folgt, daß $f(z)$ für $|z| < \varrho$ regulär ist mit der Ableitung $f'(z) =$

$= \sum\limits_{n=0}^{\infty} n a_n z^{n-1}$. Da nach Satz 4 umgekehrt jede für $|z| < \varrho$ reguläre Funktion sich durch eine Potenzreihe darstellen läßt, ist die Betrachtung regulärer Funktionen in einer Umgebung eines Punktes z_0 gleichbedeutend mit der Betrachtung der Potenzreihen $\sum\limits_{n=0}^{\infty} a_n (z - z_0)^n$, die in einer Umgebung von z_0 konvergieren. Dies ist der Ausgangspunkt von WEIERSTRASS (Abschn. 8 1.) und erklärt die Bezeichnung Doppelreihensatz für Satz 15.

8.11.　Analytische Fortsetzung

Sei U ein Gebiet der komplexen Ebene und $f_1(z)$ eine reguläre Funktion in einem Teilgebiet U_1 von U. Sei $z_1 \in U_1$, $z_2 \in U - U_1$ und C eine doppelpunktfreie Kurve von z_1 nach z_2. Man sagt, daß sich $f_1(z)$ *längs C analytisch fortsetzen* läßt, wenn es ein Teilgebiet U_2 von U gibt, das C enthält, und eine reguläre Funktion $f_1(z)$ in U_2, die in $U_1 \cap U_2$ mit $f_1(z)$ übereinstimmt. Nach Satz 5 ist $f_2(z)$ eindeutig bestimmt.

Satz 16 (*Monodromiesatz*). *Sei U ein einfach zusammenhängendes Gebiet, z_1 ein Punkt von U und $f_1(z)$ eine reguläre Funktion in einer Umgebung U_1 von z_1. Die Funktion $f_1(z)$ sei analytisch fortsetzbar längs jeder doppelpunktfreien Kurve, die von z_1 zu einem Punkt z_2 aus $U - U_1$ führt. Dann gibt es eine reguläre Funktion $f(z)$ in U, die in U_1 mit $f_1(z)$ übereinstimmt.*

B e w e i s. Es genügt, $f(z)$ für alle einfach zusammenhängenden, beschränkten, abgeschlossenen Teilmengen G von U zu konstruieren, die sich aus Quadraten gleicher Seitenlänge zusammensetzen. Sei M ein solches Quadrat mit den Ecken v_1, v_2, v_3, v_4, C_M eine Kurve von z_1 nach v_1 (die im folgenden noch näher festgelegt wird) und $v \in M$. Dann definieren wir $f_M(v)$ als Fortsetzung von $f_1(z)$ längs der Kurve, die sich aus C_M und der Verbindungsgeraden von v_1 und v zusammensetzt (Abb. 5). Da diese Fortsetzung in einer Umgebung von v als reguläre Funktion erklärt und eindeutig ist (Satz 5), erhält man auf diese Weise eine reguläre Funktion f_m in M.

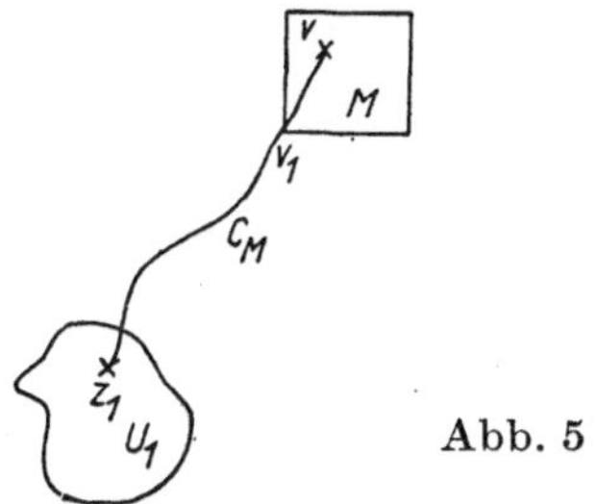

Abb. 5

Es bleibt zu zeigen, daß für je zwei Quadrate M und M' die Funktionen f_M und $f_{M'}$ in $M \cap M'$ übereinstimmen. Sei dies für eine Menge $\mathfrak{M}$ von Quadraten, deren Vereinigung G' eine zusammenhängende Teilmenge von G bildet, bereits bewiesen, und sei $f_{G'}$ die resultierende reguläre Funktion auf G'. Da G einfach zusammenhängend ist, gibt es im Fall $G' \neq G$ ein weiteres Quadrat M'', so daß $G \cap M''$ zusammenhängend und nicht leer ist. Wir wählen $C_{M''}$ so, daß $C_{M''}$ mit einem an M'' grenzenden $M \in \mathfrak{M}$ einen nichtleeren Durchschnitt hat und die Fortsetzung von $f_1(z)$ längs $C_{M''}$ in M mit $f_{G'}$ übereinstimmt. Die Fortsetzung von $f_{G'}|_M$ längs $M'' \cap G'$ muß einerseits mit

$f_{G'}$, andererseits mit $f_{M''}$ übereinstimmen, woraus folgt, daß $f_{G'}$ auf $M'' \cup G'$ fortsetzbar ist. $\square$

Aufgaben

8.1. Sei a_1, a_2, ... eine Folge komplexer Zahlen. Wir setzen

$$l := \limsup \sqrt[n]{|a_n|} \ .$$

a) Sei $l = \infty$. Man zeige, daß die Potenzreihe $a_0 + a_1 z + ...$ nur für $z = 0$ konvergiert.

b) Sei $l = 0$. Man zeige, daß die Potenzreihe $a_0 + a_1 z + ...$ für alle komplexen Zahlen z konvergiert.

c) Sei l endlich und von 0 verschieden. Man zeige, daß die Potenzreihe $a_0 + a_1 z + ...$ den Konvergenzradius $1/l$ hat.

8.2. Man bestimme den Konvergenzradius der Potenzreihe $a_0 + a_1 z + ...$, wenn $a_n = n!/n^n$ bzw. $a_n = n^{\log n}$, $n = 0, 1, ...$, ist.

8.3. Sei U ein Gebiet in $\mathbb{C}$ und $f(z)$ eine stetige Funktion in U. Das Integral $\int_C f(z)\, dz$ verschwinde für jede geschlossene Kurve C in U. Man zeige, daß $f(z)$ in U eine reguläre Funktion ist (Satz von MORERA).

8.4. Man berechne die folgenden Integrale mit Hilfe des Residuensatzes (Satz 12):

$$\int\limits_{-\infty}^{+\infty} \frac{dx}{(1+x^2)^n}\, , \qquad \int\limits_0^{2\pi} \cos^{2n} x \, dx \ .$$

(Hinweis: Im zweiten Integral gehe man zu der Integrationsvariablen $\zeta := e^{ix}$ über).

8.5. Man zeige, daß sich die Potenzreihe $\sum\limits_{n=0}^{\infty} z^{2n}$ nicht über den Einheitskreis hinaus analytisch fortsetzen läßt.

9. Ganze Funktionen

9.1. Funktionen mit endlich vielen singulären Stellen

In seiner Arbeit „*Zur Theorie der eindeutigen analytischen Functionen*" (*Abh. Preuß. Akad. Wiss.* 1876) untersuchte WEIERSTRASS die Klasse der Funktionen, die, abgesehen von endlich vielen Stellen, in der ganzen Ebene regulär sind. Eine solche Funktion heißt *ganze Funktion*, wenn sie überhaupt keine singulären Stellen hat.

Satz 1. *Sei $f(z)$ eine Funktion, die, abgesehen von den Punkten $a_1, \dots, a_m$, in der ganzen Ebene regulär ist. Dann gibt es $m + 1$ ganze Funktionen $f_0(z), f_1(z), \dots, f_m(z)$ mit*

$$f(z) = f_0(z) + f_1\left(\frac{1}{z - a_1}\right) + \cdots + f_m\left(\frac{1}{z - a_m}\right).$$

Beweis. Nach Abschn. 8.8. hat $f(z)$ in einer Umgebung von a_m die Form $f(z) = \sum_{n=-\infty}^{+\infty} b_n(z - a_m)^n$. Dabei ist $f_m\left(\dfrac{1}{z - a_m}\right) = \sum_{n=1}^{\infty} b_{-n}(z - a_m)^{-n}$ eine Funktion, die in der ganzen Ebene mit Ausnahme von $z = a_m$ erklärt und regulär ist. Daher ist $f(z) - f_m\left(\dfrac{1}{z - a_m}\right)$, abgesehen von $a_1, \dots, a_{m-1}$, in der ganzen Ebene regulär. Satz 1 folgt nun mit Hilfe eines Induktionsschlusses. $\square$

9.2. Der Weierstraßsche Produktsatz

Satz 1 hebt die Bedeutung der ganzen Funktionen hervor. Als Hauptergebnis der oben angeführten Arbeit gibt WEIERSTRASS eine Verallgemeinerung der Darstellung eines Polynoms als Produkt von Linearfaktoren auf beliebige ganze Funktionen an.

In diesem Abschnitt leiten wir diesen *Weierstraßschen Produktsatz* her und beginnen mit einigen Vorbemerkungen über unendliche Produkte.

Sei $p_1, p_2, \dots$ eine Folge komplexer Zahlen. $\prod_{n=1}^{\infty} p_n$ heißt *konvergent*, wenn die Teilprodukte $\prod_{n=1}^{h} p_n$ für $h \to \infty$ gegen einen Wert $\neq 0$ konvergieren oder $p_n = 0$ für ein n ist. Ersteres ist genau dann der Fall, wenn die Reihe $\sum_{n=1}^{\infty} \log p_n$ konvergiert, wobei wir den Hauptwert des Arguments, d. h. $-\pi < \arg p_n \leqq \pi$, nehmen. Entsprechendes gilt für die gleichmäßige Konvergenz. Weiter ist $\sum_{n=1}^{\infty} \log p_n(z)$ absolut und gleichmäßig konvergent genau dann, wenn $\sum_{n=1}^{\infty} \left(p_n(z) - 1\right)$ absolut und gleichmäßig konvergent ist.

Wir konstruieren eine ganze Funktion mit gegebenen Nullstellen $a_1, a_2, \ldots \in \mathbb{C} - \{0\}$, wobei die Menge $\{a_1, a_2, \ldots\}$ sich nur im Unendlichen häufen darf (Kap. 8, Satz 11). Mehrfache Nullstellen werden dadurch gezählt, daß sie in entsprechender Anzahl in der Folge $a_1, a_2, \ldots$ vorkommen.

Sei $e(z, k) := (1 - z) \exp \sum_{n=1}^{k} z^n/n$. Für $|z| < 1$ gilt $e(z, k) = \exp \sum_{n=k+1}^{\infty} -z^n/n$ und für $|z| \leqq \frac{1}{2}$

$$\log e(z, k)| \leqq \sum_{n=k+1}^{\infty} |z|^n/(k + 1) \leqq 2 |z|^{k+1}/(k + 1) \, .$$

Daher ist für ein beliebig gegebenes $r > 0$ die Reihe $\prod_{n=1}^{\infty} e(z/a_n, k_n)$ absolut und gleichmäßig konvergent für $|z| < r$, wenn

$$\sum_{n=1}^{\infty} \frac{1}{k_n + 1} \left| \frac{r}{a_n} \right|^{k_n+1} \tag{1}$$

konvergiert. Dies ist z. B. der Fall, wenn man $k_n = n$ setzt. (Für fast alle a_n ist $r \leqq |a_n|/2$.)

$\prod_{n=1}^{\infty} e(z/a_n, k_n)$ ist also für passende k_n eine ganze Funktion, die für $a_1, a_2, \ldots$ eine Nullstelle hat.

Sind $f_1(z)$ und $f_2(z)$ ganze Funktionen, die gleiche Nullstellen haben, so ist $g(z) := \dfrac{f_1(z)}{f_2(z)}$ eine ganze Funktion ohne Nullstellen. $g(z)$ läßt sich in der Form $\exp h(z)$ mit einer ganzen Funktion $h(z)$ darstellen. In der Tat ist $g'(z)/g(z)$ nach Voraussetzung eine ganze Funktion, läßt sich also für alle $z \in \mathbb{C}$ als Potenzreihe $\sum_{n=0}^{\infty} c_n z^n$ darstellen. Dann leistet $h(z) := \log g(0) + \sum_{n=0}^{\infty} (c_n/(n + 1)) z^{n+1}$ das Verlangte.

Damit haben wir den folgenden Weierstraßschen Produktsatz bewiesen.

Satz 2. *Sei $f(z)$ eine ganze Funktion, die außer 0 die Nullstellen $a_1, a_2, \ldots$ hat. Weiter seien $k_1, k_2, \ldots$ positive ganze Zahlen, so daß (1) für alle $r > 0$ konvergiert. Dann läßt sich $f(z)$ in der Form*

$$f(z) = e^{h(z)} z^h \prod_{n=1}^{\infty} e(z/a_n, k_n) \tag{2}$$

darstellen, wobei $h(z)$ eine ganze Funktion und $h = \nu_0(f)$ ist (Abschn. 8.8.).

Umgekehrt ist (2) für eine sich im Endlichen nicht häufende Folge $a_1, a_2, \ldots \in \mathbb{C} - \{0\}$ eine ganze Funktion mit den Nullstellen $a_1, a_2, \ldots$ und der h-fachen Nullstelle 0. $\square$

Sei jetzt $f(z)$ eine in ganz $\mathbb{C}$ meromorphe Funktion mit den Nullstellen $a_1, a_2, \ldots$ und den Polen $b_1, b_2, \ldots$ Dann ist $f(z)$ der Quotient zweier ganzer Funktionen $f_1(z)$ und $f_2(z)$ mit den Nullstellen $a_1, a_2, \ldots$ bzw. $b_1, b_2, \ldots$.

Beispiel (EULER). Wir betrachten die Funktion $\sin \pi z$. Sie hat einfache Nullstellen für $z = n \in \mathbb{Z}$. (1) ist konvergent für $k_n = 1$. Also wird

$$\sin \pi z = e^{h(z)} z \prod_{n=1}^{\infty} \left(1 - \frac{z}{n} \right) e^{z/n} \prod_{n=1}^{\infty} \left(1 + \frac{z}{n} \right) e^{-z/n} = e^{h(z)} z \prod_{n=1}^{\infty} \left(1 - \frac{z^2}{n^2} \right). \tag{3}$$

Zur Berechnung von $h(z)$ vergleichen wir die logarithmischen Ableitungen beider Seiten von (3):

$$\pi \cot \pi z = h'(z) + \frac{1}{z} + \sum_{n=1}^{\infty} \frac{-2z}{n^2 - z^2} \, .$$

$h'(z)$ ist eine ganze Funktion, die außerdem beschränkt ist: Erstens ist $h'(z) = h'(z+1)$ und zweitens ist für $z = x + iy,\ |y| \geqq 1,\ 0 \leqq x < 1$

$$|\cot z| = \left| \frac{e^{iz} + e^{-iz}}{e^{iz} - e^{-iz}} \right| \leqq \frac{e^{|y|} + e^{-|y|}}{e^{|y|} - e^{-|y|}}$$

beschränkt und $|n^2 - z^2| = |n - z| \cdot |n + z| \geqq |n - 1 - iy| \cdot |n - 1 + iy|$, also

$$\left| \frac{1}{z} + \sum_{n=1}^{\infty} \frac{-2z}{n^2 - z^2} \right| \leqq \frac{1}{|y|} + \sum_{n=1}^{\infty} \frac{2|y| + 2}{(n-1)^2 + y^2} \leqq$$

$$\leqq \frac{1}{|y|} + \int_1^{\infty} \frac{2|y| + 2}{(u-1)^2 + y^2}\, du + \frac{2|y| + 2}{y^2}\ .$$

Der rechts stehende Ausdruck ist beschränkt wegen

$$\int_1^{\infty} \frac{du}{(u-1)^2 + y^2} = \int_0^{\infty} \frac{dv}{v^2 + y^2} = \frac{1}{|y|} \int_0^{\infty} \frac{dw}{w^2 + 1}\ .$$

Daher ist $h'(z)$ eine Konstante (Kap. 8, Satz 7). Diese ist gleich 0, weil $\pi \cot \pi z$ und $\dfrac{1}{z} + \sum_{n=1}^{\infty} \dfrac{-2z}{n^2 + z^2}$ ungerade Funktionen sind. Also ist $h(z)$ eine Konstante. Dividiert man (3) durch z und läßt z gegen 0 gehen, findet man $h(z) = \pi$. Wir haben also das folgende Ergebnis:

$$\sin \pi z = \pi z \prod_{n=1}^{\infty} \left(1 - \frac{z^2}{n^2} \right). \tag{4}$$

9.3. Die Γ-Funktion

Als weiteres Beispiel betrachten wir das Produkt

$$f(z) = e^{\gamma z} z \prod_{n=1}^{\infty} \left(1 + \frac{z}{n} \right) e^{-z/n}\ , \tag{6}$$

wobei

$$\gamma := \lim_{m \to \infty} \left(1 + \frac{1}{2} + \dots + \frac{1}{m} - \log m \right) = \int_1^{\infty} \left(\frac{1}{[u]} - \frac{1}{u} \right) du \tag{6}$$

die *Eulersche Konstante* ist.

Nach Satz 2 ist $f(z)$ eine ganze Funktion mit den einfachen Nullstellen $0, -1, -2, \dots$. Die meromorphe Funktion $\Gamma(z) = 1/f(z)$ wird als Γ-*Funktion* bezeichnet. Diese Funktion wurde zuerst von EULER studiert. Für WEIERSTRASS gab die Entdeckung der Entwicklung (5) den Anstoß zur Auffindung von Satz 2. Wir werden sehen, daß $\Gamma(z)$ die Fakultät interpoliert: $\Gamma(n) = (n-1)!$ für $n = 1, 2, \dots$. Die Γ-Funktion spielt auch in anderem Zusammenhang eine wichtige Rolle (Kap. 15, Kap. 26).

Wir können $1/\Gamma(z)$ auch in der Form

$$1/\Gamma(z) = \lim_{m \to \infty} z(1 + z) \left(1 + \frac{z}{2} \right) \dots \left(1 + \frac{z}{m} \right) m^{-z} \tag{7}$$

schreiben, die als *Gaußsche Produktdarstellung* bezeichnet wird. Hieraus folgt leicht

$$\Gamma(1) = 1 , \quad \Gamma(z + 1) = z\Gamma(z) \tag{8}$$

und daher $\Gamma(n) = (n - 1)!$.

Euler ging von dem folgenden Ausdruck für $\Gamma(z)$ aus:

Satz 3. *Für* $\operatorname{Re} z > 0$ *gilt*

$$\Gamma(z) = \int\limits_0^\infty e^{-t}\, t^{z-1}\, dt . \tag{9}$$

Beweis. Das rechts stehende Integral ist für $x_1 \geq \operatorname{Re} z \geq x_0 > 0$ gleichmäßig konvergent und stellt daher für $\operatorname{Re} z > 0$ eine reguläre Funktion dar (Abschn. 8.10.). In der Tat ist

$$\lim_{h \to 0} \left| \int\limits_h^1 e^{-t}\, t^{z-1}\, dt \right| \leq \lim_{h \to 0} \int\limits_h^1 e^{-t}\, t^{x_0-1}\, dt = \frac{e^{-1}}{x_0} + \int\limits_0^1 (e^{-t}) \frac{t^{x_0}}{x_0}\, dt ,$$

$$\lim_{h \to \infty} \left| \int\limits_1^h e^{-t}\, t^{z-1}\, dt \right| \leq \lim_{h \to \infty} \int\limits_1^h e^{-t}\, t^{x_1-1}\, dt \leq c \lim_{h \to \infty} \int\limits_1^h e^{-t/2}\, dt = 2c\, e^{-1/2} ,$$

wobei c eine von x_1 abhängige Konstante mit $t^{x_1-1} \leq c\, e^{t/2}$ ist.

Zum Beweis von Satz 3 können wir daher annehmen, daß z reell und $0 < z < 1$ ist (Kap. 8, Satz 11).

Für positive ganze Zahlen m wird

$$\int\limits_0^m \left(1 - \frac{t}{m}\right)^m t^{z-1}\, dt = m^z \int\limits_0^1 (1 - t)^m\, t^{z-1}\, dt = m^z \frac{m}{z} \int\limits_0^1 (1 - t)^{m-1}\, t^z\, dt = \dots$$

$$= m^z \frac{m(m - 1) \dots 1}{z(z + 1) \dots (z + m - 1)} \int\limits_0^1 t^{z+m-1}\, dt = m^z \frac{m!}{z(z + 1) \dots (z + m)} .$$

Wegen (7) gilt also

$$\Gamma(z) = \lim_{m \to \infty} \int\limits_0^m \left(1 - \frac{t}{m}\right)^m t^{z-1}\, dt = \lim_{m \to \infty} \int\limits_0^m e^{m \log\left(1 - \frac{t}{m}\right)} t^{z-1}\, dt .$$

Weiter wird für $0 \leq n \leq m$

$$\Gamma(z) = \lim_{m \to \infty} \int\limits_0^n e^{m \log\left(1 - \frac{t}{m}\right)} t^{z-1}\, dt + \lim_{m \to \infty} \int\limits_n^m \left(1 - \frac{t}{m}\right)^m t^{z-1}\, dt =$$

$$= \int\limits_0^n e^{-t}\, t^{z-t}\, dt + \lim_{m \to \infty} \int\limits_n^m \left(1 - \frac{t}{m}\right)^m t^{z-1}\, dt \tag{10}$$

und

$$\int\limits_n^m \left(1 - \frac{t}{m}\right)^m t^{z-1}\, dt \leq n^{z-1} \int\limits_n^m \left(1 - \frac{t}{m}\right)^m dt = n^{z-1} \cdot \frac{m}{m + 1}\left(1 - \frac{n}{m}\right)^{m+1} < n^{z-1} .$$

Für wachsendes n wird das zweite Integral in (10) also beliebig klein. $\square$

9.4. Die Stirlingsche Formel

Jetzt wollen wir die Γ-Funktion für große Argumente n abschätzen:

Satz 4 (*Stirlingsche Formel*). *Für natürliche Zahlen n gilt*

$$\log \Gamma(n) = \left(n - \frac{1}{2}\right) \log n - n + \log \sqrt{2\pi} + \mathrm{O}\left(\frac{1}{n}\right).$$

Beweis. Wir stützen uns auf folgende Identität für $h > \frac{1}{2}$:

$$\int_{h-1/2}^{h+1/2} \log t \, \mathrm{d}t = \int_0^{1/2} \log(h^2 - t^2) \, \mathrm{d}t = \log h + \int_0^{1/2} \log\left(1 - \frac{t^2}{h^2}\right) \mathrm{d}t \; .$$

Mit $c_h := \displaystyle\int_0^{1/2} \log\left(1 - \frac{t^2}{h^2}\right) \mathrm{d}t = - \sum_{k=1}^{\infty} \frac{1}{(2k+1)\, 2k(2h)^{2k}}$

wird

$$|c_h| \leqq \frac{1}{16 h^2} \sum_{k=1}^{\infty} \frac{1}{k^2} < \frac{1}{h^2} \; .$$

Hieraus folgt

$$\log \Gamma(n) = \sum_{h=1}^{n-1} \log h = \int_{1/2}^{n-1/2} \log t \, \mathrm{d}t - \sum_{h=1}^{n-1} c_h$$

$$= (n - \tfrac{1}{2}) \log (n - \tfrac{1}{2}) - (n - \tfrac{1}{2}) - \tfrac{1}{2} \log \tfrac{1}{2} + \tfrac{1}{2} - \sum_{h=1}^{\infty} c_h + \sum_{h=n}^{\infty} c_h \; .$$

Wegen

$$\sum_{h=n}^{\infty} c_h < \sum_{h=n}^{\infty} \frac{1}{h^2} \leqq \int_{n-1}^{\infty} \frac{\mathrm{d}t}{t^2} = \frac{1}{n-1} = \mathrm{O}\left(\frac{1}{n}\right)$$

und

$$\log\left(n - \frac{1}{2}\right) - \log n = \log\left(1 - \frac{1}{2n}\right) = -\frac{1}{2n} + \mathrm{O}\left(\frac{1}{n^2}\right)$$

wird

$$\log \Gamma(n) = \left(n - \frac{1}{2}\right) \log n - n + c + \mathrm{O}\left(\frac{1}{n}\right) \tag{11}$$

mit einer Konstanten c, die wir im Beweis des nächsten Satzes zu $\log \sqrt{2\pi}$ bestimmen werden. $\square$

Die Stirlingsche Formel läßt sich erweitern zu einer Abschätzung von $\Gamma(z)$ in einem Winkelraum, der die negative reelle Achse ausspart, auf der die Pole von $\Gamma(z)$ liegen:

Satz 5. *Für $\alpha > 0$ und $|\arg z| \leqq \pi - \alpha$ gilt*

$$\log \Gamma(z) = \left(z - \frac{1}{2}\right) \log z - z + \log \sqrt{2\pi} + \mathrm{O}\left(\frac{1}{|z| \sin \alpha}\right).$$

Dabei sind $\log z$ und $\log \Gamma(z)$ die durch $\log 1 = 0$ eindeutig festgelegten Funktionen im Winkelraum $|\arg z| \leqq \pi - \alpha$ (Kap. 8, Satz 16).

Beweis. Durch Logarithmierung von (5) erhält man

$$\log \Gamma(z) = -\gamma z - \log z + \sum_{n=1}^{\infty} \left(\frac{z}{n} - \log\left(1 + \frac{z}{n}\right)\right).$$

Für eine natürliche Zahl N wird

$$\int_0^N \frac{[u] - u + 1/2}{u + z}\, du = \sum_{n=0}^{N-1} \int_n^{n+1} \frac{n}{u + z}\, du + \int_0^N \left(\frac{z + 1/2}{u + z} - 1\right) du$$

$$= -\sum_{n=1}^{N-1} \log(n + z) + (N - 1)\log(N + z) + \left(\frac{1}{2} + z\right)\left(\log(N + z) - \log z\right) - N$$

$$= \sum_{n=1}^{N-1} \left(\frac{z}{n} - \log\left(1 + \frac{z}{n}\right)\right) - \log(N - 1)! - z \sum_{n=1}^{N-1} \frac{1}{n} +$$

$$+ \left(N - \frac{1}{2} + z\right)\log(N + z) - \left(\frac{1}{2} + z\right)\log z - N.$$

Unter Berücksichtigung von (11),

$$\sum_{n=1}^{N-1} \frac{1}{n} - \log N = \gamma - \int_N^{\infty} \left(\frac{1}{[u]} - \frac{1}{u}\right) du = \gamma + O\left(\frac{1}{N}\right)$$

und

$$\log(N + z) = \log N + \log\left(1 + \frac{z}{N}\right) = \log N + \frac{z}{N} + O\left(\frac{1}{N^2}\right)$$

findet man weiter

$$\int_0^N \frac{[u] - u + 1/2}{u + z}\, du = \sum_{n=1}^{n-1} \left(\frac{z}{n} - \log\left(1 + \frac{z}{n}\right)\right) - z \left(\sum_{n=1}^{N-1} \frac{1}{n} - \log N\right) - c$$

$$+ \left(N - \frac{1}{2} + z\right)\frac{z}{N} - \left(\frac{1}{2} + z\right)\log z + O\left(\frac{1}{N}\right).$$

Für $N \to \infty$ erhält man hieraus

$$\log \Gamma(z) = \int_0^{\infty} \frac{[u] - u + 1/2}{u + z}\, du - z + \left(z - \frac{1}{2}\right)\log z + c. \qquad (12)$$

Wir setzen $\varphi(u) := \int_0^u \left([v] - v + \frac{1}{2}\right) dv$. Dann ist $|\varphi(u)| < 1$ und

$$\left|\int_0^{\infty} \frac{[u] - u + 1/2}{u + z}\, du\right| = \left|\int_0^{\infty} \frac{\varphi'(u)}{u + z}\, du\right| = \left|\int_0^{\infty} \frac{\varphi(u)}{(u + z)^2}\, du\right| \leq \int_0^{\infty} \frac{du}{|u + z|^2}.$$

Sei $z = |z|\, e^{i\delta}$. Wegen

$$|u + z|^2 = u^2 + 2|z|\, u \cos\delta + |z|^2 \geqq u^2 - 2|z|\, u \cos\alpha + |z|^2$$

wird mit $w := \dfrac{u}{|z| \sin \alpha}$

$$\int\limits_0^\infty \frac{du}{|u + z|^2} \leqq \int\limits_0^\infty \frac{du}{u^2 - 2|z|\, u \cos \alpha + |z|^2} = \frac{1}{|z| \sin \alpha} \int\limits_0^\infty \frac{dw}{(w - \cot \alpha)^2 + 1}$$

$$= O\!\left(\frac{1}{|z| \sin \alpha}\right).$$

Es bleibt die Konstante c zu bestimmen. Dazu bemerken wir zunächst, daß wegen (4) und (5)

$$\Gamma(z)\, \Gamma(1 - z) = \frac{\pi}{\sin \pi z} \tag{13}$$

und daher $\Gamma(\tfrac{1}{2}) = \sqrt{\pi}$ gilt. Weiter ist

$$\Gamma(z)\, \Gamma(z + \tfrac{1}{2}) = \sqrt{\pi}\, 2^{1 - 2z}\, \Gamma(2z) \quad (\textit{Legendresche Verdoppelungsformel})\,. \tag{14}$$

Man beweist (14), indem man, ausgehend von (7), zeigt, daß $\Gamma(z)\, \Gamma(z + \tfrac{1}{2})\, 2^{2z-1}\Gamma(2z)^{-1}$ konstant ist. Die Behauptung folgt durch Einsetzen von $z = \tfrac{1}{2}$.

Setzt man nun in (12) für z die Werte n, $n + \tfrac{1}{2}$, $2n$ ein und berücksichtigt (14), so findet man für $n \to \infty$ den Wert $c = \log \sqrt{2\pi}$. $\square$

Durch eine genauere Auswertung von $\displaystyle\int\limits_0^\infty \frac{[u] - u + 1/2}{u + z}\, du$ läßt sich zeigen, daß

$$\int\limits_0^\infty \frac{[u] - u + 1/2}{u + z}\, du = \sum_{k=1}^n \frac{B_{2k}}{2k(2k - 1)2^{2k-1}} + O\!\left(\frac{1}{(|z|\sin \alpha)^{2n+1}}\right) \tag{15}$$

für $n = 1, 2, \ldots$ gilt, wobei B_2, B_4, $\ldots$ die Bernoullischen Zahlen sind (Abschn. 5.6.). (15) ist eine *divergente Reihe*, d. h. $\displaystyle\sum_{k=1}^\infty \frac{B_{2k}}{2k(2k-1)\, z^{2k-1}}$ divergiert für alle $z \in \boldsymbol{C} - \{0\}$.

Aufgaben

9.1. Man zeige $\dfrac{2}{1} \cdot \dfrac{2}{3} \cdot \dfrac{4}{3} \cdot \dfrac{4}{5} \cdot \ldots = \dfrac{\pi}{2}$ (Wallissches Produkt).

9.2. Man gebe die Produktdarstellung für die Funktion $e^{2\pi z} - 1$ an.

9.3. Man zeige, daß es ganze Funktionen gibt, die an gegebenen Stellen z_1, z_2, $\ldots$, die sich nirgends im Endlichen häufen, beliebig vorgeschriebene Werte w_1, w_2, $\ldots$ annehmen.

9.4. Man beweise die Gaußsche Multiplikationsformel

$$\prod_{r=0}^{m-1} \Gamma\!\left(z + \frac{r}{m}\right) = (2\pi)^{(m-1)/2}\, m^{1/2 - mz}\, \Gamma(mz)\,.$$

(Hinweis: Man gehe wie im Beweis von (14) vor und benutze (13).)

9.5. Man beweise die Formel (15).

10. Riemannsche Flächen

10.1. Problemstellung der Funktionentheorie im 19. Jahrhundert

Eine der Hauptfragen der Funktionentheorie schon im 18. und dann vor allem im 19. Jahrhundert war das Studium der Integrale algebraischer Funktionen und der damit zusammenhängenden Funktionen. Unter einem *Integral* verstehen wir hier zunächst eine Stammfunktion, d. h. eine Funktion, deren Ableitung gleich einer gegebenen Funktion ist.

Eine Funktion $f(x, y)$, wobei $y = \sqrt{g(x)}$ und $g(x)$ ein quadratisches oder lineares Polynom ist, konnte man integrieren mit Hilfe von rationalen Funktionen in x, y und elementaren Funktionen $\log r(x, y)$ und (falls man nur reelle Funktionen zuläßt) $\arcsin r(x, y)$, $\arctan r(x, y)$, wobei $r(x, y)$ eine rationale Funktion in x, y ist.

Im Komplexen haben die so entstehenden Funktionen allerdings zunächst einen formalen Charakter. Betrachten wir die Integrale als Linienintegrale (Abschn. 8.2.), so hängen sie in unangenehmer Weise vom Wege ab. So ist z. B. die Funktion

$$\int \left(\frac{1}{t+1} + \frac{\sqrt{2}}{t-1} \right) dt$$

mehrdeutig mit den Perioden $2\pi i$ und $\sqrt{2} \cdot 2\pi i$, d. h., die Werte der Funktion für ein festes Argument liegen dicht auf einer Geraden parallel zur imaginären Achse, und genauso konstruiert man Integrale, bei denen die Werte für ein festes Argument in der ganzen Ebene dicht liegen. Um Eindeutigkeit des Integrals zu erhalten, muß man den Argumentbereich der Funktion entsprechend dem Cauchyschen Integralsatz (Kap. 8, Satz 2) auf einfach zusammenhängende Gebiete beschränken, in denen die Funktion regulär ist.

Für den Fall, daß $g(x)$ ein Polynom dritten oder vierten Grades ohne mehrfache Nullstellen ist, ist eine Integration mittels elementarer Funktionen nicht mehr möglich. Es treten neue Funktionen auf. Das Studium solcher Funktionen ist eines der Hauptthemen der Mathematik im 19. Jahrhundert. GAUSS schreibt 1808 in einem Brief an den Astronomen SCHUMACHER:

„Mir ist bei der Integralrechnung immer das weit weniger interessant gewesen, wo es nur auf Substituiren, Transformiren etc. kurz auf einen geschickt zu handhabenden Mechanismus ankommt, um Integrale auf algebraische oder Logarithmische oder Kreisfunctionen zu reduciren, als die genauere tiefere Betrachtung solcher Transcendenten Functionen, die sich auf jene nicht zurückführen lassen. Mit Kreisfunctionen und Logarithmischen wissen wir jetzt umzugehen, wie mit dem 1 mal 1, aber die herrliche Goldgrube, die das Innere der höheren Functionen enthält, ist noch fast ganz Terra Incognita. Ich habe darüber ehemals sehr viel gearbeitet und werde dereinst ein eignes großes Werk darüber geben, wovon ich bereits in meinen Disquiss. arithm. p. 593, Art. 335, einen Wink gegeben habe. Man geräth in Erstaunen über den überschwenglichen Reichthum an neuen höchst interessanten Wahrheiten und Relationen, die dergleichen Functionen darbieten (wohin u. a. auch diejenigen gehören, mit denen die Rectification der Ellipse und Hyperbel zusammenhängt).“

In den „*Disquisitiones arithmeticae*", Art. 335, bemerkt GAUSS, daß die Prinzipien der von ihm dargelegten Kreisteilungstheorie (Kap. 3) sich nicht nur auf Kreisfunktionen, sondern auch auf andere Transzendenten anwenden lassen, z. B. solche, die vom Integral $\int \dfrac{dx}{\sqrt{1-x^4}}$ abhängen.

GAUSS hat das „*große Werk*", von dem er hier spricht, niemals geschrieben. Aber seine Bemerkung in den „*Disquisitiones arithmeticae*" hat als Anregung für ABEL und JACOBI gewirkt, die großenteils im Wettbewerb miteinander die Eigenschaften von Integralen der Form

$$\int \frac{dx}{\sqrt{(1-x^2)\,(1-k^2\,x^2)}} \tag{1}$$

untersuchten. ABELS entscheidene Entdeckung besteht darin, daß die zu (1) gehörige Umkehrfunktion eine in der ganzen Ebene eindeutige meromorphe Funktion ist, die zwei über R linear unabhängige Perioden besitzt. Solche Funktionen werden als *elliptische Funktionen* bezeichnet. Wir betrachten sie in Kap. 13, nachdem wir im vorliegenden Kapitel die von RIEMANN geschaffenen allgemeinen Grundlagen zum Studium der Integrale beliebiger algebraischer Funktionen eingeführt haben.

RIEMANN gelang es, die Schwierigkeiten in Zusammenhang mit mehrdeutigen Funktionen zu überwinden, indem er das Argument der Funktion nicht in einem Gebiet der Ebene variieren läßt, sondern in einem komplizierteren Gebilde, das später als *Riemannsche Fläche* bezeichnet wurde. WEIERSTRASS löste die gleichen Schwierigkeiten durch den Übergang von analytischen Funktionen zu analytischen Gebilden, die aus der Gesamtheit der Potenzreihen bestehen, die durch analytische Fortsetzung aus einer Potenzreihe hervorgehen. Nach RIEMANNs Tod im Jahre 1866 konnte sich WEIERSTRASS aus verschiedenen Gründen mit seiner Auffassung durchsetzen. Erst nachdem zu Beginn des 20. Jahrhunderts die Riemannschen Prinzipien exakt begründet werden konnten, wurde ihre weit über die Funktionentheorie hinaus gehende Bedeutung klar. Wir kommen hierauf in Kap. 29 zurück.

RIEMANN hat seine Gedanken zur Funktionentheorie vor allem in den folgenden beiden Arbeiten publiziert:

„*Grundlagen für eine allgemeine Theorie der Functionen einer veränderlichen komplexen Größe*" (*Dissertation, Göttingen* 1851);

„*Theorie der Abelschen Functionen*" (*J. reine angew. Math.* **54** (1857)).

10.2. Die erweiterte komplexe Ebene

Zunächst erweitern wir die komplexe Ebene um einen Punkt ∞. Eine Umgebung U von ∞ ist von der Form $U = U_1 \cup \{\infty\}$, wobei U_1 eine offene Teilmenge der Ebene ist, die das Komplement einer abgeschlossenen Kreisscheibe enthält. Eine komplexwertige Funktion $f(z)$ auf U heißt *regulär* in ∞, wenn $f(1/t)$ in $t = 0$ regulär ist. $t = 1/z$ wird, als Funktion von $z \in U$, als *Ortsuniformisierende von ∞* bezeichnet. Für einen endlichen Punkt a der Ebene bezeichnen wir $t = z - a$ als *Ortsuniformisierende*. Wir setzen $\psi_\infty(t) = 1/t$, $\psi_a(t) = t + a$.

Sei jetzt $a \in \mathbb{C} \cup \{\infty\}$ und U ein Gebiet in $\mathbb{C} \cup \{\infty\}$, das a enthält. Eine Funktion $f(z)$, die in $U - \{a\}$ definiert ist, heißt *meromorph* in a, wenn $f(\psi_a(t))$ in einer Umgebung von 0 eine Potenzreihenentwicklung

$$d\big(\psi_a(t)\big) = \sum_{n=h}^{\infty} a_n t^n$$

besitzt, wobei h eine ganze Zahl und $a_k \neq 0$ ist. $h =: \nu_a(f)$ heißt *Ordnung* von f in a. Wenn h positiv (bzw. negativ) ist, hat f eine *h-fache Nullstelle* (bzw. einen *-h-fachen Pol*) in a. Diese Bezeichnungen verallgemeinern diejenigen von Abschn. 8.8.

Satz 1. *Eine Funktion $f(z)$, die in der erweiterten Ebene meromorph ist, ist rational.*

Beweis. O.B.d.A. sei $f(z)$ nicht identisch 0. Eine in $a \in \mathbb{C} \cup \{\infty\}$ meromorphe Funktion ist in einer Umgebung von a, eventuell unter Ausschluß von a, regulär. Daher gibt es keinen Häufungspunkt von Polen oder Nullstellen (Abschn. 8.8.). Wegen der Definition einer Umgebung von ∞ hat $f(z)$ daher nur endlich viele Pole und Nullstellen. Durch Multiplikation mit einer passenden rationalen Funktion geht $f(z)$ in eine Funktion $f_1(z)$ über, die im Endlichen weder Pole noch Nullstellen hat. Da $f_1(z)$ für $z \to \infty$ konvergent oder divergent ist, ist $|f_1(z)|$ oder $\left|\dfrac{1}{f_1(z)}\right|$ beschränkt. Wegen Kap. 8, Satz 7, ist $f_1(z)$ daher konstant. $\square$

Nach Satz 1 können wir die rationalen Funktionen kennzeichnen als die Funktionen, die in der erweiterten Ebene meromorph sind.

10.3. Die n-te Wurzel

Bevor wir von der erweiterten Ebene zur Riemannschen Fläche übergehen, betrachten wir zwei Beispiele.

Beispiel 1. $f(z) = \sqrt[n]{z - a},\ a \in \mathbb{C}$.
Diese Funktion kann als eindeutige Funktion definiert werden, wenn man die Ebene z. B. auf der Halbachse $A = \{a - r \mid r \in \mathbb{R}_+\}$ aufschneidet und die Funktion mit Hilfe von Polarkoordinaten wie folgt festlegt:

$$z = r \cdot e^{i\varphi} + a\,, \quad \sqrt[n]{z - a} = \sqrt[n]{r} \cdot e^{i\varphi/n} \quad \text{für} \quad -\pi < \varphi \leqq \pi\,.$$

Beim Durchgang durch A wird die Funktion unstetig. Die Idee von RIEMANN besteht darin, sich mehrere Blätter (in unserem Beispiel n) der Ebene übereinander zu denken. Ausgehend vom ersten Blatt, geht man beim Durchgang durch A auf das zweite Blatt über, nach einer weiteren Umkreisung des Punktes a gelangt man auf das dritte Blatt und kehrt so fortfahrend nach der n-ten Umkreisung des Punktes a beim Durchgang durch A wieder auf das erste Blatt zurück.

Über jedem Punkt der erweiterten Ebene außer a und ∞ liegen n Punkte der so definierten n-blättrigen Fläche $\mathcal{F}_{a,n}$. Über a und ∞ liegt jeweils nur ein Punkt, a und ∞ sind *Verzweigungspunkte* der Fläche. Die Funktion $\sqrt[n]{z - a}$ (und allgemeine jede rationale Funktion von $\sqrt[n]{z - a}$) ist eine eindeutige Funktion auf $\mathcal{F}_{a,n}$. An den n Punkten über $z \in \mathbb{C}$ nimmt sie die n Werte $\sqrt[n]{r} \cdot e^{i(\varphi + 2(k-1)\pi)/n}$, $k = 1, \ldots, n$, mit $z = a + r \cdot e^{i\varphi}$, $-\pi < \varphi \leqq \pi$, an. Wir bezeichnen diese Funktion mit $\varphi_{a,n}$. Entsprechend wird $\mathcal{F}_{\infty,n}$ und $\varphi_{\infty,n}$, ausgehend von der Funktion $\dfrac{1}{\sqrt[n]{z}}$, definiert.

Beispiel 2. Interessanter ist das folgende Beispiel der Riemannschen Fläche für die Funktion $\sqrt{(z^2 - 1)(z^2 - 4)}$.

Entsprechend der Zweideutigkeit der Funktion haben wir zwei Blätter. Es gibt die vier Verzweigungspunkte $z = \pm 1, \pm 2$. Wir schneiden die reelle Achse zwischen -2 und -1 und zwischen 1 und 2 auf und gehen beim Überschreiten der Schnittstellen von einem Blatt zum anderen über (Abb. 6).

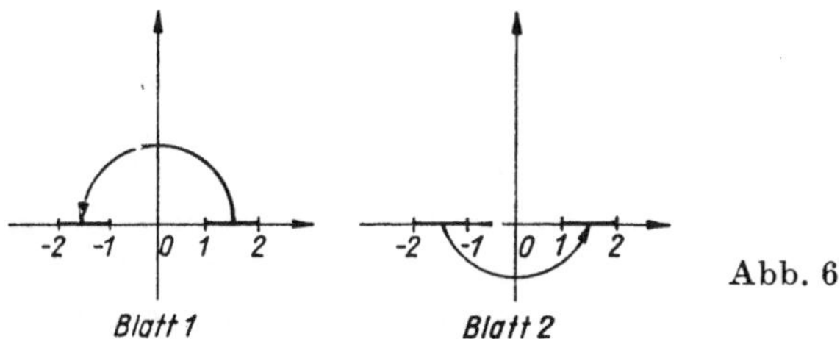

Abb. 6

Die so definierte Fläche $\mathcal{F}$ läßt sich (im Gegensatz zu $\mathcal{F}_{a,n}$) nicht homöomorph auf die erweiterte Ebene oder, was das gleiche bedeutet, auf die Kugeloberfläche abbilden. Das sieht man z. B. daran, daß es auf $\mathcal{F}$ eine geschlossene Kurve gibt, die $\mathcal{F}$ nicht in zwei Teile zerlegt (Abb. 6). $\mathcal{F}$ ist homöomorph zu der Fläche, die sich aus zwei zweifach aufgeschlitzten und aneinandergehefteten Kugeloberflächen zusammensetzt, d. h., $\mathcal{F}$ ist homöomorph zum Torus.

Für eine spätere Verallgemeinerung fassen wir die Definition von $\mathcal{F}$ noch etwas anders. Sei I_1 bzw. I_2 das abgeschlossene Intervall $[-2, -1]$ bzw. $[1, 2]$ und K_1 bzw. K_2 der offene Kreis in $\mathbb{C}$ mit dem Mittelpunkt $-\frac{3}{2}$ bzw. $\frac{3}{2}$ und dem Radius $\frac{1}{2}$. Dann setzen wir $\mathcal{F}$ zusammen aus sechs Gebieten $U_1, \ldots, U_6$ und den vier Verzweigungspunkten $\pm 1, \pm 2$. U_1 und U_2 sind zwei Exemplare des Gebietes $(\mathbb{C} \cup \{\infty\}) - I_1 - I_2$ der erweiterten Ebene, U_3 und U_4 sind zwei Exemplare von K_1 und U_5, U_6 zwei Exemplare von K_2. Hieraus entsteht $\mathcal{F}$ durch die folgenden Verklebungsvorschriften: Als Teilmengen von $\mathbb{C} \cup \{\infty\}$ zerfallen $U_j \cap U_k$, $j = 1, 2$, $k = 3, 4$, in zwei offene Halbkreise K_1^o, K_1^u. Wir verkleben U_1 mit U_3 und U_2 mit U_4 in K_1^o und U_1 mit U_4 und U_2 mit U_3 in K_1^u. Entsprechend werden U_1, U_2 mit U_5, U_6 verklebt.

Mit $\mathcal{F}$ ist die Projektion $\pi\colon \mathcal{F} \to \mathbb{C} \cup \{\infty\}$ definiert. Man erhält eine Umgebung U des Verzweigungspunktes $P_a \in \mathcal{F}$, $a = \pm 1, \pm 2$, als Urbild einer Umgebung U_a von a in $\mathbb{C} \cup \{\infty\}$ bei π. Wenn U_a genügend klein ist, können wir U mit der über U_a gelegenen Teilmenge von $\mathcal{F}_{a,2}$ identifizieren.

Betrachten wir noch, in welcher Weise sich der Begriff der Ortsuniformisierenden auf $\mathcal{F}$ überträgt. Als Ortsuniformisierende eines unverzweigten Punktes $P \in \mathcal{F}$ nehmen wir die Ortsuniformisierende von πP in einer genügend kleinen Umgebung von πP. Als Ortsuniformisierende eines Verzweigungspunktes P_a nehmen wir die Funktion $\varphi_{a,2}$. Hierbei ist zu beachten, daß die Identifizierung von U mit einer Teilmenge von $\mathcal{F}_{a,2}$ in zweierlei Weise vorgenommen werden kann. Der Übergang von der einen zur anderen entspricht der Vertauschung der Blätter von $\mathcal{F}_{a,2}$, der der Übergang von $\varphi_{a,2}$ zu $-\varphi_{a,2}$ entspricht. Die Ortsuniformisierende eines Verzweigungspunktes von $\mathcal{F}$ ist also nur bis auf das Vorzeichen eindeutig bestimmt.

Wir können nun wie in Abschn. 10.2. den Begriff der meromorphen Funktion auf $\mathcal{F}$ erklären. Man rechnet leicht nach, daß $\sqrt{(z^2 - 1)(z^2 - 4)}$ eine meromorphe Funktion auf $\mathcal{F}$ ist, die in den vier Verzweigungsstellen jeweils eine einfache Nullstelle und in den beiden über ∞ gelegenen Punkten jeweils einen zweifachen Pol hat.

10.4. Definition der Riemannschen Fläche

Wir kommen jetzt zum Begriff der Riemannschen Fläche. RIEMANN schreibt hierzu in seiner Arbeit über Abelsche Funktionen folgendes:

„Für manche Untersuchungen, namentlich für die Untersuchung algebraischer und Abelscher Functionen ist es vorteilhaft, die Verzweigungsart einer mehrwerthigen Function in folgender Weise geometrisch darzustellen. Man denke sich in der (x,y)-Ebene eine andere mit ihr zusammenfallende Fläche (oder auf der Ebene einen unendlich dünnen Körper) ausgebreitet, welche sich so weit und nur so weit erstreckt, als die Function gegeben ist. Bei Fortsetzung dieser Function wird also diese Fläche ebenfalls weiter ausgedehnt werden. In einem Theile der Ebene, für welchen zwei oder mehrere Fortsetzungen der Function vorhanden sind, wird die Fläche doppelt oder mehrfach sein; sie wird dort aus zwei oder mehreren Blättern bestehen, deren jedes einen Zweig der Function vertritt. Um einen Verzweigungspunkt der Function herum wird sich ein Blatt der Fläche in ein anderes fortsetzen, so daß in der Umgebung eines solchen Punktes die Fläche als Schraubenfläche mit einer in diesem Punkte auf der (x,y)-Ebene senkrechten Axe und unendlich kleiner Höhe des Schraubenganges betrachtet werden kann. Wenn die Function nach mehreren Umläufen des z um den Verzweigungswerth ihren vorigen Werth wieder erhält (wie z. B. $(z — a)^{m/n}$, wenn m, n relative Primzahlen sind, nach n Umläufen von z um a), muß man dann freilich annehmen, daß sich das oberste Blatt der Fläche durch die übrigen hindurch in das unterste fortsetzt.

Die mehrwerthige Function hat für jeden Punkt einer solchen ihre Verzweigungsart darstellenden Fläche nur einen bestimmten Werth und kann daher als eine völlig bestimmte Function des Orts in dieser Fläche angesehen werden.“

Wir präzisieren diese Definition im Anschluß an Abschn. 10.3. in folgender Weise.

Eine unverzweigte Riemannsche Fläche $\mathscr{F}$ ist gegeben durch eine Familie $\mathfrak{A} = \{U_j \mid j \in J\}$ von Gebieten der erweiterten komplexen Ebene sowie eine Vorschrift Φ, für welche j, $k \in J$ die Gebiete U_j, U_k in einer Zusammenhangskomponente U_{jk} von $U_j \cap U_k$ zu verkleben sind. Dabei fordern wir, daß ein Punkt von U_j höchstens einmal verklebt wird, d. h. $U_{jk} \cap U_{jl} = \emptyset$ für alle $l \neq j$, k.

Die Riemannsche Fläche $\mathscr{F} = (\mathfrak{A}, \Phi)$ entsteht dann aus der disjunkten Vereinigung $\sqcup \, \mathfrak{A}$ der U_j durch Identifizierung der verklebten Punkte. Sei $\tilde{U}_j$ das Bild von $U_j \subset \sqcup \, \mathfrak{A}$ in $\mathscr{F}$. Mit $\mathscr{F}$ ist gleichzeitig die Projektion von F in $\mathbb{C} \cup \{\infty\}$ erklärt.

Der Begriff der Umgebung eines Punktes und damit jeder andere topologische Begriff kann ohne weiteres von $\mathbb{C} \cup \{\infty\}$ auf $\mathscr{F}$ übertragen werden. Die Fläche $\mathscr{F}$ heißt *unverzweigte Überlagerung* von $\mathbb{C} \cup \{\infty\}$, weil es zu jedem Punkt P von $\mathscr{F}$ eine Umgebung gibt, die bei π eineindeutig auf eine Umgebung von πP abgebildet wird. Eine solche Umgebung heißt *schlicht*.

Zwei Überlagerungen $\pi_1 \colon \mathscr{F}_1 \to \mathbb{C} \cup \{\infty\}$ und $\pi_2 \colon \mathscr{F}_2 \to \mathbb{C} \cup \{\infty\}$ heißen *isomorph*, wenn es einen Homöomorphismus φ von $\mathscr{F}_1$ auf $\mathscr{F}_2$ gibt, der mit den Projektionen verträglich ist, d. h. $\pi_2\varphi = \pi_1$.

Wir betrachten speziell $\mathscr{F}_{a,n}$ in einer Umgebung $\mathscr{F}_{a,n}(U_a)$ von P über der Umgebung U von a. Die gelochte Fläche $\mathscr{F}_{a,n}(U) - \{P_a\}$ ist eine unverzweigte Überlagerung. Wie man leicht sieht, gibt es genau n Isomorphismen von $\mathscr{F}_{a,n}(U) - \{P_a\}$ auf sich, wobei die Blätter von $\mathscr{F}_{a,n}(U) - \{P_a\}$ zyklisch permutiert werden.

Wir wollen jetzt den Begriff des *Verzweigungspunktes* einer Riemannschen Fläche $\mathscr{F}$ definieren.

Sei $\pi \colon \mathscr{F}_0 \to \mathbb{C} \cup \{\infty\}$ eine unverzweigte Überlagerung und $a \in \mathbb{C} \cup \{\infty\}$. Weiter sei U eine genügend kleine Umgebung von a und U_1 eine Zusammenhangskomponente von $\pi^{-1}U$. Wenn U_1 einen Punkt P mit $\pi P = a$ enthält, ist U_1 homöomorph zu U. Dieser Fall interessiert uns hier nicht. U_1 enthalte also keinen Punkt über a. Dann heißt U_1 *verzweigt* über a, wenn U_1 als Überlagerung isomorph zu $\mathcal{F}_{a,n}(U) - \{P_a\}$ für ein $n > 1$ ist. Wir fügen dann einen Punkt P zu $\mathcal{F}_0$ hinzu, der über a liegt. P heißt *Verzweigungspunkt* vom Verzweigungsindex n. Per definitionem ist $U_P := U_1 \cup \{P\}$ eine Umgebung von P. Es kann auch der Fall $n = 1$ eintreten. Dann ist π ein Homöomorphismus von $U_1 \cup \{P\}$ auf U, und P ist unverzweigt. Eine verzweigte Überlagerungsfläche $\mathcal{F}$ von $\mathbb{C} \cup \{\infty\}$ besteht also aus einer unverzweigten Überlagerung $\mathcal{F}_0$ und hinzugefügten Verzweigungspunkten.

So wie die Regionen der Erde durch sich überlappende Karten eines Atlasses dargestellt werden, wird eine Riemannsche Fläche $\mathcal{F}$ durch sie überdeckende offene Mengen $\widetilde{U}_j$, $j \in J$, und U_P für die Verzweigungspunkte P dargestellt. Man bezeichnet diese offenen Mengen daher als *Karten von* $\mathcal{F}$ und ihre Gesamtheit als einen *Atlas von* $\mathcal{F}$.

Wir definieren jetzt für jeden Punkt P von $\mathcal{F}$ eine Ortsuniformisierende φ_P als Funktion, die eine genügend kleine Umgebung U_P von P auf eine Umgebung der 0 in $\mathbb{C}$ homöomorph abbildet, wobei $\varphi_P(P) = 0$ ist. Als Ortsuniformisierende eines unverzweigten Punktes P nehmen wir die Ortsuniformisierende von πP. Für einen verzweigten Punkt P setzen wir mit den obigen Bezeichnungen

$$\varphi_P \colon U_1 \to F_{a,n}(U) \xrightarrow[\varphi_{a,n}]{} \mathbb{C}\,.$$

Dabei ist a der Fußpunkt πP von P. Für die Wahl von φ_P gibt es genau n Möglichkeiten, die sich nur durch einen konstanten Faktor unterscheiden, der eine n-te Einheitswurzel ist. In jedem Fall gilt $\pi\varphi_P^{-1}(t) = t^n + a$.

Die Definition der Riemannschen Fläche als Überlagerungsfläche der erweiterten Ebene stellte für RIEMANN nur eine Krücke dar, mit Hilfe derer der Aufbau der Theorie gelingt. Erst WEYL konnte 1913 diese Krücke fortwerfen (Kap. 29). Eine *holomorphe* (auch *regulär* oder *konform* genannte) Abbildung der Riemannschen Fläche $\mathcal{F}_1$ in die Riemannsche Fläche $\mathcal{F}_2$ wird definiert als eine stetige Abbildung χ, die im Kleinen eine holomorphe Funktion ist; d. h., zu jedem Punkt $P \in \mathcal{F}_1$ gibt es eine Umgebung U_P, so daß $\varphi_{\chi P}^{-1}\chi\varphi_P^{-1}$ eine holomorphe Funktion auf $\varphi_P(U_P)$ ist. (Die Unabhängigkeit der Definition von der Wahl der Ortsuniformisierenden ist hier, wie auch im folgenden, offensichtlich.)

Zwei Riemannsche Flächen $\mathcal{F}_1$, $\mathcal{F}_2$ heißen *isomorph*, wenn es reziproke holomorphe Abbildungen $\chi_1 \colon \mathcal{F}_1 \to \mathcal{F}_2$, $\chi_1^{-1} \colon \mathcal{F}_2 \to \mathcal{F}_1$ gibt.

Eine Funktion f, die ein Gebiet der Riemannschen Fläche $\mathcal{F}$ in $\mathbb{C} \cup \{\infty\}$ abbildet, heißt *meromorph* im Punkt P, wenn $f\varphi_P^{-1}$ für 0 meromorph ist. Die Ordnung von f in P, Nullstellen und Pole werden nun wie in Abschn. 8.8. definiert.

Der in Abschn. 8.2. eingeführte Begriff der (stückweise glatten) Kurve überträgt sich ohne weiteres auf Riemannsche Flächen. Damit überträgt sich auch der Begriff einer (bogenweise) zusammenhängenden offenen Menge. Seien C_1 und C_2 Kurven, wobei der Endpunkt von C_1 mit dem Anfangspunkt von C_2 übereinstimmt. Dann bezeichnet im folgenden C_1C_2 die Kurve, die man durch Zusammensetzen von C_1 und C_2 erhält. C_1^{-1} bezeichnet die Kurve C_1 mit der entgegengesetzten Orientierung, d. h. durchlaufen vom Endpunkt zum Anfangspunkt.

10.5. Die Riemannsche Fläche einer algebraischen Funktion

Sei ein normiertes Polynom

$$g(w) = g(z, w) = w^m + a_1(z)\, w^{m-1} + \dots + a_m(z) \tag{1}$$

gegeben, dessen Koeffizienten aus $\mathbb{C}(z)$, d. h. rationale Funktionen sind. Wir wollen g eine Riemannsche Fläche zuordnen, auf der es eine meromorphe Funktion f mit $g(f) = 0$ gibt.

Wir schließen zunächst die endlich vielen Punkte $z_1, \dots, z_s$ aus, in denen eine der Funktionen $a_1(z), \dots, a_m(z)$ einen Pol hat. Für die übrigen $z \in \mathbb{C}$ ist die Diskriminante $D(z)$ von g definiert und verschwindet genau dann, wenn g für z eine mehrfache Nullstelle hat (Abschn. 7.3.). Da $D(z)$ eine rationale Funktion ist, geschieht dies nur für endlich viele Punkte, die zusammen mit ∞ und $z_1, \dots, z_s$ die Menge M_g der *kritischen Punkte* von g bilden. Für die übrigen Punkte z' gibt es nach dem Satz über implizite Funktionen (Kap. 8, Satz 14) genau m verschiedene reguläre Funktionen $w_1(z), \dots, w_m(z)$, die in einer Umgebung von z' definiert sind, mit $g(z, w_j(z)) = 0$, $j = 1, \dots, m$. Nach dem Monodromiesatz (Kap. 8, Satz 16) sind dann $w_1(z), \dots, w_m(z)$ als reguläre Funktionen in jedem einfach zusammenhängenden Gebiet G der komplexen Ebene mit $G \cap M_g = \emptyset$ eindeutig definiert.

Wir kommen nun zur Definition der Riemannschen Fläche $\mathcal{F}_g$ von g. Dazu verbinden wir die Punkte von M_g durch eine doppelpunktfreie Kurve C. Sei $z_1', \dots, z_h' = \infty$ die Folge der Punkte von M_g in der Reihenfolge ihrer Durchlaufung auf C. Dann ist $G = \mathbb{C} - C$ ein einfach zusammenhängendes Gebiet der komplexen Ebene. Es gibt also reguläre Funktionen $w_1(z), \dots, w_m(z)$ in G mit

$$g(w) = \big(w - w_1(z)\big) \dots \big(w - w_m(z)\big).$$

Wir setzen $U_1 = \dots = U_m = G$. Sei $C^k \subset C$ das Kurvenstück, das die Punkte z_k' und z_{k+1}' aus M verbindet. Wir wählen einfach zusammenhängende paarweise disjunkte Gebiete G^k mit $G^k \cap C = C^k - \{z_k', z_{k+1}'\}$ und $G^k \cap G = G^k(r) \cup G^k(l)$, wobei $G^k(r)$ im Sinne der Durchlaufung von C von z_1' nach z_h' die rechte und $G^k(l)$ die linke Zusammenhangskomponente von $G^k \cap G = G^k - C$ ist. Wir setzen $U_j^k = G^k$, $k = 1, \dots$ $\dots, h - 1$; $j = 1, \dots, m$, und

$$\mathfrak{A} = \{ U_j, U_j^k \mid j = 1, \dots, m;\ k = 1, \dots, h - 1 \}.$$

In diesem Mengensystem sind $U_1, \dots, U_m$ bzw. $U_1^k, \dots, U_m^k$ als m verschiedene Exemplare von G bzw. G^k zu betrachten. Zur Festlegung der Verklebungsvorschrift für $\mathfrak{A}$ betrachten wir $w_j(z)$ auf $G^k(r)$ für $j = 1, 2, \dots, m$. Durch Fortsetzung dieser Funktion auf G^k gelangen wir auf $G^k(l)$ zu einer Funktion, die eine Nullstelle von $g(w)$ ist, also gleich einer der Funktionen $w_1(z), \dots, w_m(z)$ sein muß. Sei dies $w_{p_k(j)}(z)$. Dann ist p_k eine Permutation von $1, \dots, m$. Wir verkleben U_j mit U_j^k in $G^k(r)$ und U_k^j mit $U_k^{(j)}$ in $G^k(l)$ für $j = 1, \dots, m$; $k = 1, \dots, h - 1$. Auf diese Weise erhalten wir eine m-blättrige Riemannsche Fläche $\mathcal{F}_0$, die $\mathbb{C} - M_g$ unverzweigt überlagert. Auf Grund der Verklebungsvorschrift lassen sich die regulären Funktionen $w_j(z)$ auf U_j zu einer regulären Funktion f auf $\mathcal{F}_0$ fortsetzen.

Wir ergänzen jetzt $\mathcal{F}_0$ durch Punkte, die über M_g liegen. Wir betrachten $\mathcal{F}_0$ über einem genügend kleinen Kreis $K_\varepsilon(z_k')$ um z_k'. Starten wir mit einem Punkt P_1 im Blatt $\widetilde{U}_1$ von $\mathcal{F}_0$ mit $\pi P_1 = z \in K_\varepsilon(z_k')$, so gelangen wir nach Durchlaufung der eindeutig bestimmten Kurve über der Kreislinie um z_k' durch z zu einem Punkt P_2 über z auf einem der Blätter $\widetilde{U}_1, \dots, \widetilde{U}_m$. Nach insgesamt höchstens m Umläufen müssen wir zu P_1

zurückgelangt sein. Sei dies zum ersten Mal nach dem e-ten Umlauf der Fall. Dann ergänzen wir $\mathcal{F}_0$ durch einen Verzweigungspunkt über z_k' mit dem Verzweigungsindex e. Wenn $e < m$ ist, setzen wir das Verfahren fort und erhalten weitere Verzweigungspunkte, die über z_k' liegen. Zählen wir jeden Verzweigungspunkt mit seiner Vielfachheit e, so können wir sagen, daß über jedem Punkt von M ebenfalls m Punkte der konstruierten Riemannschen Fläche $\mathcal{F}_g$ liegen. Als Überlagerungsfläche von $\mathbb{C} \cup \{\infty\}$ ist $\mathcal{F}_g$ durch g bis auf Isomorphie eindeutig bestimmt.

Wir müssen nun noch zeigen, daß sich f zu einer meromorphen Funktion auf den Punkten über M_g fortsetzen läßt. Wir betrachten f in einer Umgebung eines Punktes Q vom Verzweigungsindex e über z_k'. Sei $t = \varphi_Q(P)$ Ortsuniformisierende von F_g in Q. Dann ist $f_u(t) = f(\varphi_Q^{-1}(t))$ in einer Umgebung von 0 mit Ausnahme von 0 eine reguläre Funktion und $z = \pi P = t^e + z_k'$ für $z_k' \neq \infty$ bzw. $z = \pi P = t^{-e}$ für $z_k' = \infty$. f_u genügt der Gleichung $g(f_u(t)) = 0$, deren Koeffizienten rationale Funktionen von t sind. Durch Multiplikation von f_u mit einem passenden Polynom in t gelangt man zu einer Funktion $f_v(t)$, die einer Gleichung

$$f_v(t)^m + b_1(t)\, f_v(t)^{m-1} + \ldots + b_m(t) = 0 \tag{2}$$

genügt, wobei $b_1(t), \ldots, b_m(t)$ Polynome sind. Wäre $f_u(t)$ und damit $f_v(t)$ für $t = 0$ nicht meromorph erklärbar, so gäbe es nach dem Satz von Casorati-Weierstrass zu jeder Zahl $c \in \mathbb{C}$ eine gegen 0 konvergierende Folge $t_1, t_2, \ldots$ mit $\lim\limits_{n \to \infty} f_v(t_n) = c$ (Abschn. 8.8.) im Widerspruch zu (2). f läßt sich also im Punkte Q als meromorphe Funktion erklären. Aus der Definition von $\mathcal{F}_g$ ergibt sich leicht der folgende

Satz 2. *Das Polynom* (1) *ist genau dann irreduzibel, wenn die zugehörige Riemannsche Fläche zusammenhängend ist.* $\square$

Im folgenden beschränken wir uns auf zusammenhängende Riemannsche Flächen.

10.6. Die Topologie geschlossener Riemannscher Flächen

Im 2. Abschnitt der Einleitung seiner Arbeit über Abelsche Funktionen skizziert Riemann Beweise einiger Sätze aus einer mathematischen Disziplin, die von ihm als *analysis situs* bezeichnet wurde, für die sich aber später die Bezeichnung *Topologie* durchgesetzt hat. Die Ausführungen von Riemann stellen die Keimzelle der heutigen *algebraischen Topologie* dar. Er schreibt einleitend:

„*Bei der Untersuchung der Functionen, welche aus der Integration vollständiger Differentialien entstehen, sind einige der analysis situs angehörige Sätze fast unentbehrlich. Mit diesem von Leibniz, wenn auch vielleicht nicht ganz in derselben Bedeutung, gebrauchten Namen darf wohl ein Theil der Lehre von den stetigen Grössen bezeichnet werden, welcher die Grössen nicht als unabhängig von der Lage existierend und durch einander messbar betrachtet, sondern von den Massverhältnissen ganz absehend, nur ihre Orts- und Gebietsverhältnisse der Untersuchung unterwirft.*"

Wir definieren zunächst einige Grundbegriffe der Topologie Riemannscher Flächen.

Eine Riemannsche Fläche $\mathcal{F}$ heißt *geschlossen*, wenn jede unendliche Punktmenge in $\mathcal{F}$ einen Häufungspunkt hat. Aus der Kompaktheit jeder abgeschlossenen beschränkten Menge in $\mathbb{C}$ folgt, daß eine Riemannsche Fläche genau dann geschlossen ist, wenn sie kompakt ist (Anh. 2).

Wie man leicht sieht, ist die Riemannsche Fläche $\mathcal{F}_g$ eines Polynoms g geschlossen. Es ist eine fundamentale Erkenntnis Riemanns, daß auch umgekehrt jede geschlossene

Riemannsche Fläche isomorph zu $\mathcal{F}_g$ für ein gewisses Polynom g ist. Dieser Satz wurde allerdings erst später exakt bewiesen (Kap. 29). Es ist nicht schwer, das folgende Teilergebnis zu beweisen.

Satz 3. *Eine geschlossene Riemannsche Fläche $\mathcal{F}$ hat nur endlich viele Verzweigungspunkte. Sei a ein Punkt von $\mathbb{C} \cup \{\infty\}$, über dem keine Verzweigungspunkte von $\mathcal{F}$ liegen. Dann ist die Anzahl n der Punkte P von $\mathcal{F}$, die über a liegen, endlich und unabhängig von der Wahl von a.*

Die Zahl n wird als *Blätterzahl von $\mathcal{F}$* bezeichnet. $\mathcal{F}$ heißt *n-blättrige Überlagerung* von $\mathbb{C} \cup \{\infty\}$.

Beweis. Die Menge der Verzweigungspunkte von $\mathcal{F}$ hat keinen Häufungspunkt, da es zu jedem Punkt P von $\mathcal{F}$ eine Umgebung gibt, in der außer P kein Verzweigungspunkt liegt. Sei π die Projektion von $\mathcal{F}$ in $\mathbb{C} \cup \{\infty\}$. (Da πF offen und kompakt ist, ist sogar $\pi \mathcal{F} = \mathbb{C} \cup \{\infty\}$.) Die Menge $\pi^{-1}a$ hat keinen Häufungspunkt und ist daher endlich. Sei a' ein weiterer Punkt von $\mathbb{C} \cup \{\infty\}$, über dem $\mathcal{F}$ unverzweigt ist, $P \in \pi^{-1}a$, $P' \in \pi^{-1}a'$, und sei $\mathcal{F}_0$ die Fläche der unverzweigten Punkte von $\mathcal{F}$. Da $\mathcal{F}_0$ zusammenhängend ist, gibt es eine Kurve C in $\mathcal{F}_0$, die P mit P' verbindet. Wir konstruieren eine eineindeutige Abbildung φ von $\pi^{-1}a$ auf $\pi^{-1}a'$ in folgender Weise. Für $P_1 \in \pi^{-1}a$ gibt es eine eindeutig bestimmte Kurve, die in P_1 beginnt und deren Projektion bei π gleich πC ist. Wir setzen $\varphi(P_1)$ gleich dem Endpunkt dieser Kurve. $\square$

10.7. Polygonkomplexe

Mit Hilfe von Satz 3 ist es leicht, eine geschlossene Riemannsche Fläche $\mathcal{F}$ in übersichtliche Teile zu zerlegen, die als *topologische Polygone* bezeichnet werden. Wir definieren zunächst die von uns in diesem Zusammenhang benötigten Grundbegriffe der *Flächentopologie*.

Ein *(topologisches) Polygon* in einem topologischen Raum T ist das stetige Bild einer Kreisscheibe, deren Umfang durch r $(r \geqq 1)$ Punkte in r Segmente geteilt ist. Die Bilder dieser Punkte, die nicht alle voneinander verschieden sein müssen, heißen die *Ecken*, die Bilder der Segmente die *Seiten* des Polygons. Das Innere der Kreisscheibe sowie das Innere jedes Segments müssen homöomorph abgebildet werden. Dagegen können verschiedene Segmente auf die gleiche Seite abgebildet werden. Wir sprechen von einem Polygon mit r Ecken und Seiten, wobei sowohl Ecken als auch Seiten mehrfach vorkommen können. Eine *Strecke* in T ist das homöomorphe Bild des abgeschlossenen Einheitsintervalls.

Ein *Polygonkomplex* $\mathfrak{K}$ in einem topologischen Raum T ist eine endliche Menge von Polygonen, Strecken und Punkten in T. Die Strecken und Punkte in $\mathfrak{K}$ heißen *Kanten* bzw. *Ecken* von $\mathfrak{K}$. Um eine gemeinsame Bezeichnung für Polygone, Kanten und Ecken zu haben, sprechen wir von *Zellen* (der Dimension 2, 1, 0). Die Zellen eines Polygonkomplexes müssen den folgenden Bedingungen genügen:

(i) *Mit jedem Polygon G gehören auch die Seiten von G zu $\mathfrak{K}$. Mit jeder Kante A gehören auch die Ecken von A zu $\mathfrak{K}$.*

(ii) *Der Durchschnitt von zwei Zellen X, Y von $\mathfrak{K}$, die voneinander verschieden sind, ist Vereinigung von Zellen in $\mathfrak{K}$, deren Dimension kleiner als das Maximum der Dimensionen von X und Y ist.*

Die Vereinigung $\bigcup \mathfrak{K}$ eines Polygonkomplexes $\mathfrak{K}$ wird als *Fläche* bezeichnet, wenn die folgenden Bedingungen erfüllt sind:

(iii) *$\Re$ besteht aus Polygonen und deren Seiten und Ecken.*

(iv) *Eine Kante A von $\Re$ tritt höchstens zweimal als Seite von Polygonen von $\Re$ auf. Genauer: Entweder gibt es ein Polygon in $\Re$, in dem A genau zweimal als Seite auftritt, dann tritt A in keinem anderen Polygon als Seite auf; oder dies ist nicht der Fall, dann tritt A in keinem Polygon zweimal und in höchstens zwei Polygonen einmal als Seite auf.*

Wenn jede Kante genau zweimal als Seite eines Polygons von $\Re$ auftritt, heißt die Fläche *geschlossen*, sonst *berandet*.

Weiter definieren wir den Begriff der *Orientierbarkeit* eines Polygonkomplexes. Ein Polygon von $\Re$ kann entsprechend den beiden Durchlaufungsrichtungen der Kreislinie in zweierlei Weise orientiert werden. Die Seiten des Polygons werden dabei so orientiert, daß jede Ecke einmal Anfangs- und einmal Endpunkt einer Seite ist.

Wir schreiben die Seiten des Polygon in dieser Reihenfolge auf und versehen sie mit dem Exponenten $+1$ oder -1, je nachdem, ob die vorgegebene Orientierung der Kanten mit der durch die Kreislinie induzierten übereinstimmt oder nicht. Beispielsweise ist der Torus entsprechend Abb. 7 durch die Kantenfolge $ABA^{-1}B^{-1}$ gegeben.

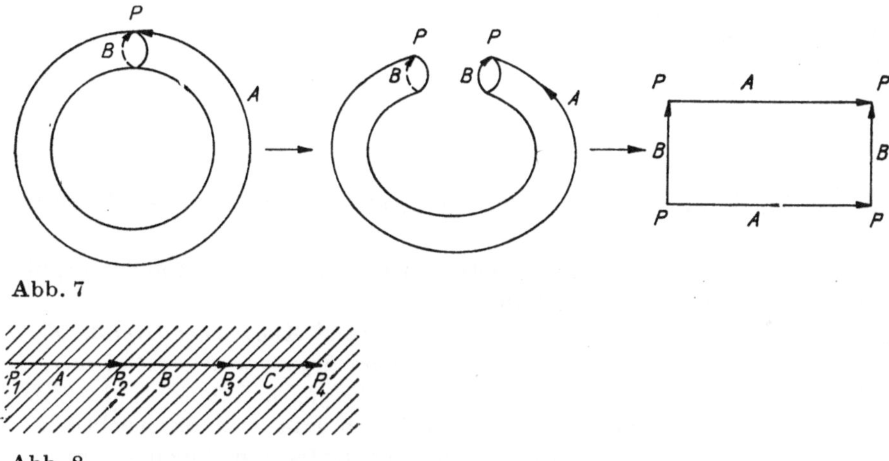

Abb. 7

Abb. 8

$\Re$ heißt *orientierbar*, wenn die Polygone von $\Re$ so orientiert werden können, daß jede in $\Re$ zweimal als Seite eines Polygons vorkommende Kante in entgegengesetzten Orientierungen auftritt.

Eine geschlossene Riemannsche Fläche $\mathfrak{F}$ mit der Projektionsabbildung φ auf $\mathbb{C} \cup \{\infty\}$ läßt sich in einen Polygonkomplex zerlegen.

In der Tat hat $\mathfrak{F}$ nach Satz 3 nur endlich viele Verzweigungspunkte. Wir zerlegen nun zunächst die erweiterte Ebene so in einen Polygonkomplex $\Re$, daß alle Fußpunkte von Verzweigungspunkten als Ecken auftreten. Sämtliche Polygone werden im Gegenuhrzeigersinn orientiert. Dabei tritt jede Kante zweimal als Seite eines Polygons in entgegengesetzter Orientierung auf. Die erweiterte Ebene ist also eine orientierte geschlossene Fläche im Sinne der obigen Definition. In Abb. 8 ist eine Zerlegung von $\mathbb{C} \cup \{\infty\}$ in ein Sechseck dargestellt, wobei jede Seite (notwendiger Weise) doppelt auftritt. Die Seitenfolge des Polygons ist $ABCC^{-1}B^{-1}A^{-1}$.

Sei $\mathfrak{F}$ eine n-blättrige Überlagerung von $\mathbb{C} \cup \{\infty\}$ und G ein Polygon aus $\Re$. Dann besteht $\varphi^{-1}(G)$ aus n Polyedern, die höchstens Ecken, die Verzweigungspunkte sind, gemeinsam haben, und die Kanten überhaupt nicht gemeinsam haben. Hieraus ist leicht ersichtlich, daß die Gesamtheit der Polygone, die man auf diese Weise erhält, wenn G ganz $\mathfrak{R}$ durchläuft, $\mathcal{F}$ in einen Polygonkomplex zerlegt, in dem jede Kante genau zweimal und in entgegengesetzter Orientierung auftritt, d. h., $\mathcal{F}$ ist eine geschlossene orientierbare Fläche im Sinne der oben gegebenen Definition.

Ein Beispiel für eine geschlossene nichtorientierbare Fläche ist die projektive Ebene P_R^2 (Anh. 5). Diese ist homöomorph zur Kugeloberfläche, wobei antipodische Punkte identifiziert werden. Ein zugehöriger Polygonkomplex ist daher ein Zweieck, in dem beide Seiten gleich und gleich orientiert sind. Der Polygonkomplex hat einen einzigen Eckpunkt.

Das Phänomen einer nichtorientierbaren (beranderten) Fläche wurde von MÖBIUS entdeckt. Er beschrieb 1861 in einer Preisarbeit für die Pariser Akademie das nach ihm benannte Band, das man erhält, wenn man einen rechteckigen Streifen an den Enden nach Drehung um 180^0 verklebt. Schneidet man das Möbiussche Band längs der Mittellinie auf, so erhält man eine zusammenhängende Fläche. Eine Zerlegung des Möbiusschen Bandes in ein Viereck ist in Abb. 9 dargestellt.

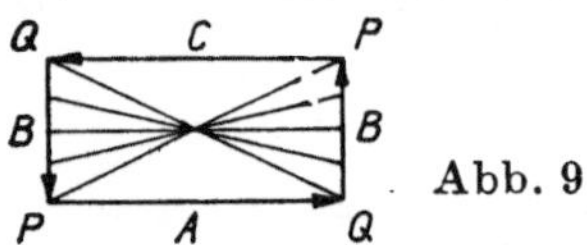

Abb. 9

10.8. Klassifikation der orientierbaren geschlossenen Flächen

Wir wollen die orientierbaren geschlossenen Flächen bis auf Homöomorphie klassifizieren. Zunächst eine Vorbemerkung:

Ein Polygonkomplex ist vollständig bestimmt durch Angabe der Urbilder der Polygone in der euklidischen Ebene und der Zuordnung der Segmente dieser Urbilder, die bei der Abbildung in den topologischen Raum T auf die gleiche Kante A abgebildet werden: Ein Homöomorphismus der Kreislinie auf sich läßt sich offensichtlich zu einem Homöomorphismus der Kreisscheibe auf sich fortsetzen. Seien K_1 und K_2 Kreisscheiben, die durch die stetigen Abbildungen φ_1 und φ_2 auf die Polygone G_1 und G_2 abgebildet werden. Das Segment A_1 bzw. A_2 von K_1 bzw. K_2 werde auf die Kante A abgebildet, wobei Anfangs- und Endpunkte von A_1 bzw. A_2 mit P_1, Q_1 bzw. P_2, Q_2 bezeichnet seien. Dadurch ist ein Homöomorphismus ψ von A_1 auf A_2 gegeben, bei dem P_1 auf P_2 und Q_1 auf Q_2 oder P_1 auf Q_2 und Q_1 auf P_2 abgebildet werden. Durch Vorschalten eines passenden Homöomorphismus von K_1 auf sich kann man erreichen, daß ψ in einen vorgegebenen Homöomorphismus übergeht. Es genügt daher, die Abbildung der Ecken $\{P_1, Q_1\} \to \{P_2, Q_2\}$ anzugeben.

Wir definieren jetzt *Elementartransformationen*, von denen leicht zu zeigen ist, daß sie einen Polygonkomplex einer Fläche in einen Polygonkomplex der gleichen Fläche überführen.

Eine *Unterteilung der Dimension* 1 besteht in der Unterteilung einer Kante des Komplexes in zwei Kanten durch Auszeichnung eines inneren Punktes der Kante als neuen Eckpunkt. Der umgekehrte Prozeß heißt *Oberteilung der Dimension* 1.

Eine *Unterteilung der Dimension* 2 besteht entsprechend in der Unterteilung eines Polygons in zwei Polygone durch Einführung einer neuen Kante, die zwei nicht benachbarte Ecken des Polygons verbindet. Der umgekehrte Prozeß heißt *Oberteilung der Dimension* 2.

Polygonkomplexe, deren Fläche homöomorph zur Kugeloberfläche ist, wurden bereits von EULER betrachtet, der den Satz aufstellte, daß die Anzahl e_2 der Polygone minus Anzahl e_1 der Kanten plus Anzahl e_0 der Ecken des Komplexes immer gleich 2 ist. Für einen beliebigen Polygonkomplex heißt $e_2 - e_1 + e_0$ die *Eulersche Charakteristik* des Komplexes. Man überlegt sich leicht, daß die Eulersche Charakteristik und die Orientierbarkeit bei Elementartransformationen erhalten bleiben.

Unser Ziel besteht in der Überführung der Polygonkomplexe mit Hilfe von Elementartransformationen in Normalformen, die nur von der Eulerschen Charakteristik des Komplexes abhängen.

Die Überführung in die Normalform geht in vier Schritten vor sich.

1. **Schritt.** Wenn der Komplex aus mindestens zwei Polygonen besteht, kann man immer eine Kante finden, die zu zwei verschiedenen Polygonen gehört. Durch Weglassen dieser Kante (Oberteilung der Dimension 2) werden beide Polygone zu einem vereinigt. Durch Fortsetzung dieses Verfahrens erhält man schließlich einen Komplex, der aus einem einzigen Polygon besteht.

2. **Schritt.** Sei die Kantenfolge des Polygons von der Form $W_1 A A^{-1} W_2$, wobei A eine Kante und W_1, W_2 Folgen von Kanten sind. Wenn $W_1 = W_2 = 1$, d. h. das Polygon ein Zweieck ist, haben wir eine der gesuchten Normalformen. Die Fläche ist in diesem Fall homöomorph zur erweiterten Ebene. Wenn W_1 oder W_2 nicht leer sind, wollen wir zu einem Polygon mit der Kantenfolge $W_1 W_2$ übergehen. Nach Voraussetzung gibt es außer dem Anfangspunkt P_1 und dem Endpunkt P_2 von A noch einen weiteren Eckpunkt P des Polygons. Durch Einziehen einer Kante X von P_2 nach P erhält man einen Komplex von zwei Polygonen $W_1 A X$, $X^{-1} A^{-1} W_2$ (Unterteilung der Dimension 2). Wir ziehen jetzt $A X$ zu einer Kante Y zusammen (Oberteilung der Dimension 1) und beseitigen diese Kante (Oberteilung der Dimension 2). Als Ergebnis erhalten wir das Polygon $W_1 W_2$. Indem man diese Prozedur fortsetzt, kommt man zu einem Polygon der Form $A A^{-1}$ oder zu einem Polygon, in dem keine Folge der Form $A A^{-1}$ mehr auftritt. Im folgenden setzen wir voraus, daß das zu transformierende Polygon nicht vom Typ $A A^{-1}$ ist.

3. **Schritt.** Das Polygon habe mindestens zwei verschiedene Ecken. Wir wollen zu einem Polygon übergehen, das eine Ecke weniger hat. Seien P und Q verschiedene Ecken, die durch eine Kante B von P nach Q verbunden seien. Auf B folge die Kante A mit dem Eckpunkt R. Wir ziehen eine Kante D von R nach P in unser Polygon ein (Unterteilung der Dimension 2) und erhalten zwei Polygone $B A D$ und $D^{-1} W$, wobei W eine Folge von Kanten ist. Nach Voraussetzung ist $B \neq A^{-1}$. Wäre $B = A$, so wäre $P = Q$. Die Kante A kommt also in dem Polygon $D^{-1} W$ vor und kann durch Oberteilung der Dimension 2 beseitigt werden. In dem entstehenden Polygon kommt die Ecke P einmal mehr und die Ecke Q einmal weniger vor. Wir beseitigen nun wieder Kantenfolgen $A A^{-1}$ und erhalten ein Polygon, in dem die Ecke Q mindestens einmal weniger vorkommt. Durch Wiederholung des Verfahrens erreicht man, daß das Polygon nur noch eine Ecke hat.

4. **Schritt.** Die Kantenfolge muß von der Form $W_1 C D^{-1} W_2 C^{-1} W_3 D W_4$ sein mit Kanten C und D. Wir ziehen eine Kante A, welche die Anfangspunkte der beiden Exemplare von C verbindet, und beseitigen anschließend die Seite D. Dann erhalten wir $W_1 A^{-1} W_3 W_2 C^{-1} A C W_4$. Weiter ziehen wir eine Kante B, welche die Anfangspunkte der beiden Exemplare von A verbindet, und beseitigen die Seite C. Dann erhalten wir $A^{-1} B^{-1} A B W_3 W_2 W_4 W_1$. Durch Fortsetzung des Verfahrens gelangen wir

zu einem Polygon, dessen Kantenfolge die Form

$$A_1^{-1}B_1^{-1}A_1B_1A_2^{-1}B_2^{-1}A_2B_2 \ \dots \ A_g^{-1}B_g^{-1}A_gB_g$$

hat. Dies ist die gesuchte Normalform.

Die durchgeführte Zerlegung einer Fläche $\mathscr{F}$ in ein $4g$-Eck wird als *kanonische Zerschneidung* von $\mathscr{F}$ durch A_1, B_1, $\dots$, A_g, B_g bezeichnet. Die zugehörige Eulersche Charakteristik ist $2 - 2g$. Die oben angegebene Normalform AA^{-1} hat die Eulersche Charakteristik 2. Wir setzen daher in diesem Fall $g = 0$. Die Zahl g wird als *Geschlecht* der Fläche bezeichnet; g ist eine Invariante bei homöomorphen Abbildungen, da eine Fläche vom Geschlecht g homöomorph zu einer Kugeloberfläche mit g Henkeln ist, die bei homöomorpher Abbildung erhalten bleiben.

Damit ist der folgende Satz bewiesen.

Satz 4. *Sei $\mathscr{F}$ eine orientierbare geschlossene Fläche. Dann ist $\mathscr{F}$ entweder homöomorph zur erweiterten Ebene, oder es gibt eine natürliche Zahl g, so daß $\mathscr{F}$ homöomorph zu einem $4g$-Eck mit der Kantenfolge $A_1^{-1}B_1^{-1}A_1B_1A_2^{-1}B_2^{-1}A_2B_2 \ \dots \ A_g^{-1}B_g^{-1}A_gB_g$ ist; g ist invariant bei homöomorphen Abbildungen von $\mathscr{F}$.* $\square$

Als Nebenergebnis haben wir die folgende Verallgemeinerung des Eulerschen Polyedersatzes bewiesen.

Satz 5. *Sei $\mathscr{F}$ eine orientierbare geschlossene Fläche vom Geschlecht g und $\mathfrak{K}$ eine Zerlegung von $\mathscr{F}$ in einen Polygonkomplex. Dann ist die Eulersche Charakteristik von $\mathfrak{K}$ gleich $2 - 2g$.*

Nur im Fall $g = 0$ sind zwei Riemannsche Flächen gleichen Geschlechts auch isomorph (Kap. 11, Satz 8). Die Flächen vom Geschlecht 1 lassen sich bis auf Isomorphie durch eine komplexe Zahl charakterisieren, den zugehörigen Wert der *elliptischen Modulfunktion* (Abschn. 13.3.).

Für $g > 1$ bilden die Isomorphieklassen Riemannscher Flächen vom Geschlecht g eine komplexe Mannigfaltigkeit der Dimension $3g - 3$, wie bereits RIEMANN erkannt hat. Die genauere Ausarbeitung dieses Sachverhalts bildet ein Hauptthema der Mathematik im 20. Jahrhundert.

Aufgaben

10.1. Wir definieren eine Abbildung φ der erweiterten Ebene auf $\mathbb{P}_C^1$ durch $\varphi(z) = (1:z)$ für $z \in \mathbb{C}$, $\varphi(\infty) = (0:1)$. Man zeige, daß φ ein Homöomorphismus von $\mathbb{C} \cup \{\infty\}$ auf $\mathbb{P}_C^1$ ist.

10.2. Sei $g(z, w)$ das in Abschn. 10.5. betrachtete Polynom vom Grad m und $\mathscr{F}_g$ die zugehörige Riemannsche Fläche. Weiter sei $a_i(z) = b_i(z)/c(z)$, $i = 1, \dots , m$, die Bruchdarstellung der Koeffizienten von g mit $\big(b_1(z), \dots , b_m(z), c(z)\big) = 1$. Das Polynom $c(z)\,g(z, w)$ in z und w habe den Gesamtgrad h. Dann ist

$$g_1(u_0, u_1, u_2) := u_0^h c(u_1/u_0)\, g(u_1/u_0, u_2/u_0)$$

ein homogenes Polynom vom Grad h.

Mit den Bezeichnungen von Abschn. 10.5. definieren wir eine Abbildung φ von $\mathscr{F}_g - \pi^{-1}C$ in die zu g_1 gehörige projektive Kurve

$$\mathscr{H}_{g_1} := \{ (x_0 : x_1 : x_2) \in \mathbb{P}_C^2 \mid g_1(x_0, x_1, x_2) = 0 \} ,$$

indem wir dem Punkt P aus U_i mit $\pi P = z$ den Punkt $\big(1 : z : w_i(z)\big)$ zuordnen.

a) Man zeige, daß φ ein stetiger Monomorphismus ist.

b) Man zeige, daß sich φ eindeutig auf ganz $\mathcal{F}_g$ zu einer stetigen Abbildung fortsetzen läßt.

c) Ein Punkt Q von $\mathcal{H}_{g_1}$ heißt *singulär*, wenn $\varphi^{-1}Q$ aus mindestens zwei Punkten besteht. Man zeige, daß $\mathcal{H}_{g_1}$ höchstens in den Bildpunkten der kritischen Menge von g singulär ist.

10.3. Sei $h_3(z)$ ein Polynom dritten Grades ohne mehrfache Nullstellen. Man zeige, daß die zu $u_2^2 u_3 - u_0^3 h_3(u_1/u_0)$ gehörige projektive Kurve keinen singulären Punkt hat.

10.4. Sei $h_4(z)$ ein Polynom vierten Grades ohne mehrfache Nullstellen. Man zeige, daß die zu $u_0^2 u_0^2 - u_0^4 h_4(u_1/u_0)$ gehörige projektive Kurve den einzigen singulären Punkt $(0:0:1)$ hat.

10.5. Man zeige, daß die *Fermatsche Kurve* der Punkte $(x_0:x_1:x_2) \in \mathbb{P}_C^2$ mit $u_1^n + u_2^n = u_0^n$ keinen singulären Punkt hat.

10.6. Die Bezeichnungen seien wie in Aufgabe 2. Sei Q ein Punkt von $\mathcal{H}_{g_1}$, dessen erste Koordinate von 0 verschieden ist. Man zeige, daß Q genau dann singulär ist, wenn die beiden partiellen Ableitungen $\partial g_1/\partial u_1$ und $\partial g_1/\partial u_2$ im Punkt Q gleich 0 sind. Entsprechendes gilt für einen Punkt, dessen zweite oder dritte Koordinate von 0 verschieden ist.

10.7 (RIEMANN). Sei $\mathcal{F}$ eine geschlossene Riemannsche Fläche, welche die erweiterte Ebene n-blättrig überlagert und die Verzweigungspunkte $P_1, \dots, P_s$ mit den Verzweigungsindizes $e_1, \dots, e_s$ hat. Man zeige, daß $\mathcal{F}$ die Eulersche Charakteristik

$$2n - \sum_{j=1}^{s} (e_j - 1)$$

hat.

10.8. Man berechne das Geschlecht der Riemannschen Flächen, die in den Aufgaben 10.3. bis 10.5. auftreten.

10.9. Sei $\mathcal{F}$ eine nichtorientierbare geschlossene Fläche. Man zeige, daß sich $\mathcal{F}$ in einen Polygonkomplex zerlegen läßt, der aus einem einzigen Polygon mit einer Kantenfolge der Form $A_1 A_1 A_2 A_2 \dots A_g A_g$ besteht.

11. Meromorphe Differentiale und Funktionen auf geschlossenen Riemannschen Flächen

11.1. Differentiale und Integrale auf Riemannschen Flächen

Das Hauptziel dieses Kapitels besteht in der Darstellung der Grundeigenschaften meromorpher Funktionen auf geschlossenen Riemannschen Flächen. Dazu müssen wir zunächst die Prinzipien der Cauchyschen Funktionentheorie von der Ebene auf Riemannsche Flächen übertragen.

Wir beginnen mit der Definition des meromorphen Differentials auf einer Riemannschen Fläche $\mathcal{F}$.

Sei U eine offene Menge von $\mathcal{F}$, auf der die meromorphen Funktionen f_1, f_2 erklärt sind, wobei f_2 nicht konstant sei. Weiter sei Q ein Punkt von U und $t = \varphi_Q(P)$ eine Ortsuniformisierende von Q, die für Punkte P aus einer Umgebung von $U_Q \subset U$ von Q erklärt ist. Dann ist das *Differential* $\omega = f_1\, df_2$ in U_Q durch die Funktion $f_1\, df_2/dt$ gegeben. Sei

$$f_1\, df_2/dt = \sum_{n=h}^{\infty} c_n t^n \,. \tag{1}$$

Die Begriffe *Ordnung*, *Nullstelle* und *Pol* werden von der meromorphen Funktion (1) auf ω übertragen. c_{-1} heißt *Residuum* von ω im Punkt Q und wird durch $\operatorname{res}_Q \omega$ bezeichnet. Alle diese Begriffe sind unabhängig von der Wahl der Ortsuniformisierenden. Dagegen hängt der *Hauptteil* $\sum\limits_{n=h}^{-1} c_n t^n$ von ω im Punkt Q von der Wahl von φ_Q ab (für $h \geq 0$ sind Residuum und Hauptteil im Punkt Q gleich 0 zu setzen).

Sei $\mathcal{F}$ durch offene Mengen U_j, $j \in J$, überdeckt: $\mathcal{F} = \bigcup\limits_{j \in J} U_j$. Dann ist ein Differential ω auf $\mathcal{F}$ gegeben durch Differentiale ω_j auf U_j, die miteinander verträglich sind, d. h., für jeden Punkt Q aus $U_j \cap U_k$, $j, k \in J$, muß $\omega_j/dt = \omega_k/dt$ sein. Diese Definition ist unabhängig von der Wahl der Ortsuniformisierenden t. Zwei Differentiale auf $\mathcal{F}$ sind *gleich*, wenn sie lokal, d. h. in einer Umgebung jedes Punktes, gleich sind.

Als Beispiel betrachten wir die zu $g = w^2 - (z^2 - 1)\,(z^2 - 4)$ gehörige Riemannsche Fläche $\mathcal{F}_g$. Sei $f = \sqrt{(z^2 - 1)\,(z^2 - 4)}$. Dann ist $\omega = dz/f$ ein Differential auf $\mathcal{F}_g$, das nirgends einen Pol oder eine Nullstelle hat: Für eine unverzweigte Stelle, die über $z_0 \in \mathbb{C}$ liegt, wird $t = z - z_0$, also $\omega/dt = f^{-1} = c_0 + c_1 t + \dots$ mit $c_0 \neq 0$. Für einen Punkt über ∞ wird $t = z^{-1}$ und

$$\omega/dt = -t^{-2}\big(\sqrt{(t^{-2} - 1)\,(t^{-2} - 4)}\big)^{-1} = -\big(\sqrt{(1 - t^2)\,(1 - 4t^2)}\big)^{-1} =$$
$$= \mp\,(1 + c_1 t + \dots)\,.$$

Für einen Verzweigungspunkt z_0 ist $t = \sqrt{z - z_0}$, also gilt

$$\omega/dt = 2t\big(\sqrt{((t^2 + z_0)^2 - 1)\,((t^2 + z_0)^2 - 4)}\big)^{-1} = c_0 + c_1 t + \dots$$

mit $c_0 \neq 0$.

Sei C eine Kurve auf $\mathcal{F}$ und ω ein Differential auf $\mathcal{F}$, das auf C regulär ist. Sei C durch die Funktion $P(s)$, $s \in [a, b]$, gegeben.

Dann ist das Integral $\int_C \omega$ definiert durch

$$\int_C \omega = \int_a^b (\omega/\mathrm{d}s)\, \mathrm{d}s\,, \tag{2}$$

wobei $\omega/\mathrm{d}s$ in der Nähe des Punktes Q mit der Ortsuniformisierenden $t = \varphi_Q(P)$ durch

$$\omega/\mathrm{d}s = (\omega/\mathrm{d}t)\, \mathrm{d}t/\mathrm{d}s\,, \qquad t = \varphi_Q\big(P(s)\big)\,, \tag{3}$$

gegeben ist. Für eine glatte Kurve stellt $\omega/\mathrm{d}s$, unabhängig von der Wahl der Ortsuniformisierenden, eine stetige Funktion von s dar. Daher ist das Integral (2) für eine (stückweise glatte) Kurve C wohldefiniert.

Wie man leicht sieht, überträgt sich der Cauchysche Integralsatz (Kap. 8, Satz 2) auf einfach zusammenhängende Gebiete Riemannscher Flächen. Man hat G nur soweit zu unterteilen, daß G in Teilgebiete zerfällt, die jeweils in einer Karte von $\mathcal{F}$ enthalten sind.

11.2. Der Riemannsche Existenzsatz für Differentiale

In den weiteren Abschnitten dieses Kapitels bezeichnet $\mathcal{F}$ immer eine geschlossene Riemannsche Fläche. Es ist üblich, die folgenden Bezeichnungen für Differentiale ω auf $\mathcal{F}$ zu gebrauchen: ω heißt *Differential erster Gattung*, wenn ω überall regulär ist, *zweiter Gattung*, wenn alle Residuen von ω gleich 0 sind, und *dritter Gattung*, wenn ω nur einfache Pole hat.

Das Integral über ein Differential erster Gattung ist also für jede Kurve auf $\mathcal{F}$ definiert. Es hängt für alle Kurven C auf $\mathcal{F}$ genau dann nur vom Anfangs- und vom Endpunkt von C ab, wenn es für jede geschlossene Kurve verschwindet.

Sei ω ein Differential zweiter Gattung und C eine beliebige geschlossene Kurve, die in einem fixierten Punkt P_1 beginnt (und endet) und keinen Pol von ω enthält. Eine solche Kurve nennen wir im folgenden *zulässig* (für ω). Die Zahl $\int_C \omega$ heißt eine *Periode* von ω. Die Gesamtheit $\Lambda(\omega)$ aller Perioden von ω ist eine Untergruppe der additiven Gruppe von $\mathbb{C}$. Denn für zwei zulässige Kurven C_1, C_2 gilt

$$\int_{C_1} \omega + \int_{C_2} \omega = \int_{C_3} \omega\,, \qquad -\int_{C_1} \omega = \int_{C_1^{-1}} \omega$$

mit $C_3 = C_1 D C_2 D^{-1}$, wobei D eine Kurve ist, die in einem Punkt P_1 von C_1 beginnt und in einem Punkt P_2 von C_2 endet.

In Abschn. 10.7. haben wir $\mathcal{F}$ in einen Polygonkomplex zerlegt. Wir können annehmen, daß die Kanten des Komplexes Kurven auf $\mathcal{F}$ im Sinne von Abschn. 10.4. sind.

Satz 1. *Sei ω eine Differential zweiter Gattung und A_1, B_1, ... , A_g, B_g eine für ω zulässige kanonische Zerschneidung von F in ein Polygon G (Abschn. 10.8.). Dann wird die Gruppe $\Lambda(\omega)$ von den Grundperioden*

$$a_k = \int_{A_k} \omega\,, \qquad b_k = \int_{B_k} \omega\,, \qquad k = 1, \dots, g\,,$$

erzeugt.

Beweis. Wegen des Cauchyschen Integralsatzes, der auch für Differentiale zweiter Gattung gilt, genügt es den Satz für Querschnitte von G zu beweisen, die im gleichen Punkt P von $\mathscr{F}$ beginnen und enden. Wenn P etwa auf A_j liegt, gilt nach dem Cauchyschen Integralsatz $\int_C \omega = \int_{B_j} \omega$ (Abb. 10). $\square$

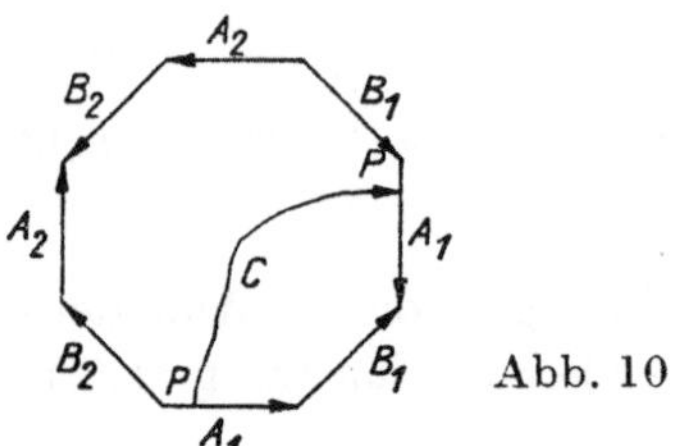

Abb. 10

Nach Abschn. 8.8. kann ein meromorphes Differential auf $\mathscr{F}$ nur endlich viele Nullstellen und Pole haben. Darüber hinaus gilt

Satz 2. *Sei ω ein meromorphes Differential auf $\mathscr{F}$. Dann ist die Summe der Residuen von ω gleich 0.*

Beweis. Sei zunächst $g \geqq 1$ und $\mathscr{F}$ durch die kanonischen Schnitte A_1, B_1, ... , A_g, B_g in ein Polygon mit dem Inneren $\mathscr{F}_0$ so zerschnitten, daß auf A_1, B_1, ... , A_g, B_g kein Pol von ω liegt. Nach einer leichten Verallgemeinerung des Residuensatzes (Kap. 8, Satz 12) ist die Summe der Residuen gleich $\dfrac{1}{2\pi i} \displaystyle\int_C \omega$, wobei C, der Rand von $\mathscr{F}_0$, sich

aus den Kurven $A_1^{-1}B_1^{-1}A_1B_1 \ldots A_g^{-1}B_g^{-1}A_gB_g$ zusammensetzt. Dieses Integral verschwindet, da mit jeder Kurve A_j, B_j auch A_j^{-1}, B_j^{-1} in C vorkommt. Wenn $g = 0$ ist, wählen wir eine geschlossene Kurve C, auf der kein Pol von ω liegt, und wenden den Residuensatz auf die beiden einfach zusammenhängenden Gebiete an, in die $\mathscr{F}$ durch C zerlegt wird. $\square$

Der Angelpunkt der Riemannschen Funktionentheorie auf geschlossenen Flächen $\mathscr{F}$ ist der folgende Existenzsatz für Differentiale.

Satz 3. *Sei $\mathscr{F}$ durch die kanonischen Schnitte A_1, B_1, ... , A_g, B_g in das Polygon mit dem Inneren $\mathscr{F}_0$ zerschnitten, P_1, ... , P_s seien Punkte von $\mathscr{F}_0$ mit den Ortsuniformisierenden φ_{P_j}, $j = 1$, ... , s, und $f_1(z)$, ... , $f_s(z)$ Polynome der Form $f_i(z) = \sum\limits_{n=1}^{h_j} c_{nj} z^n$ mit*

$$\sum_{j=1}^{s} c_{1j} = 0 \,. \tag{4}$$

Weiter seien $\widehat{a_1}$, $\widehat{b_1}$, ... $\widehat{a_g}$, $\widehat{b_g}$ beliebige reelle Zahlen.

Dann gibt es auf $\mathscr{F}$ genau ein meromorphes Differential ω mit folgenden Eigenschaften:

1. ω ist, abgesehen von den Punkten P_1, ... , P_s, regulär.

2. ω hat in P_j den Hauptteil $f_j(t^{-1})$ für $t = \varphi_{P_j}(P)$, $j = 1$, ... , s.

3. $\mathrm{Re} \int\limits_{A_k} \omega = \widehat{a_k}$, $\mathrm{Re} \int\limits_{B_k} \omega = \widehat{b_k}$ für $k = 1$, ... , g. $\boxtimes$

Die einschränkende Bedingung (4) ist nach Satz 2 notwendig. Satz 3 stellt daher eine Parametrisierung aller meromorphen Differentiale auf $\mathscr{F}$ dar. RIEMANN skizzierte einen Beweis von Satz 3 mit Hilfe des von ihm so benannten *Dirichletschen Prinzips*. Dieser Beweis enthielt jedoch eine Lücke, die erst 1901 von HILBERT in seiner Arbeit „*Über das Dirichletsche Prinzip*" (*Math. Ann.* **59** (1901)), geschlossen werden konnte. Wir werden Satz 3 in Kap. 29 beweisen.

Als unmittelbare Folgerung aus Satz 3 erhält man

Satz 4. *Die Differentiale erster Gattung auf einer geschlossenen Riemannschen Fläche vom Geschlecht g bilden einen Vektorraum über $\mathbb{C}$ von der Dimension g.* $\square$

11.3. Die Riemannschen Periodenrelationen

Sei $\mathcal{F}$ eine geschlossene Riemannsche Fläche, die durch die kanonischen Schnitte $A_1, B_1, \ldots, A_g, B_g$ in ein Polygon mit dem Inneren $\mathcal{F}_0$ zerschnitten wird. Satz 3 zeigt, daß man die Perioden $a_k := \int_{A_k} \omega$, $b_k := \int_{B_k} \omega$, $k = 1, \ldots, g$, eines Differentials ω erster Gattung nicht beliebig vorgeben kann. Zu den Beziehungen zwischen den Perioden von Differentialen gehören die *Riemannschen Periodenrelationen*, die wir u. a. im folgenden herleiten.

Sei O ein fixierter Punkt auf $\mathcal{F}_0$. Dann liefert die Integration des Differentials ω von O zu einem variablen Punkt P in $\mathcal{F}_0$ über eine in $\mathcal{F}_0$ liegende Kurve eine eindeutige reguläre Funktion $f(P)$. Wir setzen f auf den Rand von $\mathcal{F}_0$ fort, dies ist eindeutig möglich, wenn wir die beiden Exemplare A_k, $\widetilde{A}_k$ und B_k, $\widetilde{B}_k$ der Randkurven unterscheiden. Für einander entsprechende Punkte P und $\widetilde{P}$ auf A_k und $\widetilde{A}_k$ bzw. B_k und $\widetilde{B}_k$ gilt $f(\widetilde{P}) = f(P) + b_k$ bzw. $f(\widetilde{P}) = f(P) - a_k$, $k = 1, \ldots, g$ (Abb. 11).

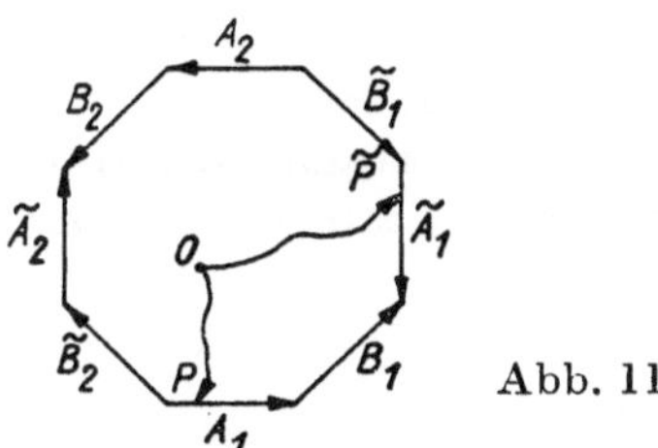

Abb. 11

Sei C die geschlossene Kurve $A_1^{-1} B_1^{-1} A_1 B_1 \ldots A_g^{-1} B_g^{-1} A_g B_g$, und sei ω' ein meromorphes Differential von $\mathcal{F}$, das auf C regulär ist, mit den Perioden $a_1', b_1' \ldots, a_g', b_g'$. Dann ist

$$\int_{A_k} f\omega' - \int_{\widetilde{A}_k} f\omega' = \int_{A_k} f\omega' - \int_{A_k} (f + b_k)\,\omega' = -b_k a_k'$$

und

$$\int_{B_k} f\omega' - \int_{\widetilde{B}_k} f\omega' = a_k b_k' \,,$$

also

$$\int_C f\omega' = \sum_{k=1}^{g} (a_k b_k' - b_k a_k') \,. \tag{5}$$

Andererseits ist nach dem Residuensatz

$$\int_C f\omega' = 2\pi i \sum_{P \in \mathcal{F}_0} \operatorname{res}_P f\omega' \,.$$

Das ergibt die Formel

$$2\pi i \sum_{P \in \mathcal{F}_0} \operatorname{res}_P f\omega' = \sum_{k=1}^{g} (a_k b_k' - b_k a_k') \,. \tag{6}$$

Wenn ω' ein Differential erster Gattung ist, ist $f\omega'$ in $\mathcal{F}_0 \cup C$ ein reguläres Differential und daher

$$\sum_{k=1}^{g} (a_k b_k' - b_k a_k') = 0 \,. \tag{7}$$

Dies ist die *erste Riemannsche Periodenrelation*. Die zweite bezieht sich auf die Perioden nur eines Differentials $\omega \neq 0$ erster Gattung:

$$\mathrm{i} \sum_{k=1}^{g} (a_k \overline{b}_k - b_k \overline{a}_k) > 0 \,. \tag{8}$$

RIEMANN beweist (8), ausgehend von der zu (5) analogen Formel

$$\int_C \overline{f\omega} = \sum_{k=1}^{g} (\overline{a}_k b_k - \overline{b}_k a_k) \,.$$

Durch Anwendung des Gaußschen Integralsatzes (Anh. 3) verwandelt er $\int_C \overline{f\omega}$ in ein Flächenintegral: Mit $f = u + \mathrm{i}v$, $\omega = \mathrm{d}u + \mathrm{i}\,\mathrm{d}v$ wird $\int_C \overline{f\omega} = \int_C (u - \mathrm{i}v)\,(\mathrm{d}u + \mathrm{i}\,\mathrm{d}v)$ $= \int_C (u\,\mathrm{d}u + v\,\mathrm{d}v) + \mathrm{i} \int_C (u\,\mathrm{d}v - v\,\mathrm{d}u) = 2\mathrm{i} \int_{\mathcal{F}_0} \mathrm{d}u\,\mathrm{d}v$.
Für eine Ortsuniformisierende $t = x + \mathrm{i}y$ wird, unter Berücksichtigung der Cauchy-Riemannschen Differentialgleichungen (Kap. 8, (1)),

$$\mathrm{d}u\,\mathrm{d}v = \left(\left(\frac{\partial u}{\partial x} \right)^2 + \left(\frac{\partial u}{\partial y} \right)^2 \right) \mathrm{d}x\,\mathrm{d}y$$

und daher $-\mathrm{i} \int_C \overline{f\omega} > 0$.

Die Berechtigung dieses Vorgehens ergibt sich aus der Zerlegung des Integrationsgebietes in genügend kleine Teilgebiete, die jeweils in einer Karte von $\mathcal{F}$ liegen. $\square$

11.4. Meromorphe Funktionen

In diesem Abschnitt leiten wir die einfachsten Gesetzmäßigkeiten für meromorphe Funktionen auf $\mathcal{F}$ ab.

Satz 5. *Sei f eine nichtkonstante meromorphe Funktion auf $\mathcal{F}$. Dann nimmt f jeden Wert c (einschließlich ∞) nur endlich oft an.*

Beweis. Sei $c \in \mathbb{C}$. Angenommen, es gibt eine Folge $P_1, P_2, \ldots$ von Punkten von $\mathcal{F}$ mit $f(P_1) = f(P_2) = \ldots = c$. Da $\mathcal{F}$ geschlossen ist, hat die Folge einen Häufungspunkt Q. Daraus folgt $f(P) = c$ für alle $P \in \mathcal{F}$ wegen Kap. 8, Satz 11. Für $c = \infty$ betrachtet man $1/f$. $\square$

Man sagt, *f nimmt den Wert $c \in \mathbb{C}$ im Punkt P mit der Vielfachheit n an*, wenn $f - c$ für P eine n-fache Nullstelle hat. *f nimmt den Wert ∞ im Punkt P mit der Vielfachheit n an*, wenn f in P einen n-fachen Pol hat.

Satz 6. *Sei f eine nichtkonstante meromorphe Funktion auf $\mathcal{F}$. Dann nimmt f jeden Wert (gezählt mit seiner Vielfachheit) gleich oft an.*

Beweis. Sei $c \in \mathbb{C}$. Wir wenden Satz 2 auf das Differential $\mathrm{d}f/(f - c)$ an. Es folgt, daß f die Werte c und ∞ gleich oft annimmt (vgl. Kap. 8, Satz 13). $\square$

Satz 7. *Eine überall reguläre Funktion f auf $\mathcal{F}$ ist eine Konstante.*

Beweis. Wäre die Funktion f keine Konstante, müßte sie alle Werte gleich oft annehmen, also auch einen Pol haben. $\square$

Nach Satz 7 ist eine meromorphe Funktion bis auf einen konstanten Faktor durch Angabe der Nullstellen und Pole mit den dazugehörigen Vielfachheiten eindeutig bestimmt. Hieraus ergibt sich das Konzept, eine Funktion durch diese Angaben zu beschreiben.

Wir formalisieren dieses Konzept durch Definition des *Divisors von f*. Allgemein ist ein Divisor D von $\mathscr{F}$ eine formale Linearkombination $D := n_1 P_1 + \ldots + n_s P_s$ von Punkten $P_1, \ldots, P_s$ mit Koeffizienten, die ganze Zahlen sind (d. h., D ist eine Abbildung von $\mathscr{F}$ in Z, die fast allen $P \in \mathscr{F}$ die Zahl 0 zuordnet). Die Gesamtheit der Divisoren von $\mathscr{F}$ bildet eine abelsche Gruppe $\mathfrak{D}$ bezüglich der Addition der Koeffizienten. Die Summe $n_1 + \ldots + n_s$ der Koeffizienten von D wird als *Grad* $\deg D$ von D bezeichnet. Ein Divisor heißt *effektiv*, wenn alle seine Koeffizienten nicht negativ sind. Der meromorphen Funktion f wird der Divisor

$$(f) = \sum_{P \in \mathscr{F}} \nu_P(f)\, P$$

zugeordnet (vgl. Abschn. 8.8.). Nach Satz 5 ist diese Definition sinnvoll, und nach Satz 6 ist

$$\deg(f) = 0 \,. \tag{9}$$

Ein Divisor der Form (f) wird als *Hauptdivisor* bezeichnet.

Sei $\mathfrak{D}_0$ die Gruppe der Divisoren D mit $\deg D = 0$. Die Gruppe $\mathfrak{D}_H$ der Hauptdivisoren ist also eine Untergruppe von $\mathfrak{D}_0$. Die Elemente der Faktorgruppe $\mathfrak{D}/\mathfrak{D}_H$ heißen *Divisorenklassen*. Wir haben eine exakte Sequenz

$$0 \to \mathfrak{D}_0/\mathfrak{D}_H \to \mathfrak{D}/\mathfrak{D}_H \xrightarrow[\deg]{} Z \to 0 \,.$$

$\mathfrak{D}/\mathfrak{D}_H$ heißt *Picardsche Gruppe* von $\mathscr{F}$. Wir betrachten diese Gruppe genauer in Kap. 12.

11.5. Riemannsche Flächen vom Geschlecht 0

Sei $\mathscr{F}$ eine Fläche vom Geschlecht 0. Dann ist $\deg D = 0$ die einzige Forderung, die an einen Divisor D zu stellen ist, damit D Divisor einer meromorphen Funktion auf $\mathscr{F}$ ist. Um das zu beweisen, genügt es, eine Funktion f_Q zu konstruieren, die für einen gegebenen Punkt Q einen einfachen Pol hat und für alle anderen Punkte von $\mathscr{F}$ regulär ist. Dann hat $\sum_{j=1}^{s} (f_{Q_j} - f_{Q_j}(P_j))$ den Divisor $\sum_{j=1}^{s} (P_j - Q_j)$ (Satz 6). f_Q erhält man aus dem Riemannschen Existenzsatz für Differentiale (Satz 3). Danach gibt es ein Differential ω_Q, das für Q den Hauptteil $1/t^2$ hat und sonst regulär ist. Dann ist das Integral $f_Q(P)$ über ω_Q von einem fixierten Punkt P_0 zu einem variablen Punkt P unabhängig vom Wege und daher eine meromorphe Funktion von P, die in Q einen einfachen Pol hat und sonst regulär ist.

Weiter ist f_Q ein Isomorphismus von $\mathscr{F}$ auf die erweiterte Ebene. Es gilt also

Satz 8. *Eine Riemannsche Fläche vom Geschlecht* 0 *ist isomorph zur erweiterten Ebene.* $\square$

11.6. Der Satz von Riemann und Roch

Die Überlegungen in Abschn. 11.5. zeigen, daß eine Fläche $\mathscr{F}$, auf der es zu jedem gegebenen Divisor D mit $\deg D = 0$ eine meromorphe Funktion f mit $(f) = D$ gibt, das Geschlecht 0 hat. Die Untersuchung der Bedingungen, denen ein Divisor auf einer Fläche vom Geschlecht $g > 0$ genügen muß, damit er Divisor einer Funktion ist, stellt ein Hauptproblem der Funktionentheorie auf solchen Flächen dar. Die hierbei auftretende allgemeine Gesetzmäßigkeit wird durch den Satz von RIEMANN und ROCH beschrieben, dem wir uns jetzt zuwenden.

Da es auf einer geschlossenen Fläche $\mathcal{F}$ außer den Konstanten keine überall regulären Funktionen gibt, ist es eine interessante Frage, wieviel Pole man mindestens zulassen muß. Dementsprechend ordnen wir einen Divisor $D = \sum_{P \in \mathcal{F}} n_P P$ den Vektorraum $V(D)$ aller meromorphen Funktionen f auf $\mathcal{F}$ mit

$$\nu_P(f) \geqq -n_P \quad \text{für alle} \quad P \in \mathcal{F} \tag{10}$$

zu. Wir haben hier mit RIEMANN vor allem effektive Divisoren D im Auge. Für diese bedeutet (10) eine durch D gegebene Beschränkung der möglichen Pole.

Durch Übergang von f zu df erhält man in (10) Beschränkungen für die Hauptteile von df, aus denen nach Satz 3 leicht folgt, daß $V(D)$ ein endlichdimensionaler Vektorraum über C ist, dessen Dimension wir mit $l(D)$ bezeichnen.

Einem Differential ω wird ein Divisor

$$(\omega) = \sum_{P \in F} \nu_P(\omega)\, P \tag{11}$$

zugeordnet.

Mit den eingeführten Bezeichnungen kann nun der *Satz von* RIEMANN-ROCH wie folgt formuliert werden.

Satz 9. *Sei D ein beliebiger Divisor und ω ein von 0 verschiedenes meromorphes Differential auf einer Riemannschen Fläche $\mathcal{F}$ vom Geschlecht g. Dann gilt*

$$l(D) = \deg D - g + 1 + l\big((\omega) - D\big). \tag{12}$$

Bemerkung. Für eine von 0 verschiedene meromorphe Funktion f_0 gilt

$$l\big(D + (f_0)\big) = l(D), \qquad \deg(D + (f_0)) = \deg D. \tag{13}$$

Die erste dieser Gleichungen folgt aus der Isomorphie $\varphi \colon V(D) \to V(D + (f_0))$, welche durch $\varphi(f) = (f f_0^{-1})$ gegeben ist, die zweite folgt aus $\deg(f_0) = 0$.

(13) zeigt, daß Satz 9 einen Satz für Divisorenklassen ist. Die von 0 verschiedenen Divisoren von Differentialen liegen alle in einer Klasse, die als *kanonische Klasse* von $\mathcal{F}$ bezeichnet wird. In der Tat ist für zwei meromorphe Differentiale ω_1, ω_2, die von 0 verschieden sind, ω_1/ω_2 eine von 0 verschiedene meromorphe Funktion.

Zum Beweis von Satz 9 bemerken wir zunächst, daß der Satz nach Abschn. 11.5. für $g = 0$ richtig ist. Wir können daher im folgenden annehmen, daß $g \geqq 1$ ist. Wir wollen Satz 9 zunächst für effektive Divisoren $D = \sum_{P \in F} n_P P$ beweisen und führen folgende Bezeichnungen ein:

$\Omega_1 := C$-Vektorraum der Differentiale erster Gattung,

$\Omega_1(D) := \{\omega \in \Omega_1 \mid \nu_P(\omega) \geqq n_P \text{ für } P \in \mathcal{F}\}$,

$\Omega_{\mathrm{Re}} := R$-Vektorraum der Differentiale zweiter Gattung mit Perioden, deren Realteil verschwindet,

$\Omega_{\mathrm{Re}}(D) := \{\omega \in \Omega_{\mathrm{Re}} \mid \nu_P(\omega) \geqq -n_P - 1 \text{ für } P \in \mathcal{F} \text{ mit } n_P > 0,\ \nu_P(\omega) \geqq 0 \text{ sonst}\}$,

$\Omega_0(D) := \{\omega \in \Omega_{\mathrm{Re}}(D) \mid \omega \text{ exakt}\}$.

Ein Differential ω heißt *exakt*, wenn es von zweiter Gattung ist und seine Perioden verschwinden. Dies ist gleichbedeutend damit, daß das Integral über ω unabhängig vom Weg ist und daher eine eindeutige meromorphe Funktion auf $\mathscr{F}$ liefert. Hieraus folgt

$$\dim_R \Omega_0(D) = 2l(D) - 2 \,. \tag{14}$$

Sei ω_0 ein beliebiges von 0 verschiedenes meromorphes Differential auf $\mathscr{F}$. Dann ist

$$\dim_R \Omega_1(D) = \dim_R V\big((\omega_0) - D\big) \,. \tag{15}$$

In der Tat wird durch $\omega \to \omega/\omega_0$ ein Isomorphismus von $\Omega_1(D)$ auf $V((\omega_0) - D)$ definiert.

(5) können wir als Bilinearform der Vektorräume Ω_1 und $\Omega_{\mathrm{Re}}(D)$ auffassen. Wir wollen die Ausartung dieser Bilinearform β untersuchen.

Hilfssatz 1. $\beta(\omega, \omega') = 0$ *für alle* $\omega' \in \Omega_{\mathrm{Re}}(D)$ *gilt genau dann, wenn* $\omega \in \Omega_1(D)$.

Beweis. Für $P \in \mathscr{F}$ mit $n_P > 0$ und die Ortsuniformisierende t von P habe ω bzw. ω' die Potenzreihenentwicklung

$$\omega/dt = c_0 + c_1 t + \ldots \quad \text{bzw.} \quad \omega'/dt = d_n t^n + \ldots + d_{-2} t^{-2} + d_0 + \ldots$$

mit $n = -n_P - 1$. Dann bedeutet $\beta(\omega, \omega') = 2\pi i \sum_{P \in \mathscr{F}} \mathrm{res}_P f\omega' = 0$ für alle $\omega' \in \Omega_{\mathrm{Re}}(D)$,

daß $c_0 = c_1 = \ldots = c_{n_P - 1} = 0$ für alle P mit $n_P > 0$ ist. $\square$

Hilfssatz 2. $\beta(\omega, \omega') = 0$ *für alle* $\omega \in \Omega_1$ *gilt genau dann, wenn* $\omega' \in \Omega_0(D)$.

Beweis. Seien $a_1', b_1', \ldots, a_g', b_g'$ die nach Voraussetzung rein imaginären Perioden von ω' und $a_1, b_1, \ldots, a_g, b_g$ die Perioden von ω. Aus $\beta(\omega, \omega') = \sum_{k=1}^{g} (a_k b_k' - b_k a_k') = 0$ für $\omega \in \Omega_1$ folgt

$$\sum_{k=1}^{g} b_k' \,\mathrm{Re}\, a_k - \sum_{k=1}^{g} a_k' \,\mathrm{Re}\, b_k = 0 \quad \text{für} \quad \omega \in \Omega_1 \,.$$

Da wir nach Satz 3 $\mathrm{Re}\, a_k$ und $\mathrm{Re}\, b_k$ für $k = 1, \ldots, g$ beliebig vorschreiben können, folgt $a_k' = b_k' = 0$ für $k = 1, \ldots, g$ und damit $\omega' \in \Omega_0(D)$. Umgekehrt folgt aus $\omega' \in \Omega_0(D)$ offensichtlich $\beta(\omega, \omega') = 0$ für alle $\omega \in \Omega_1$. $\square$

Aus den Hilfssätzen 1 und 2 folgt, daß die $\mathbb{R}$-Vektorräume $\Omega_1/\Omega_1(D)$ und $\Omega_{\mathrm{Re}}(D)/\Omega_0(D)$ gleiche Dimension haben:

$$\dim_R \Omega_1 - \dim_R \Omega_1(D) = \dim_R \Omega_{\mathrm{Re}}(D) - \dim_R \Omega_0(D) \,. \tag{16}$$

Nach Satz 3 ist

$$\dim_R \Omega_1 = 2g \,, \qquad \dim_R \Omega_{\mathrm{Re}}(D) = 2 \deg D \,. \tag{17}$$

Aus (14) bis (17) folgt Satz 9 für effektive D.

Um Satz 9 für beliebige Divisoren D zu zeigen, bemerken wir zunächst, daß

$$l((\omega)) = g \,, \qquad \deg(\omega)) = 2g - 2 \tag{18}$$

für ein beliebiges, von 0 verschiedenes meromorphes Differential ω gilt. Es genügt, (18) für ein einziges Differential ω zu zeigen. Wegen $g \geqq 1$ können wir annehmen, daß ω ein Differential erster Gattung ist. Wir setzen in (15) $D = 0$ und erhalten $l((\omega)) = g$. Anwendung von Satz 9 auf den effektiven Divisor (ω) und auf $D = 0$ ergibt dann $\deg((\omega)) = 2g - 2$.
Wir können Satz 9 jetzt in der symmetrischen Form

$$l(D) - \tfrac{1}{2} \deg D = l((\omega_0) - D) - \tfrac{1}{2} \deg \big((\omega_0) - D\big) \tag{19}$$

schreiben. (19) ist bewiesen, wenn einer der Divisoren D, $(\omega_0) - D$ effektiv ist. Da $l(D)$ und $\deg D$ nur von der Klasse abhängen, in der diese Divisoren liegen, ist (19) schon bewiesen, wenn in der Klasse von D oder $(\omega_0) - D$ ein effektiver Divisor liegt. Sei dies nicht der Fall. Dann ist $l(D) = l((\omega_0) - D) = 0$. Es bleibt zu beweisen, daß in dieser Situation deg $D = g - 1$ ist.

Wir nehmen an, es sei deg $D \geq g$, und zerlegen D in seinen positiven und seinen negativen Bestandteil D_1 und D_2, $D = D_1 - D_2$. Dann ist

$$l(D_1) \geq \deg D_1 - g + 1 = \deg D + \deg D_2 - g + 1 \geq \deg D_2 + 1 . \qquad (20)$$

Sei $D_2 = n_1 P_1 + \ldots + n_s P_s$. Damit $f \in V(D_1)$ in $V(D)$ liegt, muß f für die Ortsuniformisierende t_j von P_j von der Form $c_0 t_j^{n_j} + c_1 t_j^{n_j+1} + \ldots$ sein, $j = 1, \ldots, s$. Das ergibt deg D_2 Verschwindungsbedingungen für die Koeffizienten der Potenzreihenentwicklung von f in den Punkten $P_1, \ldots, P_s$. Demnach gilt

$$l(D) \geq l(D_1) - \deg D_2 .$$

Nach (20) ist also $l(D) \geq 1$ im Widerspruch zur Voraussetzung. Es folgt deg $D \leq g - 1$. Ebenso erhält man $\deg((\omega_0) - D) \leq g - 1$ und daher wegen (18) deg $D = g - 1$. $\square$

Von RIEMANN selbst wurde in seiner Arbeit über Abelsche Funktionen nur die Ungleichung

$$l(D) \geq \deg D - g + 1 \qquad (21)$$

für effektive Divisoren D bewiesen, die man ohne (5) aus dem Existenzsatz für Differentiale erhält. Satz 9 wurde für effektive Divisoren von ROCH (*J. reine angew. Math.* **64** (1865)) und für beliebige Divisoren zuerst von DEDEKIND und WEBER bewiesen (siehe Kap. 23).

Die Ungleichung (21) gibt eine Antwort auf die zu Beginn dieses Abschnitts gestellte Frage nach der Existenz von meromorphen Funktionen auf Riemannschen Flächen vom Geschlecht g. Genauer gilt

Satz 10. *Mit den Bezeichnungen von Satz 9 gilt:*
1. *$l(D) = 0$ für deg $D \leq 0$ und D kein Hauptdivisor.*
2. *$l(D) = \deg D + 1 - g$ für deg $D \geq 2g - 2$, und D liegt nicht in der kanonischen Klasse.*

Beweis. Sei deg $D \leq 0$ und $f \in V(D)$. Dann ist nach Definition $D + (f)$ ein positiver Divisor vom Grad ≤ 0, d. h. $D + (f) = 0$. Hieraus folgt 1. Weiter folgt 2. aus 1. und Satz 9. $\square$

Für $0 < \deg D < 2g - 2$ hat man nur die Ungleichung (21).

11.7. Der Körper der meromorphen Funktionen auf einer geschlossenen Riemannschen Fläche

Die Gesamtheit $K(\mathscr{F})$ der meromorphen Funktionen auf einer Riemannschen Fläche $\mathscr{F}$ bildet offensichtlich einen Körper bezüglich der Addition und der Multiplikation der Funktionen. Wir wollen in diesem Abschnitt den Körper $K(\mathscr{F})$ für geschlossene Flächen $\mathscr{F}$ genauer untersuchen.

In Kap. 10, Satz 1, haben wir gesehen, daß $K(\mathbb{C} \cup \{\infty\}) = \mathbb{C}(z)$ der Körper der rationalen Funktionen in einer Unbestimmten z ist. Da $\mathscr{F}$ eine Überlagerung von $\mathbb{C} \cup \{\infty\}$ ist, kann jede Funktion auf $\mathbb{C} \cup \{\infty\}$ auch als Funktion auf $\mathscr{F}$ betrachtet werden, d. h., wir haben $\mathbb{C}(z) \subset K(F)$. Sei $\mathscr{F}$ eine n-fache Überlagerung von $\mathbb{C} \cup \{\infty\}$.

Dann nimmt z als Funktion auf $\mathcal{F}$ jeden Wert n-mal an: z ist die Funktion, die jedem $P \in \mathcal{F}$ die Projektion auf $\mathbb{C} \cup \{\infty\}$ zuordnet. Im weiteren setzen wir voraus, daß $\mathcal{F}$ geschlossen ist.

Satz 11. *Jede Funktion f aus $K(\mathcal{F})$ genügt einer Gleichung*

$$f^n + r_1(z)\, f^{n-1} + \ldots + r_n(z) = 0 \,,$$

wobei $r_1(z), \ldots, r_n(z)$ aus $\mathbb{C}(z)$ sind.

Beweis. Sei M die endliche Menge der Punkte z_0 von $\mathbb{C} \cup \{\infty\}$, in denen $\mathcal{F}$ verzweigt ist oder f in einem über z_0 liegenden Punkt einen Pol hat. Für $z_0 \in \mathbb{C} \cup \{\infty\} - M$ können wir die elementarsymmetrischen Funktionen (Abschn. 7.3.)

$$r_1(z) = - \sum_{j=1}^{n} f(P_j) \,,$$

$$r_2(z) = \sum_{1 \le j_1 < j_2 \le n} f(P_{j_1})\, f(P_{j_2}) \,,$$

$$\vdots$$

$$r_k(z) = (-1)^k \sum_{1 \le j_1 < \ldots < jk \le n} f(P_{j_1}) \ldots df(P_{jk}) \,,$$

$$\vdots$$

$$r_n(z) = (-1)^n\, f(P_1) \ldots f(P_n)$$

bilden, wobei $P_1, \ldots, P_n$ die über z gelegenen Punkte von $\mathcal{F}$ sind. Da $P_1, \ldots, P_n$ die gleiche Ortsuniformisierende haben, ist $r_k(z)$ für $z \in \mathbb{C} \cup \{\infty\} - M$ eine reguläre Funktion. Für $z_0 \in M$ besitzt $r_k(z)$ eine Laurent-Entwicklung. Da f meromorph auf $\mathcal{F}$ ist, kann diese nur endlich viele Glieder mit negativen Potenzen der Ortsuniformisierenden enthalten (Abschn. 8.8.), d. h., $r_k(z)$ ist meromorph in ganz $\mathbb{C} \cup \{\infty\}$, also $r_k(z) \in \mathbb{C}(z)$ für $k = 1, \ldots, n$.

Sei x eine Unbestimmte und

$$\varphi_f(x, z) = \varphi_f(x) := \big(x - f(P_1)\big) \ldots \big(x - f(P_n)\big) = x^n + r_1(z)\, x^{n-1} + \ldots + r_n(z) \,.$$

Dann ist $\varphi_f\big(f(P)\big) = 0$. $\square$

Satz 12. *Es gibt eine Funktion f auf $\mathcal{F}$, für die das im Beweis von Satz 11 konstruierte Polynom $\varphi_f(x)$ über dem Körper $\mathbb{C}(z)$ irreduzibel ist, d. h., $\mathbb{C}(z, f)$ ist eine Erweiterung vom Grad n über $\mathbb{C}(z)$.*

Beweis. Sei z_0 ein Punkt von $\mathbb{C}$, über dem n verschiedene Punkte $P_1, \ldots, P_n$ von $\mathcal{F}$ liegen. Nach Satz 3 gibt es ein meromorphes Differential ω_k, das auf $\mathcal{F}$ einen einzigen Pol in P_k mit dem Hauptteil $dz/(z - z_0)^2$ hat. Seien $c_1, \ldots, c_n$ paarweise verschiedene komplexe Zahlen. Dann ist

$$f := (z - z_0)^2 \left(c_1 \frac{\omega_1}{dz} + \ldots + c_n \frac{\omega_n}{dz} \right) \tag{22}$$

eine meromorphe Funktion auf $\mathcal{F}$ mit $f(P_k) = c_k$, $k = 1, \ldots, n$.

Wir wollen zeigen, daß $\varphi_f(x)$ irreduzibel ist: Sei $\varphi_f(x) = \varphi_1(x)\, \varphi_2(x)$ mit $\varphi_1(f) = 0$. Insbesondere ist $\varphi_1\big(f(P_k), z_0\big) = 0$ für $k = 1, \ldots, n$, d. h., $\varphi_1(x, z_0)$ hat n verschiedene Nullstellen. Daraus folgt $\varphi_f(x) = \varphi_1(x)$. $\square$

Satz 13. *Der Körper $K(\mathcal{F})$ ist eine Erweiterung vom Grad n über $\mathbb{C}(z)$.*

Beweis. Die Funktion (22) erzeugt $K(\mathcal{F})$. Sei nämlich f_1 eine beliebige Funktion aus $K(\mathcal{F})$ und f_2 ein primitives Element der Erweiterung $\mathbb{C}(z, f, f_1)$, d. h. $\mathbb{C}(z, f, f_1)$

$= \mathbb{C}(z, f_2)$ (Abschn. 7.5.). Nach Satz 11 ist $[\mathbb{C}(z, f_2) : \mathbb{C}(z)] \leq n$. Daraus folgt $f_1 \in \mathbb{C}(z, f)$. $\square$

Aufgaben

11.1. Sei $h_m(z)$ ein Polynom m-ten Grades ohne mehrfache Nullstellen. Man zeige, daß die Riemannsche Fläche $\mathcal{F}_g$ zum Polynom $w^2 - h_m(z)$ das Geschlecht $g = [(m-1)/2]$ hat und gebe eine Basis des Raumes der Differentiale erster Gattung an.

11.2. Man gebe eine Basis für den Raum der Differentiale erster Gattung im Fall der Fermatschen Kurve an (Aufgaben 10.5. und 10.8.).

11.3. Sei $\mathcal{F}$ eine Riemannsche Fläche vom Geschlecht g. Im Funktionenkörper von $\mathcal{F}$ sei eine Funktion f vorhanden, die jeden Wert genau zweimal annimmt.

a) Man zeige, daß f die Fläche $\mathcal{F}$ als zweiblättrige Überlagerung von $\mathbb{C} \cup \{\infty\}$ mit $2g + 2$ Verzweigungspunkten $t_1, \dots, t_{2g+2}$ darstellt.

b) Man zeige, daß $\mathcal{F}$ isomorph zu $\mathcal{F}_g$ mit $g = w^2 - (z - t_1) \dots (z - t_{2g+2})$ ist (für $t_i = \infty$ ist $z - \infty := 1$ zu setzen).

c) Man zeige, daß im Fall $g = 1$ oder $g = 2$ für jedes $\mathcal{F}$ eine derartige Funktion f existiert.

11.4. Sei $\mathcal{F}$ die Riemannsche Fläche zum Polynom $g(z, w) = w^2 - h(z)$, wobei $h(z)$ ein Polynom dritten Grades ohne mehrfache Nullstellen ist. Nach Kap. 10, Aufgabe 3, entsprechen die Punkte von $\mathcal{F}$ eineindeutig den Punkten der komplexen ebenen Kurve $\{(z, w) \mid w^2 = h(z)\}$, zu der noch ein unendlich ferner Punkt P_∞ hinzuzufügen ist. Wir identifizieren $\mathcal{F}$ mit dieser Kurve.

a) Man zeige, daß es zu je zwei Punkten P_1, P_2 von $\mathcal{F}$ einen eindeutig bestimmten Punkt P_3 von $\mathcal{F}$ gibt, für den $P_1 + P_2 - P_3 - P_\infty$ ein Hauptdivisor ist.

b) Man zeige, daß durch die Zuordnung $P_1, P_2 \to P_1 \oplus P_2 := P_3$ in F eine Gruppenoperation mit P_∞ als neutralem Element erklärt wird.

c) Man zeige, daß $\ominus P_1$ gleich der Spiegelung von P_1 an der z-Achse ist.

d) Man zeige, daß $P_1, P_2, \ominus P_3$ auf einer Geraden l liegen. (H i n w e i s: l ist durch eine Gleichung $az + bw + c = 0$ mit $a, b, c \in \mathbb{C}$ gegeben. $az + bw + c$ ist eine meromorphe Funktion auf $\mathcal{F}$. Man betrachte $(az + bw + c)$.)

12. Die Sätze von Abel und Jacobi

12.1. Der Satz von Abel

Wir kommen jetzt auf die in Abschn. 10.1. aufgeworfene Frage nach der Integration
algebraischer Funktionen zurück. Diese Frage können wir jetzt genauer stellen als die
Frage nach der Integration von meromorphen Differentialen auf einer geschlossenen
Riemannschen Fläche $\mathcal{F}$ vom Geschlecht g.

Für die Mathematiker des 18. Jahrhunderts und der ersten Hälfte des 19. Jahr-
hunderts hatte das Integral von $\dfrac{dt}{\sqrt{1-t^2}}$, d. h. die Funktion $y = \arcsin x$, Leitbild-
wirkung. Das Additionstheorem der Umkehrfunktion $\sin y$ liefert

$$\arcsin u + \arcsin v = \arcsin \left(u\sqrt{1-v^2} + v\sqrt{1-u^2}\right). \tag{1}$$

EULER fand das Analogon von (1) für das Integral von $\dfrac{dt}{\sqrt{f(t)}}$, wobei $f(t)$ ein Polynom
vierten Grades ohne mehrfache Nullstellen ist (Aufgabe 12.3).

Eine der bedeutendsten Leistungen ABELS besteht darin, daß er die Verallgemeinerung von (1) auf beliebige Integrale meromorpher Differentiale fand, die daher auch
als *Abelsche Integrale* bezeichnet werden (*Démonstration d'une propriété générale d'une
certaine classe de fonctions transcendentes*, J. reine angew. Math. 4 (1829)).

Wir beschränken uns hier auf Differentiale erster Gattung ω. Für sie kann ABELS
Ergebnis folgendermaßen ausgesprochen werden.

Sei $(f) = \sum\limits_{j=1}^{s} n_j P_j$ ein Hauptdivisor und O ein beliebiger Punkt von $\mathcal{F}$. Dann ist bei
passender Wahl des Integrationsweges

$$\sum\limits_{j=1}^{s} n_i \int\limits_{O}^{P_j} \omega = 0 . \tag{2}$$

(2) ist eine Aussage über die Werte der „Funktion" $h(P) = \int\limits_{O}^{P} \omega$. Die Funktion $\arcsin x$
betrachtet man im Komplexen als mehrdeutige Funktion, d. h. als Abbildung von $\mathbb{C}$
in $\mathbb{C}/2\pi\mathbb{Z}$. Das gleiche erweist sich im Fall $g = 1$ auch für $h(P)$ als sinnvoll, da $\Lambda(\omega)$
in diesem Fall ein Gitter in $\mathbb{C}$ ist (eine Untergruppe Λ des reellen n-dimensionalen
Vektorraums V heißt *Gitter* in V, wenn der Rang von Λ (Anh. 1, Satz 5) gleich n ist).
$h(P)$ ist also eine Abbildung von F in $\mathbb{C}/\Lambda(\omega)$. Für $g > 1$ ist jedoch $\Lambda(\omega)$ im allgemeinen
kein Gitter in $\mathbb{C}$, und die Betrachtung von $h(P)$ als mehrdeutige Funktion ist unbrauch-
bar (vgl. Abschn. 10.1.).

JACOBI fand den Ausweg aus dieser Situation, indem er eine Basis $\omega_1, \ldots, \omega_g$ des
komplexen Vektorraums der Differentiale erster Gattung betrachtete (Kap. 11, Satz 4).

Dann ist der geschlossenen Kurve C der Periodenvektor

$$\alpha(C) = (\int_C \omega_1, \dots, \int_C \omega_g)$$

zugeordnet.

Satz 1. *Sei $A_1, B_1, \dots, A_g, B_g$ eine kanonische Zerschneidung von $\mathcal{F}$. Dann spannen die $2g$ Periodenvektoren $\alpha(A_1), \alpha(B_1), \dots, \alpha(A_g), \alpha(B_g)$ ein Gitter Γ des $2g$-dimensionalen reellen Vektorraums $\mathbb{C}^g$ auf.*

Beweis. Angenommen, die abelsche Gruppe Γ hat einen Rang $< 2g$. Dann gibt es einen $\mathbb{R}$-Vektorraum V von einer Dimension $< 2g$, der Γ enthält, und eine nicht-triviale reelle Linearform auf $\mathbb{C}^g$, die auf V verschwindet. Seien $z_1 = x_1 + iy_1, \dots,$ $z_g = x_g + iy_g$ die Koordinaten von $\mathbb{C}^g$. Dann hat die Linearform die Form

$$L(z_1, \dots, z_g) = \sum_{j=1}^{g} (c_j x_j + d_j y_j) = \mathrm{Re} \sum_{j=1}^{g} (c_j - id_j) z_j \,,$$

wobei nicht alle Koeffizienten $c_1, d_1, \dots, c_g, d_g$ gleich 0 sind. Es folgt

$$\mathrm{Re} \int_{A_k} \sum_{j=1}^{g} (c_j - id_j) \omega_j = \mathrm{Re} \int_{B_k} \sum_{j=1}^{g} (c_j - id_j) \omega_j = 0$$

für $k = 1, \dots, g$. Nach der Eindeutigkeitsaussage von Kap. 11, Satz 3, ist daher $\sum_{j=1}^{g} (c_j - id_j) \omega_j = 0$, also $c_j = d_j = 0$ für $j = 1, \dots, g$ im Widerspruch zur Wahl der $c_1, d_1, \dots, c_g, d_g$. $\square$

$\mathbb{C}^g/\Gamma$ wird als *Jacobische Mannigfaltigkeit von $\mathcal{F}$* bezeichnet.

Wir definieren eine Abbildung Φ von $\mathfrak{D}_0$ (Abschn. 11.4.) in $\mathbb{C}^g/\Gamma$ durch

$$\Phi(\sum_{l=1}^{s} n_l P_l) = (\sum_{l=1}^{s} n_l \int_0^{P_l} \omega_1, \dots, \sum_{l=1}^{s} n_l \int_0^{P_l} \omega_g) + \Gamma \,.$$

Dabei ist O ein beliebiger Punkt von $\mathcal{F}$. Die Abbildung Φ hängt nicht von der Wahl von O ab, da $D := \sum_{l=1}^{s} n_l P_l$ den Grad 0 hat, d. h. $\sum_{l=1}^{s} n_l = 0$. Die Integrale sind längs beliebiger Kurven von O nach P_l zu nehmen. Nach Definition von Γ ist $\Phi(D)$ unabhängig von der Wahl dieser Kurven. Φ ist offensichtlich ein Homomorphismus abelscher Gruppen. Man pflegt heute den folgenden Satz als *Satz von* Abel zu bezeichnen.

Satz 2. *Der Kern von Φ ist gleich der Gruppe $\mathfrak{D}_H$ der Hauptdivisoren.*

Tatsächlich rührt von Abel nur der Satz her, daß $\mathfrak{D}_H$ im Kern von Φ enthalten ist, siehe (2). Die Umkehrung stammt von Clebsch (*J. reine angew. Math.* 63 (1863)).

Beweis von Satz 2. Sei f eine meromorphe Funktion auf F und $(f) = n_1 P_1 + \dots$ $\dots + n_s P_s$. Wir wollen $\Phi((f)) = 0$ zeigen.

Wir wählen die kanonische Zerschneidung von $\mathcal{F}$ so, daß auf $A_1, B_1, \dots, A_g, B_g$ keine Nullstelle und kein Pol von f liegen. Sei O ein Punkt der zerschnittenen Fläche $\mathcal{F}_0$.

Dann ist $f_k(P) = \int_0^P \omega_k$ für $k = 1, \dots, g$ eine reguläre Funktion in $\mathcal{F}_0$. Wir setzen $\gamma(P) = (f_1(P), \dots, f_g(P))$. Dann haben wir

$$n_1 \gamma(P_1) + \dots + n_s \gamma(P_s) \in \Gamma \tag{3}$$

zu zeigen. Dazu wenden wir Kap. 11, (6), auf f_k und df/f an. Wegen $\mathrm{res}_{P_j}(f_k \, df/f)$ $= n_j f_k(P_j)$ wird

$$2\pi i (n_1 \gamma(P_1) + \dots + n_s \gamma(P_s)) = \sum_{j=1}^{g} (\alpha(A_j) \int_{B_j} df/f - \alpha(B_j) \int_{A_j} df/f) \,.$$

Zum Beweis von (3) genügt es daher, den folgenden Hilfssatz zu beweisen.

Hilfssatz. *Sei C eine geschlossene Kurve auf $\mathcal{F}$, auf der f weder Nullstellen noch Pole hat. Dann ist das Integral von df/f über C gleich einem ganzzahligen Vielfachen von $2\pi i$.*

Beweis. C habe die Parameterdarstellung $C(t)$, $t \in [0, 1]$, und $\log z$ sei der Hauptwert des Logarithmus von z, d. h. $\log z = \log r + i\varphi$ für $z = r\,e^{i\varphi}$ mit $-\pi < \varphi \leq \pi$. Dann ist

$$df/f = \log f(C(t)) - \log f(C(0)) + 2\pi i n(t)\,, \tag{4}$$

wobei $n(t)$ die Funktion mit $n(0) = 0$ ist, für die die rechte Seite von (4) stetig wird. $n(t)$ nimmt ganze Werte an. Aus (4) folgt $\int\limits_C df/f = \int\limits_0^1 df/f = 2\pi i n(1)$. $\square$

Wir kommen nun zum Beweis des Clebschschen Teils von Satz 2.

Sei $D \in \mathfrak{D}_0$, $D = n_1 P_1 + \ldots + n_s P_s$ und $\Phi(D) = 0$. Nach Kap. 11, Satz 3, gibt es ein Differential ω' mit Hauptteilen $n_j t_j^{-1}$ für $j = 1, \ldots, s$, wobei t_j die Ortsuniformisierende von P_j bezeichnet, und $\operatorname{Re} \int\limits_{A_k} \omega' = \operatorname{Re} \int\limits_{B_k} \omega' = 0$ für $k = 1, \ldots, g$. Nach Kap. 11, (6), und wegen $\Phi(D) = 0$ wird

$$\sum_{j=1}^{g} \left(\alpha(A_j) \int\limits_{B_j} \omega' - \alpha(B_j) \int\limits_{A_j} \omega' \right) = 2\pi i\left(n_1 \gamma(P_1) + \ldots + n_s \gamma(P_s)\right) \in 2\pi i \Gamma\,.$$

Nach Satz 1 sind daher $\int\limits_{A_j} \omega'$ und $\int\limits_{B_j} \omega'$ für $j = 1, \ldots, g$ aus $2\pi i Z$. Es folgt, daß $f(P)$ $:= \exp \int\limits_0^P \omega'$ eine meromorphe Funktion auf $\mathcal{F}$ mit $(f) = D$ ist. $\square$

Nach Satz 2 induziert Φ einen Monomorphismus Ψ von $\mathfrak{D}_0/\mathfrak{D}_H$ in $\mathbb{C}^g/\Gamma$. Wir wollen die mathematische Natur der Gruppen $\mathfrak{D}_0/\mathfrak{D}_H$, $\mathbb{C}^g/\Gamma$ und der Abbildung Φ näher untersuchen.

12.2. Nicht-spezielle Divisoren

Die Menge der Divisoren der Form $P_1 + \ldots + P_g$ bezeichnen wir mit $S_g(\mathcal{F})$. In $S_g(\mathcal{F})$ ist in natürlicher Weise eine Topologie definiert (Anh. 2): Sind $P_1, \ldots, P_g$ Punkte von $\mathcal{F}$ mit den Umgebungen $U_1, \ldots, U_g$, so ist

$$\{Q_1 + \ldots + Q_g \mid Q_j \in U_j \text{ für } j = 1, \ldots, g\} \tag{5}$$

eine Umgebung von $P_1 + \ldots + P_g$. Die Umgebungen der Form (5) nehmen wir als Basis des Umgebungssystems von $P_1 + \ldots + P_g$.

Ein Divisor $D \in S_p(\mathcal{F})$ heißt *speziell*, wenn $\Omega_1(D) \neq \{0\}$ ist (Abschn. 11.6.).

Hilfssatz 1. *Es gibt paarweise verschiedene Punkte $Q_1, \ldots, Q_g$, so daß $Q_1 + \ldots + Q_g$ nicht-speziell ist.*

Beweis. Sei $\omega_1 \neq 0$ ein Differential erster Gattung. Wir wählen einen Punkt Q_1, der keine Nullstelle von ω_1 ist. Nach Satz 4 ist $\dim_{\mathbb{C}} \Omega_1(Q_1) = g - 1$. Wenn $g > 1$ ist, wählen wir in $\Omega_1(Q_1)$ eine Differentialform $\omega_2 \neq 0$ und einen Punkt Q_2, der keine Nullstelle von ω_2 ist. So fortfahrend, erhalten wir einen Divisor $Q_1 + \ldots + Q_g$ mit $\Omega_1(Q_1 + \ldots + Q_g) = \{0\}$. $\square$

Genauer zeigt der Beweis, daß die nicht-speziellen Divisoren in $S_p(\mathcal{F})$ dicht liegen.

Im Fall $g = 1$ ist $\Omega_1(P) = 0$ für alle Punkte $P \in \mathcal{F}$ (Kap. 11, Satz 9 und (15)). Es gibt also keine speziellen Divisoren.

Für beliebiges g bilden die nicht-speziellen Divisoren außerdem nach Definition eine offene Teilmenge in $S_g(\mathcal{F})$. Dies rechtfertigt die Bezeichnung nicht-speziell.

Wir fixieren einen nicht-speziellen Divisor $D_0 = Q_1 + \ldots + Q_g$ mit paarweise verschiedenen $Q_1, \ldots, Q_g$ und definieren eine Abbildung A von $\mathscr{F} \times \ldots \times \mathscr{F} = \mathscr{F}^g$ in $\mathfrak{D}_0/\mathfrak{D}_H$ durch

$$A(P_1, \ldots, P_g) = P_1 + \ldots + P_g - D_0 + \mathfrak{D}_H \,.$$

Hilfssatz 2. *A ist surjektiv und im Fall $g = 1$ auch injektiv.*

Beweis. Sei $D \in \mathfrak{D}_0$. Dann hat $D + D_0$ den Grad g. Nach der Riemannschen Ungleichung (Kap. 11, (21)) ist $l(D + D_0) \geqq 1$. Daher gibt es eine meromorphe Funktion f mit $(f) + D + D_0$ effektiv. Dieser Divisor ist also von der Form $P_1 + \ldots + P_g$.

Für $g = 1$ ist $l(D + D_0) = 1$ (Kap. 11, Satz 10) und damit P_1 durch D eindeutig bestimmt. $\square$

Für $g > 1$ ist A keinesfalls injektiv, da den Punkten $(P_{\pi(1)}, \ldots, P_{\pi(g)})$ für jede Permutation π der Indizes $1, \ldots, g$ die gleiche Divisorenklasse zugeordnet ist. Wir betrachten daher neben $\mathscr{F}^g$ auch das *symmetrische Produkt*, das man aus $\mathscr{F}^g$ erhält, indem man alle Punkte identifiziert, die sich nur durch eine Permutation der Komponenten unterscheiden. Offenbar kann das symmetrische Produkt auch verstanden werden als die Menge $S_g(\mathscr{F})$ der effektiven Divisoren vom Grad g. Wir definieren eine Abbildung B von $S_g(\mathscr{F})$ in $\mathfrak{D}_0/\mathfrak{D}_H$ durch $B(D) = D - D_0 + \mathfrak{D}_H$ für $D \in S_g(\mathscr{F})$.

Satz 3. *B ist eine Abbildung von $S_g(\mathscr{F})$ auf $\mathfrak{D}_0/\mathfrak{D}_H$, deren Einschränkung auf die Menge der nicht-speziellen Divisoren injektiv ist. Genauer sind zwei Divisoren aus $S_g(\mathscr{F})$ mit gleichem Bild bei B, von denen einer nicht-speziell ist, gleich.*

Beweis. Wegen Hilfssatz 2 genügt es zu zeigen, daß in der Klasse eines nicht-speziellen Divisors D nur ein effektiver Divisor liegt. In der Tat ist nach dem Satz von RIEMANN-ROCH (Kap. 11, Satz 9 und (15)) $l(D) = 1$. $\square$

12.3. Die analytische Natur von ΨA

Die Mengen $\mathscr{F}^g$, $S_g(\mathscr{F})$ und $\mathbb{C}^g/\Gamma$ besitzen in natürlicher Weise eine topologische Struktur (Anh. 2), d. h., es ist jeweils klar, was unter einer Umgebung eines Punktes zu verstehen ist. Eine genügend kleine Umgebung U eines Punktes ist in natürlicher Weise homöomorph zu einer Umgebung des Nullpunktes von $\mathbb{C}^g$ (man spricht daher von einer g-dimensionalen analytischen Mannigfaltigkeit):

Für $\mathbb{C}^g/\Gamma$ ist die Projektion $V \to \mathbb{C}^g/\Gamma$ für eine genügend kleine Umgebung V der 0 in $\mathbb{C}^g$ ein Homöomorphismus, weil Γ ein Gitter in $\mathbb{C}^g$ ist, woraus die Behauptung für $\mathbb{C}^g/\Gamma$ folgt.

Sei U_j eine Umgebung von $P_j \in \mathscr{F}$, die durch eine Ortsuniformisierende auf eine Umgebung der 0 in $\mathbb{C}$ abgebildet wird, $j = 1, \ldots, g$. Dann wird die Umgebung $U_1 \times \ldots \times U_g$ von $(P_1, \ldots, P_g) \in \mathscr{F}^g$ auf eine Umgebung der 0 in $\mathbb{C}^g$ abgebildet.

Um die Behauptung für $S_g(\mathscr{F})$ zu zeigen, genügt es nach dem eben Gesagten, $S_g(\mathbb{C})$ zu betrachten. Wir erhalten einen Homöomorphismus von $S_g(\mathbb{C})$ auf $\mathbb{C}^g$ durch die Abbildung

$$(z_1, \ldots, z_g) \to \big(s_1(z_1, \ldots, z_g), \ldots, s_g(z_1, \ldots, z_g)\big) \,,$$

wobei $s_1(z_1, \ldots, z_g) = z_1 + \ldots + z_g, \ldots, s_g(z_1, \ldots, z_g)$ die elementarsymmetrischen Funktionen sind (Abschn. 7.3.).

Eine analytische Abbildung von analytischen Mannigfaltigkeiten wird analog zum Fall Riemannscher Flächen definiert (Abschn. 10.4.). Es genügt zu erklären, was eine analytische Abbildung einer Umgebung $U_\varepsilon(0) = \{(z_1, \ldots, z_g) \mid |z_j| < \varepsilon \text{ für } j = 1, \ldots, g\}$

in $\mathbb{C}^g$ ist. Dies ist eine Abbildung

$$(z_1, \dots, z_g) \to \big(f_1(z_1, \dots, z_g), \dots, f_g(z_1, \dots, z_g)\big) \, ,$$

wobei $f_1, \dots, f_g$ analytische Funktionen auf $U_\varepsilon(0)$ sind, d. h. in Potenzreihen nach $z_1, \dots, z_g$ entwickelt werden können, (die in $U_\varepsilon(0)$ konvergieren).

Satz 4. $\Psi A : \mathcal{F}^g \to \mathbb{C}^g/\Gamma$ *ist eine analytische Abbildung.*

Beweis. Sei $(P_1, \dots, P_g) \in \mathcal{F}^g$. Dann sind die Funktionen $f_{jk}(P_k') = \int\limits_{P_k}^{P_k'} \omega_j$ für Punkte P_k' aus einer genügend kleinen Umgebung von P_k eindeutig als reguläre Funktionen definiert, und es gilt

$$\Psi A(P_1', \dots, P_g') = \Psi A(P_1, \dots, P_g) + \big(\sum_{k=1}^{g} f_{1k}(P_k'), \dots, \sum_{k=1}^{g} f_{gk}(P_k') \big) \, . \tag{6}$$

Satz 5. ΨA *ist in einer Umgebung von* $(Q_1, \dots, Q_g)$ *ein analytischer Isomorphismus.*

Beweis. Wir haben zu zeigen, daß die Abbildung $\Psi A|_U : U \to \Psi A(U)$ für eine genügend kleine Umgebung von U von $(Q_1, \dots, Q_g)$ umkehrbar eindeutig ist. Daraus folgt, daß die Umkehrabbildung auch analytisch ist. Seien $t_1, \dots, t_g$ Ortsuniformisierende für $Q_1, \dots, Q_g$. Dann ist $\Psi A|_U$ für genügend kleines U umkehrbar, wenn die Jacobische Determinante von (6)

$$\det \begin{pmatrix} \dfrac{\omega_1}{dt_1}(Q_1), \dots, \dfrac{\omega_1}{dt_g}(Q_g) \\ \vdots \qquad\qquad \vdots \\ \dfrac{\omega_g}{dt_1}(Q_1), \dots, \dfrac{\omega_g}{dt_g}(Q_g) \end{pmatrix}$$

von 0 verschieden ist. Um uns hiervon zu überzeugen, betrachten wir den Homomorphismus

$$\omega \to \left(\frac{\omega}{dt_1}(Q_1), \dots, \frac{\omega}{dt_g}(Q_g) \right)$$

des Raumes der Differentiale erster Gattung in $\mathbb{C}^g$. Wenn ω im Kern dieses Homomorphismus liegt, hat ω die Nullstellen $Q_1, \dots, Q_g$ und ist daher gleich 0. $\square$

12.4. Der Satz von Jacobi und das Jacobische Umkehrproblem

Der folgende Satz wird als *Satz von* Jacobi bezeichnet.

Satz 6. *Die Abbildung* $\Phi : \mathfrak{D}_0 \to \mathbb{C}^g/\Gamma$ *ist surjektiv.*

Beweis. Sei $z \in \mathbb{C}^g$. Für eine genügend große natürliche Zahl n liegt z/n in einer beliebig kleinen Umgebung von 0. Daher gibt er nach Satz 5 ein $(P_1, \dots, P_g) \in \mathcal{F}^g$ mit $\Psi A(P_1, \dots, P_g) = z/n + \Gamma$. Hieraus folgt $\Phi(nP_1 + \dots + nP_g) = z + \Gamma$. $\square$

Wegen Hilfssatz 2 folgt aus Satz 6 der

Satz 7. *Die Abbildung* $\Psi A : \mathcal{F}^g \to \mathbb{C}^g/\Gamma$ *ist surjektiv.* $\square$

Zur weiteren Interpretation unserer Ergebnisse betrachten wir jetzt zunächst den Fall $g = 1$.

In diesem Fall ist die Abbildung $\Psi A : \mathcal{F} \to \mathbb{C}/\Gamma$ ein analytischer Isomorphismus (Sätze 2 bis 7). Sei $\pi : \mathcal{F} \to \mathbb{C} \cup \{\infty\}$ die zu $\mathcal{F}$ gehörige Projektion. Dann ist also

$$\mathbb{C} \to \mathbb{C}/\Gamma \xrightarrow[(\Psi A)^{-1}]{} \mathcal{F} \xrightarrow[\pi]{} \mathbb{C} \cup \{\infty\} \tag{7}$$

eine meromorphe Funktion f auf $\mathbb{C}$ mit

$$f(z + w) = f(z) \quad \text{für} \quad z \in \mathbb{C}, \qquad w \in \Gamma. \tag{8}$$

Damit ist insbesondere Abels in Abschn. 10.1. angekündigtes Ergebnis über die Umkehrung des Integrals $\displaystyle\int \frac{dx}{\sqrt{(1 - x^2)\,(1 - k^2x^2)}}$ bewiesen. Meromorphe Funktionen f auf $\mathbb{C}$ mit der Eigenschaft (8) für ein Gitter Γ von $\mathbb{C}$ werden als *elliptische Funktionen* bezeichnet. Der Name erklärt sich daraus, daß das Integral $\displaystyle\int \frac{dx}{\sqrt{(1 - x^2)\,(1 - k^2x^2)}}$ mit der Berechnung der Länge des Ellipsenbogens zusammenhängt (Aufgabe 12.1.). Das Gitter Γ wird als *Periodengitter* von f bezeichnet, wenn es aus allen Perioden von f besteht. Jacobi fand eine Darstellung der Umkehrfunktion als Quotient von zwei in $\mathbb{C}$ regulären Funktionen (*Fundamenta nova functionum ellipticarum, Königsberg* 1829). Wir kommen hierauf im folgenden Kapitel zurück.

Jacobi fand auch den richtigen Ansatz zur Verallgemeinerung von Abels Ergebnis auf den Fall $g > 1$.

Wir haben gesehen, daß die Abbildung ΨB auf der Menge der nichtspeziellen Divisoren injektiv ist (Satz 2, Satz 3). Wir können ΨB auf dem Bild dieser Menge eindeutig umkehren. Diese Umkehrung ist also zu verstehen als eine Abbildung von $\mathbb{C}^g/\Gamma$, die nur auf einer offenen und dichten Teilmenge (Abschn. 2.12) erklärt ist. Ein derartiges Phänomen ist natürlich in der Funktionentheorie mehrerer Veränderlicher. Es tritt bereits bei der Abbildung $(z_1, z_2) \to z_1/z_2$ von $\mathbb{C}^2$ in $\mathbb{C} \cup \{\infty\}$ auf, wo dem Punkt $(0, 0)$ kein Wert in $\mathbb{C} \cup \{\infty\}$ entspricht.

In Verallgemeinerung von (7) haben wir g Umkehrfunktionen

$$f_j : \mathbb{C}^g \to \mathbb{C}^g/\Gamma \xrightarrow[(\Psi B)^{-1}]{} S_g(\mathscr{F}) \xrightarrow[\pi_j]{} \mathbb{C} \cup \{\infty\}, \qquad j = 1, \dots, g, \tag{9}$$

wobei π_j dem Divisor $P_1 + \dots + P_g$ den Wert $s_j(\pi P_1, \dots, \pi P_g)$ zuordnet, falls dieser definiert ist.

Riemann zeigte in seiner Arbeit über Abelsche Funktionen in Verallgemeinerung von Jacobis Ergebnis im Fall $g = 1$, daß die Funktionen f_j als Quotienten zweier regulärer Funktionen auf $\mathbb{C}^p$ darstellbar sind. Dies ist die Lösung des Jacobischen Umkehrproblems.

Aufgaben

12.1. Sei k eine reelle Zahl mit $|k| < 1$. Man zeige, daß die Bogenlänge der Kurve $y = \sqrt{1 - (1 - k^2)\,x^2}$, $0 \leq x \leq h$, gleich

$$\int_0^h \frac{(1 - k^2x^2)\,dx}{\sqrt{(1 - x^2)\,(1 - k^2x^2)}}$$

ist.

12.2 (Euler). Seien u und v stetig differenzierbare reelle Funktionen der Veränderlichen θ mit $u(\theta) = 0$, die der Gleichung

$$u^2 + v^2 + 2buv - c^2 = 0$$

genügen, wobei b und c reelle Zahlen mit $b^2 + c^2 = 1$ sind.

a) Man zeige, daß für passendes Vorzeichen der Wurzeln

$$u \sqrt{1 - v^2} + v \sqrt{1 - u^2} = c \tag{10}$$

und

$$\frac{\mathrm{d}u/\mathrm{d}\theta}{\sqrt{1 - u^2}} + \frac{\mathrm{d}v/\mathrm{d}\theta}{\sqrt{1 - v^2}} = 0 \tag{11}$$

gilt.

b) Man leite aus (10) und (11) die Formel

$$\int_0^x \frac{\mathrm{d}t}{\sqrt{1 - t^2}} + \int_0^y \frac{\mathrm{d}t}{\sqrt{1 - t^2}} = \int_0^{x\sqrt{1-y^2}+y\sqrt{1-x^2}} \frac{\mathrm{d}t}{\sqrt{1 - t^2}}$$

für reelle x, y mit $|x| \leqq 1, |y| \leqq 1$ her.

12.3 (EULER). Seien u und v stetig differenzierbare reelle Funktionen der Veränderlichen θ mit $u(\theta) = 0$, die der Gleichung

$$u^2 + v^2 + c^2 u^2 v^2 + 2buv - c^2 = 0$$

genügen, wobei b und c reelle Zahlen mit $b^2 + c^4 = 1$ sind.

a) Man zeige, daß für passendes Vorzeichen der Wurzeln

$$u \sqrt{1 - v^4} + v \sqrt{1 - u^4} = c(1 + u^2 c^2) \tag{12}$$

und

$$\frac{\mathrm{d}u/\mathrm{d}\theta}{\sqrt{1 - u^4}} + \frac{\mathrm{d}v/\mathrm{d}\theta}{\sqrt{1 - v^4}} = 0 \tag{13}$$

gilt.

b) Man leite aus (12) und (13) die Formel

$$\int_0^x \frac{\mathrm{d}t}{\sqrt{1 - t^4}} + \int_0^y \frac{\mathrm{d}t}{\sqrt{1 - t^4}} = \int_0^{h(x,y)} \frac{\mathrm{d}t}{\sqrt{1 - t^4}}$$

für reelle x, y mit $|x| \leqq 1, |y| \leqq 1$ her, wobei

$$h(x, y) = \frac{x\sqrt{1 - y^4} + y\sqrt{1 - x^4}}{1 + x^2 y^2}$$

gesetzt ist.

12.4 (GAUSS). Die Lemniskate ist eine ebene Kurve, die in Polarkoordinaten durch $r^2 = \sin 2\varphi$ gegeben ist.

a) Man zeige, daß der Lemniskatenbogen vom Punkt $(0, 0)$ bis zum Punkt (φ, r) mit $\varphi \leqq \pi/4$ gleich

$$\int_0^r \frac{\mathrm{d}t}{\sqrt{1 - t^4}} \tag{14}$$

ist.

b) Man zeige, daß sich die Umkehrfunktion von (14) zu einer elliptischen Funktion $\mathrm{sl}(z)$ mit dem Periodengitter $\Gamma = (w, iw)$ fortsetzen läßt, wobei $w = 4 \int_0^1 \frac{\mathrm{d}t}{\sqrt{1 - t^4}}$ ist.

c) Man zeige

$$\mathrm{sl}(-z) = -\mathrm{sl}(z)\,, \qquad \mathrm{sl}(iz) = i\,\mathrm{sl}(z)\,, \qquad \mathrm{sl}\left(z + \frac{w}{2}\right) = -\,\mathrm{sl}(-z)\,.$$

d) Man zeige, daß $\mathrm{sl}(z)$ jeden Wert genau zweimal annimmt.

e) Man zeige, daß für $\mathrm{sl}(z)$ das folgende Additionstheorem gilt:

$$\mathrm{sl}(z_1 + z_2) = \frac{\mathrm{sl}(z_1)\sqrt{1 - \mathrm{sl}^4(z_2)} + \mathrm{sl}(z_2)\sqrt{1 - \mathrm{sl}^4(z_1)}}{1 + \mathrm{sl}^2(z_1)\,\mathrm{sl}^2(z_2)}\,.$$

13. Elliptische Funktionen

13.1. Die elliptischen Funktionen
im Rahmen der Riemannschen Funktionentheorie

In diesem Kapitel betrachten wir die im letzten Abschnitt eingeführten elliptischen Funktionen zunächst ohne Bezug auf das Umkehrproblem. LIOUVILLE hat 1844 als erster einen derartigen Aufbau in einer erst 1879 veröffentlichten Vorlesung durchgeführt. Heutzutage wird die Theorie der elliptischen Funktionen im wesentlichen in der Form dargestellt, die ihr WEIERSTRASS in seinen Vorlesungen gegeben hat. Im Abschn. 13.2. bringen wir hieraus einen Ausschnitt.

Im vorliegenden Abschnitt wollen wir die elliptischen Funktionen im Rahmen der Riemannschen Funktionentheorie betrachten.

Im vorigen Abschn. 12.4. haben wir gesehen, daß eine Riemannsche Fläche $\mathscr{F}$ vom Geschlecht 1 zu $\mathbb{C}/\Gamma$ analytisch isomorph ist, wobei Γ ein Gitter in $\mathbb{C}$ ist. Dies legt es nahe, auch $\mathbb{C}/\Gamma$ als Riemannsche Fläche zu betrachten. Statt der Projektion $\mathscr{F} \to$ $\to \mathbb{C} \cup \{\infty\}$ haben wir die Überlagerung $\mathbb{C} \to \mathbb{C}/\Gamma$, die es erlaubt, für jeden Punkt P von $\mathbb{C}/\Gamma$ in natürlicher Weise eine Ortsuniformisierende, d. h. einen Homöomorphismus einer genügend kleinen Umgebung von P auf eine Umgebung der 0 in $\mathbb{C}$, einzuführen. Letzteres ist ausreichend, um die Betrachtungen der vorigen drei Kapitel durchzuführen. Eine solche allgemeinere Auffassung des Begriffs der Riemannschen Fläche wurde zuerst von KLEIN in seiner Schrift *Über Riemanns Theorie der algebraischen Funktionen und ihrer Integrale, Leipzig* 1882, vertreten. Da wir den Riemannschen Existenzsatz für Differentiale (Kap. 11, Satz 3) für die Kleinsche Auffassung der Riemannschen Fläche (die zuerst 1913 von WEYL exakt begründet wurde) in Kap. 29 beweisen werden, können wir die Ergebnisse über Funktionen auf Riemannschen Flächen aus Kap. 11 auf $\mathbb{C}/\Gamma$ anwenden. Auf diese Weise erhält man die Hauptsätze der Theorie der elliptischen Funktionen. Die elliptischen Funktionen zum Gitter Γ sind die meromorphen Funktionen auf $\mathbb{C}/\Gamma$.

Eine *kanonische Zerschneidung* von $\mathbb{C}/\Gamma$ bedeutet die Wahl eines Fundamentalbereiches in $\mathbb{C}$ bezüglich Γ. Darunter ist folgendes zu verstehen. Sei F_0 ein Gebiet in $\mathbb{C}$, das von der geschlossenen Kurve $A_1 B_1 \widetilde{A}_1^{-1} \widetilde{B}_1^{-1}$ berandet wird, P_1 bzw. $\widetilde{P}_1$ bezeichne den Anfangspunkt von A_1 bzw. $\widetilde{A}_1$ und Q_1 bzw. $\widetilde{Q}_1$ den Endpunkt von A_1 bzw. $\widetilde{A}_1$. Weiter sei A_1 bzw. B_1 durch die Parameterdarstellung $A_1(t)$ bzw. $B_1(t)$ mit $t \in [0, 1]$ gegeben und

$$P_1 \equiv Q_1 (\mathrm{mod}\ \Gamma)\,, \qquad A_1(t) \equiv \widetilde{A}_1(t)\ (\mathrm{mod}\ \Gamma)\,, \qquad B_1(t) \equiv \widetilde{B}_1(t)\ (\mathrm{mod}\ \Gamma)$$
$$\text{für } t \in [0, 1]\,.$$

Dann heißt

$$\mathscr{F} = (\mathscr{F}_0 \cup A_1 \cup B_1) - \{O_1\} - \{\widetilde{Q}_1\}$$

Fundamentalbereich von $\mathbb{C}/\Gamma$, wenn die Projektion $\mathscr{F} \to \mathbb{C}/\Gamma$ eine eineindeutige Abbildung von $\mathscr{F}$ auf $\mathbb{C}/\Gamma$ ist.

Man kann z.B.

$$A_1(t) = P_1 + w_1 t , \qquad B_1(t) = P_1 + w_1 + w_2 t \quad \text{für} \quad t \in [0, 1]$$

wählen, wobei w_1, w_2 eine Basis von Γ und P_1 eine fixierte komplexe Zahl ist (Abb. 12). In diesem Fall heißt $\mathcal{F}$ *Periodenparallelogramm*. Für die komplexe Variable z ist dz in $\mathbb{C}/\Gamma$ ein Differential erster Gattung mit der Periode w_1 bzw. w_2 bezüglich der geschlossenen Kurve A_1 bzw. B_1 (betrachtet als Kurve in $\mathbb{C}/\Gamma$).

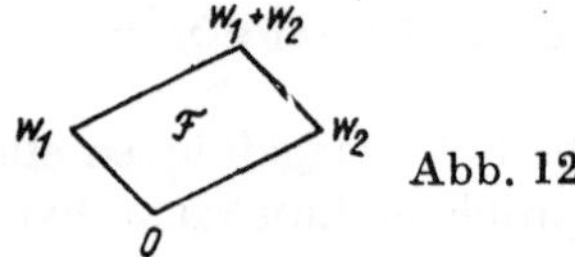

Abb. 12

Satz 1. *Die Residuensumme einer elliptischen Funktion in einem Fundamentalbereich ist gleich* 0 (Kap. 11, Satz 2). $\square$

Satz 2. *Eine nichtkonstante elliptische Funktion nimmt in einem Fundamentalbereich jeden Wert (einschließlich ∞) nur endlich oft und gleich oft an* (Kap. 11, Satz 5, Satz 6). $\square$

Satz 3. *Seien $u_1, \dots, u_r, v_1, \dots, v_s$ beliebige Punkte in einem Fundamentalbereich und $m_1, \dots, m_r, n_1, \dots, n_s$ natürliche Zahlen mit $m_1 + \dots + m_r = n_1 + \dots + n_s$. Dann gibt es eine elliptische Funktion f, die in u_j eine m_j-fache Nullstelle, $j = 1, \dots, r$, und in v_k einen n_k-fachen Pol, $k = 1, \dots, s$, hat, im übrigen aber regulär und von 0 verschieden ist, genau dann, wenn*

$$m_1 u_1 + \dots + m_r u_r \equiv n_1 v_1 + \dots + n_s v_s \ (\text{mod } \Gamma) \tag{1}$$

gilt. f ist bis auf einen konstanten Faktor c eindeutig bestimmt (Kap. 12, Satz 2). $\square$

Sei $K(\Gamma)$ der Körper aller elliptischen Funktionen mit dem Periodengitter Γ. Nach Satz 3 gibt es eine elliptische Funktion $\wp(z)$, die für $z = 0$ einen zweifachen Pol hat und sonst im Fundamentalbereich regulär ist. Wegen Satz 1 hat $\wp(z)$ in einer Umgebung von 0 eine Laurent-Entwicklung der Form

$$\wp(z) = \frac{c_{-2}}{z^2} + c_0 + c_1 z + \dots . \tag{2}$$

Durch die Normierung $c_{-2} = 1$, $c_0 = 0$ wird $\wp(z)$ eindeutig festgelegt (Satz 2). Diese Funktion heißt *Weierstraßsche $\wp$-Funktion*.

$\wp(z) - \wp(-z)$ ist eine ganze Funktion, die für $z = 0$ verschwindet. Daher ist $\wp(z) = \wp(-z)$, d. h., $\wp(z)$ ist eine gerade Funktion. Sei u ein beliebiger von 0 verschiedener Punkt des Fundamentalbereichs. Dann hat $\wp(z) - \wp(u)$ die Nullstellen u und $-u$. Nach Satz 3 sind dies alle Nullstellen mod Γ. Insbesondere hat $\wp(z) - \wp(u)$ genau dann eine doppelte Nullstelle im Fundamentalbereich, wenn $2u \in \Gamma$ ist. Dies sind die drei Punkte, die mod Γ kongruent zu $w_1/2$, $w_2/2$ bzw. $w_1/2 + w_2/2$ sind.

Allgemeiner hat eine Nullstelle oder ein Pol einer geraden elliptischen Funktion f in einem Punkt u mit $2u \in \Gamma$ immer gerade Vielfachheit, denn $f(z - u)$ ist in diesem Fall eine gerade Funktion. Hieraus ergibt sich

Satz 4. *Sei $f(z)$ eine gerade elliptische Funktion mit den in ihrer Vielfachheit gezählten Nullstellen $u_1, u_1', \dots, u_s, u_s'$ und Polen $v_1, v_1', \dots, v_s, v_s'$ im Fundamentalbereich, wobei $u_j' \equiv -u_j (\text{mod } \Gamma)$ und $v_j' \equiv -v_j (\text{mod } \Gamma)$ für $j = 1, \dots, s$ ist. Dann hat $f(z)$ die Dar-*

stellung

$$f(z) = c \frac{\big(\wp(z) - \wp(u_1)\big) \cdots \big(\wp(z) - \wp(u_s)\big)}{\big(\wp(z) - \wp(v_1)\big) \cdots \big(\wp(z) - \wp(v_s)\big)}, \tag{3}$$

wobei c eine Konstante ist und unter $\wp(z) - \wp(0)$ die Konstante 1 zu verstehen ist. $\square$

Die Ableitung $\wp'(z)$ von $\wp(z)$ ist eine ungerade Funktion. Nach Satz 4 läßt sich daher eine beliebige elliptische Funktion in der Form $f_1(z) + f_2(z)\,\wp'(z)$ darstellen, wobei $f_1(z)$ und $f_2(z)$ rationale Funktionen von $\wp(z)$ sind. Insbesondere wird $K(\Gamma)$ über $\mathbb{C}$ durch $\wp(z)$ und $\wp'(z)$ erzeugt. $\wp'(z)^2$ ist eine gerade elliptische Funktion mit einem sechsfachen Pol für $z = 0$ und keinem weiteren Pol im Fundamentalbereich. Da $\wp(z) - \wp(u)$ für $u = w_1/2$, $w_2/2$ und $w_1/2 + w_2/2$ in u eine doppelte Nullstelle hat, hat $\wp'(z)$ an diesen Stellen einfache Nullstellen. Unter Berücksichtigung von (2) findet man daher

$$\wp'(z)^2 = 4\big(\wp(z) - \wp(w_1/2)\big)\big(\wp(z) - \wp(w_2/2)\big)\big(\wp(z) - \wp(w_1/2 + w_2/2)\big) \tag{4}$$

und

$$\wp'(z)^2 = 4\wp(z)^3 - 20c_2\wp(z) - 28c_4 \tag{5}$$

mit Koeffizienten c_2, c_4 aus der Entwicklung (2) von $\wp(z)$.

13.2. Konstruktion der elliptischen Funktionen

Wir wollen zunächst eine ganze Funktion konstruieren, die für alle $w \in \Gamma$ einfache Nullstellen hat. Dazu benötigen wir den folgenden

Hilfssatz 1. *Sei $\sigma \in \mathbb{R}$. Die Reihe $\sum' \dfrac{1}{|w|^\sigma}$, in der über alle $w \in \Gamma - \{0\}$ zu summieren ist, konvergiert für $\sigma > 2$.*

Für eine spätere Anwendung benötigen wir den folgenden Hilfssatz 2, aus dem Hilfssatz 1 ohne weiteres folgt.

Hilfssatz 2. *Seien d_1, d_2 positive Konstanten und $\sigma > 2$. Weiter seien w_1, w_2 Erzeugende von Γ mit $\mathrm{Im}(w_1/w_2) > 1$. Wir setzen $\tau := w_1/w_2$. Dann ist die Reihe $\sum' \dfrac{1}{|m + n\tau|^\sigma}$, in der über alle Paare $(m, n) \in \mathbb{Z} \times \mathbb{Z} - \{(0,0)\}$ zu summieren ist, für alle τ mit $\mathrm{Im}\,\tau \geqq d_1$, $|\tau| \leqq d_2$ gleichmäßig konvergent.*

Beweis. Wir betrachten zunächst das Parallelogramm $\mathfrak{P}$ mit den Ecken $w_1 + w_2$, $-w_1 + w_2$, $-w_1 - w_2$, $w_1 - w_2$. O.B.d.A. sei $d_2 \geqq 1$. Dann hat jeder Randpunkt von $\mathfrak{P}$ einen Absolutbetrag, der größer oder gleich $|w_2|\,d_1/d_2$ ist. Um dies einzusehen, hat man die Minima der quadratischen Polynome $|x + \tau|^2$ und $|1 + x\tau|^2$ zu bestimmen, die gleich $(\mathrm{Im}\,\tau)^2$ und $(\mathrm{Im}\,\tau)^2/|\tau|^2$ sind. Es folgt, daß die Randpunkte von $n\mathfrak{P}$ einen Absolutbetrag haben, der größer oder gleich $n\,|w_2|\,d_1/d_2$ ist. Jeder Gitterpunkt von $\Gamma - \{0\}$ ist Randpunkt von genau einem Parallelogramm $n\mathfrak{P}$, $n = 1, \dots$. Auf dem Rand von $n\mathfrak{P}$ liegen $8n$ Punkte von Γ. Hieraus folgt die Abschätzung

$$\sum' \frac{1}{|m + n\tau|^\sigma} \leqq \sum_{n=1}^{\infty} \frac{8nd_2^\sigma}{d_1^\sigma n^\sigma} = \frac{8d_2^\sigma}{d_1^\sigma} \sum_{n=1}^{\infty} \frac{1}{n^{\sigma-1}}.$$

Die Reihe $\sum \dfrac{1}{n^{\sigma-1}}$ ist für $\sigma > 2$ konvergent (Kap. 6, (6)). $\square$

Nach dem Weierstraßschen Produktsatz (Kap. 9, Satz 2) und Hilfssatz 1 ist

$$\sigma(z) := z \prod{}' \left(\left(1 - \frac{z}{w}\right) \exp\left(\frac{z}{w} + \frac{1}{2}\left(\frac{z}{w}\right)^2\right) \right)$$

eine ganze Funktion. Die rechts stehende Reihe konvergiert in jedem beschränkten Gebiet der komplexen Ebene gleichmäßig. Wir können daher die logarithmische Ableitung gliedweise bilden und erhalten

$$\zeta(z) := \frac{1}{z} + \sum{}' \left(\frac{1}{z - w} + \frac{1}{w} + \frac{z}{w^2} \right). \tag{6}$$

Durch weitere Ableitung ergibt sich

$$-\zeta'(z) = \frac{1}{z^2} + \sum{}' \left(\frac{1}{(z - w)^2} - \frac{1}{w^2} \right).$$

$-\zeta'(z)$ hat für $z_0 = 0$ eine Laurent-Entwicklung

$$-\zeta'(z) = \frac{1}{z^2} + c_2 z^2 + \dots .$$

Wenn wir zeigen können, daß $\zeta'(z + w) = \zeta'(z)$ für $w \in \Gamma$ ist, gilt also $-\zeta'(z) = \wp(z)$.
   Zunächst ist

$$\zeta''(z) = \frac{2}{z^3} + \sum{}' \frac{2}{(z - w)^3}$$

und daher $\zeta''(z + w) = \zeta''(z)$ für $w \in \Gamma$. Hieraus folgt $\zeta'(z + w) = \zeta'(z) + c(w)$. Wegen $\zeta'(-z) = \zeta'(z)$ und $\zeta'(w/2) = \zeta'(-w/2) + c(w)$ ist $c(w) = 0$.
   Damit haben wir für $\wp(z)$ die Darstellung

$$\wp(z) = \frac{1}{z^2} + \sum{}' \left(\frac{1}{(z - w)^2} - \frac{1}{w^2} \right) \tag{7}$$

gefunden.
   Für die Koeffizienten der Laurent-Entwicklung $\wp(z) = 1/z^2 + c_2 z^2 + \dots$ gilt, wie man leicht nachrechnet,

$$c_{2n} = (2n + 1) G_{2n+2} \quad \text{mit} \quad G_{2n+2} := \sum{}' \frac{1}{w^{2n+2}} \quad \text{für} \quad n = 1, 2, \dots . \tag{8}$$

Wegen (5) wird

$$\wp'(z)^2 = 4\wp(z)^3 - g_2\wp(z) - g_3 \tag{9}$$

mit $g_2 := 60 G_4$, $g_3 := 140 G_6$. (9) liefert eine Rekursionsformel für G_n. Sämtliche G_n lassen sich als Polynome in G_4 und G_6 mit rationalen Koeffizienten ausdrücken.
   Wir wollen jetzt eine beliebige elliptische Funktion mit Hilfe der σ-Funktion ausdrücken. Zunächst haben wir

$$\zeta(z + w) = \zeta(z) + \eta(w) \quad \text{für} \quad w \in \Gamma$$

mit der von w abhängigen Integrationskonstanten $\eta(w)$. Weiter wird

$$\sigma(z + w) = \sigma(z) \, c(w) \, e^{\eta(w)z} . \tag{10}$$

Hierbei ist $c(w) = -e^{\eta(w) \, w/2}$, weil $\sigma(z)$ eine ungerade Funktion ist. Der folgende Satz ergibt sich nun leicht aus Satz 3.

Satz 5. *Sei f eine elliptische Funktion, die für $u_j + \Gamma$ eine m_j-fache Nullstelle, $j = 1, \ldots, r$, und für $v_k + \Gamma$ einen n_k-fachen Pol, $k = 1, \ldots, s$, hat, und im übrigen regulär und von 0 verschieden ist. Dann ist*

$$f(z) = c \; \frac{\sigma(z - u_1)^{m_1} \ldots \sigma(z - u_r)^{m_r}}{\sigma(z - v_1)^{n_1} \ldots \sigma(z - v_s)^{n_s}} \tag{11}$$

mit einer Konstanten c, wenn $u_1, \ldots, u_r, v_1, \ldots, v_s$ innerhalb ihrer Klassen mod Γ *so gewählt sind, daß*

$$m_1 u_1 + \ldots + m_r u_r = n_1 v_1 + \ldots + n_s v_s$$

gilt (vgl. (1)). $\square$

JACOBI benutzte in seinem Aufbau der Theorie der elliptischen Funktionen eine periodische Funktion $\theta(z)$, die als *Jacobische Thetafunktion* bezeichnet wird und in der Folge in verschiedenen Zusammenhängen eine bedeutende Rolle spielte. Wir wollen diese Funktion aus der Funktion $\sigma(z)$ herleiten. Dazu brauchen wir die Legendresche Beziehung

$$w_1 \eta(w_2) - w_2 \eta(w_1) = -2\pi i \tag{12}$$

für ein Paar w_1, w_2 von Erzeugenden von Γ. Man erhält (12) durch Anwendung von Kap. 11, (6), auf die Differentiale $\omega := \mathrm{d}z$ und $\omega' := -\wp(z)\,\mathrm{d}z$ (Abb. 12, S. 128).

Wir nehmen an, daß die Reihenfolge w_1, w_2 so gewählt ist, daß Im $w_1/w_2 > 0$ ist, und setzen $\tau = w_1/w_2$ und

$$\theta(z) = c \cdot \exp\left(i\pi z - w_2 \eta(w_2)\, z^2/2\right) \cdot \sigma(w_2 z) , \tag{13}$$

wobei die Konstante c weiter unten festgelegt wird. Der Exponentialfaktor in (13) ist so gewählt, daß $\theta(z)$ die Periode 1 hat:

$$\theta(z + 1) = \theta(z) . \tag{14}$$

Außerdem erhält man mit Hilfe von (12)

$$\theta(z + \tau) = - (\exp{-2\pi i z})\, \theta(z) . \tag{15}$$

Wegen (14) ist $\theta\left(\dfrac{1}{2\pi i} \log q\right)$ eine Funktion der komplexen Veränderlichen q, die in $\mathbb{C} - \{0\}$ regulär ist und daher in eine Laurent-Reihe um 0 entwickelt werden kann (Abschn. 8.8.). Das bedeutet

$$\theta(z) = \sum_{n=-\infty}^{\infty} c_n\, \mathrm{e}^{2\pi i n z} . \tag{16}$$

Für die Koeffizienten c_n liefert (15) die Rekursionsbeziehung

$$c_{n+1} = -c_n\, \mathrm{e}^{2\pi i n \tau} \quad \text{für} \quad n \in \mathbf{Z} . \tag{17}$$

Hieraus folgt

$$c_n = (-1)^n\, c_0 \exp\left(\pi i (n^2 - n)\, \tau\right) \quad \text{für} \quad n \in \mathbf{Z} .$$

Wir setzen $c_0 = \exp \pi i \tau / 4$ und erhalten

$$\theta(z) = \sum_{n=-\infty}^{\infty} (-1)^n \exp\left(\pi i\, (n - \tfrac{1}{2})^2\, \tau + 2\pi i n z\right) . \tag{18}$$

Zur Bestimmung von c bemerken wir, daß $\theta(0) = 0$ ist. Daher wird nach (13) $\theta'(0) = \lim_{z \to 0} \theta(z)/z = c w_2$, also $c = \theta'(0)/w_2$.

9*

Wegen

$$|e^{2\pi i \tau}| = e^{-2\pi i m \tau} < 1$$

ist $\theta(z)$ eine schnell konvergierende Reihe in $q = e^{2\pi i \tau}$.

Zum Schluß dieses Abschnittes wollen wir das Additionstheorem von $\wp(z)$ herleiten.

Satz 6. *Es gilt*

$$\wp(z_1 + z_2) = -\wp(z_1) - \wp(z_2) + \frac{1}{4}\left(\frac{\wp'(z_1) - \wp'(z_2)}{\wp(z_1) - \wp(z_2)}\right)^2, \tag{19}$$

wobei z_1 und z_2 komplexe Zahlen sind, für die die linke und die rechte Seite von (19) definiert sind.

Beweis. Wir betrachten die elliptische Funktion

$$f(z, z_2) = \wp(z + z_2) + \wp(z) + \wp(z_2) - \frac{1}{4}\left(\frac{\wp'(z) - \wp'(z_2)}{\wp(z) - \wp(z_2)}\right)^2 \tag{20}$$

als Funktion von z. Sie hat Pole höchstens für $z \equiv 0 (\mathrm{mod}\ \Gamma)$ oder für $z \equiv \pm z_2 (\mathrm{mod}\ \Gamma)$. Berechnung der Hauptteile an diesen Stellen zeigt, daß $f(z, z_2)$ regulär und daher konstant ist. Da (20) symmetrisch bezüglich z und z_2 ist, kann $f(z, z_2) = f(z_2, z)$ auch nicht von z_2 abhängen. Wir setzen jetzt $z = w_1/2$ und $z_2 = w_2/2$. Dann wird wegen (4) und (5)
$f(w_1/2, w_2/2) = \wp(w_1/2 + w_2/2) + \wp(w_1/2) + \wp(w_2/2) = 0$. $\square$

13.3. Klassifikation der Riemannschen Flächen vom Geschlecht 1

In diesem Abschnitt betrachten wir die Isomorphieklassen Riemannscher Flächen vom Geschelcht 1, denen wir eine komplexe Zahl zuordnen, ihren *Modul*.

In Abschn. 12.4. haben wir gesehen, daß jede Riemannsche Fläche vom Geschlecht 1 für ein gewisses Gitter Γ isomorph zu $\mathbb{C}/\Gamma$ ist. Es genügt daher, die Flächen $\mathbb{C}/\Gamma$ zu betrachten, die als *Tori* bezeichnet werden.

Satz 7. *Seien Γ_1 und Γ_2 Gitter in $\mathbb{C}$. Jede analytische Abbildung α von $\mathbb{C}/\Gamma_1$ in $\mathbb{C}/\Gamma_2$ hat die Form*

$$\alpha(z + \Gamma_1) = c_0 + c_1 z + \Gamma_2 \tag{21}$$

mit $c_0, c_1 \in \mathbb{C}$ und $c_1 \Gamma_1 \subset \Gamma_2$.

Beweis. In einer genügend kleinen Umgebung U von 0 definiert α eine Abbildung von U in eine Umgebung eines Repräsentanten c_0 von $\alpha(0)$. Die so gegebene reguläre Funktion $\tilde{\alpha}$ kann man längs beliebiger Kurven in $\mathbb{C}$ fortsetzen. Nach dem Monodromiesatz (Abschn. 8.11.) ist $\tilde{\alpha}$ daher eine reguläre Funktion auf $\mathbb{C}$ mit $\tilde{\alpha}(z + \Gamma_1) = = \tilde{\alpha}(z) + \Gamma_2$. Hieraus folgt, daß die Ableitung von $\tilde{\alpha}(z)$ eine reguläre elliptische Funktion und daher konstant ist. $\square$

α ist genau dann injektiv, wenn $c_1 \Gamma_1 = \Gamma_2$ ist. Hieraus folgt

Satz 8. *Zwei Tori $\mathbb{C}/\Gamma_1$ und $\mathbb{C}/\Gamma_2$ sind genau dann isomorph, wenn $\Gamma_2 = c\Gamma_1$ für ein $c \in \mathbb{C} - \{0\}$ gilt.* $\square$

Oben haben wir einem Gitter Γ die Zahlen $G_{2n}(\Gamma) = \sum' w^{-2n}$, $n = 2, 3, \ldots$, zugeordnet (vgl. (8)). Wir haben gesehen, daß sie Polynome in $g_2 = 60G_4$ und $g_3 = 140G_6$ sind. Das Polynom $4x^3 - g_2 x - g_3$ hat drei verschiedene Nullstellen (vgl. (4)). Daher ist die Diskriminante $g_2^3 - 27g_3^2 \neq 0$. Umgekehrt gilt

Satz 9. *Seien h_2, h_3 beliebige komplexe Zahlen mit $h_2^3 - 27h_3^2 \neq 0$ und Γ das Periodengitter, das zum Differential $\omega = \mathrm{d}z/\sqrt{4z^3 - h_2 z - h_3}$ gehört. Dann ist $h_2 = g_2(\Gamma)$, $h_3 = g_3(\Gamma)$.*

Beweis. Die zu $w^2 - 4z^3 + h_2 z + h_3$ gehörige Riemannsche Fläche $\mathscr{F}$ hat das Geschlecht 1 (Abschn. 10.5.). ω ist ein Differential erster Gattung auf $\mathscr{F}$. Nach Abschn. 12.4. ist die Umkehrfunktion $z(u)$ des zugehörigen Integrals eine elliptische Funktion zum Gitter Γ. Wir wählen als Anfangspunkt der Integration den Verzweigungspunkt P_∞ von $\mathscr{F}$ über ∞. Dann hat $z(u)$ einen Pol in allen Punkten von Γ und nur in diesen. Wir bestimmen die Anfangsglieder der Laurent-Entwicklung von $z(u)$ im Punkt 0: Als Ortsuniformisierende im Punkt P_∞ haben wir die Funktion $t = 1/\sqrt{z}$ zu nehmen. Für sie erhält man $\omega/\mathrm{d}t = -2/\sqrt{4 - h_2 t^4 - h_3 t^6}$ und daher $u = -t + c_5 t^5 + \dots$, wobei c_5 wie auch die gleich auftretenden d_5, e_6 und f_2 gewisse komplexe Zahlen sind. Für die Umkehrfunktion $t(u)$ folgt $t = -u + d_5 u^5 + \dots$ und $t^2 = u^2 + e_6 u^6 + \dots$. Hieraus ergibt sich die gesuchte Entwicklung $z(u) = 1/u^2 + f_2 u^2 + \dots$, d. h., $z(u)$ ist die zum Gitter Γ gehörige Weierstraßsche Funktion $\wp(u)$. Wegen $(\mathrm{d}z/\mathrm{d}u)^2 = 4z^3 - h_2 z - h_3$ folgt $h_2 = g_2(\Gamma)$, $h_3 = g_3(\Gamma)$. $\square$

Wir suchen jetzt eine Zahl, die nur von der Gitterklasse $\{c\Gamma \mid c \in \mathbb{C} - \{0\}\}$ abhängt. Es gilt

$$G_{2n}(c\Gamma) = c^{-2n} G_{2n}(\Gamma)\,,$$

d. h., G_{2n} ist homogen vom Grad $-2n$. Wir suchen eine nichttriviale rationale Funktion von g_2 und g_3, die homogen vom Grad 0 ist. Die einfachste derartige Funktion ist Quotient zweier Polynome, die homogen vom Grad -12 sind. Wir setzen

$$j(\Gamma) := \frac{g_2^3}{g_2^3 - 27g_3^2}\,.$$

(Die einfachere Funktion g_2^3/g_3^2, die zuerst von HERMITE studiert wurde, hat den Nachteil, nicht für alle Gitter endlich zu sein.)

Satz 10. $j(\Gamma)$ *vermittelt eine eineindeutige Zuordnung der Gitterklassen $\{c\Gamma \mid c \in \mathbb{C} - \{0\}\}$ zur Menge der komplexen Zahlen.*

Beweis. Aus Satz 9 folgt, daß $j(\Gamma)$ alle komplexen Zahlen als Werte annimmt. Seien g_2, g_3 und g_2', g_3' Zahlenpaare mit

$$g_2^3/(g_2^3 - 27g_3^2) = g_2'^3/(g_2'^3 - 27g_3'^2)\,.$$

Dann ist $(g_2^3 : g_3^2) = (g_2'^3 : g_3'^2)$, d. h., es gibt eine komplexe Zahl $c \neq 0$ mit $g_2' = c^{-2} g_2$, $g_3' = c^{-3} g_3$. Die zugehörigen Gitter Γ und Γ' sind daher proportional. $\square$

13.4. Die elliptische Modulfunktion

Sei w_1, w_2 eine Basis des Gitters Γ mit $\mathrm{Im}(w_1/w_2) > 0$. Wir setzen $\tau := w_1/w_2$ und $j(\tau) = j(\Gamma)$, $G_{2n}(\tau) = G_{2n}(\Gamma)\, w^{2n}$. Wegen Hilfssatz 2 sind diese Funktionen in der komplexen oberen Halbebene H regulär (Kap. 8, Satz 15). $j(\tau)$ heißt *elliptische Modulfunktion* und $G_{2n}(\tau)$ $2n$-te *Eisenstein-Reihe*. Diese Reihen wie auch die Weierstraßsche $\wp$-Funktion wurden von EISENSTEIN 1847 in seiner Arbeit „*Beiträge zur Theorie der elliptischen Funktionen*" (*J. reine angew. Math.* **35** (1844)) eingeführt. Bei WEIERSTRASS tritt $\wp(z)$ zuerst in seinen Vorlesungen 1862 auf.[1]

---

[1] Siehe hierzu WEIL, A., *Elliptic functions according to Eisenstein and Kronecker, Springer-Verlag* 1976.

Sei

$$w_1' = aw_1 + bw_2, \qquad w_2' = cw_1 + dw_2 \quad \text{mit} \quad a, b, c, d \in Z \tag{22}$$

eine weitere Basis von Γ, was genau dann der Fall ist, wenn $\det \begin{pmatrix} a & b \\ c & d \end{pmatrix} = ad - bc$ $= \pm 1$ gilt. Die zusätzliche Forderung $\operatorname{Im} w_1'/w_2' > 0$ bedeutet $ad - bc = 1$. Die Gruppe aller ganzzahligen Matrizen $\begin{pmatrix} a & b \\ c & d \end{pmatrix}$ mit $ad - bc = 1$ wird mit $\mathrm{SL}_2(Z)$ bezeichnet. Allgemeiner bezeichnet $\mathrm{SL}_n(\Lambda)$ für einen beliebigen kommutativen Ring Λ mit Einselement die Gruppe aller n-zeiligen quadratischen Matrizen mit Determinante 1. $\mathrm{SL}_n(\Lambda)$ heißt *n-te spezielle lineare Gruppe von Λ*.

Sei $\boldsymbol{A} = \begin{pmatrix} a & b \\ c & d \end{pmatrix} \in \mathrm{SL}_2(Z)$. Dann ist nach Definition von $j(\tau)$ und $G_{2n}(\tau)$

$$j\left(\frac{a\tau + b}{c\tau + d}\right) = j(\tau)$$

und

$$G_{2n}\left(\frac{a\tau + b}{c\tau + d}\right) = (c\tau + d)^{2n}\, G_{2n}(\tau), \qquad n = 2, 3, \dots \quad \text{für} \quad \tau \in H.$$

Die gebrochen lineare Transformation

$$f_{\boldsymbol{A}}(\tau) = \frac{a\tau + b}{c\tau + d} \tag{23}$$

ist ein analytischer Isomorphismus der oberen Halbebene H. Wie man leicht sieht, ist $f_{\boldsymbol{A}} = f_{\boldsymbol{B}}$ für zwei Matrizen $\boldsymbol{A}, \boldsymbol{B} \in \mathrm{SL}_2(Z)$ genau dann, wenn $\boldsymbol{A} = \boldsymbol{B}$ oder $\boldsymbol{A} = -\boldsymbol{B}$ ist. Die Gruppe G aller gebrochen linearen Transformationen (23) ist daher isomorph zu $\mathrm{SL}_2(Z)/\{\boldsymbol{E}, -\boldsymbol{E}\}$. Die Gruppe G wird als *Modulgruppe* bezeichnet. Wenn $\boldsymbol{A}$ ein Vertreter von $g \in G$ in $\mathrm{SL}_2(Z)$ ist, setzen wir $g\tau := f_{\boldsymbol{A}}(\tau)$. Für ein festes $\tau \in H$ wird $G\tau = \{g\tau \mid g \in G\}$ als *Bahn* von τ bezeichnet. Offensichtlich sind zwei Bahnen gleich oder disjunkt. Die Gesamtheit der Bahnen in H wird mit $G \setminus H$ bezeichnet und heißt *Faktor-* oder *Bahnenraum* von H nach G. Die Menge $G \setminus H$ ist in natürlicher Weise als topologischer Raum erklärt. Als Umgebungen eines Punktes $G\tau$ nimmt man die Mengen der Form $\{Gz \mid z \in U\}$, wobei U eine Umgebung von τ ist. Wegen Satz 10 gilt

Satz 11. *$j(\tau)$ vermittelt eine eineindeutige stetige Abbildung von $G \setminus H$ auf $\mathbb{C}$.* □

Wir wollen jetzt untersuchen, wann $j(\tau)$ im Kleinen umkehrbar ist, d. h., wann eine hinreichend kleine Umgebung von τ eineindeutig auf eine Umgebung von $j(\tau)$ abgebildet wird. Die Umkehrfunktion ist dann in dieser Umgebung von $j(\tau)$ analytisch (Kap. 8, Satz 14).

Satz 12. *$j(\tau)$ ist im Kleinen genau dann umkehrbar, wenn τ nicht in der Bahn von i oder $\varrho = -\dfrac{1}{2} + \dfrac{i}{2}\sqrt{3}$ liegt.*

Zum Beweis von Satz 12 konstruieren wir einen *Fundamentalbereich* von $G \setminus H$, d. h. eine zusammenhängende Menge F in H, so daß die Projektion $F \to G \setminus H$ eine eineindeutige Abbildung ist (vgl. Abschn. 13.1.). Wir setzen $F = F_0 \cup \partial F$, wobei

$$F_0 = \{\tau \in H \mid |\tau| > 1, |\operatorname{Re} \tau| < \tfrac{1}{2}\}$$

und
$$\partial F = \{\tau \in \mathbf{H} \mid |\tau| > 1, \operatorname{Re}\tau = -\tfrac{1}{2}\} \cup \{\tau \in \mathbf{H} \mid |\tau| = 1, -\tfrac{1}{2} \leqq \operatorname{Re}\tau \leqq 0\}$$
ist.

Hilfssatz 3. *In jeder Bahn $G\tau$ liegt ein Punkt aus der Abschließung $\overline{F}$ von F in $\mathbf{H}$.*

Für alle Matrizen $\boldsymbol{A} = \begin{pmatrix} a & b \\ c & d \end{pmatrix} \in \mathrm{SL}_2(\mathbf{Z})$ gilt

$$\operatorname{Im} f_{A}(\tau) \operatorname{Im} \frac{a\tau + b}{c\tau + d} = \operatorname{Im} \frac{(a\tau + b)\,(c\overline{\tau} + d)}{|c\tau + d|^2} = \frac{\operatorname{Im}\tau}{|c\tau + d|^2}. \tag{24}$$

Sei G' die Untergruppe von G, die von $f_1(\tau) := \tau + 1$ und $f_2(\tau) := -\dfrac{1}{\tau}$ erzeugt wird.

Es gibt nur endlich viele Paare c, d mit

$$|c\tau + d|^2 = (c\operatorname{Re}\tau + d)^2 + c^2(\operatorname{Im}\tau)^2 \leqq 1$$

für gegebenes $\tau\in\mathbf{H}$. Daher gibt es ein $f_A \in G'$ mit

$$\operatorname{Im} f_{A}(\tau) \geqq \operatorname{Im} g\tau$$

für alle $g \in G'$. Für passende $n \in Z$ wird

$$|\operatorname{Re} f_1^n f_A(\tau)| \leqq \frac{1}{2}.$$

Dann gilt $\tau_1 := f_1^n f_A(\tau) \in \overline{F}$. Wäre nämlich $|\tau_1| < 1$, so wäre

$$\operatorname{Im} f_2(\tau_1) = \frac{\operatorname{Im}\tau_1}{|\tau_1|^2} > \operatorname{Im} \tau_1$$

im Widerspruch zur Maximalität von $\operatorname{Im} \tau_1$. $\square$

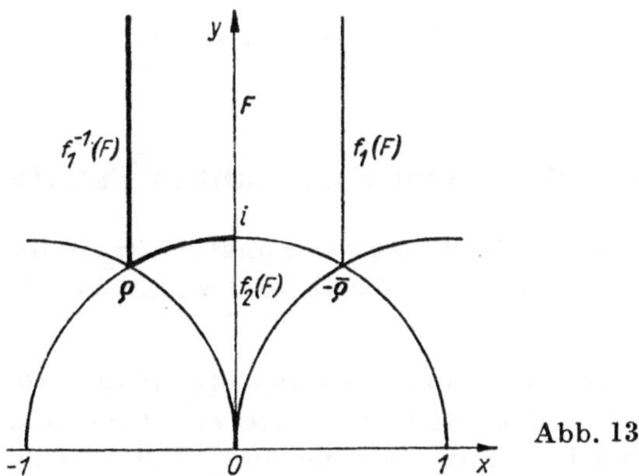

Abb. 13

Hilfssatz 4. *In jeder Bahn $G\tau$ liegt genau ein Punkt von F.*
Beweis. Aus Hilfssatz 3 folgt leicht, daß in jeder Bahn ein Punkt von F liegt.

Sei jetzt

$$\tau \in F, \qquad g\tau = \frac{a\tau + b}{c\tau + d} \in F \quad \text{und} \quad \tau \neq g\tau. \tag{25}$$

Dann gibt es ein Paar $\tau \in F$, $g \in G$, das neben (25) noch $\operatorname{Im}(g\tau) \geqq \operatorname{Im}\tau$ erfüllt: Ist zunächst $\operatorname{Im}(g\tau) < \operatorname{Im}\tau$, so geht man zu dem Paar $g\tau$, g^{-1} über.

Wegen (24) haben wir dann $|c\tau + d| \leqq 1$. Hieraus folgt $c = 0, 1$ oder -1. Wenn $c = 0$ ist, gilt $g\tau = \tau + b$ im Widerspruch zu (25). Wenn $c = \pm 1$ ist, gilt

$$1 \geqq |\tau|^2 + 2cd \operatorname{Re} \tau + d^2 \geqq |\tau|^2 - 2\,|d|\,|\operatorname{Re} \tau| + d^2 \geqq 1 - |d| + d^2 \,.$$

Daher ist $d = 0, 1$ oder -1. In jedem Fall ist $1 = |\tau|^2 - 2\,|d|\,|\operatorname{Re}\tau| + d^2 = |\tau|^2$. Hieraus ergibt sich leicht ein Widerspruch zu (25). $\square$

Der Beweis von Hilfssatz 4 zeigt noch, daß die Abbildung $\mathrm{H} \to G \setminus \mathrm{H}$ für alle $\tau \in F - \{i, \varrho\}$ im Kleinen umkehrbar ist, d. h., eine genügend kleine Umgebung von τ wird eineindeutig auf eine Umgebung von $G\tau$ abgebildet. Zusammen mit Satz 11 folgt hieraus Satz 12. $\square$

Als *Isotropie-* oder *Fixpunktgruppe* von τ bezüglich G bezeichnet man die Gruppe $\{g \in G \mid g\tau = \tau\}$. Als Nebenergebnis unserer Überlegungen erhalten wir noch

Satz 13. *Die Isotropiegruppe von* $\tau \in F - \{i, \varrho\}$ *besteht nur aus dem Einselement. Die Isotropiegruppe von* i *bzw.* ϱ *ist zyklisch von der Ordnung 2 bzw. 3 mit der Erzeugenden* $- 1/\tau$ *bzw.* $- 1/(\tau + 1)$. $\square$

G operiert diskret auf H, d. h., die Bahnen bezüglich G enthalten keinen Häufungspunkt.

Satz 14. *G wird durch die Abbildungen* $f_1(\tau) = \tau + 1$ *und* $f_2(\tau) = -1/\tau$ *erzeugt.*

Beweis. Sei $\tau \in F - \{i, \varrho\}$ und $g \in G$. Im Beweis von Hilfssatz 1 haben wir gesehen, daß $g\tau$ mit Hilfe eines h aus der Untergruppe von G, die von f_1 und f_2 erzeugt wird, in ein Element von F übergeführt werden kann. Nach Satz 13 ist daher $hg = 1$. $\square$

Satz 15. $G_6(i) = 0$, $G_4(\varrho) = 0$, $j(i) = 1$, $j(\varrho) = 0$.

Beweis

$$G_6(i) = \sideset{}{'}\sum_{a, b \in Z} (ai + b)^{-6} = \sideset{}{'}\sum_{a, b \in Z} \big(i(ai + b)\big)^{-6} = -G_6(i) = 0 \,,$$

$$G_4(\varrho) = \sideset{}{'}\sum_{a, b \in Z} (a\varrho + b)^{-4} = \sideset{}{'}\sum_{a, b \in Z} \big(\varrho(a\varrho + b)\big)^{-4} = \varrho^{-1}G_4(\varrho) = 0 \,. \quad \square$$

13.5. Der Picardsche Satz in der Theorie der ganzen Funktionen

PICARD fand 1879 eine überraschende Anwendung der Funktion $j(\tau)$ in der Theorie der ganzen Funktionen (Kap. 9) (*Sur une propriété des fonctions entiéres, C.R. Acad. Sci. Paris* **88** (1979)):

Satz 16 (*Kleiner Picardscher Satz*). *Eine ganze Funktion $f(z)$ nimmt entweder jede komplexe Zahl mit höchstens einer Ausnahme als Wert an, oder sie ist konstant.*

Beweis. Angenommen, $f(z)$ nimmt zwei Werte nicht an. O.B.d.A. seien dies die Zahlen 0 und 1. Nach Satz 12 ist $j(\tau)$ im Kleinen umkehrbar mit Ausnahme der Bahnen von i und ϱ, für die sie nach Satz 15 die Werte 1 und 0 annimmt. Nach Satz 11 nimmt $j(\tau)$ alle komplexen Zahlen als Werte an. Es folgt nach dem Monodromiesatz (Kap. 8, Satz 16), daß es eine ganze Funktion $g(z)$ gibt, die Werte in der oberen Halbebene H annimmt und der Gleichung

$$j\big(g(z)\big) = f(z) \tag{26}$$

genügt. $g(z)$ ist nach dem Satz von CASORATI-WEIERSTRASS (Abschn. 8.8.) eine Konstante. Wegen (26) ist daher auch $f(z)$ konstant. $\square$

Noch im gleichen Jahr 1879 konnte PICARD Satz 16 verschärfen zu dem folgenden Ergebnis, das als *Großer Picardscher Satz* bezeichnet wird.

Sei $f(z)$ eine Funktion, die in einer Umgebung des Punktes a definiert und meromorph und in a wesentlich singulär ist. Dann nimmt $f(z)$ in jeder Umgebung von a jeden Wert aus $C \cup \{\infty\}$ mit Ausnahme von höchstens zwei Werten unendlich oft an.

Dies ist eine Verschärfung des Satzes von CASORATI-WEIERSTRASS (Abschn. 8.8.). Zum Beweis siehe Aufgabe 13.7.

Aufgaben

13.1. Man leite die Sätze 1 bis 3 mit Hilfe von Kap. 8 her, ohne Kap. 11, 12 zu benutzen.

13.2. Man zeige

$$\wp(z_1) - \wp(z_2) = - \frac{\sigma(z_1 + z_2)\, \sigma(z_1 - z_2)}{\sigma^2(z_1)\, \sigma^2(z_2)}.$$

13.3. Sei $f_A(z) = \dfrac{az + b}{cz + d}$ eine gebrochen lineare, von der Identität verschiedene Transformation mit $A = \begin{pmatrix} a & b \\ c & d \end{pmatrix} \in \mathrm{SL}_2(\mathbb{R})$. Man nennt f_A *hyperbolisch, elliptisch* bzw. *parabolisch*, je nachdem ob $(a + d)^2 > 4$, < 4 oder $= 4$ ist. Man zeige:

a) $f_A(z)$ ist hyperbolisch genau dann, wenn f_A zwei reelle Fixpunkte hat.

b) f_A ist elliptisch genau dann, wenn f_A zwei verschiedene konjugiert komplexe Fixpunkte hat.

c) f_A ist parabolisch genau dann, wenn f_A einen reellen Fixpunkt hat. Dabei wird ∞ als reeller Punkt betrachtet.

13.4. Sei jetzt $A \in \mathrm{SL}_2(\mathbb{Z})$.

a) Sei f_A hyperbolisch mit den Fixpunkten α_1, α_2. O.B.d.A. sei $\alpha_1 \neq \infty$. Wir setzen $f_B(z) = \dfrac{z - \alpha_1}{z - \alpha_2}$, falls $\alpha_2 \neq \infty$, $f_B(z) = z - \alpha_1$, falls $\alpha_2 = \infty$. Man zeige: $f_B f_A(z) = \mu f_B(z)$ mit einer positiven reellen Zahl $\mu \neq 1$.

b) Sei f_A elliptisch. Nach Satz 13 ist f_A in G konjugiert zu einer Transformation aus G, die den Fixpunkt i oder ϱ hat. Sei dies bereits für f_A der Fall. Man zeige, daß dann

$$\frac{f_A(z) - i}{f_A(z) + i} = - \frac{z - i}{z + i} \quad \text{oder} \quad \frac{f_A(z) - \varrho}{f_A(z) - \varrho^{-1}} = \varrho^{-1} \frac{z - \varrho}{z - \varrho^{-1}}$$

gilt.

c) Sei f_A parabolisch mit dem Fixpunkt α. Wir setzen $f_B(z) = \dfrac{1}{z - \alpha}$, falls $\alpha \neq \infty$, $f_B(z) = z$, falls $\alpha = \infty$. Man zeige $f_B f_A(z) = f_B(z) + \nu$ mit einer reellen von 0 verschiedenen Zahl ν.

13.5. Sei $g(z)$ eine Funktion, die für eine Umgebung U des Nullpunktes der komplexen Ebene definiert ist. $g(z)$ sei in U mit Ausnahme der negativen reellen Halbachse regulär, habe in 0 einen wesentlich singulären Punkt und lasse sich im übrigen über die negative reelle Halbachse hinweg in ganz $U - \{0\}$ analytisch fortsetzen. Umkreist man, von $z \in U - \{0\}$ ausgehend, einmal den Nullpunkt, so gehe $g(z)$ in $f_A(g(z))$ über, wobei f_A aus G ist (siehe Aufgabe 13.3.).

a) Sei f_A hyperbolisch. Man zeige, daß es eine in $U - \{0\}$ meromorphe Funktion $\varphi(z)$ mit

$$f_B(g(z)) = z^k \varphi(z) , \qquad k = \log \mu / 2\pi i ,$$

gibt (Bezeichnungen wie in Aufgabe 13.4.).

b) f_A habe den Fixpunkt i bzw. ϱ. Man zeige, daß es eine in $U - \{0\}$ meromorphe Funktion $\varphi_i(z)$ bzw. $\varphi_\varrho(z)$ mit

$$\frac{g(z) - i}{g(z) + i} = \sqrt{z}\; \varphi_i(z) \quad \text{und} \quad \frac{g(z) - \varrho}{g(z) - \varrho^{-1}} = \frac{1}{\sqrt[3]{z}}\, \varphi_\varrho(z)$$

gibt.

c) Sei f_A parabolisch. Man zeige, daß es eine in $U - \{0\}$ meromorphe Funktion $\varphi(z)$ mit

$$f_B(g(z)) = \frac{\nu}{2\pi i} \log z + \varphi(z)$$

gibt.

13.6. Wir nehmen jetzt zusätzlich an, daß $\operatorname{Im} g(z) > 0$ für $U - \{0\}$ gilt. Unter Benutzung des Satzes von CASORATI-WEIERSTRASS (Abschn. 8.8.) leite man hieraus einen Widerspruch her. (Anleitung: im Fall a) zeige man zunächst, daß man $f_B(g(z))$ in der Form

$$f_B(g(z)) = \exp\big((k + m) \log z + h(z)\big)$$

mit $m \in Z$ und $h(z)$ einer in $U - \{0\}$ regulären Funktion schreiben kann. Im Fall b) zeige man zunächst, daß $\varphi_i(z)$ bzw. $\varphi_\varrho(z)$ sogar regulär in 0 ist.)

13.7. Man zeige unter Benutzung der Beweisidee von Satz 16 und der Aufgaben 13.3. bis 13.6. den Großen Picardschen Satz (Abschn. 13.5.).

14. Riemannsche Geometrie

14.1. Riemanns Habilitationsvortrag

Am 10. Juni 1854 hielt RIEMANN in Gegenwart von GAUSS seinen Habilitationsvortrag vor der Göttinger philosophischen Fakultät mit dem Titel *„Über die Hypothesen, welche der Geometrie zugrunde liegen"*. Anknüpfend an GAUSS' innere Geometrie der Flächen (Abschn. 4.7.) entwickelte RIEMANN grundsätzlich neue Gedanken zur Raumstruktur, die man als Vorläufer von EINSTEINs allgemeiner Relativitätstheorie betrachten kann. Dem Zuhörerkreis entsprechend ist der Vortrag ganz auf die Darstellung der Ideen, auf die RIEMANN abzielt, ausgerichtet unter Vermeidung mathematischer Formeln. Er wurde erst 1866 publiziert, aber ein Teil der Ergebnisse findet sich in mathematischer Darstellung in einer Preisarbeit über Thermodynamik für die Pariser Akademie, die RIEMANN 1861 einreichte. Er erhielt den Preis nicht, da der Jury seine Arbeit nicht ausführlich genug abgefaßt war. Nach 1866 wurden die Riemannschen Gedanken von CHRISTOFFEL, LIPSCHITZ und vor allem von RICCI und LEVI-CIVITA ausgearbeitet und weiterentwickelt.

Wir beginnen mit der Wiedergabe der Einleitung zu RIEMANNs Vortrag, dem *„Plan der Untersuchung"*.

„Bekanntlich setzt die Geometrie sowohl den Begriff des Raumes als die ersten Grundbegriffe für die Konstruktion im Raume als etwas Gegebenes voraus. Sie gibt von ihnen nur Nominaldefinitionen, während die wesentlichen Bestimmungen in Form von Axiomen auftreten. Das Verhältnis dieser Voraussetzungen bleibt dabei im Dunkeln; man sieht weder ein, ob und wie weit ihre Verbindung notwendig, noch a priori, ob sie möglich ist.

Diese Dunkelheit wurde auch von Euklid bis auf Legendre, um den berühmtesten neueren Bearbeiter der Geometrie zu nennen, weder von den Mathematikern noch von den Philosophen, welche sich damit beschäftigt haben, gehoben. Es hatte dies seinen Grund wohl darin, daß der allgemeine Begriff mehrfach ausgedehnter Größen, unter welchem die Raumgrößen enthalten sind, ganz unbearbeitet blieb. Ich habe mir daher zunächst die Aufgabe gestellt, den Begriff einer mehrfach ausgedehnten Größe aus allgemeinen Größenbegriffen zu konstruieren. Es wird daraus hervorgehoben, daß eine mehrfach ausgedehnte Größe verschiedener Maßverhältnisse fähig ist und der Raum also nur einen besonderen Fall einer dreifach ausgedehnten Größe bildet. Hiervon aber ist eine notwendige Folge, daß die Sätze der Geometrie sich nicht aus allgemeinen Größenbegriffen ableiten lassen, sondern daß diejenigen Eigenschaften, durch welche sich der Raum von anderen denkbaren dreifach ausgedehnten Größen unterscheidet, nur aus der Erfahrung entnommen werden können. Hieraus entsteht die Aufgabe, die einfachsten Tatsachen aufzusuchen, aus denen sich die Maßverhältnisse des Raumes bestimmen lassen — eine Aufgabe, die der Natur der Sache nach nicht völlig bestimmt ist; denn es lassen sich mehrere Systeme einfacher Tatsachen angeben, welche zur Bestimmung der Maßverhältnisse des Raumes hinreichen; am wichtigsten ist für den gegenwärtigen Zweck das von Euklid zugrunde gelegte. Diese Tatsachen sind wie alle Tatsachen nicht notwendig, sondern nur von empirischer Gewißheit, sie sind Hypothesen; man kann also ihre Wahrscheinlichkeit, welche innerhalb der Grenzen der Beobachtung allerdings sehr groß ist, untersuchen und hiernach über die Zulässigkeit ihrer Ausdehnung jenseits der Grenzen der Beobachtung sowohl nach der Seite des Unmeßbargroßen als nach der Seite des Unmeßbarkleinen urteilen."

14.2. n-dimensionale Riemannsche Mannigfaltigkeiten

Zur Gaußschen inneren Geometrie einer Fläche (Abschn. 4.7.) gehört alles, was allein durch das Linienelement

$$\mathrm{d}s^2 = E\,\mathrm{d}p^2 + F\,\mathrm{d}p\,\mathrm{d}q + G\,\mathrm{d}q^2$$

bestimmt ist. RIEMANN betrachtet gleich den Fall von „n-*fach ausgedehnten Größen*". Seine naturgemäße Verallgemeinerung der Gaußschen inneren Geometrie besteht daher in folgendem. Die Punkte einer *Riemannschen Mannigfaltigkeit M* werden durch Koordinatenvektoren $x = (x^1, \ldots, x^n)$ bestimmt, die in einem Gebiet U, d. h. in einer offenen und zusammenhängenden Teilmenge, des $\mathbb{R}^n$ variieren. Eine Kurve C ist durch eine glatte Abbildung von einem Intervall $[0, a]$ in U gegeben, d. h. durch n stetig differenzierbare Funktionen $x^1(t), \ldots, x^n(t)$ mit Werten in $\mathbb{R}$, die für $t \in [0, a]$ definiert sind. Jeder solchen Kurve C ist eine Länge

$$l(C) := \int_0^a \sum_{i,j=1}^n g_{ij} \frac{\mathrm{d}x^i}{\mathrm{d}t} \frac{\mathrm{d}x^j}{\mathrm{d}t}\,\mathrm{d}t \tag{1}$$

zugeordnet. Dabei sind die g_{ij} (unendlich oft) differenzierbare Funktionen von $x^1, \ldots, x^n$ mit $g_{ij} = g_{ji}$. Weiter wird vorausgesetzt, daß die quadratische Form

$$\sum_{i,j=1}^n g_{ij}(x)\,c^i c^j$$

in den Veränderlichen $c^1, \ldots, c^n$ für $x = (x^1, \ldots, x^n) \in U$ positiv definit ist.

$\{U, g_{ij}\}$ ist die Realisierung unserer Riemannschen Mannigfaltigkeit M in den Koordinaten $x^1, \ldots, x^n$. Gehen wir zu anderen Koordinaten $x'^1, \ldots, x'^n$ über, die differenzierbare Funktionen der $x^1, \ldots, x^n$ sein sollen, wobei die Jacobische Determinante

$$\det\left(\frac{\partial x'^i}{\partial x^j}\right)_{ij}$$

von 0 verschieden ist und die durch $(x^1, \ldots, x^n) \to (x'^1, \ldots, x'^n)$ gegebene Abbildung $U \to U'$ eineindeutig ist, so erhalten wir eine Realisierung unserer Mannigfaltigkeit durch das Gebiet U' des $\mathbb{R}^n$. (Die Bedingung $\det\left(\dfrac{\partial x'^i}{\partial x^j}\right)_{ij} \neq 0$ für einen Punkt $(x_0^1, \ldots, x_0^n)$ $= x_0$ garantiert die Umkehrbarkeit der Abbildung einer genügend kleinen Umgebung von x_0.) Die zu U' gehörigen g_{ij}' ergeben sich aus der Forderung, daß die Kurvenlänge $l(C)$ für alle Kurven C invariant bleiben soll. Daraus folgt

$$\sum_{i,j} g_{ij} \frac{\mathrm{d}x^i}{\mathrm{d}t} \frac{\mathrm{d}x^j}{\mathrm{d}t} = \sum_{i,j} g_{ij} \sum_{i',j'} \tilde{c}_{i'}^i \tilde{c}_{j'}^j \frac{\mathrm{d}x^{i'}}{\mathrm{d}t} \frac{\mathrm{d}x^{j'}}{\mathrm{d}t} = \sum_{i'j'} g_{i'j'}' \frac{\mathrm{d}x^{i'}}{\mathrm{d}t} \frac{\mathrm{d}x^{j'}}{\mathrm{d}t}, \tag{2}$$

wobei alle Summen von 1 bis n zu erstrecken sind und $(\tilde{c}^i_{i'})_{ii'} := \left(\dfrac{\partial x^i}{\partial x'^{i'}}\right)_{ii'}$ die reziproke Matrix zu $(c^{i'}_i)_{i'i} := \left(\dfrac{\partial x'^{i'}}{\partial x^i}\right)_{i'i}$ bezeichnet. Aus (2) folgt

$$g'_{i'j'} = \sum_{i,j} g^{ij}\tilde{c}^i_{i'}\tilde{c}^j_{j'} \ . \tag{3}$$

(3) stellt das Transformationsverhalten der Größen g_{ij} beim Übergang zu einem anderen Koordinatensystem dar. Die im Sinne von (3) invariante Differentialform

$$\sum_{i,j} g_{ij}\,\mathrm{d}x^i\mathrm{d}x^j$$

wird als *Fundamentalform* oder *Metrik* der Riemannschen Mannigfaltigkeit bezeichnet.

Zur Vereinfachung der Schreibweise benutzen wir im folgenden die Einsteinsche Summenkonvention, die besagt, daß in einer Formel über gleiche obere und untere Indizes zu summieren ist. Beispielsweise wird statt $\sum\limits_{i,j} g_{ij}\,\dfrac{\mathrm{d}x^i}{\mathrm{d}t}\dfrac{\mathrm{d}x^j}{\mathrm{d}t}$ kürzer $g_{ij}\,\dfrac{\mathrm{d}x^i}{\mathrm{d}t}\dfrac{\mathrm{d}x^j}{\mathrm{d}t}$ geschrieben. Wir nehmen an, daß alle auftretenden Funktionen unendlich oft differenzierbar sind. Die Ableitung einer Funktion $f(x)$ nach x wird mit f_x bezeichnet.

14.3. Tangentialvektoren

In Abschn. 4.5. haben wir die Tangentialvektoren an Kurven auf einer Fläche in einem Punkt P betrachtet und festgestellt, daß sie in einer Ebene liegen, d. h. einen Vektorraum der Dimension 2 bilden. Da unsere Riemannsche Mannigfaltigkeit M in keinen euklidischen Raum eingebettet ist, stehen uns a priori keine Tangentialvektoren in einem Punkt P der Mannigfaltigkeit zur Verfügung. Wir müssen uns diese in abstrakter Weise beschaffen.

Da im Fall von Flächen in E^3 der Tangentialvektor an eine Kurve durch P deren Richtung im Punkt P bestimmt und die „Geschwindigkeit" der Durchlaufung der Kurve durch die Länge des Tangentialvektors gegeben ist, werden wir umgekehrt diese Eigenschaften der Definition des Tangentialvektors zugrunde legen:

Ein *Tangentialvektor* v im Punkt P von M ist durch eine Kurve C durch den Punkt P, gegeben. Zwei Kurven C und C' durch P definieren den gleichen Tangentialvektor, wenn $\dfrac{\mathrm{d}x^i}{\mathrm{d}t}\bigg|_P = \dfrac{\mathrm{d}x^i}{\mathrm{d}t'}\bigg|_P$ für die Koordinaten $x^i(t)$ bzw. $x^i(t')$ von C bzw. C' gilt.

$$\frac{\mathrm{d}x^1}{\mathrm{d}t}\bigg|_P, \dots, \frac{\mathrm{d}x^n}{\mathrm{d}t}\bigg|_P$$

sind die Komponenten von v bezüglich des Koordinatensystems $x^1, \dots, x^n$.

Diese Definition ist offenbar unabhängig von der Wahl des Koordinatensystems. Man sieht leicht, daß die Tangentialvektoren im Punkt P einen Vektorraum T_P der Dimension n bilden. Eine Basis von T_P erhält man mit Hilfe der Koordinatenlinien, d. h. der Kurven x^i, $i = 1, \dots, n$, mit den Koordinatenfunktionen $x^j(t) = x^i_0 + \delta_{ij}t$, $j = 1, \dots, n$, wobei $x^0_1, \dots, x^0_n$ die Koordinaten des Punktes P sind. Der zugehörige Tangentialvektor wird mit $\dfrac{\partial}{\partial x^i}\bigg|_P$ bezeichnet. Für einen beliebigen Tangentialvektor v, der durch eine Kurve mit den Koordinatenfunktionen $x^i(t_1)$ $i = 1, \ldots, n$, gegeben ist, wird dann

$$v = \frac{dx^i}{dt_1} \frac{\partial}{\partial x^i}\bigg|_P$$

(der Index i in $\dfrac{\partial}{\partial x^i}$ gilt als unterer Index).

Ein *Vektorfeld* auf M ist eine differenzierbare Abbildung, die jedem $P \in M$ einen Vektor v_P auf T_P zuordnet. Differenzierbar bedeutet dabei, daß in

$$v_P = v^i(P) \frac{\partial}{\partial x^i}\bigg|_P$$

die Funktionen $v^i(P) = v^i(x^1, \ldots, x^n)$ differenzierbar sind. Insbesondere ist $\partial/\partial x^i$ das Vektorfeld mit dem Vektor $\dfrac{\partial}{\partial x^i}\bigg|_P$ in P.

Die Fundamentalform definiert ein Skalarprodukt zweier Tangentialvektoren v_1 und v_2: Wenn v_1 bzw. v_2 durch die Kurve mit den Koordinaten $x^i(t_1)$ bzw. $x^i(t_2)$, $i = 1, \ldots, n$, gegeben ist, wird

$$\langle v_1, v_2 \rangle := g_{ij} \frac{dx^i}{dt_1} \cdot \frac{dx^j}{dt_2}\bigg|_P .$$

14.4. Geodätische Linien

Wir führen den Begriff der *Geodätischen* zunächst als kürzeste Verbindung zweier Punkte P und Q ein.

Sei $C: [0, 1] \to U$ eine Kurve von P nach Q mit den Koordinaten $y^1(t), \ldots, y^n(t)$, also $P = C(0)$, $Q = C(1)$. Damit C eine Geodätische ist, muß für jede Kurve C_h mit den Koordinaten $x^i(t) = y^i(t) + hz^i(t)$, $i = 1, \ldots, n$, wobei die $z^i(t)$ Funktionen mit $z^i(0) = z^i(1) = 0$ sind und h eine reelle Zahl ist, die Weglänge $\displaystyle\int_0^1 \sqrt{g_{ij} \frac{dx^i}{dt} \frac{dx^j}{dt}}\, dt$ als

Funktion von h für $h = 0$ einen Extremwert annehmen, d. h., die Ableitung nach h muß verschwinden. Wir setzen zur Abkürzung

$$F(x, \dot{x}) := \sqrt{g_{ij} \frac{dx^i}{dt} \frac{dx^j}{dt}} ,$$

wobei $\dot{x}$ den Vektor $\left(\dfrac{dx^1}{dt}, \ldots, \dfrac{dx^n}{dt}\right)$ bezeichnet. Dann erhält man die Bedingung

$$\int_0^1 \left(F_{x^k} z^k + F_{\dot{x}^k} \frac{dz^k}{dt}\right) dt = 0 .$$

Nach partieller Integration ergibt sich

$$\int_0^1 \left(F_{x^k} - \frac{dF_{\dot{x}^k}}{dt}\right) z^k\, dt = 0 .$$

Da die Funktionen z^i willkürlich gewählt werden können, folgt

$$F_{x^k} = \frac{\mathrm{d}F_{\dot{x}^k}}{\mathrm{d}t} \quad \text{für} \quad k = 1, \dots, n \, .$$

Das liefert für $F(x, \dot{x}) = \sqrt{g_{ij} \dfrac{\mathrm{d}x^i}{\mathrm{d}t} \dfrac{\mathrm{d}x^j}{\mathrm{d}t}}$

$$\frac{1}{2F} \frac{\partial g_{ij}}{\partial x^k} \frac{\mathrm{d}x^i}{\mathrm{d}t} \frac{\mathrm{d}x^j}{\mathrm{d}t} = \frac{\mathrm{d}}{\mathrm{d}t} \left(\frac{1}{F} \, g_{ik} \frac{\mathrm{d}x^i}{\mathrm{d}t} \right)$$

$$= - \frac{1}{F^2} \frac{\mathrm{d}F}{\mathrm{d}t} \, g_{ik} \frac{\mathrm{d}x^i}{\mathrm{d}t} + \frac{1}{F} \left(\frac{\partial g_{ik}}{\partial x^j} \frac{\mathrm{d}x^i \mathrm{d}x^j}{\mathrm{d}x \, \mathrm{d}t} + g_{ik} \frac{d^2 x^i}{\mathrm{d}t^2} \right) . \tag{4}$$

Diese notwendige Bedingung für eine Geodätische vereinfacht sich, wenn wir als Parameter t die Bogenlänge der Kurve wählen. Dann wird $\mathrm{d}F/\mathrm{d}t = 0$, und (4) ist äquivalent zu

$$\frac{1}{2} \left(- \frac{\partial g_{ij}}{\partial x^k} + \frac{\partial g_{ik}}{\partial x^j} + \frac{\partial g_{jk}}{\partial x^i} \right) \frac{\mathrm{d}x^i \mathrm{d}x^j}{\mathrm{d}x \, \mathrm{d}t} + g_{ik} \frac{d^2 x^i}{\mathrm{d}t^2} = 0 \, . \tag{5}$$

Zur Abkürzung setzt man

$$\Gamma_{kij} := \frac{1}{2} \left(- \frac{\partial g_{ij}}{\partial x^k} + \frac{\partial g_{ik}}{\partial x^j} + \frac{\partial g_{jk}}{\partial x^i} \right) \tag{6}$$

und

$$\Gamma_{ij}^k := g^{kl} \, \Gamma_{lij} \, , \tag{7}$$

wobei $(g^{kl})_{kl}$ die inverse Matrix von $(g_{kl})_{kl}$ ist. Die Größen Γ_{kij} bzw. Γ_{ij}^k heißen *Christoffel-Symbole erster* bzw. *zweiter Art*. Sie wurden 1869 von CHRISTOFFEL eingeführt. In RIEMANNS oben erwähnter Preisarbeit findet sich der Ausdruck $p_{kij} := 2\Gamma_{kij}$.

Mit (7) ist (5) auch äquivalent zu

$$\Gamma_{ij}^k \frac{\mathrm{d}x^i}{\mathrm{d}t} \frac{\mathrm{d}x^j}{\mathrm{d}t} + \frac{d^2 x^k}{\mathrm{d}t^2} = 0 \, . \tag{8}$$

Wie man unmittelbar nachrechnet, gilt

$$\Gamma_{ki}^l g_{jl} + \Gamma_{kj}^l g_{il} = \Gamma_{jki} + \Gamma_{ikj} = \frac{\partial g_{ij}}{\partial x^k} \, . \tag{9}$$

Diese Identität wird als *Lemma von* RICCI bezeichnet.

Für hinreichend kleine Parameter $t \geqq 0$ hat das Differentialgleichungssystem (8) eine eindeutige Lösung $x(t, v)$ mit den Anfangsbedingungen $x(0, v) = x_0$, $\dot{x}(0, v) = v$, wobei x_0 der Koordinatenvektor eines Punktes P und $v = (v^1, \dots, v^n)$ ein Tangentialvektor aus einer Umgebung V_P der 0 von T_P ist. $x^i(t, v)$ ist eine differenzierbare Funktion von $v^1, \dots, v^n$, $i = 1, \dots, n$.

Wir können annehmen, daß V_P sternförmig ist, d. h., mit v liegt auch sv für $0 \leqq s \leqq 1$ in V_P. Aus der Eindeutigkeit der Lösung folgt

$$x(t, sv) = x(st, v) \quad \text{für} \quad 0 \leqq s \leqq 1 \, . \tag{10}$$

Für eine positive Zahl $s > 1$ mit $sv \in V_P$ ist $x(ts^{-1}, sv)$ eine Lösung von (8), die $x(t, v)$ fortsetzt. Wir können daher o.B.d.A. annehmen, daß $x(t, v)$ für alle $t \in [0, 1]$ definiert ist. Durch $\varphi \colon v \to x(1, v)$ wird dann V_P in M abgebildet. Diese Abbildung, die nicht von der Wahl des Koordinatensystems abhängt, wird als *Exponentialabbildung* bezeichnet.

Wir berechnen die Jacobische Determinante von φ für $v = o$. Durch Differentiation von (10) nach s erhält man

$$v^i \frac{\partial x^i}{\partial v^j}(t, sv) = t \frac{\partial x^i}{\partial t}(st, v),\ v^j v^k \frac{\partial^2 x^i}{\partial v^j\, \partial v^k}(t, sv) = t^2 \frac{\partial^2 x^i}{\partial t^2}(st, v)\ .$$

Nach der Taylorschen Formel wird

$$x^i(1, v) = x_0^i + v^i + \frac{1}{2} \frac{\partial^2 x^i}{\partial t^2}(t_i, v)$$

für ein t_i mit $0 < t_i \leqq 1$. Also

$$x^i(1, v) = x_0^i + v^i + \frac{1}{2} v^j v^k \frac{\partial^2 x^i}{\partial v^j\, \partial v^k}(1, t_i v) \frac{1}{t_i^2}\ .$$

Hiernach ist die Jacobische Determinante von φ für $v = o$ gleich 1; φ läßt sich also in einer genügend kleinen Umgebung von o umkehren. Für jeden Punkt Q aus dem Bild dieser Umgebung bei φ gibt es daher einen eindeutig bestimmten Vektor v, so daß $x(t, v)$ eine Lösung von (8) ist, wobei $x(1, v)$ der Koordinatenvektor von Q ist. Dies ist die Geodätische, die P mit Q verbindet. Allgemeiner verstehen wir unter einer Geodätischen eine beliebige Lösung des Gleichungssystems (8).

14.5. Riemannsche Normalkoordinaten

Mit Hilfe der Exponentialabbildung wollen wir in der Umgebung eines Punktes O unserer Riemannschen Mannigfaltigkeit ein spezielles Koordinatensystem definieren. Für den Punkt O selbst wählen wir die Koordinaten $(0, \dots, 0)$. Weiter sei $v_1, \dots, v_n$ eine orthonormierte Basis des Tangentialraumes im Punkt O bezüglich des in Abschn. 14.3. eingeführten Skalarprodukts auf T_O. Mit der Exponentialabbildung wird $x^i v_i$ für kleine $(x^1, \dots, x^n) \in \mathbb{R}^n$ auf einen Punkt von U_O abgebildet. Wir erhalten auf diese Weise für die Punkte aus U_O Koordinaten $x^1, \dots, x^n$, die als *Riemannsche Normalkoordinaten* bezeichnet werden. Die Geodätischen werden dabei durch die Geraden in T_O parametrisiert. Die g_{ik} haben bezüglich dieser Koordinaten eine besonders einfache Form:

Satz 1. *In Riemannschen Normalkoordinaten $x^1, \dots, x^n$ gilt $g_{ij}(O) = \delta_{ij}$ und*
$$\frac{\partial g_{ij}}{\partial x^k}(O) = 0.$$

Mit $c_{ij, kl} := \frac{1}{2} \frac{\partial^2 g_{ij}}{\partial x^k\, \partial x^l}(O)$ wird

$$c_{ij, kl} + c_{ik, lj} + c_{il, jk} = 0 \quad und \quad c_{ij, kl} = c_{kl, ij}\ .$$

Beweis. Nach Definition gilt

$$g_{ij}(O) = \langle v_i, v_j \rangle = \delta_{ij}\ .$$

Die von O ausgehenden Geodätischen sind in eindeutiger Weise durch $x^i(t) = \xi^i t$, $i = 1, \dots, n, t \geqq 0$, mit $(\xi^1, \dots, \xi^n) \in \mathbb{R}^n$, $(\xi^1)^2 + \dots + (\xi^n)^2 = 1$ gegeben. Nach (5), (6) wird

$$\Gamma_{kij} \xi^i \xi^j = 0\ .$$

Durch Multiplikation mit t^2 erhält man hieraus

$$\Gamma_{kij}x^i x^j = \left(\frac{\partial g_{kj}}{\partial x^i} - \frac{1}{2}\frac{\partial g_{ij}}{\partial x^k}\right) x^i x^j = 0 \tag{11}$$

für alle x aus einer Umgebung von O.

Die letzte Gleichung können wir folgendermaßen in zwei Gleichungen aufspalten: Da wir als Parameter t die Bogenlänge gewählt haben, gilt

$$g_{ij}\frac{dx^i dx^j}{dt\,dt} = g_{ij}\xi^i\xi^j = 1 = (\xi^1)^2 + \dots + (\xi^n)^2 \ ,$$

also

$$g_{ij}x^i x^j = (x^1)^2 + \dots + (x^n)^2 \tag{12}$$

für alle x aus einer Umgebung von O. Wir setzen zur Abkürzung $g_{ij}x^j =: y_i$. Dann ist $\dfrac{\partial g_{ij}}{\partial x^k}x^j = \dfrac{\partial y_i}{\partial y^k} - g_{ik}$, also nach (11) und (12)

$$\frac{\partial y_k}{\partial x^i}x^i - x^k = \frac{\partial(y_k - x^k)}{\partial x^i}x^i = 0 \ .$$

Beschränken wir uns jetzt wieder auf eine Geodätische $x^i(t) = \xi^i t$, so wird

$$\frac{d(y_k - x^k)}{dt} = \frac{\partial(y_k - x^k)}{\partial x^i}\xi^i = 0 \ .$$

Wegen $y_k(0) = x^k(0) = 0$ folgt

$$y_k = g_{ik}x^i = x^k \tag{13}$$

und daher $g_{ik}\xi^i = \xi^k$. Differentiation nach t ergibt

$$\frac{\partial g_{ik}}{\partial x^j}\xi^i\xi^j = 0 \ . \tag{14}$$

Hieraus und aus (11) folgt

$$\frac{\partial g_{ij}}{\partial x^k}\xi^i\xi^j = 0 \ . \tag{15}$$

Für $t = 0$ erhält man aus (15) wegen $g_{ij} = g_{ji}$ zunächst $\dfrac{\partial g_{ij}}{\partial x^k}(0) = 0$. Differenziert man (14) nach t und setzt anschließend $t = 0$, so ergibt sich

$$c_{ik,ja}\xi^i\xi^j\xi^a = 0 \ .$$

Durch partielle Differentiation dieser kubischen Form nach ξ^l findet man

$$c_{lk,ja}\xi^j\xi^a + c_{ik,la}\xi^i\xi^a + c_{ik,jl}\xi^i\xi^j = 0 \ ,$$

d. h.

$$(c_{lk,ji} + c_{jk,li} + c_{ik,jl})\,\xi^i\xi^j = 0 \ .$$

Unter Berücksichtigung der Symmetrie von $c_{ij,kl}$ in i, j und k, l folgt hieraus

$$c_{kl,ij} + c_{kj,li} + c_{ki,jl} = 0 \ . \tag{16}$$

Entsprechend erhält man aus (15)

$$c_{kl,ij} + c_{li,kj} + c_{ki,jl} = 0 \ . \tag{17}$$

Vergleich von (16) und (17) liefert schließlich

$$c_{kj,\,li} = c_{li,\,kj} \cdot \square \tag{18}$$

Für einen euklidischen Raum sind die Riemannschen Normalkoordinaten gleich den gewöhnlichen Koordinaten bezüglich einer orthonormierten Basis. Die $c_{ij,\,kl}$ sind in diesem Fall gleich 0 und können im allgemeinen als ein Maß für die Abweichung von M im Punkt O von einem euklidischen Raum angesehen werden.

Seien a, b Vektoren aus T_O, die bezüglich Riemannscher Normalkoordinaten die Komponenten a^i, b^i haben. Wegen Satz 1 kann man die biquadratische Form

$$Q(a, b) := c_{ij,\,kl} a^i a^j b^k b^l$$

auch folgendermaßen schreiben:

$$Q(a, b) = \tfrac{1}{3} c_{ij,\,kl}(a^i b^k - a^k b^i)(a^j b^l - a^l b^j) . \tag{19}$$

Seien a und b linear unabhängig und a_0, b_0 Vektoren, die den gleichen Vektorraum V wie a, b aufspannen. Weiter sei A die zweireihige Matrix, die a_0, b_0 in a, b überführt. Dann gilt

$$Q(a, b) = (\det A)^2 \, Q(a_0, b_0) .$$

Wenn a_0, b_0 eine orthonormierte Basis von V ist, so ist $\det A$ gleich dem Flächeninhalt $F(a, b)$ des von a und b aufgespannten Parallelogramms. Daher ist

$$Q(a, b)/F(a, b)^2$$

unabhängig von der Wahl von a und b in V.

Eine genügend kleine Umgebung U von O in V wird durch die Exponentialabbildung auf eine zweidimensionale Teilmannigfaltigkeit exp U in M abgebildet. Nach dem *Theorema egregium* (Kap. 4, Satz 2) hat exp U in O eine Gaußsche Krümmung K. RIEMANN gibt (ohne Beweis) den folgenden Satz an.

Satz 2. $K = -\tfrac{1}{3} Q(a, b)/F(a, b)^2$. $\boxtimes$
Wir beweisen Satz 2 in Abschn. 14.10.

14.6. Der Riemannsche Krümmungstensor

Wir betrachten ein Gebiet M des euklidischen Punktraums E^n als Riemannschen Raum mit beliebigen Koordinaten $x^1, \ldots, x^n$ und zugehöriger Fundamentalform $g_{ij}\,dx^i\,dx^j$. Wir interessieren uns für die Frage, wie man aus den g_{ij} ablesen kann, daß M ein euklidischer Raum ist.

Seien $y^1, \ldots, y^n$ euklidische Koordinaten von M bezüglich einer orthonormierten Basis $e_1, \ldots, e_n$ des zugehörigen Vektorraums V. Wir haben dann

$$g_{ij}\,dx^i\,dx^j = \sum_{k=1}^{n} (dy^k)^2 = \sum_{k=1}^{n} \left(\frac{\partial y^k}{\partial x^i} dx^i\right)^2 = \sum_{k=1}^{n} \frac{\partial y^k}{\partial x^i} \frac{\partial y^k}{\partial x^j} dx^i\,dx^j$$

und daher

$$g_{ij} = \sum_{k=1}^{n} \frac{\partial y^k}{\partial x^i} \cdot \frac{\partial y^k}{\partial x^j} , \tag{20}$$

$$\frac{\partial g_{ij}}{\partial x^l} = \sum_{k=1}^{n} \frac{\partial^2 y^k}{\partial x^i\,\partial x^l} \cdot \frac{\partial y^k}{\partial x^j} = \sum_{k=1}^{n} \frac{\partial^2 y^k}{\partial x^j\,\partial x^l} \cdot \frac{\partial y^k}{\partial x^i} . \tag{21}$$

Der Tangentialraum eines Punktes P werde durch Parallelverschiebung mit dem zu E^n gehörigen Vektorraum V identifiziert. Die Vektoren

$$f_j(P) = \frac{\partial y^i}{\partial y^j}(P)\, e_i\,, \qquad j = 1, \dots, n\,, \tag{22}$$

bilden eine Basis von V. Insbesondere muß sich also $\dfrac{\partial f_j}{\partial x^i}$, die Änderung dieser Vektoren längs der Koordinatenlinien, als Linearkombination von $f_1, \dots, f_n$ ausdrücken lassen.

Satz 3. *Es gilt*

$$\frac{\partial f_j}{\partial x^i} = \Gamma_{ij}^k f_k\,,$$

wobei die Γ_{ij}^k die oben eingeführten Christoffel-Symbole sind.

Beweis. Nach der Bemerkung vor Satz 3 gibt es Funktionen $H_{ij}^k(P)$ mit

$$\frac{\partial f_j}{\partial x^i} = H_{ij}^k f_k\,.$$

Setzt man in dieser Gleichung für f_j und f_k die Ausdrücke (22) ein, so erhält man

$$\frac{\partial^2 y^l}{\partial x^i\,\partial x^j} = H_{ij}^k \frac{\partial y^j}{\partial x^k}\,.$$

Wir multiplizieren diese Gleichungen mit $\dfrac{\partial y^l}{\partial x^h}$ und summieren über l. Aus den so erhaltenen Gleichungen und aus (20), (21) folgt leicht

$$\frac{\partial g_{ij}}{\partial x^k} = H_{ik}^l g_{lj} + H_{kj}^l g_{li}\,. \tag{23}$$

Wir berücksichtigen nun, daß nach Definition von f_j

$$H_{ij}^k = H_{ji}^k$$

ist. Daher wird

$$-\frac{\partial g_{ij}}{\partial x^k} + \frac{\partial g_{ik}}{\partial x^j} + \frac{\partial g_{jk}}{\partial x^i} = 2H_{ij}^l g_{lk}\,.$$

Durch Vergleich mit (6) und (7) folgt die Behauptung. $\square$

Aus der Gleichung

$$\frac{\partial}{\partial x^i}\left(\frac{\partial f_j}{\partial x^l}\right) = \frac{\partial}{\partial x^l}\left(\frac{\partial f_j}{\partial x^i}\right)$$

und Satz 3 folgt

$$\frac{\partial \Gamma_{ij}^k}{\partial x^l} f_k + \Gamma_{ij}^k \Gamma_{lk}^h f_h = \frac{\partial \Gamma_{lj}^k}{\partial x^i} f_k + \Gamma_{lj}^k \Gamma_{ik}^h f_h$$

und daher

$$\frac{\partial \Gamma_{lj}^i}{\partial x^k} - \frac{\partial \Gamma_{kj}^i}{\partial x^l} + \Gamma_{lj}^h \Gamma_{kh}^i - \Gamma_{kj}^h \Gamma_{lh}^i = 0\,. \tag{24}$$

10*

Es gilt also

Satz 4. *Für ein Gebiet des euklidischen Raumes E^n verschwinden die n^4 Funktionen*

$$K^i_{jkl} = \frac{\partial \Gamma^i_{lj}}{\partial x^k} - \frac{\partial \Gamma^i_{kj}}{\partial x^l} + \Gamma^h_{lj}\Gamma^i_{jh} - \Gamma^h_{kj}\Gamma^i_{lh} \cdot \quad \square$$

Von Satz 4 gilt auch die Umkehrung in der folgenden Form:
Sei M eine Riemannsche Mannigfaltigkeit und $K^i_{jkl} = 0$ für alle i, j, k, l in einer Umgebung eines Punktes P. Dann gibt es eine möglicherweise kleinere Umgebung U von P, die Koordinaten besitzt, so daß $g_{ij} = \delta_{ij}$ in U wird, d. h., U ist ein Gebiet des euklidischen Raumes.

Auf den B e w e i s dieses Satzes gehen wir hier nicht ein.

Wir haben den Punkten P einer Riemannschen Mannigfaltigkeit M verschiedene Zahlensysteme zugeordnet, wie g_{ij}, Γ^k_{ij}, K^i_{jkl}, die von der Wahl der Koordinaten $x^1, \dots, x^n$ abhängen. Das einfachste nichttriviale derartige System wird von den Komponenten $v^i = \left(\dfrac{\mathrm{d}x^i}{\mathrm{d}t}\right)_{t=0}$ des Tangentialvektors v gebildet, der zu einer Kurve $C(t)$ mit $C(0) = P$ gehört. Beim Übergang zu einem anderen Korodinatensystem $x'^1, \dots, x'^n$ erhält man für die entsprechenden Komponenten v'^i von v mit den Bezeichnungen von Abschn. 14.2.

$$v'^{i'} = c^{i'}_i v^i \, .$$

Dieses Transformationsverhalten wird als *kontravariant* bezeichnet.

Eine Differentialform ersten Grades $\sigma := a_i \, \mathrm{d}x^i$, wobei die a_i Funktionen auf M sind, ist eine Abbildung, die jedem Punkt $P \in M$ eine Linearform auf dem Tangentialraum T_P zuordnet. Dem Tangentialvektor mit den Komponenten $\left(\dfrac{\mathrm{d}x^i}{\mathrm{d}t}\right)_{t=0}$ wird durch σ die Zahl

$$\left(\frac{\sigma}{\mathrm{d}t}\right)_{t=0} = a_i \left(\frac{\mathrm{d}x^i}{\mathrm{d}t}\right)_{t=0}$$

zugeordnet. Beim Übergang zu den Koordinaten $x'^1, \dots, x'^n$ ergibt sich für die a_i das Transformationsverhalten

$$a_{i'} = \tilde{c}^i_{i'} a_i \, , \tag{25}$$

das als *kovariant* bezeichnet wird.

Für die Differentialform zweiten Grades $g_{ij} \, \mathrm{d}x^i \, \mathrm{d}x^j$ gilt nach (3)

$$g_{i'j'} = \tilde{c}^i_{i'}\tilde{c}^j_{j'} g_{ij} \, .$$

Man sagt, die g_{ij} seien die Komponenten eines *Tensors zweiter Stufe*, der bezüglich i und j kovariant ist. Betrachtet man die v^i, a_i, g_{ij} als Funktionen auf M, so spricht man von einem *Tensorfeld auf M*.

Hiernach ist klar, was man unter einem Tensor und einem Tensorfeld beliebiger Stufe zu verstehen hat. Bei den Komponenten eines Tensors bezeichnen obere Indizes kontravariantes und untere Indizes kovariantes Transformationsverhalten.

Die Christoffel-Symbole Γ^k_{ij} haben das Transformationsverhalten

$$\Gamma'^{k'}_{i'j'} = \tilde{c}^i_{i'}\tilde{c}^j_{j'} c^{k'}_k \Gamma^k_{ij} + c^{k'}_k \frac{\partial \tilde{c}^k_{j'}}{\partial x'^{i'}} \tag{26}$$

und sind daher nicht Komponenten eines Tensors.

Zur Ableitung von (26) zeigt man zweckmäßig zunächst

$$\Gamma'_{k'i'j'} = \tilde{c}^i_{i'}\tilde{c}^j_{j'}\tilde{c}^k_{k'}\Gamma_{kij} + c^l_k \frac{\partial \tilde{c}^k_{i'}}{\partial x'^{j'}}\, g'_{lk'} \, ,$$

wobei man die Beziehung

$$\frac{\partial \tilde{c}^i_j}{\partial x'^k} = \frac{\partial \tilde{c}^i_k}{\partial x'^j}$$

zu berücksichtigen hat.

Weiter wird

$$K'^{i'}_{j'k'l'} = c^{i'}_i\tilde{c}^j_{j'}\tilde{c}^k_{k'}\tilde{c}^l_{l'}K^i_{jkl} \, . \tag{27}$$

Die K^i_{jkl} sind daher Komponenten eines Tensors, der bezüglich i kontravariant und bezüglich j, k, l kovariant ist. Die K^i_{jkl} wurden von RIEMANN in seiner oben erwähnten Preisarbeit für die Pariser Akademie untersucht. Der zugehörige Tensor wird als *Riemannscher Krümmungstensor* bezeichnet.

Mit a^j_i ist auch die *Spur* a^i_i ein Tensor, d. h. eine vom Koordinatensystem unabhängige Zahl. Entsprechendes gilt für kompliziertere Tensoren. Insbesondere ist

$$K^i_{jki}g^{jk}(P) \tag{28}$$

eine Invariante von M im Punkt P, die als *Skalarkrümmung* bezeichnet wird.

14.7. Tensoren als Multilinearformen

Die in Abschn. 14.6. dargestellte Konzeption eines Tensors als etwas, das sich in gewisser Weise transformiert, wurde in den Jahren 1887 bis 1896 von RICCI entwickelt. Weit eleganter ist es, Tensoren als Multilinearformen zu erklären.

Statt vom Tangentialraum T_P gehen wir von einem beliebigen Vektorraum V der Dimension n aus. Der Wahl eines Koordinatensystems in M entspricht eine Basis von T_P. Wir betrachten entsprechend eine beliebige Basis $e_1, \dots , e_n$ von V. Seien A^k_{ij} die Komponenten eines Tensors bezüglich dieser Basis und a^i, b^i Komponenten kontravarianter Vektoren sowie c_k Komponenten eines kovarianten Vektors. a^i bzw. b^i entspricht der Vektor a^ie_i bzw. b^ie_i in V. Dagegen ist c_k die Linearform auf V zugeordnet, die dem Vektor mit den Komponenten a^i die Zahl a^kc_k zuordnet. c_k entspricht also ein Vektor aus dem zu V dualen Vektorraum V^*. Dem Tensor A^k_{ij} ist die multilineare Abbildung zugeordnet, die a^i, b^j und c_k die Zahl $a^ib^jc_kA^k_{ij}$ zuordnet. Wir können den Tensor mit dieser multilinearen Abbildung identifizieren, die unabhängig von der Wahl einer Basis $e_1, \dots , e_n$ ist. Allgemein erhalten wir so die folgende Tensordefinition:

Ein *Tensor vom Typ p, q* ist eine multilineare Abbildung von p mal dem Vektorraum V und q mal dem Vektorraum V^* in $\mathbb{R}$.

Hiernach haben wir auch die Vektoren $v \in V$ als Linearformen auf V^* zu verstehen: v entspricht die Linearform, die jedem $f \in V^*$ die Zahl $f(v)$ zuordnet.

14.8. Der Zusammenhang zwischen dem Krümmungstensor und der Form $Q(a, b)$

Wir kehren zur Betrachtung des Riemannschen Krümmungstensors zurück. Für Riemannsche Normalkoordinaten wird in den Bezeichnungen von Abschn. 14.5. unter

Berücksichtigung von Satz 1

$$K^i_{jkl}(O) = \frac{\partial \Gamma^i_{lj}}{\partial x^k}(O) - \frac{\partial \Gamma^i_{kj}}{\partial x^l}(O) = 2(c_{kj,\,il} - c_{jl,\,ik}) \ . \tag{29}$$

Da O beliebig gewählt werden kann, gilt nach Satz 1

Satz 5. *Der Riemannsche Krümmungstensor K^i_{jkl} genügt den folgenden Symmetriebedingungen*:

$$K^j_{ikl} = -K^i_{jkl} \ , \qquad K^i_{jlk} = -K^i_{jkl} \ , \qquad K^k_{lij} = K^i_{jkl} \ ,$$

$$K^i_{jkl} + K^i_{klj} + K^i_{ljk} = 0 \ . \ \square$$

Jetzt wollen wir den Zusammenhang des Riemannschen Krümmungstensors mit der Form $Q(a, b)$ herstellen. Wir setzen

$$K_{ijkl} = K^{i'}_{jkl} g_{i'i} \ .$$

Satz 6. *Es gilt*

$$Q(a,b) = -\tfrac{1}{12} K_{ijkl}(O)\,(a^i b^j - a^j b^i)\,(a^k b^l - a^l b^k) = -\tfrac{1}{3} K_{ijkl}(O)\,a^i b^j a^k b^l \ .$$

Beweis. Wegen (19) gilt

$$Q(a, b) = \tfrac{1}{3} c_{ik,\,jl}(a^i b^j - a^j b^i)\,(a^k b^l - a^l b^k) =$$

$$= \tfrac{1}{6}\,(c_{ik,\,jl} - c_{il,\,jk})\,(a^i b^j - a^j b^i)\,(a^k b^l - a^l b^k) \ .$$

Mit (29) folgt die Behauptung. $\square$

14.9. Orthonormierte Basen

Bisher haben wir nur Basen des Tangentialraumes T_P zugelassen, die einem Koordinatensystem entsprechen. Da wir jedoch eine positiv-definite Bilinearform auf T_P zur Verfügung haben, ist es oft günstiger, mit orthonormierten Basen zu arbeiten. Hierfür werden wir in Abschn. 14.10. ein Beispiel geben.

Ausgehend von der Basis $\dfrac{\partial}{\partial x^1}(P), \ldots, \dfrac{\partial}{\partial x^n}(P)$ erhalten wir eine orthonormierte Basis $g_1(P), \ldots, g_n(P)$ durch Anwendung des *Erhard-Schmidtschen Orthonormierungsverfahrens.* In

$$g_i = c^j_i \frac{\partial}{\partial x^j}$$

sind die c^j_i differenzierbare Funktionen von $x^1, \ldots, x^n$.

Wir wenden uns jetzt wieder dem Spezialfall eines Gebietes M im euklidischen Raum E^n zu. In diesem Fall können wir $\partial/\partial x^i = f_i$ setzen, wobei f_i, $i = 1, \ldots, n$, die in Abschn. 14.6. eingeführten Tangentialvektorfelder sind, die wir gleichzeitig als Vektorfunktionen auf M mit Werten in V betrachten.

In Satz 3 haben wir die Änderung der f_i längs der Koordinatenlinien ausgedrückt. Wir betrachten jetzt die Änderung der g_i längs einer Kurve C_i durch $P \in M$ mit dem Tangentenvektor $g_i(P)$ im Punkt P. Sei t der Parameter von C_i und $C_i(0) = P$. Wir setzen $a(t) := a\big(C_i(t)\big)$ für Funktionen a auf M. Dann wird

$$g_i(0) = \frac{\mathrm{d}x^h}{\mathrm{d}t}(0)\,f_h$$

und daher

$$\tilde{c}_i^h(0) = \frac{\mathrm{d}x^h}{\mathrm{d}t}(0) \, .$$

Hieraus folgt

$$\lim_{t \to 0} \frac{g_j(t) - g_j(0)}{t} = \lim_{t \to 0} \frac{\tilde{c}_j^k(t)\, f_k(t) - \tilde{c}_j^k(0)\, f_k(0)}{t}$$

$$= \tilde{c}_j^k(0)\, \tilde{c}(0)\, \frac{\partial f_k}{\partial x^k}(0) + \frac{\partial \tilde{c}_j^k}{\partial x^h}(0)\, \tilde{c}_i^h(0)\, f_k(0)$$

$$= \tilde{c}_j^k(0)\, \tilde{c}_i^h(0)\, c_{l'}^l(0)\, \Gamma_{hk}^{l'}(0)\, g_l(0) + \frac{\partial \tilde{c}_j^k}{\partial x^k}(0)\, \tilde{c}_i^h(0)\, c_k^l(0)\, g_l(0) \, . \tag{30}$$

Wir sehen, daß $\lim\limits_{t \to 0} \dfrac{g_j(t) - g_j(0)}{t}$ nur von dem zu C_i gehörigen Vektor $g_i(0)$ abhängt, und schreiben hierfür $(\nabla_{g_i} g_j)\,(P)$. Dieser Vektor ist eine Linearkombination der Basis $g_1(P), \dots, g_n(P)$:

$$(\nabla_{g_i} g_j)(P) = \Gamma_{ij}^{\prime k}(P)\, g_k(P) \, . \tag{31}$$

Wegen (30) gilt

$$\Gamma_{i'j'}^{\prime k'} = \tilde{c}_{i'}^i \tilde{c}_{j'}^j c_k^{k'} \Gamma_{ij}^k + c_k^{k'} \tilde{c}_{i'}^i \frac{\partial \tilde{c}_{j'}^k}{\partial x^i} \, . \tag{32}$$

Die Christoffel-Symbole Γ_{ij}^k transformieren sich also wie in (26).

Das Lemma von RICCI (9) nimmt die Form

$$\Gamma_{ij}^{\prime k} + \Gamma_{ik}^{\prime j} = 0 \tag{33}$$

an. Zur Ableitung von (33) braucht man nur zu bemerken, daß in cartesischen Koordinaten der Fundamentaltensor g_{ij} konstant ist. Durch Differenzieren von $\langle g_j, g_k \rangle = \delta_{jk}$ längs einer Kurve in Richtung g_i erhält man daher

$$\langle \nabla_{g_i} g_j, g_k \rangle + \langle g_j, \nabla_{g_i} g_k \rangle = 0 \, . \; \square$$

14.10. Die Gaußsche Krümmung

Im Fall einer Fläche reduziert sich der Riemannsche Krümmungstensor auf Grund der Symmetriebedingungen (Satz 5) auf die Skalarkrümmung S (28): Mit $K_{kl}^{ij} = K_{j'kl}^i g^{j'j}$ wird

$$S = K_{ji}^{ij} = 2K_{21}^{12} \, . \tag{34}$$

Im folgenden zeigen wir, daß K_{12}^{12} im Fall einer Fläche im dreidimensionalen euklidischen Raum gleich der Gaußschen Krümmung ist. Damit erhalten wir sowohl die gesuchte invariante Deutung der Gaußschen Krümmung (*Theorema egregium*) als auch den Beweis von Satz 2.

Wir betrachten eine Fläche F in E^3 in der Nähe eines fixierten Punktes O mit den Koordinaten $0, 0, 0$. In einer genügend kleinen Umgebung U von O in E^3 wählen wir Raumkoordinaten in der folgenden Weise: Für $P \in U$ gibt es genau eine Normale auf F durch P (Kap. 4, (10)). Der Schnittpunkt dieser Normalen mit F sei P_1. Dann wählen wir als Koordinaten von P die Flächenkoordinaten x^1, x^2 von P_1 und den orientierten Abstand von P und P_1 als dritte Koordinate x^3. Für Punkte auf der Fläche wird $g_{3i} = \delta_{3i}$, $i = 1, 2, 3$. Daher sind die Christoffel-Symbole der Fläche gleich den entsprechenden Symbolen des Raumes. Da der Krümmungstensor des Raumes verschwindet (Satz 4), findet man für den Krümmungstensor K^i_{jkl} der Fläche

$$K^i_{jkl} = \Gamma^3_{kj}\Gamma^i_{l3} - \Gamma^3_{lj}\Gamma^i_{k3} \, . \tag{35}$$

Wir gehen jetzt zu einer orthonormierten Basis g_1, g_2, $g_3 = \partial/\partial x^3$ über. Für Punkte der Fläche wird c^l_k unabhängig von x^3 und $c^i_3 = c^3_i = \delta_{i3}$ für $i = 1, 2, 3$. Hieraus folgt

$$\Gamma'^3_{i'j'} = \tilde{c}^i_{i'}\tilde{c}^j_{j'}\Gamma^3_{ij}$$

und

$$\Gamma'^{k'}_{i'3} = \tilde{c}^i_{i'}c^{k'}_k\Gamma^k_{i3} \, ,$$

d. h., diese Größen transformieren sich tensoriell. Daher gilt auch für die Komponenten K'^i_{jkl} des Krümmungstensors bezüglich der Basis g_1, g_2 die Beziehung

$$K'^i_{jkl} = \Gamma'^3_{kj}\Gamma'^i_{l3} - \Gamma'^3_{lj}\Gamma'^i_{k3} \, . \tag{36}$$

Wir nutzen jetzt noch die verbleibende Freiheit in der Wahl der Basis g_1, g_2 aus. Γ'^3_{ij} ist symmetrisch bezüglich i und j. Durch eine Hauptachsentransformation können wir erreichen, daß $\Gamma'^3_{12} = 0$ wird. Unter Berücksichtigung von (33) ergibt sich $K'^1_{212} = K$ mit $K = \Gamma'^3_{11}\Gamma'^3_{22}$.

Wir werden jetzt noch zeigen, daß g_1, g_2 die Hauptkrümmungsrichtungen und Γ'^3_{11}, Γ'^3_{22} die entsprechenden Hauptkrümmungen sind (Abschn. 4.6.): Sei die Fläche wie in Abschn. 4.4. durch die Gleichung $x^3 = f(x^1, x^2)$ gegeben. Dann findet man (mit den Bezeichnungen von Abschn. 14.6.)

$$f_i = e_i + \frac{\partial f}{\partial x^i}e_3 \, , \qquad \Gamma^3_{ij}(0, 0) = \frac{\partial^2 f}{\partial x^i\,\partial x^j}(0, 0) \quad \text{für} \quad i, j = 1, 2 \, .$$

Da die durch die Koordinaten x^1, x^2 gegebene Basis des Tangentialraumes im Nullpunkt bereits orthonormiert ist, folgt die Behauptung, weil sich die Hauptkrümmungen aus der Hauptachsentransformation der Matrix $\left(\dfrac{\partial^2 f}{\partial x^i\,\partial x^j}(0, 0)\right)_{ij}$ ergeben. Nach Kap. 4, Satz 1, ist K die Gaußsche Krümmung. Nach der Bemerkung am Beginn dieses Abschnittes gilt also

Satz 7. *Die Skalarkrümmung ist gleich der mit -2 multiplizierten Gaußschen Krümmung.*

14.11. Räume konstanter Krümmung

In zwei Abschnitten seines Habilitationsvortrages betrachtet RIEMANN Mannigfaltigkeiten M konstanter Krümmung im Sinn von Satz 2: In jedem Punkt und jeder zweidimensionalen Teilmannigfaltigkeit der Form exp U soll die Gaußsche Krümmung den gleichen Wert K haben. Die Maßverhältnisse einer solchen Mannigfaltigkeit sind durch K lokal bestimmt.

Das soll genauer folgendes heißen: Seien M und N n-dimensionale Riemannsche Mannigfaltigkeiten mit Koordinaten $x^1, \ldots, x^n$ und $y^1, \ldots, y^n$ und den Fundamentalformen $g_{ij}\,dx^i\,dx^j$, $h_{ij}\,dy^i\,dy^j$. Eine differenzierbare Abbildung φ von M in N ist eine

Abbildung, die durch differenzierbare Funktionen φ^i gegeben ist:

$$y^i = \varphi^i(x^1, \dots, x^n)\,, \qquad i = 1, \dots, n\,.$$

Durch φ wird die Fundamentalform $h_{ij}\,\mathrm{d}y^i\,\mathrm{d}y^j$ auf M transportiert:

$$h_{kl}^*(x)\,\mathrm{d}x^k\mathrm{d}x^l = h_{ij}\big(\varphi(x)\big)\frac{\partial\varphi^i}{\partial x^k}(x)\,\frac{\partial\varphi^i}{\partial x^l}(x)\,\mathrm{d}x^k\mathrm{d}x^l\,.$$

φ heißt *isometrische Abbildung*, wenn $h_{ij}^* = g_{ij}$ ist. Man sieht leicht, daß diese Definition unabhängig von der Wahl der Koordinatensysteme ist.

Eine *Isometrie* von M auf N ist eine eineindeutige isometrische Abbildung, deren Umkehrung auch isometrisch ist. Schließlich ist eine *lokale Isometrie* im Punkt P von M eine Isometrie einer Umgebung von P auf eine Umgebung des Bildpunktes von P in N.

Die Behauptung von RIEMANN besagt dann, daß zwei Mannigfaltigkeiten gleicher konstanter Krümmung in jedem Punkte lokal isometrisch sind.

Es ist leicht zu sehen, daß die Oberfläche einer Kugel vom Radius r die konstante Krümmung $1/r^2$ hat. Wir betrachten hier ein Beispiel einer Fläche mit negativer konstanter Krümmung.

H bezeichne die obere Halbebene, d. h. die Gesamtheit aller Punkte $z = (x, y)$ mit $x, y \in R,\ y > 0$. Wir betrachten in H die Differentialform

$$\frac{1}{y^2}\,(\mathrm{d}x^2 + \mathrm{d}y^2)\,. \tag{37}$$

Wir wollen die Gaußsche Krümmung und die Geodätischen der so definierten Riemannschen Fläche bestimmen.

Wir haben

$$(g_{ij})_{ij} = \begin{pmatrix} y^{-2} & 0 \\ 0 & y^{-2} \end{pmatrix}, \qquad (g^{ij})_{ij} = \begin{pmatrix} y^2 & 0 \\ 0 & y^2 \end{pmatrix},$$

$$(\Gamma_{ij}^1)_{ij} = \begin{pmatrix} 0 & -y^{-1} \\ -y^{-1} & 0 \end{pmatrix}, \qquad (\Gamma_{ij}^2) = \begin{pmatrix} y^{-1} & 0 \\ 0 & -y^{-1} \end{pmatrix}.$$

Hieraus errechnet sich die Gaußsche Krümmung K_{212}^1 zu -1.

Nach (8) genügt eine Geodätische $\big(x(t), y(t)\big)$ auf H dem Gleichungssystem

$$\frac{\mathrm{d}^2 x}{\mathrm{d}t^2} = \frac{2}{y}\,\frac{\mathrm{d}x}{\mathrm{d}t}\frac{\mathrm{d}y}{\mathrm{d}t}\,, \qquad \frac{\mathrm{d}^2 y}{\mathrm{d}t^2} = \frac{1}{y}\left(\frac{\mathrm{d}y}{\mathrm{d}t}\right)^2 - \frac{1}{y}\left(\frac{\mathrm{d}x}{\mathrm{d}t}\right)^2\,. \tag{38}$$

Eine spezielle Lösung dieses Systems ist $x = 0$, $y = \mathrm{e}^t$, d. h. die positive y-Achse. Der Abstand zweier Punkte $(0, y_1)$ und $(0, y_2)$ auf dieser Geodätischen beträgt

$$l(y_1, y_2) = \log y_2 - \log y_1\,.$$

Er geht bei $y_1 \to 0$ gegen ∞, d. h., die x-Achse ist von jedem Punkt von H unendlich weit entfernt.

Die Abbildung

$$\varphi(z) = \frac{az + b}{cz + d} \quad \text{mit } a, b, c, d \in R\,, \quad \det\begin{pmatrix} a & b \\ c & d \end{pmatrix} = 1\,, \qquad z = x + iy\,, \tag{39}$$

ist eine Isometrie von H auf sich. Um das zu zeigen, hat man die Gleichung

$$\frac{\mathrm{d}\varphi(z)\,\overline{\mathrm{d}\varphi(z)}}{(\mathrm{Im}\,\varphi(z))^2} = \frac{\mathrm{d}z\,\overline{\mathrm{d}z}}{(\mathrm{Im}\,z)^2}\,, \quad \text{d. h.} \quad \frac{|\varphi'(z)|^2}{(\mathrm{Im}\,\varphi(z))^2} = \frac{1}{(\mathrm{Im}\,z)^2}$$

zu verifizieren, was keine Schwierigkeiten bereitet.

Es folgt, daß φ Geodätische in Geodätische überführt. Die positive y-Achse wird durch φ in einen Halbkreis mit dem Mittelpunkt auf der x-Achse oder in eine Halbgerade parallel zur y-Achse übergeführt. Dabei treten alle diese Halbkreise und Halbgeraden als Bilder von gewissen Isometrien φ auf. Wir bezeichnen die Menge dieser Geodätischen auf H mit G. Zu jedem Punkt P von H und jedem Tangentenvektor v im Punkt P gibt es genau eine Kurve aus G durch P mit Tangentenvektor v in P. Daher ist G die Gesamtheit der Geodätischen von H (Abschn. 14.4.).

Neben den Isometrien der Form (39) gibt es noch die folgenden: Sei

$$\psi(z) = \frac{a\bar{z} + b}{c\bar{z} + d} \quad \text{mit} \quad a, b, c, d \in \mathbb{R}, \qquad \det\begin{pmatrix} a & b \\ c & d \end{pmatrix} = -1, \quad z = x + iy.$$

$$(40)$$

ψ bildet H auf sich ab und ist, wie man oben verifiziert, eine Isometrie.

Satz 8. *Eine beliebige Isometrie von H hat die Form* (39) *oder* (40).

Beweis. Sei (φ^1, φ^2) eine Isometrie von H. Dann gilt

$$\frac{1}{y^2}\,(dx^2 + dy^2) = \frac{1}{(\varphi^2)^2}\left(\left(\frac{\partial\varphi^1}{\partial x}\,dx + \frac{\partial\varphi^1}{\partial y}\,dy\right)^2 + \left(\frac{\partial\varphi^2}{\partial x}\,dx + \frac{\partial\varphi^2}{\partial y}\,dy\right)^2\right). \qquad (41)$$

Wir setzen zur Abkürzung

$$\frac{\partial\varphi^1}{\partial x} = a_1^1, \quad \frac{\partial\varphi^1}{\partial y} = a_2^1, \quad \frac{\partial\varphi^2}{\partial x} = a_1^2, \quad \frac{\partial\varphi^2}{\partial y} = a_2^2.$$

Aus (41) folgt

$$(a_1^1)^2 + (a_1^2)^2 = (a_2^1)^2 + (a_2^2)^2, \qquad a_1^1 a_2^1 + a_1^2 a_2^2 = 0$$

und daher

$$(a_1^1 + ia_2^1)^2 = (a_2^2 - ia_1^2)^2.$$

Wegen (41) können die beiden Seiten dieser Gleichung nicht verschwinden. Aus Stetigkeitsgründen gilt folglich

$$a_1^1 + ia_2^1 = a_2^2 - ia_1^2 \quad \text{für alle} \quad (x, y) \in \text{H} \qquad (42)$$

oder

$$a_1^1 + ia_2^1 = -\,(a_2^2 - ia_1^2) \quad \text{für alle} \quad (x, y) \in \text{H}. \qquad (43)$$

(42) liefert die Cauchy-Riemannschen Differentialgleichungen für die Funktion $\varphi = \varphi^1 + i\varphi^2$, die daher in H regulär als Funktion von $z = x + iy$ ist (Kap. 8, Satz 1). Nach Voraussetzung ist φ in H umkehrbar. Die Umkehrfunktion ist wieder eine reguläre Funktion in H. Wenn (42) erfüllt ist, genügt es daher, zum Beweis von Satz 8 das folgende Schwarzsche Lemma zu zeigen.

Lemma 1. *Sei* $\varphi(z)$ *eine reguläre Funktion, die* H *umkehrbar eindeutig auf sich abbildet. Dann ist* $\varphi(z)$ *von der Form* (39).

Beweis. Mit Hilfe einer Isometrie der Form (39) kann man einen beliebigen Punkt von H in einen gegebenen Punkt von H überführen. Wir können daher o.B.d.A. annehmen, daß $\varphi(i) = i$ ist. Die Funktion $w(z) = \dfrac{z - i}{z + i}$ führt H eineindeutig in das Innere des Einheitskreises über. $f(z) = w\big(\varphi(w^{-1}z)\big)$ ist daher eine reguläre Funktion, die das Innere des Einheitskreises umkehrbar eindeutig auf sich abbildet. Weiter ist $f(0) = 0$ und daher auch $f(z)/z$ eine reguläre Funktion.

Da eine reguläre Funktion ihr Supremum am Rand annimmt (Kap. 8, Satz 9), gilt $|f(z)/z| \leqq 1$. Die gleiche Überlegung für die Umkehrfunktion ergibt $|z/f(z)| \leqq 1$. Daher gilt $|f(z)/z| = 1$, woraus $f(z) = cz$ folgt, wobei c eine Konstante mit $|c| = 1$ ist. Hieraus ergibt sich $\varphi(z) = \dfrac{az + b}{-bz + a}$ mit $a, b \in \mathbb{R}$, $a^2 + b^2 = 1$. $\square$

Sei jetzt (φ^1, φ^2) eine Isometrie mit (43). Dann ist $(-\varphi^1, \varphi^2)$ eine Isometrie mit (42), und daher ist (φ^1, φ^2) von der Form (40). $\square$

Die Isometrien (39) und (40) unterscheiden sich dadurch, daß die ersteren die Orientierung der Tangentialräume von H erhalten und die letzteren diese umkehren.

14.12. Konforme Abbildung

Sei $z_0 = x_0 + iy_0$ ein beliebiger Punkt der komplexen Ebene, und seien C_1, C_2 zwei Kurven durch z_0. Als *Winkel* α zwischen C_1 und C_2 im Punkt z_0 wird der Winkel zwischen den entsprechenden Tangentialvektoren v_1, v_2 definiert:

$$\cos \alpha = \frac{\langle v_1, v_2 \rangle}{\|v_1\| \, \|v_2\|}, \qquad 0 \leqq \alpha \leqq \pi \, .$$

Dieser Winkel ist offenbar unabhängig davon, ob man die euklidische Metrik oder die Metrik (37) zugrunde legt.

Sei $w(z) = w(x, y)$ eine differenzierbare Abbildung einer Umgebung von z_0 auf eine Umgebung von $w(z_0)$. Mit den in Abschn. 14.11. durchgeführten Überlegungen kann man leicht folgendes beweisen.

$w(z)$ ist genau dann regulär in z_0 mit $dw/dz(z_0) \neq 0$, wenn $w(z)$ in z_0 winkel- und orientierungstreu ist.

Eine solche Abbildung $w(z)$ heißt *konform* im Punkte z_0.

14.13. Nichteuklidische Geometrie

Im 4. Jahrhundert v. u. Z. verfaßte Euklid die „*Elemente*", in denen die Geometrie aus Definitionen, Axiomen und Grundsätzen aufgebaut ist. Von den fünf Axiomen ist das letzte bedeutend komplizierter als die übrigen. Es kann dahingehend formuliert werden, daß es in einer Ebene zu einer Geraden g und einem außerhalb der Geraden gelegenen Punkt P immer genau eine Gerade h gibt, die den Punkt P enthält und mit g keinen gemeinsamen Punkt hat. Dieses Axiom wird als *Parallelenaxiom* bezeichnet.

Seit der Entstehung der Elemente versuchten viele Mathematiker, das Parallelenaxiom mit Hilfe der übrigen Axiome und der Grundsätze zu beweisen. Zu ihnen gehörte auch Legendre, der seit 1794 in acht Auflagen seines Geometrielehrbuches Beweise für das Parallelenaxiom angab, die sich immer als falsch erwiesen. In der neunten Auflage stellte er die Parallelentheorie wieder im wesentlichen nach Euklid dar. Hierauf spielt Riemann in der in Abschn. 14.1. zitierten Einleitung seines Habilitationsvortrages an.

Gauss beschäftigte sich ebenfalls mit dem Parallelenaxiom und kam nach vergeblichen Beweisversuchen zu der Auffassung, daß es nicht beweisbar sei, daß man vielmehr dieses Axiom ersetzen kann durch die Forderung, daß es unendlich viele Parallelen durch einen Punkt zu einer Geraden gibt und daß man auf diese Weise zu einer wohlbestimmten neuen Art von Geometrie kommt, die heute als *nichteuklidische Geometrie* bezeichnet wird. GAUSS publizierte allerdings nichts von diesen Ergebnissen, wofür man sich verschiedene Gründe denken kann. Einmal war die neue Geometrie nur hypothetisch. Es konnte nicht ausgeschlossen werden, daß in ihr ein Widerspruch gefunden werden würde, der doch noch zum Beweis des Parallelenaxioms führen würde. Andererseits war die euklidische Geometrie von KANT zur Apriori-Voraussetzung des menschlichen Denkens erklärt worden. GAUSS scheute sich möglicherweise, gegen eine solche allgemein anerkannte philosophische Position aufzutreten. So schrieb er z.B. am 25. 8. 1818 in seiner Antwort auf eine das Parallelenaxiom betreffende Anfrage von GERLING: *,,Ich freue mich, daß Sie den Mut haben, sich so auszudrücken, als wenn Sie die Möglichkeit, daß unsere Parallelen-Theorie, mithin unsere ganze Geometrie, falsch wäre, anerkennen. Aber die Wespen, deren Nest Sie aufstören, werden Ihnen um den Kopf fliegen."*

Die nichteuklidische Geometrie wurde unabhängig voneinander neu entdeckt von J. BOLYAI 1823 und LOBATSCHEWSKI 1826. Beide publizierten ihre Ergebnisse:

BOLYAI, J., *Scientiam spatii absolute veram exhibens: a veritate aut falsitate Axiomatis XI Euclidei (a priori haud unquam decidenda) independentem: adjecta ad casum falsitatis, quadratura circuli geometrica (Anhang zu einem Geometrielehrbuch seines Vaters W.* BOLYAI *aus dem Jahre* 1832).

LOBATSCHEWSKI, N. I., *O natschalach geometrii, Kasanskij Westnik* 1829—1830.

Sie stießen aber auf kein Verständnis von Seiten der Mathematiker außer bei GAUSS, der sich in Briefen über beide enthusiastisch äußerte, aber nichts zu ihrer öffentlichen Anerkennung beitrug. Es ist merkwürdig, daß RIEMANN, wie die Einleitung zu seinem Habilitationsvortrag zeigt, nichts über die nichteuklidische Geometrie von GAUSS, BOLYAI, LOBATSCHEWSKI wußte.

Gesicherter Bestandteil der Mathematik wurde die nichteuklidische Geometrie erst, nachdem ihre Widerspruchsfreiheit durch Angabe eines Modells, das mit Hilfe der reellen Zahlen erklärt wird, gesichert wurde (vorausgesetzt, daß man die reellen Zahlen als gesichert anerkennt). Ein erstes solches Modell wurde von BELTRAMI angegeben (*Saggio di interpretazione della geometria non-euclidea, G. mat. Napoli* 1868). In völliger Klarheit erscheint der Modellbegriff bei KLEIN (*Über die sogenannte Nicht-Euklidische Geometrie, Math. Ann.* 4 (1871)), der sich auf die von CAYLEY im projektiven Raum eingeführte Metrik stützte (*A sixth memoir upon quantics, Philos. Trans.* 1859).

Das euklidische Axiomensystem ist unvollständig. In ihm kommt implizit der Begriff der Bewegung einer geometrischen Figur vor, ohne daß dieser in das Axiomensystem aufgenommen wird. Außerdem fehlt die Axiomatisierung der Anordnung von Punkten auf einer Geraden. Ein vollständiges Axiomensystem für die euklidische Geometrie wurde 1899 von HILBERT in seinem Buch *,,Grundlagen der Geometrie"* gegeben.

Im folgenden geben wir ein Modell der nichteuklidischen Geometrie in der Ebene an. Als Riemannsche Mannigfaltigkeit ist dieses Modell gleich der in Abschn. 14.12. betrachteten oberen Halbebene H mit der Metrik $1/y^2 \, (dx^2 + dy^2)$. Als Geraden unserer Geometrie definieren wir die Geodätischen von H, d. h. die Halbkreise, deren Mittelpunkt auf der x-Achse liegt, und die zur x-Achse senkrechten Geraden. Man sieht leicht, daß es zu zwei verschiedenen Punkten von H genau eine Gerade unserer Geometrie gibt, auf der beide Punkte liegen. Andererseits gibt es zu jeder Geraden g unendlich viele Parallelen, die durch einen Punkt außerhalb von g gehen. Der Abstand zweier Punkte ist wie in Abschn. 14.12. gegeben. Der Winkel zwischen zwei Geraden durch einen Punkt ist der gleiche wie der euklidische Winkel der entsprechenden Halbkreise. Die zulässigen orientierungserhaltenden Bewegungen der Geometrie (vgl. Abschn. 4.2.) sind die gebrochen-linearen Transformationen (39) (Satz 8).

Auf dieses Modell hat POINCARÉ hingewiesen. H wird daher oft als *Poincarésche obere Halbebene* bezeichnet.

Aufgaben

14.1. Sei M ein Gebiet des euklidischen Punktraums E^n mit den Koordinaten $x^1, \ldots, x^n$. Weiter seien $f_1, \ldots, f_n$ die in Abschn. 14.6. eingeführten Vektorfelder auf M. Für eine Kurve $C(t)$ betrachten wir $f_1, \ldots, f_n$ als Funktionen des Parameters t.

a) Man zeige

$$\frac{df_j}{dt} = \Gamma_{ij}^k \frac{dx^i}{dt} f_k \, .$$

b) Sei $a = a^i f_i$ das Vektorfeld auf M, das sich durch Parallelverschiebung aus einem Vektor im Punkt $O = C(0)$ ergibt. Wir betrachten a längs der Kurve $C(t)$. Man zeige, daß die Komponenten a^i als Funktionen des Parameters t dem Differentialgleichungssystem

$$\frac{da^k}{dt} + a^j \Gamma_{ij}^k \frac{dx^i}{dt} = 0 \, , \qquad k = 1, \ldots, n \, , \tag{44}$$

genügen.

14.2 (LEVI-CIVITÁ). Das Ergebnis von Aufgabe 14.1. b) legt es nahe, in einer Riemannschen Mannigfaltigkeit die Parallelverschiebung längs der Kurve $C(t)$ durch die Bedingung (44) zu definieren: Seien also jetzt die Γ_{ij}^k die Christoffel-Symbole einer Riemannschen Mannigfaltigkeit. (44) besitzt in einer Umgebung von $O = C(0)$ eine eindeutige Lösung $a^j(t)$. Man zeige, daß $a^j(t) \, \partial/\partial x^j$ ein Vektor im Punkt $C(t)$ ist, d. h., daß die $a^j(t)$ beim Übergang zu anderen Koordinaten das Transformationsverhalten der Komponenten eines kontravarianten Vektors haben.

14.3. Man zeige, daß ein längs einer Geodätischen parallel verschobener Vektor Tangentenvektor an die Geodätische ist.

14.4. Seien $\varphi_1, \varphi_2, r, a$ reelle Zahlen mit $0 < \varphi_1 \leqq \varphi_2 < \pi$ und $r > 0$, so daß $z_1 := r\, e^{i\varphi_1} + a$ und $z_2 := r\, e^{i\varphi_2} + a$ Punkte der Poincaréschen oberen Halbebene sind. Man zeige, daß der nichteuklidische Abstand von z_1 und z_2 gleich $\log \tan (\varphi_2/2) - \log \tan (\varphi_1/2)$ ist.

14.5. Seien z_1 und z_2 beliebige Punkte der Poincaréschen oberen Halbebene, und seien r_1 und r_2 die Schnittpunkte der Geodätischen L, die durch z_1 und z_2 geht, mit der reellen Achse. Dabei sei r_1, z_1, z_2, r_2 die Reihenfolge der Punkte auf L. Man zeige, daß der nichteuklidische Abstand von z_1 und z_2 gleich

$$\log \left(\frac{z_1 - r_2}{z_1 - r_1} : \frac{z_2 - r_2}{z_2 - r_1} \right)$$

ist.

15. Über die Anzahl der Primzahlen unter einer gegebenen Größe

15.1. Problemstellung

Sei $\pi(x)$ die Anzahl der Primzahlen, die kleiner oder gleich der positiven reellen Zahl x sind. Das asymptotische Verhalten dieser Funktion hatte schon den jungen GAUSS in starkem Maße interessiert. Er war auf Grund der Berechnung ihrer Werte bis zum Argument $x = 3 \cdot 10^6$ zu der Vermutung gekommen, daß

$$\lim_{x \to \infty} \pi(x) \Big/ \frac{x}{\log x} = 1 \tag{1}$$

ist und daß $\pi(x)$ noch besser durch die Funktion $\displaystyle\int_2^x \frac{dt}{\log t}$ approximiert wird.

TSCHEBYSCHEW konnte als erster Ergebnisse in Richtung dieser Vermutung beweisen. Er zeigte z. B., daß für genügend große x die Ungleichung

$$0{,}921\,29 \; \frac{x}{\log x} < \pi(x) < 1{,}105\,55 \; \frac{x}{\log x}$$

gilt (*Sur la totalité des nombres premiers inferieurs a une limite donnée, J. math. pures appl.* **17** (1852)).

Die Gaußsche Vermutung wurde 1896 von HADAMARD (*Sur la distribution des zéros de la fonction $\zeta(s)$ et ses conséquences arithmetiques, Bull. soc. math. France* **24** (1896)) in der Form (1) und unabhängig davon von DE LA VALLÉE POUSSIN (*Recherches analytiques sur la théorie des nombres premiers, Ann. soc. sci. Bruxelles* **20**, 2 (1896)) in schärferer Form bewiesen (Kap. 27), deren Beweise wesentlich auf der Arbeit von RIEMANN ,,*Über die Anzahl der Primzahlen unter einer gegebenen Größe*'' (*Monatsber. der Preuß. Akad. Wiss., November* 1859) beruhen, der wir uns jetzt zuwenden.

15.2. Die Funktionalgleichung der ζ-Funktion

Der Ausgangspunkt von RIEMANN ist die Untersuchung der bereits von EULER (Kap. 6) für reelle Argumente betrachteten ζ-Funktion im Rahmen der komplexen Funktionentheorie:

$$\zeta(s) = \sum_{n=1}^{\infty} \frac{1}{n^s} = \prod_p \left(1 - \frac{1}{p^s}\right)^{-1}. \tag{2}$$

Wir haben in Abschn. 6.3. gezeigt, daß Summe und Produkt in (2) für $s > s_0 > 1$ gleichmäßig gegen die gleiche Funktion konvergieren, also für $s > 1$ eine stetige Funktion darstellen. Die gleichen Überlegungen ergeben unmittelbar, daß dies auch für komplexe $s = \sigma + it$ mit $\sigma > 1$ gilt (im folgenden bezeichnen σ bzw. t immer den

Real- bzw. den Imaginärteil von s). Mit Hilfe des Weierstraßschen Doppelreihensatzes (Abschn. 8.10.), der auch im folgenden mehrfach benutzt wird, zeigt man, daß $\zeta(s)$ für $\sigma > 1$ eine reguläre Funktion ist. Wegen der Produktdarstellung (2) ist $\zeta(s)$ für $\sigma > 1$ von 0 verschieden. RIEMANN beweist zunächst, daß man $\zeta(s)$ als meromorphe Funktion in die ganze Ebene fortsetzen kann. Dabei benutzt er die Eulersche Definition der Γ-Funktion

$$\Gamma(s) = \int_0^\infty x^{s-1}\, e^{-x}\, dx \quad \text{(Kap. 9, Satz 3)}\,.$$

Wir haben für $\sigma > 1$

$$\int_0^\infty e^{-nx}\, x^{s-1}\, dx = n^{-s} \int_0^\infty e^{-x}\, x^{s-1}\, dx = n^{-s}\Gamma(s)$$

und daher

$$\Gamma(s)\,\zeta(s) = \sum_{n=1}^\infty \int_0^\infty e^{-nx}\, x^{s-1}\, dx = \int_0^\infty x^{s-1}\,(e^x - 1)^{-1}\, dx\,.$$

Wir betrachten die Funktion $\varphi(z, s) := e^{(s-1)\log(-z)}\,(e^z - 1)^{-1}$, wobei die xy-Ebene ($z = x + iy$) längs der positiven x-Achse aufgeschnitten sei und $\log(-z)$ für negative reelle z reelle Werte annehme, so daß für positive reelle z, wenn man sich der x-Achse von oben nähert (oberes Blatt), $\log(-z) = \log z - i\pi$ und, wenn man sich von unten nähert (unteres Blatt), $\log(-z) = \log z + i\pi$ zu setzen ist. Wir integrieren dann längs der aufgeschnittenen positiven x-Achse, von einer Zahl r kommend, auf dem oberen Blatt bis zu einem kleinen $\varepsilon > 0$, beschreiben einen Kreis C mit dem Radius ε um den Nullpunkt und kehren auf dem unteren Blatt längs der reellen Achse nach r

Abb. 14

zurück (siehe Abb. 14). Dann haben wir als Integral über die ganze Kurve $S(r)$

$$\int_{S(r)} \varphi(z, s)\, dz = \int_r^\varepsilon e^{(s-1)(\log x - i\pi)}\,(e^x - 1)^{-1}\, dx + \int_C \varphi(z, s)\, dz$$
$$+ \int_\varepsilon^r e^{(s-1)(\log x + i\pi)}\,(e^x - 1)^{-1}\, dx\,.$$

Der Wert des Integrals ist nach dem Cauchyschen Integralsatz unabhängig von ε und geht für $\varepsilon \to 0$ gegen

$$(e^{-\pi s i} - e^{\pi s i}) \int_0^r x^{s-1}(e^x - 1)^{-1}\, dx\,.$$

Für $r \to \infty$ gilt also

$$i \lim_{r\to\infty} \int_{S(r)} \varphi(z, s)\, dz = 2 \sin \pi s \cdot \Gamma(s) \cdot \zeta(s)\,. \tag{3}$$

Dies gilt zunächst für $\sigma > 1$. Die linke Seite stellt aber für beliebige s eine reguläre Funktion dar und erklärt folglich $\zeta(s)$ als eindeutige meromorphe Funktion in der ganzen Ebene. Da wir die Nullstellen und Pole von $\sin \pi s$ und $\Gamma(s)$ kennen, können wir aus (3) ablesen, daß $\zeta(s)$ mit Ausnahme von $s = 1$ regulär ist und für $s = 1$ höchstens einen einfachen Pol hat. Wegen $\lim_{\sigma\to 1} \zeta(\sigma) = \infty$ liegt in $s = 1$ tatsächlich ein Pol vor.

Weiter betrachten wir im Fall $\sigma < 0$ das Integral von $\varphi(z, s)$ über $S(r)$ zusammen mit der Kreislinie um den Nullpunkt vom Radius r im Uhrzeigersinn, wobei $r = \pi + 2n\pi$ gewählt werde, um Pole auf dieser Kreislinie zu vermeiden. Wie man leicht sieht, geht das Integral über die Kreislinie für $n \to \infty$ gegen 0. Nach dem Residuensatz ist daher

$$i \lim_{r \to \infty} \int_{S(r)} \varphi(z, s) \, dz = 2\pi \sum_{m = -\infty}^{+\infty} \operatorname{Res} \varphi(z, s) \,,$$

wobei $m = 0$ bei der Summation wegzulassen ist. Wir haben für $m > 0$

$$\operatorname{Res}_{2\pi m i} \varphi(z, s) = \lim_{z \to 2\pi m i} \varphi(z, s) (z - 2\pi m i) = e^{(s-1)\log -2\pi m i} = (2\pi m)^{s-1} e^{-(\pi/2) i(s-1)}$$

und für $m < 0$

$$\operatorname{Res}_{2\pi m i} \varphi(z, s) = (2\pi |m|)^{s-1} e^{(\pi/2) i(s-1)} \,,$$

also

$$2 \sin \pi s \cdot \Gamma(s) \cdot \zeta(s) = (2\pi)^s \zeta(1 - s) \, 2 \cos \frac{\pi}{2} (s - 1)$$

und

$$2 \cos \frac{\pi}{2} s \cdot \Gamma(s) \cdot \zeta(s) = (2\pi)^s \zeta(1 - s) \,. \tag{4}$$

Diese Gleichung gilt zunächst für $\sigma < 0$. Da aber nur reguläre Funktionen auftreten, gilt sie für beliebige s.

Nach Kap. 9, (14), können wir (4) auch in der symmetrischen Form

$$\Gamma\left(\frac{s}{2}\right) \pi^{-s/2} \zeta(s) = \Gamma\left(\frac{1-s}{2}\right) \pi^{-(1-s)/2} \zeta(1 - s) \tag{5}$$

schreiben. Für $\sigma > 1$ steht links eine reguläre nichtverschwindende Funktion. Daher hat $\zeta(s)$ für $s = -2, -4, \ldots$ eine einfache Nullstelle und ist für alle anderen s mit $\sigma < 0$ von 0 verschieden.

Bemerkung. In Abschn. 5.6. haben wir $\zeta(s)$ für gerade positive s ausgerechnet:

$$\zeta(2n) = (-1)^{n+1} \frac{(2\pi)^{2n}}{2(2n)!} B_{2n} \,.$$

Nach der Funktionalgleichung (4) wird

$$\zeta(1 - 2n) = 2(-1)^n (2n - 1)! (2\pi)^{-2n} \zeta(2n) = -\frac{B_{2n}}{2n} \tag{6}$$

eine rationale Zahl!

15.3. Über die Nullstellen der ζ-Funktion

RIEMANN erkannte den Zusammenhang zwischen der Verteilung der Primzahlen innerhalb der Folge der natürlichen Zahlen und der Verteilung der Nullstellen von $\zeta(s)$ in der komplexen Ebene. Wir haben uns bereits klargemacht, daß $\zeta(s)$ außerhalb des „kritischen Streifens" $0 \leqq \sigma \leqq 1$ nur die Nullstellen $s = -2, -4, \ldots$ hat. Diese werden als *triviale* Nullstellen bezeichnet.

RIEMANN behauptet, daß die Anzahl der Nullstellen von $\zeta(\frac{1}{2} + iz)$, deren Realteil t zwischen 0 und T liegt, „*etwa*" gleich $\frac{T}{2}\log\frac{T}{2} - \frac{T}{2}$ sei. Wörtlich schreibt er weiter:

„*Man findet nun in der That etwa so viel reelle Wurzeln innerhalb dieser Grenzen, und es ist sehr wahrscheinlich, daß alle Wurzeln reell sind. Hiervon wäre allerdings ein strenger Beweis zu wünschen; ich habe indess die Aufsuchung desselben nach einigen flüchtigen vergeblichen Versuchen vorläufig bei Seite gelassen, da er für den nächsten Zweck meiner Untersuchung entbehrlich schien.*"

Die letzte Behauptung ist die *Riemannsche Vermutung*, die bis heute nicht bewiesen werden konnte. RIEMANN behauptet weiter, daß man für die ganze Funktion

$$\xi_1(z) := \frac{s}{2}(s-1)\,\Gamma\!\left(\frac{s}{2}\right)\pi^{-s/2}\zeta(s) \quad \text{mit} \quad s = \frac{1}{2} + iz$$

die Produktdarstellung

$$\xi_1(z) = \xi_1(0) \prod_\alpha \left(1 - \frac{z^2}{\alpha^2}\right)$$

habe, wobei das Produkt über alle Nullstellen α mit $\mathrm{Re}\,\alpha > 0$ zu erstrecken ist. Diese Behauptung wurde zuerst 1893 von HADAMARD bewiesen (Kap. 26, Satz 5).

Der weitere Inhalt der Riemannschen Arbeit besteht darin, eine exakte Formel für eine Funktion anzugeben, die mit der Primzahlfunktion eng verwandt ist.

Zunächst gehen wir von $\pi(x)$ zu der Funktion $\pi_0(x)$ über, die gleich $\pi(x)$ ist, wenn x keine Primzahl ist (d. h., wenn $\pi(x)$ keine Sprungstelle hat), und die gleich $\pi(x) - \frac{1}{2}$ ist, wenn x eine Primzahl ist (vgl. Abschn. 5.2. und Abschn. 27.3.). Weiter setzen wir

$$f(x) := \sum_{n=1}^{\infty} \frac{1}{n}\,\pi_0(x^{1/n})\,. \tag{7}$$

Man findet von $f(x)$ zurück zu $\pi_0(x)$ mit Hilfe der *Möbiusschen Funktion* $\mu(m)$, die für natürliche Zahlen m definiert ist:

$\mu(m) = 0$, wenn in m das Quadrat einer Primzahl aufgeht.

$\mu(m) = (-1)^r$, wenn m das Produkt von r verschiedenen Primzahlen ist. Es gilt

$$\sum_{d\mid m}\mu(d) = \begin{cases} 1 & \text{für} \quad m = 1\,, \\ 0 & \text{für} \quad m > 1\,, \end{cases} \tag{8}$$

wobei über alle Teiler d von m zu summieren ist. Hieraus folgt leicht

$$\pi_0(x) = \sum_{m=1}^{\infty}\mu(m)\,\frac{1}{m}\,f(x^{1/m})\,. \tag{9}$$

RIEMANNS *exakte Formel* für $f(x)$ lautet

$$f(x) = \mathrm{Li}(x) - \sum_\alpha \left(\mathrm{Li}(x^{1/2+i\alpha}) + \mathrm{Li}(x^{1/2-i\alpha})\right) + \int\limits_x^{\infty} \frac{\mathrm{d}x}{(x^2-1)\,x\log x} - \log 2\,. \tag{10}$$

Dabei ist die Summe über alle Nullstellen α von $\xi_1(z)$ mit $\mathrm{Re}\,\alpha > 0$, geordnet nach wachsendem Realteil, zu nehmen, und $\mathrm{Li}(x)$ ist die Funktion

$$\mathrm{Li}(x) := \lim_{\varepsilon \to 0}\left(\int_0^{1-\varepsilon} \frac{dt}{\log t} + \int_{1+\varepsilon}^{x} \frac{dt}{\log t} \right) = \int_0^{\log x} \frac{(e^u - e^{-u})}{u}\, du - \int_{\log x}^{\infty} \frac{e^{-u}}{u}\, du \,, \qquad (11)$$

die sich von $\displaystyle\int_2^x \frac{dt}{\log t}$ nur um eine Konstante unterscheidet.

Die Formel (10) wurde streng 1895 von VON MANGOLDT bewiesen (Aufgabe 27.9.). (9) und (10) legen es nahe, statt $\mathrm{Li}(x)$ die Funktion

$$R(x) := \sum_{m=1}^{\infty} \mu(m)\frac{1}{m}\mathrm{Li}(x^{1/m}) = 1 + \sum_{n=1}^{\infty} \frac{1}{n\zeta(n+1)} \frac{(\log x)^n}{n!} \qquad (12)$$

als Approximation von $\pi(x)$ zu betrachten. Die folgende Tabelle zeigt die gute Übereinstimmung von $\pi(x)$ und $R(x)$:

x	10^8	$2 \cdot 10^8$	$3 \cdot 10^8$	$4 \cdot 10^8$	$5 \cdot 10^8$
$\pi(x)$	5761455	11078937	16252325	21336326	26355867
$R(x)$	5761552	11079090	16252355	21336185	26355517

x	$6 \cdot 10^8$	$7 \cdot 10^8$	$8 \cdot 10^8$	10^8	10^9
$\pi(x)$	31324703	36252931	41146179	46009215	50847534
$R(x)$	31324622	36252719	41146248	46009949	50847455

Aufgaben

15.1. Sei n eine natürliche Zahl. Man zeige, daß das Produkt über alle Primzahlen p mit $n < p < 2n$ kleiner als 2^{2n} ist. $\left(\text{Hinweis: Man benutze den Binomialkoeffizienten } \binom{2n}{n}.\right)$

15.2. Man zeige $\pi(2n) - \pi(n) < \dfrac{2n \log 2}{\log n}$.

15.3. Man zeige $\pi(x) < 1{,}7\,\dfrac{x}{\log x}$ für $x \geqq 2$ unter der Annahme, daß dies bereits für alle $x \leqq 1200$ nachgeprüft ist.

15.4. Man zeige $\binom{n}{k} \leqq n^{\pi(n)}$ für alle natürlichen Zahlen k mit $1 \leqq k \leqq n$.

15.5. Man zeige $2^n \leqq (n+1)\, n^{\pi(n)}$.

15.6. Man zeige $\pi(x) > \dfrac{2}{3}\,\dfrac{x}{\log x}$ für $x \geqq 200$.

Bemerkung: Die Beweismethode in den Aufgaben 15.1. bis 15.6. geht auf TSCHEBYSCHEW zurück (vgl. Abschn. 15.1.). Wir haben sie der Antrittsvorlesung von D. ZAGIER an der Universität Bonn entnommen, in der viele interessante Ergebnisse

über die Verteilung der Primzahlen auf der Zahlengeraden angeführt werden (ZA-
GIER, D., *The first 50 million prime numbers, The Math. Intelligencer 0, August* 1977).

15.7. Man zeige

$$\frac{1}{\zeta(s)} = \sum_{n=1}^{\infty} \frac{\mu(n)}{n^s} \quad \text{für} \quad \text{Re}\, s \geq 1 \, .$$

15.8. Man zeige

$$\sum_{n=1}^{\infty} \mu(n) \frac{\log n}{n} = -1 \, .$$

15.9. Man beweise (11) und (12).

16. Die Anfänge der Theorie der algebraischen Zahlen

16.1. Die Gaußschen Zahlen

Bei seiner Bemühung, eine zur Theorie der quadratischen Reste (Kap. 1) analoge Theorie der biquadratischen Reste aufzubauen, erkannte GAUSS, daß es dazu notwendig ist, vom Bereich der ganzen Zahlen Z überzugehen zu dem Bereich $Z[\sqrt{-1}]$ aller Zahlen der Form $x + y\sqrt{-1}$ mit $x, y \in Z$. In seiner 1832 erschienenen Arbeit "*Theoria residuorum biquadraticorum II*" (*Comm. Soc. Reg. Sci. Gottingensis* 7) zeigte er, daß für den Ring $Z[\sqrt{-1}]$ ebenfalls der Satz von der eindeutigen Primelementzerlegung (Abschn. A 1.1.) gilt. Wir beweisen diesen Satz im folgenden nach DEDEKIND mit Hilfe eines Euklidischen Algorithmus. GAUSS stützte seinem Beweis auf die Theorie der binären quadratischen Formen (Kap. 2).

Wir setzen, wie üblich, $i := \sqrt{-1}$. Die komplexen Zahlen der Form $x + yi$ mit $x, y \in Q$ bilden einen Körper $Q(i)$, der also als Vektorraum über Q den Grad 2 hat. α' bezeichnet die *konjugiert komplexe* Zahl zu $\alpha \in Q(i)$. $N(\alpha) = \alpha\alpha'$ heißt die *Norm* von α. Mit $\alpha = x + yi$ wird $\alpha' = x - yi$ und $N(\alpha) = x^2 + y^2$. Daher ist die Norm immer ≥ 0 und gleich 0 nur dann, wenn $\alpha = 0$ ist. Wie man leicht sieht, gilt $N(\alpha\beta) = N(\alpha)\,N(\beta)$.

$\alpha = x + yi$ heißt *ganze Gaußsche Zahl*, wenn x und y aus Z sind. Diese Zahlen bilden offensichtlich einen Ring $Z[i]$, den *Ring der ganzen Gaußschen Zahlen*. Sie bilden das Gitter der Punkte mit ganzen Koordinaten in der komplexen Zahlenebene. Hieraus ist leicht ersichtlich, daß sich jede Zahl α aus $Q(i)$ als Summe $\beta + \gamma$ darstellen läßt, wobei β aus $Z[i]$ und $N(\gamma) \leq \frac{1}{2}$ ist.

Sei $\varepsilon = x + yi$ eine Einheit in $Z[i]$. Dann gilt $N(\varepsilon) = x^2 + y^2 = 1$. Es gibt daher in $Z[i]$ nur die vier Einheiten ± 1, $\pm i$.

Die Grundlage der Arithmetik in $Z[i]$ liefert der folgende Satz über die Division mit Rest.

Satz 1. *Sei α eine beliebige und β eine von 0 verschiedene Zahl aus $Z[i]$. Dann gibt es Zahlen γ und ν aus $Z[i]$, so daß*

$$\alpha = \nu\beta + \gamma \quad mit \quad N(\gamma) < N(\beta)$$

ist.

Beweis. Wir schreiben α/β in der Form $\nu + \mu$ mit $\nu \in Z[i]$ und $N(\mu) \leq \frac{1}{2}$. Dann ist $\gamma = \beta\mu \in Z[i]$ und $N(\gamma) = N(\beta)\,N(\mu) < N(\beta)$. $\square$

Wegen Satz 1 ist $Z[i]$ ein euklidischer Ring. Daher gilt in $Z[i]$ der Satz von der eindeutigen Primelementzerlegung (Anh. 1, Satz 3).

Wir wollen uns jetzt einen Überblick über alle Primelemente π in $Z[i]$ verschaffen. Unter den Vielfachen von π gibt es wegen $\pi\pi' \in Z$ genau eine Primzahl p in Z. Es genügt daher, die Primteiler in $Z[i]$ von Primzahlen p zu bestimmen.

Satz 2. (i) *Sei $p \equiv 1 \pmod 4$. Dann ist $p = \pi\pi'$, wobei π und π' nichtassoziierte konjugierte Primelemente sind.*

(ii) *Sei $p \equiv 3 \pmod 4$. Dann ist p Primelement in $Z[i]$.*

(iii) $2 = (1 - i)^2 \, i$ *mit dem Primelement $1 - i$.*

Beweis. Aus $\pi \mid p$ folgt $N(\pi) \mid N(p) = p^2$. Daher ist $N(\pi) = p$ oder $N(\pi) = p^2$. Im zweiten Fall ist wegen der Eindeutigkeit der Primelementzerlegung π zu p assoziert, d. h., p ist Primelement in $Z[i]$.

Für $p \equiv 3 \pmod 4$ muß der zweite Fall eintreten, da mit $\pi = x + yi$, $x, y \in Z$, die Kongruenz $N(\pi) = x^2 + y^2 \equiv 3 \pmod 4$ unlösbar ist.

Für $p \equiv 1 \pmod 4$ ist nach Kap. 1, Satz 7, -1 quadratischer Rest mod p, d. h., es gibt ein $x \in Z$ mit $p \mid (x^2 + 1) = (x + i)(x - i)$. Da p keinen der Faktoren $x + i$ und $x - i$ teilt, ist p kein Primelement von $Z[i]$. Wir haben also $N(\pi) = p$. Die Primelemente π und π' sind nicht assoziiert, weil $\pi - \pi' = 2yi$ zu p teilerfremd ist. $\square$

Satz 2 enthält Satz 10 aus Kapitel 2, für den wir hier also einen neuen Beweis geliefert haben.

16.2. Einleitung zu den folgenden Kapiteln 17 bis 21

Anknüpfend an die Gaußsche Kreisteilungstheorie (Kap. 3) und an Ergebnisse von JACOBI, betrachtete KUMMER seit 1844 die Arithmetik im Ring $Z[\zeta_p]$, wobei p eine Primzahl und ζ_p eine von 1 verschiedene p-te Einheitswurzel ist (*De numeris complexis, qui radicibus unitatis et numeris integris realibus constant*, in: *Gratulationsschrift der Breslauer Universität zur Jubelfeier der Königsberger Universität*, Breslau 1844). Nachdem ihm klar geworden war, daß in diesen Ringen der Satz von der eindeutigen Primelementzerlegung im allgemeinen nicht gilt, führte er „ideale Zahlen" zur Rettung einer solchen Zerlegung ein. In einer späteren Arbeit wendete er die so gewonnenen Ergebnisse an, um die Fermatsche Vermutung in einer Reihe von Fällen zu beweisen.[1]

DIRICHLET studierte allgemeiner Ringe der Form $Z[\alpha]$, wobei α eine ganze algebraische Zahl ist, d. h. einer Gleichung $\alpha^n + a_1\alpha^{n-1} + \ldots + a_n = 0$ mit ganzen Koeffizienten $a_1, \ldots, a_n$ genügt. Er konnte die Struktur der Einheitengruppe (Abschn. A 1.1) dieser Ringe aufklären (*Zur Theorie der complexen Einheiten, Monatsber. Preuß. Akad. Wiss., März* 1846). Wir stellen dieses Ergebnis von DIRICHLET in Kapitel 19 dar.

Die nächste wichtige Arbeit zur Theorie der algebraischen Zahlen erschien 1871 als *X. Supplement* von DEDEKIND zu den von ihm herausgegebenen „*Vorlesungen über Zahlentheorie*" von DIRICHLET. DEDEKINDS Ziel bestand darin, eine allgemeine Theorie der algebraischen Zahlen zu entwickeln. Auf anderen Wegen gelangten KRONECKER (*Grundzüge einer arithmetischen Theorie der algebraischen Größen, J. reine angew. Math.* 92 (1882)) und ZOLOTARIEW (*Sur la théorie des nombres complexes, J. math. pures appl.* 6 (1880)) zu einer solchen Theorie. Die Kroneckersche Methode war zunächst die erfolgreichere und wurde z. B. von WEBER in seinem „*Lehrbuch der Algebra, Band 2*", 1896, dargestellt, während ZOLOTARIEWs Ergebnisse als Vorläufer der Henselschen bewertungstheoretischen Methode betrachtet werden können, die jedoch erst in den zwanziger Jahren dieses Jahrhunderts vor allem durch das Wirken von

---

[1] Siehe hierzu NEUMANN, O., *Über die Anstöße zu Kummers Schöpfung der „idealen complexen Zahlen"*, in: *Mathematical Perspectives (Biermann-Festschrift), Academic Press* 1981.

HASSE wachsenden Einfluß auf die Zahlentheorie und die Algebra gewann. Wir gehen auf diese Methode im zweiten Band dieses Buches ein. Beginnend mit den neunziger Jahren des 19. Jahrhunderts setzte sich DEDEKINDS Theorie durch und wurde zu einem wesentlichen Bestandteil der Mathematik im zwanzigsten Jahrhundert.

In der vierten Auflage aus dem Jahre 1894 von DIRICHLETS Vorlesungen erschien das frühere X. *Supplement* in umgearbeiteter Form als XI. *Supplement* und enthielt zum ersten Mal eine Darstellung der Galoisschen Theorie (Kap. 7) als eine Theorie der endlichen Körpererweiterungen. Sie gewinnt dadurch in starkem Maße an Einfachheit und Durchsichtigkeit. DEDEKINDS Ideen hierzu gehen zurück auf seine Göttinger Vorlesungen 1857 bis 1858.

Wir lassen uns im folgenden vom XI. *Supplement* leiten und teilen den Stoff in eine Reihe von Kapiteln ein. In Kapitel 17 behandeln wir als algebraische Grundlage die Körpertheorie. DEDEKIND beschränkt sich auf Zahlkörper, d. h. auf Körper, die im Körper $\mathbb{C}$ der komplexen Zahlen enthalten sind. Da wir jedoch hier die bei unserer Behandlung der Galoisschen Theorie (Kap. 7) verbliebenen Lücken schließen wollen, legen wir wie dort allgemeiner beliebige Körper der Charakteristik 0 zugrunde. Kap. 18 enthält die allgemeine Theorie der ganzen algebraischen Zahlen von DEDEKIND, die als *Idealtheorie* bezeichnet wird. Diese Theorie läßt sich auf Funktionenkörper übertragen, d. h. auf Körper, die endliche Erweiterungen des Körpers $F_0(x)$ der rationalen Funktionen über einem Körper F_0 sind. Dabei spielt der Polynomring $F_0[x]$ eine analoge Rolle wie der Ring der ganzen Zahlen Z in der Theorie der algebraischen Zahlen. Beiden Ringen ist gemeinsam, euklidischer Ring zu sein (Abschn. A 1.2.). Diese Eigenschaft genügt, um die Dedekindsche Idealtheorie zu entwickeln. Damit gewinnen wir gleichzeitig die Grundlage für die Theorie der algebraischen Funktionen, die wir in Kap. 23 behandeln.

Die Kapitel 19 und 20 enthalten die Teile der Theorie, die spezifisch für Zahlkörper sind. Schließlich behandeln wir in Kap. 21 den Zusammenhang zwischen quadratischen Formen und quadratischen Zahlkörpern einschließlich einer durchsichtigen Theorie der Komposition der Formenklassen (Abschn. 2.9.).

Aufgaben

16.1. Man bestimme die Primelementzerlegung von $17 + 19i$ in $Z[i]$.

16.2. Sei π ein Primelement in $Z[i]$. Man beweise, daß $\alpha^{N(\pi)} \equiv \alpha \pmod{\pi}$ für alle $\alpha \in Z[i]$ gilt.

16.3. Man bestimme eine Lösung der Gleichung $\xi(3 + 5i) + \eta(4 + 5i) = 1$ mit $\xi, \eta \in Z[i]$.

16.4. Man zeige, daß es zu jedem $\alpha \in Z[i]$, das prim zu 3 ist, eine natürliche Zahl x mit $(1 + i)^x \equiv \alpha \pmod{3}$ gibt.

16.5. Sei p eine Primzahl in Z mit $p \equiv 3 \pmod{4}$. Man zeige, daß die Gruppe $(Z[i]/pZ[i])^\times$ zyklisch ist.

16.6. Sei p eine Primzahl in Z mit $p \equiv 3 \pmod{4}$ und $a \in Z$ mit $a \not\equiv 0 \pmod{p}$. Man zeige, daß die Kongruenz $x^2 + y^2 \equiv a \pmod{p}$ genau $p + 1$ Lösungen $x, y \in Z$ hat.

16.7. Man zeige, daß $Z[\sqrt{-3}]$ kein Ring mit eindeutiger Primelementzerlegung ist.

16.8. Man zeige: $Z[(1 + \sqrt{-3})/2]$, $Z[(1 + \sqrt{-7})/2]$, $Z[\sqrt{-2}]$ und $Z[(1 + \sqrt{-11})/2]$ sind Ringe mit eindeutiger Primelementzerlegung.

16.9. Man verschaffe sich analog zu dem Vorgehen für $Z[i]$ einen Überblick über die Primelemente in $Z[(1 + \sqrt{-3})/2)]$, $Z[(1 + \sqrt{-7})/2]$, $Z[\sqrt{-2}]$ und $Z[(1 + \sqrt{-11})/2]$.

17. Körpertheorie

17.1. Körperisomorphismen

In den Paragraphen 160 bis 167 des XI. *Supplements* werden die „*wichtigsten Grundlagen der heutigen Algebra*" dargestellt. In § 164 nennt DEDEKIND als eigentlichen Gegenstand der heutigen Algebra „*die genaue Untersuchung der Verwandtschaft zwischen den verschiedenen Körpern*".

Seien K_1 und K_2 zwei Körper. Ein *Körperhomomorphismus* φ von K_1 in K_2 ist eine Abbildung von K_1 in K_2 mit

$$\varphi(a + b) = \varphi(a) + \varphi(b)\,, \qquad \varphi(ab) = \varphi(a)\,\varphi(b) \quad \text{für alle} \quad a, b \in K_1\,, \tag{1}$$

$$\varphi(1) = 1\,. \tag{2}$$

Offensichtlich ist das Bild $\varphi(K_1)$ ein Teilkörper von K_2

Satz 1. *Ein Homomorphismus φ von K_1 in K_2 ist injektiv.*

Beweis. Angenommen, es gäbe $a, b \in K_1$ mit $a \neq b$ und $\varphi(a) = \varphi(b)$. Dann wäre $\varphi(1) = \varphi\big(1/(a - b)\big)\,\varphi(a - b) = 0$ im Widerspruch zu (2). $\square$

Jeder Homomorphismus φ von K_1 in K_2 ist also ein Isomorphismus von K_1 auf $\varphi(K_1)$. „*Untersuchung der Verwandtschaft zwischen den verschiedenen Körpern*" bedeutet Untersuchung der Isomorphismen zwischen Körpern.

Ein algebraischer Zahlkörper L vom Grad n ist ein Teilkörper von $\mathbb{C}$, der über $\mathbb{Q}$ den Grad n hat.

Satz 2. *Es gibt genau n verschiedene Isomorphismen von L in $\mathbb{C}$.*

Beweis. Nach dem Satz vom primitiven Element (Kap. 7, Satz 4) gibt es ein $\vartheta \in L$ mit $L = \mathbb{Q}(\vartheta)$. Sei $f(x)$ das zu ϑ gehörige irreduzible Polynom mit Koeffizienten in $\mathbb{Q}$ und ϑ_i eine der n Nullstellen von $f(x)$ in $\mathbb{C}$. Dann ist die Zuordnung φ_i:

$$\sum_{k=0}^{n-1} a_k \vartheta^k \to \sum_{k=0}^{n-1} a_k \vartheta_i^k \quad \text{für} \quad a_0, \dots, a_{n-1} \in /\!/$$

nach Abschn. A 1.5. ein Isomorphismus von L in $\mathbb{C}$.

Damit haben wir n Isomorphismen gefunden. Ist andererseits φ ein Isomorphismus von L in $\mathbb{C}$, so ist $\varphi(\vartheta)$ eine Nullstelle von $f(x)$ und φ ist durch $\varphi(\vartheta)$ eindeutig bestimmt. $\square$

Wir wollen Satz 2 verallgemeinern auf einen beliebigen Körper der Charakteristik 0.

Sei L eine endliche Erweiterung eines Körpers K der Charakteristik 0 und $L = K(\vartheta)$. Weiter sei Z ein Zerfällungskörper des Minimalpolynoms von ϑ bezüglich K (Anh. 1, Satz 10). Die gesuchte Verallgemeinerung von Satz 2 lautet:

Satz 3. *Sei M ein Teilkörper von L, der K umfaßt, und φ ein Isomorphismus von M in Z, der K elementweise festläßt. Dann gibt es genau $[L : M]$ Fortsetzungen von φ zu einem Isomorphismus von L in Z.*

Beweis. Sei $[L : M] = n$ und seien $\vartheta_1, \dots, \vartheta_n$ die Nullstellen des Minimalpolynoms von ϑ bezüglich M. Die gesuchten n Fortsetzungen φ_i, $i = 1, \dots, n$, von φ sind dann durch

$$\varphi_i\left(\sum_{k=0}^{n-1} \alpha_k \vartheta^k\right) = \sum_{k=0}^{n-1} \varphi(\alpha_k)\,\vartheta_i^k \quad \text{mit} \quad \alpha_0, \dots, \alpha_{n-1} \in M$$

gegeben. $\square$

Bemerkung. Grundlage für den Beweis von Satz 3 ist der Satz, daß ein irreduzibles Polynom vom Grad n in einem Zerfällungskörper n verschiedene Nullstellen hat. Dies ist über einem Körper der Charakteristik $p \neq 0$ im allgemeinen nicht richtig.

In den folgenden Abschnitten dieses Kapitels setzen wir stets voraus, daß alle Körper die Charakteristik 0 haben.

17.2. Normale Erweiterungen und Galoissche Gruppe

Eine endliche Erweiterung N/K heißt *normal*, wenn jedes irreduzible Polynom $f(x) \in K[x]$, das in N eine Nullstelle hat, in N in Linearfaktoren zerfällt.

Satz 4. *Sei $f(x) \in K[x]$ ein Polynom, das in einem Erweiterungskörper von K in Linearfaktoren $x - \alpha_i$, $i = 1, \dots, n$, zerfällt. Dann ist $K(\alpha_1, \dots, \alpha_n)/K$ eine normale Erweiterung.*

Beweis. Sei $\alpha \in K(\alpha_1, \dots, \alpha_n)$, f_α das Minimalpolynom von α bezüglich K und Z ein Zerfällungskörper von f_α, der $K(\alpha_1, \dots, \alpha_n)$ umfaßt. Nach Satz 3 gibt es $[K(\alpha):K]$ Isomorphismen φ von $K(\alpha)$ in Z, die K elementweise festlassen. Wegen $\alpha \in K(\alpha_1, \dots, \alpha_n)$ ist $\varphi(\alpha) \in K\big(\varphi(\alpha_1), \dots, \varphi(\alpha_n)\big)$. Andererseits ist $\varphi(\alpha_i)$ für alle $i = 1, \dots, n$ eine Nullstelle von f_α und daher $K\big(\varphi(\alpha_1), \dots, \varphi(\alpha_n)\big) \subset K(\alpha_1, \dots, \alpha_n)$. Es folgt, daß f_α bereits in $K(\alpha_1, \dots, \alpha_n)$ in Linearfaktoren zerfällt. $\square$

Sei $L = K(\vartheta)$. Nach Satz 4 ist ein Zerfällungskörper Z des Minimalpolynoms von ϑ bezüglich K auch Zerfällungskörper für jedes irreduzible Polynom, das in L eine Nullstelle hat. Wir bezeichnen daher Z auch als Zerfällungskörper von L/K, wenn L in Z enthalten ist.

Für Zerfällungskörper gilt der folgende Eindeutigkeitssatz.

Satz 5. *Sei $f(x) \in K[x]$, und seien Z und Z' zwei Zerfällungskörper von f. Dabei habe f in Z bzw. Z' die Nullstellen $\alpha_1, \dots, \alpha_n$ bzw. $\alpha_1', \dots, \alpha_n'$. Dann ist $K(\alpha_1, \dots, \alpha_n)$ isomorph zu $K(\alpha_1', \dots, \alpha_n')$.*

Beweis. Nach Satz 3 und Satz 4 gibt es einen Isomorphismus von $K(\alpha_1, \dots, \alpha_n)$ in Z'; dessen Bild ist $K(\alpha_1', \dots, \alpha_n')$. $\square$

Sei N/K eine normale Erweiterung vom Grad n. Nach Satz 3 gibt es genau n Automorphismen von N (d. h. Isomorphismen von N auf sich), die K elementweise festlassen. Sie bilden offensichtlich eine Gruppe bezüglich der Hintereinanderausführung. Diese Gruppe heißt *Galoissche Gruppe von N/K* und wird mit $G(N/K)$ bezeichnet.

Sei H eine Untergruppe von $G(N/K)$. Der Körper N^H aller Elemente von N, die bei den Automorphismen von H ungeändert blieben, heißt *Fixkörper* von H.

17.3. Der Hauptsatz der Galoisschen Theorie

Der Hauptsatz der Galoisschen Theorie im Rahmen der Körpertheorie besteht in folgendem.

Satz 6. *Sei N/K eine endliche normale Erweiterung. Die Zuordnung $L \rightsquigarrow G(N/L)$ definiert eine eineindeutige Abbildung Φ der Menge der Zwischenkörper L von N/K auf*

die Menge der Untergruppen von $G(N/K)$. *Die Umkehrabbildung ist durch* $H \rightsquigarrow N^H$
gegeben.

Dabei gelten die folgenden Regeln:

(i) *Für Zwischenkörper* L_1, L_2 *von* N/K *gilt* $L_1 \subset L_2$ *genau dann, wenn* $G(N/L_1)$
$\supset G(N/L_2)$.

(ii) *Für* $g \in G(N/K)$ *ist* $G(N/gL) = gG(N/L)\, g^{-1}$.

Beweis. Die Regeln (i) und (ii) sind unmittelbar klar. Es genügt daher, $L = N^{G(N/L)}$
und $H = G(N/N^H)$ für alle Zwischenkörper L von N/K und alle Untergruppen H von
$G(N/K)$ zu zeigen. Das folgt leicht, wenn man für alle Untergruppen H von $G(N/K)$

$$[N:N^H] = |H|$$

zeigen kann.

Nach Definition der Galoisschen Gruppe gilt $G(N/N^H) \supset H$ und daher $[N:H^H]$
$\geqq |H|$ (Satz 3). Weiter betrachten wir das Polynom

$$f_H(x) = \prod_{h \in H} (x - h\vartheta)\,,$$

wobei ϑ ein primitives Element von N/K ist. $f_H(x)$ hat Koeffizienten in N^H, und es
gilt $N = N^H(\vartheta)$. Daher ist $[N:N^H] \leqq |H|$. $\square$

Wenn L/K eine normale Erweiterung ist, gilt $gL = L$ für alle $g \in G(N/K)$. Nach (ii)
ist $G(N/L)$ in diesem Fall ein Normalteiler von $G(N/K)$. Die Einschränkung der Automorphismen von $G(N/K)$ auf L definiert einen Homomorphismus π von $G(N/K)$ in
$G(L/K)$. Dieser ist surjektiv wegen Satz 3 und hat den Kern $G(N/L)$. Daher induziert π
einen Isomorphismus von $G(N/K)/G(N/L)$ auf $G(L/K)$. Wir bezeichnen π als *Projektion.*

Ist andererseits $H \subset G(N/K)$ ein Normalteiler, so ist N_H/K eine normale Erweiterung.

17.4. Die Gruppe einer Gleichung

Sei $f(x)$ ein Polynom in $K[x]$, das in einem Erweiterungskörper L in lauter verschiedene
Linearfaktoren $x - \alpha_i$, $i = 1, \ldots, n$, zerfällt. In Kap. 7 haben wir die Gruppe $G(f)$
von f definiert. Andererseits ist $K(\alpha_1, \ldots, \alpha_n)/K$ nach Satz 4 eine normale Erweiterung. Der Zusammenhang von $G(f)$ mit $G := G(K(\alpha_1, \ldots, \alpha_n)/K)$ wird durch den
folgenden Satz gegeben.

Satz 7. *Die Abbildung* φ, *die jedem* $g \in G$ *die von* g *bewirkte Permutation der Nullstellen* $\alpha_1, \ldots, \alpha_n$ *zuordnet, ist ein Isomorphismus von* G *auf* $G(f)$.

Beweis. Offenbar ist φ ein Homomorphismus von G in $G(f)$. Sei $K(\alpha_1, \ldots, \alpha_n)$
$= K(\vartheta)$, f_ϑ das Minimalpolynom von ϑ bezüglich K, $\psi(x_1, \ldots, x_n)$ ein Polynom aus
$K[x_1, \ldots, x_n]$ mit $\vartheta = \psi(\alpha_1, \ldots, \alpha_n)$ und $\pi \in G(f)$. Dann ist $f_\vartheta\big(\psi(\pi\alpha_1, \ldots, \pi\alpha_n)\big) = 0$
nach Definition von π, d. h., $\vartheta_\pi = \psi(\pi\alpha_1, \ldots, \pi\alpha_n)$ ist eine Nullstelle von f_ϑ. Die Zuordnung $\vartheta \to \vartheta_\pi$ definiert einen Automorphismus $\varphi'\pi$ von $K(\vartheta)/K$. Man sieht leicht,
daß die so definierte Abbildung φ' von $G(f)$ in G zu φ invers ist. $\square$

Die Sätze in Abschn. 7.6. beweist man nun als unmittelbare Folgerungen der bisherigen Ergebnisse dieses Kapitels. Wir bemerken nur, daß man zum Beweis von
Satz 9, der bei GALOIS unvollständig ist, die Galoissche Gruppe des Zerfällungskörpers
von ef heranzuziehen hat.

17.5. Das Kompositum zweier Körper

In diesem Abschnitt beweisen wir einen Satz, den wir in einem späteren Kapitel benötigen.

Seien M und N endliche Erweiterungen eines Körpers K, die in einem Körper L enthalten sind. Der kleinste Teilkörper von L, der M und N umfaßt, heißt *Kompositum* von M und N und wird mit MN bezeichnet.

Satz 8. *Sei N/K normal und $N \cap M = K$. Dann ist*

$$[MN:M] = [N:K] \,. \tag{3}$$

Wenn auch M/K normal ist, definiert die Projektion

$$G(MN/K) \to G(M/K) \times G(N/K) \tag{4}$$

einen Isomorphismus.

Beweis. Sei $N = K(\vartheta)$. Wenn das Minimalpolynom f_ϑ von ϑ bezüglich K über M in die Faktoren f_1 und f_2 zerfällt, so liegen die Koeffizienten dieser Polynome in N und wegen $N \cap M = K$ in K. Hieraus folgt, daß f_ϑ über M irreduzibel ist, d. h. $[NM:M] = [N:K]$.

Die Abbildung (4) ist offensichtlich injektiv. Wegen (3) haben $G(NM/K)$ und $G(N/K) \times G(M/K)$ gleich viel Elemente. Daher ist (4) auch surjektiv. $\square$

17.6. Spur, Norm, Differente und Diskriminante

Sei L/K eine endliche Erweiterung vom Grad n. Wichtige Hilfsmittel der algebraischen Zahlentheorie sind die *Spur*, die *Norm* und die *Differente* eines Elementes α aus L bezüglich L/K sowie die *Diskriminante* einer Elementfolge aus L bezüglich L/K.

Sei Z ein Zerfällungskörper von L/K. Für $\alpha \in L$ heißen die Bilder $\alpha_1 = \alpha, \dots, \alpha_n$ von α bei den n Isomorphismen von L in Z, die K festlassen, die *Konjugierten* von α. Wir definieren Spur, Norm und Differente von α bezüglich L/K durch

$$S_{L/K}(\alpha) = \sum_{i=1}^{n} \alpha_i \,, \quad N_{L/K}(\alpha) = \prod_{i=1}^{n} \alpha_i \,, \quad D_{L/K}(\alpha) = \prod_{i=2}^{n} (\alpha - \alpha_i) \,. \tag{5}$$

Da $f(x) = \prod_{i=1}^{n} (x - \alpha_i)$ eine Potenz von dem Minimalpolynom von α bezüglich K ist, sind $S_{L/K}(\alpha)$ und $N_{L/K}(\alpha)$ aus K und $D_{L/K}(\alpha) = f'(\alpha)$ aus L. Wegen Satz 5 sind Spur, Norm und Differente unabhängig von der Wahl des Zerfällungskörpers Z. Wenn keine Unklarheiten zu befürchten sind, lassen wir im folgenden den Index L/K weg.

Aus der Definition ergeben sich die folgenden Grundeigenschaften von Spur, Norm und Differente:

(i) $N(\alpha) = 0$ *genau dann, wenn* $\alpha = 0$.

(ii) $S(\alpha + \beta) = S(\alpha) + S(\beta)$, $N(\alpha\beta) = N(\alpha)\,N(\beta)$ *für* $\alpha, \beta \in L$.

(iii) $S(a) = na$, $N(a) = a^n$, $S(a\alpha) = aS(\alpha)$ *für* $a \in K, \alpha \in L$.

(iv) $D(\alpha) \neq 0$ *genau dann, wenn* $L = K(\alpha)$.

Seien $\omega_1, \dots, \omega_n$ beliebige Elemente aus L. Wir definieren die Diskriminante $\Delta_{L/K}(\omega_1, \dots, \omega_n) = \Delta(\omega_1, \dots, \omega_n)$ durch

$$\Delta(\omega_1, \dots, \omega_n) := \det \left(S(\omega_i \omega_j) \right)_{ij} \,.$$

Seien $g_1, \dots, g_n$ die n Isomorphismen von L/K in Z. Dann ist

$$\big(S(\omega_i\omega_j)\big)_{ij} = \boldsymbol{W}\boldsymbol{W}^{\mathsf{T}}$$

mit $\boldsymbol{W} = (g_j\omega_i)_{ij}$ und daher

$$\Delta(\omega_1, \dots, \omega_n) = (\det \boldsymbol{W})^2 \, . \tag{6}$$

Sei $\omega_i' = \sum_{j=1}^{n} a_{ij}\omega_j$, $i = 1, \dots, n$, mit $a_{ij} \in K$ und $\boldsymbol{A} = (a_{ij})_{ij}$. Dann wird $(g_j\omega_i')_{ij} = \boldsymbol{A}\boldsymbol{W}$ und daher

$$\Delta(\omega_1', \dots, \omega_n') = (\det \boldsymbol{A})^2 \, \Delta(\omega_1, \dots, \omega_n) \, . \tag{7}$$

Satz 9. $\omega_1, \dots, \omega_n$ *ist genau dann eine Basis des Vektorraums L über K, wenn* $\Delta(\omega_1, \dots, \omega_n) \neq 0$.

Beweis. Sei $L = K(\vartheta)$. Dann ist $1, \vartheta, \dots, \vartheta^{n-1}$ eine Basis von L/K, und $\det(g_j\vartheta^{i-1})_{ij}$ ist eine *Vandermondesche Determinante*, d. h., wie man leicht sieht, ist

$$\det\,(g_j\vartheta^{i-1})_{ij} = \prod_{i<j} (g_i\vartheta - g_j\vartheta) \neq 0 \quad \text{(Satz 3)}$$

und daher auch

$$\Delta(\vartheta) := \Delta(1, \vartheta, \dots, \vartheta^{n-1}) = \big(\det\,(g_j\vartheta^{i-1})_{ij}\big)^2 \neq 0 \, . \tag{8}$$

Seien jetzt $\omega_1, \dots, \omega_n$ beliebige Elemente aus L und $\omega_i = \sum_{j=1}^{n} a_{ij}\vartheta^{j-1}$, $i = 1, \dots, n$. Dann ist $\omega_1, \dots, \omega_n$ genau dann eine Basis von L/K, wenn $\det(a_{ij})_{ij} \neq 0$. Daher folgt die Behauptung aus (7) und (8). $\square$

Sei jetzt $\omega_1, \dots, \omega_n$ eine Basis von L/K und $\omega_i' = \alpha\omega_i = \sum_{j-1}^{n} a_{ij}\omega_j$ mit $\alpha \in L$ und $a_{ij} \in K$. Dann wird $\det\,(g_j\omega_i') = \det\,(g_j\alpha g_j\omega_i) = N(\alpha)\det\,(g_j\omega_i) = \det\,(a_{ij})\det\,(g_j\omega_i)$ und daher

$$N(\alpha) = \det(a_{ij}) \, . \tag{9}$$

Für ein $t \in K$ wird

$$N(t - \alpha) = \prod_{i-1}^{n} (t - g_i\alpha) = \det\,\big(t\boldsymbol{E} - (a_{ij})\big) \, ,$$

wobei $\boldsymbol{E}$ die *n-reihige Einheitsmatrix* bezeichnet. Wir erhalten ein Polynom in t vom Grad n. Vergleicht man die Koeffizienten bei t, so findet man

$$S(\alpha) = \mathrm{Sp}(a_{ij}) = \sum_{i=1}^{n} a_{ii} \, . \tag{10}$$

Das Polynom

$$\chi_\alpha(x) = \det\,\big(x\boldsymbol{E} - (a_{ij})\big) = (\prod_{i=1}^{n} - x\,g_i\alpha)$$

wird als *charakteristisches Polynom* von α bezeichnet. Wie man leicht sieht, ist $D(\alpha) = \chi_\alpha'(\alpha)$ und $\Delta(\alpha) = (-1)^{n(n-1)/2}N\big(D(\alpha)\big)$.

$S(\alpha\beta)$ mit $\alpha, \beta \in L$ ist eine nichtausgeartete Bilinearform auf dem Vektorraum L über K. Sei $\omega_1, \dots, \omega_n$ eine Basis von L/K. Dann gibt es wegen Satz 9 eindeutig bestimmte Elemente $\varkappa_1, \dots, \varkappa_n$ in L mit

$$S(\omega_i\varkappa_j) = \delta_{ij} \quad \text{für} \quad i, j = 1, \dots, n \, . \tag{11}$$

$\varkappa_1, \ldots, \varkappa_n$ ist eine Basis von L/K und wird als *Komplementärbasis* von $\omega_1, \ldots, \omega_n$ bezeichnet. Für $\alpha = a_1\omega_1 + \ldots + a_n\omega_n$ mit $a_1, \ldots, a_n \in K$ wird $a_i = \mathrm{S}(\alpha\varkappa_i)$, $i = 1, \ldots, n$. Für ein erzeugendes Element ϑ von L/K kann man die Komplementärbasis von $1, \vartheta, \ldots, \vartheta^{n-1}$ explizit angeben:

Satz 10. *Sei $L = K(\vartheta)$. Dann ist die Komplementärbasis von $1, \vartheta, \ldots, \vartheta^{n-1}$ gleich*

$$\beta_0/\mathrm{D}(\vartheta), \beta_1/\mathrm{D}(\vartheta), \ldots, \beta_{n-1}/\mathrm{D}(\vartheta) ,$$

wobei die Elemente $\beta_0, \ldots, \beta_{n-1}$ durch die Gleichung

$$\chi_\vartheta(x)/(x - \vartheta) = \sum_{i=0}^{n-1} \beta_i x^i$$

gegeben sind.

Beweis. Die Bedingung (11) läßt sich in unserem Fall in der Form

$$\mathrm{S}\big(\chi_\vartheta(x)\, \vartheta^m/((x - \vartheta)\, \mathrm{D}(\vartheta))\big) = x^m , \qquad m = 0, \ldots, n - 1 , \tag{12}$$

schreiben. Wegen

$$\mathrm{S}\big(\chi_\vartheta(x)\, \vartheta^m/((x - \vartheta)\, \mathrm{D}(\vartheta))\big) = \sum_{i=1}^{n} \chi_\vartheta(x)\, g_i\vartheta^m/((x - g_i\vartheta)\, \mathrm{D}(g_i\vartheta))$$

ist (12) für die n verschiedenen Werte $g_j\vartheta$, $j = 1, \ldots, n$, erfüllt. Da auf beiden Seiten von (12) Polynome höchstens vom Grad $n - 1$ stehen, folgt die Behauptung. $\square$

Aufgaben

17.1. Man zeige, daß es zu einer endlichen Erweiterung von Körpern der Charakteristik 0 immer nur endlich viele Zwischenkörper gibt.

17.2. Sei N/K eine normale Erweiterung mit der Galoisschen Gruppe A_4 (Abschn. 7.3.). Man gebe einen Überblick über alle Zwischenkörper von N/K.

17.3. Man bestimme die Galoissche Gruppe der normalen Erweiterung, die zu $Q(\sqrt{2 + \sqrt{2}})/Q$ bzw. $Q(\sqrt{3 + \sqrt{2}})/Q$ gehört.

17.4. Man beweise Satz 8 mit Hilfe der Galoisschen Theorie (o.B.d.A. kann man annehmen, daß M und N in einer endlichen normalen Erweiterung von K enthalten sind).

17.5. Man zeige, daß jede endliche Gruppe isomorph zur Galoisschen Gruppe einer gewissen normalen Erweiterung ist.

17.6. Sei L/K eine endliche Erweiterung von Körpern der Charakteristik 0. Man zeige, daß für alle $\alpha \in L$ und $a \in K$ die Gleichung $\Delta_{L/K}(\alpha + a) = \Delta_{L/K}(\alpha)$ gilt.

17.7 (Brill). Sei L eine endliche Erweiterung von Q vom Grad n mit $2r_2$ komplexen Konjugierten ($2r_2$ Isomorphismen in C, die nicht in R abbilden). Weiter seien $\alpha_1, \ldots, \alpha_n$ linear unabhängige Elemente von L. Man zeige, daß das Vorzeichen von $\Delta_{L/Q}(\alpha_1, \ldots, \alpha_n)$ gleich $(-1)^{r_2}$ ist.

18. Die Dedekindsche Idealtheorie

18.1. Ganze Elemente

Eine komplexe Zahl α heißt *algebraische Zahl*, wenn sie einer Gleichung

$$\alpha^m + a_1\alpha^{m-1} + \ldots + a_m = 0 \tag{1}$$

mit rationalen Koeffizienten $a_1, \ldots, a_m$ genügt. α heißt *ganze algebraische Zahl*, wenn es eine solche Gleichung gibt, deren Koeffizienten ganz sind.

Entsprechend heißt α *algebraische Funktion* (*ganze algebraische Funktion*) *der Unbestimmten* x, wenn die Koeffizienten von (1) rationale Funktionen (Polynome) in x über einem Körper F_0 sind.

Um beide Fälle gemeinsam behandeln zu können, gehen wir von einem euklidischen Ring Γ (Abschn. A 1.2.) aus, dessen Quotientenkörper P die Charakteristik 0 hat. K sei ein Erweiterungskörper von P. Die für uns interessanten Fälle sind $\Gamma = Z$ und $\Gamma = F_0[x]$.

Ein Element α aus K heißt *ganz* (bezüglich Γ), wenn α einer Gleichung (1) mit Koeffizienten $a_1, \ldots, a_m$ aus Γ genügt. Wir bezeichnen die Gesamtheit der ganzen Elemente von K mit O_K.

Zunächst bemerken wir, daß die oben gegebene Definition der ganzen algebraischen Zahl mit dem gewöhnlichen Begriff der ganzen Zahl verträglich ist, d. h. $O_C \cap Q = Z$. Allgemeiner gilt

Satz 1. $O_K \cap P = \Gamma$.

Beweis. Es ist klar, daß jedes Element a aus Γ in O_K liegt. Sei andererseits α aus $O_K \cap P$. Dann läßt sich α in der Form $\alpha = b/c$ darstellen, wobei $b, c \in \Gamma$ teilerfremd sind, und es gibt eine Gleichung $\alpha^m + a_1\alpha^{m-1} + \ldots + a_m = 0$ mit $a_1, \ldots, a_m \in \Gamma$. Daher wird $b^m + a_1 b^{m-1}c + \ldots + a_m c^m = 0$, woraus $c \mid b^m$ folgt. Nach Anh. 1, Satz 3, ergibt sich hieraus, daß c eine Einheit von Γ ist. $\square$

Eine wichtige Rolle spielen in der Dedekindschen Idealtheorie die in K enthaltenen endlich erzeugten Γ-Moduln, eine Grundidee von DEDEKIND besteht darin, mit solchen Moduln wie mit algebraischen Größen zu operieren.

Sei $\mathfrak{M}_K$ die Gesamtheit der endlich erzeugten Γ-Moduln in K. Wird ein solcher Modul $\mathfrak{a}$ von den Elementen $\alpha_1, \ldots, \alpha_s$ erzeugt, so schreiben wir $\mathfrak{a} = (\alpha_1, \ldots, \alpha_s)$.

Zu zwei Moduln $\mathfrak{a}$ und $\mathfrak{b}$ aus $\mathfrak{M}_K$ wird das Produkt $\mathfrak{a}\mathfrak{b}$ als der Modul definiert, der von allen Produkten $\alpha\beta$ mit $\alpha \in \mathfrak{a}$ und $\beta \in \mathfrak{b}$ erzeugt wird. Wenn $\mathfrak{a} = (\alpha_1, \ldots, \alpha_s)$ und $\mathfrak{b} = (\beta_1, \ldots, \beta_t)$ ist, gilt offenbar

$$\mathfrak{a}\mathfrak{b} = (\alpha_i\beta_j \mid i = 1, \ldots, s; j = 1, \ldots, t).$$

Weiter bezeichnet $\mathfrak{a} + \mathfrak{b}$ wie üblich den von $\mathfrak{a}$ und $\mathfrak{b}$ erzeugten Γ-Modul. Die so erklärte Multiplikation ist assoziativ und distributiv. Wir setzen $\alpha\mathfrak{a} := (\alpha)\,\mathfrak{a}$ für $\alpha \in O_K$.

Wir geben jetzt eine nützliche Charakterisierung der ganzen Elemente in K mit Hilfe der Moduln in K.

Satz 2. *Ein Element α aus K gehört zu O_K genau dann, wenn es einen Modul $\mathfrak{m} \neq \{0\}$ in $\mathfrak{M}_K$ mit $\alpha\mathfrak{m} \subset \mathfrak{m}$ gibt.*

Beweis. Für $\alpha \in O_K$ mit (1) ist $(1, \alpha, \dots, \alpha^{m-1})$ ein solcher Modul. Ist andererseits $\alpha \in K$ und $\alpha\mathfrak{m} \subset \mathfrak{m}$ für einen Modul $\mathfrak{m} \neq \{0\}$ aus $\mathfrak{M}_K$, so ist $\alpha \in O_K$. Sei nämlich $\mathfrak{m} = (\alpha_1, \dots, \alpha_m)$ und

$$\alpha\alpha_i = \sum_{j=1}^{m} a_{ij}\alpha_j \quad \text{mit} \quad a_{ij} \in \Gamma.$$

Dann ist

$$\det\!\big(\alpha E - (a_{ij})_{ij}\big) = 0.$$

Das ergibt eine Gleichung für α mit Koeffizienten aus Γ und höchstem Koeffizienten 1. $\square$

Die Gesamtheit der Elemente α aus K mit $\alpha\mathfrak{m} \subset \mathfrak{m}$ für einen festen Modul $\mathfrak{m} \neq \{0\}$ wird als *Ordnung* $O(\mathfrak{m})$ von $\mathfrak{m}$ bezeichnet. $O(\mathfrak{m})$ ist offensichtlich abgeschlossen bezüglich Addition, Substraktion und Multiplikation und enthält das Einselement von K, d. h., $O(\mathfrak{m})$ ist ein Ring mit Einselement. Nach Satz 2 ist $O(\mathfrak{m})$ in O_K enthalten.

Sei $\mu \neq 0$ ein Element aus $\mathfrak{m}$. Dann ist $\mu(O) \subset \mathfrak{m}$, also $O(\mathfrak{m}) \subset \mu^{-1}\mathfrak{m}$. Mit $\mu^{-1}\mathfrak{m}$ ist daher auch $O(\mathfrak{m})$ ein endlich erzeugter Modul (Anh. 1, Satz 4). Wir fassen unsere Ergebnisse zusammen.

Satz 3. *Die Ordnung eines von $\{0\}$ verschiedenen Moduls aus $\mathfrak{M}_K$ ist ein Ring R in O_K mit folgenden Eigenschaften:*
  (i) $\Gamma \subset R,$
  (ii) $R \in \mathfrak{M}_K.$
Umgekehrt ist jeder Ring R in O_K mit den Eigenschaften (i), (ii) *Ordnung von sich selbst, betrachtet als Γ-Modul.* $\square$

Wir ziehen weitere Folgerungen aus Satz 2.

Satz 4. *O_K ist ein Ring.*

Beweis. Seien α_1 und α_2 Elemente aus O_K, und seien $\mathfrak{a}_1$ und $\mathfrak{a}_2$ Moduln $\neq \{0\}$ aus $\mathfrak{M}_K$ mit $\alpha_1\mathfrak{a}_1 \subset \mathfrak{a}_1$ und $\alpha_2\mathfrak{a}_2 \subset \mathfrak{a}_2$. Dann ist $\alpha_1, \alpha_2 \in O(\mathfrak{a}_1\mathfrak{a}_2)$. $\square$

Satz 5. *Das Element α aus K genüge der Gleichung*

$$\alpha^m + \alpha_1\alpha^{m-1} + \dots + \alpha_n = 0$$

mit Koeffizienten $\alpha_1, \dots, \alpha_m$ aus O_K. Dann ist α aus O_K.

Beweis. Seien $\mathfrak{a}_i \neq \{0\}$ Moduln aus $\mathfrak{M}_K$ mit $\alpha_i\mathfrak{a}_i \subset \mathfrak{a}_i$, $i = 1, \dots, m$. Dann ist $\alpha\mathfrak{m} \subset \mathfrak{m}$ für $\mathfrak{m} = (1, \alpha, \dots, \alpha^{m-1})\,\mathfrak{a}_1 \dots \mathfrak{a}_m$. $\square$

Satz 6. *Sei $\alpha \in O_K$. Dann hat das Minimalpolynom f_α von α bezüglich P Koeffizienten in Γ.*

Beweis. Sei N ein Zerfällungskörper von f_α. Mit α sind auch die Konjugierten von α in N, d. h. die Nullstellen von f_α in N, ganz. Nach dem Vietaschen Wurzelsatz liegen die Koeffizienten von f_α in dem von den Nullstellen von f_α erzeugten Ring und sind daher nach Satz 4 ganz in N, also nach Satz 1 auch ganz in P. $\square$

Aus Satz 6 erhält man leicht einen neuen Beweis von Satz 2 in Kap. 3.

18.2. Gitter in endlichen Erweiterungen von P

Wir beschränken uns jetzt auf den Fall, daß K eine endliche Körpererweiterung von P ist. Sei n der Grad von K/P. Ein endlich erzeugter Γ-Modul $\mathfrak{a}$ in K hat einen Rang, der kleiner oder gleich n ist (Anh. 1, Satz 5). Wenn $\mathfrak{a}$ den Rang n hat, heißt $\mathfrak{a}$ *Gitter* in K.

Seien $\mathfrak{a} = (\alpha_1, \ldots, \alpha_n)$ und $\mathfrak{b} = (\beta_1, \ldots, \beta_n)$ Gitter in K, und sei $\mathfrak{a} \subset \mathfrak{b}$. Weiter sei A die Übergangsmatrix von der Basis $\alpha_1, \ldots, \alpha_n$ zu der Basis $\beta_1, \ldots, \beta_n$. Die Elemente von A liegen in Γ. Wenn man zu anderen Basen von $\mathfrak{a}$ und $\mathfrak{b}$ übergeht, multipliziert sich $\det A$ mit einer Einheit in Γ. Die Klasse der zu $\det A$ assoziierten Elemente in Γ ist also unabhängig von der Wahl der Basen und werde mit $[\mathfrak{b}:\mathfrak{a}]$ bezeichnet. Nach Abschn. A 1.4. ist $[\mathfrak{b}:\mathfrak{a}] = [\mathfrak{b}/\mathfrak{a}]$. Im Fall $\Gamma = Z$ ist $\mathfrak{a}$ eine Untergruppe von $\mathfrak{b}$ vom Index $|\det A|$.

Nach Kap. 17, (7), gilt

$$\Delta(\alpha_1, \ldots, \alpha_n) = (\det A)^2 \, \Delta(\beta_1, \ldots, \beta_n) \, . \tag{2}$$

Hieraus ist ersichtlich, daß die Klasse der zu $\Delta(\alpha_1, \ldots, \alpha_n)$ assoziierten Elemente in Γ unabhängig von der Wahl der Basis $\alpha_1, \ldots, \alpha_n$ von $\mathfrak{a}$ ist. Wir bezeichnen diese Klasse mit $\Delta(\mathfrak{a})$. Dann folgt aus (2)

$$\Delta(\mathfrak{a}) = [\mathfrak{b}:\mathfrak{a}]^2 \, \Delta(\mathfrak{b}) \, . \tag{3}$$

Im Fall $\Gamma = Z$ folgt aus (2), daß bereits die Zahl $\Delta(\alpha_1, \ldots, \alpha_n)$ unabhängig von der Wahl der Basis ist. In diesem Fall setzen wir $\Delta(\mathfrak{a}) = \Delta(\alpha_1, \ldots, \alpha_n)$ und verstehen (3) als eine Gleichung zwischen Zahlen. $\Delta(\mathfrak{a})$ heißt *Diskriminante* von $\mathfrak{a}$.

Das wichtigste Ergebnis dieses Abschnittes ist der folgende

Satz 7. *O_K ist ein Gitter in K.*

Beweis. Sei $\alpha_1, \ldots, \alpha_n$ eine Basis von K über P, die aus Elementen von O_K besteht, und sei $\mathfrak{a} := (\alpha_1, \ldots, \alpha_n)$. Nach Definition der Diskriminante und Satz 6 ist dann $\Delta(\mathfrak{a}) \subset \Gamma$. Wenn $\mathfrak{a}$ von O_K verschieden ist, wählen wir ein $\beta \in O_K - \mathfrak{a}$ und setzen $\mathfrak{b} := (\beta, \alpha_1, \ldots, \alpha_n)$. Dann ist $\mathfrak{b}$ wieder ein Gitter in K (Anh. 1, Satz 4), und nach (3) ist $\Delta(\mathfrak{b})$ ein echter Teiler von $\Delta(\mathfrak{a})$. Wenn $\mathfrak{b}$ von O_K verschieden ist, setzen wir das Verfahren fort. Nach endlich vielen Schritten gelangen wir zu O_K, da $\Delta(\mathfrak{a})$ nur endlich viele Teiler hat (bis auf assoziierte, Anh. 1, Satz 3). $\square$

18.3. Die ganzen Zahlen quadratischer Zahlkörper

Die Bestimmung einer Basis von O_K ist im allgemeinen eine schwierige Aufgabe. Wir betrachten in diesem Abschnitt den einfachsten Fall, daß K ein quadratischer Zahlkörper ist, d. h. eine Erweiterung von Q vom Grad 2.

Ein quadratischer Zahlkörper entsteht aus Q durch Adjunktion einer Quadratwurzel $\sqrt{d}$, wobei man voraussetzen kann, daß d ganz und durch keine Quadratzahl teilbar ist. Durch diese beiden Bedingungen ist d bei gegebenem K eindeutig bestimmt.

Jede Zahl α aus $K = Q(\sqrt{d})$ hat die Form $(a_1 + a_2 \sqrt{d})/a$, wobei a_1, a_2, a teilerfremde Zahlen aus Z sind. α liegt genau dann in O_K, wenn $2a_1/a$ und $(a_1^2 - da_2^2)/a^2$ in Z liegen. Sei dies erfüllt. Dann folgt, daß auch $4da_2^2/a^2$ in Z liegt. Da a_1, a_2, a teilerfremd sind, ist a ein Teiler von 2. O.B.d.A. sei $a > 0$.

Wir unterscheiden jetzt zwei Fälle:

1. $d \equiv 1 \pmod 4$,
2. $d \equiv 2, 3 \pmod 4$.

Im 1. Fall ist $\alpha = a_1 + a_2 \sqrt{d}$ oder $a_1^2 \equiv a_2^2 (\mathrm{mod}\ 4)$, $a = 2$ und daher $a_1 \equiv a_2$ $\equiv 1 (\mathrm{mod}\ 2)$. Diese Bedingungen sind offensichtlich auch hinreichend dafür, daß α ganz ist. Es folgt, daß 1 und $\omega := (1 + \sqrt{d})/2$ eine Basis von O_K bilden.

Im 2. Fall folgt aus $(a_1^2 - d a_2^2)/a^2 \in Z$, daß $a = 1$ ist. Die Zahlen 1 und $\omega := \sqrt{d}$ bilden eine Basis von O_K.

In Abschn. 18.1. haben wir die Ordnungen $O(\mathfrak{m})$ von Moduln $\mathfrak{m}$ betrachtet und gesehen, daß sich diese im Fall $\Gamma = Z$ charakterisieren lassen als Ringe ganzer algebraischer Zahlen, die Z umfassen und als Z-Moduln endlich erzeugt sind. Wenn ein solcher Ring den Körper K erzeugt, nennen wir ihn eine *Ordnung* von K. Wir wollen uns jetzt einen Überblick über die Ordnungen quadratischer Zahlkörper verschaffen.

Sei R eine Ordnung von $Q(\sqrt{d})$. Es gibt eine natürliche Zahl b mit $b\omega \in R$. Die Gesamtheit dieser Zahlen b sind die Vielfachen einer durch R eindeutig bestimmten Zahl f, die als *Führer* von R bezeichnet wird. Es gilt $R = (1, f\omega)$.

Der Ring der ganzen Gaußschen Zahlen, den wir in Abschn. 16.1. betrachtet haben, ist der Ring der ganzen Zahlen von $Q(\sqrt{-1})$. Für diesen Ring gilt, wie wir gesehen haben, der Satz von der eindeutigen Primelementzerlegung. In den übrigen Ordnungen von $Q(\sqrt{-1})$ ist $f\sqrt{-1}$ Primelement, und f^2 hat mindestens zwei wesentlich verschiedene Primelementzerlegungen. Das folgende Beispiel zeigt, daß im allgemeinen auch in der Maximalordnung O_K eines quadratischen Zahlkörpers der Satz von der eindeutigen Primelementzerlegung nicht gilt.

Wir betrachten den Ring $R = (1, \sqrt{-5})$ der ganzen Zahlen von $Q(\sqrt{-5})$. Die Zahl $a + b\sqrt{-5}$ aus R hat die Norm

$$N(a + b\sqrt{-5}) = a^2 + 5b^2 \tag{4}$$

und ist daher genau dann eine Einheit in R, wenn $a^2 + 5b^2 = 1$ ist. Die einzigen Einheiten in R sind also die Zahlen ± 1.

Die vier Zahlen $3, 7, 1 + 2\sqrt{-5}, 1 - 2\sqrt{-5}$ sind unzerlegbar. Wäre z. B. $3 = \alpha_1 \alpha_2$, wobei $\alpha_1, \alpha_2 \in R$ keine Einheiten sind, so hätte man $N(3) = 9 = N(\alpha_1) N(\alpha_2)$ und daher $N(\alpha_1) = 3$, was wegen (4) unmöglich ist. Andererseits ist

$$21 = 3 \cdot 7 = (1 + 2\sqrt{-5})(1 - 2\sqrt{-5}).$$

Es gibt also zwei wesentlich verschiedene Zerlegungen von 21 in ein Produkt von Primelementen.

Um trotzdem zu einer eindeutigen Primfaktorzerlegung zu kommen, führte KUMMER, allerdings nur für den Fall der Kreisteilungskörper, *„ideale Zahlen"* ein. DEDEKIND verfolgt im XI. *Supplement* diesen Gedankengang am Beispiel $Q(\sqrt{-5})$, um dann zu bemerken, daß die allgemeine Durchführung für beliebige endliche Zahlkörper auf Schwierigkeiten stoßen würde und er daher einen anderen Weg zur Begründung einer Teilbarkeitstheorie einschlägt.

18.4. Die Ideale von O_K

Wir kehren zurück zur allgemeinen Situation, d. h., Γ sei ein euklidischer Ring, dessen Quotientenkörper P die Charakteristik 0 hat, K sei eine Körpererweiterung von P vom Grad n und O_K der Ring der ganzen Elemente von K bezüglich Γ.

Bei Fragen der Teilbarkeit kommt es nur auf assoziierte Elemente an. Statt von der Klasse der zu $\alpha \in O_K$ assoziierten Elemente können wir ebensogut von der Gesamtheit aller Vielfachen αO_K von α ausgehen. Für $\alpha_1, \alpha_2 \in O_K$ ist α_1 Teiler von α_2 genau dann, wenn $\alpha_1 O_K \supset \alpha_2 O_K$.

αO_K ist ein in O_K enthaltener O_K-Modul. DEDEKINDS Grundgedanke besteht darin, daß es möglich ist, zu einer befriedigenden Teilbarkeitstheorie in O_K zu kommen, indem man von den Moduln αO_K zu *beliebigen* O_K-Moduln in O_K übergeht, die er in Anlehnung an KUMMER als *Ideale* bezeichnet. Die Ideale der Form αO_K heißen *Hauptideale*.

In einem euklidischen Ring sind alle Ideale Hauptideale. Allgemeiner heißt ein Ring, in dem jedes Ideal ein Hauptideal ist, *Hauptidealring*. Man kann zeigen, daß in jedem Hauptidealring, der zugleich Integritätsbereich ist, der Satz von der eindeutigen Primelementzerlegung gilt.

Unter einem *Ideal von* K (bezüglich O_K) versteht man einen endlich erzeugten O_K-Modul in K. Jedes Ideal von O_K ist ein Ideal von K, d. h. besitzt ein endliches Erzeugendensystem, weil dies für O_K zutrifft. Darüber hinaus gilt

Satz 8. *Ein von $\{0\}$ verschiedenes Ideal $\mathfrak{A}$ von K ist ein Gitter.*

Beweis. Es genügt zu zeigen, daß es n über P linear unabhängige Elemente in $\mathfrak{A}$ gibt. Sei $\alpha \neq 0$ ein Element aus $\mathfrak{A}$, und seien $\alpha_1, \ldots, \alpha_n$ linear unabhängige Elemente von O_K. Dann sind $\alpha\alpha_1, \ldots, \alpha\alpha_n$ n linear unabhängige Elemente von $\mathfrak{A}$. $\square$

Wir multiplizieren Ideale in K wie Moduln in K (siehe Abschn. 18.1.). Das Produkt ist offensichtlich wieder ein Ideal von K. Diese Definition ist mit der Multiplikation von Elementen α_1, α_2 in K verträglich, d. h., es gilt $\alpha_1 O_K \alpha_2 O_K = \alpha_1 \alpha_2 O_K$.

Wir betrachten jetzt die Zerlegung von 21 im Körper $K = Q(\sqrt{-5})$ vom Standpunkt der Ideale in O_K. Wir setzen

$$\mathfrak{A}_1 = (3, 1 + 2\sqrt{-5})\,O_K\,, \qquad \mathfrak{A}_2 = (3, 1 - 2\sqrt{-5})\,O_K\,,$$

$$\mathfrak{B}_1 = (7, 1 + 2\sqrt{-5})\,O_K\,, \qquad \mathfrak{B}_2 = (7, 1 - 2\sqrt{-5})\,O_K\,.$$

Dann wird

$$\mathfrak{A}_1\mathfrak{A}_2 = (9, 3 - 6\sqrt{-5}, 3 + 6\sqrt{-5}, 21)\,O_K = 3O_K\,.$$

Entsprechend findet man

$$\mathfrak{A}_1\mathfrak{B}_1 = (1 + 2\sqrt{-5})\,O_K\,, \qquad \mathfrak{A}_1\mathfrak{B}_2 = (-4 + \sqrt{-5})\,O_K\,,$$

$$\mathfrak{A}_2\mathfrak{B}_1 = (-4 - \sqrt{-5})\,O_K\,,$$

$$\mathfrak{A}_2\mathfrak{B}_2 = (1 - 2\sqrt{-5})\,O_K, \mathfrak{B}_1\mathfrak{B}_2 = 7O_K$$

und

$$21 O_K = \mathfrak{A}_1\mathfrak{A}_2\mathfrak{B}_1\mathfrak{B}_2\,. \tag{5}$$

Die Ideale $\mathfrak{A}_1, \mathfrak{A}_2, \mathfrak{B}_1, \mathfrak{B}_2$ sind Primideale (Abschn. A 1.1.) und können nicht in das Produkt von Idealen von O_K, die von O_K verschieden sind, zerlegt werden. Ebenfalls kann man zeigen, daß (5) die einzige Zerlegung von $21 O_K$ in das Produkt von Primidealen ist.

Wir beenden diesen Abschnitt mit einigen Bemerkungen über Primideale in O_K, wobei K wieder eine beliebige endliche Erweiterung von P ist.

Satz 9. *Ein Ideal $\mathfrak{P} \neq \{0\}$ von O_K ist genau dann Primideal, wenn $\mathfrak{P}$ maximales Ideal ist.*

Beweis. Ein Ideal $\mathfrak{P}$ ist genau dann maximal in O_K, wenn $O_K/\mathfrak{P}$ ein Körper ist (Anh. 1, Satz 1). Es genügt daher zu zeigen, daß für ein Primideal $\mathfrak{P} \neq \{0\}$ von O_K der Integritätsbereich $O_K/\mathfrak{P}$ ein Körper ist.

Mit $\mathfrak{P}$ ist auch $\mathfrak{p} =: \mathfrak{P} \cap \Gamma$ Primideal. $\mathfrak{p}$ ist von $\{0\}$ verschieden. Denn wenn $\alpha \neq 0$ in $\mathfrak{P}$ liegt, so liegt $N_{K/P}\alpha \neq 0$ wegen $\alpha \mid N_{K/P}\alpha$ in $\mathfrak{p}$. Die Inklusion $\Gamma \subset O_K$ induziert einen Monomorphismus

$$\varphi \colon \Gamma/\mathfrak{p} \to O_K/\mathfrak{P} \, . \tag{6}$$

Hierbei ist $\Gamma/\mathfrak{p}$ ein Körper, weil Γ Hauptidealring ist. Jedes $\bar{\alpha} \in O_K/\mathfrak{P}$ genügt einer algebraischen Gleichung mit Koeffizienten in $\varphi(\Gamma/\mathfrak{p})$. Wenn $\bar{\alpha}$ von 0 verschieden ist, können wir annehmen, daß der absolute Koeffizient dieser Gleichung von 0 verschieden ist. Es folgt, daß $\bar{\alpha}$ ein Inverses in $O_K/\mathfrak{P}$ besitzt. $\square$

Es ist üblich, $\Gamma/\mathfrak{p}$ mit $\varphi(\Gamma/\mathfrak{p})$ zu identifizieren und (6) als eine Körpererweiterung zu betrachten. Nach Satz 7 hat diese Körpererweiterung einen endlichen Grad, der als *Trägheitsgrad von* $\mathfrak{P}$ (*bezüglich* $\mathfrak{p}$) bezeichnet wird.

Aus Satz 9 folgt unmittelbar

Satz 10. *Sei* $\mathfrak{P} \neq \{0\}$ *ein Primideal und* $\mathfrak{A}$ *ein beliebiges Ideal von* O_K. *Dann ist* $\mathfrak{A} \subset \mathfrak{P}$ *oder* $\mathfrak{A} + \mathfrak{P} = O_K$. $\square$

Weiter gilt

Satz 11. *Wenn ein Primideal* $\mathfrak{P}$ *das Produkt der Ideale* $\mathfrak{A}$ *und* $\mathfrak{B}$ *enthält, so ist* $\mathfrak{A}$ *oder* $\mathfrak{B}$ *in* $\mathfrak{P}$ *enthalten.*

Beweis. Wenn weder $\mathfrak{A}$ noch $\mathfrak{B}$ in $\mathfrak{P}$ enthalten sind, gibt es nach Satz 10 Elemente π_1, π_2 aus $\mathfrak{P}$ und $\alpha \in \mathfrak{A}$, $\beta \in \mathfrak{B}$ mit $1 = \alpha + \pi_1, 1 = \beta + \pi_2$. Durch Multiplikation dieser Gleichungen erhält man $1 = \alpha\beta + (\alpha\pi_2 + \beta\pi_1 + \pi_1\pi_2)$. Hiernach ist $O_K = \mathfrak{A}\mathfrak{B} + \mathfrak{P}$ im Widerspruch zur Voraussetzung $\mathfrak{P} \subset \mathfrak{A}\mathfrak{B}$. $\square$

18.5. Der Hauptsatz der Idealtheorie

Der Hauptsatz der Idealtheorie ist die Verallgemeinerung des Satzes von der eindeutigen Primelementzerlegung. Er lautet folgendermaßen:

Satz 12. *Jedes Ideal* $\neq \{0\}$ *von* O_K *ist als Produkt von Primidealen darstellbar. Diese Darstellung ist eindeutig bis auf die Reihenfolge der Faktoren.*

Der Beweis dieses Satzes stellte für DEDEKIND eine wesentliche Schwierigkeit dar. HILBERT empfand die von DEDEKIND gegebenen Beweise als unschön und gab selbst mehrere neue Beweise. Wir folgen hier einer Beweisanordnung, die auch von VAN DER WAERDEN in seinem Lehrbuch der Algebra verwendet wird und als Vereinfachung des Dedekindschen Beweises im XI. *Supplement* betrachtet werden kann.

Wir beginnen mit einigen Lemmata.

Lemma 1. *Jede echt aufsteigende Folge von Idealen* $\mathfrak{A}_1 \subsetneqq \mathfrak{A}_2 \subsetneqq \ldots$ *bricht nach endlich vielen Schritten ab.*

Beweis. Nach Satz 8 können wir die Folge $[O_K \colon \mathfrak{A}_1]$, $[O_K \colon \mathfrak{A}_2]$, ... bilden, in der jedes Glied ein echter Teiler des vorhergehenden Gliedes ist. Die Folge kann daher nur aus endlich vielen Gliedern bestehen. $\square$

Lemma 2. *Für jedes Ideal* $\mathfrak{A}$ *gibt es Primideale* $\mathfrak{P}_1, \ldots, \mathfrak{P}_r$ *mit* $\mathfrak{A} \supset \mathfrak{P}_1 \ldots \mathfrak{P}_r$.

Beweis. Sei entsprechend Lemma 1

$$\mathfrak{A} = \mathfrak{A}_1 \subsetneqq \mathfrak{A}_2 \subsetneqq \ldots \subsetneqq \mathfrak{A}_s \subsetneqq O_K$$

eine aufsteigende Kette maximaler Länge für $\mathfrak{A}$. Dann nennen wir s die *Länge von* $\mathfrak{A}$. Die Ideale der Länge 1 sind gerade die Primideale. Für sie ist Lemma 2 also richtig. Sei das Lemma bereits für Ideale der Länge $\leqq s$ bewiesen und $\mathfrak{A}$ ein Ideal der Länge $s + 1$. Da $\mathfrak{A}$ kein Primideal ist, gibt es Elemente β, γ aus O_K mit $\beta\gamma \in \mathfrak{A}$ und $\beta \notin \mathfrak{A}$, $\gamma \notin \mathfrak{A}$. Die Ideale $\mathfrak{B} = (\beta, \mathfrak{A})$ und $\mathfrak{C} = (\gamma, \mathfrak{A})$ sind echt größer als $\mathfrak{A}$. Ihre Länge ist daher kleiner als $s + 1$, und nach Induktionsvoraussetzung ist Lemma 2 für $\mathfrak{B}$ und $\mathfrak{C}$ richtig. Da weiter $\mathfrak{B}\mathfrak{C} \subset \mathfrak{A}$ gilt, folgt die Behauptung für $\mathfrak{A}$. $\square$

Für ein Ideal $\mathfrak{A} \neq \{0\}$ in O_K bezeichnen wir mit $\mathfrak{A}^{-1}$ die Gesamtheit der Elemente $\beta \in K$ mit $\beta\mathfrak{A} \subset O_K$. Für $\alpha \in \mathfrak{A}$ ist $\alpha\mathfrak{A}^{-1}$ ein Ideal von O_K. Daher ist $\mathfrak{A}^{-1}$ ein endlich erzeugter O_K-Modul, d. h. ein Ideal von K (vgl. Abschn. 18.4.). Man spricht auch von *gebrochenen Idealen* und nennt die Ideale von O_K *ganze Ideale*.

Sei $\mathcal{J}_K$ die Menge der von $\{0\}$ verschiedenen gebrochenen Ideale von K. Die folgenden Betrachtungen laufen darauf hinaus zu zeigen, daß $\mathcal{J}_K$ bezüglich der Modulmultiplikation eine Gruppe bildet. Offenbar ist das Ideal O_K das Einselement von $\mathcal{J}_K$.

Lemma 3. *Sei $\mathfrak{P} \neq \{0\}$ ein Primideal. Dann gibt es in $\mathfrak{P}^{-1}$ ein Element, das nicht in O_K liegt.*

Beweis. Sei γ ein von 0 verschiedenes Element von $\mathfrak{P}$. Nach Lemma 2 gibt es Primideale $\mathfrak{P}_1, \ldots, \mathfrak{P}_r$ mit $\gamma O_K \supset \mathfrak{P}_1 \ldots \mathfrak{P}_r$. Wir können annehmen, daß γO_K kein Teilprodukt von $\mathfrak{P}_1 \ldots \mathfrak{P}_r$ umfaßt. Wegen $\mathfrak{P} \supset \mathfrak{P}_1 \ldots \mathfrak{P}_r$ und Satz 11 umfaßt $\mathfrak{P}$ eines der Primideale $\mathfrak{P}_1, \ldots, \mathfrak{P}_r$. Sei etwa $\mathfrak{P} \supset \mathfrak{P}_1$, d. h. $\mathfrak{P} = \mathfrak{P}_1$. Dann gilt

$$\gamma O_K \supset \mathfrak{P}\mathfrak{P}_2 \ldots \mathfrak{P}_r, \qquad \gamma O_K \not\supset \mathfrak{P}_2 \ldots \mathfrak{P}_r.$$

Daher gibt es ein $\beta \in \mathfrak{P}_2 \ldots \mathfrak{P}_r$, das nicht in γO_K enthalten ist, d. h. $\beta/\gamma \notin O_K$. Weiter ist $\gamma O_K \supset \beta\mathfrak{P}$, also $\beta/\gamma \in \mathfrak{P}^{-1}$. $\square$

Das folgende Lemma rechtfertigt die Bezeichnung $\mathfrak{P}^{-1}$.

Lemma 4. *Sei $\mathfrak{P} \neq \{0\}$ Primideal. Dann ist $\mathfrak{P} \cdot \mathfrak{P}^{-1} = O_K$.*

Beweis. Nach Definition von $\mathfrak{P}^{-1}$ gilt $O_K \subset \mathfrak{P}^{-1}$. Daher ist $\mathfrak{P} \subset \mathfrak{P}\mathfrak{P}^{-1} \subset O_K$. Nach Satz 9 ist also $\mathfrak{P}\mathfrak{P}^{-1} = \mathfrak{P}$ oder $\mathfrak{P}\mathfrak{P}^{-1} = O_K$. Angenommen, es gilt $\mathfrak{P} \cdot \mathfrak{P}^{-1} = \mathfrak{P}$. Dann ist $\beta\mathfrak{P} \subset \mathfrak{P}$ für alle $\beta \in \mathfrak{P}^{-1}$, d. h., β ist nach Satz 2 ganz im Widerspruch zu Lemma 3. $\square$

Lemma 5. *Sei das Ideal $\mathfrak{A} \neq \{0\}$ in dem Primideal $\mathfrak{P}$ enthalten. Dann gibt es ein Ideal $\mathfrak{B}$ mit $\mathfrak{A} = \mathfrak{P}\mathfrak{B}$ und $\mathfrak{A} \subsetneqq \mathfrak{B}$.*

Beweis. $\mathfrak{B} := \mathfrak{P}^{-1}\mathfrak{A}$ leistet das Verlangte. $\square$

Jetzt können wir leicht zeigen, daß jedes Ideal $\mathfrak{A} \neq \{0\}$ von O_K Produkt von Primidealen ist. Nach Lemma 1 ist $\mathfrak{A}$ in einem Primideal $\mathfrak{P}_1$ enthalten. Nach Lemma 5 ist $\mathfrak{A} = \mathfrak{P}_1\mathfrak{A}_1$ mit $\mathfrak{A} \subsetneqq \mathfrak{A}_1$. Durch Fortsetzung des Verfahrens erhält man eine Darstellung $\mathfrak{A} = \mathfrak{P}_1 \ldots \mathfrak{P}_s\mathfrak{A}_s$ und eine Kette $\mathfrak{A} \subsetneqq \mathfrak{A}_1 \subsetneqq \mathfrak{A}_2 \subsetneqq \ldots \subsetneqq \mathfrak{A}_s$. Nach Lemma 1 bricht diese Kette ab, und wir erhalten für $\mathfrak{A}$ die gewünschte Darstellung.

Seien

$$\mathfrak{P}_1 \ldots \mathfrak{P}_s = \mathfrak{Q}_1 \ldots \mathfrak{Q}_s \tag{7}$$

zwei Zerlegungen von $\mathfrak{A}$ in das Produkt von Primidealen. Dann enthält $\mathfrak{P}_1$ das Produkt $\mathfrak{Q}_1 \ldots \mathfrak{Q}_r$ und ist daher nach Satz 11 gleich einem der Primideale $\mathfrak{Q}_i$, $i = 1, \ldots,$ Sei etwa $\mathfrak{P}_1 = \mathfrak{Q}_1$. Durch Multiplikation von (7) mit $\mathfrak{P}_1^{-1}$ erhält man

$$\mathfrak{P}_2 \ldots \mathfrak{P}_s = \mathfrak{Q}_2 \ldots \mathfrak{Q}_s.$$

Durch Fortsetzung des Verfahrens findet man, daß beide Zerlegungen (7) von $\mathfrak{A}$ übereinstimmen. Damit ist Satz 12 bewiesen. $\square$

18.6. Folgerungen aus dem Hauptsatz

Aus Lemma 4 und Satz 12 folgt leicht, daß $\mathcal{J}_K$ eine Gruppe ist und daß sich jedes $\mathfrak{B} \in \mathcal{J}_K$ eindeutig in der Form

$$\mathfrak{B} = \prod_{\mathfrak{P}} \mathfrak{P}^{n(\mathfrak{P})}$$

schreiben läßt, wobei $\mathfrak{P}$ alle Primideale von O_K durchläuft und die Exponenten $n(\mathfrak{P}) = v_{\mathfrak{P}}(\mathfrak{B})$ ganze Zahlen sind, die fast alle gleich 0 sind. $v_{\mathfrak{P}}(\mathfrak{B})$ wird als $\mathfrak{P}$-*Exponent von* $\mathfrak{B}$ bezeichnet.

Wir merken die folgende Verallgemeinerung von Lemma 5 an.

Satz 13. *Sei das Ideal* $\mathfrak{A} \neq \{0\}$ *in dem Ideal* $\mathfrak{C}$ *enthalten. Dann gibt es genau ein Ideal* $\mathfrak{B}$ *mit* $\mathfrak{A} = \mathfrak{B}\mathfrak{C}$. $\square$

In Verallgemeinerung der Teilbarkeit von Zahlen definieren wir die *Teilbarkeit von Idealen von* O_K. Wir sagen, daß ein Ideal $\mathfrak{A}$ von dem Ideal $\mathfrak{B}$ geteilt wird, wenn es ein Ideal $\mathfrak{C}$ mit $\mathfrak{A} = \mathfrak{B}\mathfrak{C}$ gibt (vgl. Abschn. 18.4.). Nach Satz 13 wird $\mathfrak{A}$ von $\mathfrak{B}$ genau dann geteilt, wenn $\mathfrak{A} \subset \mathfrak{B}$ gilt.

Auf der Grundlage dieses Teilbarkeitsbegriffs können wir in üblicher Weise für zwei Ideale $\mathfrak{A}, \mathfrak{B}$ den Begriff des *größten gemeinsamen Teilers* g.g.T.$(\mathfrak{A}, \mathfrak{B})$ und des *kleinsten gemeinsamen Vielfachen* k.g.V.$(\mathfrak{A}, \mathfrak{B})$ definieren. Wegen Satz 13 gelten die Formeln

$$\text{g.g.T.}(\mathfrak{A}, \mathfrak{B}) = \mathfrak{A} + \mathfrak{B}, \qquad \text{k.g.V.}(\mathfrak{A}, \mathfrak{B}) = \mathfrak{A} \cap \mathfrak{B}. \tag{8}$$

Hiermit im Zusammenhang stehen die folgenden Sätze:

Satz 14. *Seien* $\mathfrak{P}_1, \dots, \mathfrak{P}_s$ *verschiedene Primideale und* $\mathfrak{A} \neq \{0\}$ *ein beliebiges Ideal. Dann gibt es ein Element* α *in* $\mathfrak{A}$, *das durch keines der Ideale* $\mathfrak{A}\mathfrak{P}_1, \dots, \mathfrak{A}\mathfrak{P}_s$ *teilbar ist.*

Beweis. Sei $\mathfrak{B} = \mathfrak{P}_1 \dots \mathfrak{P}_s$ und α_i ein Element aus $\mathfrak{A}\mathfrak{B}\mathfrak{P}_i^{-1}$, das nicht in $\mathfrak{A}\mathfrak{B}$ liegt, $i = 1, \dots, s$. Dann gehört $\alpha := \alpha_1 + \dots + \alpha_s$ zu $\mathfrak{A}$, aber nicht zu $\mathfrak{A}\mathfrak{P}_i$, da sonst $\alpha_i \in \mathfrak{A}\mathfrak{P}_i$ wäre im Widerspruch zur Wahl von α_i. $\square$

Satz 15. *Seien* $\mathfrak{A}$ *und* $\mathfrak{B}$ *beliebige von* $\{0\}$ *verschiedene Ideale. Dann gibt es ein* $\alpha \in \mathfrak{A}$ *mit*

$$\mathfrak{A}\mathfrak{B} + \alpha O_K = \mathfrak{A}, \qquad \mathfrak{A}\mathfrak{B} \cap \alpha O_K = \alpha \mathfrak{B}. \tag{9}$$

Beweis. O.B.d.A. sei $\mathfrak{B} \neq O_K$, und seien $\mathfrak{P}_1, \dots, \mathfrak{P}_s$ die verschiedenen Primideale von $\mathfrak{B}$. Entsprechend Satz 14 sei α ein Element aus $\mathfrak{A}$, das nicht durch $\mathfrak{A}\mathfrak{P}_1, \dots, \mathfrak{A}\mathfrak{P}_s$ teilbar ist. Dann gilt

$$\text{g.g.T.}(\mathfrak{A}\mathfrak{B}, \alpha O_K) = \mathfrak{A}, \qquad \text{k.g.V.}(\mathfrak{A}\mathfrak{B}, \alpha O_K) = \alpha \mathfrak{B}. \square$$

18.7. Die Norm eines Ideals

Eine wichtige Rolle spielt die *Norm eines Ideals* $\mathfrak{A}$ von O_K. Zu ihrer Definition knüpfen wir an die Abschnitte 17.6. und 18.2. an. Danach ist für $\alpha \in O_K, \alpha \neq 0$

$$\mathrm{N}(\alpha)\,\Gamma = [O_K : \alpha O_K]\,,$$

wobei N die Norm von K/P bezeichnet. Dies legt die Definition

$$\mathrm{N}(\mathfrak{A}) := [O_K : \mathfrak{A}] \quad \text{für} \quad \mathfrak{A} \neq \{0\}, \qquad \mathrm{N}(\{0\}) := \{0\}$$

nahe. Es gilt

Lemma 6. *Seien $\mathfrak{A}$ und $\mathfrak{B}$ von $\{0\}$ verschiedene Ideale. Dann gilt*

$$N(\mathfrak{B}) = [\mathfrak{A} : \mathfrak{A}\mathfrak{B}] \,.$$

Beweis. Sei α ein Element aus $\mathfrak{A}$ mit (9). Dann wird

$$[\mathfrak{A} : \mathfrak{A}\mathfrak{B}] = [(\mathfrak{A}\mathfrak{B} + \alpha O_K)/\mathfrak{A}\mathfrak{B}] = [\alpha O_K/(\mathfrak{A}\mathfrak{B} \cap \alpha O_K)] = [\alpha O_K/\alpha\mathfrak{B}] = [O_K/\mathfrak{B}] \,. \;\square$$

Bemerkung. Die hier auf der Grundlage von Satz 15 angewandte Beweistechnik wird im modernen Sprachgebrauch als *Semilokalisierung* bezeichnet. Sie läuft darauf hinaus, daß man, wenn man sich nur für Fragen interessiert, die Produkte aus einer gegebenen endlichen Menge von Primidealen betreffen, von Idealen zu Elementen von O_K übergehen kann.

Satz 16. *Für beliebige Ideale $\mathfrak{A}$ und $\mathfrak{B}$ gilt*

$$N(\mathfrak{A}\mathfrak{B}) = N(\mathfrak{A})\, N(\mathfrak{B}) \,. \tag{10}$$

Beweis. O.B.d.A. seien $\mathfrak{A}$ und $\mathfrak{B}$ von $\{0\}$ verschieden. Dann gilt wegen Lemma 6

$$N(\mathfrak{A}\mathfrak{B}) = [O_K : \mathfrak{A}\mathfrak{B}] = [O_K : \mathfrak{A}]\,[\mathfrak{A} : \mathfrak{A}\mathfrak{B}] = N(\mathfrak{A})\, N(\mathfrak{B}) \quad \text{(Anh. 1, Satz 9).} \;\square$$

Wir spezialisieren uns jetzt auf die Norm eines Primideals $\mathfrak{P}$. Sei p ein Primelement von Γ mit

$$\mathfrak{P} \mid p O_K \,. \tag{11}$$

Die Hauptideale $p O_K$ und $p\Gamma$ sind durch (11) eindeutig bestimmt. Wegen (10) gilt $N(\mathfrak{P}) \mid N(p)\,\Gamma = p^n\Gamma$. Daher gibt es eine natürliche Zahl $f \leq n$ mit $N(\mathfrak{P}) = p^f\Gamma$.

Satz 17. *f ist gleich dem Trägheitsgrad von $\mathfrak{P}$ (vgl. Abschn. 18.4.).*

Beweis. Wir wählen in O_K eine Basis $\omega_1, \dots, \omega_n$, so daß $\mathfrak{P}$ eine Basis der Form $a_1\omega_1, \dots, a_n\omega_n$ hat, $a_1 \mid \dots \mid a_n$ (Anh. 1, Satz 4). Dann ist $N(\mathfrak{P}) = a_1 \dots a_n\Gamma$, und wegen $p\omega_i \in \mathfrak{P}$ ist a_i nicht durch p^2 teilbar, $i = 1, \dots, n$. Es gibt also eine Zahl s mit $a_1\Gamma, \dots, a_s\Gamma = \Gamma, a_{s+1}\Gamma, \dots, a_n\Gamma = p\Gamma$. Demnach bilden die Klassen von $\omega_{s+1}, \dots, \omega_n$ eine Basis von $O_K/\mathfrak{P}$ über $\Gamma/p\Gamma$, und es gilt $N(\mathfrak{P}) = p^{n-s}\Gamma$. $\square$

Sei $p O_K = \mathfrak{P}_1^{e_1} \dots \mathfrak{P}_g^{e_g}$ die Primidealzerlegung von p. Durch Übergang zur Norm erhält man

$$n = e_1 f_1 + \dots + e_g f_g \,, \tag{12}$$

wobei f_i der Trägheitsgrad von $\mathfrak{P}_i$ ist. e_i heißt *Verzweigungsexponent* von $\mathfrak{P}_i$, $i = 1, \dots, g$.

Einem Ideal $\mathfrak{a}$ von P ordnen wir das von $\mathfrak{a}$ erzeugte Ideal von K zu. Auf diese Weise erhält man einen Monomorphismus der Gruppe $\mathcal{J}_P$ in die Gruppe $\mathcal{J}_K$. Wir identifizieren die Ideale aus $\mathcal{J}_P$ mit ihren Bildern in $\mathcal{J}_K$. Wie man leicht sieht, läßt sich die Norm in eindeutiger Weise zu einem Homomorphismus der Gruppe $\mathcal{J}_K$ in die Gruppe $\mathcal{J}_P$ ausdehnen.

Lemma 6 läßt sich nun zu dem folgenden Satz verallgemeinern:

Satz 18. *Seien $\mathfrak{A}, \mathfrak{B} \in \mathcal{J}_K$ und $\mathfrak{A} \subset \mathfrak{B}$. Dann gilt*

$$N(\mathfrak{A}/\mathfrak{B}) = [\mathfrak{B} : \mathfrak{A}] \,.$$

Beweis. Sei $\alpha \neq 0$ ein Element aus K mit $\alpha\mathfrak{A} \subset O_K$, $\alpha\mathfrak{B} \subset O_K$. Dann wird $N(\mathfrak{A}/\mathfrak{B})$ $= N(\alpha\mathfrak{A}/\alpha\mathfrak{B}) = [\alpha\mathfrak{B}/\alpha\mathfrak{A}] = [\mathfrak{B}/\mathfrak{A}]$. $\square$

Für Ideale $\mathfrak{A}$ von O_K gilt

$$\mathfrak{A} \mid N(\mathfrak{A}) \,. \tag{13}$$

18.8. Kongruenzen

Wir machen einige Anmerkungen über Kongruenzen, wobei es sich hauptsächlich um Verallgemeinerungen von Sätzen aus Kap. 1 handelt.

Sei $\mathfrak{A}$ ein Ideal von O_K. In Verallgemeinerung der Gaußschen Definition der Kongruenz bedeutet

$$\alpha \equiv \beta \pmod{\mathfrak{A}} \quad \text{für} \quad \alpha, \beta \in O_K,$$

daß $\alpha - \beta$ in $\mathfrak{A}$ liegt. Es gelten die in Abschn. 1.1. angegebenen Regeln für Kongruenzen. Wir heben die folgende hervor.

Satz 19. *Sei $\alpha \in O_K$ und $\mathfrak{B}$ ein zu αO_K teilerfremdes Ideal. Dann gibt es ein Element ξ in O_K mit*

$$\alpha \xi \equiv 1 \pmod{\mathfrak{B}}.$$

Beweis. Das folgt aus $\alpha O_K + \mathfrak{B} = O_K$ (vgl. (8)). $\square$

Das Rechnen mit Kongruenzen in O_K ist gleichbedeutend mit dem Rechnen im Restklassenring $O_K/\mathfrak{A}$. Der Chinesische Restklassensatz lautet jetzt folgendermaßen:

Satz 20. *Seien $\mathfrak{A}$ und $\mathfrak{B}$ teilerfremde Ideale. Die Zuordnung*

$$\psi: \gamma + \mathfrak{A}\mathfrak{B} \to (\gamma + \mathfrak{A}, \gamma + \mathfrak{B}), \qquad \gamma \in O_K,$$

definiert einen Isomorphismus von $O_K/\mathfrak{A}\mathfrak{B}$ auf $O_K/\mathfrak{A} + O_K/\mathfrak{B}$.

Beweis. Wegen (8) ist ψ injektiv. Seien α, β beliebige Elemente aus O_K. Wegen (8) gibt es Elemente α_1 aus $\mathfrak{A}$ und β_1 aus $\mathfrak{B}$ mit $\alpha_1 + \beta_1 = 1$. Es gilt $\psi(\alpha\beta_1 + \beta\alpha_1 + \mathfrak{A}\mathfrak{B}) = (\alpha + \mathfrak{A}, \beta + \mathfrak{B})$. $\square$

Für die weiteren Betrachtungen dieses Abschnitts beschränken wir uns auf den Fall $\Gamma = Z$.

Sei $\mathfrak{A}$ ein Ideal von O_K. Die Norm $N(\mathfrak{A})$ ist jetzt eine nichtnegative ganze Zahl, die Anzahl der Elemente von $O_K/\mathfrak{A}$.

Sei $\Phi(\mathfrak{A})$ die Anzahl der primen Restklassen mod $\mathfrak{A}$. Dann gilt für alle zu $\mathfrak{A}$ primen Zahlen ϱ in O_K

$$\varrho^{\Phi(\mathfrak{A})} \equiv 1 \pmod{\mathfrak{A}}. \tag{14}$$

In der Tat bilden die primen Restklassen mod $\mathfrak{A}$ die Einheitengruppe des Ringes $O_K/\mathfrak{A}$ (Abschn. A 1.1. und Satz 19). Insbesondere gilt für ein Primideal $\mathfrak{P}$ der Fermatsche Satz

$$\alpha^{N(\mathfrak{P})} \equiv \alpha \pmod{\mathfrak{P}} \quad \text{für alle} \quad \alpha \in O_K. \tag{15}$$

$q := N(\mathfrak{P})$ ist eine Potenz der Primzahl p mit $pZ = \mathfrak{P} \cap Z$. Wie im Beweis von Satz 5, Kap. 1, zeigt man, daß die multiplikative Gruppe von $O_K/\mathfrak{P}$ zyklisch ist. Sei ζ eine Erzeugende dieser Gruppe. Die in Kap. 17 entwickelte Galoissche Theorie überträgt sich ohne weiteres auf die Körpererweiterung $O_K/\mathfrak{P}$ über Z/pZ. Diese Erweiterung ist normal, da sie von ζ erzeugt wird und ζ Nullstelle des Polynoms $x^{q-1} - 1$ ist, dessen übrige Nullstellen die Potenzen von ζ sind. Sei f der Grad der Körpererweiterung von $O_K/\mathfrak{P}$ über Z/pZ. Dann ist $q = p^f$. Nach Satz 3, Kap. 17, hat die Galoissche Gruppe G dieser Erweiterung die Ordnung f. Andererseits wird durch $\zeta \to \zeta^p$ ein Automorphismus τ von G definiert, der die Ordnung f hat. G ist daher eine zyklische Gruppe mit der Erzeugenden τ, die als *Frobenius-Automorphismus* bezeichnet wird.

18.9. Die Primidealzerlegung in quadratischen Zahlkörpern

Als Beispiel betrachten wir jetzt die Primidealzerlegung der quadratischen Zahlkörper $K = Q(\sqrt{d})$ genauer, wobei wir die Bezeichnungen von Abschn. 18.3. verwenden.

Wegen (12) gibt es für die Primidealzerlegung einer Primzahl p in O_K die drei Möglichkeiten

$$p O_K = \mathfrak{P}_1 \mathfrak{P}_2 \quad \text{mit} \quad \mathfrak{P}_1 \neq \mathfrak{P}_2 , \qquad p O_K = \mathfrak{P} \quad \text{und} \quad p O_K = \mathfrak{P}^2 .$$

Im ersten Fall heißt p *zerlegt*, im zweiten Fall *träge* und im dritten Fall *verzweigt*. Der folgende Satz gibt Auskunft darüber, welcher dieser drei Fälle für eine Primzahl p eintritt.

Satz 21. *Sei D die Diskriminante von O_K (Abschn. 18.2.). Für $d \equiv 1 \pmod 4$ ist $D = d$, und für $d \equiv 2$ oder $3 \pmod 4$ ist $D = 4d$.*

(i) *p ist genau dann verzweigt, wenn p ein Teiler von D ist.*

(ii) *Sei $p \nmid 2D$. Dann ist p zerlegt oder träge je nach dem, ob das Legendre-Symbol $\left(\dfrac{D}{p}\right)$ gleich 1 oder gleich -1 ist (Abschn. 1.4.).*

(iii) *Sei $2 \nmid D$. Dann ist 2 zerlegt oder träge je nachdem, ob $D \equiv 1 \pmod 8$ oder $D \equiv 5 \pmod 8$ ist.*

Beweis. Im folgenden bedeutet $(\alpha_1, \dots, \alpha_s)$ das Ideal, das von $\alpha_1, \dots, \alpha_s$ erzeugt wird. Für $p \mid D$ gilt $p \mid d$ oder $p = 2$ und $d \equiv 3 \pmod 4$. Im ersten Fall ist $(p) = (p, \sqrt{d})^2$. Im zweiten Fall ist $(p) = (p, 1 + \sqrt{d})^2$.

Für $d \nmid 2D$ und $\left(\dfrac{D}{p}\right) = 1$ gibt es ein $x \in Z$ mit $x^2 \equiv D \pmod p$. Dann wird $(p) = (p, x + \sqrt{D})\,(p, x - \sqrt{D})$ und $(p, x + \sqrt{D}) \neq (p, x - \sqrt{D})$.

Für $p \nmid 2D$ und $\left(\dfrac{D}{p}\right) = -1$ gibt es kein $\alpha \in O_K$ mit $p \mid N(\alpha)$ und $p \nmid \alpha$. Daher gibt es kein Primideal $\mathfrak{P}$ mit $p = N(\mathfrak{P})$, und es folgt, daß p träge ist.

Für $p = 2$, $D \equiv 1 \pmod 8$ ist $(2) = \left(2, \dfrac{1 + \sqrt{d}}{2}\right)\left(2, \dfrac{1 - \sqrt{d}}{2}\right)$ und $\left(2, \dfrac{1 + \sqrt{d}}{2}\right) \neq \left(2, \dfrac{1 - \sqrt{d}}{2}\right)$.

Für $p = 2$, $D \equiv 5 \pmod 8$ gilt das gleiche wie im Fall $p \nmid 2D$ und $\left(\dfrac{D}{p}\right) = -1$. $\square$

Aufgaben

18.1 (STICKELBERGER). Sei K/Q eine Erweiterung vom Grad n, und seien $\alpha_1, \dots, \alpha_n$ ganze Elemente von K. Man zeige, daß die Diskriminante $\Delta(\alpha_1, \dots, \alpha_n)$ kongruent 0 oder 1 modulo 4 ist. (Hinweis: Man benutze Kap. 17, (6).)

18.2. Sei $K = Q(\alpha)$, wobei α eine Nullstelle des irreduziblen Polynoms $f(x) = x^n + a_1 x^{n-1} + \dots + a_n$ mit Koeffizienten $a_1, \dots, a_n$ aus Z ist. Weiter sei p eine Primzahl und $\bar{f}(x) = x^n + \bar{a}_1 x^{n-1} + \dots + \bar{a}_n$ das $f(x)$ entsprechende Polynom mit Koeffizienten Z/pZ. Sei

$$\bar{f}(x) = \bar{f}_1(x) \dots \bar{f}_s(x) \tag{16}$$

die Zerlegung von $f(x)$ in $Z/pZ[x]$ in irreduzible Faktoren vom Grad $n_1, \dots, n_s$.

a) Man zeige, daß $\bar{f}(x)$ genau dann in paarweise verschiedene irreduzible Faktoren zerfällt, wenn p kein Teiler der Diskriminante $\Delta(\alpha)$ ist.

b) Sei p kein Teiler von $\Delta(\alpha)$. Man zeige, daß die Ideale

$$\mathfrak{P}_1 := \big(p, f_1(\alpha)\big)\, O_K, \ldots , \mathfrak{P}_s := \big(p, f_s(\alpha)\big)\, O_K$$

paarweise verschiedene Primideale mit den Trägheitsgraden $n_1, \ldots , n_s$ sind.

c) Man zeige $p O_K = \mathfrak{P}_1 \ldots \mathfrak{P}_s$.

d) Sei $\Delta(\alpha)$ eine quadratfreie Zahl. Man zeige, daß $1, \alpha, \ldots , \alpha^{n-1}$ eine Basis von O_K ist.

18.3. Sei α eine Nullstelle des Polynoms $x^3 - x - 1$ und $K = Q(\alpha)$.

a) Man zeige, daß $1, \alpha, \alpha^2$ eine Basis von O_K ist.

b) Man zeige: $23 O_K = \mathfrak{P}_1 \mathfrak{P}_2^2$ mit Primidealen $\mathfrak{P}_1, \mathfrak{P}_2$, die voneinander verschieden sind.

c) Man zeige, daß $2 O_K$, $3 O_K$ und $7 O_K$ Primideale sind.

18.4. Man diskutiere an Hand von Beispielen den folgenden tiefliegenden Satz: Sei p eine von 23 verschiedene Primzahl. Das Polynom $x^3 - x - 1$ zerfällt in $Z/pZ[x]$ genau dann in zwei irreduzible Faktoren, wenn -23 kein quadratischer Rest modulo p ist. $x^3 - x - 1$ zerfällt in $Z/pZ[x]$ genau dann in drei irreduzible Faktoren, wenn sich p in der Form $p = \dfrac{a^2 + 23 b^2}{4}$ mit $a, b \in Z$ darstellen läßt.

18.5. Sei $K = Q(\sqrt{2}, \sqrt{a})$ mit einer quadratfreien ganzen Zahl $a \equiv 3 \pmod 4$. Man zeige, daß $1, \sqrt{2}, \sqrt{a}, \sqrt{2a}$ eine Basis von O_K bilden.

18.6. Seien $\mathfrak{A}$ und $\mathfrak{B}$ teilerfremde Ideale im Ring der ganzen Elemente eines algebraischen Zahlkörpers. Man zeige $\Phi(\mathfrak{A}\mathfrak{B}) = \Phi(\mathfrak{A})\,\Phi(\mathfrak{B})$.

18.7. Sei $\mathfrak{P}$ ein Primideal. Man zeige $\Phi(\mathfrak{P}^h) = \mathrm{N}(\mathfrak{P})^h - \mathrm{N}(\mathfrak{P})^{h-1}$.

18.8. Ein Polynom $f(x) := x^n + a_1 x^{n-1} + \ldots + a_n$ mit Koeffizienten aus Z heißt *Eisenstein-Polynom* für die Primzahl p, wenn $a_1, \ldots , a_n$ durch p teilbar ist und p in a_n nur zur ersten Potenz aufgeht. Sei α eine Nullstelle von $f(x)$.

a) Man zeige, daß $\mathfrak{P} := (\alpha, p)$ in $K := Q(\alpha)$ ein Primideal mit $\mathfrak{P}^n = p O_K$ ist.

b) Man zeige mit Hilfe von a), daß $f(x)$ irreduzibel ist (*Eisensteinsches Irreduzibilitätskriterium*, Satz 3, Kap. 3).

18.9. Sei K ein imaginär-quadratischer Zahlkörper mit der Diskriminante D_K und O_K ein euklidischer Ring.

a) Sei γ ein Element minimaler Höhe aus $O_K - \{0, 1 - 1\}$. Man zeige, daß jedes α aus O_K kongruent 0, 1 oder $-1 \pmod \gamma$ ist.

b) Sei $D_K < -11$. Man zeige $\mathrm{N}(\alpha) > 3$ für alle $\alpha \in O_K - \{0, 1, -1\}$.

c) Man zeige $D_K > -11$ (vgl. Kap. 16, Aufgabe 8).

19. Idealklassengruppe und Einheitengruppe

19.1. Die Endlichkeit der Klassenzahl

In diesem und den beiden folgenden Kapiteln beschränken wir uns auf algebraische Zahlkörper, genauer auf endliche Erweiterungen K von Q. Wie oben bezeichnen O_K den Ring der ganzen Elemente von K und J_K die Gruppe der gebrochenen Ideale von K. Diese Gruppe enthält die Untergruppe $(K^\times)$ der *gebrochenen Hauptideale*, d. h. der O_K-Moduln der Form $\alpha O_K =: (\alpha)$ für $\alpha \in K^\times$. Die Faktorgruppe $\mathrm{Cl}_K := \mathrm{I}_K/(K^\times)$ heißt *Idealklassengruppe* von K.

Die Abbildung von $K^\times$ in J_K, die jedem $\alpha \in K^\times$ das Hauptideal (α) zuordnet, hat als Kern die Einheitengruppe E_K von O_K. Wir haben daher eine exakte Sequenz von Gruppen

$$\{1\} \to \mathrm{E}_K \to K^\times \to J_K \to \mathrm{Cl}_K \to \{1\} \, . \tag{1}$$

Die Kenntnis der Gruppen Cl_K und E_K, die wir in diesem Kapitel studieren, ist notwendig zur Beherrschung der Arithmetik in K.

Die Ordnung von Cl_K ist ein Maß für die Abweichung der Arithmetik in O_K von der Arithmetik eines Hauptidealringes. Der folgende fundamentale Satz besagt, daß diese Abweichung endlich ist. Die Ordnung von Cl_K wird als *Klassenzahl von K* bezeichnet.

Satz 1. *Die Klassenzahl ist endlich*

Beweis. Sei $\omega_1, \dots, \omega_n$ eine Basis von O_K als Z-Modul, also n der Grad von K über Q. Weiter sei $\delta = h_1\omega_1 + \dots + h_n\omega_n$ eine Zahl von O_K, deren Koordinaten $h_1, \dots, h_n$ absolut kleiner oder gleich einer positiven Konstanten k sind, und für einen Isomorphismus g von K in C sei

$$r_g := |g\omega_1| + \dots + |g\omega_n| \, .$$

Dann wird

$$|\mathrm{N}(\delta)| = \prod_g |h_1 g\omega_1 + \dots + h_n g\omega_n| \leqq k^n \prod_g r_g \quad \text{(Abschn. 17.6.)} \, , \tag{2}$$

wobei die Produkte über alle Isomorphismen g von K in C zu erstrecken sind. Wir setzen $\prod_g r_g =: t$.

Sei jetzt ein Ideal $\mathfrak{A}$ von O_K gegeben und k die natürliche Zahl mit

$$k^n \leqq |\mathrm{N}(\mathfrak{A})| < (k+1)^n \, .$$

Unter den $(k+1)^n$ Zahlen der Form $h_1\omega_1 + \dots + h_n\omega_n$ mit $0 \leqq h_i \leqq k$, $h_i \in Z$ für $i = 1, \dots, n$, gibt es zwei verschiedene β, γ, deren Differenz in $\mathfrak{A}$ liegt, denn nach Wahl von k ist die Anzahl der Restklassen von O_K mod $\mathfrak{A}$ echt kleiner als $(k+1)^n$. In mindestens einer Restklasse müssen daher zwei Zahlen β, γ liegen. $\alpha = \beta - \gamma$ liegt also in $\mathfrak{A}$.

Bemerkung. Der hier angewandte Schluß wurde von DIRICHLET in seiner in Abschn. 16.2. zitierten Arbeit benutzt und wird als *Dirichletsches Schubfachprinzip* bezeichnet.

Nach (2) und Kap. 18, (10), ist

$$|\mathrm{N}(\alpha)| \leqq \mathrm{N}(\mathfrak{A})\, t \, , \qquad \mathrm{N}(\alpha \mathfrak{A}^{-1}) \leqq t \, .$$

In der Klasse $\overline{\mathfrak{A}}^{-1}$ liegt also ein ganzes Ideal, dessen Norm kleiner oder gleich t ist. Da t unabhängig von der Wahl von $\mathfrak{A}$ ist und es nur endlich viele Ideale gibt, deren Norm kleiner als eine gegebene Zahl ist, folgt die Behauptung. $\square$

Für die praktische Berechnung der Klassenzahl ist die Schranke t zu grob. MINKOWSKI hat wesentlich bessere Schranken abgeleitet. Wir kommen hierauf in Kap. 24 zurück.

19.2. Einheiten in quadratischen Zahlkörpern

Wir wollen uns einen Überblick über die Einheiten in O_K verschaffen und betrachten zunächst den Fall eines quadratischen Zahlkörpers.

Entsprechend Abschn. 18.3. sei $K = Q(\sqrt{d})$. Eine Zahl ε aus O_K ist genau dann eine Einheit, wenn $|\mathrm{N}(\varepsilon)| = 1$ ist. Man hat daher die ganzen Zahlen $\varepsilon = (u + t\sqrt{d})/2$ mit

$$|u^2 - t^2 d| = 4 \tag{3}$$

zu bestimmen, wobei $u \equiv t(\mathrm{mod}\ 2)$ und im Fall $d \equiv 2, 3\ (\mathrm{mod}\ 4)$ sogar $u \equiv t \equiv 0\ (\mathrm{mod}\ 2)$ ist.

Wenn d negativ ist, hat (3) nur die Lösungen $u = \pm 2$, $t = 0$, abgesehen von den Fällen $d = -1$ und $d = -3$, wo es noch die Lösungen $u = 0, t = \pm 2$ bzw. $u = \pm 1$, $t = \pm 1$ gibt, d. h., die Gruppe der Einheiten besteht nur aus den zweiten Einheitswurzeln, abgesehen von den Fällen $d = -1$ und $d = -3$, wo die Einheitengruppe aus den vierten bzw. sechsten Einheitswurzeln besteht.

Wenn d positiv ist, wird (3) als *Pellsche Gleichung* bezeichnet. Deren sämtliche Lösungen wurden zuerst von LAGRANGE bestimmt (*Solution d'un Problème d'Arithmétique, Miscellanea Taurinensia* 4 (1866)). Das Ergebnis besteht darin, daß es eine Grundeinheit ε_0 gibt, so daß sich alle Einheiten ε in eindeutiger Weise in der Form

$$\varepsilon = \pm \varepsilon_0^i \, , \qquad i \in Z \, ,$$

darstellen lassen.

19.3. Die Struktur der Einheitengruppe in Ordnungen algebraischer Zahlkörper

Wir gehen jetzt zum allgemeinen Fall über. Sei $K = Q(\vartheta)$ ein algebraischer Zahlkörper vom Grad n, der von der ganzen Zahl ϑ erzeugt wird. DIRICHLET bestimmte die Einheiten des Teilringes $Z[\vartheta]$ von O_K (Abschn. 16.2.). Wir folgen der Dirichletschen Methode, betrachten aber allgemeiner eine beliebige Ordnung B von K, d. h. einen Teilring von O_K, der Z enthält und dessen Quotientenkörper gleich K ist. Nach Satz 7, Kap. 18, und Satz 4, Anh. 1, ist B ein Gitter in K. Sei E die Einheitengruppe von B.

Zur Formulierung von DIRICHLETS Ergebnis betrachten wir die Isomorphismen g von K in $\mathbb{C}$. Wenn das Bild von g bereits in $\mathbb{R}$ liegt, heißt g reell, sonst komplex. Wenn g komplex ist und j den Übergang zum Konjugiert-Komplexen bezeichnet, ist $jg \neq g$. Die komplexen Isomorphismen treten also immer paarweise auf. Sei r_1 die Anzahl der reellen und r_2 die halbe Anzahl der komplexen Isomorphismen, $r = r_1 + r_2$. Nach Satz 2, Kap. 17, ist $r_1 + 2r_2 = n$.

Satz 2 (*Dirichletscher Einheitensatz*). *Es gibt $r - 1$ Einheiten $\varepsilon_1, \dots, \varepsilon_{r-1}$ in E und eine Einheitswurzel ζ, so daß sich jede Einheit ε in E in eindeutiger Weise in der Form*

$$\varepsilon = \zeta^i \prod_{\varkappa=1}^{r-1} \varepsilon_\varkappa^{i_\varkappa} \tag{4}$$

darstellen läßt, wobei i die nichtnegativen ganzen Zahlen durchläuft, die kleiner als die Ordnung von ζ sind, und $i_1, \dots, i_{r-1}$ jeweils alle ganzen Zahlen durchlaufen.

Der Beweis wird in den folgenden Abschnitten in mehreren Schritten geführt, die teilweise selbständiges Interesse beanspruchen können. Wir setzen dabei $r > 1$ voraus.

19.4. Die logarithmischen Komponenten

Eine wichtige Rolle werden beim Beweis die *logarithmischen Komponenten* der Einheiten von B spielen. Zu ihrer Definition fixieren wir eine Reihenfolge der n Isomorphismen $g_1, \dots, g_n$ von K in $\mathbb{C}$, so daß $g_1, \dots, g_{r_1}$ reell und $g_{r_1+1}, g_{r+1}, \dots, g_r, g_n$ die Paare konjugiert-komplexer Isomorphismen sind. Weiter wird $l_i = 1$ für $i = 1, \dots, r_1$ und $l_i = 2$ für $i = r_1 + 1, \dots, r$ gesetzt. Die i-te logarithmische Komponente $l_i(\alpha)$ von $\alpha \in K^\times$ ist dann gleich $l_i \log |g_i\alpha|$. Weiter bezeichnet $l(\alpha)$ den Vektor $l_1(\alpha), \dots, l_r(\alpha)$ in $\mathbb{R}^r$. Die Einheiten ε sind in B durch die Bedingung $|N(\varepsilon)| = 1$ gekennzeichnet. Sie ist offensichtlich gleichbedeutend mit

$$l_1(\varepsilon) + \dots + l_r(\varepsilon) = 0 \,. \tag{5}$$

Wir sehen, daß $\varepsilon \to l(\varepsilon)$ ein Gruppenhomomorphismus l von E in den $r - 1$-dimensionalen Unterraum U von $\mathbb{R}^r$ ist, der durch die Gleichung $x_1 + \dots + x_r = 0$ für die Vektoren $(x_1, \dots, x_r)$ von $\mathbb{R}^r$ definiert ist.

Zum Beweis von Satz 2 genügt es zu zeigen, daß der Kern von l eine endliche Gruppe und das Bild von l ein Gitter in U ist.

19.5. Der Kern von l

Wir zeigen zunächst, daß $\mathrm{Ker}\, l$ eine endliche Gruppe ist. Dazu benötigen wir den folgenden

Hilfssatz 1. *Sei c eine positive Konstante. Dann gibt es nur endlich viele Zahlen δ aus B mit $|g_i\delta| \leqq c$ für $i = 1, \dots, n$.*

Beweis. Sei $\omega_1, \dots, \omega_n$ eine Basis von B über Z und $\varkappa_1, \dots, \varkappa_n$ die Komplementärbasis von $\omega_1, \dots, \omega_n$ (Kap. 17, (11)). Für

$$\delta = h_1\omega_1 + \dots + h_n\omega_n \quad \text{mit} \quad h_i \in Z$$

wird dann

$$h_i = S(\delta \varkappa_i) = g_1 \delta g_1 \varkappa_i + \dots + g_n \delta g_n \varkappa_i \,,$$

$$|h_i| \leqq c(|g_1 \varkappa_i| + \dots + |g_n \varkappa_i|) \quad \text{für} \quad i = 1, \dots, n \,. \ \square$$

Der Kern von l besteht nach Definition aus den Einheiten ε mit $|g_i \varepsilon| = 1$ für $= 1, \dots, n$. Nach Hilfssatz 1 gibt es nur endlich viele solche Einheiten.

19.6. Das Bild von l

In diesem Abschnitt wollen wir zeigen, daß die Gruppe $l(E)$ endlich erzeugt ist. Da $l(E)$ in dem Vektorraum U der Dimension $r - 1$ liegt, folgt daraus, daß $l(E)$ höchstens den Rang $r - 1$ hat (Abschn. A 1.4.).

Wir beweisen zunächst ein einfaches Lemma.

Lemma 1. *Sei V ein Vektorraum über $\mathbb{R}$ der Dimension s und M eine Untergruppe von V, die in V diskret ist, d. h., zu jedem $m \in M$ gibt es eine Umgebung in V, in der kein weiterer Punkt von M liegt.*

Dann ist M eine endlich erzeugte Gruppe.

Beweis. O.B.d.A. können wir annehmen, daß der von M erzeugte Vektorraum gleich V ist. Sei $v_1, \dots, v_s$ eine Basis von V, bestehend aus Elementen von M. Es genügt zu zeigen, daß die von $v_1, \dots, v_s$ erzeugte Gruppe M_0 endlichen Index in M hat. In jeder Klasse von M/M_0 gibt es genau einen Vertreter $v = a_1 v_1 + \dots + a_s v_s$ mit $0 \leqq a_s < 1$ für $i = 1, \dots, s$. Da M diskret ist, gibt es nur endlich viele solche v. $\square$

Wir zeigen jetzt, daß $l(E)$ endlich erzeugt ist. Wegen Lemma 1 genügt es zu zeigen, daß $l(E)$ diskret in $\mathbb{R}^r$ ist. Sei t eine beliebige positive Zahl und $l_i(\varepsilon) \leqq t$ für $i = 1, \dots, r$. Dann ist

$$|g_i \varepsilon| \leqq e^t \quad \text{für} \quad i = 1, \dots, r \,. \tag{6}$$

Nach Hilfssatz 1 gibt es nur endlich viele $\varepsilon \in B$ mit (6). Daraus folgt die Behauptung.

19.7. Der Rang von $l(E)$

Zum Beweis von Satz 2 bleibt zu zeigen, daß $l(E)$ den Rang $r - 1$ hat. Hierin besteht die Hauptschwierigkeit. Wir beweisen zunächst zwei weitere Hilfssätze.

Hilfssatz 2. *Seien c_1 und c_2 positive reelle Zahlen, und sei*

$$u := \max\{|g_i \omega_1| + \dots + |g_i \omega_n| \mid i = 1, \dots, n\} \,.$$

Die Menge G der Isomorphismen von K in $\mathbb{C}$ sei in nichtleere disjunkte Teilmengen G_1, G_2 zerlegt, wobei konjugiert-komplexe Isomorphismen in der gleichen Teilmenge liegen sollen.

Dann gibt es eine Zahl γ aus B mit

$$|g\gamma| < c_1 \quad \text{für} \quad g \in G_1, \qquad |g\gamma| > c_2 \quad \text{für} \quad g \in G_2$$

und

$$\mathrm{N}(\gamma) < (3u)^n \,.$$

Beweis. Wir bemerken zunächst, daß die Funktion $f(x) := (x+1)^s - x^s - 1$ für $s > 1$ und $x > 0$ positiv ist. Denn es gilt $f'(x) > 0$ für $x > 0$ und $f(0) = 0$.

Neben den reellen Isomorphismen aus G_1 betrachten wir für Paare g, g' konjugiert-komplexer Isomorphismen aus G_1 die Abbildungen

$$\delta \to \operatorname{Re} g\delta \,, \qquad \delta \to \operatorname{Im} g\delta \quad \text{für} \quad \delta \in K \,.$$

Wir erhalten so $\mu := [G_1]$ Abbildungen von K in R, die wir in beliebiger Reihenfolge mit $w_1, \dots, w_\mu$ bezeichnen.

Sei k eine natürliche Zahl und

$$\Omega(k) = \{h_1\omega_1 + \dots + h_n\omega_n \mid h_i \in Z, 0 \leqq h_i \leqq k \text{ für } i = 1, \dots, n\} \,.$$

Nach Definition von u und w_j gilt

$$|w_i(\delta)| \leqq uk \quad \text{für} \quad \delta \in \Omega(k) \,, \qquad i = 1, \dots, \mu \,. \tag{6}$$

Da $n > \mu > 0$ und $k > 0$ ist, folgt aus der obigen Bemerkung über die Funktion $f(x)$, daß

$$(k+1)^{n/\mu} - k^{n/\mu} > 1$$

ist. Daher gibt es eine natürliche Zahl m mit

$$(k+1)^{n/\mu} > m > k^{n/\mu} \,,$$

also

$$(k+1)^n > m^\mu > k^n \,.$$

Wir wenden nun das schon in Abschn. 19.1. benutzte Schubfachprinzip in der folgenden Weise an: Wir betrachten das abgeschlossene Intervall $[-uk, uk]$, in dem alle zu den $(k+1)^n$ Zahlen δ aus $\Omega(k)$ gehörenden Werte $w_1(\delta), \dots, w_\mu(\delta)$ liegen. Sei $d := 2uk/m$, also

$$d < 2uk^{1-n/\mu} \,. \tag{7}$$

Wir teilen $[-uk, uk]$ in m Teilintervalle der Länge d ein. Dem Intervall $[-uk + (s-1)\,d, -uk + sd]$ werde die Intervallzahl s zugeordnet, $s = 1, \dots, m$. Jeder der μ Werte $w_1(\delta), \dots, w_\mu(\delta)$ fällt in eines dieser Intervalle, und falls eine Zahl auf den Rand zweier angrenzender Intervalle fällt, werde sie einem beliebigen dieser beiden Intervalle zugeordnet. Die entsprechenden Intervallzahlen seien $s_1, \dots, s_\mu$. Wir sagen, daß δ die Folge $s_1, \dots, s_\mu$ entspricht. Es gibt insgesamt m^μ Intervallfolgen (dies sind unsere Schubfächer). Da wir $(k+1)^n$ Zahlen in $\Omega(k)$ haben und $(k+1)^n > m^\mu$ ist, muß es zwei verschiedene Zahlen α, β in $\Omega(k)$ geben, welche die gleiche Intervallfolge haben (die im gleichen Schubfach liegen). Wir setzen $\gamma := \alpha - \beta$.

Dann wird

$$w_i(\gamma) = w_i(\alpha) - w_i(\beta) \leqq d \quad \text{für} \quad i = 1, \dots, \mu \,,$$

also $|g\gamma| \leqq \sqrt{2}d$ für $g \in G_1$, und damit wegen (7)

$$|g\gamma| < 3uk^{1-n/\mu} \quad \text{für} \quad g \in G_1 \,. \tag{8}$$

Wir setzen

$$M_j = \prod_{g \in G_j} |g\gamma| \quad \text{für} \quad j = 1, 2 \,.$$

Dann ist $M_1 M_2 = |\mathrm{N}(\gamma)|$ und wegen (8)

$$M_1 < (3u)^\mu \, k^{\mu - n} \,. \tag{9}$$

Hieraus folgt wegen $|g\gamma| \leqq uk$ für $g \in G$

$$|N(\gamma)| < (3u)^n \tag{10}$$

und

$$M_2 = |N(\gamma)|\, M_1^{-1} \geqq M_1^{-1} > (3u)^{-\mu}\, k^{n-\mu}\ .$$

Daher wird für $g \in G_2$

$$|g\gamma| = M_2 \prod_{h \in G_2 - \{g\}} |h\gamma|^{-1} > (3u)^{-\mu}\, k^{n-\mu}(uk)^{-n+\mu+1} = 3^{-\mu}\, u^{1-n}k\ . \tag{11}$$

Wählt man k genügend groß, so lassen sich wegen (8), (10) und (11) die Forderungen von Hilfssatz 2 erfüllen. $\square$

Hilfssatz 3. *Es gibt eine Einheit ε in B mit*

$$|g\varepsilon| < 1 \quad \textit{für} \quad g \in G_1\ ,$$

$$|g\varepsilon| < 1 \quad \textit{für} \quad g \in G_2\ .$$

Beweis. Nach Hilfssatz 2 gibt es eine unendliche Folge $\gamma_1, \gamma_2, \ldots$ von Zahlen aus B mit den Eigenschaften

$$|N(\gamma_i)| < (3u)^n \quad \text{für} \quad i = 1, 2, \ldots,$$

$$|g\gamma_1| > |g\gamma_2| > \ldots \quad \text{für} \quad g \in G_1\ , \tag{12}$$

$$|g\gamma_1| < |g\gamma_2| < \ldots \quad \text{für} \quad g \in G_2\ . \tag{13}$$

Da die $|N(\gamma_i)|$ beschränkte natürliche Zahlen sind, können wir o.B.d.A. annehmen, daß $|N(\gamma_i)|$ für alle $i = 1, 2, \ldots$ den gleichen Wert a hat. Es gibt aber nur endlich viele paarweise nicht assoziierte Zahlen $\gamma \in B$ mit $|N(\gamma)| = a$. Genauer sind zwei Zahlen $\alpha, \beta \in B$ mit $|N(\alpha)| = |N(\beta)| = a$ und $\alpha - \beta \in aB$ assoziiert:
Aus $\alpha - \beta = a\delta$ für $\delta \in B$ folgt

$$\frac{\alpha}{\beta} = 1 + \frac{|N(\beta)|}{\beta}\,\delta \in B\ , \qquad \frac{\beta}{\alpha} = 1 - \frac{|N(\alpha)|}{\alpha}\,\delta \in B\ .$$

Es gibt genau a^n Klassen in B/aB. Ein Vertretersystem dieser Klassen in B wird durch die Elemente $a_1\omega_1 + \ldots + a_n\omega_n$ mit $0 \leqq a_i < a$ für $i = 1, \ldots, n$ geliefert.

Daraus folgt, daß es in B assoziierte Zahlen γ_1, γ_2 mit (12), (13) gibt. Dann leistet $\varepsilon = \gamma_2\gamma_1^{-1}$ das Verlangte. $\square$

Jetzt sind wir in der Lage, Einheiten $\varepsilon_1, \ldots, \varepsilon_{r-1}$ anzugeben, so daß $l(\varepsilon_1), \ldots, l(\varepsilon_{r-1})$ linear unabhängige Vektoren in R^r sind. Entsprechend Hilfssatz 3 nehmen wir für $\varepsilon_i, i = 1, \ldots, r - 1$, eine Einheit mit

$$|g_i\varepsilon_i| > 1\ , \qquad |g_j\varepsilon_i| < 1 \quad \text{für} \quad j = 1, \ldots, r\ , \qquad j \neq i\ ,$$

d. h.

$$l_i(\varepsilon_i) > 0\ , \qquad l_j(\varepsilon_i) < 0 \quad \text{für} \quad j = 1, \ldots, r\ , \qquad j \neq i\ .$$

Hieraus folgt noch

$$\sum_{\varkappa=1}^{r-1} l_\varkappa(\varepsilon_i) = -l_r(\varepsilon_i) > 0\ .$$

Wir haben zu zeigen, daß die Determinante der Matrix $\big(l_j(\varepsilon_i)\big)_{i,\,j=1,\ldots,r-1}$ von 0 verschieden ist. Dies ergibt sich aus dem folgenden

Lemma 2 (MINKOWSKI). *Sei (a_{ij}) eine s-reihige Matrix reeller Zahlen mit*

$$a_{ij} \leqq 0 \quad für \quad i \neq j, \qquad \sum_{k=1}^{s} a_{ik} > 0 \quad für \quad i = 1, \dots, s.$$

Dann ist $\det(a_{ij}) \neq 0$.

Beweis. Seien $x_1, \dots, x_s$ reelle Zahlen mit

$$\sum_{k=1}^{s} a_{ik} x_k = 0 \quad für \quad i = 1, \dots, s. \tag{14}$$

Wir wählen ein j mit $|x_j| \geqq |x_i|$ für $i = 1, \dots, s$. O.B.d.A. sei $x_j \geqq 0$. Dann gilt

$$0 = \sum_{k=1}^{s} a_{jk} x_k \geqq a_{jj} x_j + \sum_{k \neq j} a_{jk} x_j = \left(\sum_{k=1}^{s} a_{jk}\right) x_j \geqq 0$$

und daher $x_j = 0$. Es folgt, daß das Gleichungssystem (14) nur die Nullösung hat. $\square$

Eine Menge $\{\varepsilon_1, \dots, \varepsilon_{r-1}\}$ von Einheiten aus B heißt *Grundeinheitensystem* von B, wenn die Vektoren $l(\varepsilon_1), \dots, l(\varepsilon_{r-1})$ den Z-Modul $l(E)$ erzeugen. Die Zahl $R(\varepsilon_1, \dots, \varepsilon_{r-1})$ $:= |\det(l_j(\varepsilon_j))_{i,j=1,\dots,r-1}|$ hängt wegen (5) nicht von der Wahl und der Reihenfolge der Isomorphismen $g_1, \dots, g_{r-1}$ ab. Weiter hat $R(\varepsilon_1, \dots, \varepsilon_{r-1})$ für alle Grundeinheitensysteme den gleichen Wert. Dieser gemeinsame Wert wird als *Regulator* von B bezeichnet. Im Fall $r = 1$ wird der Regulator gleich 1 gesetzt.

19.8. Der Dirichletsche Einheitensatz als Aussage über Diophantische Gleichungen

Satz 2 läßt sich leicht als Satz über die Lösungen Diophantischer Gleichungen deuten. Seien $x_1, \dots, x_n$ Unbestimmte und

$$N(x_1 \omega_1 + \dots + x_n \omega_n) = \prod_{i=1}^{n} (x_1 g_i \omega_1 + \dots + x_n g_i \omega_n).$$

Dies ist eine Form n-ten Grades in $x_1, \dots, x_n$ mit ganzen rationalen Koeffizienten. Die Lösungen der Gleichung

$$N(x_1 \omega_1 + \dots + x_n \omega_n) = \pm 1 \tag{15}$$

mit ganzen rationalen Zahlen entsprechen eineindeutig den Einheiten von B. Satz 2 liefert also eine Übersicht über die Lösungen der Diophantischen Gleichung (15).

Allgemeiner kann man die Theorie der algebraischen Zahlen, wie wir sie in den Kapiteln 18 und 19 entwickelt haben, als eine Verschlüsselung von Informationen über ganzen rationale Zahlen betrachten, die geeignet ist, Gesetzmäßigkeiten zwischen ganzen rationalen Zahlen in möglichst übersichtlicher Form zu formulieren und zu beweisen. (Siehe hierzu auch Kap. 21.)

Aufgaben

19.1. Sei ϑ eine ganze algebraische Zahl mit $|g\vartheta| = 1$ für alle Konjugierten $g\vartheta$ von ϑ. Man zeige, daß ϑ eine Einheitswurzel ist.

19.2. Sei K eine endliche Erweiterung von Q und S eine endliche Menge von Primidealen von K. Ein Element $\alpha \in K$ heißt *S-Einheit*, wenn in der Primidealzerlegung von α nur Primideale aus S vorkommen. Man zeige, daß die Gruppe aller S-Einheiten von K endlich erzeugt ist und den Rang $[S] + r_1 + r_2 - 1$ hat.

19.3. Sei $K = \mathbb{Q}(\sqrt{d})$ ein reell-quadratischer Zahlkörper und $\varepsilon = \dfrac{x + y\sqrt{d}}{2}$ eine Einheit von K. Man zeige, daß ε genau dann größer als 1 ist, wenn $x > 0$ und $y > 0$ gilt.

19.4. Seien $\varepsilon_1 = \dfrac{x_1 + y_2\sqrt{d}}{2}$ und $\varepsilon_2 = \dfrac{x_2 + y_2\sqrt{d}}{2}$ zwei Einheiten von $\mathbb{Q}(\sqrt{d})$ mit $1 < \varepsilon_1 < \varepsilon_2$. Man zeige $x_2 > x_1$ und $y_2 \geqq y_1$, wobei der Fall $y_2 = y_1$ nur für $\varepsilon_1 = \dfrac{1 + \sqrt{5}}{2}$, $\varepsilon_2 = \dfrac{3 + \sqrt{5}}{2}$ eintritt.

19.5. Sei $d \neq 5$. Nach Aufgabe 4 ist die ganze Zahl $\dfrac{x + y\sqrt{d}}{2} > 1$ genau dann Grundeinheit, wenn $|x^2 - y^2 d| = 4$ mit minimalem y gilt. Man berechne hiernach die Grundeinheiten von $\mathbb{Q}(\sqrt{d})$ für $d = 2, 3, 5, 6, 7, 10, 13, 14, 15, 17$.

19.6. d enthalte einen Primfaktor $p \equiv 3 (\mathrm{mod}\ 4)$. Man zeige, daß die Norm jeder Einheit in $\mathbb{Q}(\sqrt{d})$ gleich 1 ist.

19.7. Sei p eine Primzahl mit $p \equiv 1 (\mathrm{mod}\ 4)$. Man zeige, daß die Norm der Grundeinheit ε_0 von $K = \mathbb{Q}(\sqrt{p})$ gleich -1 ist. (Hinweis: Man beweise zunächst, daß sich jedes $\alpha \in K$ mit $\mathrm{N}(\alpha) = 1$ in der Form $\alpha = \beta/\sigma\beta$ mit $\beta \in K$ darstellen läßt, wobei σ der nichttriviale Automorphismus von K ist, und untersuche dann das Hauptideal (β) in einer Darstellung $\varepsilon_0 = \beta/\sigma\beta$.)

20. Die Dedekindsche ζ-Funktion

20.1. Definition der Dedekindschen ζ-Funktion

In diesem Kapitel behalten die Bezeichnungen von Kap. 19 ihre Gültigkeit: K_K bezeichnet einen algebraischen Zahlkörper vom Grad n, die Anzahl der reellen Isomorphismen von K in $\mathbb{C}$ wird mit r_1, die halbe Anzahl der komplexen Isomorphismen von K in $\mathbb{C}$ wird mit r_2 bezeichnet, $r := r_1 + r_2$. Weiter bezeichnet R den Regulator, h die Klassenzahl, $D := \Delta(O_K)$ die Diskriminante von O_K und w die Anzahl der Einheitswurzeln in K.

DIRICHLET fand mit analytischen Methoden einen geschlossenen Ausdruck für die Klassenzahl quadratischer Formen (Kap. 2), und KUMMER führte etwas Entsprechendes für Kreisteilungskörper durch. DEDEKIND verallgemeinerte einen Teil dieser Überlegungen auf beliebige algebraische Zahlkörper K und führte die folgende Funktion $\zeta_K(s)$ ein, die als *Dedekindsche ζ-Funktion* bezeichnet wird. Für reelles $s > 1$ ist

$$\zeta_K(s) := \sum \mathrm{N}(\mathfrak{A})^{-s} \, ,$$

wobei die Summe über alle Ideale $\mathfrak{A}$ von O_K zu erstrecken ist.

Die Konvergenz dieser Reihe für $s > 1$ sowie die Grenzwertformel

$$\lim_{s \to 1} (s - 1)\, \zeta_K(s) = \frac{2^r \pi^{n-r} R h}{w \sqrt{|D|}} \tag{1}$$

ergeben sich aus den folgenden beiden Sätzen.

Satz 1 (DEDEKIND). *Sei $T(t)$ die Anzahl der Ideale von O_K, deren Norm kleiner oder gleich t ist. Dann gilt*

$$\lim_{t \to \infty} \frac{T(t)}{t} = \frac{2^r \pi^{n-r} R h}{w \sqrt{|D|}} \, . \tag{2}$$

Satz 2 (DIRICHLET). *Sei $a_1, a_2, \dots$ eine Folge komplexer Zahlen und*

$$T(t) := \sum_{m \leq t} a_m \, .$$

Der Grenzwert $\lim\limits_{t \to \infty} T(t)/t$ möge existieren und gleich a sein. Dann ist die Reihe

$$\xi(s) := \sum_{m=1}^{\infty} a_m m^{-s}$$

für $s > 1$ konvergent, und es gilt

$$\lim_{s \to 1} (s - 1)\, \xi(s) = a \, . \tag{3}$$

20.2. Ansatz zum Beweis von Satz 1

Unter einer *Idealklasse* von K verstehen wir im folgenden die Menge der ganzen Ideale in einer Klasse von Cl_K.

Zum Beweis von Satz 1 genügt es, den folgenden Satz 3 zu beweisen.

Satz 3. *Sei C eine Idealklasse von $\mathfrak{J}_K$ und $T(C, t)$ die Anzahl der Ideale $\mathfrak{A}$ in C mit* $\mathrm{N}(\mathfrak{A}) \leqq t$. *Dann gilt*

$$\lim_{t \to \infty} \frac{T(C,t)}{t} = \frac{2^r \pi^{n-r} R}{w \sqrt{|D|}} . \tag{4}$$

Beweis. Wir wählen ein beliebiges Ideal $\mathfrak{B}$ in C^{-1}. Dann ist für $\mathfrak{A} \in C$ mit $\mathrm{N}(\mathfrak{A}) \leqq t$ das Produkt $\mathfrak{A}\mathfrak{B}$ ein Hauptideal (α) mit $\alpha \in \mathfrak{B} - \{0\}$ und

$$|\mathrm{N}(\alpha)| = \mathrm{N}(\mathfrak{A})\, \mathrm{N}(\mathfrak{B}) \leqq t \mathrm{N}(\mathfrak{B}) . \tag{5}$$

Umgekehrt gehört zu (α) mit $\alpha \in \mathfrak{B} - \{0\}$ und $|\mathrm{N}(\alpha)| \leqq t\mathrm{N}(\mathfrak{B})$ das Ideal $\mathfrak{A} = (\alpha)\,\mathfrak{B}^{-1}$ mit $\mathrm{N}(\mathfrak{A}) \leqq t$. Wir haben also

$$T(C, t) = [\{(\alpha) \mid \alpha \in \mathfrak{B} - \{0\},\, \mathrm{N}(\alpha)| \leqq t\mathrm{N}(\mathfrak{B})\}] .$$

Wir wollen jetzt in jedem Hauptideal eine erzeugende Zahl auszeichnen. Dazu fixieren wir entsprechend Satz 2, Kap. 19, ein Erzeugendensystem $\zeta, \varepsilon_1, \ldots, \varepsilon_{r-1}$ von E und betrachten für $\alpha \in K^\times$ das Gleichungssystem

$$l_i(\varepsilon_1)\, x_1 + \ldots + l_i(\varepsilon_{r-1})\, x_{r-1} + l_i x_r = l_i(\alpha) , \qquad i = 1, \ldots, r . \tag{6}$$

Die Determinante dieses Gleichungssystems ist gleich $nR \neq 0$. Daher gibt es zu jedem $\alpha \in K^\times$ eine eindeutige Lösung $x_1(\alpha), \ldots, x_r(\alpha)$. Durch Addition der Gleichungen (6) erhält man

$$nx_r(\alpha) = \log |\mathrm{N}(\alpha)| . \tag{7}$$

Für zwei Zahlen $\alpha, \beta \in K^\times$ wird

$$x_i(\alpha\beta) = x_i(\alpha) + x_i(\beta) , \qquad i = 1, \ldots, r . \tag{8}$$

Da offenbar $x_i(\varepsilon_j) = \delta_{ij}$ für $i, j = 1, \ldots, r - 1$ gilt, gibt es in der Menge αE eine Zahl α' mit

$$0 \leqq x_i(\alpha') < 1 \quad \text{für} \quad i = 1, \ldots, r - 1 . \tag{9}$$

α heißt (bezüglich $\varepsilon_1, \ldots, \varepsilon_{r-1}$) *reduziert*. Nach Abschn. 19.5. ist α' durch (9) bis auf Multiplikation mit einer Potenz von ζ eindeutig bestimmt.

Sei $\omega_1, \ldots, \omega_n$ eine Basis von $\mathfrak{B}$. Dann ist $wT(C, t)$ gleich der Anzahl der n-Tupel $(a_1, \ldots, a_n) \in Z^n$, so daß $\alpha' = a_1\omega_1 + \ldots + a_n\omega_n$ der Bedingung (9) und der Bedingung

$$|\mathrm{N}(\alpha')| \leqq t\mathrm{N}(\mathfrak{B}) \tag{10}$$

genügt.

20.3. Reduktion auf eine Volumenberechnung[1])

Wir wollen jetzt die Zahl $wT(C, t)$ als Anzahl der Punkte des Gitters Z^n in $\mathbb{R}^n$ innerhalb eines Gebietes $V_t \subset \mathbb{R}^n$ deuten. Dazu führen wir die r Funktionen

$$f_j(\xi) := l_j \log |\xi_1 g_j \omega_1 + \ldots + \xi_n g_j \omega_n| , \qquad j = 1, \ldots, r ,$$

---

[1]) Wir empfehlen dem Leser, sich den Inhalt der Abschnitte 20.3. und 20.4. zunächst im Fall $n = 2$ klarzumachen.

von $\xi = (\xi_1, \ldots, \xi_n) \in R^n$ ein. Wir definieren V_t als die Menge aller Punkte $\xi \in R^n$, die den Bedingungen $f_j(\xi) \neq \infty$ für $j = 1, \ldots, r$,

$$\sum_{j=1}^{r} f_j(\xi) \leqq \log t + \log N(\mathfrak{B}) \tag{11}$$

und

$$0 \leqq x_i(\xi) < 1 \quad \text{für} \quad i = 1, \ldots, r-1 \tag{12}$$

genügen, wobei

$$x_1 = x_1(\xi), \ldots, x_{r-1} = x_{r-1}(\xi), \qquad x_r = \frac{1}{n} \sum_{j=1}^{r} f_j(\xi) \tag{13}$$

die eindeutige Lösung des linearen Gleichungssystems (6) ist, in dem $l_j(\alpha)$ durch $f_j(\xi)$ zu ersetzen ist.

Dann ist $wT(C, t)$ gleich der Anzahl der Gitterpunkte in V_t.

Schließlich definieren wir die positive Zahl δ durch $\delta^{-n} = tN(\mathfrak{B})$ und betrachten die lineare Abbildung $\xi \to \delta\xi$ von R^n auf sich. Mit $\eta = \delta\xi$ wird $f_j(\eta) = f_j(\xi) + l_j \log \delta$ und $x_i(\eta) = x_i(\xi)$.

V_t geht über in das Gebiet V, das aus allen $\eta \in R^n$ mit $f_j(\eta) \neq \infty$ für $j = 1, \ldots, r$,

$$\sum_{j=1}^{r} f_j(\eta) \leqq 0$$

und

$$0 \leqq x_i(\eta) < 1 \quad \text{für} \quad i = 1, \ldots, r-1$$

besteht, wobei

$$x_1 = x_1(\eta), \ldots, x_{r-1} = x_{r-1}(\eta), \qquad x_r = \frac{1}{n} \sum_{j=1}^{r} f_j(\eta)$$

die eindeutige Lösung des Gleichungssystems

$$l_j(\varepsilon_1) x_1 + \ldots + l_j(\varepsilon_{r-1}) x_{r-1} + l_j x_r = f_j(\eta), \qquad j = 1, \ldots, r$$

ist. Z^n geht in das Gitter δZ^n über. Die Bedingungen für V hängen nicht von δ ab.

$wT(C, t)$ ist jetzt gleich der Anzahl der Gitterpunkte von δZ^n, die in V liegen. Da δ für $t \to \infty$ gegen 0 geht, können wir mit der Auszählung dieser Gitterpunkte den Inhalt $I(V)$ bestimmen, falls V einen Inhalt hat, was wir im nächsten Abschnitt zeigen werden. Es gilt also

$$I(V) = \lim_{\delta \to 0} wT(C, t) \, \delta^n = \lim_{t \to \infty} \frac{wT(C, t)}{N(\mathfrak{B}) \, t},$$

da δ^n der Inhalt der Fundamentalmasche des Gitters δZ^n ist.

20.4. Volumenberechnung

Zum Beweis von Satz 3 genügt es nun,

$$I(V) = \frac{2^r \pi^{n-r} R}{N(\mathfrak{B}) \sqrt{|D|}} \tag{14}$$

zu zeigen. Das geschieht durch Übergang zu neuen Koordinaten.

13*

Zunächst führen wir die lineare Transformation

$$\zeta_i = \sum_{j=1}^{n} \eta_j g_i \omega_j \quad \text{für} \quad i = 1, \dots, r_1 \,,$$

$$\zeta_i = \sum_{j=1}^{n} \eta_j \operatorname{Re} g_i \omega_j \,, \qquad \zeta_{i+r_2} = \sum_{j=1}^{n} \eta_j \operatorname{Im} g_{i+r_2} \omega_j \quad \text{für} \quad i = r_1 + 1, \dots, r_1 + r_2$$

durch. Dann wird wegen Kap. 17, (6), und Kap. 18, (3),

$$\mathrm{I}(V) = \int_{V} d\eta_1 \dots d\eta_n = \int_{V_1} \frac{2^{r_2} d\zeta_1 \dots d\zeta_n}{\mathrm{N}(\mathfrak{B}) \sqrt{|D|}} \,. \tag{15}$$

Dabei besteht V_1 aus allen $\zeta = (\zeta_1, \dots, \zeta_n)$ mit $\zeta_j \neq 0$ für $j = 1, \dots, r_1, \zeta_j^2 + \zeta_{j+r_2}^2 \neq 0$ für $j = r_1 + 1, \dots, r$,

$$\sum_{j=1}^{r_1} \log |\zeta_j| + \sum_{j=r_1+1}^{r} \log (\zeta_j^2 + \zeta_{j+r_2}^2) \leqq 0$$

und

$$0 \leqq x_i(\zeta) < 1 \quad \text{für} \quad i = 1, \dots, r - 1 \,,$$

wobei

$$x_1 = x_1(\zeta), \dots, x_{r-1} = x_{r-1}(\zeta) \,, \quad x_r = \frac{1}{n} \left(\sum_{j=1}^{r_1} \log |\zeta_i| + \sum_{j=r_1+1}^{r} \log (\zeta_j^2 + \zeta_{j+r_2}^2) \right)$$

die eindeutige Lösung des Gleichungssystems

$$l_j(\varepsilon_1) x_1 + \dots + l_j(\varepsilon_{r-1}) x_{r-1} + l_j x_r = \begin{cases} \log |\zeta_j| \,, & j = 1, \dots, r_1 \,, \\ \log (\zeta_j^2 + \zeta_{j+r_2}^2) \,, & j = r_1 + 1, \dots, r \,, \end{cases}$$

ist. V_1 ist symmetrisch bezüglich der Spiegelungen

$$\sigma_j : \zeta_j \to -\zeta_j \,, \qquad \zeta_i \to \zeta_i \quad \text{für} \quad i \neq j \,.$$

Sei daher V_2 das Teilgebiet von V_1 mit den zusätzlichen Bedingungen $\zeta_j \geqq 0$ für $j = 1, \dots, r_1$. Offensichtlich gilt

$$\int_{V_1} d\zeta_1 \dots d\zeta_n = 2^{r_1} \int_{V_2} d\zeta_1 \dots d\zeta_n \,. \tag{16}$$

Wir führen jetzt die Koordinatentransformation

$$\zeta_j = \exp(\theta_j) \quad \text{für} \quad j = 1, \dots, r_1 \,,$$

$$\zeta_j = \exp(\theta_j/2) \cos \theta_{j+r_2} \,, \qquad \zeta_{j+r_2} = \exp(\theta_j/2) \sin \theta_{j+r_2} \quad \text{für} \quad j = r_1 + 1, \dots, r$$

mit $0 \leqq \theta_{j+r_2} < 2\pi$ für $j = r_1 + 1, \dots, r$ durch. Dann wird

$$\int_{V_2} d\zeta_1 \dots d\zeta_n = \frac{1}{2^{r_2}} \int_{V_3} \exp(\theta_1 + \dots + \theta_r) \, d\theta_1 \dots d\theta_n \,. \tag{17}$$

Dabei besteht V_3 aus allen $\theta = (\theta_1, \dots, \theta_n)$ mit

$$\sum_{j=1}^{r} \theta_j \leqq 0 \,, \tag{18}$$

$0 \leqq \theta_j < 2\pi$ für $j = r + 1, \dots, n$ und

$$0 \leqq x_i(\theta) < 1 \quad \text{für} \quad i = 1, \dots, r - 1 \,, \tag{19}$$

wobei

$$x_1 = x_1(\theta), \ldots, x_{r-1} = x_{r-1}(\theta), \qquad x_r = \frac{1}{n} \sum_{j=1}^{r} \theta_j$$

die eindeutige Lösung des Gleichungssystems

$$l_j(\varepsilon_1)\, x_1 + \ldots + l_j(\varepsilon_{r-1})\, x_{r-1} + l_j x_r = \theta_j, \qquad j = 1, \ldots, r, \tag{20}$$

ist. Die Integrale über $\mathrm{d}\theta_{r+1}, \ldots, \mathrm{d}\theta_n$ lassen sich jetzt abspalten. Wir erhalten

$$\int\limits_{V_2} \mathrm{d}\zeta_1 \ldots \mathrm{d}\zeta_n = \pi^{r} \int\limits_{V_4} \exp(\theta_1 + \ldots + \theta_r)\, \mathrm{d}\theta_1 \ldots \mathrm{d}\theta_r, \tag{21}$$

wobei V_4 aus den $\theta = (\theta_1, \ldots, \theta_r)$ besteht, die den Bedingungen (18) und (19) genügen.

Schließlich gehen wir mit Hilfe von (20) zu den Koordinaten $x_1, \ldots, x_r$ über. Der Absolutbetrag der Determinante von (20) ist Rn. Daher wird

$$\int\limits_{V_2} \exp(\theta_1 + \ldots + \theta_r)\, \mathrm{d}\theta_1 \ldots \mathrm{d}\theta_r = Rn \int \exp(nx_r)\, \mathrm{d}x_1 \ldots \mathrm{d}x_r \tag{22}$$

mit $0 \le x_i < 1$ für $i = 1, \ldots, r-1$, $x_r \le 0$, also

$$\int \exp(nx)\, \mathrm{d}x_1 \ldots \mathrm{d}x_r = \int\limits_{-\infty}^{0} \exp(nx_r)\, \mathrm{d}x_r = \frac{1}{n}. \tag{23}$$

Aus (15) bis (23) folgt nun (14). Damit ist Satz 3 bewiesen. $\square$

20.5. Beweis von Satz 2

Wie in Abschn. 6.3. schreiben wir die Partialsummen von $\xi(s)$ in der Form

$$\sum_{m=1}^{h} a_m m^{-s} = T(1)\,(1^{-s} - 2^{-s}) + T(2)\,(2^{-s} - 3^{-s}) + \ldots$$
$$+ T(h-1)\,((h-1)^{-s} - h^{-s}) + \frac{T(h)}{h}\, h^{1-s}.$$

Nach Voraussetzung ist für $s > 1$

$$\lim_{h \to \infty} \frac{T(h)}{h}\, h^{1-s} = 0,$$

also

$$\xi(s) = \sum_{h=1}^{\infty} T(h)\,\left(h^{-s} - (h+1)^{-s}\right).$$

Wegen

$$h^{-s} - (h+1)^{-s} = s \int\limits_{h}^{h+1} \frac{\mathrm{d}x}{x^{s+1}}$$

wird weiter

$$\xi(s) = s \int\limits_{1}^{\infty} \frac{T(t)\, \mathrm{d}t}{t^{s+1}}. \tag{24}$$

Da $\dfrac{T(t)}{t}$ nach Voraussetzung beschränkt und $\displaystyle\int\limits_{1}^{\infty}\frac{dt}{t^s}=\frac{1}{s-1}$ ist, konvergiert das Integral in (24). Damit ist der erste Teil von Satz 2 bewiesen.

Um den Grenzübergang $s \to 1$ vorzunehmen, schreiben wir $\xi(s)$ in der Form

$$\xi(s) = \left(\frac{s}{s-1}\right) a + s \int\limits_{1}^{\infty}\left(\frac{T(t)}{t} - a\right)\frac{dt}{t^s} \, .$$

Hiernach ist (3) gleichbedeutend mit

$$\lim_{s \to 1}(s-1)\int\limits_{1}^{\infty}\left(\frac{T(t)}{t} - a\right)\frac{dt}{t^s} = 0 \, .$$

Um letzteres zu zeigen, wählen wir für gegebenes $\varepsilon > 0$ im Integrationsintervall eine Zahl u, so daß

$$\left|\frac{T(t)}{t} - a\right| \leq \varepsilon \quad \text{für} \quad t \geq u$$

wird. Dann gilt

$$\left|(s-1)\int\limits_{u}^{\infty}\left(\frac{T(t)}{t} - a\right)\frac{dt}{t^s}\right| \leq (s-1)\,\varepsilon\int\limits_{u}^{\infty}\frac{dt}{t^s} \leq \varepsilon \, .$$

Sei c eine Zahl mit

$$\left|\frac{T(t)}{t} - a\right| \leq c \quad \text{für} \quad 1 \leq t \leq u \, .$$

Dann gilt

$$\left|(s-1)\int\limits_{1}^{u}\left(\frac{T(t)}{t} - a\right)\frac{dt}{t^s}\right| \leq c\left(1 - \frac{1}{u^{s-1}}\right) \, .$$

Bei fixiertem u wählen wir nun s so nahe an 1, daß

$$c\left(1 - \frac{1}{u^{s-1}}\right) \leq \varepsilon$$

wird. Zusammenfassend erhalten wir

$$\left|(s-1)\int\limits_{1}^{u}\left(\frac{T(t)}{t} - a\right)\frac{dt}{t^s}\right| \leq 2\varepsilon \, . \quad \square$$

20.6. Anwendung

Wie im Fall $K = Q$ (siehe Abschn. 6.3.) zeigt man

$$\zeta_K(s) = \prod_{\mathfrak{P}}\frac{1}{1 - N(\mathfrak{P})^{-s}} \quad \text{für} \quad s > 1 \, , \tag{25}$$

wobei das Produkt über alle Primideale $\mathfrak{P}$ von K zu erstrecken ist. Aus (1) folgt, daß

$$\sum_{\mathfrak{P}} \frac{1}{N(\mathfrak{P})} \tag{26}$$

eine divergente Reihe ist. Da die Primideale $\mathfrak{P}$, deren Grad von 1 verschieden ist, einen konvergenten Beitrag zu (26) liefern, erhält man

Satz 4. *In jedem Zahlkörper K gibt es unendlich viele Primideale ersten Grades.* $\square$
In Abschn. 25.4. werden wir (1) benutzen, um den noch ausstehenden Beweis von Satz 4, Kap. 6, zu erbringen.

Aufgaben

20.1. Man zeige, daß sich die Dedekindsche ζ-Funktion als Funktion der komplexen Veränderlichen s zu einer für Re $s > 1$ erklärten regulären Funktion $\zeta_K(s)$ fortsetzen läßt.

20.2. Sei K der quadratische Zahlkörper mit der Diskriminante D.

a) Man zeige, daß es einen eindeutig bestimmten quadratischen Charakter χ modulo D gibt (vgl. Abschn. 6.3.) mit folgenden Eigenschaften:

$\chi(p) = 1$ für alle Primzahlen p, die in K in zwei verschiedene Primfaktoren zerfallen: $(p) = \mathfrak{P}\mathfrak{P}'$;

$\chi(p) = -1$ für alle Primzahlen, die in K träge sind: $(p) = \mathfrak{P}$;

$\chi(p) = 0$ für alle Primzahlen p, die in K verzweigt sind: $(p) = \mathfrak{P}^2$

(vgl. Abschn. 18.9.). χ heißt der zu K gehörige Charakter.

b) Man zeige, daß χ ein primitiver Charakter ist (Aufgabe 6.7.).

c) Man zeige für reelle $s > 1$

$$\zeta_K(s) = \zeta(s)\, L(s, \chi)$$

und

$$\lim_{s \to 1} (s - 1)\, \zeta_K(s) = L(1, \chi)\,.$$

d) Man zeige, daß für die Klassenzahl h von K die Gleichung

$$h = \begin{cases} \dfrac{\sqrt{D}}{2 \log \varepsilon}\, L(1, \chi) & \text{für}\quad D > 0\,, \\[3ex] \dfrac{w\sqrt{|D|}}{2\pi}\, L(1, \chi) & \text{für}\quad D < 0 \end{cases}$$

gilt, wobei $\varepsilon > 1$ die Grundeinheit von K und w die Anzahl der Einheitswurzeln in K bezeichnet. Für $D = -4$ erhält man die Leibnizsche Reihe (Abschn. 5.6.).

20.3. In Aufgabe 6.3, wurde die Gaußsche Summe $\tau_a(\chi)$ definiert.

a) Man zeige für den Charakter χ des quadratischen Zahlkörpers K mit der Diskriminante D die Gleichung $\tau_1(\chi)^2 = D$.

Genauer gilt $\tau_1(\chi) = \sqrt{D}$ für $D > 0$ und $\tau_1(\chi) = i\sqrt{|D|}$ für $D < 0$ (vgl. Abschn. 3.9.).

b) Unter Benutzung von Aufgabe 6.7. zeige man

$$h = -\frac{1}{\log \varepsilon} \sum_{m=1}^{[D/2]} \chi(m) \log \sin \frac{\pi m}{D} \quad \text{für}\quad D > 0$$

und

$$h = -\frac{1}{|D|} \sum_{m=1}^{|D|} \chi(m)\, m \quad \text{für}\quad D < -4\,.$$

21. Quadratische Formen und quadratische Zahlkörper

21.1 Moduln in quadratischen Zahlkörpern

DEDEKIND erkannte, daß man eine übersichtliche Darstellung der Gaußschen Theorie der quadratischen Formen (Kap. 2) und insbesondere der Komposition der Formenklassen geben kann, wenn man von Formen zu Moduln in quadratischen Zahlkörpern übergeht. Wir betrachten hier zunächst die Moduln und geben danach den Zusammenhang zwischen Moduln und Formen an.

Sei $K = \mathbf{Q}(\sqrt{d})$ ein quadratischer Zahlkörper (Bezeichnungen wie in Abschn. 18.3.). Ein Modul ist im folgenden immer eine Untergruppe von K^+, die von einer Basis von K über $\mathbf{Q}$ erzeugt wird. Für $\alpha \in K$ bezeichnet α' das Konjugierte von α.

Satz 1. *Sei $\mathfrak{m}$ ein Modul in K. Es gibt eine positive rationale Zahl m, so daß $\mathfrak{m}$ die Form $\mathfrak{m} = (m, m\gamma)$ mit $\gamma \in K$ hat. m ist durch $\mathfrak{m}$ eindeutig bestimmt.*

Beweis. Sei $\mathfrak{m} = (\alpha, \beta)$ und $x, y \in \mathbf{Q}$ mit

$$1 = x\alpha + y\beta \, . \tag{1}$$

Es gibt eine positive rationale Zahl m, so daß mx, my ganz und teilerfremd sind.

Wir setzen $mx =: u$ und $my =: v$. Seien r, s ganze rationale Zahlen mit $us - vr = 1$ und $\gamma := \dfrac{r\alpha + s\beta}{m}$. Dann ist $m, m\gamma \in \mathfrak{m}$:

$$m = u\alpha + v\beta \, , \qquad m\gamma = r\alpha + s\beta \, . \tag{2}$$

Betrachten wir (2) als Gleichungssystem für α und β, so sehen wir, daß α und β ganzzahlige Linearkombinationen von m und $m\gamma$ sind, weil die zugehörige Determinante $us - vr$ gleich 1 ist.

Die in $\mathfrak{m}$ enthaltenen rationalen Zahlen sind die ganzzahligen Vielfachen von m. Daher ist m eindeutig durch $\mathfrak{m}$ bestimmt. $\square$

Die Zahl γ ist eine Nullstelle eines irreduziblen quadratischen Polynoms:

$$a\gamma^2 + b\gamma + c = 0 \, . \tag{3}$$

Die Koeffizienten a, b, c sind eindeutig bestimmt, wenn wir annehmen, daß sie keinen gemeinsamen Teiler haben und daß a positiv ist.

$a\gamma$ ist eine ganze algebraische Zahl und daher entsprechend Abschn. 18.3. von der Form

$$a\gamma = h + k\omega = \frac{-b + k\sqrt{D}}{2} \, , \tag{4}$$

wobei h und k ganze rationale Zahlen sind, D die Diskriminante von O_K und

$$k^2 D = b^2 - 4ac \tag{5}$$

ist. Durch eventuellen Übergang von γ zu $-\gamma$ erreicht man, daß $k > 0$ wird. Ein erzeugendes Element von K mit $k > 0$ heißt *zulässig*.

In Abschn. 18.1. haben wir die Ordnung $O(\mathfrak{m})$ als den Ring aller Zahlen $\delta \in K$ mit $\delta\mathfrak{m} \subset \mathfrak{m}$ definiert. Es gilt

Satz 2. *Die Ordnung von* $\mathfrak{m}$ *ist* $(1, a\gamma) = (1, k\omega)$.

Bemerkung. Für zulässige γ ist also nach Abschn. 18.3. die Zahl k gleich dem Führer von $O(\mathfrak{m})$.

Beweis von Satz 2. Da für eine Zahl $\alpha \neq 0$ die Moduln $\mathfrak{m}$ und $\alpha\mathfrak{m}$ die gleiche Ordnung haben, genügt es, $\mathfrak{m} = (1, \gamma)$ zu betrachten. $\delta \in O(\mathfrak{m})$ bedeutet, daß δ und $\delta\gamma$ in $\mathfrak{m}$ liegen. Daher hat δ die Form $\delta = x + y\gamma$ mit $x, y \in Z$ und $y\gamma^2 \in \mathfrak{m}$. Nach (3) gilt $y\gamma^2 = ya^{-1}(b\gamma - c)$. Folglich sind yb und yc durch a teilbar. Da a, b, c teilerfremd sind, gilt $a \mid y$. Andererseits ist offensichtlich $a\gamma \in O(\mathfrak{m})$ und daher $O(\mathfrak{m}) = (1, a\gamma)$. $\square$

Wir übertragen den Begriff der Norm eines Ideals (Abschn. 18.7.) auf einen beliebigen Modul $\mathfrak{m} = (\alpha, \beta)$: Sei $O(\mathfrak{m}) = (\alpha_1, \beta_1)$ und A die Übergangsmatrix von α_1, β_1 zu α, β. Dann ist $|\det A|$ unabhängig von der Wahl der Basen α, β in $\mathfrak{m}$ und α_1, β_1 in $O(\mathfrak{m})$. Wir setzen

$$N(\mathfrak{m}) := |\det A|$$

Nach Satz 1 und 2 gilt

$$N(\mathfrak{m}) = \frac{m^2}{a}. \tag{6}$$

Nun setzen wir

$$\mathfrak{m}' := \{\alpha' \mid \alpha \in \mathfrak{m}\}\,.$$

$\mathfrak{m}'$ hat die gleiche Ordnung und die gleiche Norm wie $\mathfrak{m}$.

Wir betrachten jetzt die Multiplikation der Moduln (Abschn. 18.1.). Sei R eine Ordnung in K und $\mathfrak{m}$ ein Modul mit $O(\mathfrak{m}) = R$. Dann ist $\mathfrak{m}R = \mathfrak{m}$.

Satz 3. $\mathfrak{m}\mathfrak{m}' = N(\mathfrak{m})\,R.$

Beweis. Nach Satz 2 und (6) ist

$$\mathfrak{m}\mathfrak{m}' = (m, m\gamma)\,(m, m\gamma') = m^2(1, \gamma, \gamma', \gamma\gamma') = \frac{m^2}{a}\,(a,\ a\gamma,\ b,\ c) = N(\mathfrak{m})\ R\,,$$

da der größte gemeinsame Teiler von a, b, c gleich 1 ist. $\square$

Seien jetzt $\mathfrak{m}$ und $\mathfrak{m}_1$ Moduln mit der gleichen Ordnung R. Offensichtlich ist

$$(\mathfrak{m}\mathfrak{m}_1)' = \mathfrak{m}'\mathfrak{m}_1'$$

und daher

$$\mathfrak{m}\mathfrak{m}_1(\mathfrak{m}\mathfrak{m}_1)' = N(\mathfrak{m}\mathfrak{m}_1)\,O(\mathfrak{m}\mathfrak{m}_1) = \mathfrak{m}\mathfrak{m}'\mathfrak{m}_1\mathfrak{m}_1' = N(\mathfrak{m})\,N(\mathfrak{m}_1)\,R\,. \tag{7}$$

Hieraus folgt

$$O(\mathfrak{m}\mathfrak{m}_1) = R \tag{8}$$

und

$$N(\mathfrak{m}\mathfrak{m}_1) = N(\mathfrak{m})\,N(\mathfrak{m}_1)\,. \tag{9}$$

Satz 4. *Die Gesamtheit* $\mathfrak{M}(R)$ *der Moduln mit gegebener Ordnung* R *bildet bezüglich der Multiplikation eine Gruppe.*

Beweis. (8) besagt, daß $\mathfrak{M}(R)$ bezüglich der Modulmultiplikation abgeschlossen ist. Nach Satz 3 ist $(1/N(\mathfrak{m}))\,\mathfrak{m}'$ das Inverse von $\mathfrak{m}$. $\square$

Zwei Moduln $\mathfrak{m}_1$, $\mathfrak{m}_2$ aus $\mathfrak{M}(R)$ heißen *ähnlich im engeren Sinne*, wenn es ein $\alpha \in K$ *mit* $\mathfrak{m}_2 = \alpha\mathfrak{m}_1$ und $N(\alpha) > 0$ gibt.

Wir bezeichnen die Gruppe aller $\alpha \in K^\times$ mit $N(\alpha) > 0$ mit A. Für $D < 0$ ist $A = K^\times$, für $D > 0$ ist A eine Untergruppe vom Index 2 in $K^\times$. Die Klassen der im engeren Sinne ähnlichen Moduln sind die Elemente der Faktorgruppe $\mathfrak{M}(R)/\{\alpha R \mid \alpha \in A\}$. Die Einheitengruppe $R^\times$ von R hat einen endlichen Index in $E = O_K^\times$ (Kap. 19, Satz 2, Anh. 1, Satz 4), den wir mit e_f bezeichnen. Sei n_f der Index von $A R^\times$ in $K^\times$. Wie man leicht sieht, ist

$n_f = 1$ für $D < 0$,

$n_f = 1$ für $D > 0$ und es gibt ein $\varepsilon \in R^\times$ mit $N(\varepsilon) = -1$,

$n_f = 2$ für $D > 0$ und $N(\varepsilon) = 1$ für alle $\varepsilon \in R^\times$.

Weiter sei

$$\mathrm{Cl}(R) = \mathfrak{M}(R)/\{\alpha\, R \mid \alpha \in K^\times\}\,, \qquad \mathrm{Cl}_0(R) = \mathfrak{M}(R)/\{\alpha R \mid \alpha \in A\}\,.$$

$\mathrm{Cl}_0(R)$ ist die Gruppe, die für die Theorie der quadratischen Formen interessant ist. Beim Vergleich von Modulklassen und Formenklassen wird das folgende Lemma eine Hauptrolle spielen.

Lemma 1. *Seien* γ *und* γ_1 *zulässige Zahlen aus* K. *Die Moduln* $(1, \gamma)$ *und* $(1, \gamma_1)$ *sind genau dann ähnlich im engeren Sinne, wenn es eine Matrix* $A := \begin{pmatrix} k & l \\ m & n \end{pmatrix}$ *mit ganzen rationalen Koeffizienten und* $\det A = 1$ *gibt, so daß*

$$\gamma_1 = \frac{k\gamma + l}{m\gamma + n} \tag{10}$$

gilt.

Beweis. Seien $(1, \gamma)$ und $(1, \gamma_1)$ ähnlich im engeren Sinne. Dann gibt es ein $\alpha \in K^\times$ mit $N(\alpha) > 0$ und eine Matrix $A = \begin{pmatrix} k & l \\ m & n \end{pmatrix}$ mit $\det A = \pm 1$, so daß

$$\begin{pmatrix} \gamma_1 \\ 1 \end{pmatrix} = A \begin{pmatrix} \alpha\gamma \\ \alpha \end{pmatrix} \tag{11}$$

gilt. Hieraus folgt

$$\begin{pmatrix} \gamma_1 & \gamma_1' \\ 1 & 1 \end{pmatrix} = A \begin{pmatrix} \alpha\gamma & \alpha'\gamma' \\ \alpha & \alpha' \end{pmatrix}$$

und

$$\gamma_1 - \gamma_1' = (\det A)\, N(\alpha)\, (\gamma - \gamma')\,. \tag{12}$$

Da γ und γ_1 speziell sind, folgt hieraus $\det A = 1$. Weiter folgt aus (11) die gesuchte Beziehung (10).

Sei umgekehrt (10) erfüllt. Dann gilt (11) mit $\alpha = \dfrac{1}{m\gamma + n}$. Aus (12) folgt, daß $N(\alpha) > 0$ ist. $\square$

21.2. Vergleich mit der Idealgruppe

Wir wollen die Struktur von $\mathfrak{M}(R)$ mit der uns bereits bekannten von $\mathfrak{M}(O_K)$ vergleichen.

Durch die Zuordnung $\mathfrak{m} \to \mathfrak{m}O_K$ wird ein Homomorphismus φ von $\mathfrak{M}(R)$ in $\mathfrak{m}(O_K)$ definiert.

Satz 5. $\operatorname{Im} \varphi = \mathfrak{M}(O_K)$.

Beweis. Da jedes Hauptideal im Bild von φ liegt, genügt es zu zeigen, daß alle Primideale von O_K vom Trägheitsgrad 1 im Bild von φ liegen. Sei $\mathfrak{P}$ ein solches Primideal und f der Führer der Ordnung R. Sei $f = p^i f_1$ mit $p = \mathrm{N}(\mathfrak{P})$, $p \nmid f_1$. Dann läßt sich $\mathfrak{P}$ als O_K-Ideal von p^{i+1} und einem Element $\alpha \in O_K$ der Form $\alpha = x + f_1\omega$ mit $x \in Z$ erzeugen, wobei $\mathfrak{P}$ in α genau zur ersten Potenz aufgeht (Kap. 18, Satz 21). Nach Satz 2 hat der Modul (p^{i+1}, α) die Ordnung $R = (1, f\omega)$, und es gilt $\varphi(p^{i+1}, \alpha) = \mathfrak{P}$. $\square$

Satz 6. *Der Kern von φ besteht aus allen Moduln $\mathfrak{m}$ der Form $\mathfrak{m} = (f, f\omega, \xi)$, wobei f der Führer von R und ξ ein beliebiges zu f teilerfremdes Element von O_K ist.*

Wir geben zunächst eine Charakterisierung des Führers von R.

Lemma 2. *Sei $\mathfrak{m}$ ein Modul in $\mathfrak{M}(R)$ mit $\mathfrak{m}O_K = O_K$. Dann ist der Führer von R gleich der kleinsten natürlichen Zahl f mit $fO_K \subset \mathfrak{m}$.*

Beweis. Nach Definition ist der Führer von R gleich der kleinsten natürlichen Zahl h mit $h\omega\mathfrak{m} \subset \mathfrak{m}$. Wegen $h\mathfrak{m} \subset \mathfrak{m}$ und $\mathfrak{m}O_K = O_K$ ist diese Bedingung gleichbedeutend mit $hO_K \subset \mathfrak{m}$. $\square$

Beweis von Satz 6. Sei $\mathfrak{m}$ ein Modul aus $\mathfrak{M}(R)$ mit $\varphi\mathfrak{m} = O_K$. Dann ist $\mathfrak{m}O_K = O_K$. Nach Lemma 2 ist also der Führer von R gleich der kleinsten natürlichen Zahl f mit $fO_K \subset \mathfrak{m}$. Daraus folgt, daß die Gruppe $\mathfrak{m}/fO_K$ zyklisch ist. Sei ξ Vertreter einer Erzeugenden dieser Gruppe in $\mathfrak{m}$. Dann ist $\mathfrak{m} = (f, f\omega, \xi)$, und ξ ist teilerfremd zu f.

Andererseits zeigt man leicht, daß jeder Modul der Form $(f, f\omega, \xi)$ mit einem $\xi \in O_K$, das zu f teilerfremd ist, zu $\operatorname{Ker} \varphi$ gehört. $\square$

Offensichtlich ist $(f, f\omega, \xi_1) = (f, f\omega, \xi_2)$ für $\xi_1 \equiv \xi_2 (\operatorname{mod} f)$. Außerdem sieht man leicht, daß für zu f teilerfremde ξ_1, ξ_2 die Beziehung

$$(f, f\omega, \xi_1)\,(f, f\omega, \xi_2) = (f, f\omega, \xi_1\xi_2)$$

gilt. Die Zuordnung $\xi \to (f, f\omega, \xi)$ definiert daher einen Epimorphismus ψ von $(O_K/fO_K)^{\times}$ auf $\operatorname{Ker} \varphi$.

Satz 7. *Der Kern von ψ besteht aus den Klassen von (O_K/fO_K), die einen Repräsentanten in Z haben.*

Beweis. Die Klasse $\bar{\xi}$ gehört zu $\operatorname{Ker} \psi$ genau dann, wenn $(f, f\omega, \xi) = R$ ist. Das bedeutet, daß es ein $b \in Z$ mit $1 - b\xi \in fO_K$ gibt. $\square$

Wir können unsere bisherigen Ergebnisse über die Struktur von $\mathfrak{M}(R)$ in der folgenden exakten Sequenz zusammenfassen:

$$\{1\} \to (Z/fZ)^{\times} \to (O_K/fO_K)^{\times} \to \mathfrak{M}(R) \xrightarrow{\varphi} \mathfrak{M}(O_K) \to \{1\}\,. \tag{13}$$

Weiter wollen wir die Ordnung von $\mathrm{Cl}_0(R)$ durch die Ordnung von $\mathrm{Cl}(O_K)$, d. h. durch die Idealklassenzahl h von K ausdrücken.

Satz 8. *Sei $\Phi(f) = [(O_K/fO_K)^{\times}]$, $\varphi(f) = [(Z/fZ)^{\times}]$. Dann ist*

$$[\mathrm{Cl}_0(R)] = \frac{n_f \Phi(f)}{e_f \varphi(f)} h\,. \tag{14}$$

Beweis. Zunächst sieht man leicht, daß

$$[\mathrm{Cl}_0(R)] = n_f[\mathrm{Cl}(R)] \tag{15}$$

gilt. Weiter betrachten wir den natürlichen Homomorphismus $\overline{\varphi}$ von $\mathrm{Cl}(R)$ in $\mathrm{Cl}(O_K)$. Wegen Satz 5 ist $\overline{\varphi}$ surjektiv und daher

$$[\mathrm{Cl}(R)] = h[\mathrm{Ker}\,\overline{\varphi}] \,. \tag{16}$$

Aus dem Diagramm

$$
\begin{array}{ccc}
E/R^\times \to K^\times/R^\times \to K^\times/E \\
\downarrow \qquad\qquad \downarrow \\
\mathrm{Ker}\,\varphi \to \mathfrak{M}(R) \underset{\varphi}{\to} \mathfrak{M}(O_K) \\
\downarrow \qquad\qquad \downarrow \\
\mathrm{Ker}\,\overline{\varphi} \to \mathrm{Cl}(R) \underset{\overline{\varphi}}{\to} \mathrm{Cl}(O_K)
\end{array}
$$

leitet man die exakte Sequenz

$$\{1\} \to E/R^\times \to \mathrm{Ker}\,\varphi \to \mathrm{Ker}\,\overline{\varphi} \to \{1\}$$

ab, aus der

$$[\mathrm{Ker}\,\overline{\varphi}] = [\mathrm{Ker}\,\varphi]/e_f \tag{17}$$

folgt. Aus (13) erhält man

$$[\mathrm{Ker}\,\varphi] = \Phi(f)/\varphi(f) \,. \tag{18}$$

(14) ergibt sich nun aus (15) bis (18).

1.3. Formen und Moduln

Wir kommen jetzt zum Angelpunkt dieses Kapitels, dem Zusammenhang zwischen quadratischen Formen und Moduln.

Wir beschränken uns wieder auf primitive Formen (a, b, c) (Abschn. 2.5.). Im Fall $\sigma = 2$ gehen wir von der Form $ax^2 + 2bxy + cy^2$ zu der Form $(a/2)\,x^2 + bxy + (c/2)\,y^2$ über, deren ganze Koeffizienten teilerfremd sind. Unter einer *primitiven Form* verstehen wir daher im folgenden eine nicht zerfallende Form $ax^2 + bxy + cy^2$, deren Koeffizienten a, b, c ganze teilerfremde Zahlen sind. Wir bezeichnen diese Form durch $[a, b, c]$. Als Diskriminante dieser Form nehmen wir jetzt die Zahl $b^2 - 4ac$. Die Form zerfällt genau dann (in das Produkt zweier Linearformen), wenn ihre Diskriminante von 0 verschieden ist (Kap. 2, Satz 1). Wir nehmen außerdem an, daß $a > 0$ ist.

Sei γ eine zulässige Zahl des quadratischen Zahlkörpers K. Wir ordnen γ einerseits die Klasse des Moduls $(1, \gamma)$ in $\mathrm{Cl}_0(R)$ zu, wobei R die Ordnung von $(1, \gamma)$ ist, und ordnen γ andererseits die Klasse eigentlich äquivalenter Formen zu, in der die Form

$$a(x - \gamma y)\,(x - \gamma' y) = ax^2 + bxy + cy^2 \tag{19}$$

liegt. Dabei sind die Koeffizienten a, b, c aus (3) bestimmt, so daß $a > 0$ und a, b, c teilerfremd sind, d. h., die Form (18) ist primitiv. Aus Lemma 1 folgt leicht, daß auf diese Weise eine eineindeutige Beziehung hergestellt wird zwischen den Elementen von $\mathrm{Cl}_0(R)$ und den primitiven Formenklassen, in denen Formen $[a, b, c]$ mit $a > 0$ liegen und deren Diskriminante gleich der Diskriminante $\Delta(1, a\gamma)$ von R ist (Satz 2). Wir nennen diese Beziehung die *kanonische Korrespondenz* zwischen Modul- und Formenklassen.

Der Multiplikation der Klassen von $\mathrm{Cl}_0(R)$ entspricht bei dieser Korrespondenz eine Multiplikation der Formenklassen. Dies ist die Gaußsche Komposition der

Formen. Der Leser rechnet leicht nach, daß die in Abschn. 2.9. gegebenen Spezialfälle der Komposition in der Tat der Multiplikation in $\mathrm{Cl}_0(R)$ entsprechen.

Aufgaben

21.1. Sei R eine Ordnung in einem imaginär-quadratischen Zahlkörper, sei $D < 0$ die Diskriminante von R und $(1, \gamma)$ ein Modul in $\mathfrak{M}(R)$. Die Zahl γ und der Modul $(1, \gamma)$ heißen *reduziert*, wenn folgendes gilt: $\mathrm{Im}\,\gamma > 0$, $-\frac{1}{2} < \mathrm{Re}\,\gamma \leqq +\frac{1}{2}$, $|\gamma| > 1$, falls $-\frac{1}{2} < \mathrm{Re}\,\gamma < 0$ und $|\gamma| \geqq 1$ falls $0 \leqq \mathrm{Re}\,\gamma \leqq \frac{1}{2}$. Man zeige mit Hilfe von Hilfssatz 4, Kap. 3, daß es in jeder Klasse ähnlicher Moduln $(1, \gamma)$ genau einen reduzierten Modul gibt (vgl. auch Abschn. 13.4.).

21.2. Mit den Bezeichnungen von (3) sei $\gamma = (-b + \mathrm{i}\sqrt{|D|})/2a$. Man zeige, daß γ genau dann reduziert ist, wenn die folgenden Bedingungen erfüllt sind: $-a \leqq b < a$, $c \geqq a$, falls $b \leqq 0$, und $c > a$, falls $b > 0$.

21.3. Man vergleiche reduzierte Moduln und reduzierte Formen (Abschn. 2.6.).

21.4. Man berechne die Klassenzahlen der imaginär-quadratischen Zahlkörper mit einer Diskriminante $D \geqq -47$.

21.5. Seien $F_1 = [a_1, b_1, c_1]$ und $F_2 = [a_2, b_2, c_2]$ primitive Formen mit der gleichen Diskriminante und $a_1 > 0$, $a_2 > 0$. F_1 stelle die Zahl n_1 und F_2 die Zahl n_2 dar. Man zeige, daß die Formen aus der Klasse, die durch Komposition der Klassen von F_1 und F_2 entsteht, die Zahl $n_1 n_2$ darstellen.

22. Differente und Diskriminante

22.1. Relative Erweiterungen

Sei K ein algebraischer Zahlkörper vom Grad n über Q. Eine Primzahl p heißt *unverzweigt* in K, wenn in der Primidealzerlegung $pO_K = \mathfrak{P}_1^{e_1} \dots \mathfrak{P}_g^{e_g}$ (Abschn. 18.7.) alle Verzweigungsexponenten $e_1, \dots, e_g$ gleich 1 sind, sonst verzweigt. Die Motivierung dieser Bezeichnung ergibt sich aus der Theorie der Funktionenkörper, auf die wir in Kap. 23 eingehen.

Es ist eine wichtige Erkenntnis von DEDEKIND, daß es immer nur endlich viele Primzahlen gibt, die in K verzweigt sind. Eine genauere Beschreibung dieses Sachverhalts wird durch die von DEDEKIND in seiner Arbeit „*Über die Diskriminanten endlicher Körper*" (*Abh. Königl. Gesellsch. Wiss. Göttingen* 29 (1882)) entwickelte Theorie der Differente und Diskriminante gegeben, die wir in diesem Kapitel darstellen.

DEDEKIND sagt in der Einleitung zu dieser Arbeit, daß alle Sätze mit leichter Modifizierung erhalten bleiben, wenn man statt von Q von einem beliebigen Teilkörper von K als Grundkörper ausgeht. Diese *wichtige Verallgemeinerung* verspricht er, in einer späteren Arbeit durchzuführen. Jedoch ist er hierauf nicht zurückgekommen. Vielmehr wurde die *relative Theorie* zuerst von HILBERT (*Grundzüge einer Theorie des Galoisschen Zahlkörpers, Nachr. Königl. Gesellsch. Wiss. Göttingen* 1894) dargestellt.

Wie schon in Kap. 18 beziehen wir die Funktionenkörper in einer Unbestimmten in unsere Betrachtungen ein und gehen daher von folgenden Voraussetzungen aus: Γ ist ein euklidischer Ring mit dem Quotientenkörper P der Charakteristik 0, K eine endliche Erweiterung von P und F ein Zwischenkörper von K/P.

Nach Definition ist $O_F = O_K \cap F$ (Abschn. 18.1.). Wir ordnen einem gebrochenen Ideal $\mathfrak{a}$ von F das gebrochene Ideal $\iota(\mathfrak{a}) := \mathfrak{a}O_K$ von K zu. Auf diese Weise erhält man einen Homomorphismus ι der Gruppe $\mathcal{J}_F$ der gebrochenen Ideale von F in $\mathcal{J}_K$.

ι ist ein Monomorphismus. Denn aus $\iota(\mathfrak{a}) = O_K$ folgt, daß $\mathfrak{a}$ ganz ist. Weiter ist $\iota(\mathfrak{a}^{-1}) = \iota(\mathfrak{a})^{-1} = O_K$. Also ist auch $\mathfrak{a}^{-1}$ ganz, d. h. $\mathfrak{a} = O_F$. Im folgenden identifizieren wir $\mathfrak{a}$ mit $\iota(\mathfrak{a})$.

Wir wollen jetzt die *Relativnorm* $N_{K/F}\mathfrak{A}$ eines Ideals $\mathfrak{A}$ von O_F definieren. Diese soll mit der Relativnorm $N_{K/F}\alpha$ eines Elementes α von K verträglich sein:

$$N_{K/F}(\alpha O_K) = (N_{K/F}\alpha)\, O_F . \tag{1}$$

Wir gehen folgendermaßen vor: Wir wählen entsprechend Satz 14, Kap. 18, ein $\beta \in \mathfrak{A}$, so daß für alle Primideale $\mathfrak{P}$, die $\mathfrak{a} = \mathfrak{A} \cap O_F$ teilen, β nicht in $\mathfrak{A}\mathfrak{P}$ liegt. Sei

$$(N_{K/F}\beta)\, O_F = \prod_{\mathfrak{p}} \mathfrak{p}^{b_\mathfrak{p}},$$

wobei das Produkt über alle Primideale $\mathfrak{p}$ von O_F zu erstrecken ist. Dann definieren wir

$$N_{K/F}\mathfrak{A} = \prod_{\mathfrak{p}|\mathfrak{a}} \mathfrak{p}^{b_\mathfrak{p}} .$$

Diese Definition ist unabhängig von der Wahl von β. Ist nämlich β' ein weiteres Element von $\mathfrak{A}$ mit den gewünschten Eigenschaften, so geht in β/β' kein Primideal auf, das $\mathfrak{a}$ teilt. Für den Beweis der Behauptung genügt es also, den folgenden Hilfssatz zu zeigen.

Hilfssatz 1. *Sei $\gamma \neq 0$ ein Element von K, das zu dem Ideal $\mathfrak{a}$ von O_F teilerfremd ist. Dann ist auch $N_{K/F}\gamma$ zu $\mathfrak{a}$ teilerfremd.*

Beweis. Sei N eine normale Erweiterung von F, die K umfaßt (Abschn. 17.2.). Die Galoissche Gruppe G von N/F operiert in natürlicher Weise auf $\mathcal{J}_N$: Für $\tau \in G$ und $\mathfrak{A} \in \mathcal{J}_N$ setzen wir $\tau\mathfrak{A} = \{\tau\alpha \mid \alpha \in \mathfrak{A}\}$. Dann ist τ ein Automorphismus der Gruppe $\mathcal{J}_N$, der die Untergruppe $\mathcal{J}_F$ festläßt. Es folgt, daß die Konjugierten von γ ebenfalls keinen Primteiler mit $\mathfrak{a}$ gemeinsam haben. Daher ist auch $N_{K/F}\gamma$ prim zu $\mathfrak{a}$. $\square$

Die Definition der Relativnorm wird in offensichtlicher Weise auf gebrochene Ideale ausgedehnt. Man beweist nun leicht die Grundeigenschaften der Relativnorm, die wir im folgenden anführen:

a) $N_{K/F}$ ist ein Homomorphismus von $\mathcal{J}_K$ in $\mathcal{J}_F$, der $\mathfrak{a} \in \mathcal{J}_F$ in $\mathfrak{a}^n$ überführt.

b) Mit den Bezeichnungen im Beweis von Hilfssatz 1 ist

$$N_{K/F}\mathfrak{A} = \prod_\tau \tau\mathfrak{A} \quad \text{für} \quad \mathfrak{A} \in \mathcal{J}_K , \tag{2}$$

wobei das Produkt über alle Konjugierten τ von K/F zu erstrecken ist.

c) Für $F = P$ stimmt $N_{K/F}$ mit der in Abschn. 18.7. definierten Absolutnorm überein.

d) Für einen Körperturm $F \subset L \subset K$ gilt $N_{K/F} = N_{L/F}N_{K/L}$.

e) Für alle Ideale $\mathfrak{A}$, $\mathfrak{B}$ von O_K gilt: Aus $\mathfrak{A} \mid \mathfrak{B}$ folgt $N_{K/F}\mathfrak{A} \mid N_{K/F}\mathfrak{B}$.

Wir betrachten jetzt die Beziehungen zwischen einem Primideal $\mathfrak{P}$ von O_K und dem darunter liegenden Primideal $\mathfrak{p} = \mathfrak{P} \cap O_F$ von O_F.

Wir definieren den *Verzweigungsindex* $e = e_{K/F}(\mathfrak{P})$ als den Exponenten der höchsten Potenz von $\mathfrak{P}$, die in $\mathfrak{p}$ aufgeht. Weiter sei der *Trägheitsgrad* $f = f_{K/F}(\mathfrak{P})$ durch $N_{K/F}\mathfrak{P} = \mathfrak{p}^f$ definiert. (Wegen $\mathfrak{P} \mid \mathfrak{p}$ gilt $N_{K/F}\mathfrak{P} \mid N_{K/F}\mathfrak{p} = \mathfrak{p}^n$, d. h., $N_{K/F}\mathfrak{P}$ ist eine Potenz von $\mathfrak{p}$.)

Für den Körperturm $F \subset L \subset K$ gilt

$$e_{K/F}(\mathfrak{P})\, L = e_{K/L}(\mathfrak{P})\, e_{L/F}(\mathfrak{P}_L) \tag{3}$$

und

$$f_{K/F}(\mathfrak{P}) = f_{K/L}(\mathfrak{P})\, f_{L/F}(\mathfrak{P}_L) , \tag{4}$$

wobei $\mathfrak{P}_L = \mathfrak{P} \cap O_L$ das unter $\mathfrak{P}$ liegende Primideal von O_L ist.

Aus (4), angewandt auf den Körperturm $P \subset F \subset K$ und Satz 18, Kap. 18, folgt, daß die Körpererweiterung $O_K/\mathfrak{P}$ über $O_F/\mathfrak{p}$ den Grad $f_{K/F}(\mathfrak{P})$ hat.

Die Beziehungen (12) und (13) aus Abschn. 18.7. übertragen sich nun leicht auf die Erweiterung K/F.

22.2. Komplementärmoduln

Sei M ein O_F-Modul in K. Wir definieren den Komplementärmodul M^* von M durch

$$M^* := \{\alpha \in K \mid S_{K/F}(\alpha M) \subset O_F\} .$$

(Für eine Teilmenge H von K bedeutet $S_{K/F}H$ die Menge der Spuren (Abschn. 17.6.) von Elementen aus H.)

M^* ist wieder ein O_F-Modul. Wenn $\omega_1, \ldots, \omega_n$ eine Basis von K/F ist und $\varkappa_1, \ldots, \varkappa_n$ die zugehörige Komplementärbasis (Kap. 17, (11)), so ist der zu $(\omega_1, \ldots, \omega_n)\,O_F$ gehörige Komplementärmodul gleich $(\varkappa_1, \ldots, \varkappa_n)\,O_F$. Insbesondere gilt

Satz 1. *Sei $\alpha \in O_K$ ein erzeugendes Element der Körpererweiterung K/F. Dann ist der Komplementärmodul von $O_F[\alpha]$ gleich $D_{K/F}(\alpha)^{-1}\,O_F[\alpha]$.*

Beweis. Entsprechend Satz 10, Kap. 17, hat man

$$(\beta_0, \ldots, \beta_{n-1})\,O_F = (1, \alpha, \ldots, \alpha^{n-1})\,O_F \tag{5}$$

mit den dort auftretenden $\beta_0, \ldots, \beta_{n-1}$ zu zeigen. Nach Definition hat das charakteristische Polynom, $\chi_\alpha(x)$ von α bezüglich K/F Koeffizienten in O_F. Man rechnet daher leicht nach, daß β_i ein Polynom vom Grad $n - i$ in α mit Koeffizienten aus O_F und höchstem Koeffizienten 1 ist, $i = 0, \ldots, n - 1$. Hieraus folgt (5). $\square$

Wir betrachten jetzt den Fall, daß M sogar ein O_K-Modul, d. h. aus $\mathcal{J}_K$ ist. Dann ist auch M^* aus $\mathcal{J}_K$. Weiter gilt

Satz 2. (i) $(O_K^*)^{-1}$ *ist ein ganzes Ideal.*

(ii) *Sei $\mathfrak{A} \in \mathcal{J}_K$. Dann gilt $\mathfrak{A}^* = O_K^*\mathfrak{A}^{-1}$, $\mathfrak{A}^{**} = \mathfrak{A}$.*

Beweis. Da offensichtlich O_K in O_K^* enthalten ist, gilt $(O_K^*)^{-1} \subset O_K$, d. h. $(O_K^*)^{-1}$ ist ein ganzes Ideal.

Zum Beweis von (ii) bemerken wir, daß ein $\beta \in K$ genau dann in $\mathfrak{A}^*$ liegt, wenn $S_{K/F}(\beta\mathfrak{A}O_K) \subset O_F$ gilt. Dies ist gleichbedeutend mit $\beta\mathfrak{A} \subset O_K^*$, d. h. $\beta \in O_K^*\mathfrak{A}^{-1}$. Daher gilt $\mathfrak{A}^* = O_K^*\mathfrak{A}^{-1}$. Ersetzt man hierin $\mathfrak{A}$ durch $\mathfrak{A}^*$, so erhält man $\mathfrak{A}^{**} = O_K^*\mathfrak{A}^{*-1} = \mathfrak{A}$. $\square$

Das Ideal $(O_K^*)^{-1}$ heißt *Differente von K/F* und wird mit $\mathfrak{D}_{K/F}$ bezeichnet.

Satz 3 (*Differententurmsatz*). *Für einen Körperturm $F \subset L \subset K$ gilt*

$$\mathfrak{D}_{K/F} = \mathfrak{D}_{K/L}\mathfrak{D}_{L/F}\,. \tag{6}$$

Beweis. (6) ist gleichbedeutend mit

$$\mathfrak{D}_{K/F}^{-1} = \mathfrak{D}_{K/L}^{-1}\mathfrak{D}_{L/F}^{-1}\,. \tag{7}$$

(7) folgt aus der Spurformel

$$S_{K/F}(\beta) = S_{L/F}(S_{K/L}\beta) \quad \text{für} \quad \beta \in K\,, \tag{8}$$

die sich leicht aus den Prinzipien der Galoisschen Theorie (Kap. 17) ergibt:

$$\mathfrak{D}_{K/F} = \{\beta \mid S_{K/F}(\beta O_K) \subset O_F\} = \{\beta \mid S_{L/F}(S_{K/L}(\beta O_K)) \subset O_F\}$$
$$= \{\beta \mid S_{K/L}(\beta O_K) \subset \mathfrak{D}_{F/F}^{-1}\} = \{\beta \mid S_{K/L}(\beta\mathfrak{D}_{L/F}) \subset O_F\} = \{\beta \mid \beta \in \mathfrak{D}_{L/F}^{-1}\mathfrak{D}_{K/L}^{-1}\}\,. \square$$

Wir definieren die *Diskriminante $\Delta_{K/F}$ von K/F* als Norm der Differente:

$$\Delta_{K/F} := N_{L/F}(\mathfrak{D}_{K/F})\,.$$

Den Anschluß an die Diskriminantendefinition in Abschn. 18.2. erhält man durch den folgenden Satz.

Satz 4 (*Erster Dedekindscher Hauptsatz*). *Sei $\omega_1, \ldots, \omega_n$ eine Basis von O_K über Γ. Dann ist*

$$\Delta_{K/P} = \Delta(\omega_1, \ldots, \omega_n)\,\Gamma\,.$$

Beweis. Die Komplementärbasis $\varkappa_1, \ldots, \varkappa_n$ von $\omega_1, \ldots, \omega_n$ ist eine Basis von $\mathfrak{D}_{K/P}^{-1}$ über Γ. Nach Kap. 18, (3), und Kap. 18, Satz 18 ist daher

$$\Delta(\omega_1, \ldots, \omega_n)\,\Gamma = [O_K^*/O_K]^2\,\Delta(\varkappa_1, \ldots, \varkappa_n)\,\Gamma = N_{K/P}(\mathfrak{D}_{K/P})^2\,\Delta(\varkappa_1, \ldots, \varkappa_n)\,\Gamma \, . \quad (9)$$

Andererseits haben wir mit den Bezeichnungen von Abschn. 17.6. die Matrizengleichung

$$(g_j\omega_i)_{i,j}\,(g_j\varkappa_k)_{j,k} = \big(\mathrm{S}(\omega_j\varkappa_k)\big) = (\delta_{ik}) \, ,$$

woraus

$$\Delta(\omega_1, \ldots, \omega_n)\,\Delta(\varkappa_1, \ldots, \varkappa_n) = 1 \qquad (10)$$

folgt. Aus (9) und (10) ergibt sich die Behauptung. $\square$

22.3. Der zweite Dedekindsche Hauptsatz

Wir kommen jetzt zu einem tieferliegenden Satz, der die Differente mit den Elementdifferenten bezüglich K/F in Verbindung bringt. Dabei müssen wir voraussetzen, daß für alle Primideale $\mathfrak{P}$ von O_K die Restklassenkörpererweiterung $O_K/\mathfrak{P}$ über $O_F/\mathfrak{p}$ mit $\mathfrak{p} = \mathfrak{P} \cap O_F$ von einem Element erzeugt wird. Das ist jedenfalls erfüllt in den beiden Fällen, die uns besonders interessieren, daß $\Gamma = Z$ oder $\Gamma = F_0[x]$ der Polynomring über einem Körper F_0 der Charakteristik 0 ist: Im ersten Fall ist $O_K/\mathfrak{P}$ ein endlicher Körper, der von einer Erzeugenden seiner zyklischen multiplikativen Gruppe erzeugt wird. Im zweiten Fall haben die Restklassenkörper Charakteristik 0. Es gibt daher erzeugende Elemente nach dem Satz vom primitiven Element (Abschn. 7.5.). Für das folgende brauchen wir noch schärfere Voraussetzungen. Wir nehmen daher in diesem Abschnitt an, daß die Restklassenkörper endlich sind oder die Charakteristik 0 haben.

Satz 5 (*Zweiter Dedekindscher Hauptsatz*). $\mathfrak{D}_{K/F}$ *ist der größte gemeinsame Teiler der Differenten* $D_{K/F}(\alpha)$ *für* $\alpha \in O_K$.

Beweis. Nach Satz 1 gilt

$$D_{K/F}(\alpha)^{-1}\,O_K \supset D_{K/F}(\alpha)^{-1}\,O_F[\alpha] = (O_F[\alpha])^* \supset O_K^* = \mathfrak{D}_{K/F}^{-1} \qquad (11)$$

und daher

$$D_{K/F}(\alpha) \in \mathfrak{D}_{K/F} \, .$$

Es bleibt daher zu zeigen, daß für jedes Primideal $\mathfrak{P}$ ein $\alpha \in O_K$ existiert, so daß die Potenz von $\mathfrak{P}$, die in $D_{K/F}(\alpha)$ aufgeht, höchstens gleich der Potenz von $\mathfrak{P}$ ist, die in $\mathfrak{D}_{K/F}$ aufgeht. Hierzu benötigen wir einige Hilfsbetrachtungen über die Arithmetik in $R := O_F[\alpha]$ für $\alpha \in O_K$ mit $F(\alpha) = K$.

Wir definieren den *Führer* f_R von R als das größte in R enthaltene Ideal von O_K.

Hilfssatz 1. $f_R = D_{K/F}(\alpha)\,\mathfrak{D}_{K/F}^{-1}$.

Beweis. Wegen (11) gilt $D_{K/F}(\alpha)\,\mathfrak{D}_{K/F}^{-1} \subset O_F[\alpha]$. Andererseits ist nach Satz 1

$$S_{K/F}(f_R D_{K/F}(\alpha)^{-1}) \subset O_F \, .$$

Hieraus folgt $D_{K/F}(\alpha)^{-1} \in f_K^* = f_R^{-1} D_{K/F}^{-1}$, also

$$f_R \subset D_{K/F}(\alpha)\,\mathfrak{D}_{K/F}^{-1} \, . \quad \square$$

Hilfssatz 2. *Sei* $\mathfrak{P}$ *ein Primideal von* O_K *und*

$$\mathfrak{p} = \mathfrak{P} \cap O_F = \mathfrak{P}^e\mathfrak{A} \quad mit \quad \mathfrak{P} \nmid \mathfrak{A} \, .$$

Weiter sei $\alpha \in \mathfrak{A}$ ein erzeugendes Element von K/F mit $\mathfrak{P} \nmid \alpha$.
Wenn der natürliche Homomorphismus

$$R/(R \cap \mathfrak{P}^m) \to O_K/\mathfrak{P}^m$$

für alle $m = 1, 2, \ldots$ ein Isomorphismus ist, gilt $\mathfrak{P} \nmid f_R$.

Beweis. Sei $a \in O_F$ mit

$$N_{K/F}\big(D_{K/F}(\alpha)\big) \mid \mathfrak{p}^k a , \qquad \mathfrak{p} \nmid a .$$

Dann gibt es nach Voraussetzung zu jedem $\beta \in O_K$ ein $\varrho \in R$ mit

$$\gamma := \beta - \varrho \equiv 0 (\mathrm{mod}\ \mathfrak{P}^{ek}) .$$

Wir haben nach Satz 1

$$R = D_{K/F}(\alpha)\, R^* \supset D_{K/F}(\alpha)\, O_K \supset N_{K/F}\big(D_{K/F}(\alpha)\big)\, O_K \supset \mathfrak{p}^k a O_K \supset \gamma \alpha^k a O_K ,$$

also

$$\beta \alpha^k a = \gamma \alpha^k a + \varrho \alpha^k a \in R .$$

Da β ein beliebiges Element von O_K ist, folgt $\alpha^k a O_K \subset R$. Daher ist f_R ein Teiler von $\alpha^k a$, das nicht durch $\mathfrak{P}$ teilbar ist. $\square$

Zum Beweis von Satz 5 bleibt nur noch zu zeigen, daß es zu jedem $\mathfrak{P}$ ein α gibt, das den Bedingungen von Hilfssatz 2 genügt:

Hilfssatz 3. *Sei $\mathfrak{P}$ ein Primideal von O_K und $\mathfrak{A}$ ein Ideal von O_K mit $\mathfrak{P} \nmid \mathfrak{A}$. Dann gibt es ein $\alpha \in \mathfrak{A}$ mit $\mathfrak{P} \nmid \alpha$, so daß für jede natürliche Zahl m die Ordnung $O_F[\alpha]$ ein volles Restsystem von O_K modulo $\mathfrak{P}^m$ enthält.*

Beweis. Sei $\mathfrak{p} := \mathfrak{P} \cap O_F$. Nach Voraussetzung dieses Abschnittes wird die Erweiterung $O_K/\mathfrak{P}$ von $O_F/\mathfrak{p}$ von einem Element $\bar{\zeta}$ mit $\zeta \in O_K$ erzeugt. Sei $\varphi(t)$ ein Polynom aus $O_K[t]$, so daß $\bar{\varphi}(t) \in (O_F/\mathfrak{p})[t]$ das Minimalpolynom von $\bar{\zeta}$ ist.

Wenn $\varphi(\zeta) \in \mathfrak{P}^2$ ist, nehmen wir ein Element $\pi \in \mathfrak{P} - \mathfrak{P}^2$. Wegen

$$\varphi(\zeta + \pi) \equiv \varphi(\zeta) + \varphi'(\zeta)\,\pi (\mathrm{mod}\ \mathfrak{P}^2) , \qquad \varphi'(\zeta) \notin \mathfrak{P}$$

ist dann $\varphi(\zeta + \pi) \notin \mathfrak{P}^2$. Wir können daher $\varphi(\zeta) \notin \mathfrak{P}^2$ voraussetzen. Nach dem Chinesischen Restklassensatz gibt es ein $\alpha \in O_K$ mit $\alpha \equiv 0 (\mathrm{mod}\ \mathfrak{A})$ und $\alpha \equiv \zeta (\mathrm{mod}\ \mathfrak{P}^2)$. Ein solches α genügt den Forderungen von Hilfssatz 3: Sei $\xi \in O_K$. Es gibt ein Polynom $\psi(t) \in O_F[t]$ mit

$$\xi \equiv \psi(\zeta) (\mathrm{mod}\ \mathfrak{P})$$

und folglich

$$\xi \equiv \psi(\alpha) (\mathrm{mod}\ \mathfrak{P}) .$$

Das beweist die Behauptung für $m = 1$. Für $m > 1$ erhält man wegen $\varphi(\alpha) \equiv \varphi(\zeta)$ $(\mathrm{mod}\ \mathfrak{P}^2)$ ein volles Restsystem von O_K modulo $\mathfrak{P}^m$ in der Form

$$\xi_0 + \xi_1 \varphi(\alpha) + \cdots + \xi_{m-1} \varphi(\alpha)^{m-1} ,$$

wobei $\nu_0, \xi_1, \ldots, \xi_{m-1}$ jeweils ein volles Restsystem von O_F modulo $\mathfrak{P}$ durchlaufen. $\square$

Der dritte Hauptsatz über die Differente ist der folgende *Dedekindsche Differentensatz.*

Satz 6. *Sei $\mathfrak{P}$ ein Primideal von O_K und $\mathfrak{p} := \mathfrak{P} \cap O_F$, $v_{\mathfrak{P}}(\mathfrak{p}) =: e$. Weiter sei p die Charakteristik des Körpers $O_K/\mathfrak{P}$. Dann ist*

$$v(\mathfrak{D}_{K/F}) = e - 1, \quad falls \quad p \nmid e$$

und

$$v_{\mathfrak{P}}(\mathfrak{D}K/F) > e - 1, \quad \textit{falls} \quad p \mid e . \boxtimes$$

Wir beweisen Satz 6 in Abschn. 25.2. mit Hilfe von Satz 5.

Durch Normbildung erhält man aus Satz 3 und Satz 6 Aussagen über die Diskriminante

Satz 7 (*Diskriminantenturmsatz*). *Für einen Körperturm* $F \subset L \subset K$ *mit* $m := [K:L]$ *gilt*

$$\varDelta_{K/F} = \mathrm{N}_{L/F}(\varDelta_{K/M}) \, \varDelta_{L/F}^{m} . \; \square$$

Satz 8 (*Dedekindscher Diskriminantensatz*). *Sei* $\mathfrak{p}$ *ein Primideal von* O_F *und* $\mathfrak{p} = \mathfrak{P}_1^{e_1} \ldots \mathfrak{P}_g^{e_g}$ *die Primidealzerlegung von* $\mathfrak{p}$ *in* O_K. *Weiter sei* p *die Charakteristik des Körpers* $O_F/\mathfrak{p}$. *Dann ist*

$$v_{\mathfrak{p}}(\varDelta_{K/F}) = (e_1 - 1) f_1 + \ldots + (e_g - 1) f_g, \quad \textit{falls} \quad p \nmid e_i \quad \textit{für} \quad i = 1, \ldots, g$$

$$v_{\mathfrak{p}}(\varDelta_{K/F}) > (e_1 - 1) f_1 + \ldots + (e_g - 1) f_g, \quad \textit{falls} \quad p \mid e_i \; \textit{für ein} \; i .$$

Dabei ist f_i *der Trägheitsgrad von* $\mathfrak{P}_i$, $i = 1, \ldots, g$. $\square$

Als unmittelbare Folgerung aus Satz 8 erhält man

Satz 9. *Ein Primideal* $\mathfrak{p}$ *von* O_F *ist genau dann in* K/F *verzweigt, wenn* $\mathfrak{p}$ *ein Teiler der Diskriminante von* K/F *ist.* $\square$

Aufgaben

22.1. Sei K/F eine normale Erweiterung von Zahlkörpern mit Galoisscher Gruppe S_3 Man zeige, daß es in K kein Primideal gibt, dessen Grad bezüglich F gleich 6 ist.

22.2. Seien L und K beliebige endliche Erweiterungen eines algebraischen Zahlkörpers F.

a) Sei $\alpha \in O_K$. Man zeige $D_{LK/L}(\alpha) \mid D_{K/F}(\alpha)$.

b) Man zeige $\mathfrak{D}_{LK/L} \mid \mathfrak{D}_{K/F}$.

c) Sei $\mathfrak{P}$ ein Primideal von KL, das in KL/L verzweigt ist. Man zeige, daß $\mathfrak{P} \cap K$ in K/F verzweigt ist.

d) Sei $\mathfrak{p}$ ein Primideal von F, das in L/F und K/F unverzweigt ist. Man zeige, daß $\mathfrak{p}$ in KL/F unverzweigt ist.

22.3. Sei F ein quadratischer Zahlkörper mit der Diskriminante D. Dann heißt D *Primdiskriminante*, wenn in D nur eine Primzahl aufgeht.

a) Man zeige, daß jede Primdiskriminante von der Form $-4, 8, -8$ oder $(-1)^{(p-1)/2}p$ für eine Primzahl $p \neq 2$ ist.

b) Man zeige, daß sich die Diskriminante D eines beliebigen quadratischen Zahlkörpers in eindeutiger Weise als Produkt von paarweise teilerfremden Primdiskriminanten $D_1, \ldots, D_s$ darstellen läßt.

c) Man zeige, daß alle Primideale von $\mathbb{Q}(\sqrt{D_1}, \ldots, \sqrt{D_s})$ bezüglich $\mathbb{Q}(\sqrt{D})$ unverzweigt sind.

22.4. Sei p eine Primzahl mit $p \equiv 5 \pmod 8$. Man zeige, daß die Klassenzahl der Körper $\mathbb{Q}(\sqrt{2p})$ und $\mathbb{Q}(\sqrt{-2p})$ durch 2 teilbar ist.

14*

23. Theorie der algebraischen Funktionen einer Veränderlichen

23.1. Algebraische Funktionenkörper

In Kap. 11 haben wir die Theorie der meromorphen Funktionen auf geschlossenen Riemannschen Flächen behandelt. Insbesondere haben wir in Abschn. 11.7. gesehen, daß diese Funktionen algebraische Funktionen einer komplexen Veränderlichen z sind. Zur Begründung mußten wir den Riemannschen Existenzsatz für Differentiale voraussetzen, der von RIEMANN nicht streng bewiesen wurde. Hierauf machte WEIERSTRASS 1870 aufmerksam. Dies war ein Anlaß für DEDEKIND und WEBER, eine neue Begründung der Theorie zu geben. In ihrer gemeinsamen Arbeit im *J. reine angew. Math.* 92 (1882) bezeichnen sie die Theorie der algebraischen Funktionen einer Veränderlichen als „*eines der Hauptergebnisse der Riemannschen Schöpfung*". In ihrer Arbeit geben sie eine selbständige Begründung „*von einem einfachen und zugleich strengen und völlig allgemeinen Gesichtspunkt.*" Ihr Ausgangspunkt ist die Verallgemeinerung der eindeutigen Zerlegung von Polynomen in irreduzible Faktoren, die wir bereits in Kap. 18 durchgeführt haben.

Entsprechend Kap. 11, Satz 13, legen wir den folgenden Betrachtungen einen Körper L zugrunde, der eine endliche Erweiterung des Körpers $\mathbb{C}(\xi)$ der rationalen Funktionen in einer Unbestimmten ξ ist.

Entsprechend Abschn. 18.1. heißt $\alpha \in L$ eine *ganze Funktion* von ξ, wenn α ganz bezüglich $\mathbb{C}[\xi]$ ist, d. h., wenn α einer Gleichung

$$\alpha^m + a_1 \alpha^{m-1} + \ldots + a_m = 0 \quad \text{mit} \quad a_1, \ldots, a_m \in \mathbb{C}[\xi]$$

genügt. Jedes Element η aus $L - \mathbb{C}$ heißt *Variable*. ξ genügt einer algebraischen Gleichung mit Koeffizienten in $\mathbb{C}(\eta)$. Daher ist $L/\mathbb{C}(\eta)$ eine endliche Erweiterung. η spielt also bezüglich L die gleiche Rolle wie ξ. Die Elemente aus $\mathbb{C}$ heißen *Konstanten*.

Wir wollen gleich auf eine Besonderheit der Arithmetik in L hinweisen. Sei O_ξ der Ring der ganzen Funktionen von ξ in L und $\mathfrak{P}$ ein Primideal von O_ξ mit $\mathfrak{p} = \mathfrak{P} \cap \mathbb{C}[\xi]$. Dann ist nach dem Hauptsatz der Algebra $\mathfrak{p} = (\xi - c)\,\mathbb{C}[\xi]$ mit einem eindeutig bestimmten $c \in \mathbb{C}$ und $\mathbb{C}[\xi]/\mathfrak{p} = \mathbb{C}$. Da $O_\xi/\mathfrak{P}$ eine endliche Erweiterung von $\mathbb{C}[\xi]/\mathfrak{p}$ ist, gilt auch $O_\xi/\mathfrak{P} = \mathbb{C}$, d. h., $\mathfrak{P}$ hat den Trägheitsgrad 1.

23.2. Die Riemannsche Fläche

Der Körper L ist für uns zunächst ein rein algebraisches Objekt. Wir können ihn uns mit Hilfe der Stammkörperkonstruktion zu einem irreduziblen Polynom mit Koeffizienten in $\mathbb{C}(\xi)$ gebildet denken (Abschn. A 1.5.). Wir wollen jetzt die Elemente von L als Funktionen erklären. Die Funktionen werden außer den komplexen Zahlen auch ∞ als Wert annehmen können, d. h., sie werden Pole haben können. Dabei wird mit ∞ folgendermaßen gerechnet:

Für $c, d \in \mathbb{C}, d \neq 0$, gilt

$$\infty/c = \infty , \qquad c \pm \infty = \infty , \qquad c/\infty = 0 , \qquad d \cdot \infty = \infty ,$$

$$\infty \cdot \infty = \infty .$$

Die Ausdrücke $\infty \pm \infty$, $0 \cdot \infty$, $0/0$, ∞/∞ werden als sinnlos betrachtet.

Wir kommen jetzt zur Definition eines Punktes P von L. Das ist eine Abbildung von L auf $\mathbb{C} \cup \infty$ mit den folgenden Eigenschaften:

(i) *Für $c \in \mathbb{C}$ gilt $P(c) = c$.*

(ii) *Für $\alpha, \beta \in L$ gilt*

$$P(\alpha + \beta) = P(\alpha) + P(\beta) , \qquad P(\alpha - \beta) = P(\alpha) - P(\beta) ,$$

$$P(\alpha\beta) = P(\alpha)\,P(\beta) , \qquad P(\alpha/\beta) = P(\alpha)/P(\beta) ,$$

wenn die auf beiden Seiten der Gleichungen stehenden Ausdrücke definiert sind.

Die Gesamtheit der Punkte von L heißt *die zu L gehörige Riemannsche Fläche.* Sie wird mit $\mathcal{F}(L)$ bezeichnet. Wenn L im Sinne von Abschn. 11.7. als Körper $K(\mathcal{F})$ der meromorphen Funktionen einer Riemannschen Fläche $\mathcal{F}$ gegeben ist, wird für $P \in \mathcal{F}$ durch $f \to f(P)$ für $f \in K(\mathcal{F})$ ein Punkt von $K(\mathcal{F})$ im Sinn der obigen Definition gegeben, und man erhält auf diese Weise alle Punkte von $K(\mathcal{F})$.

Wir stellen zunächst den grundlegenden Zusammenhang von Punkten von L und Primidealen in L her.

Sei $P \in \mathcal{F}(L)$ und η eine Variable von L mit $P(\eta) \neq \infty$. Ein solches η existiert immer, denn ist $P(\eta) = \infty$, so ist $P(1/\eta) = 0$. Wegen (i), (ii) haben dann auch alle Funktionen in $\mathbb{C}[\eta]$ einen endlichen Wert. Ist weiter $\alpha \neq 0$ eine ganze Funktion von η, so gibt es eine Gleichung

$$1 = a_1(1/\alpha) + \dots + a_m(1/\alpha)^m \quad \text{mit} \quad a_1, \dots, a_m \in \mathbb{C}[\eta] .$$

Hieraus folgt $P(1/\alpha) \neq 0$, also $P(\alpha) \neq \infty$. Daher gilt $P(\alpha) \neq \infty$ für alle $\alpha \in O_\eta$, d. h. P ist ein Ringhomomorphismus von O_η auf $\mathbb{C}$. Sei $\mathfrak{P}$ der Kern dieses Homomorphismus. Nach Satz 1, Anh. 1, ist $\mathfrak{P}$ ein Primideal von O_η.

Umgekehrt ist jedem Primideal $\mathfrak{P} \neq \{0\}$ von O_η ein Punkt $P \in \mathcal{F}(L)$ mit $P(\eta) \neq \infty$ zugeordnet: Auf O_η ist P durch $O_\eta \to O_\eta/\mathfrak{P} = \mathbb{C}$ definiert. Jedes $\alpha \in L$ läßt sich nach Satz 14, Kap. 18, in der Form $\alpha = \beta/\gamma$ mit $\beta, \gamma \in O_\eta$, $\mathfrak{P} \nmid$ g.g.T. (β, γ) darstellen. Dann ist $P(\alpha) := P(\beta)/P(\gamma)$ definiert und unabhängig von der Wahl von β, γ. Das so konstruierte P genügt den Bedingungen (i) und (ii).

In der angegebenen Weise wird eine eineindeutige Beziehung zwischen den Punkten P von L mit $P(\eta) \neq \infty$ und den von $\{0\}$ verschiedenen Primidealen des Ringes O_η hergestellt.

Sei jetzt P ein Punkt mit $P(\eta) = \infty$. Dann ist $P(1/\eta) = 0$, und P entspricht ein Primideal $\mathfrak{P}$ in $O_{1/\eta}$ mit $1/\eta \in \mathfrak{P}$. Es gibt endlich viele Primideale von $O_{1/\eta}$ mit dieser Eigenschaft: die Primteiler von $1/\eta$. Die so konstruierten Punkte hat man den Punkten, die Primidealen von O_η entsprechen, hinzuzufügen, um alle Punkte von L zu erhalten.

Wenden wir diese Betrachtungen insbesondere auf den rationalen Funktionenkörper $\mathbb{C}(\eta)$ an: Die Punkte der Riemannschen Fläche von $\mathbb{C}(\eta)$ entsprechen den Primidealen von $\mathbb{C}[\eta]$, die wiederum den linearen Polynomen $\eta - c$, d. h. den komplexen Zahlen c entsprechen, außer einem zu $1/\eta$ gehörigen „*unendlichen*" Punkt. Die Riemannsche Fläche von $\mathbb{C}(\eta)$ ist also die vervollständigte komplexe Ebene, die wir mit $\mathcal{F}_\eta$ bezeichnen.

Durch Beschränkung der Punkte $P \in \mathcal{F}(L)$ auf $\mathbb{C}(\eta)$ erhält man einen Punkt von $\mathcal{F}_\eta$. Entsprechend der obigen Identifizierung von $\mathcal{F}_\eta$ mit $\mathbb{C} \cup \{\infty\}$ ist dieser Punkt gleich $P(\eta)$. Die Riemannsche Fläche $\mathcal{F}(L)$ ist also über der vervollständigten komplexen Ebene ausgebreitet.

23.3. Die Ordnung einer Funktion in einem Punkt

Sei P ein Punkt von L. Wir wollen jedem $\alpha \neq 0$ aus L eine ganze Zahl $v_P(\alpha)$, die *Ordnung* von α in P, zuordnen.

Wenn $P(\alpha) \neq \infty$ ist, definieren wir $v_P(\alpha)$ als die kleinste ganze Zahl m mit der Eigenschaft, daß $P(\beta^m/\alpha)$ für alle $\beta \in L$ mit $P(\beta) = 0$ endlich ist. Wenn $P(\alpha) = \infty$ ist, setzen wir $v_P(\alpha) := v_P(1/\alpha)$. Sei η eine Variable in L mit $P(\eta) \neq \infty$ und $\mathfrak{P}$ das zu P gehörige Primideal in O_η. Dann ist $v_P(\alpha)$ gleich der Potenz, mit der $\mathfrak{P}$ in α aufgeht. Hieraus ergibt sich unmittelbar

$$v_P(\alpha_1\alpha_2) = v_P(\alpha) + v_P(\alpha_2) \quad \text{für} \quad \alpha_1, \alpha_2 \in L^\times \tag{1}$$

und, wenn wir außerdem $v_P(0) = \infty$ setzen,

$$v_P(\alpha_1 + \alpha_2) \geqq \min\{v_P(\alpha_1), v_P(\alpha_2)\} \quad \text{für} \quad \alpha_1, \alpha_2 \in L . \tag{2}$$

Entsprechend der Terminologie in Abschn. 11.6. ist ein *Divisor A* von L eine Linearkombination $n_1 P_1 + \ldots + n_s P_s$ von Punkten von L mit ganzen rationalen Koeffizienten $n_1, \ldots, n_s$. Der *Grad* $\deg A$ ist definiert durch $\deg A := n_1 + \ldots + n_s$. Für ein $\alpha \neq 0$ aus L gibt es nur endlich viele $P \in \mathcal{F}(L)$ mit $v_P(\alpha) \neq 0$. Wir können daher α den Divisor $(\alpha) := \sum v_P(\alpha) P$ zuordnen, wobei die Summe über alle $P \in F(L)$ zu erstrecken ist. Sei m eine nichtnegative ganze Zahl. Wir sagen daß $\alpha \in L^*$ eine *m-fache Nullstelle* bzw. einen *m-fachen Pol* in P hat, wenn $v_P(\alpha) = m$ bzw. $v_P(\alpha) = -m$ ist. α nimmt den Wert $c \in \mathbb{C}$ in P *m-fach* an, wenn $v_P(\alpha - c) = m$ ist. Wenn α in P einen *m-fachen* Pol hat, sagen wir auch, α nimmt den Wert ∞ in P *m-fach an*.

Satz 1. *Sei η eine beliebige Variable von L, und sei der Grad von L über $\mathbb{C}(\eta)$ gleich n. Dann nimmt η jeden Wert aus $\mathbb{C} \cup \infty$ genau n mal an. Der Grad des η zugeordneten Divisors ist gleich 0.*

Beweis. Sei $c \in \mathbb{C}$. Dann ist

$$(\eta - c) O_\eta = \prod \mathfrak{P}^{v_P(\eta - c)} ,$$

wobei das Produkt über alle Primideale $\mathfrak{P}$ von O_η zu erstrecken ist und P *den zu $\mathfrak{P}$ gehörigen Punkt* von $F(L)$ bezeichnet. Nach Kap. 18, (12), ist $\sum v_P(\eta - c) = n$. Daraus folgt die erste Behauptung von Satz 1 für $c \in \mathbb{C}$.

η nimmt den Wert ∞ genau dann in einem Punkt P m-fach an, wenn $1/\eta$ in P eine m-fach Nullstelle hat. Daher wird der Fall $c = \infty$ auf den Fall $c = 0$ durch Übergang von η zu $1/\eta$ zurückgeführt.

Der Grad von (η) ist gleich der Anzahl der Nullstellen von η minus der Anzahl der Pole von η, d. h. gleich 0. $\square$

Der Divisor

$$(\eta)_0 := \sum_{v_P(\eta)>0} v_P(\eta)\, P \quad \text{bzw.} \quad (\eta)_\infty := - \sum_{v_P(\eta)<0} v_P(\eta)\, P$$

heißt *Nullstellen-* bzw. *Poldivisor* von η.

Abweichend von den Kapiteln 10 und 11 verstehen wir unter einer *Ortsuniformisierenden π* von P ein beliebiges Element von L mit $v_P(\pi) = 1$. Ein Element α aus

$L^\times$ mit $v_P(\alpha) = v$ läßt sich in der Form $\alpha = c\pi^v + \alpha_1\pi^{v+1}$ schreiben, wobei $c \in C$ und $v_P(\alpha_1) \geqq 0$ ist.

Weiter betrachten wir $\mathcal{F}(L)$ als Überlagerung von $\mathcal{F}_\eta$. Ein Punkt $P \in \mathcal{F}(L)$ heißt *verzweigt* bezüglich $\mathcal{F}_\eta$ (oder bezüglich η), wenn der Wert $P(\eta)$ mehrfach angenommen wird. Wenn $P(\eta)$ e_P-fach angenommen wird, heißt e_P *Verzweigungsindex* von P bezüglich $\mathcal{F}_\eta$.

Wenn $P(\eta)$ endlich ist, ist P bezüglich $\mathcal{F}_\eta$ genau dann verzweigt, wenn das P entsprechende Primideal in O_η verzweigt ist, d. h. in der Differente von $O_\eta/C[\eta]$ aufgeht (Satz 6, Kap. 22). Es gibt also in $\mathcal{F}(L)$ nur endlich viele verzweigte Punkte P.

Der Divisor

$$V_\eta = \sum (e_P - 1)\,P\,,$$

wobei die Summe über alle verzweigten Punkte von $\mathcal{F}(L)$ bezüglich $\mathcal{F}_\eta$ zu erstrecken ist, heißt *Verzweigungsdivisor* von η.

23.4. Normalbasen

Das Hauptziel dieses Kapitels besteht in dem erneuten Beweis des Satzes von RIEMANN-ROCH (Satz 9, Kap. 11) mit den Mitteln der Dedekindschen Idealtheorie (Kap. 18, Kap. 22). Der vorliegende Abschnitt enthält hierzu Hilfsbetrachtungen.

Für einen Divisor $A = \sum n_P P$ und eine Variable η von L bezeichnet $(A)_\eta$ den O_η-Modul

$$\{\alpha \in L \mid v_P(\alpha) \geqq n_P \text{ für alle } P \in \mathcal{F}(L) \text{ mit } P(\eta) \neq \infty\}\,.$$

Wir wollen spezielle Basen von $\mathfrak{A} := (-A)_\eta$ als $C[\eta]$-Modul konstruieren, die als *Normalbasen* bezeichnet werden.

Jedes Element α von $\mathfrak{A}$ geht bei Multiplikation mit einer genügend hohen Potenz $(1/\eta)^e$ von $1/\eta$ in ein Element von $\mathfrak{A}' := (-A)_{1/\eta}$ über. Für $\alpha \neq 0$ sind die Exponenten e mit dieser Eigenschaft unabhängig von α nach unten beschränkt. Das kleinste derartige e bezüglich α werde als *Exponent* von α bezeichnet. Weiter sei r_1 das Minimum der Exponenten für $\alpha \in \mathfrak{A}$, $\alpha \neq 0$.

Für alle $r \in Z$ definieren wir den C-Vektorraum $\mathfrak{A}(r)$ als die Gesamtheit aller Elemente von $\mathfrak{A}$, deren Exponent $\leqq r$ ist. Für $r < r_1$ ist $\mathfrak{A}(r) = \{0\}$.

Der C-Vektorraum $\mathfrak{A}/\eta\mathfrak{A}$ hat die Dimension $n = [L : C(\eta)]$ (Anh. 1, Satz 4). Weiter gilt

Hilfssatz 1. *Sei* $\lambda_1, \ldots, \lambda_n \in \mathfrak{A}$ *ein Vertretersystem einer Basis* $\bar\lambda_1, \ldots, \bar\lambda_n$ *von* $\mathfrak{A}/\eta\mathfrak{A}$. *Dann ist* $\lambda_1, \ldots, \lambda_n$ *eine Basis von* L *über* $C(\eta)$.

Beweis. Angenommen, die Elemente $\lambda_1, \ldots, \lambda_n$ sind linear abhängig über $C(\eta)$. Dann gibt es $a_1, \ldots, a_n \in C[\eta]$, die nicht alle durch η teilbar sind, mit

$$a_1\lambda_1 + \ldots + a_n\lambda_n = 0\,.$$

Hieraus folgt, daß die Klassen $\bar\lambda_1, \ldots, \bar\lambda_n$ linear abhängig über C sind. $\square$

Wir wählen jetzt $\lambda_1, \ldots, \lambda_n$ entsprechend der durch $\overline{\mathfrak{A}}(r) := (\mathfrak{A}(r) + \eta\mathfrak{A})/\eta\mathfrak{A}$ gegebenen Filtrierung von $\mathfrak{A}/\eta\mathfrak{A}$. Dabei sei $\lambda_1, \ldots, \lambda_{s_1}$ ein Vertretersystem einer Basis von $\overline{\mathfrak{A}}(r_1)$ in $\mathfrak{A}(r_1)$, $\lambda_{s_1+1}, \ldots, \lambda_{s_2}$ sei ein Vertretersystem einer Basis von $\overline{\mathfrak{A}}(r_{s_1+1})$ in $\mathfrak{A}(r_{s_1+1})$, wobei r_{s_1+1} die kleinste ganze Zahl mit $r_{s_1+1} > r_1$ und $\overline{\mathfrak{A}}(r_{s_1+1}) \supsetneqq \overline{\mathfrak{A}}(r_1)$ ist, usw. Eine auf diese Weise konstruierte Basis $\lambda_1, \ldots, \lambda_n$ von $L/C(\eta)$ heißt *Normal-*

basis. Die Zahlen

$$r_1 = r_2 = \ldots = r_{s_1}, \qquad r_{s_1+1} = r_{s_1+2} = \ldots = r_{s_2}, \ldots, r_n$$

sind die zu $\lambda_1, \ldots, \lambda_n$ gehörigen Exponenten. Sie sind unabhängig von der Wahl der Normalbasis.

Hilfssatz 2. *Jede Normalbasis ist eine Basis von* $\mathfrak{A}$ *als* $\mathbb{C}[\eta]$-*Modul.*

Beweis. Jedes $\alpha \in \mathfrak{A}$ läßt sich in der Form

$$\alpha = \frac{a_1}{a} \lambda_1 + \ldots + \frac{a_n}{a} \lambda_n \tag{3}$$

darstellen mit $a_1, \ldots, a_n, a \in \mathbb{C}[\eta]$ und g.g.T. $(a_1, \ldots, a_n, a) = 1$. Wenn $\lambda_1, \ldots, \lambda_n$ keine Basis von $\mathfrak{A}$ ist, gibt es ein $\alpha \in \mathfrak{A}$, für das a nicht konstant ist. Sei dann $\eta - c$ ein Teiler von a. Aus (3) folgt, daß es ein $\alpha' \in \mathfrak{A}$ mit

$$(\eta - c)\alpha' = c_1\lambda_1 + \ldots + c_n\lambda_n, \qquad c_1, \ldots, c_n \in \mathbb{C},$$

gibt, wobei nicht alle $c_1, \ldots, c_n$ gleich 0 sind. Sei s maximal mit $c_s \neq 0$. Dann ist der Exponent von α' kleiner als r_s. In der Tat ist

$$v_P(\alpha'/\eta^{r_s-1}) = v_P(\alpha') \quad \text{für} \quad P(\eta) \neq 0, \infty$$

und

$$v_P(\alpha'/\eta^{r_s-1}) \leqq \min\left\{ v_P\left(\frac{\eta c_1}{\eta - c}\, \frac{\lambda_1}{\eta^{r_s}}\right), \ldots, v_P\left(\frac{\eta c_s}{\eta - c}\, \frac{\lambda_s}{\eta^{r_s}}\right)\right\}$$

$$\geqq -n_P \quad \text{für} \quad P(\eta) = \infty.$$

Daher ist α und folglich λ_s kongruent zu einer Linearkombination der Elemente $\lambda_1, \ldots, \lambda_{s-1} \pmod{\eta\mathfrak{A}}$ im Widerspruch zur Wahl von λ_s. $\square$

Hilfssatz 3. *Die in* $\mathfrak{A}'$ *enthaltenen Funktionen*

$$\lambda_1' = \lambda_1/\eta^{r_1}, \ldots, \lambda_n' = \lambda_n/\eta^{r_n}$$

bilden eine Normalbasis von $\mathfrak{A}'$.

Beweis. Das folgt unmittelbar aus der Gleichung

$$\mathfrak{A}'(r) = \eta^{-r}\mathfrak{A}(r) \quad \text{für} \quad r \in \mathbf{Z}. \square$$

Hilfssatz 4. *Sei* $\tilde{\lambda}_1, \ldots, \tilde{\lambda}_n$ *eine Basis von* $\mathfrak{A}$ *als* $\mathbb{C}[\eta]$-*Modul und* $\eta^{-\tilde{r}_1}\tilde{\lambda}_1, \ldots, \eta^{-\tilde{r}_n}\tilde{\lambda}_n$ *eine Basis von* $\mathfrak{A}'$ *als* $\mathbb{C}[1/\eta]$-*Modul mit* $\tilde{r}_1 \leqq \tilde{r}_2 \leqq \ldots \leqq \tilde{r}_n$. *Dann ist* $\tilde{r}_i = r_i$ *für* $i = 1, \ldots, n$.

Beweis. Sei (c_{ij}) die Matrix, die $\tilde{\lambda}_1, \ldots, \tilde{\lambda}_n$ in die Normalbasis $\lambda_1, \ldots, \lambda_n$ überführt. Dann führt

$$(c_{ij}') := (c_{ij}\eta^{\tilde{r}_j - r_i}) \tag{4}$$

$\eta^{-\tilde{r}_1}\tilde{\lambda}_1, \ldots, \eta^{-\tilde{r}_n}\tilde{\lambda}_n$ in $\eta^{-r_1}\lambda_1, \ldots, \lambda^{-r_n}\lambda_n$ über.
Hieraus liest man zunächst ab, daß aus $r_i < \tilde{r}_j$ für ein Paar i, j die Gleichung $c_{ij} = 0$ folgt. Wenn es ein i mit $r_i < \tilde{r}_i$ gibt, gilt auch $r_k < \tilde{r}_l$ für $k \leqq i \leqq l$. Dann ist $\det(c_{ij}) = 0$ im Widerspruch zur Voraussetzung. Es gilt also $r_i \geqq \tilde{r}_i$ für alle i.

Aus (4) folgt weiter

$$\det(c_{ij}') = \eta^{(\tilde{r}_1 + \ldots + \tilde{r}_n - r_1 - \ldots - r_n)} \det(c_{ij})$$

und, da $\det(c_{ij}')$ bzw. $\det(c_{ij})$ eine Einheit in $\mathbb{C}[1/\eta]$ bzw. in $\mathbb{C}[\eta]$ ist, $\tilde{r}_1 + \ldots + \tilde{r}_n = r_1 + \ldots + r_n$. $\square$

Hilfssatz 6. *Sei v_η der Grad des Verzweigungsdivisors V_η von η. Dann gilt*

$$v_\eta = 2(r_1 + \ldots + r_n) + 2 \deg A .$$

Beweis. Nach dem Dedekindschen Diskriminantensatz (Satz 8, Kap. 22) gilt

$$v_\eta = -\nu_{1/\eta}(\Delta(O_\eta)) + \nu_{1/\eta}(\Delta(O_{1/\eta})) .$$

(Man beachte, daß $\nu_{1/\eta}(a)$ für ein Polynom a vom Grad m in η gleich $-m$ ist.)
Nach Hilfssatz 2 und 3 gilt

$$\Delta(\mathfrak{A}') = \eta^{(-2r_1 - \ldots - 2r_n)} \Delta(\mathfrak{A}) .$$

Weiter ist (Kap. 18, (3))

$$\Delta(\mathfrak{A}) = \Delta(O_\eta) \, \mathrm{N}(\mathfrak{A})^2 , \qquad \Delta(\mathfrak{A}') = \Delta(O_{1/\eta}) \, \mathrm{N}(\mathfrak{A}')^2 ,$$

$$\mathrm{N}(\mathfrak{A}) = \prod_{P(\eta) \neq \infty} (\eta - P(\eta))^{-n_P} , \qquad \mathrm{N}(\mathfrak{A}') = \prod_{P(\eta) \neq 0} (1/\eta - 1/P(\eta))^{-n_P} .$$

Hieraus folgt

$$v_\eta = \nu_{1/\eta}(\Delta(\mathfrak{A})^{-1} \, \mathrm{N}(\mathfrak{A})^2 \, \Delta(\mathfrak{A}') \, \mathrm{N}(\mathfrak{A}')^{-2}) = 2(r_1 + \ldots + r_n) + 2 \deg A . \; \square$$

23.5. Der einem Divisor zugeordnete Funktionenraum

Sei $A = \sum n_P P$ ein Divisor von L. Wir ordnen ihm den Vektorraum

$$D(A) := \{\alpha \in L \mid v_P(\alpha) \geqq -n_P \text{ für } P \in \mathcal{F}(L)\} = (-A)_\eta \cap (-A)_{1/\eta}$$

zu.

Satz 2. *Sei $\lambda_1, \ldots, \lambda_n$ eine Normalbasis von $(-A)_\eta$, und seien $r_1, \ldots, r_n$ die zugehörigen Exponenten. Dann ist die Dimension $d(A)$ von $D(A)$ als $\mathbb{C}$-Vektorraum gleich $\sum (1 - r_i)$, wobei die Summe über alle $r_1, \ldots, r_n$ mit $r_i \leqq 0$ zu erstrecken ist.*

Beweis. Nach Hilfssatz 3 gehört $\alpha = a_1\lambda_1 + \ldots + a_n\lambda_n \in (-A)_\eta$ mit $a_i \in \mathbb{C}[\eta]$ für $i = 1, \ldots, n$ genau dann zu $D(A)$, wenn $a_i\eta^{r_i}$ für $i = 1, \ldots, n$ zu $\mathbb{C}[1/\eta]$ gehört. Das ist genau dann der Fall, wenn $-r_i \geqq \deg a_i$ ist. $\square$

23.6. Differentiale

In diesem Abschnitt wollen wir den Begriff des *Differentials* einführen. Zunächst definieren wir für ein $\alpha \in L$ und eine Variable $\eta \in L$ den *Differentialquotienten* $d\alpha/d\eta$.

Dazu sei $f(x, y) \in \mathbb{C}[x, y]$ das irreduzible Polynom mit $f(\alpha, \eta) = 0$. f_x bzw. f_y sei die partielle Ableitung von f nach x bzw. y. Entsprechend den Regeln der Differentialrechnung definieren wir

$$\frac{d\alpha}{d\eta} := -\frac{f_y(\alpha, \eta)}{f_x(\alpha, \eta)} . \tag{5}$$

Hilfssatz 6. *Es gibt nur endlich viele Paare c, d komplexer Zahlen mit $f(c, d) = 0, f_x(c, d) = 0$.*

Beweis. Sei

$$f(x, y) = a_0(y) x^h + a_1(y) x^{h-1} + \ldots + a_h(y) \quad \text{mit } a_i(y) \in \mathbb{C}[y] , \quad a_0(y) \neq 0 ,$$

und d eine komplexe Zahl mit $a_0(d) \neq 0$. Die Polynome $f(x, d)$ und $f_x(x, d)$ haben genau dann eine gemeinsame Nullstelle, wenn $f(x, d)$ eine mehrfache Nullstelle hat (Satz 12,

Anh. 1). Das ist genau dann der Fall, wenn die Diskriminante von $f(x, d)$ gleich 0 ist (Abschn. 7.3.). Die Diskriminante von $f(x, d)$ ist eine rationale Funktion von d, hat also nur endlich viele Nullstellen. $\square$

Nach Hilfssatz 6 gilt für fast alle Punkte P von $\mathscr{F}(L)$

$$P\left(\frac{\mathrm{d}\alpha}{\mathrm{d}\eta}\right) = -\frac{f_y(P(\alpha), P(\eta))}{f_x(P(\alpha), P(\eta))} \, . \tag{6}$$

Satz 3. *Für fast alle Punkte P von $\mathscr{F}(L)$ gilt*

$$P\left(\frac{\mathrm{d}\alpha}{\mathrm{d}\eta}\right) = P\left(\frac{\alpha - P(\alpha)}{\eta - P(\eta)}\right). \tag{7}$$

Beweis. Seien $P(\alpha)$, $P(\eta) \neq \infty$. Die Taylor-Entwicklung von $f(x, y)$ an der Stelle $P(\alpha)$, $P(\eta)$ hat die Form

$$f(x, y) = (x - P(\alpha))\, f_x(P(\alpha), P(\eta)) + (y - P(\eta))\, f_y(P(\alpha), P(\eta)) + \ldots .$$

Wir setzen $x = \alpha$, $y = \eta$ und dividieren durch $\eta - P(\eta)$. Dann wird

$$0 = \frac{\alpha - P(\alpha)}{\eta - P(\eta)}\, f_x(P(\alpha), P(\eta)) + f_y(P(\alpha), P(\eta)) + \ldots . \tag{8}$$

Wenn $(\alpha - P(\alpha))/(\eta - P(\eta))$ einen endlichen Wert hat, was für fast alle P der Fall ist, erhält man (7) aus (6) und (8). $\square$

Zwei Funktionen aus L, die an unendlich vielen Punkten die gleichen Werte annehmen, sind gleich (Satz 1). Mit Hilfe von Satz 3 kann man daher leicht die Regeln für das Rechnen mit Differentialquotienten ableiten. Wir merken hier nur die Kettenregel an:

Satz 4. *Sei $\alpha \in L$, und seien ζ, η Variable von L. Dann gilt*

$$\frac{\mathrm{d}\alpha}{\mathrm{d}\xi} = \frac{\mathrm{d}\alpha}{\mathrm{d}\eta}\frac{\mathrm{d}\eta}{\mathrm{d}\xi} \, . \; \square$$

Jetzt definieren wir das *Differential* $\mathrm{d}\alpha$ als die Abbildung von $L - \mathcal{C}$ in L, die für $\eta \in L - \mathcal{C}$ den Wert $\mathrm{d}\alpha/\mathrm{d}\eta$ annimmt. Nach Satz 4 sind zwei Differentiale gleich, wenn sie für eine einzige Variable den gleichen Wert annehmen. Entsprechend ist $\beta\, \mathrm{d}\alpha$ für $\beta \in L$ die Abbildung $\eta \to \beta\, \mathrm{d}\alpha/\mathrm{d}\eta$. Aus Satz 3 ergeben sich die folgenden Regeln:
Für $\alpha, \beta \in L$ gilt

$$\mathrm{d}(\alpha \pm \beta) = \mathrm{d}\alpha \pm \mathrm{d}\beta \, ,$$

$$\mathrm{d}(\alpha\beta) = \alpha\, \mathrm{d}\beta + \beta\, \mathrm{d}\alpha \, ,$$

$$\mathrm{d}(\alpha/\beta) = (\beta\, \mathrm{d}\alpha - \alpha\, \mathrm{d}\beta)/\beta^2 \, , \qquad \text{falls } \beta \neq 0 \, .$$

Wir wollen jetzt den Divisor von $\mathrm{d}\xi/\mathrm{d}\eta$ für zwei Variable $\xi, \eta \in L$ bestimmen und beweisen zunächst den folgenden

Hilfssatz 7. *Sei $P \in F(L)$ und α ein Element von L mit $v_P(\alpha) \geq 0$. Dann ist $v_P(\mathrm{d}\alpha/\mathrm{d}\pi)$ ≥ 0 für jede Ortsuniformisierende π von P.*

Beweis. Im Ring

$$O_P := \{\beta \in L \mid v_P(\beta) \geq 0\}$$

bilden die Elemente γ mit $v_P(\gamma) \geq h$ ein Ideal, das mit P^h bezeichnet wird.

Sei $f(x, y)$ das irreduzible Polynom mit $f(\alpha, \pi) = 0$. Man beweist leicht durch Induktion über h, daß sich α in der Form

$$\alpha \equiv c_0 + c_1\pi + \ldots + c_h\pi^h (\operatorname{mod} P^{h+1}) \quad \text{mit} \quad c_0, c_1, \ldots, c_h \in C \tag{9}$$

darstellen läßt. Wir setzen

$$\alpha_h := c_0 + c_1\pi + \ldots + c_h\pi^h \; .$$

Dann gilt

$$\frac{\mathrm{d}\alpha_h}{\mathrm{d}\pi} = c_1 + \ldots + hc_h\pi^{h-1} \in O_P \; ,$$

$$f(\alpha_h, \pi) \equiv f(\alpha, \pi) \equiv 0 (\operatorname{mod} P^{h+1})$$

und

$$\frac{\mathrm{d}f(\alpha_h, \pi)}{\mathrm{d}\pi} \equiv 0 (\operatorname{mod} P^h) \; ,$$

weil $f(\alpha_h, \pi)$ ein Polynom in π mit Koeffizienten aus C ist.

Weiter ist

$$0 \equiv \frac{\mathrm{d}f(\alpha_h, \pi)}{\mathrm{d}\pi} \equiv f_x(\alpha_h, \pi) \frac{\mathrm{d}\alpha_h}{\mathrm{d}\pi} + f_y(\alpha_h, \pi) \equiv f_x(\alpha, \pi) \frac{\mathrm{d}\alpha_h}{\mathrm{d}\pi} + f_y(\alpha, \pi) \, (\operatorname{mod} P^h) \; .$$

Wenn $k := \nu_P\big(f_x(\alpha, \pi)\big)$ ist, setzen wir $h = k$ und finden, daß $f_y(\alpha, \pi)$ in O_P durch $f_x(\alpha, \pi)$ teilbar ist. Daher liegt

$$\frac{\mathrm{d}\alpha}{\mathrm{d}\pi} = - \frac{f_y(\alpha, \pi)}{f_x(\alpha, \pi)}$$

in O_P. $\square$

Bemerkung. (9) dient als Ersatz für die Potenzreihenentwicklung in der Theorie der analytischen Funktionen.

Der Divisor von $\mathrm{d}\xi/\mathrm{d}\eta$ wird durch den folgenden Satz beschrieben:

Satz 5. *Seien ξ und η beliebige Variable aus L. Dann gilt*

$$(\mathrm{d}\xi/\mathrm{d}\eta) = V_\xi - V_\eta - 2(\xi)_\infty + 2(\eta)_\infty \; .$$

Beweis. Sei P ein Punkt von $\mathscr{F}(L)$ und π eine Ortsuniformisierende von P. Wir setzen $\xi_0 = P(\xi)$, wenn $P(\xi)$ endlich ist, und $\xi_0 = 0$, wenn $P(\xi) = \infty$ ist, entsprechend für η.

$\xi - \xi_0$ bzw. $\eta - \eta_0$ läßt sich in der Form

$$\xi - \xi_0 = \alpha\pi^r \quad \text{bzw.} \quad \eta - \eta_0 = \beta\pi^s$$

schreiben, wobei $P(\alpha)$ und $P(\beta)$ endlich und von 0 verschieden sind. Dann wird

$$\mathrm{d}\xi/\mathrm{d}\pi = \alpha r\pi^{r-1} + \pi^r \, \mathrm{d}\alpha/\mathrm{d}\pi \; .$$

Nach Hilfssatz 7 ist $\nu_P(\mathrm{d}\alpha/\mathrm{d}\pi) \geqq 0$. Daher gilt

$$\nu_P(\mathrm{d}\xi/\mathrm{d}\pi) = r - 1 \; . \tag{10}$$

Entsprechend zeigt man $\nu_P(\mathrm{d}\eta/\mathrm{d}\pi) = s - 1$. Wegen Satz 4 ist daher $\nu_P(\mathrm{d}\xi/\mathrm{d}\eta) = r - s$. Nach Definition ist $\lfloor r \rfloor$ bzw. $\lfloor s \rfloor$ der Verzweigungsindex von P bezüglich ξ bzw. η. $\square$

Satz 5 legt es nahe, den Divisor $(\mathrm{d}\xi)$ von $\mathrm{d}\xi$ durch

$$(\mathrm{d}\xi) := V_\xi - 2(\xi)_\infty$$

zu definieren. Wegen (10) stimmt diese Definition mit der in Abschn. 11.6. gegebenen überein. Allgemeiner setzen wir für $\beta \in L$

$$(\beta \, \mathrm{d}\xi) := (\beta) + V_\xi - 2(\xi)_\infty \, .$$

Wie in Abschn. 11.4. definieren wir die *Divisorenklassengruppe* als Faktorgruppe der Gruppe aller Divisoren von L nach der Gruppe $(L^\times)$ der Hauptdivisoren. Die Divisoren von Differentialen liegen alle in einer Klasse, der kanonischen Klasse von L. Für einen Divisor A hängen $\mathrm{d}(A)$ und $\deg A$ nur von der Klasse ab, in der A liegt.

Sei $n_\eta := [L : \mathbb{C}(\eta)]$. Nach Satz 1 ist $\deg (\eta)_\infty = n_\eta$. Daher ist nach Satz 5

$$g_L := \tfrac{1}{2} v_\eta - n_\eta + 1 \tag{11}$$

eine von η unabhängige Zahl. Entsprechend der Riemannschen Geschlechtsformel (Aufgabe 10.7.) ist g_L das Geschlecht von $\mathcal{F}(L)$. (11) können wir auch in der aus Kap. 11, (18), bekannten Form

$$\deg (\mathrm{d}\eta) = 2g_L - 2$$

schreiben.

23.7. Der Satz von Riemann und Roch

Satz 6. *(Satz von* RIEMANN *und* ROCH*). Sei A ein beliebiger Divisor von L, sei C ein Divisor aus der kanonischen Klasse und g_L das Geschlecht von L. Dann gilt*

$$\mathrm{d}(A) = \deg A - g_L + 1 + \mathrm{d}(C - A) \, .$$

Beweis. Sei η eine Variable von L, $n = n_\eta$ und $\lambda_1, \ldots, \lambda_n$ eine Normalbasis von $(-A)_\eta$ mit den Exponenten $r_1, \ldots, r_n$. Nach Satz 2 und Hilfssatz 5 ist

$$\mathrm{d}(A) = \sum_{r_i \leq 0} (1 - r_i) = n_\eta - \sum_{i=1}^{n} r_i + \sum_{r_i \geq 1} (r_i - 1)$$

$$= n_\eta - \tfrac{1}{2} v_\eta + \deg A + \sum_{r_i \geq 2} (r_i - 1) = 1 - g_L + \deg A + \sum_{r_i \geq 2} (r_i - 1) \, .$$

Zum Beweis von Satz 6 genügt es daher,

$$\mathrm{d}(C - A) = \sum_{r_i \geq 2} (r_i - 1)$$

zu zeigen. Sei nun $\lambda'_1, \ldots, \lambda'_n$ eine Normalbasis von $(-C + A)_\eta$ mit den Exponenten $r'_1, \ldots, r'_n$. Dann ist

$$\sum_{r'_i \leq 0} (1 - r'_i) = \sum_{r_i \geq 2} (r_i - 1)$$

zu zeigen. Das ist sicher erfüllt, wenn

$$r'_i + r_{n-i} = 2 \quad \text{für} \quad i = 1, \ldots, n \tag{12}$$

gilt. Wir zeigen dies mit Hilfe der Theorie der Komplementärideale (Abschn. 22.2.).

Wir wählen $C = (\mathrm{d}\eta) = V_\eta - 2(\eta)_\infty$. Dann ist $(C)_\eta = (V_\eta)_\eta = \mathfrak{D}_\eta$, wobei $\mathfrak{D}_\eta$ die Differente von $O_\eta/\mathbb{C}[\eta]$ bezeichnet (Satz 8, Kap. 22), und daher

$$(-C + A)_\eta = (C)_\eta^{-1} (A)_\eta = (-A)_\eta^* \, . \tag{13}$$

Entsprechend gilt

$$\eta^2(-C + A)_{1/\eta} = \bigl(-(\mathrm{d}(1/\eta)) + A\bigr)_{1/\eta} = (-A)_{1/\eta}^* \, . \tag{14}$$

Sei $\varkappa_1, \dots, \varkappa_n$ die Komplementärbasis von $\lambda_1, \dots, \lambda_n$. Dann ist $\eta^{r_1}\varkappa_1, \dots, \eta^{r_n}\varkappa_n$ die Komplementärbasis von $\eta^{-r_1}\lambda_1, \dots, \eta^{-r_n}\lambda_n$, d. h., $\eta^{r_1}\varkappa_1, \dots, \eta^{r_n}\varkappa_n$ ist eine Basis von $(-A)^*_{1/\eta}$. Wegen (13) bzw. (14) ist $\varkappa_1 \dots, \varkappa_n$ bzw. $\eta^{r_1-2}\varkappa_1, \dots, \eta^{r_n-2}\varkappa_n$ eine Basis von $(-C + A)_\eta$ bzw. $(-C + A)_{1/\eta}$. Hieraus folgt (12) nach Hilfssatz 4. $\square$

Aufgaben

23.1 (HURWITZ). Sei F ein Funktionenkörper mit dem Konstantenkörper $\mathcal{C}$ und L eine endliche Erweiterung von F. Weiter sei e_P der Verzweigungsindex des Punktes P von L bezüglich F. Man zeige, daß für die Geschlechter g_L und g_F von L und F die Beziehung

$$2g_L - 2 = [L:F]\,(2g_F - 2) + \sum_P (e_P - 1)$$

gilt, wobei die Summe über alle Punkte P von L zu erstrecken ist, die in L/F verzweigt sind.

23.2. Sei F_0 ein Körper der Charakteristik 0 und L eine endliche Erweiterung des Funktionenkörpers $F_0(\xi)$ in der Unbestimmten ξ. Ein Exponent ν von L ist ein surjektiver Homomorphismus von $L^\times$ auf Z^+, der F_0 auf $\{0\}$ abbildet und der Ungleichung

$$\nu(\alpha + \beta) \geqq \min\{\nu(\alpha), \nu(\beta)\} \quad \text{für} \quad \alpha, \beta \in L^\times$$

genügt. Wir setzen $\nu(0) = \infty$.

a) Sei $\alpha \in L^\times$ algebraisch über F_0. Man zeige, daß $\nu(\alpha) = 0$ ist.

b) Der Körper der Elemente von L, die über F_0 algebraisch sind, heißt *Konstantenkörper* von L. Man zeige, daß der Ring $O_\nu = \{\alpha \in L \mid \nu(\alpha) \geqq 0\}$ ein einziges Primideal $\mathfrak{P}_\nu$ hat und daß $O_\nu/\mathfrak{P}_\nu$ eine endliche Erweiterung des Konstantenkörpers von L ist.

c) Sei $F_0 = \mathcal{C}$. Man zeige, daß es eine eineindeutige Beziehung zwischen den Exponenten und den Punkten von L gibt.

23.3. Man verallgemeinere die Ergebnisse von Kap. 23 auf den in Aufgabe 23.2. betrachteten Fall eines Funktionenkörpers mit beliebigem Konstantenkörper der Charakteristik 0, wobei man die Riemannsche Fläche von L als Menge der Exponenten von L definiert.

24. Die Geometrie der Zahlen

MINKOWSKI erkannte, daß der geometrische Begriff der *Konvexität* einer Punktmenge im n-dimensionalen euklidischen Raum mit überraschendem Erfolg in der Zahlentheorie angewandt werden kann. Er stellte seine Gedanken zuerst in der Arbeit „*Über positive quadratische Formen und über die kettenbruchähnlichen Algorithmen*" dar, die 1891 im *J. reine angew. Math.* **107** erschien. Wir beschränken uns in diesem Kapitel auf Anwendungen in der Arithmetik der algebraischen Zahlkörper.

24.1. Der Gitterpunktsatz

Wir erinnern zunächst an einige Grundbegriffe. Eine Teilmenge M des $\mathbb{R}^n$ heißt *konvex*, wenn zu zwei Punkten P_1, P_2 auch alle auf der Verbindungsstrecke von P_1 nach P_2 gelegenen Punkte zu M gehören (dies sind die Punkte der Form $\lambda_1 P_1 + \lambda_2 P_2$ mit $\lambda_1 + \lambda_2 = 1$ und $\lambda_1, \lambda_2 \geq 0$). M heißt *zentralsymmetrisch*, wenn mit P auch $-P$ in M liegt. Ein Gitter in $\mathbb{R}^n$ ist eine Untergruppe von $\mathbb{R}^n$ vom Rang n (Abschn. A 1.4.). Sei $e_1, \ldots e_n$ eine Basis eines Gitters G. Die *Fundamentalmasche* von G (bezüglich der Basis $e_1, \ldots, e_n$) ist die Punktmenge

$$\{\lambda_1 e_1 + \ldots + \lambda_n e_n \mid o \leq \lambda_i \leq 1 \text{ für } i = 1, \ldots, n\}.$$

Der Inhalt der Fundamentalmasche ist gleich $|\det(\alpha_{ij})|$, wobei $\alpha_{i1}, \ldots, \alpha_{in}$ die Koordinaten von e_i sind. Der Inhalt der Fundamentalmasche ist unabhängig von der Wahl der Basis $e_1, \ldots, e_n$ von G.

MINKOWSKI bewies, daß eine konvexe Menge stets einen Inhalt hat. Bei den hier interessierenden Mengen werden wir den Inhalt direkt berechnen.

Satz 1 (*Minkowskischer Gitterpunktsatz*). *Sei G ein Gitter im $\mathbb{R}^n$ und g der Inhalt einer Fundamentalmasche von G. Weiter sei M eine zentralsymmetrische konvexe abgeschlossene Menge im $\mathbb{R}^n$ mit dem Mittelpunkt 0 und dem Inhalt $I(M) = m$, wobei $m \geq 2^n g$ sei. Dann enthält M außer 0 einen weiteren Punkt von G.*

Beweis. Sei $e_1, \ldots, e_n$ eine Basis von G und G_0 die zugehörige Fundamentalmasche. Dann ist

$$\bigcup_{x \in G} (x + G_0) = \mathbb{R}^n.$$

Entsprechend wird

$$\bigcup_{x \in G} (2x + 2G_0) = \mathbb{R}^n.$$

Wir setzen $M_x = M \cap (2x + 2G_0)$. Dann ist

$$M = \bigcup_{x \in G} M_x,$$

und für die abgeschlossenen Mengen $-2x + M_x \subset 2G_0$ gilt

$$\sum_{x \in G} \mathrm{I}(-2x + M_x) = \sum_{x \in G} \mathrm{I}(M_x) = m \geqq 2^n g = \mathrm{I}(2G_0) \,.$$

Daher gibt es Punkte $x_1 \neq x_2$ aus G mit

$$(-2x_1 + M_{x_1}) \cap (-2x_2 + M_{x_2}) \neq \emptyset \,.$$

Sei x_0 aus diesem Durchschnitt, also

$$x_0 = -2x_1 + y_1 = -2x_2 + y_2 \quad \text{mit} \quad y_1, y_2 \in M \,.$$

Da M konvex ist und den Mittelpunkt o hat, liegt $\frac{1}{2}(y_1 - y_2) = x_2 - x_1 \neq 0$ in $M \cap G$. $\square$

24.2. Anwendung auf die Ideale eines algebraischen Zahlkörpers

Sei K ein algebraischer Zahlkörper vom Grad n über Q. Wie in Abschn. 19.4. bezeichnen $g_1, \dots, g_{r_1}$ die reellen und $g_{r_1+1}, g_{r+1}, \dots, g_r, g_n$ die Paare konjugiert-komplexer Isomorphismen von K in $\mathbb{C}$. Wir erhalten eine Einlagerung von K in $\mathbb{R}^n$ durch die Zuordnung

$$\alpha \to (g_1\alpha, \dots, g_{r_1}\alpha, \mathrm{Re}\, g_{r_1+1}\,\alpha, \dots, \mathrm{Re}\, g_r\alpha, \mathrm{Im}\, g_{r_1+1}\alpha, \mathrm{Im}\, g_r\alpha) \quad \text{für} \quad \alpha \in K \,.$$

Wir bezeichnen die Koordinaten von α bei dieser Einlagerung mit $\alpha^{(1)}, \dots, \alpha^{(n)}$.

Satz 2. *Sei $\mathfrak{A}$ ein Ideal von K. Bei der angegebenen Einlagerung ist $\mathfrak{A}$ ein Gitter in $\mathbb{R}^n$. Der Inhalt einer Fundamentalmasche dieses Gitters ist gleich $2^{-r_2}\mathrm{N}(\mathfrak{A})\sqrt{|D|}$, wobei r_2 die halbe Anzahl der komplexen Konjugierten von K und D die Diskriminante von O_K bezeichnet.*

B e w e i s. Es genügt zu beweisen, daß für eine Basis $\alpha_1, \dots, \alpha_n$ von $\mathfrak{A}$

$$|\det(\alpha_i^{(j)})| = 2^{-r_2}\mathrm{N}(\mathfrak{A})\sqrt{|D|} \tag{1}$$

gilt. (1) folgt aus Kap. 17, (6), Kap. 18, (3), und Abschn. 18.7. $\square$

Wir wollen den Minkowskischen Gitterpunktsatz auf $\mathfrak{A}$, betrachtet als Gitter in $\mathbb{R}^n$, anwenden. Unser nächstes Ziel ist es, in $\mathfrak{A}$ ein Element α von möglichst kleinem Normbetrag $|\mathrm{N}(\alpha)|$ zu finden. Der Normbetrag von $\xi \in K$ ist durch

$$|\mathrm{N}(\xi)| = \prod_{\nu=1}^{n} |g_\nu \xi| = \prod_{\nu=1}^{r_1} |\xi^{(\nu)}| \prod_{\nu=r_1+1}^{r} |(\xi^{(\nu)} + i\xi^{(\nu+r_2)})|^2$$

gegeben. Dementsprechend bezeichnen wir für einen beliebigen Punkt x von $\mathbb{R}^n$ mit den Koordinaten $\lambda_1, \dots, \lambda_n$ die Zahl

$$\mathrm{N}(x) := \prod_{\nu=1}^{n} |\lambda_\nu| \prod_{\nu=r_1+1}^{r} |(\lambda_\nu + i\lambda_{\nu+r_2})|^2$$

als *Norm* von x bezüglich K. Weiter sei

$$\mathrm{N} := \{x \in \mathbb{R}^n \mid |\mathrm{N}(x)| \leqq 1\} \,.$$

Satz 3. *Sei M eine konvexe abgeschlossene und zentralsymmetrische Menge in N mit dem Mittelpunkt o. Dann gibt es in jedem Ideal $\mathfrak{A}$ von K ein Element $\alpha \neq 0$ mit*

$$|\mathrm{N}(\alpha)| \leqq \frac{2^r}{I(M)}\, \mathrm{N}(\mathfrak{A}) \sqrt{|D|} \,.$$

Beweis. Wir wenden Satz 1 auf den Fall $G = t\mathfrak{A}$ an, wobei $t > 0$ durch

$$\mathrm{I}(M) = (2t)^n\, \mathrm{N}(\mathfrak{A})\, \sqrt{|D|}\; 2^{-r_2} \tag{2}$$

bestimmt ist. Dann sind die Voraussetzungen für Satz 1 erfüllt. Es gibt daher ein $t\alpha \neq 0$ mit $\alpha \in \mathfrak{A}$ und $t\alpha \in M$ und folglich ist

$$|\mathrm{N}(\alpha)|\, t^n \leqq 1\;. \tag{3}$$

Aus (2) und (3) folgt, daß α den Forderungen von Satz 3 genügt. $\square$

Jetzt kommt es nur noch darauf an, M günstig zu wählen. Wir setzen

$$M_s = \left\{ x \in \mathbb{R}^n \;\middle|\; \sum_{\nu=1}^{r_1} |\lambda_\nu| + 2 \sum_{\nu=r_1+1}^{r} |\lambda_\nu + i\lambda_{\nu+r_2}| \leqq s \right\}.$$

Da das geometrische Mittel kleiner oder gleich dem arithmetischen Mittel ist, gilt

$$|\mathrm{N}(x)| \leqq \left(\frac{1}{n} \left(\sum_{\nu=1}^{r_1} |\lambda_\nu| + 2 \sum_{\gamma=r_1+1}^{r} |\lambda_\nu + i\lambda_{\nu+r_2}| \right) \right)^n$$

und daher $M_n \subset N$. Offensichtlich ist M_n zentralsymmetrisch und konvex.

Satz 4. *Es gilt*

$$\mathrm{I}(M_s) = \frac{2^{r_1 - r_2} \pi^{r_2} s^n}{n!}\;.$$

Beweis. Für $n = 1$ und $n = 2$ liest man die Behauptung aus der folgenden Abb. 15 ab.

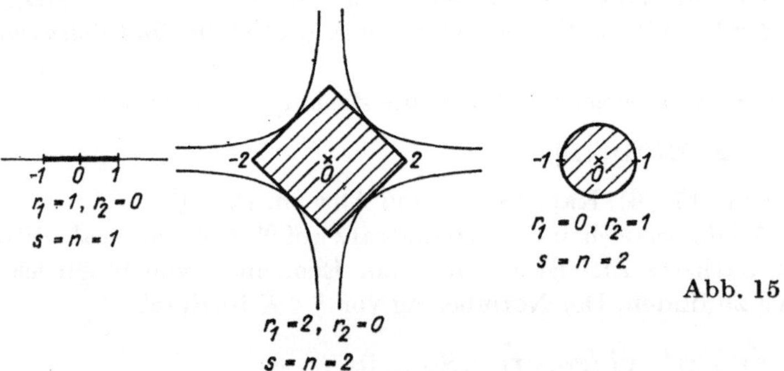

Abb. 15

Wir beweisen den Satz durch Induktion über n und nehmen an, der Satz sei für natürliche Zahlen $< n$ schon bewiesen. Dann wird bei Anwachsen von r_1 beim Übergang von $n - 1$ zu n

$$\mathrm{I}(M_s) = 2 \int_0^s \mathrm{I}(M_{s-\sigma})\, d\sigma = 2 \int_0^s \frac{2^{r_1-1-r_2} \pi^{r_2}}{(n-1)!} (s - \sigma)^{n-1}\, d\sigma$$

und bei Anwachsen von r_2 beim Übergang von $n - 2$ zu n

$$\mathrm{I}(M_s) = \int_0^{s/2} \mathrm{I}(M_{s-2})\, (2\pi\sigma)\, d\sigma = \int_0^{s/2} \frac{2^{r_1-r_2+1} \pi^{r_2-1}}{(n-2)!} (s - 2\sigma)^{n-2}\, (2\pi\sigma)\, d\sigma\;.$$

Es ist leicht zu sehen, daß diese Integrale den gewünschten Wert haben. $\square$

Wegen Satz 3 und Satz 4 gilt

Satz 5. *Sei K ein algebraischer Zahlkörper mit r_1 reellen Konjugierten und r_2 Paaren komplexer Konjugierter, $r_1 + 2r_2 = n$. Weiter sei $\mathfrak{A}$ ein Ideal von K. Dann gibt es in $\mathfrak{A}$ ein Element $\alpha \neq 0$ mit*

$$|N(\alpha)| \leq \left(\frac{4}{\pi}\right)^{r_2} \frac{n!}{n^n} \, N(\mathfrak{A}) \sqrt{|D|} \;. \quad \square$$

Hieraus ergeben sich zwei wichtige Folgerungen:

Satz 6 (*Minkowskischer Diskriminantensatz*). *Sei K ein algebraischer Zahlkörper vom Grad $n > 1$. Dann ist der Absolutbetrag der Diskriminante D von O_K größer als 1. Genauer gilt*

$$|D| \geq \left(\frac{\pi}{4}\right)^{2r_2} \frac{n^{2n}}{n!^2} \;. \tag{4}$$

Beweis. Wir nehmen in Satz 5 für $\mathfrak{A}$ den Ring O_K. Dann ist für $\alpha \in O_K$, $\alpha \neq 0$, jedenfalls $|N(\alpha)| \geq 1$ und daher

$$1 \leq \left(\frac{4}{\pi}\right)^{r_2} \frac{n!}{n^n} \sqrt{|D|} \;.$$

Hieraus erhält man $|D| > 1$ mit Hilfe der Stirlingschen Formel (Kap. 9, Satz 4). $\square$

Satz 7. *In jeder Idealklasse von K gibt es ein ganzes Ideal $\mathfrak{B}$ mit*

$$N(\mathfrak{B}) \leq \left(\frac{4}{\pi}\right)^{r_2} \frac{n!}{n^n} \sqrt{|D|} \;.$$

Beweis. Nach Satz 5 genügt es, in der Klasse von $\mathfrak{A}^{-1}$ das ganze Ideal $\mathfrak{B} := \alpha \mathfrak{A}^{-1}$ zu nehmen. $\square$

Aus Satz 7 folgt, daß es nur endlich viele Idealklassen gibt, was wir bereits in Abschn. 19.1. bewiesen haben.

Satz 7 kann zur effektiven Berechnung der Klassenzahl eines Zahlkörpers K benutzt werden, wenn man noch die Diskriminante von K kennt und einige Kenntnisse über das Zerlegungsverhalten von Primzahlen in K und von der Einheitengruppe von K hat. Besonders einfach ist der Fall imaginär-quadratischer Zahlkörper. In diesem Fall liefert jedoch die Reduktionstheorie der quadratischen Formen (Abschn. 2.6.) die beste Methode. Wir betrachten hier einen kubischen Zahlkörper als ein Beispiel, in dem man ohne Rechnung auskommt:

Sei $K = Q(\alpha)$ mit $\alpha^3 + \alpha^2 - 2\alpha - 1 = 0$. K ist der kubische Teilkörper des Kreisteilungskörpers $Q(\zeta_7)$, $\alpha = \zeta_7 + \zeta_7^{-1}$ (Abschn. 7.6.). In Abschn. 25.3. werden wir beweisen, daß $7 = \mathfrak{P}^3$ die einzige verzweigte Primzahl in K ist. Daher ist $|D| = 7^2$ (Satz 8, Kap. 22). Da K nur reelle Konjugierte hat, haben wir ganze Ideale $\mathfrak{B}$ mit $N(\mathfrak{B}) \leq \frac{14}{9}$ zu untersuchen. Hieraus folgt, daß die Klassenzahl von K gleich 1 ist.

Aufgaben

24.1. Man zeige, daß die quadratischen Zahlkörper mit der Diskriminante 5, 8, 12, 13, 17, 21, 24, 28, 29, 33, 37 die Klassenzahl 1 haben.

24.2. Man zeige, daß der Körper $Q(\sqrt{10})$ die Klassenzahl 2 hat.

24.3. Sei $K := \mathbb{Q}(\alpha)$, wobei α eine Nullstelle des Polynoms $f(x) := x^3 + a_2 x + 1$ mit $a_2 = \pm 1$ ist. Man zeige, daß O_K ein Hauptidealring ist.

24.4. Sei $K := \mathbb{Q}(\alpha)$, wobei α eine Nullstelle des Polynoms $f(x) := x^3 + a_2 x + 2$ mit $a_2 = \pm 2, \pm 4$ ist.

a) Man zeige, daß $1, \alpha, \alpha^2$ eine Basis von O_K ist.

b) Man zeige, daß O_K ein Hauptidealring ist.

24.5. Sei $K_1, K_2, \ldots$ eine unendliche Folge von Zahlkörpern, deren Grade $[K_n : \mathbb{Q}]$ mit wachsendem n gegen Unendlich streben. Man zeige, daß die Absolutbeträge der zugehörigen Diskriminanten ebenfalls gegen Unendlich streben.

24.6 (HERMITE). Man zeige mit Hilfe von Satz 1, daß es nur endlich viele Zahlkörper mit beschränkter Diskriminante gibt.

25. Normale Erweiterungen von algebraischen Zahl- und Funktionenkörpern

In diesem Kapitel vollziehen wir die Synthese zwischen der Galoisschen Theorie (Kap. 17) und der Theorie der algebraischen Zahl- und Funktionenkörper (Kap. 18 bis 22) zur Theorie der normalen Erweiterungen solcher Körper. Die Anfänge dieser Theorie gehen auf DEDEKIND zurück. Ihr weiterer Ausbau stammt von HILBERT, welcher 1896 der Deutschen Mathematiker-Vereinigung einen Bericht über den damaligen Stand der Theorie der algebraischen Zahlkörper mit vielen eigenen Ergebnissen und neuen Beweisen erstattete. Im Vorwort zu diesem Bericht schrieb er:

„Die Theorie der Zahlkörper ist wie ein Bauwerk von wunderbarer Schönheit und Harmonie; als der am reichsten ausgestattete Teil dieses Bauwerkes erscheint mir die Theorie der Abelschen und relativ-Abelschen Körper."

Dabei versteht HILBERT unter einem *„Abelschen Körper"* eine normale Erweiterung des Körpers Q der rationalen Zahlen mit abelscher Galoisscher Gruppe und unter einem *„relativ-Abelschen Körper"* eine solche Erweiterung über einem beliebigen algebraischen Zahlkörper. Die Theorie der abelschen Körper steht im Mittelpunkt dieses Kapitels. Die Theorie der relativ-abelschen Körper befand sich 1896 in ihren Anfängen. Sie wird im zweiten Band dieses Buches behandelt.

25.1. Normale Erweiterungen

Wir gehen von den gleichen Voraussetzungen aus wie in Abschn. 22.1.: Γ ist ein euklidischer Ring mit dem Quotientenkörper P der Charakteristik 0, K eine endliche Erweiterung von P und F ein Zwischenkörper von K/P. Zusätzlich nehmen wir an, daß K/F normal ist und daß die Restklassenkörper von Γ nach Primidealen von Γ endlich sind oder die Charakteristik 0 haben. Die letzte Bedingung garantiert uns bei normalen Erweiterungen von Restklassenkörpern die Anwendbarkeit der Galoisschen Theorie (Abschn. 18.8.).

Die Galoissche Gruppe G von K/F operiert auf der Gruppe $\mathcal{J}_K$ der gebrochenen Ideale von K. Für $\mathfrak{A} \in \mathcal{J}_K$ und $g \in G$ definiert man

$$g\mathfrak{A} := \{ g\alpha \mid \alpha \in \mathfrak{A} \} .$$

$g\mathfrak{A}$ ist offensichtlich wieder ein Ideal, und es gilt

$$g(\mathfrak{A}\mathfrak{B}) = g\mathfrak{A} \cdot g\mathfrak{B} \quad \text{für} \quad \mathfrak{A}, \mathfrak{B} \in \mathcal{J}_K$$

und

$$gh(\mathfrak{A}) = g(h\mathfrak{A}) \quad \text{für} \quad g, h \in G .$$

Aus $N_{K/F}\alpha = \prod\limits_{g\in G} g\alpha$ für $\alpha \in K^{\times}$ und der Definition von $N_{K/F}\mathfrak{A}$ folgt

$$N_{K/F}\mathfrak{A} = \prod_{g\in G} g\mathfrak{A}\,.$$

Insbesondere wird für ein Primideal $\mathfrak{P}$ von K und $\mathfrak{p} = \mathfrak{P} \cap O_F$

$$N_{K/F}\mathfrak{P} = \mathfrak{p}^f = \prod_{g\in G} g\mathfrak{P}\,.$$

Die Gesamtheit der $g \in G$ mit $g\mathfrak{P} = \mathfrak{P}$ bildet eine Untergruppe $Z_{\mathfrak{P}}$ von G, die als *Zerlegungsgruppe* von $\mathfrak{P}$ bezeichnet wird. Sei R ein Vertretersystem von $G/Z_{\mathfrak{P}}$ mit $1 \in R$ und z die Ordnung von $Z_{\mathfrak{P}}$. Dann gilt

$$\mathfrak{p}^f = \prod_{g\in R} (g\mathfrak{P})^z\,,$$

wobei die Primideale $g\mathfrak{P}$ für $g \in R$ alle voneinander verschieden sind. Daher ist f ein Teiler von z, und $e = z/f$ bzw. f sind der gemeinsame Verzweigungsindex bzw. Trägheitsgrad der $g\mathfrak{P}$. Es gilt also der folgende

Satz 1. *Sei K/F eine normale Erweiterung mit der Galoisschen Gruppe G und $\mathfrak{P}$ ein Primideal von K mit dem Verzweigungsindex e und dem Trägheitsgrad f. Die Primteiler von $\mathfrak{p} = \mathfrak{P} \cap O_{\mathfrak{P}}$ sind die Primideale $g\mathfrak{P}$ mit $g \in G$. Sie haben alle den gleichen Verzweigungsindex e und Trägheitsgrad f. Die Zerlegungsgruppe $Z_{\mathfrak{P}}$ von $\mathfrak{P}$ hat die Ordnung ef.* $\square$

Der zu $Z_{\mathfrak{P}}$ gehörige Fixkörper $F_{\mathfrak{P}}$ heißt *Zerlegungskörper von $\mathfrak{P}$.*

Satz 2. *Die Bezeichnungen seien die gleichen wie in Satz 1. $\mathfrak{P}$ hat bezüglich $F_{\mathfrak{P}}$ den Verzweigungsindex e und den Trägheitsgrad f. Das Primideal $\mathfrak{P} \cap O_{F_{\mathfrak{P}}}$ von $O_{F_{\mathfrak{P}}}$ hat bezüglich F den Verzweigungsindex 1 und den Trägheitsgrad 1.*

Beweis. Das folgt wegen

$$N_{K/F_{\mathfrak{P}}}\mathfrak{P} = \mathfrak{P}^{ef}$$

aus Kap. 22, (3), (4), und Kap. 18, (12). $\square$

Die *n-te Verzweigungsgruppe V_n von* $\mathfrak{P}$ für $n = 0, 1, \ldots$ wird definiert durch

$$V_n = \{t \in Z_{\mathfrak{P}} \mid t\alpha \equiv \alpha(\bmod \mathfrak{P}^{n+1}) \text{ für alle } \alpha \in O_K\}\,.$$

Die *nullte Verzweigungsgruppe* wird auch als *Trägheitsgruppe*, der zugehörige Fixkörper T als *Trägheitskörper* von $\mathfrak{P}$ bezeichnet. Wie man leicht sieht, bilden die Verzweigungsgruppen V_0, V_1, ... eine absteigende Folge von Normalteilern von $Z_{\mathfrak{P}}$.

V_0 ist definiert als die größte Untergruppe von $Z_{\mathfrak{P}}$, die trivial auf dem Restklassenkörper $O_K/\mathfrak{P}$ operiert. Daher können wir Z_K/V_0 mit einer Untergruppe der Galoisschen Gruppe $G_{\mathfrak{P}}$ der normalen Erweiterung $O_{\mathfrak{P}}/\mathfrak{P}$ über $O_F/\mathfrak{p}$ identifizieren.

Die einfachsten Tatsachen über die Verzweigungsgruppen sind in dem folgenden Satz zusammengefaßt.

Satz 3. *Die Bezeichnungen seien die gleichen wie in Satz 1.*

(i) *$Z_{\mathfrak{P}}/V_0 = G_{\mathfrak{P}}$. Insbesondere ist die Ordnung von $Z_{\mathfrak{P}}/V_0$ gleich f.*

(ii) *Wenn K ein algebraischer Zahlkörper ist, gibt es genau ein $\overline{t} \in Z_{\mathfrak{P}}/V_0$ mit*

$$t\alpha \equiv \alpha^{N(\mathfrak{p})}(\bmod \mathfrak{P}) \quad \text{für alle} \quad \alpha \in O_K\,.$$

$\overline{t}$ ist Erzeugende von $Z_{\mathfrak{P}}/V_0$ und wird als Frobenius-Automorphismus von $\mathfrak{P}$ bezüglich K/F bezeichnet (Abschn. 18.8.).

(iii) *Sei M ein beliebiger Zwischenkörper von K/F und $H = G(K/M)$. Dann ist die Zerlegungsgruppe bzw. die n-te Verzweigungsgruppe von $\mathfrak{P}$ bezüglich M gleich $Z_{\mathfrak{P}} \cap H$ bzw. $V_n \cap H$.*

(iv) *$\mathfrak{P}$ hat in K/T den Verzweigungsindex $e = [K:T]$, und $\mathfrak{P} \cap O_T$ hat in $T/F_{\mathfrak{P}}$ den Trägheitsgrad $f = [T:F_{\mathfrak{P}}]$.*

(v) *Es gibt Monomorphismen $V_0/V_1 \to (O_K/\mathfrak{P})^{\times}$ und $V_n/V_{n+1} \to (O_K/\mathfrak{P})^+$ für $n = 1, 2, \dots$*

(vi) *Für genügend großes n ist $V_n = \{1\}$.*

Beweis. (i) Wegen Satz 2 können wir o.B.d.A. annehmen, daß $F_{\mathfrak{P}} = F$ ist. Dann haben wir zu zeigen, daß jeder Automorphismus $\sigma \in G_{\mathfrak{P}}$ durch einen Automorphismus von G induziert wird. Sei $\bar{\zeta}$ eine Erzeugende der Erweiterung $O_K/\mathfrak{P}$ über $O_F/\mathfrak{p}$ und $\bar{f_0}$ das zugehörige Minimalpolynom. Weiter sei ζ ein Vertreter von $\bar{\zeta}$ in O_K. Dann hat ζ bezüglich F ein Minimalpolynom f_1 mit Koeffizienten in O_F. Sei $\bar{f_1}$ das entsprechende Polynom mit Koeffizienten in $O_P/\mathfrak{p}$. Die Polynome $\bar{f_0}$ und $\bar{f_1}$ haben die Nullstelle $\bar{\zeta}$ gemeinsam. Daher ist $\bar{f_0}$ ein Teiler von $\bar{f_1}$ (Satz 11, Anh. A 1). $\sigma\bar{\zeta}$ ist also Nullstelle von $\bar{f_1}$. Die Behauptung folgt nun aus Satz 3, Kap. 17.

(ii) Siehe Abschn. 18.8.

(iii) Das folgt unmittelbar aus der Definition.

(iv) Zerlegungsgruppe und Trägheitsgruppe von $\mathfrak{P}$ bezüglich T sind nach (iii) gleich V_0. Durch Anwendung von (i) auf die Erweiterung K/T folgt, daß $\mathfrak{P}$ bezüglich T den Trägheitsgrad 1 hat. (iv) folgt nun aus Kap. 22, (3), (4).

(v) Sei π ein Element aus O_K mit $\pi \in \mathfrak{P}$ und $\pi \notin \mathfrak{P}^2$. Wir zeigen zunächst, daß für $n = 1, 2, \dots$ die folgende Gleichung gilt

$$V_n = \{t \in V_0 \mid t\pi \equiv \pi \pmod{\mathfrak{P}^{n+1}}\} \, . \tag{1}$$

Sei S ein Vertretersystem von $O_K/\mathfrak{P}$ in O_K. Dann gibt es für alle $\alpha \in O_K$ eine eindeutige Darstellung

$$\alpha \equiv \sum_{i=0}^{n} \alpha_i \pi^i \pmod{\mathfrak{P}^{n+1}} \, ,$$

wobei die $\alpha_0, \dots, \alpha_n$ aus S sind. Nach (iv) können wir das Vertretersystem R in O_T wählen. Dann wird für $t \in V_0$ mit $t\pi \equiv \pi \pmod{\mathfrak{P}^{n+1}}$

$$t\alpha \equiv \sum_{i=0}^{n} \alpha_i (t\pi)^i \equiv \sum_{i=0}^{n} \alpha_i \pi^i \equiv \alpha \pmod{\mathfrak{P}^{n+1}} \, ,$$

womit (1) bewiesen ist.

Sei $t \in V_0$. Dann gibt es eine eindeutig bestimmte Klasse $\bar{\alpha}_t \in (O_K/\mathfrak{P})^{\times}$ mit $\alpha_t \in T$ und

$$t\pi \equiv \pi\alpha_t \pmod{\mathfrak{P}^2} \, .$$

Die Zuordnung $t \to \bar{\alpha}_t$ induziert einen Monomorphismus von V_0/V_1 in $(O_K/\mathfrak{P})^{\times}$.

Sei $t \in V_n$, $n = 1, 2, \dots$ Dann gibt es eine eindeutig bestimmte Klasse $\bar{\beta}_t \in O_K/\mathfrak{P}$ mit $\beta_t \in T$ und

$$t\pi \equiv \pi + \beta_t \pi^{n+1} \pmod{\mathfrak{P}^{n+2}} \, .$$

Die Zuordnung $t \to \bar{\beta}_t$ induziert den gewünschten Monomorphismus von V_n/V_{n+1} in $(O_K/\mathfrak{P})^+$.

(vi) folgt aus (1): Denn aus $t\pi - \pi \in \mathfrak{P}^n$ für alle natürlichen Zahlen n folgt $t\pi = \pi$. Die Erweiterung $T(\pi)/T$ hat den Verzweigungsindex e. Nach (iv) ist daher $T(\pi) = K$, und aus $t\pi = \pi$, $t \in V_0$, folgt $t = 1$. $\square$

25.2. Beweis des Dedekindschen Differentensatzes

Wir benutzen die Verzweigungsgruppen zum Beweis des Dedekindschen Differentensatzes (Satz 6, Kap. 22).

Zunächst betrachten wir den Fall einer normalen Erweiterung K/F.

Satz 4. *Die Bezeichnungen seien die gleichen wie in Satz 1. Wir setzen $[V_n] =: v_n$. Dann geht $\mathfrak{P}$ in der Differente $\mathfrak{D}_{K/F}$ mit dem Exponenten*

$$\sum_{n=0}^{\infty} (v_n - 1) = \sum_{n=0}^{\infty} (n + 1)(v_n - v_{n+1}) \tag{3}$$

auf.

Beweis. Wir verwenden die Bezeichnungen von Abschn. 25.1. Aus (2) für genügend großes n folgt leicht, daß die Potenz von $\mathfrak{P}$, die in der Elementdifferente $D_{K/T}(\alpha) = \prod_{t \in V_0 - \{1\}} (\alpha - t\alpha)$ aufgeht, für jedes $\alpha \in O_K$ mindestens so groß ist wie die Potenz von $\mathfrak{P}$, die in $D_{K/T}(\pi)$ aufgeht. Nach Definition der Verzweigungsgruppen ist der Exponent h, mit dem $\mathfrak{P}$ in $D_{K/T}(\pi)$ aufgeht, gerade durch (3) gegeben. Nach Satz 5, Kap. 22, ist daher $\mathfrak{P}^h$ die $\mathfrak{P}$-Potenz, die in $\mathfrak{D}_{K/T}$ aufgeht. Nach dem Differententurmsatz (Satz 3, Kap. 22) genügt es also, zum Beweis von Satz 4 zu zeigen, daß die Differenten $\mathfrak{D}_{T/F\mathfrak{P}}$ und $\mathfrak{D}_{F\mathfrak{P}/F}$ prim zu $\mathfrak{P}$ sind.

Sei $\bar\zeta$ eine Erzeugende der Erweiterung $O_T/\mathfrak{P} \cap O_T$ über $O_{F\mathfrak{P}}/\mathfrak{P} \cap O_{F\mathfrak{P}}$ und ζ ein Vertreter von $\bar\zeta$ in O_T. Dann ist $\mathfrak{P}$ für $t \in Z_{\mathfrak{P}} - V_0$ kein Teiler von $\zeta - t\zeta$, d.h. $\mathfrak{P} \nmid D_{T/F\mathfrak{P}}(\zeta)$ und daher $\mathfrak{P} \nmid \mathfrak{D}_{T/F\mathfrak{P}}$.

Es bleibt $\mathfrak{P} \nmid \mathfrak{D}_{F\mathfrak{P}/F}$ zu zeigen. Sei $\mathfrak{p}_1 := \mathfrak{P} \cap O_{F\mathfrak{P}}$ und $\mathfrak{p} = \mathfrak{p}_1 \mathfrak{a}$ mit $\mathfrak{a} \in \mathcal{J}_F$. Nach Satz 2 ist $\mathfrak{a}$ prim zu $\mathfrak{p}_1$. Daher gibt es ein $\pi_1 \in \mathfrak{p}_1$ mit $\mathfrak{q} \nmid \mathfrak{p}_1$ für alle Primideale $\mathfrak{q}$ von O_F, die $\mathfrak{a}$ teilen (Satz 14, Kap. 18). Wir betrachten jetzt $\mathfrak{p}_1$, $\mathfrak{q}$, $\mathfrak{a}$ als Ideale von O_K. Wegen

$$\mathfrak{p} = \prod_{g \in R} g\mathfrak{P}^e = \prod_{g \in R} g\mathfrak{p}_1$$

ist $g\pi_1$ für $g \in R - \{1\}$ prim zu $\mathfrak{p}_1$. Daher ist auch $D_{F\mathfrak{P}/F}(\pi_1) = \prod_{g \in R - \{1\}} (\pi_1 - g\pi_1)$ prim zu $\mathfrak{p}_1$. $\square$

Wir kommen jetzt zum Beweis von Satz 6, Kap. 22, den wir zur Anpassung an die Bezeichnungen dieses Kapitels wie folgt formulieren:

Sei M/F eine beliebige endliche Erweiterung und $\mathfrak{p}_M$ ein Primideal von O_M mit dem Verzweigungsindex e_1. Weiter sei p die Charakteristik von $O_M/\mathfrak{p}_M$. Dann gilt $\mathfrak{p}_M^{e_1-1} \mid \mathfrak{D}_{M/F}$, und $\mathfrak{p}_M^{e_1} \mid \mathfrak{D}_{M/F}$ gilt genau dann, wenn $p \mid e_1$.

Beweis. Sei $K \supset M$ eine normale Erweiterung von F. Bezüglich K/F verwenden wir die obigen Bezeichnungen. Weiter sei $H = G(K/M)$ und $v_n' = [V_n \cap H]$, $v_0 = e'$. Nach dem Differententurmsatz gilt

$$\mathfrak{D}_{M/F} = \mathfrak{D}_{K/F}\mathfrak{D}_{K/M}^{-1}\,,$$

und nach Satz 4 geht $\mathfrak{P}$ in $\mathfrak{D}_{M/F}$ zum Exponenten

$$\sum_{n=0}^{\infty} (v_n - v_n') \geqq e - e' \tag{4}$$

auf. Hieraus folgt $\mathfrak{p}_M^{e_1-1} = \mathfrak{P}^{e-e'} \mid \mathfrak{D}_{M/F}$.

Das Gleichheitszeichen steht in (4) genau dann, wenn $V_n \cap H = V_n$ für $n \geqq 1$ ist. Das bedeutet nach Satz 3, (v), daß p kein Teiler von e_1 ist. $\square$

25.3. Kreisteilungskörper

Sei m eine natürliche Zahl und ζ_m eine *primitive m-te Einheitswurzel*, d. h. eine komplexe Zahl mit $\zeta_m^m = 1$ und $\zeta_i^m \neq 1$ für $1 \leqq i < m$. GAUSS betrachtete den Fall einer Primzahl m (Kap. 3). Wir wollen in diesem Abschnitt den allgemeinen Fall behandeln. Unter einem *Kreisteilungskörper* versteht man einen Zahlkörper der Form $Q(\zeta_m)$ für ein gewisses m.

Den Ring der ganzen Zahlen von $Q(\zeta_m)$ bezeichnen wir mit O_m.

Wir betrachten zunächst den Fall, daß $m = l^h$ eine Potenz der Primzahl l ist. Dann ist ζ_m eine Nullstelle des Polynoms

$$f_m(x) := (x^m - 1)(x^{m/l} - 1)^{-1} = x^{m-m/l} + x^{m-2m/l} + \ldots + x^{m/l} + 1 .$$

Man erhält alle Nullstellen dieses Polynoms in der Form ζ_m^r, wobei r ein primes Restsystem R mod m durchläuft. Hieraus folgt, daß $Q(\zeta_m)$ eine normale Erweiterung von Q ist.

Satz 5. (i) $Q(\zeta_m)$ *hat den Grad* $\varphi(m) = l^{h-1}(l - 1)$.

(ii) l *hat nur einen Primteiler* $\mathfrak{l} = (1 - \zeta_m) O_m$ *in* O_m *und ist voll verzweigt*: $lO_m = \mathfrak{l}^{\varphi(m)}$.

Beweis. Wegen Kap. 18, (12) genügt es, die zweite Behauptung zu beweisen. Wir haben

$$f_m(x) = \prod_{r \in R} (x - \zeta_m^r)$$

und daher

$$l = f_m(1) = \prod_{r \in R} (1 - \zeta_m^r) .$$

Sei $s \in Z$ mit $rs \equiv 1 \pmod{m}$. Dann gilt

$$(1 - \zeta_m^r)(1 - \zeta_m)^{-1} \in O_m \quad \text{und} \quad (1 - \zeta_m)(1 - \zeta_m^r)^{-1} = (1 - \zeta_m^{rs})(1 - \zeta_m^r)^{-1} \in O_m ,$$

d. h., $1 - \zeta_m$ und $1 - \zeta_m^r$ unterscheiden sich nur um eine Einheit von O_m. $\square$

Satz 6. *Die Zahlen* $1, \zeta_m, \ldots, \zeta_m^{\varphi(m)-1}$ *bilden eine Basis von* I_m *über* Z.

Beweis. Es genügt zu zeigen, daß $\Delta(\zeta_m) = \Delta(1, \zeta_m, \ldots, \zeta_m^{\varphi(m)-1})$ gleich der Diskriminante von O_m/Z ist (Abschn. 18.2.). Nach Abschn. 17.6. gilt

$$\Delta(\zeta_m) = \pm \mathrm{N}(D(\zeta_m)) = \pm \mathrm{N}\Big(\prod_{r \in R - \{1\}} (\zeta_m - \zeta_m^r) \Big) = \pm \mathrm{N}(D(\zeta_m - 1)) , \tag{5}$$

wobei $D(\alpha)$ die Elementdifferente von α bezeichnet. Hieraus ist ersichtlich, daß $\Delta(\zeta_m)$ bis auf das Vorzeichen eine Potenz von l ist (Anwendung von Satz 5 auf die Teiler von m). Andererseits steckt nach dem Beweis von Satz 4 in $D(\zeta_m - 1)$ genau die Potenz von $\mathfrak{l}$, die in der Differente von $Q(\zeta_m)/Q$ aufgeht. Aus (5) und Satz 4, Kap. 22, folgt nun, daß $\Delta(\zeta_m)$ gleich der Diskriminante von O_m/Z ist. $\square$

Da l der einzige Primteiler von $\Delta(\zeta_m)$ ist, gilt nach Satz 8, Kap. 22, der folgende

Satz 7. l *ist die einzige in* $Q(\zeta_m)/Q$ *verzweigte Primzahl.* $\square$

Sei jetzt m eine beliebige natürliche Zahl und $m = \prod_{i=1}^{s} l_i^{h_i}$ die Primzahlzerlegung von m. Wir setzen $m_i = l_i^{h_i}$. Dann ist

$$Q(\zeta_m) = \prod_{i=1}^{s} Q(\zeta_{m_i}) , \qquad Q(\zeta_{m_u}) \cap \prod_{i=1}^{u-1} Q(\zeta_{m_i}) = Q ., \qquad u = 2, 3, \ldots, s .$$

Die letztere Gleichung folgt wegen Kap. 22, (3), daraus, daß $Q(\zeta_{m_i})$ für l_i voll verzweigt und für alle anderen Primzahlen unverzweigt ist. Wegen Abschn. 17.5. ist

$$[Q(\zeta_m) : Q] = \prod_{i=1}^{s} [Q(\zeta_{m_i}) : Q] \, .$$

Damit ist der folgende Satz bewiesen:

Satz 8. $[Q(\zeta_m) : Q] = \varphi(m) = \prod_{i=1}^{s} l_i^{h_i-1}(l_i - 1)$.
Eine Primzahl p mit $p \nmid m$ ist in $Q(\zeta_m)$ unverzweigt. $\square$

Wir kommen jetzt zur Galoisschen Theorie der Körper $Q(\zeta_m)$.

Satz 9. *Die Galoissche Gruppe G_m von $Q(\zeta_m)/Q$ ist kanonisch isomorph zu $(Z/mZ)^{\times}$.*

Beweis. Nach Satz 8 ist der Grad von $Q(\zeta_m)/Q$ gleich der Ordnung von $(Z/mZ)^{\times}$. Sei $f_m(x)$ das zu ζ_m gehörige Minimalpolynom. $f_m(x)$ ist Teiler von $x^m - 1$. Die Nullstellen von $f_m(x)$ sind daher von der Form ζ_m^r, dabei muß r prim zu m sein, da anderenfalls ζ_m^r einer Gleichung kleineren Grades genügt. Auf diese Weise erhalten wir $\varphi(m)$ Einheitswurzeln. Da der Grad von $f_m(x)$ ebenfalls $\varphi(m)$ ist, erhalten wir so gerade alle Nullstellen von $f_m(x)$. Es folgt, daß durch

$$g_r \zeta_m = \zeta_m^r \, ,$$

wobei r prim zu m ist, ein Automorphismus von G_m bestimmt wird. Durch $\bar{r} \to g_r$ wird eine Bijektion von $(Z/mZ)^{\times}$ auf G_m definiert, die nicht von der Wahl von r in der zugehörigen Restklasse mod m und nicht von der Wahl der primitiven Einheitswurzel ζ_m abhängt. Wie man leicht sieht, ist diese Bijektion ein Isomorphismus. $\square$

Satz 10. *Sei p eine zu m teilerfremde Primzahl und $\mathfrak{P}$ ein Primteiler von p in O_m. Die Zerlegungsgruppe Z_m von $\mathfrak{P}$ wird von g_p erzeugt.*

Beweis. Nach Satz 3, (ii), wird durch

$$g\alpha \equiv \alpha^p (\text{mod } \mathfrak{P}) \quad \text{für alle} \quad \alpha \in O_m$$

eine Erzeugende g von $Z_{\mathfrak{P}}$ festgelegt. g ist von der Form g_r. Insbesondere wird

$$g_r \zeta_m = \zeta_m^r \equiv \zeta_m^p (\text{mod } \mathfrak{P}) \, . \tag{6}$$

Durch Ableitung von $x^m - 1$ und anschließende Einsetzung von ζ_m^r erhält man

$$m \zeta_m^{r(m-1)} = \prod (\zeta_m^r - \zeta_m^s) \, , \tag{7}$$

wobei das Produkt über ein Vertretersystem der Restklassen mod m, die von r verschieden sind, zu erstrecken ist. Aus (7) folgt, daß $\zeta_m^r - \zeta_m^p$ gleich 0 oder ein Teiler von m ist. Wegen (6) ist die zweite Möglichkeit ausgeschlossen. $\square$

Als Folgerung aus Satz 10 erhält man:

Satz 11. *Der Trägheitsgrad von $\mathfrak{P}$ ist gleich der Ordnung von $\bar{p}$ in $(Z/mZ)^{\times}$.* $\square$

Damit haben wir das Zerlegungsgesetz der Primzahlen im Körper $Q(\zeta_m)$ gefunden. Wir wollen es im folgenden benutzen, um einen neuen Beweis des quadratischen Reziprozitätsgesetzes (Satz 10, Kap. 1) zu geben.

In Abschn. 18.9. haben wir gezeigt, daß das Legendre-Symbol $\left(\dfrac{q}{p}\right)$ für die ungeraden Primzahlen p, q charakterisiert wird durch

$$\left(\frac{q^*}{q}\right) = \begin{cases} 1 \, , & \text{wenn } p \text{ in } Q(\sqrt{q^*}) \text{ zerlegt ist,} \\ -1 \, , & \text{wenn } p \text{ in } Q(\sqrt{q^*}) \text{ träge ist,} \end{cases}$$

wobei $q^* = (-1)^{(q-1)/2} q$ gesetzt ist.

$Q(\sqrt{q^*})$ ist der einzige quadratische Körper, in dem nur q verzweigt ist. Da $Q(\zeta_q)$ einen solchen Teilkörper enthält, ist $Q(\sqrt{q^*})$ in $Q(\zeta_q)$ enthalten. $Q(\sqrt{q^*})$ ist der Fixkörper der Untergruppe $\{g^2 \mid g \in G_q\}$ von G_q. Daher ist p in $Q(\sqrt{q^*})$ genau dann zerlegt, wenn g_p gleich einem Quadrat in G_q ist, d. h., wenn p quadratischer Rest mod q ist. Folglich ist nach Definition des Legendre-Symbols

$$\left(\frac{p}{q}\right) = \left(\frac{q^*}{p}\right) = \left(\frac{(-1)^{(q-1)/2}}{p}\right)\left(\frac{q}{p}\right) = (-1)^{(p-1)(q-1)/4}\left(\frac{q}{p}\right).$$

Hierbei haben wir das erste Ergänzungsgesetz (Satz 7, Kap. 1) benutzt.

Im Gegensatz zu dem in Abschn. 3.7. gegebenen beleuchtet der eben durchgeführte Beweis die Hintergründe des quadratischen Reziprozitätsgesetzes. Es ist eine Folgerung aus allgemeinen Gesetzmäßigkeiten in Kreisteilungskörpern. Bereits im letzten Viertel des 19. Jahrhunderts begannen KRONECKER, WEBER und HILBERT, die Gesetzmäßigkeiten auf abelsche Erweiterungen von beliebigen Zahlkörpern auszudehnen und bereiteten damit den Boden für das allgemeine Reziprozitätsgesetz, das von ARTIN 1924 ausgesprochen und 1927 bewiesen wurde. Hierauf wollen wir im zweiten Band dieses Buches eingehen.

25.4. Die ζ-Funktion der Kreisteilungskörper

In diesem Abschnitt knüpfen wir an Kap. 6 und Kap 20 an. Wir bringen die Dirichletschen L-Reihen für Charaktere von $(Z/mZ)^\times$ in Zusammenhang mit der ζ-Funktion des Körpers $Q(\zeta_m)$ und holen unter anderem den Beweis von Satz 4, Kap. 6, nach. σ bezeichnet in diesem Abschnitt eine reelle Veränderliche.

Satz 12. *Sei m eine beliebige natürliche Zahl und*

$$G_m(\sigma) := \prod_{\mathfrak{P}\mid m} \left(1 - \frac{1}{N(\mathfrak{P})^\sigma}\right)^{-1} \quad \textit{für} \quad \sigma > 0 ,$$

wobei das Produkt über alle Primteiler $\mathfrak{P}$ von m in $Q(\zeta_m)$ zu erstrecken ist. Dann gilt

$$\zeta_{Q(\zeta_m)}(\sigma) = G_m(\sigma) \prod_\chi L(\sigma, \chi) \quad \textit{für} \quad \sigma > 1 , \tag{8}$$

wobei das Produkt über alle Charaktere χ von $(Z/mZ)^\times$ zu erstrecken ist.

Beweis. Da die Reihen

$$L(\sigma, \chi) = \prod_p \left(1 - \frac{\chi(p)}{p^\sigma}\right)^{-1}$$

für $\sigma > 1$ absolut konvergent sind (Kap. 6), können wir die Faktoren in

$$\prod_\chi \prod_p \left(1 - \frac{\chi(p)}{p^\sigma}\right)^{-1}$$

beliebig umordnen. Daher gilt

$$\prod_\chi L(\sigma, \chi) = \prod_p \prod_\chi \left(1 - \frac{\chi(p)}{p^\sigma}\right)^{-1}.$$

Zum Beweis von Satz 12 genügt es daher zu zeigen, daß für $p \nmid m$

$$\left(1 - \frac{1}{N(\mathfrak{P})^\sigma}\right)^{\varphi(m)/f_p} = \prod_\chi \left(1 - \frac{\chi(p)}{p^\sigma}\right) \tag{9}$$

gilt, wobei f_p der Trägheitsgrad des Primteilers $\mathfrak{P}$ von p in $Q(\zeta_m)$ ist (Kap. 20, (25)). Wegen $N(\mathfrak{P}) = p^{f_p}$ ergibt sich (9) aus dem folgenden

Hilfssatz 1. *Sei x eine Unbestimmte. Dann gilt die Gleichung*

$$(x^{f_p} - 1)^{\varphi(m)/f_p} = \prod_{\chi} \left(x - \chi(p) \right) ,$$

wobei das Produkt über alle Charaktere χ von $(Z/mZ)^{\times}$ zu erstrecken ist.

Beweis. Nach Satz 11 erzeugt die Klasse $\bar{p}$ von p in $(Z/mZ)^{\times}$ eine zyklische Gruppe C der Ordnung f_p. Ein Charakter χ' von C läßt sich auf $[(Z/mZ)/C]^{\times} = \varphi(m)/f_p$ verschiedene Charaktere von $(Z/mZ)^{\times}$ fortsetzen. χ' wird festgelegt durch seinen Wert $\chi'(\bar{p})$, der eine beliebige f_p-te Einheitswurzel sein kann. $\square$

Satz 13 (KUMMER 1847). *Mit den Bezeichnungen von Abschn. 6.3. und 20.1., angewandt auf $L = Q(\zeta_m)$, gilt für $m > 2$*

$$G_m(1)\, 1 \prod_{p \mid m} \left(1 - \frac{1}{p} \right) \prod_{\chi \neq \chi_0} L(1, \chi) = \frac{(2\pi)^{\varphi(m)/2} Rh}{w \sqrt{|D|}} . \tag{10}$$

Beweis. Für die Riemannsche ζ-Funktion gilt

$$\zeta(\sigma) = \prod_{p \mid m} \left(1 - \frac{1}{p^{\sigma}} \right)^{-1} L(\sigma, \chi_0) \quad \text{für} \quad \sigma > 1 . \tag{11}$$

Satz 13 folgt daher durch Division von (8) durch (11) und Grenzübergang $\sigma \to 1$. $\square$

Satz 4, Kap. 6, ist jetzt eine unmittelbare Folgerung aus Satz 13, da auf der rechten Seite von (10) Zahlen stehen, die alle von 0 verschieden sind.

KUMMER bewies die Formel (10) für den Fall, daß m eine Primzahl ist, und machte sie zum Ausgangspunkt tiefliegender Ergebnisse über die Klassenzahl h von $Q(\zeta_m)$ mit Anwendung auf die Lösung des Fermatschen Problems in Spezialfällen. (Siehe hierzu BOREWICZ-SCHAFAREWITSCH [1], Kap. 5, oder EDWARDS [1].)

25.5.   Der Satz von Kronecker und Weber

Satz 9 zeigt, daß die Galoissche Gruppe von $Q_m(\zeta)/Q$ abelsch ist. Hiervon gilt die folgende Umkehrung:

Satz 14 (*Satz von* KRONECKER *und* WEBER). *Sei L/Q eine normale Erweiterung mit abelscher Galoisscher Gruppe. Dann gibt es ein m mit $L \subset Q(\zeta_m)$.*

Satz 14 wurde 1853 von KRONECKER in seiner Arbeit „*Über die algebraisch auflösbaren Gleichungen*" (*Monatsber. Preuß. Akad. Wiss.* (1853)) formuliert und von WEBER 1886, zuerst allerdings mit Lücken, bewiesen (*Theorie der Abelschen Zahlkörper, Acta Math.* 8 (1886)).[1] Der erste vollständige Beweis stammt von HILBERT und ist in seinem Zahlbericht dargestellt. Dabei werden wesentlich der Minkowskische Diskriminantensatz (Satz 6, Kap. 24) und die Theorie der Verzweigungsgruppen benutzt (Abschn. 25.1.). Wir folgen hier im wesentlichen dem Hilbertschen Beweis.

Wir beweisen Satz 14 mit Hilfe einer Reihe von Reduktionen und Hilfssätzen. Sei G die Galoissche Gruppe von L/Q. Dann ist G direktes Produkt von zyklischen Gruppen von Primzahlpotenzordnung (Satz 7', Anh. 1). Es genügt daher, den Satz

---

[1] Siehe hierzu: NEUMANN, O., *Two proofs of the Kronecker-Weber Theorem 'according to Kronecker and Weber'*, J. reine angew. Math. **323** (1981).

für solche Gruppen zu beweisen. Wir nehmen also an, daß G eine zyklische Gruppe der Ordnung l^h ist, wobei l eine Primzahl ist. M sei der einzige Teilkörper von L vom Grad l über Q.

Sei $p \neq l$ eine Primzahl, die in M verzweigt ist, und $\mathfrak{P}$ ein Primteiler von p in L. Dann ist $V_0(\mathfrak{P}) = G$, und $[V_0] = l^h$ ist ein Teiler von $[O_L : \mathfrak{P}] - 1$ (Satz 3). Da $\mathfrak{P}$ voll verzweigt ist, gilt also

$$p \equiv 1 (\mathrm{mod}\ l^h)\ .$$

Sei ζ_p eine primitive p-te Einheitswurzel und K_p der Teilkörper von $Q(\zeta_p)$ vom Grad l^h. Das Kompositum $L' = LK_p$ habe den Grad $l^{h+h'}$ über Q. Weiter sei $\mathfrak{P}'$ ein Primideal von L' mit $\mathfrak{P}' \mid \mathfrak{P}$. Die Trägheitsgruppe $V_0(\mathfrak{P}')$ ist zyklisch (Satz 3, (v)). Da $G' = G(L'/Q)$ homomorphes Bild von $G \times G(K_p/Q)$ ist (Satz 8, Kap. 17), gilt $[V_0(\mathfrak{P}')] = l^h$. Sei L_1 der Fixkörper von $V_0(\mathfrak{P}')$. Dann ist $\mathfrak{P}' \cap L_1$ in L_1/Q unverzweigt und daher $L_1 \cap K_p = Q$. Nach Satz 8, Kap. 17, gilt also

$$[L_1 K_p : Q] = [L_1 : Q]\,[K_p : Q] = l^{h+h'} = [LK_p : Q]$$

und daher $L_1 K_p = LK_p$. Es genügt daher zu zeigen, daß L_1 Kreiskörper ist.

L_1 enthält gegenüber L eine verzweigte Primzahl p weniger. Durch Wiederholung des Verfahrens gelangt man schließlich zu einer Erweiterung, deren einziger Teilkörper vom Grad l über Q nur für die Primzahl l verzweigt ist. Wir können also annehmen, daß L diese Eigenschaft hat.

Wir beschäftigen uns jetzt mit der Erweiterung M/Q, die zyklisch vom Grad l und höchstens für die Primzahl l verzweigt ist. Nach dem Dedekindschen und dem Minkowskischen Diskriminantensatz (Satz 8, Kap. 22, Satz 6, Kap. 24) ist l verzweigt, da es über Q keine unverzweigte Erweiterung gibt. Wir wollen zeigen, daß M für $l \neq 2$ in $Q(\zeta_{l^2})$ und für $l = 2$ in $Q(\zeta_8)$ enthalten ist. Dazu benötigen wir einige Hilfssätze, die auch für sich interessant sind.

Hilfssatz 1. *Sei N/F eine normale Erweiterung vom Primzahlgrad l. Der Körper F enthalte die l-ten Einheitswurzeln. Weiter sei α ein erzeugendes Element von N/F mit $\alpha^l = a \in F$. Dann hat jedes Element $\beta \in N$ mit $\beta^l \in F$ die Form*

$$\beta = \alpha^t b$$

mit $t \in Z$ und $b \in F$.

Beweis. β hat die Form $\beta = b_0 + b_1 \alpha + \ldots + b_{l-1} \alpha^{l-1}$. Sei τ der Automorphismus von N/F, der α in $\zeta_l \alpha$ überführt (Abschn. 8.7.). Dann wird $\tau\beta = \zeta_l^t \beta$ für ein gewisses $t \in Z$ und

$$b_0 + b_1 \zeta_l \alpha + \ldots + b_{l-1}(\zeta_l \alpha)^{l-1} = \zeta_l^t b_0 - \zeta_l^t b_1 \alpha + \ldots + \zeta_l^t b \alpha^{l-1}\ .$$

Hieraus folgt

$$b_i = b_i \zeta_l^{i-t} \quad \text{für} \quad i = 0, 1, \ldots, l-1$$

und daher $b_i = 0$ für $i \neq t$. $\square$

Hilfssatz 2. *Sei α ein erzeugendes Element von $M(\zeta_l)/Q(\zeta_l)$, das einer Gleichung $\alpha^l = a$ mit $a \in Q(\zeta_l)$ genügt. Sei g eine Primitivwurzel $\mathrm{mod}\ l$ und $\sigma : \zeta_l \to \zeta_l^g$ der zugehörige Automorphismus von $Q(\zeta_l)$. Dann gilt*

$$\sigma a = a^g b^l$$

mit einem $b \in Q(\zeta_l)$.

Beweis. Nach Satz 3, Kap. 17, gibt es eine Fortsetzung σ' von σ auf $M(\zeta_l)$. Für diese wird

$$(\sigma'\alpha)^l = \sigma a \, .$$

Nach Hilfssatz 1 ist $\sigma'\alpha$ von der Form

$$\sigma'\alpha = \alpha^t b' \quad \text{mit} \quad t \in Z \, , \qquad b' \in Q(\zeta_l) \, .$$

Sei τ der Automorphismus von $M(\zeta_l)/Q(\zeta_l)$ mit $\tau\alpha = \zeta_l\alpha$. Dann wird

$$\sigma'\tau\alpha = \sigma'\zeta_l\alpha = \zeta_l^g \alpha^t b' = \tau\sigma'\alpha = \tau\alpha^t b' = \zeta_l^t \alpha^t b'$$

und daher $t \equiv g(\text{mod } l)$. Hieraus folgt

$$\sigma a = a^t b'^l = a^g (a^{(t-g)/l} b')^l \, . \quad \square$$

Wir wollen jetzt das erzeugende Element α von $M(\zeta_l)/Q(\zeta_l)$ normieren. Dabei nehmen wir an, daß $l \neq 2$ ist.

Sei $\mathfrak{l}$ das Primideal von $Q(\zeta_l)$, das l teilt. Dann ist $\mathfrak{l} = \lambda O_l$ mit $\lambda = 1 - \zeta_l$ und $\mathfrak{l}^{l-1} = lO_l$ (Satz 5). Wie man leicht sieht, gilt

$$\sigma\lambda = 1 - \zeta_l^g \equiv g\lambda(\text{mod } \mathfrak{l}^2) \, . \tag{12}$$

Hilfssatz 3. *Es gibt ein erzeugendes Element α von $M(\zeta_l)/Q(\zeta_l)$ mit $\alpha^l \in O_l$ und* $\alpha^l \equiv 1(\text{mod } \mathfrak{l})$.

Beweis. Sei α_1 erzeugendes Element von $M(\zeta_l)/Q(\zeta_l)$ mit $\alpha_1^l \in Q(\zeta_l)$. Wir setzen $a_1 := \alpha_1^l$. Wegen $\sigma\mathfrak{l} = \mathfrak{l}$ ist $a_1^{-1}\sigma a_1$ ein Element von $Q(\zeta_l)$, in dessen Primidealzerlegung keine $\mathfrak{l}$-Potenz vorkommt. Daher gibt es eine zu l prime natürliche Zahl c, so daß $ca_1^{-1}\sigma a_1$ ganz ist. Nach dem Fermatschen Satz (Kap. 18, (14)) ist

$$(c^l a_1^{-1}\sigma a_1)^{l-1} \equiv 1 \ (\text{mod } \mathfrak{l}) \, .$$

Wir setzen $a := (c^l a_1^{-1}\sigma a_1)^{l-1}$. Nach Hilfssatz 2 gibt es ein $b \in Q(\zeta_l)$ mit

$$a = c^{l(l-1)} a_1^{(g-1)(l-1)} b^{l(l-1)} \, .$$

Wegen der Voraussetzung $l \neq 2$ ist $g - 1 \not\equiv 0(\text{mod } l)$. Daher leistet $\alpha := (c\alpha_1^{g-1}b)^{l-1}$ das Verlangte. $\square$

Hilfssatz 4. *Sei α wie in Hilfssatz 3, sei $a := \alpha^l$ und i eine natürliche Zahl mit*

$$a \equiv 1 + i\lambda(\text{mod } \mathfrak{l}^2) \, .$$

Dann gilt

$$a\zeta_l^i \equiv 1(\text{mod } \mathfrak{l}^l) \, .$$

Beweis. Wir setzen $d := a\zeta_l^i$. Sei j die größte natürliche Zahl mit

$$d \equiv 1 + k\lambda^j(\text{mod } \mathfrak{l}^{j+1}) \quad \text{mit einem} \quad k \in Z \, , \qquad k \not\equiv 0(\text{mod } l) \, .$$

Nach Hilfssatz 2 ist $d^{-g}\sigma d = b^l$ mit $b \in Q(\zeta_l)$. Da in der Primidealzerlegung von b keine $\mathfrak{l}$-Potenz aufgeht, gibt es zu $\mathfrak{l}$ prime Elemente b_1, b_2 aus O_l mit $b = b_1/b_2$. Aus

$$b_2^l \sigma d = b_1^l d^g$$

folgt wegen (12)

$$b_2^l(1 + kg^j\lambda^j) \equiv b_1^l(1 + gk\lambda^j) \ (\text{mod } \mathfrak{l}^{j+1}) \, . \tag{13}$$

Wegen (13) und dem Fermatschen Satz gilt $b_1 \equiv b_2(\text{mod } \mathfrak{l})$, woraus nach dem binomischen Lehrsatz

$$b_1^l \equiv b_2^l(\text{mod } \mathfrak{l}^l) \tag{14}$$

folgt. Wenn $j \geq l$ ist, ist Hilfssatz 4 bewiesen. Wenn $j < l$ ist, folgt aus (13) und (14)

$$1 + kg^j\lambda^j \equiv 1 + gk\lambda^j (\mathrm{mod}\ \mathfrak{l}^{j+1})$$

und damit $g^{j-1} \equiv 1 (\mathrm{mod}\ \mathfrak{l})$. Wegen $j \geq 2$ ist das unmöglich. $\square$

Wir wählen jetzt eine l^2-te Einheitswurzel ζ_{l^2} mit $\zeta_{l^2}^l = \zeta_l$. Dann wird $d = (\alpha\zeta_{l^2}^i)^l$. Weiter setzen wir $\beta := \alpha\zeta_{l^2}^i$. Nach Konstruktion ist β ein erzeugendes Element von $M(\zeta_{l^2})/Q(\zeta_{l^2})$ mit $\beta^l \in O_l$ und $\beta^l \equiv 1 (\mathrm{mod}\ \mathfrak{l}^l)$. Wir wollen zeigen, daß β in $Q(\zeta^l)$ liegt.

Die Zahl $\xi = (\beta - 1)/\lambda$ genügt der Gleichung

$$\sum_{\nu=1}^{l} \binom{l}{\nu} \xi^\nu \lambda^\nu = d \ .$$

Daraus folgt

$$f(\xi) := \xi^l + \sum_{\nu=1}^{l-1} \binom{l}{\nu} \lambda^{\nu-l}\xi^\nu + (1 - d)\lambda^{-l} = 0 \ , \tag{15}$$

woraus ersichtlich ist, daß ξ eine ganze Zahl ist. Wir nehmen jetzt an, daß ξ nicht in $Q(\zeta_l)$ liegt. Dann ist f ein irreduzibles Polynom über $Q(\zeta_l)$, und für die Differente $\mathrm{D}(\xi)$ gilt

$$\mathrm{D}(\xi) = f'(\xi) \equiv l\lambda^{1-l} (\mathrm{mod}\ \mathfrak{l}) \ . \tag{16}$$

Weiter folgt aus (16) und der Dedekindschen Differententheorie (Kap. 22), daß $Q(\xi, \zeta_l)/Q(\zeta_l)$ unverzweigt ist.

Mit $Q(\xi, \zeta_l)/Q(\zeta_l)$ ist auch die in $Q(\xi, \zeta_l)$ enthaltene Erweiterung vom Grad l über Q unverzweigt im Widerspruch zum Minkowskischen Diskriminantensatz. Damit haben wir bewiesen, daß M in $Q(\zeta_{l^2})$ enthalten ist.

Es gibt genau drei quadratische Körper, in denen nur 2 verzweigt ist (Abschn. 18.9.): $Q(\sqrt{-1})$, $Q(\sqrt{2})$, $Q(\sqrt{-2})$. $Q(\zeta_8)$ ist das Kompositum dieser drei Körper.

$Q(\zeta_{l^2})$ enthält genau einen Körper vom Grad l über Q, den wir mit M_l bezeichnen. Sei jetzt L/Q zyklisch von der Ordnung l^h, und der Teilkörper von L vom Grad l sei gleich M_l für $l \neq 2$ und gleich einem der drei quadratischen Körper $Q(\sqrt{-1})$, $Q(\sqrt{2})$, $Q(\sqrt{-2})$ für $l = 2$. Wenn $h = 1$ ist, sind wir fertig. Sei $h > 1$ und zunächst $l \neq 2$. Weiter sei K_l der in $Q(\zeta_{l^{h+1}})$ enthaltene Teilkörper vom Grad l^h. Dann gilt $K_l \cap L \supset M_l$, woraus folgt, daß $K_l L$ einen Grad hat, der kleiner als l^{2h} ist. $G(K_l L/Q)$ ist daher von der Form

$$G(K_l L/Q) = G(K_l/Q) \times H$$

mit einer zyklischen Gruppe H, deren Ordnung kleiner als l^h ist (Abschn. 17.5.). Zum Beweis von Satz 14 genügt es zu zeigen, daß der Fixkörper L' von H abelsch ist. Da L' einen kleineren Grad als L hat, können wir Induktion anwenden und erhalten das gewünschte Ergebnis.

Sei jetzt $l = 2$ und L nicht reell. Dann enthält $L(\sqrt{-1})$ einen reellen Teilkörper L' vom Grad l^h. Es gilt $L'(\sqrt{-1}) = L(\sqrt{-1})$. Daher genügt es, Satz 14 für reelle Körper L zu zeigen. Sei K_2 der in $Q(\zeta_{2^{h+1}})$ enthaltene reelle Teilkörper vom Grad 2^h. Die gleiche Überlegung wie im Fall $l \neq 2$ führt nun zum Beweis von Satz 14. $\square$

Aufgaben

25.1. Sei K/F eine normale Erweiterung algebraischer Zahlkörper vom Grad n. In F gebe es ein Primideal $\mathfrak{p}$ mit $(N(\mathfrak{p}), n) = 1$ und der Zerlegung $\mathfrak{p}O_K = \mathfrak{P}^n$ in L. Man zeige, daß die Galoissche Gruppe $G(K/F)$ zyklisch ist.

25.2. Sei $F = Q(\sqrt{-23})$ und $K = F(\alpha)$ mit $\alpha^3 - \alpha - 1 = 0$. Man zeige, daß alle Primideale in K/F unverzweigt sind.

25.3. Sei K/F eine normale Erweiterung von algebraischen Zahlkörpern und $\mathfrak{P}$ ein Primideal von K. Man zeige, daß die Zerlegungsgruppe von $\mathfrak{P}$ auflösbar ist.

25.4. Seien N/F und K/F normale Erweiterungen von algebraischen Zahlkörpern mit $N \supset K$.

a) Man zeige, daß die Zerlegungsgruppe und die Trägheitsgruppe eines Primideals $\mathfrak{P}$ von N bei der Projektion $G(N/F) \to G(K/F)$ auf die entsprechende Gruppe des Primideals $\mathfrak{P} \cap O_K$ von K abgebildet werden.

b) Man gebe ein Beispiel dafür, daß für $n > 1$ die Verzweigungsgruppe $V_n(N/F)$ im allgemeinen bei der Projektion $G(N/F) \to G(K/F)$ nicht auf $V_n(K/F)$ abgebildet wird.

25.5. Sei K eine abelsche Erweiterung von Q. Der Führer von K ist die kleinste natürliche Zahl f mit $K \subset Q(\zeta_f)$.

a) Man zeige, daß eine Primzahl p in K/Q genau dann verzweigt ist, wenn p ein Teiler von f ist.

b) Man zeige, daß das Zerlegungsverhalten einer Primzahl p in K/Q nur von der Restklasse von p modulo f abhängt.

c) Sei K ein quadratischer Zahlkörper mit der Diskriminante D. Man zeige, daß der Führer von K gleich $|D|$ ist.

d) Für eine beliebige abelsche Erweiterung K/Q zeige man, daß der Führer von K ein Teiler der Diskriminante von K ist.

25.6. Man berechne die Verzweigungsgruppen des Kreisteilungskörpers $Q(\zeta_m)$ und bestimme die Differente und die Diskriminante dieses Körpers.

25.7. Sei $K = Q(\zeta_7 + \zeta_7^{-1})$. Man berechne die Koeffizienten der kubischen Form

$$f(x_1, x_2, x_3) := N_{K/Q}(x_1 + x_2(\zeta_7 + \zeta_7^{-1}) + x_3(\zeta_7 + \zeta_7^{-1})^2)$$

und zeige, daß $f(x_1, x_2, x_3)$ für gewisse ganze Werte der Unbestimmten x_1, x_2, x_3 eine Primzahl p genau dann darstellt, wenn $p \equiv \pm 1 (\mathrm{mod}\ 7)$ ist (vgl. Abschn. 24.2.).

26. Ganze Funktionen endlicher Wachstumsordnung

26.1. Problemstellung

In der Weierstraßschen Produktdarstellung wird eine ganze Funktion durch ihre Nullstellen bis auf einen Faktor charakterisiert, der die Form $e^{g(z)}$ hat, wobei $g(z)$ wieder eine ganze Funktion ist (Abschn. 9.2.). Über $g(z)$ läßt sich im allgemeinen nichts Genaueres sagen, jedoch hat in den bisher betrachteten Beispielen $\sin \pi z$, $1/\Gamma(z)$ (Kap. 9), $\xi_1(z)$ (Abschn. 15.3.) die Funktion $g(z)$ eine überaus einfache Form.

PICARD, POINCARÉ und HADAMARD gelang es, eine Klasse von ganzen Funktionen $f(z)$ durch eine Wachstumsbedingung für $|z| \to \infty$ abzugrenzen, für die $g(z)$ ein Polynom ist. Insbesondere konnte HADAMARD in seiner Arbeit „*Étude sur les propriétés des fonctions entières et en particulier d'une fonction considéré par Riemann*" (*J. math. pures appl.*, *sér.* 4, 9 (1893)) die von RIEMANN behauptete Produktdarstellung von $\xi(t)$ beweisen. Im vorliegenden Kapitel geben wir hauptsächlich eine Darstellung der Hadamardschen Ergebnisse.

26.2. Ganze Funktionen endlicher Ordnung

Sei $f(z)$ eine ganze Funktion, d. h. eine Funktion, die in der ganzen komplexen Ebene erklärt und regulär ist (Kap. 9). $f(z)$ heißt *Funktion endlicher Ordnung*, wenn ein $a > 0$ existiert, so daß

$$M_f(r) := \max_{|z|=r} |f(z)| \leq \exp r^a \tag{1}$$

für genügend große r gilt. Da eine reguläre Funktion ihr Maximum am Rand annimmt (Abschn. 8.7.), ist $M_f(r)$ eine monoton wachsende Funktion von r. Die untere Grenze $\alpha(f)$ aller $a > 0$, die der Ungleichung (1) genügen, heißt *Ordnung von f*. Wenn kein $a > 0$ mit (1) existiert, hat f per definitionem unendliche Ordnung. Wie man leicht sieht, hat ein Polynom die Ordnung 0, für ein Polynom $g(z)$ vom Grad m hat $e^{g(z)}$ die Ordnung m, und die Funktion $\exp (\exp z)$ hat unendliche Ordnung.

Für ganze Funktionen f_1, f_2 gilt

$$\alpha(f_1 f_2) \leq \max\{\alpha(f_1), \alpha(f_2)\} , \qquad \alpha(f_1 + f_2) \leq \max\{\alpha(f_1), \alpha(f_2)\} . \tag{2}$$

Der Einfachheit halber nehmen wir im folgenden an, daß $f(0) \neq 0$ ist.

Wir wollen die Ordnung von f mit den Nullstellen von f in Verbindung bringen und definieren dazu den Konvergenzexponenten einer Folge $z_1, z_2, \ldots$ komplexer Zahlen. Wir nehmen an, daß diese Zahlen alle von 0 verschieden und der Größe nach geordnet sind:

$$0 < |z_1| \leq |z_2| \leq \ldots \leq |z_n| \leq \ldots \tag{3}$$

Die Folge $z_1, z_2, \ldots$ heißt *Folge mit endlichem Konvergenzexponenten,* wenn es ein $b > 0$ mit

$$\sum_{n=1}^{\infty} |z_n|^{-b} < \infty \tag{4}$$

gibt. Die untere Grenze β der $b > 0$ mit (4) heißt *Konvergenzexponent* der Folge $z_1, z_2, \ldots$. Wenn es kein $b > 0$ mit (4) gibt, hat die Folge per definitionem den Konvergenzexponenten ∞.

Wenn $z_1, z_2, \ldots$ die Folge der Nullstellen von f mit (3) ist, wobei jede Nullstelle mit ihrer Vielfachheit auftritt, so nennen wir $\beta = \beta(f)$ den *Nullstellenkonvergenzexponenten* von f.

Satz 1. *Sei f eine ganze Funktion mit $f(0) \neq 0$. Dann gilt*

$$\beta(f) \leqq \alpha(f) \,.$$

Wir beweisen zunächst

Hilfssatz 1. *Sei $0 < r < R$ und $m(r)$ die Anzahl der Nullstellen z von f mit $|z| \leqq r$. Dann gilt*

$$|f(0)| \left(\frac{R}{r}\right)^{m(r)} \leqq M_f(R) \,. \tag{5}$$

Beweis. Wir betrachten die Funktion

$$F(z) := f(z) \prod_{n=1}^{m(r)} \frac{R^2 - z\bar{z}_n}{R(z - z_n)} \,.$$

$F(z)$ ist eine ganze Funktion mit $|F(z)| = |f(z)|$ für $|z| = R$.
Nach dem Maximumprinzip (Abschn. 8.7.) ist also

$$|F(0)| = |f(0)| \prod_{n=1}^{m(r)} \frac{R}{|z_n|} \leqq M_f(R) \cdot \square$$

Wir kommen nun zum **Beweis von Satz 1.** Wir haben zu zeigen, daß die Reihe (4) für jedes $b < \alpha$ konvergiert.

Wir logarithmieren (5) und setzen $R = 2r$. Dann wird für jedes $\varepsilon > 0$ und genügend große r

$$\log |f(0)| + m(r) \log 2 \leqq \log M_f(2r) \leqq (2r)^{\alpha + \varepsilon} \,.$$

Hieraus folgt, daß es ein $c > 0$ gibt, so daß für alle $r > 0$

$$m(r) \leqq c r^{\alpha + \varepsilon}$$

gilt. Setzt man $r = |z_n|$, so wird $n \leqq c |z_n|^{\alpha + \varepsilon}$, also für $\varepsilon < b - \alpha$

$$\sum_{n=1}^{\infty} |z_n|^{-b} \leqq \sum_{n=1}^{\infty} c^{b/(\alpha+\varepsilon)} \, n^{-b/(\alpha+\varepsilon)} < \infty \qquad \text{(Kap. 6, (6))} \cdot \square$$

Aus den weiteren Untersuchungen wird sich ergeben, wann $\beta(f) = \alpha(f)$ ist.

Wenn $\alpha(f)$ endlich ist, gibt es nach Satz 1 eine ganze Zahl $p \geqq 0$ mit

$$\sum_{n=1}^{\infty} |z_n|^{-p-1} < \infty \,. \tag{6}$$

Im folgenden sei $p = p(f)$ die kleinste derartige Zahl. Insbesondere ist dann $p + 1 \geqq \beta \geqq p$. Die Weierstraßsche Produktdarstellung von f hat die Form

$$f(z) = e^{g(z)} \prod_{n=1}^{\infty} \left(1 - \frac{z}{z_n}\right) \exp\left(\frac{z}{z_n} + \frac{1}{2}\left(\frac{z}{z_n}\right)^2 + \ldots + \frac{1}{p}\left(\frac{z}{z_n}\right)^p\right) \,. \tag{7}$$

Satz 2. *Sei $z_1, z_2, \ldots$ eine Folge komplexer Zahlen mit (3) und dem Konvergenzexponenten $\beta < \infty$. Weiter sei $p \geqq 0$ die kleinste ganze Zahl mit (6). Dann hat*

$$h(z) := \prod_{n=1}^{\infty} \left(1 - \frac{z}{z_n}\right) \exp\left(\frac{z}{z_n} + \frac{1}{2}\left(\frac{z}{z_n}\right)^2 + \ldots + \frac{1}{p}\left(\frac{z}{z_n}\right)^p\right) \tag{8}$$

die Ordnung $\alpha(h) = \beta$.

Wenn auch

$$\sum_{n=1}^{\infty} |z_n|^{-\beta} < \infty \tag{9}$$

ist, gibt es eine Konstante $c > 0$ mit

$$M_h(r) \leqq \exp(cr^\beta). \tag{10}$$

Beweis. Nach Satz 1 ist $\beta \leqq \alpha(h)$. Daher genügt es zum Beweis von $\alpha(h) = \beta$ zu zeigen, daß für alle $\varepsilon > 0$ die Abschätzung

$$\log M_h(r) \leqq c(\varepsilon)\, r^{\beta+\varepsilon} \tag{11}$$

gilt. O.B.d.A. sei $z \neq z_n$ für $n = 1, 2, \ldots$. Wir führen folgende Bezeichnungen ein:

$$V_1 := \left\{\frac{z}{z_n} \,\middle|\, n = 1, 2, \ldots, \left|\frac{z}{z_n}\right| \leqq \frac{1}{2}\right\}, \quad V_2 := \left\{\frac{z}{z_n} \,\middle|\, n = 1, 2, \ldots, \left|\frac{z}{z_n}\right| > \frac{1}{2}\right\},$$

$$u(v) := (1 - v) \exp\left(v + \frac{1}{2}v^2 + \ldots + \frac{1}{p}v^p\right),$$

$$\Sigma_1 := \sum_{v \in V_1} \log |u(v)|, \qquad \Sigma_2 := \sum_{v \in V_2} |\log u(v)|.$$

Wir haben

$$\Sigma_1 + \Sigma_2 \leqq c(\varepsilon)\, |z|^{\beta+\varepsilon}$$

zu zeigen.

Für $v \leqq \frac{1}{2}$ gilt

$$\log |u(v)| \leqq \frac{1}{p+1}|v|^{p+1} + \frac{1}{p+2}|v|^{p+2} + \ldots \leqq 2\,|v|^{p+1}. \tag{12}$$

Für $|v| > \frac{1}{2}$ gilt

$$\log |u(v)| \leqq \log(1 + |v|) + |v| + \ldots + \frac{1}{p}|v|^p \leqq c_1(\varepsilon)\,|v|^{p+\varepsilon}. \tag{13}$$

Wir schätzen zunächst Σ_1 mit Hilfe von (12) ab. Für $\beta = p + 1$ gilt

$$\Sigma_1 \leqq 2\,|z|^\beta \sum_{\left|\frac{z}{z_n}\right| \leqq \frac{1}{2}} \frac{1}{|z_n|^{p+1}} = c_2\,|z|^\beta.$$

Für $\beta < p + 1$ können wir $\beta + \varepsilon < p + 1$ annehmen. Dann gilt $|v|^{p+1} \leqq |v|^{\beta+\varepsilon}$ und daher

$$\Sigma_1 \leqq 2\,|z|^{\beta+\varepsilon} \sum_{\left|\frac{z}{z_n}\right| \leqq \frac{1}{2}} \frac{1}{|z_n|^{\beta+\varepsilon}} = c_3(\varepsilon)\,|z|^{\beta+\varepsilon}.$$

Für Σ_2 findet man mit Hilfe von (13)

$$\Sigma_2 \leqq c_1(\varepsilon) \sum_{v \in V_2} |v|^{p+\varepsilon} = c_1(\varepsilon)\,|z|^{\beta+\varepsilon} \sum_{\left|\frac{z}{z_n}\right| > \frac{1}{2}} \frac{1}{|z_n|^{\beta+\varepsilon}} \left|\frac{z}{z_n}\right|^{p-\beta} \leqq c_4(\varepsilon)\,|z|^{\beta+\varepsilon}.$$

Wenn (9) gilt, kann man die obige Abschätzung statt für $\beta + \varepsilon$ für β durchführen und erhält das gewünschte Ergebnis.

Satz 3. *Sei f eine ganze Funktion endlicher Ordnung α mit $f(0) \neq 0$. Dann hat f eine Darstellung der Form (7) mit einem Polynom g vom Grad $\leq \alpha$.*

Wenn $r^{-\alpha} \log M_f(r)$ für wachsende r unbeschränkt ist, gilt außerdem $\alpha = \beta(f)$, und die Reihe

$$\sum_{n=1}^{\infty} |z_n|^{-\alpha} \tag{14}$$

divergiert.

Wir beweisen zunächst den folgenden Hilfssatz, der eine Variante der Cauchyschen Koeffizientenabschätzung (Abschn. 8.6.) darstellt.

Hilfssatz 2. *Sei $R > r > 0$ und die Funktion*

$$f(z) = \sum_{n=0}^{\infty} a_n z^n$$

für $|z| \leq R$ regulär. Auf $|z| = R$ sei $\mathrm{Re}\, f(z) \leq M$. Wir setzen $B := 2(2M - \mathrm{Re}\, a_0)$. Dann gilt

$$a_n \leq \frac{B}{R^n} \quad \text{für} \quad n = 1, 2, \ldots, \tag{15}$$

$$|f(z) - a_0| \leq \frac{Br}{R - r} \quad \text{für} \quad |z| \leq r \tag{16}$$

und

$$|f^{(m)}(z)| \leq \frac{m!\, BR}{(R - r)^{m+1}} \quad \text{für} \quad |z| \leq r, \qquad m = 1, 2, \ldots. \tag{17}$$

Beweis. Sei $a_n = |a_n|\, e^{i\varphi_n}$, $z = r\, e^{i\varphi}$. Dann wird

$$\mathrm{Re}\, f(R\, e^{i\varphi}) = \sum_{n=0}^{\infty} |a_n| \cos(n\varphi + \varphi_n)\, R^n. \tag{18}$$

(18) konvergiert gleichmäßig bezüglich φ und kann daher gliedweise integriert werden. Das ergibt

$$\int_0^{2\pi} \mathrm{Re}\, f(R\, e^{i\varphi})\, d\varphi = 2\pi\, \mathrm{Re}\, a_0$$

und

$$\int_0^{2\pi} \mathrm{Re}\, f(R\, e^{i\varphi}) \cos(n\varphi + \varphi_n)\, d\varphi = \pi\, |a_n|\, R^n \quad \text{für} \quad n = 1, 2, \ldots.$$

Wegen $0 \leq 1 + \cos(n\varphi + \varphi_n) \leq 2$ gilt weiter

$$\pi\, |a_n|\, R^n = \int_0^{2\pi} \mathrm{Re}\, f(R\, e^{i\varphi})\,(1 + \cos(n\varphi + \varphi_n))\, d\varphi - 2\pi\, \mathrm{Re}\, a_0 \leq 4\pi M - 2\pi\, \mathrm{Re}\, a_0.$$

Damit ist (15) bewiesen. (16) und (17) folgen leicht aus (15):

$$|f(z) - a_0| \leq \sum_{n=1}^{\infty} |a_n|\, r^n \leq B \sum_{n=1}^{\infty} \left(\frac{r}{R}\right)^n = \frac{Br}{R - r} \quad \text{für} \quad |z| \leq r,$$

$$|f^{(m)}(z)| \leq \sum_{n=m}^{\infty} |a_n|\, n(n-1) \ldots (n - m + 1)\, r^{n-m} \leq$$

$$\leq B \sum_{n=m}^{\infty} n(n-1) \ldots (n - m + 1) \frac{r^{m-n}}{R^m} = B \frac{d^m}{dr^m}\left(\sum_{n=0}^{\infty} \left(\frac{r}{R}\right)^n\right) = \frac{Bm!\, R}{(R - r)^{m+1}}$$

für $|z| \leq r$, $m = 1, 2, \ldots$. $\square$

Wir kommen jetzt zum Beweis von Satz 3. Sei f eine ganze Funktion endlicher Ordnung α mit $f(0) \neq 0$. Nach Satz 1 hat f die Darstellung (7) und einen Nullstellenkonvergenzexponenten $\beta(f) \leqq \alpha$. Nach Satz 2 ist die Ordnung von

$$h(z) = \sum_{n=1}^{\infty} \left(1 - \frac{z}{z_n}\right) \exp\left(\frac{z}{z_n} + \frac{1}{2}\left(\frac{z}{z_n}\right)^2 + \cdots + \frac{1}{p}\left(\frac{z}{z_n}\right)^p\right)$$

gleich $\beta(f)$. Sei $k := [\alpha]$. Wir zeigen, daß $g^{(k+1)}(z)$ verschwindet:

Durch Logarithmierung und $k + 1$-fache Ableitung von (7) findet man

$$g^{(k+1)}(z) = \frac{d^k}{dz^k}\left(\frac{f'(z)}{f(z)}\right) + k! \sum_{n=1}^{\infty} (z_n - z)^{-k-1} . \tag{19}$$

Für ein beliebiges $R > 0$ spalten wir die rechts stehende Summe in zwei Teilsummen $\sum\limits_{|z_n| \leqq R} (z_n - z)^{-k-1}$ und $\sum\limits_{|z_n| > R} (z_n - z)^{-k-1}$ auf. Für alle z mit $|z| \leqq R/2$ gilt

$$\left| \sum_{|z_n| > R} (z_n - z)^{-k-1} \right| \leqq \sum_{|z_n| > R} |z_n - z|^{-k-1} \leqq 2^{k+1} \sum_{|z_n| > R} |z_n|^{-k-1} .$$

Nach Satz 1 konvergiert $\sum\limits_{n=1}^{\infty} |z_n|^{-k-1}$. Daher gilt für alle $z \in \mathbb{C}$

$$\lim_{R \to \infty} \sum_{|z_n| > R} (z_n - z)^{-k-1} = 0 . \tag{20}$$

Jetzt betrachten wir die Funktion

$$g^{(k+1)}(z) - k! \sum_{|z_n| > R} (z_n - z)^{-k-1} = \frac{d^k}{dz^k}\left(\frac{f'(z)}{f(z)}\right) + \sum_{|z_n| > R} (z_n - z)^{-1} . \tag{21}$$

Wir setzen

$$f_R(z) := \frac{f(z)}{f(0)} \prod_{|z_n| \leqq R} \left(1 - \frac{z}{z_n}\right)^{-1} .$$

$f_R(z)$ ist eine ganze Funktion ohne Nullstellen für $|z| \leqq R$. Daher gibt es eine für $|z| \leqq R$ reguläre Funktion $g_R(z)$ mit

$$f_R(z) = \exp g_R(z) ,$$

und die Funktion (21) ist die $(k + 1)$-te Ableitung von $g_R(z)$.

Auf der Kreislinie $|z| = 2R$ ist $|f_R(z)| < c(\varepsilon) \exp(2R)^{\alpha+\varepsilon}$ für ein beliebiges $\varepsilon > 0$. Diese Abschätzung gilt nach dem Prinzip vom Maximum dann auch für alle $|z| \leqq 2R$. Für $|z| \leqq R$ haben wir also $\operatorname{Re} g_R(z) = \log |f_R(z)| \leqq c_1(\varepsilon) R^{\alpha+\varepsilon}$. Außerdem gilt $\operatorname{Re} g_R(0) = 0$. Wir wenden nun (17) auf $g_R(z)$ mit $r := R/2$ an und erhalten

$$|g_R^{(k+1)}(z)| \leqq c_2(\varepsilon) R^{\alpha+\varepsilon-k-1} .$$

Da $\varepsilon > 0$ beliebig klein und $\alpha < k + 1$ ist, folgt

$$\lim_{R \to \infty} g_R^{(k+1)}(z) = 0 \tag{22}$$

für alle $z \in \mathbb{C}$.

Aus (20) und (22) folgt $g^{(k+1)}(z) = 0$.

Sei jetzt $r^{-\alpha} \log M_f(r)$ für wachsende r unbeschränkt. Wegen $\log M_{ev}(r) = O(r^\alpha)$ ist dann auch $r^{-\alpha} \log M_h(r)$ unbeschränkt. Der zweite Teil von Satz 3 folgt nun aus Satz 1 und 2. $\square$

26.3. Anwendung auf die Riemannsche ζ-Funktion

Wir sind jetzt in der Lage, einige Behauptungen von RIEMANN über die ζ-Funktion (Abschn. 15.3.) zu beweisen.

Satz 4 (HADAMARD). *Seien* ϱ_1, ϱ_2, *... die nichttrivialen, nach wachsenden absoluten Beträgen geordneten Nullstellen von* $\zeta(s)$. *Die Funktion*

$$\xi(s) := \frac{1}{2} s \, (s - 1) \, \pi^{-s/2} \Gamma\left(\frac{s}{2}\right) \zeta(s)$$

ist eine ganze Funktion der Ordnung 1. *Die Reihe* $\sum\limits_{n=1}^{\infty} |\varrho_n|^{-1}$ *ist divergent. Insbesondere hat* $\zeta(s)$ *unendlich viele nichttriviale Nullstellen.*

Beweis. $\zeta(s)$ hat an der Stelle $s = 1$ das Residuum 1 (Abschn. 15.2.). Wegen $\Gamma(\frac{1}{2}) = \sqrt{\pi}$ (Kap. 9, (13)) ist daher $\xi(1) = \frac{1}{2}$. Aus der Funktionalgleichung $\xi(1 - s) = \xi(s)$ (Abschn. 15.2.) folgt daher $\xi(0) = \frac{1}{2}$. Insbesondere können wir die Überlegungen des vorigen Abschnitts direkt auf $\xi(s)$ anwenden.

Wegen $\xi(1 - s) = \xi(s)$ können wir uns bei der Abschätzung von $\xi(s)$ auf $\mathrm{Re}\ s := \sigma \geq \frac{1}{2}$ beschränken. Dann ist $(s - 1)\,\zeta(s) = O(|s|^2)$. Das folgt aus

Hilfssatz 3. *Für* $\sigma > 0$ *gilt*

$$\zeta(s) = 1 + \frac{1}{s - 1} - s \int\limits_{1}^{\infty} \frac{x - [x]}{x^{s+1}}\, dx\,.$$

Beweis. Für $\sigma > 1$ gilt

$$\zeta(s) = \sum_{n=1}^{\infty} \frac{1}{n^s} = \sum_{n=1}^{\infty} n\left(\frac{1}{n^s} - \frac{1}{(n+1)^s}\right) = \sum_{n=1}^{\infty} sn \int\limits_{n}^{n+1} \frac{dx}{x^{s+1}} = \sum_{n=1}^{\infty} s \int\limits_{n}^{n+1} \frac{[x]\, dx}{x^{s+1}} =$$

$$= -s \int\limits_{1}^{\infty} \frac{x - [x]}{x^{s+1}}\, dx + s \int\limits_{1}^{\infty} \frac{dx}{x^s} = 1 + \frac{1}{s - 1} - s \int\limits_{1}^{\infty} \frac{x - [x]}{x^{s+1}}\, dx\,.$$

Da der letzte Ausdruck für $\sigma > 0$ eine reguläre Funktion darstellt, folgt die Behauptung. $\square$

$\pi^{-s/2}$ hat die Ordnung 1. Schließlich gilt $\log |\Gamma(s)| \leq c\,|s| \log |s|$ (Kap. 9, Satz 5). Hieraus ist ersichtlich, daß die Ordnung von $\xi(s)$ kleiner oder gleich 1 ist.

Andererseits ist nach der Stirlingschen Formel (Kap. 9, Satz 5) $\lim\limits_{x \to \infty} \dfrac{\log \Gamma(x)}{x \log x} = 1$. Daher kann es keine Konstante c mit $\log M_\xi(r) \leq cr$ geben. $\square$

Satz 5. *Es gibt komplexe Zahlen A, B mit*

$$\xi(s) := \exp\,(A + Bs) \prod_{n=1}^{\infty} \left(1 - \frac{s}{\varrho_n}\right) \exp \frac{s}{\varrho_n}\,. \tag{23}$$

Beweis. Das folgt aus Satz 4 und dem vorigen Abschnitt. $\square$

Aufgaben

26.1. Man zeige, daß die Weierstraßsche σ-Funktion (Abschn. 13.2.) die Ordnung 2 hat.

26.2. Sei f eine ganze Funktion endlicher Ordnung. Man zeige ohne Benutzung der elliptischen Modulfunktion, daß f höchstens eine komplexe Zahl nicht als Wert annimmt. Wenn die Ordnung von f keine ganze Zahl ist, nimmt f alle komplexen Zahlen als Werte an.

26.3. Man leite die Produktdarstellung der Sinusfunktion (Kap. 9, (4)) mit Hilfe von Satz 3 her.

26.4. Bestimmung der Konstanten A, B in Satz 5.

a) Man zeige $e^A = \frac{1}{2}$.

b) Man zeige

$$B = \frac{1}{2}\gamma - 1 + \frac{1}{2}\log 4\pi - \lim_{s \to 1}\left(\frac{\zeta'(s)}{\zeta(s)} + \frac{1}{s-1}\right),$$

wobei γ die Eulersche Konstante bezeichnet (Abschn. 9.3.).

c) Man zeige

$$\lim_{s \to 1}\left(\frac{\zeta'(s)}{\zeta(s)} + \frac{1}{s-1}\right) = 1 - \int_1^\infty \frac{(x-[x])}{x^2}\,\mathrm{d}x = \gamma.$$

26.5. Man zeige

$$B = -\frac{1}{2}\gamma \sum_{n=1}^\infty \left(\frac{1}{\varrho_n} + \frac{1}{\overline{\varrho_n}}\right),$$

wobei über die nichttrivialen Nullstellen ϱ_n der ζ-Funktion zu summieren ist.

27. Beweis des Primzahlsatzes

27.1. Hadamard und de la Vallée Poussin

Die Hadamardschen Beweise einiger Behauptungen von RIEMANN über die ζ-Funktion (Abschn. 26.3.) ebneten den Weg zum Beweis des Primzahlsatzes (Abschn. 15.1.). Wir bringen hier einen Beweis dieses Satzes in der schärferen, von DE LA VALLÉE POUSSIN bewiesenen Form.

Satz 1. *Es gibt eine Konstante $c > 0$ mit*

$$\pi(x) = \int\limits_{2}^{x} \frac{dt}{\log t} + \mathrm{O}(x\,\mathrm{e}^{-c\sqrt{\log x}})\,.$$

Beweis. Wir bemerken zunächst, daß aus Satz 1 der Primzahlsatz in der Hadamardschen Form

$$\lim_{x \to \infty} \pi(x)\bigg/\frac{x}{\log x} = 1 \tag{1}$$

folgt. Dazu genügt es,

$$\int\limits_{2}^{x} \frac{dt}{\log t} = \frac{x}{\log x} + \mathrm{O}\left(\frac{x}{(\log x)^2}\right) \tag{2}$$

zu zeigen. Durch partielle Integration findet man

$$\int\limits_{2}^{x} \frac{dt}{\log t} = \frac{x}{\log x} - \frac{2}{\log 2} + \int\limits_{2}^{x} \frac{dt}{(\log t)^2}\,. \tag{3}$$

Weiter wird für $x \geqq 4$

$$\int\limits_{2}^{x} \frac{dt}{(\log t)^2} = \int\limits_{2}^{\sqrt{x}} \frac{dt}{(\log t)^2} + \int\limits_{\sqrt{x}}^{x} \frac{dt}{(\log t)^2} \leqq \frac{\sqrt{x}}{(\log 2)^2} + \frac{x}{(\log \sqrt{x})^2} = \mathrm{O}\left(\frac{x}{(\log x)^2}\right)\,.$$

Daraus folgt die Behauptung.

27.2. Die Tschebyschewsche Funktion

Die im weiteren auszunutzende Beziehung zwischen $\zeta(s)$ und den Primzahlen besteht in folgendem.

Satz 2. *Sei $\Lambda(n) = \log p$, wenn n eine Potenz einer Primzahl p ist, und sei $\Lambda(n) = 0$ für alle übrigen natürliche Zahlen n. Die meromorphe Funktion $-\zeta'(s)/\zeta(s)$ hat für*

Re $s =: \sigma > 1$ *die Darstellung*

$$-\frac{\zeta'(s)}{\zeta(s)} = \sum_{n=1}^{\infty} \frac{\Lambda(n)}{n^s} \,. \tag{4}$$

Beweis. Für $\sigma \geq \sigma_0 > 1$ ist das unendliche Produkt

$$\zeta(s) = \prod_p \frac{1}{1 - p^{-s}}$$

absolut und gleichmäßig konvergent. Daher gilt

$$-\frac{\zeta'(s)}{\zeta(s)} = \sum_p p^{-s} \frac{\log p}{1 - p^{-s}} = \sum_p \sum_{k=1}^{\infty} \frac{\log p}{p^{ks}} = \sum_{n=1}^{\infty} \frac{\Lambda(n)}{n^s} \,. \quad \square$$

Die Funktion

$$\psi(x) := \sum_{n \leq x} \Lambda(n)$$

wird als *Tschebyschewsche Funktion* bezeichnet. Es gilt

Satz 3. *Es gibt eine Konstante* $c > 0$ *mit*

$$\psi(x) = x + \mathrm{O}(xe^{-c\sqrt{\log x}}) \,.$$

Wir zeigen in diesem Abschnitt, daß Satz 1 aus Satz 3 folgt. Dazu betrachten wir

$$S(x) := \sum_{n \leq x} \frac{\Lambda(n)}{\log n} = \pi(x) + \sum_h \frac{\Lambda(h)}{\log h} \,,$$

wobei die rechts stehende Summe über alle $h = p^k \leq x$ mit $k \geq 2$ zu erstrecken ist.
Diese Summe ist harmlos, weil $k \leq \log x$ ist und für festes $k \geq 2$ in ihr weniger als $\sqrt{x}$
von 0 verschiedene Summanden vorkommen. Daher wird

$$\sum_h \frac{\Lambda(h)}{\log h} = \mathrm{O}(\sqrt{x} \log x) \,.$$

Es genügt also,

$$S(x) = \int_2^x \frac{\mathrm{d}t}{\log t} + \mathrm{O}(xe^{-c\sqrt{\log x}})$$

zu zeigen. Dazu benutzen wir das folgende, auf ABEL zurückgehende Lemma
(Abschn. 6.3.).

Lemma 1. *Sei die Funktion* $f(x)$ *im Intervall* $[a, b]$ *stetig differenzierbar, seien* $c_1, c_2, \ldots$
beliebige komplexe Zahlen, und sei

$$c(x) = \sum_{a < n \leq x} c_n \,.$$

Dann gilt

$$\sum_{a < n \leq b} c_n f(n) = - \int_a^b c(x) f'(x) \, \mathrm{d}x + c(b) f(b) \,. \quad \square$$

Wir setzen $c_n = \Lambda(n)$ und $f(x) = \dfrac{1}{\log x}$. Dann wird nach Satz 3

$$c(x) = \sum_{3/2 < n \leq x} c_n = \psi(x) = x + \mathrm{O}(xe^{-c\sqrt{\log x}})$$

und

$$S(x) = \int\limits_2^x \frac{\psi(t)}{t(\log t)^2}\, dt + \frac{\psi(x)}{\log x} =$$

$$= \int\limits_2^x \frac{dt}{(\log t)^2} + \frac{x}{\log x} + O\left(\int\limits_2^x \frac{e^{-c\sqrt{\log t}}}{(\log t)^2}\, dt\right) + O\left(\frac{x\, e^{-c\sqrt{\log x}}}{\log x}\right).$$

Wegen (3) wird weiter

$$S(x) = \int\limits_2^x \frac{dt}{\log t} + O\left(\int\limits_2^{\sqrt{x}} dt\right) + O\left(\int\limits_{\sqrt{x}}^x e^{-c\sqrt{\log\sqrt{x}}}\, dt\right) + O(x\, e^{-c\sqrt{\log x}}),$$

$$S(x) = \int\limits_2^x \frac{dt}{\log t} + O(xe^{-(c/2)\sqrt{\log x}}).$$

27.3. Die Methode der komplexen Integration

Zum Beweis von Satz 3 benutzen wir die auf RIEMANN zurückgehende *Methode der komplexen Integration*, die es gestattet, die Summe der N ersten Koeffizienten $a_1, \ldots, a_N$ der Dirichletschen Reihe

$$f(s) := \sum_{n=1}^\infty \frac{a_n}{n^s}. \tag{5}$$

abzuschätzen. Wir setzen $s = \sigma + it$ und

$$\varphi_f(x) = \sum_{n<x} a_n \quad \text{für} \quad x > 0, \qquad x \notin Z,$$

$$\varphi_f(x) = \sum_{n<x} a_n + \tfrac{1}{2} a_x \quad \text{für} \quad x > 0, \qquad x \in Z.$$

Außerdem sei $\langle x \rangle$ für $x \in R - Z$ der Abstand von x zur nächsten ganzen Zahl, und sei $\langle x \rangle = 1$ für $x \in Z$.

Lemma 2. *Die Reihe* (5) *sei für* $\sigma > 1$ *absolut konvergent, und für* $\sigma \to 1$ *sei*

$$\sum_{n=1}^\infty |a_n|\, n^{-\sigma} = O((\sigma - 1)^{-\alpha})$$

mit einem $\alpha > 0$. *Weiter sei* $|a_n| \leq A(n)$, *wobei* $A(x)$ *eine monoton wachsende Funktion von* x *ist. Wir setzen* $b = b(x) = 1 + 1/\log x$.

Dann gilt für beliebige $T \geq 1$, $x \geq 2$ *die Abschätzung*

$$\varphi_f(x) = \frac{1}{2\pi i} \int\limits_{b-iT}^{b+iT} f(s) \frac{x^s}{s}\, ds + O\left(\frac{x\log^\alpha x}{T}\right) + O\left(\frac{xA(2x)\left(\log x + \dfrac{1}{\langle x \rangle}\right)}{T}\right). \tag{6}$$

Bemerkung 1. Für $T \to \infty$ erhält man die Riemannsche Gleichung

$$\varphi_f(x) = \frac{1}{2\pi i} \int\limits_{b-i\infty}^{b+i\infty} f(s) \frac{x^s}{s}\, ds \quad \text{(Abschn. 15.1.)}. \tag{7}$$

$\varphi_f(x)$ ist an den Unstetigkeitsstellen wie eine Funktion definiert, für die der Dirichletsche Satz der Fourier-Analyse gilt (Kap. 6). RIEMANN begnügt sich zum Beweis von (7) mit einem Hinweis auf „*den Fourierschen Satz*".

Bemerkung 2. Für die Abschätzung der Größenordnung von $\varphi_f(x)$ in dem für uns interessanten Fall $a_n = \Lambda(n)$ genügt es, $x = N + \frac{1}{2}$ mit einer natürlichen Zahl N zu setzen. Dann entfällt in der obigen Abschätzung (6) das unangenehme Glied $1/\langle x\rangle$. Für beliebiges x ist (6) von Interesse zur Ableitung einer „*exakten Formel*" für $\psi_0(x)$ (siehe Aufgabe 27.6.).

Zum Beweis von Lemma 2 benötigen wir den folgenden

Hilfssatz 1. *Für* $b > 0$, $T > 0$ *gilt*

$$\left| \frac{1}{2\pi i} \int\limits_{b-iT}^{b+iT} \frac{a^s}{s}\, ds - \delta(a) \right| \leq \begin{cases} \dfrac{2b}{T} & \text{für} \quad a = 1\,, \\[2mm] \dfrac{2a^b}{T\,|\log a|} & \text{für} \quad a \neq 1\,, \quad a > 0\,. \end{cases}$$

Dabei ist $\delta(a) = 1$ *für* $a > 1$, $\delta(a) = 0$ *für* $0 < a < 1$ *und* $\delta(a) = \frac{1}{2}$ *für* $a = 1$.

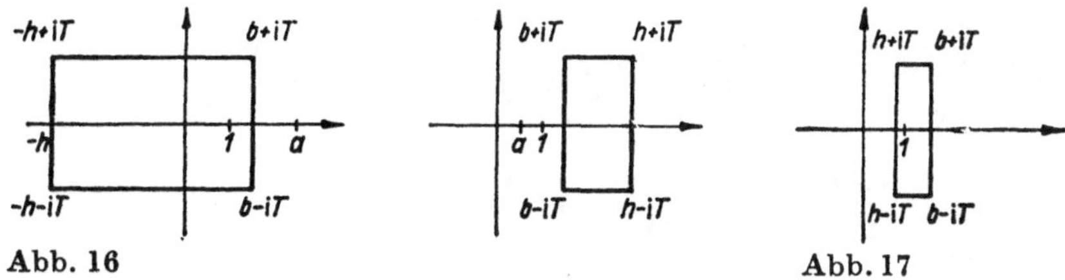

Abb. 16   Abb. 17

Beweis. Für $a > 1$ (bzw. $0 < a < 1$) integrieren wir a^s/s über das Rechteck mit den Seiten

$$C_1 = \{b + it \mid -T \leq t \leq T\},$$
$$C_2 = \{\sigma + iT \mid b \geq \sigma \geq -h \ \text{(bzw.} \ b \leq \sigma \leq h) \ \text{mit einem} \ h > b\},$$
$$C_3 = \{-h + it \ \text{(bzw.} \ C_3 = h + it) \mid T \geq t \geq -T\}\,,$$
$$C_4 = \{\sigma - iT \mid -h \leq \sigma \leq b$$

(bzw. $h \geq \sigma \geq b)\}$ (Abb. 16).

Nach dem Residuensatz (Kap. 8, Satz 12) ist

$$\frac{1}{2\pi i} \int\limits_{C_1+C_2+C_3+C_4} \frac{a^s}{s}\, ds = \begin{cases} 1 & \text{für} \quad a > 1\,, \\ 0 & \text{für} \quad 0 < a < 1\,. \end{cases}$$

Wir schätzen nun die Integrale über C_2, C_3, C_4 ab. Für $a > 1$ gilt

$$\left| \int\limits_{C_2} \frac{a^s}{s}\, ds \right| = \left| \int\limits_{C_4} \frac{a^s}{s}\, ds \right| \leq \int\limits_{-h}^{b} \frac{a^\sigma d\sigma}{\sqrt{T^2 + \sigma^2}} \leq \frac{a^b}{T \log a}\,,$$

$$\left| \int\limits_{C_3} \frac{a^s}{s}\, ds \right| \leq \int\limits_{-T}^{T} \frac{a^{-h} dt}{\sqrt{h^2 + t^2}} \leq \frac{2T a^{-h}}{h} \to 0 \quad \text{für} \quad h \to \infty\,.$$

Für $0 < a < 1$ gilt

$$\left| \int_{C_2} \frac{a^s}{s}\, ds \right| = \left| \int_{C_4} \frac{a^s}{s}\, ds \right| \leqq \int_b^h \frac{a^\sigma d\sigma}{\sqrt{T^2 + \sigma^2}} \leqq \frac{a^b}{T\, |\log a|},$$

$$\left| \int_{C_3} \frac{a^s}{s}\, ds \right| \leqq \int_{-T}^{T} \frac{a^h dt}{\sqrt{h^2 + t^2}} \leqq \frac{2Ta^h}{h} \to 0 \quad \text{für} \quad h \to \infty.$$

Für $a = 1$ gilt

$$\int_{b-iT}^{b+iT} \frac{ds}{s} = \log(b + iT) - \log(b - iT) = \pi i + \log\left(1 - i\frac{b}{T}\right) - \log\left(1 + i\frac{b}{T}\right) =$$

$$= \pi i + R, \qquad |R| \leqq \frac{2b}{T},$$

wobei $\log$ den Hauptwert des Logarithmus bezeichnet. $\square$

Wir kommen jetzt zum Beweis von Lemma 2. Da (5) für $s = b + it$ absolut und gleichmäßig konvergiert, können wir gliedweise integrieren und erhalten wegen Hilfssatz 1

$$\frac{1}{2\pi i} \int_{b-iT}^{b+iT} f(s)\, \frac{x^s}{s}\, ds = \frac{1}{2\pi i} \sum_{n=1}^{\infty} a_n \int_{b-iT}^{b+iT} \left(\frac{x}{n}\right)^s \frac{ds}{s} = \varphi_f(x) + R$$

mit

$$|R| \leqq 2\frac{A(x)\, b}{T} + 2 \sum_{\substack{n=1 \\ n \neq x}}^{\infty} a_n \left(\frac{x}{n}\right)^b T^{-1} \left| \log\frac{x}{n} \right|^{-1}. \tag{8}$$

Die rechts stehende Summe $\sum$ zerlegen wir in zwei Teilsummen R_1, R_2 mit

$$\left| \log\frac{x}{n} \right| \geqq \log 2 \quad \text{bzw.} \quad \left| \log\frac{x}{n} \right| < \log 2.$$

Für R_1 findet man

$$R_1 \leqq (\log^{-1} 2)\, x^b T^{-1} \sum_{n=1}^{\infty} |a_n|\, n^{-b} = O\big(x^b T^{-1}(b-1)^{-\alpha}\big) = O(x \log^\alpha x / T).$$

R_2 hat die Form

$$R_2 = \sum_{\substack{x/2 < n < 2x \\ n \neq x}} |a_n| \left(\frac{x}{n}\right)^b T^{-1} \left| \log\frac{x}{n} \right|^{-1} \leqq A(2x)\, 2^b \sum_{x/2 < n < 2x} \left| \log\frac{x}{n} \right|^{-1}.$$

Es bleibt

$$\sum_{\substack{x/2 < n < 2x \\ n \neq x}} \left| \log\frac{x}{n} \right|^{-1} = O\left(x\left(\log x + \frac{1}{\langle x \rangle}\right)\right) \tag{9}$$

zu zeigen. Dazu bemerken wir, daß für $x/2 < n < x$

$$\left| \log\frac{x}{n} \right| = \log\frac{x}{n} = \log\left(1 + \frac{x-n}{n}\right) \geqq \frac{1}{2}\left(\frac{x-n}{n}\right) \geqq \frac{1}{2}\left(\frac{x-n}{x}\right),$$

$$\sum_{x/2 < n < x} \left| \log\frac{n}{x} \right|^{-1} \leqq 2x \sum_{x/2 < n < x} \frac{1}{x-n} \leqq 2x\left(\frac{1}{\langle x \rangle} + \int_{\langle x \rangle}^{x} \frac{dt}{t}\right) =$$

$$= O\left(x\left(\log x + \frac{1}{\langle x \rangle}\right)\right)$$

und für $x < n < 2x$

$$\left| \log \frac{x}{n} \right| = \log \frac{n}{x} = \log\left(1 + \frac{n-x}{x}\right) \geq \frac{n-x}{2x} ,$$

$$\sum_{nx < n < 2x} \left| \log \frac{n}{x} \right|^{-1} \leq 2x \sum_{x < n < 2x} \frac{1}{n-x} \leq 2x\left(\frac{1}{\langle x \rangle} + \int\limits_{\langle x \rangle}^{x} \frac{dt}{t}\right) =$$

$$= O\left(x\left(\log x + \frac{1}{\langle x \rangle}\right)\right)$$

gilt.

27.4.   Ansatz zum Beweis von Satz 3

Wir wenden Lemma 2 auf die Funktion $f(s) := -\zeta'(s)/\zeta(s)$ an. Zur Abkürzung setzen wir $\psi_0(x) := \varphi_{-\zeta'(s)/\zeta(s)}(x)$. Wegen $\psi(x) = \psi_0(x) + O(\log x)$ genügt es, Satz 3 für $\psi_0(x)$ statt für $\psi(x)$ zu beweisen. Wegen (4) und da $\zeta(s)$ einen einfachen Pol für $s = 1$ hat, können wir $A(x) = \log x$ und $\alpha = 1$ setzen. Mit $x = N + \frac{1}{2}$, wobei N eine natürliche Zahl > 2 ist, wird

$$\psi_0(x) = \frac{1}{2\pi i} \int\limits_{b-iT}^{b+iiT} \left(-\zeta'(s)/\zeta(s)\right) \frac{x^s}{s}\, ds + O\left(\frac{x \log^2 x}{T}\right). \tag{10}$$

Wir betrachten nun das Integral über das Rechteck $R(T)$ mit der Berandung $C = C_1 + C_2 + C_3 + C_4$, wobei
$$C_1 = \{b + it \mid -T \leq t \leq T\}, \quad C_2 = \{\sigma + iT \mid b \geq \sigma \geq h\},$$
$$C_3 = \{h + it \mid T \geq t \geq -T\}, \quad C_4 = \{-iT \mid h \leq \sigma \leq b\}$$
ist (Abb. 17). Wir machen die folgenden Annahmen, von denen wir weiter unten zeigen, daß sie erfüllbar sind.

$R(T)$ kann so gewählt werden, daß $\zeta(s)$ für $s \in R(T)$ von Null verschieden ist. $h < 1$ sei als Funktion von T gegeben, so daß die Abschätzung

$$-\zeta'(s)/\zeta(s) = O(\log^2 T) \quad \text{für} \quad s \in R(T)$$

gilt.
Nach dem Residuensatz ist

$$\frac{1}{2\pi i} \int\limits_{C} \left(-\zeta'(s)/\zeta(s)\right) \frac{x^s}{s}\, ds = x . \tag{11}$$

Zum Beweis von Satz 3 kommt es daher darauf an, die Teilintegrale von (11) über C_2, C_3, C_4 abzuschätzen. Unter Berücksichtigung von $b = 1 + 1/\log x$ wird

$$\left| \int\limits_{C_2} \right| = \left| \int\limits_{C_4} \right| = O\left(\int\limits_{h}^{b} \log^2 T \frac{x^\sigma}{T}\, d\sigma\right) = O\left(\frac{x \log^2 T}{T}\right)$$

und

$$\left| \int\limits_{C_3} \right| = O\left(\log^2 T \int\limits_{0}^{T} \frac{x^h\, dt}{|h + it|}\right) = O\left(x^h \log^2 T \left(\int\limits_{0}^{1} \frac{dt}{h} + \int\limits_{1}^{T} \frac{dt}{t}\right)\right) = O(x^h \log^3 T).$$

Zusammenfassend haben wir

$$\psi_0(x) = x + O\left(\frac{x \log^2 x}{T}\right) + O\left(\frac{x \log^2 T}{T}\right) + O(x^h \log^3 T) \,. \tag{12}$$

Das entscheidende Glied dieser Abschätzung ist $O(x^h \log^3 T)$. Je kleiner h gewählt werden kann, umso besser wird die Abschätzung für $\psi_0(x)$.

27.5. Über die Nullstellen der ζ-Funktion

Wir wollen jetzt ein Rechteck $R(T)$ mit den gewünschten Eigenschaften bestimmen. Dazu müssen wir uns einige Kenntnisse über die nichttrivialen Nullstellen der ζ-Funktion verschaffen.

Satz 4. *Seien* $\varrho_n = \beta_n + i\gamma_n$, $n = 1, 2, \ldots$, *die Nullstellen von* $\zeta(s)$ *mit* $0 \leq \beta_n \leq 1$, *und sei* $T \geq 2$. *Dann gilt*

$$\sum_{n=1}^{\infty} \frac{1}{1 + (T - \gamma_n)^2} = O(\log T) \,.$$

Wir beweisen zunächst den folgenden harmlosen

Hilfssatz 2. *Sei* $s = \sigma + iT$ *mit* $T \geq 2$, $-1 \leq \sigma \leq 2$. *Dann gilt*

$$\left| \sum_{n=1}^{\infty} \left(\frac{1}{s + 2n} - \frac{1}{2n} \right) \right| = O(\log T) \,.$$

Beweis. Wegen $\left| \dfrac{1}{s + 2n} \right| = \dfrac{1}{\sqrt{(\sigma + 2n)^2 + T^2}} \leq \dfrac{1}{n}$ wird

$$\left| \sum_{n=1}^{\infty} \left(\frac{1}{s + 2n} - \frac{1}{2n} \right) \right| \leq \sum_{n \leq T} \left(\frac{1}{n} + \frac{1}{2n} \right) + \sum_{n > T} \frac{|s|}{2n^2} = O(\log T). \ \square$$

Beweis von Satz 4. Wir betrachten die logarithmische Ableitung von $\xi(s)$ (Kap. 26, (19)). Unter Berücksichtigung der Produktdarstellung von $\Gamma(s)$ (Kap. 9, (5)) findet man

$$\frac{\zeta'(s)}{\zeta(s)} = - \frac{1}{s - 1} + \sum_{n=1}^{\infty} \left(\frac{1}{s - \varrho_n} + \frac{1}{\varrho_n} \right) + \sum_{n=1}^{\infty} \left(\frac{1}{s + 2n} - \frac{1}{2n} \right) + d \tag{13}$$

mit einer Konstanten $d = \dfrac{\zeta'(0)}{\zeta(0)} - 1$. Daher gilt für $\sigma > 1$, $T \geq 2$ wegen Hilfssatz 2 und

$$|\zeta'(s)/\zeta(s)| = \left| \sum_{n=1}^{\infty} \Lambda(n) \, n^{-\sigma - iT} \right| \leq \sum_{n=1}^{\infty} \Lambda(n) \, n^{-\sigma}$$

die Abschätzung

$$\sum_{n=1}^{\infty} \left(\frac{1}{s - \varrho_n} + \frac{1}{\varrho_n} \right) = O(\log T) \,. \tag{14}$$

Wir setzen $\sigma = 2$. Die Behauptung folgt nun aus

$$\operatorname{Re} \frac{1}{s - \varrho_n} = \operatorname{Re} \frac{1}{(2 - \beta_n) + i(T - \gamma_n)} =$$

$$= \frac{2 - \beta_n}{(2 - \beta_n)^2 + (T - \gamma_n)^2} \geqq \frac{1}{4 + (T - \gamma_n)^2} \geqq \frac{1}{4} \cdot \frac{1}{1 + (T - \gamma_n)^2} ,$$

$$\operatorname{Re} \frac{1}{\varrho_n} = \frac{\beta_n}{\beta_n^2 + \gamma_n^2} \geqq 0. \quad \square$$

Aus Satz 4 ergibt sich leicht

Satz 5. *Für die Anzahl $r(T)$ der ϱ_n mit $T \leqq |\gamma_n| \leqq T + 1$ gilt*

$$r(T) = O(\log T) . \quad \square$$

Satz 6. *Für $T \geqq 2$ gilt*

$$\sum_{|T - \gamma_n| > 1} \frac{1}{|T - \gamma_n|^2} = O(\log T) . \quad \square$$

Satz 7. *Für $-1 \leqq \sigma \leqq 2$, $s = \sigma + iT$, $T \geqq 2$ gilt*

$$\frac{\zeta'(s)}{\zeta(s)} = \sum_{|T - \gamma_n| \leqq 1} \frac{1}{s - \varrho_n} + O(\log T) .$$

Beweis. Aus (13) und Hilfssatz 2 folgt für $-1 \leqq \sigma \leqq 2$, $T \geqq 2$

$$\frac{\zeta'(s)}{\zeta(s)} = \sum_{n=1}^{\infty} \left(\frac{1}{s - \varrho_n} + \frac{1}{\varrho_n} \right) + O(\log T) .$$

Wegen (14) gilt

$$\sum_{n=1}^{\infty} \left(\frac{1}{2 + iT - \varrho_n} + \frac{1}{\varrho_n} \right) = O(\log T)$$

und daher

$$\frac{\zeta'(s)}{\zeta(s)} = \sum_{n=1}^{\infty} \left(\frac{1}{s - \varrho_n} - \frac{1}{2 + iT - \varrho_n} \right) + O(\log T) . \tag{15}$$

Nach Satz 6 ist

$$\sum_{|T - \gamma_n| > 1} \left| \frac{1}{\sigma + iT - \varrho_n} - \frac{1}{2 + iT - \varrho_n} \right| \leqq \sum_{|T - \gamma_n| > 1} \frac{2 - \sigma}{(T - \gamma_n)^2} \leqq$$

$$\leqq \sum_{|T - \gamma_n| > 1} \frac{3}{(T - \gamma_n)^2} = O(\log T) . \tag{16}$$

Nach Satz 5 ist

$$\sum_{|T - \gamma_n| \leqq 1} \left| \frac{1}{2 + iT - \varrho_n} \right| = O(\log T) . \tag{17}$$

Aus (15) bis (17) folgt Satz 7. $\square$

Satz 8. *Es gibt eine Konstante $c > 0$, so daß $\zeta(\sigma + it) \neq 0$ für*

$$\sigma \geqq 1 - \frac{c}{\log(|t| + 2)} .$$

Beweis. Da $\zeta(s)$ einen Pol in 1 hat, gibt es ein $c_0 > 0$ mit $\zeta(s) \neq 0$ für $|s - 1| < c_0$. Daher genügt es zu zeigen, daß es eine Konstante $c > 0$ gibt, so daß für jede Nullstelle $\varrho = \beta + i\gamma$ von $\zeta(s)$ mit $|\varrho - 1| \geq c_0$ die Ungleichung

$$\beta \leq 1 - \frac{c}{\log(|\gamma| + 2)} \tag{18}$$

gilt.

Wir benutzen die Ungleichung

$$3 + 4\cos\varphi + \cos 2\varphi = 2(1 + \cos\varphi)^2 \geq 0 . \tag{19}$$

Für $\sigma > 1$ ist

$$-\frac{\zeta'(s)}{\zeta(s)} = \sum_{n=1}^{\infty} \frac{\Lambda(n)}{n^s} = \sum_{n=1}^{\infty} \Lambda(n)\, n^{-\sigma} e^{-it \log n}$$

und daher

$$- \operatorname{Re}\frac{\zeta'(s)}{\zeta(s)} = \sum_{n=1}^{\infty} \Lambda(n)\, n^{-\sigma} \cos(t \log n) .$$

Wegen (19) gilt also

$$3\left(-\frac{\zeta'(\sigma)}{\zeta(\sigma)}\right) + 4\left(- \operatorname{Re}\frac{\zeta'(\sigma + it)}{\zeta(\sigma + it)}\right) + \left(- \operatorname{Re}\frac{\zeta'(\sigma + i2t)}{\zeta(\sigma + i2t)}\right) \geq 0 . \tag{20}$$

Die Funktion $-\dfrac{\zeta'(\sigma)}{\zeta(\sigma)} - \dfrac{1}{\sigma - 1}$ ist im Intervall $1 \leq \sigma \leq 2$ regulär. Daher gibt es eine Konstante $c_1 > 0$ mit

$$-\frac{\zeta'(\sigma)}{\zeta(\sigma)} < \frac{1}{\sigma - 1} + c_1 \text{ für } 1 < \sigma \leq 2 . \tag{21}$$

Für $|s - 1| \geq c_0$ und $1 < \sigma \leq 2$ gibt es wegen (13) und Hilfssatz 2 eine Konstante $c_2 > 0$ mit

$$- \operatorname{Re}\frac{\zeta'(s)}{\zeta(s)} < c_2 \log(|t| + 2) - \sum_{n=1}^{\infty} \operatorname{Re}\left(\frac{1}{s - \varrho_n} + \frac{1}{\varrho_n}\right) . \tag{22}$$

Weiter ist für $\sigma > 1$

$$\operatorname{Re}\frac{1}{s - \varrho_n} = \frac{\sigma - \beta_n}{(\sigma - \beta_n)^2 + (t - \gamma_n)^2} > 0 , \qquad \operatorname{Re}\frac{1}{\varrho_n} \geq 0 .$$

Daher folgt aus (22)

$$- \operatorname{Re}\frac{\zeta'(\sigma + i\gamma)}{\zeta(\sigma + i\gamma)} < c_2 \log(|\gamma| + 2) - \frac{1}{\sigma - \beta} \tag{23}$$

und

$$- \operatorname{Re}\frac{\zeta'(\sigma + i2\gamma)}{\zeta(\sigma + i2\gamma)} < c_3 \log(|\gamma| + 2) . \tag{24}$$

(20) bis (24) ergibt nun

$$\frac{3}{\sigma - 1} - \frac{4}{\sigma - \beta} + c_4 \log(|\gamma| + 2) \geq 0 , \tag{25}$$

wobei die Konstante c_4 wie auch c_2 und c_3 nur von c_0, aber nicht von σ abhängt. Wir setzen jetzt

$$\sigma = 1 + \frac{1}{2c_4 \log (|\gamma| + 2)} \, .$$

Die Auflösung von (25) nach β liefert

$$\beta \leqq 1 - \frac{1}{14 c_4 \log (|\gamma| + 2)} \cdot \Box$$

Satz 9. *Sei $T \geqq 2$ und $c > 0$ die Konstante aus Satz 8. Dann gilt für alle $s = \sigma + it$ mit*

$$\sigma \geqq 1 - \frac{c}{2 \log (T + 2)} \, , \qquad |t| \leqq T$$

die Abschätzung

$$\frac{\zeta'(s)}{\zeta(s)} = O(\log^2 T) \, .$$

Beweis. Nach Satz 7 ist

$$\left| \frac{\zeta'(s)}{\zeta(s)} \right| \leqq \sum_{|t - \gamma_n| \leqq 1} \frac{1}{|\sigma - \beta_n + i(t - \gamma_n)|} + O(\log T) \, .$$

Wegen $\beta_n \leqq 1 - c/\log (T + 2)$, $\sigma \geqq 1 - c/2 \log (T + 2)$ und Satz 5 wird

$$\left| \frac{\zeta'(s)}{\zeta(s)} \right| \leqq \frac{2}{c} \log (T + 2) \sum_{|t - \gamma_n| \leqq 1} 1 + O(\log T) = O(\log^2 T) \, . \Box$$

Wir kommen jetzt zum **Beweis von Satz 3.** Wegen Satz 9 können wir in (12)

$$h = 1 - c/\log (T + 2)$$

setzen. Mit $T = e^{\sqrt{\log x}}$ wird

$$\psi_0(x) = x + O(xe^{\sqrt{\log x}} \log^2 x) + O(x\, e^{-c_5\sqrt{\log x}} \log^{3/2} x) = x + O(x\, e^{-c_6\sqrt{\log x}})$$

mit gewissen Konstanten $c_5, c_6 < 0$. $\Box$

Wenn die Riemannsche Vermutung gilt (Abschn. 15.3.), kann man in (12) $h = \frac{1}{2} + \varepsilon$ und $T = \sqrt{x}$ setzen, wobei $\varepsilon > 0$ beliebig ist. Dann erhält man die wesentlich genaueren Abschätzungen

$$\psi(x) = x + O(x^{1/2+\varepsilon}) \, , \qquad \pi(x) = \int_2^x \frac{dt}{\log t} + O(x^{1/2+\varepsilon}) \, ,$$

wobei die Konstanten, die zu den O-s gehören, von ε abhängen.

Aufgaben

27.1. Sei $H(x, s) = - \dfrac{\zeta'(s)\, x^s}{\zeta(s)\, s}$. Man zeige

$$\psi_0(x) = \frac{1}{2\pi i} \int_{b-iT}^{b+iT} H(x, s)\, ds + O\left(\frac{x \log x \left(\log x + \dfrac{1}{\langle x \rangle} \right)}{T} \right)$$

für $T \geqq 1$, $x \geqq 2$, wobei $b := 1 + 1/\log x$ gesetzt ist.

27.2. Man zeige, daß es eine Folge positiver Zahlen T_1, T_2, ... mit $\lim\limits_{n \to \infty} T_n = \infty$ gibt, so daß folgendes gilt:

a) $\dfrac{1}{\log T_n} = O(|\gamma - T_n|)$ für alle nichttrivialen Nullstellen $\beta + i\gamma$ von $\zeta(s)$.

b) $\dfrac{\zeta'(s)}{\zeta(s)} = O(\log^2 T_n)$ für $-1 \leqq \operatorname{Re} s \leqq 2$.

27.3. Sei s eine komplexe Zahl mit $\operatorname{Re} s \leqq -1$ und $|s + 2m| \geqq \tfrac{1}{2}$ für $m = 1, 2, \ldots$. Man zeige $\zeta'(s)/\zeta(s) = O(\log(2\,|s|))$. (Hinweis: Man benutze die Funktionalgleichung der ζ-Funktion (Kap. 15).)

27.4. Sei U eine ungerade ganze Zahl, $U \geqq 1$. Unter Benutzung von Aufgabe 27.2. und 27.3. zeige man

$$\int\limits_{b+iT_n}^{-U+iT_n} H(x, s)\, ds = O\left(\frac{x \log^2 T}{T_n \log x}\right).$$

27.5. Man zeige

$$\int\limits_{-U-iT_n}^{-U+iT_n} H(x, s)\, ds = O\left(\frac{T_n \log U}{U x^U}\right).$$

27.6. Unter Benutzung der Aufgaben 27.1. bis 27.5. zeige man

$$\psi_0(x) = x - \sum_{|\gamma| < T} \frac{x^\varrho}{\varrho} - \frac{\zeta'(0)}{\zeta(0)} - \frac{1}{2} \log\left(1 - \frac{1}{x^2}\right) +$$

$$+ O\left(\frac{x \log x \left(\log x + \dfrac{1}{\langle x \rangle}\right)}{T}\right) + O\left(\frac{x \log^2 T}{T \log x}\right)$$

für alle $T \geqq 1$ und $x \geqq 2$, wobei $\varrho = \beta + i\gamma$ die nichttrivialen Nullstellen von $\zeta(s)$ durchläuft.

27.7. Man berechne $\zeta'(0)/\zeta(0)$ mit Hilfe von Aufgabe 26.4.

27.8. Sei $\mu(n)$ die Möbiussche Funktion (Abschn. 15.3.). Man zeige

$$\sum_{n \leqq x} \mu(n) = O\big(x \exp\left(-c \sqrt{\log x}\right)\big)$$

mit einer positiven Konstanten c.

27.9. Man beweise die Beziehung (10) in Kap. 15. (Hinweis: Man benutze Aufgabe 27.6.)

28. Kombinatorische Topologie

RIEMANN erkannte, daß die Topologie der Flächen von grundlegender Bedeutung für die komplexe Funktionentheorie einer Veränderlichen ist (Kap. 10). BETTI verallgemeinerte die Überlegungen von RIEMANN auf Mannigfaltigkeiten M beliebiger Dimension n. Er definierte Zahlen $b_0(M)$, $b_1(M)$, ... , $b_n(M)$, die jetzt als *Bettische Zahlen* von M bezeichnet werden. Der eigentliche Schöpfer der Topologie als einer selbständigen mathematischen Disziplin ist jedoch POINCARÉ. In seinen Arbeiten zur Topologie aus den Jahren 1892 bis 1904 entwickelte er die grundlegenden Gedanken, die bis in die zwanziger Jahre unseres Jahrhunderts hinein nur vervollkommnet, aber kaum erweitert wurden. Im Jahre 1901 schrieb POINCARÉ über seinen Zugang zu dieser Disziplin, die er, RIEMANN folgend, als ,,*Analysis Situs*" bezeichnete:

,,*Eine Methode, die uns mit den qualitativen Beziehungen im Raum von mehr als drei Dimensionen bekannt macht, kann uns bis zu einem gewissen Grade einen ähnlichen Dienst leisten wie die Figuren. Diese Methode kann nichts anderes sein als die Analysis Situs in mehr als drei Dimensionen. Jedoch wurde dieser Zweig der Wissenschaft bisher wenig kultiviert. Nach Riemann erschien Betti, der einige fundamentale Begriffe eingeführt hat. Aber niemand ist Betti gefolgt. Was mich betrifft, so haben mich alle die verschiedenen Wege, die mich nach einander beschäftigt haben, zur Analysis Situs geführt. Ich brauchte Gegebenheiten dieser Wissenschaft, um meine Studien der durch Differential-gleichungen definierten Kurven zu verfolgen und um sie auf Differentialgleichungen höherer Ordnung auszudehnen, speziell auf das Dreikörperproblem.*" (*Acta Math.* 38 (1921)).

28.1. Polyeder im $\mathbb{R}^n$

Die grundlegende Idee von POINCARÉ zum Studium der topologischen Eigenschaften von Figuren im n-dimensionalen euklidischen Raum $\mathbb{R}^n$ besteht darin, diese in einfache Teilstücke zu zerlegen und die Lage der Teilstücke zueinander zu betrachten. Diese einfachen Teilstücke, die als *Simplexe* bezeichnet werden, wollen wir zunächst definieren:

$k+1$ Punkte P_0, ... , P_k des $\mathbb{R}^n$ werden als *linear unabhängig* bezeichnet, wenn die von ihnen aufgespannte Hyperebene, die aus allen Punkten P der Form

$$P = x_0 P_0 + x_1 P_1 + ... + x_k P_k \, ,$$

$$x_0, x_1, ... , x_k \in \mathbb{R} \quad \text{mit} \quad x_0 + x_1 + ... + x_k = 1 \, ,$$

besteht, die Dimension k hat. Der Punkt P bestimmt die Zahlen $x_0, x_1, ... , x_k$ in diesem Fall eindeutig. Sie werden als *baryzentrische Koordinaten* von P bezüglich des Punktsystems $P_0, P_1, ... , P_k$ bezeichnet.

Seien jetzt $P_0, P_1, \dots, P_k$ linear unabhängige Punkte des R^n. Die kleinste konvexe Teilmenge S (Abschn. 24.1.) des R^n, die $P_0, P_1, \dots, P_k$ enthält, besteht aus allen Punkten

$$P = x_0 P_0 + x_1 P_1 + \dots + x_k P_k \quad \text{mit} \quad x_0 + x_1 + \dots + x_k = 1 \, ,$$

$$x_i \geqq 0 \quad \text{für} \quad i = 0, 1, \dots, k \, .$$

Man beweist diese Behauptung leicht, indem man eine Translation um $-P_0$ vornimmt und so auf den Fall $P_0 = 0$ zurückkommt. Wir schreiben $S = (P_0; P_1; \dots; P_k)$ und bezeichnen S als *k-dimensionales lineares Simplex*.

Im folgenden brauchen wir *orientierte Simplexe*. Das orientierte Simplex $(P_0, P_1, \dots, P_k)$ ist die Menge S mit der durch die Reihenfolge der Eckpunkte $P_0, P_1, \dots, P_k$ gegebenen Orientierung. Sei π eine Permutation von $0, 1, \dots, k$. Dann werden $(P_0, P_1, \dots, P_k)$ und $(P_{\pi(0)}, P_{\pi(1)}, \dots, P_{\pi(k)})$ als gleich betrachtet, wenn π eine gerade Permutation ist. Ein nulldimensionales Simplex ist ein Punkt, ein eindimensionales Simplex ist eine gerichtete Strecke, und ein zweidimensionales Simplex ist ein orientiertes Dreieck. Sei $(P_0, \dots, P_k)$ ein Simplex und $i_0, \dots, i_r$ eine Teilmenge von $\{0, \dots, k\}$. Dann wird das Simplex $(P_{i_0}, \dots, P_{i_r})$ als *r-dimensionale Seite* von $(P_0, \dots, P_k)$ bezeichnet. Zu den Seiten eines Simplexes gehört also auch das Simplex selbst. Das ist bei der folgenden Definition zu beachten.

Eine Menge $\Re$ von Simplexen in R^n heißt *simplizialer Komplex*, wenn die folgenden Bedingungen erfüllt sind:

(i) *Mit einem Simplex A gehört auch jede Seite von A zu $\Re$.*

(ii) *Der Durchschnitt zweier Simplexe von $\Re$ ist leer oder eine Seite von beiden.*

(iii) *Sei P ein Punkt von $\bigcup \Re$. Dann gibt es eine Umgebung von P in R^n, die nur mit endlich vielen Simplexen von $\Re$ gemeinsame Punkte hat.*

Die nulldimensionalen Simplexe von $\Re$ heißen *Ecken* von $\Re$. Die *Dimension von $\Re$* ist die maximale Dimension von Simplexen in $\Re$. Die Gesamtheit der k-dimensionalen Simplexe von $\Re$ wird mit $\Re_k$ bezeichnet. Schließlich ist ein *Polyeder* die Vereinigung aller Simplexe eines Komplexes.

28.2. Topologische Polyeder

In der kombinatorischen Topologie kommt es nur auf das Schema eines Komplexes $\Re$ an, d. h. auf die Menge E der Ecken von $\Re$ und die Teilmengen von E, die einen Simplex von $\Re$ erzeugen. Daher ist es naheliegend, nicht nur Polyeder im R^n zu betrachten, sondern von einem beliebigen topologischen Raum T (Abschn. A 2.1.) auszugehen.

Eine Teilmenge S von T heißt *k-dimensionales Simplex von T*, wenn es eine homöomorphe Abbildung φ von einem k-dimensionalen linearen Simplex auf S gibt. Genauer ist ein Simplex durch das Paar (S, φ) gegeben. Zwei Paare $(S, \varphi_1), (S, \varphi_2)$, wobei φ_1 bzw. φ_2 das k-dimensionale lineare Simplex S_1 bzw. S_2 auf S abbildet, werden als *gleich* betrachtet, wenn die Abbildung $\varphi_2^{-1} \varphi_1$ eine lineare Abbildung von S_1 auf S_2 ist.

Eine Zerlegung von T in einen Komplex $\Re$ ist gegeben durch eine Menge von Simplexen von T, deren Vereinigung gleich T ist und die den Bedingungen (i), (ii), (iii) aus Abschn. 28.1. genügen.

Ein topologischer Raum, der sich in einen Komplex zerlegen läßt, heißt *topologisches Polyeder*.

Ein zweidimensionaler Komplex wird als *Triangulierung des zugehörigen Polyeders* bezeichnet.

Der eigentliche Forschungsgegenstand der kombinatorischen Topologie sind die Polyeder. Der Begriff des Komplexes tritt als technisches Hilfsmittel auf. Zwei Polyeder werden als *nicht wesentlich verschieden* angesehen, wenn sie zueinander homöomorph sind.

Beispiel 1. Die *n-dimensionale Kugel* B_n besteht aus allen Punkten $(x_1, \ldots, x_n)$ des R^n mit $x_1^2 + \ldots + x_n^2 \leq 1$. Sie ist homöomorph zum n-dimensionalen linearen Simplex.

Beispiel 2. Die *n-dimensionale Sphäre* S_n besteht aus den Randpunkten von B_{n+1} d. h. aus allen Punkten $(x_0, \ldots, x_n)$ des R^{n+1} mit $x_0^2 + \ldots + x_n^2 = 1$. Die n-dimensionale Sphäre gehört zu dem Komplex, der aus allen Seiten von $(P_0, \ldots, P_{n+1})$ besteht, die eine Dimension $\leq n$ haben.

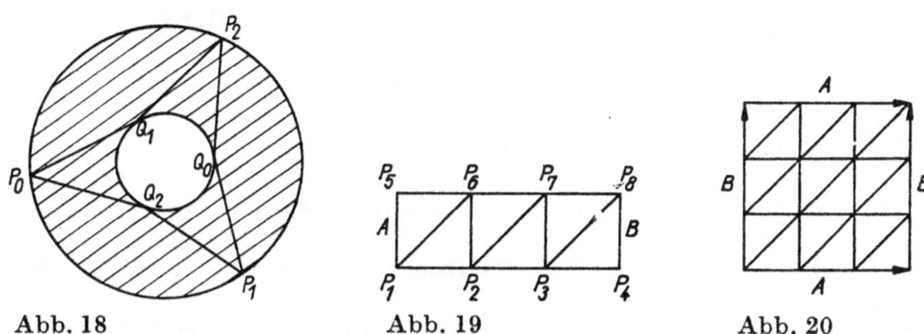

Abb. 18   Abb. 19   Abb. 20

Beispiel 3. Ein Kreisring kann in der aus der Abb. 18 ersichtlichen Weise trianguliert werden.

Beispiel 4. Den Kreisring kann man topologisch auch darstellen, indem man das Band (Abb. 19) in den Seiten A, B so zusammenklebt, daß der Punkt P_1 mit P_4 und P_5 mit P_8 zusammenfällt. Eine zweite Möglichkeit besteht darin, das Band in sich zu verdrehen und A mit B so zu verkleben, daß P_1 mit P_8 und P_4 mit P_5 zusammenfällt. Das so entstehende Polyeder wird als *Möbiussches Band* bezeichnet (Abschn. 10.7.).

Beispiel 5. Ein zweidimensionaler simplizialer Komplex mit endlich vielen Ecken ist ein Polygonkomplex (Abschn. 10.7.). Andererseits kann ein beliebiger Polygonkomplex durch Elementartransformationen (Abschn. 10.8.) in einen simplizialen Komplex übergeführt werden. So erhält man eine Triangulierung des Torus in der aus Abb. 20 erichtlichen Weise.

28.3. Die Homologiegruppen eines Polyeders

Einem simplizialen Komplex $\mathfrak{K}$ werden abelsche Gruppen zugeordnet, die *Homologiegruppen*. Ihre wichtigste Eigenschaft ist es, daß sie nur von dem zu $\mathfrak{K}$ gehörigen Polyeder abhängen. Zwei Zerlegungen des Polyeders in simpliziale Komplexe ergeben isomorphe Homologiegruppen. Diese Gruppen wurden erst 1928 von HOPF (*Nachr. Königl. Gesellsch. Wiss. Göttingen, Math. Phys. Kl.*) auf Anregung von E. NOETHER definiert. POINCARÉ betrachtet stattdessen Rang (Betti-Zahlen) und Torsionskoeffizienten dieser Gruppen (Abschn. A 1.4.). Die Unabhängigkeit von der simpli-

17*

zialen Zerlegung wurde zuerst vollständig von ALEXANDER (*Trans. Amer. Math. Soc.* **16** (1915)) bewiesen.

Sei $\Re$ ein simplizialer Komplex. Zu jedem Simplex S wählen wir eine Orientierung und bezeichnen das orientierte Simplex mit S'. Eine *k-dimensionale Kette* von $\Re$ ist eine Linearkombination

$$\sum_{S \in \Re_k} a_S S'$$

mit Koeffizienten a_S aus Z, die fast alle gleich 0 sind. S' wird mit der Kette $1 \cdot S'$ identifiziert. Das Simplex S mit der zu S' entgegengesetzten Orientierung wird mit $-S'$ bezeichnet. Die Addition von Ketten geschieht koeffizientenweise. Die Gesamtheit $K_k(\Re)$ aller Ketten von $\Re_k$ bildet dann eine abelsche Gruppe.

Wir definieren jetzt für $k = 1, 2, \ldots$ einen Homomorphismus δ_k von $K_k(\Re)$ in $K_{k-1}(\Re)$, der als *Randoperator* bezeichnet wird: Es genügt, δ_k für orientierte Simplexe $S' = (P_0, \ldots, P_k)$ zu erklären. Für eine Kette wird δ_k dann durch

$$\delta_k \left(\sum_{S \in \Re_k} a_S S' \right) = \sum_{S \in \Re_k} a_S \delta_k S'$$

definiert. Wir setzen

$$\delta_k S' = \sum_{i=0}^{k} (-1)^i \, (P_0, P_1, \ldots, P_{i-1}, P_{i+1}, \ldots, P_k) \, .$$

Für $(P_0, P_1, \ldots, P_{i-1}, P_{i+1}, \ldots, P_k)$ schreiben wir kürzer $(P_0, \ldots, \hat{P_i}, \ldots, P_k)$. Weiter setzen wir $\delta_0 = 0$.

Die Randoperatoren genügen der folgenden fundamentalen Relation:

$$\delta_k \delta_{k+1} = 0 \quad \text{für} \quad k = 0, 1, \ldots . \tag{1}$$

In der Tat ist

$$\delta_k \delta_{k+1}(P_0, \ldots, P_{k+1}) = \sum_{i=0}^{k+1} (-1)^i \, \delta_k(P_0, \ldots, \hat{P_i}, \ldots, P_{k+1})$$

$$= \sum_{i=0}^{k+1} (-1)^i \, \left(\sum_{j=0}^{i-1} (-1)^j \, (P_0, \ldots, \hat{P_j}, \ldots, \hat{P_i}, \ldots, P_{k+1}) \right.$$

$$\left. + \sum_{j=i+1}^{k+1} (-1)^{j-1} \, (P_0, \ldots, \hat{P_i}, \ldots, \hat{P_j}, \ldots, P_{k+1}) \right)$$

$$= \sum_{j<i} (-1)^{i+j} \, (P_0, \ldots, \hat{P_j}, \ldots, \hat{P_i}, \ldots, P_{k+1})$$

$$- \sum_{j>i} (-1)^{i+j} \, (\hat{P_0}, \ldots, \hat{P_i}, \ldots, P_j, \ldots, P_{k+1}) = 0 \, .$$

Wir definieren die Untergruppen $Z_k(\Re)$ der *Zyklen* und $R_k(\Re)$ der *Ränder* durch

$$Z_k(\Re) := \operatorname{Ker} \delta_k = \{ x \in K_k(\Re) \mid \delta_k x = 0 \} \, , \qquad R_k(\Re) := \delta_{k+1} K_{k+1}(\Re)$$

für $k = 0, 1, 2, \ldots$. Wegen (1) ist

$$R_k(\Re) \subset Z_k(\Re) \, .$$

Die Faktorgruppe $H_k(\Re) := Z_k(\Re)/R_k(\Re)$ wird als *k-te Homologiegruppe* von $\Re$ bezeichnet.

Nach Definition hängt $H_k(\Re)$ von der Auswahl der Orientierungen der Simplexe ab. Man überzeugt sich jedoch leicht, daß $H_k(\Re)$ bis auf Isomorphie hiervon unabhängig ist.

Den folgenden *Hauptsatz über Homologiegruppen* werden wir im zweiten Band dieses Buches beweisen.

Hauptsatz. *Die Homologiegruppen* $H_k(\Re)$ *eines Komplexes* $\Re$ *hängen nur von dem zugehörigen Polyeder ab. Sie sind invariant bezüglich homöomorpher Abbildungen von Polyedern.*

Sei $T := M(\Re)$ das zum Komplex $\Re$ gehörige Polyeder. Im folgenden schreiben wir statt $H_k(\Re)$ auch $H_k(T)$, um die Unabhängigkeit der Homologiegruppen von der Zerlegung von T in einen Komplex zu unterstreichen.

28.4. Berechnung der Homologiegruppen in einfachen Fällen

Ein Polyeder M heißt *zusammenhängend*, wenn je zwei Punkte P, Q von M durch einen Weg, der ganz in M verläuft, verbunden werden können. Dabei ist ein Weg von P nach Q eine stetige Abbildung φ des Intervalls $[0, 1]$ in M mit $\varphi(0) = P$, $\varphi(1) = Q$.

M läßt sich in eindeutiger Weise in zusammenhängende Teilpolyeder M_i zerlegen, wobei i ein Indexsystem I durchläuft. Die M_i heißen *Zusammenhangskomponenten* von M. Sie sind paarweise nichtzusammenhängend. Wie man leicht sieht, gilt

$$H_k(M) = \sum_{i \in I} H_k(M_i) \quad \text{für} \quad k = 0, 1, \ldots$$

und $H_0(M_i) = Z$. Insbesondere ist der Rang von $H_0(M)$ als Z-Modul gleich der Anzahl der Zusammenhangskomponenten von M.

Wir betrachten jetzt die Beispiele aus Abschn. 28.2.

Beispiel 1. Die n-dimensionale Kugel B_n ist homöomorph zum Simplex $(P_0, \ldots, P_n)$, dessen Teilsimplexe einen Komplex $\Re$ bilden, zu dem B_n gehört.

Sei $(P_{i_0}, \ldots, P_{i_k})$ ein k-Simplex von $\Re$ mit $0 < i_0 < \ldots < i_k$. Dann ist

$$(P_{i_0}, \ldots, P_{i_k}) = \sum_{s=0}^{k} (-1)^s (P_0, P_{i_0}, \ldots, \hat{P}_{i_s}, \ldots, P_{i_k}) \pmod{R_k(\Re)}.$$

Jeder k-Zyklus Z von $\Re$ läßt sich daher in der Form

$$Z \equiv \sum_{0 < i_1 < \ldots < i_k} a_{i_1, \ldots, i_k}(P_0, P_{i_1}, \ldots, P_{i_k}) \pmod{R_k(\Re)}$$

schreiben. Dann wird für $k \geq 1$

$$\delta_k Z = \sum_{0 < i_1 < \ldots < i_k} a_{i_1, \ldots, i_k}(P_{i_1}, \ldots, P_{i_k}) + W = 0 \, ,$$

wobei W Linearkombination von Simplexen ist, in denen die Ecke P_0 vorkommt. Daher ist $a_{i_1, \ldots, i_k} = 0$, d. h. $Z \in R_k(\Re)$. Wir erhalten also das Ergebnis $H_k(B_n) = \{0\}$ für $k \geq 1$.

Beispiel 2. Die n-dimensionale Sphäre S_n gehört zu dem Komplex $\Re$, der aus allen echten Teilsimplexen von $(P_0, \ldots, P_{n+1})$ besteht. Hieraus folgt nach Beispiel 1 sofort $H_k(S_n) = \{0\}$ für $0 < k < n$. Weiter ist $Z_n(\Re) = Z_n(\Re_1) = R_n(\Re_1)$, wobei $\Re_1$ der Komplex ist, der aus allen Teilsimplexen von $(P_0, \ldots, P_{n+1})$ besteht. Also ist $H_n(S_n) = Z_n(\Re) = Z$.

Beispiel 3. Der Kreisring C. Da jeder 2-Simplex eine Seite hat, die in keinem anderen 2-Simplex vorkommt, gibt es nur den trivialen 2-Zyklus, d. h. $H_2(C) = \{0\}$.

Aus dem gleichen Grund läßt sich jede 1-Kette in eindeutiger Weise in der Form

$$Z \equiv \sum_{i \neq j} a_{ij}(P_i, Q_j) \pmod{R_1(\mathfrak{K})}$$

darstellen (siehe Abb. 18, S. 259). Z ist genau dann ein Zyklus, wenn $a_{01} = -a_{02} = -a_{21} = a_{12} = a_{20} = -a_{10}$ ist, d. h. $H_1(C) \cong Z$.

Beispiel 4. Das Möbiussche Band C'. Wie in Beispiel 3 ist $H_2(C') = \{0\}$ und $H_1(C') \cong Z$.

Beispiel 5. Bei der Berechnung der ersten Homologiegruppe des Torus T wollen wir uns von den Riemannschen Ideen bezüglich der Zerlegung einer Fläche (Abschn. 10.7.) leiten lassen. Wir orientieren alle 2-Simplexe im Gegenuhrzeigersinn (Abb. 20, S. 259). Dann tritt jeder 1-Simplex jeweils einmal in beiden Orientierungen auf. Hieraus überlegt man sich leicht, daß die Vielfachen der Summe aller 2-Simplexe und nur diese Zyklen sind, d. h. $H_2(T) \cong Z$. Wir haben in Abschn. 10.8. den Torus in ein Quadrat verwandelt. Hierzu können wir die orientierten Wege A, B wählen, die offensichtlich 1-Zyklen sind. Wir wollen zeigen, daß A und B eine Basis von $H_1(T)$ bilden. Zunächst überlegt man sich leicht, daß jeder 1-Zyklus durch Addition von Rändern in eine Kette verwandelt werden kann, in der nur Seiten aus A oder B vorkommen. Eine Kette dieser Art kann aber nur ein Zyklus sein, wenn sie von der Form $\alpha A + \beta B$ mit $\alpha, \beta \in Z$ ist. Schließlich folgt aus $\alpha A + \beta B \in R_1(\mathfrak{K})$, daß $\alpha = \beta = 0$ ist, denn $R_1(\mathfrak{K})$ enthält außer 0 keinen Rand, der nur aus Seiten in A oder B besteht. Wir haben also $H_1(T) \cong Z + Z$.

In ähnlicher Weise zeigt man, daß die erste Homologiegruppe einer geschlossenen Riemannschen Fläche vom Geschlecht g eine freie abelsche Gruppe vom Rang $2g$ ist.

In allen bisherigen Beispielen sind die Homologiegruppen torsionsfrei. Das folgende Beispiel der projektiven Ebene $P^2(\mathbb{R})$ zeigt, daß dies nicht immer der Fall ist.

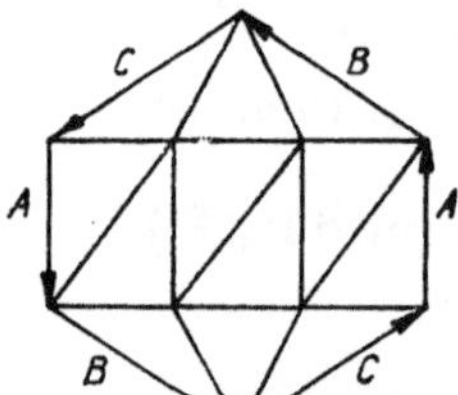

Abb. 21

In Abschn. 10.7. haben wir die projektive Ebene topologisch als abgeschlossene Kreisscheibe, bei der zum Nullpunkt symmetrisch gelegene Randpunkte identifiziert werden, realisiert. Die projektive Ebene kann daher in der aus Abb. 21 ersichtlichen Weise trianguliert werden. Man erkennt hieraus, daß man $P^2(\mathbb{R})$ auch erhält, indem man das Möbiussche Band durch eine Kreisscheibe zu einer geschlossenen Fläche ergänzt.

Die von A, B, C verschiedenen 1-Simplexe unserer Triangulierung $\mathfrak{K}$ nennen wir die *inneren Seiten*. Wir orientieren die 2-Simplexe wie in Beispiel 5 im Gegenuhrzeigersinn. Dann treten die inneren Seiten einmal in beiden Orientierungen auf, dagegen A, B, C zweimal in einer Orientierung. Hieraus ist ersichtlich, daß 0 der einzige 2-Zyklus ist. Jeder 1-Zyklus ist modulo der Ränder zu einem 1-Zyklus kongruent, in dem nur A, B und C vorkommen. Aus diesen 1-Simplexen können wir die Zyklen $\alpha(A + B + C)$ mit $\alpha \in Z$ bilden. $A + B + C$ kann nicht in $R_1(\mathfrak{K})$ liegen. Dagegen ist $2(A + B + C)$ gleich $\delta_2 \Sigma$, wobei Σ die Summe aller 2-Simplexe von $\mathfrak{K}$ ist, d. h. $H_1(P^2(\mathbb{R})) = Z/2Z$.

(28.5. Betti-Zahlen und Eulersche Charakteristik

Die k-te Homologiegruppe eines n-dimensionalen Komplexes $\Re$, der aus endlich vielen Simplexen besteht, ist eine endlich erzeugte abelsche Gruppe. Der Rang dieser Gruppe

Abschn. A 1.4.) wird als *k-te Betti-Zahl* b_k und die alternierende Summe $\sum\limits_{k=0} (-1)^k\, b_k$

als *Eulersche Charakteristik* bezeichnet. Dies wird im Zusammenhang mit Kap. 10, Satz 5 durch den folgenden Satz gerechtfertigt.

Satz 1. *Sei $\Re$ ein n-dimensionaler Komplex, der aus endlich vielen Simplexen besteht, und s_k die Anzahl der k-Simplexe von $\Re$. Dann gilt*

$$\sum_{n=0}^{n} (-1)^k\, s_k = \sum_{k=0}^{n} (-1)^k\, b_k \ .$$

Beweis. Aus den exakten Sequenzen

$$0 \to \mathrm{R}_k(\Re) \to \mathrm{Z}_k(\Re) \to \mathrm{H}_k(\Re) \to 0 \qquad \text{für} \quad k = 0, \dots, n \ ,$$

$$0 \to \mathrm{Z}_k(\Re) \to \mathrm{K}_k(\Re) \xrightarrow{\delta_k} \mathrm{R}_{k-1}(\Re) \to 0 \quad \text{für} \quad k = 1, \dots, n$$

folgt

$$\mathrm{r}\big(\mathrm{Z}_k(\Re)\big) = \mathrm{r}\big(R_k(\Re)\big) + b_k \ ,$$

$$s_k = \mathrm{r}\big(\mathrm{Z}_k(\Re)\big) + \mathrm{r}\big(\mathrm{R}_{k-1}(\Re)\big) \ ,$$

wobei $\mathrm{r}(A)$ den Rang der abelschen Gruppe A bezeichnet (Abschn. A 1.4.). $\square$

28.6. Die Fundamentalgruppe

Zu den wichtigsten Entdeckungen von POINCARÉ in der Topologie gehört die *Fundamentalgruppe eines Polyeders*, die durch Untersuchungen von JORDAN über Flächen vorbereitet worden war (*Des contours tracées sur les surfaces*, J. math. pures appl. **11** (1866)).

Anders als die Homologiegruppen definieren wir die Fundamentalgruppe in invarianter Weise. Weiter wird die *Kantenwegegruppe* eines Komplexes analog zur ersten Homologiegruppe definiert. Der Beweis der Isomorphie von Fundamentalgruppe und Kantenwegegruppe steht in unmittelbarem Zusammenhang mit der Invarianz der Homologiegruppen.

Sei M ein topologischer Raum. Ein *orientierter Weg* vom Punkt $P \in M$ zum Punkt $Q \in M$ ist eine stetige Abbildung W des abgeschlossenen Einheitsintervalls $[0, 1]$ in M mit $W(0) = P$ und $W(1) = Q$. Ist W' ein Weg von Q zu einem Punkt $R \in M$, so ist das Produkt WW' gleich der Zusammensetzung der beiden Wege W und W':

$$WW'(s) = W(2s) \quad \text{für} \quad 0 \leqq s \leqq 1/2 \ ,$$

$$WW'(s) = W'(-1 + 2s) \quad \text{für} \quad 1/2 \leqq s \leqq 1 \ .$$

W^{-1}, der zu W reziproke Weg, führt von Q nach P und ist durch

$$W^{-1}(s) = W(1 - s) \quad \text{für} \quad 0 \leqq s \leqq 1$$

definiert. Wie man leicht sieht, gilt $(WW')^{-1} = W'^{-1}W^{-1}$.

Zwei Wege W_1, W_2 von P nach Q heißen *homotop*, $W_1 \sim W_2$, wenn sie stetig ineinander überführbar sind, d. h. wenn es eine stetige Abbildung φ von $[0, 1] \times [0, 1]$

in M gibt, so daß

$$\varphi(s, 0) = W_1(s), \qquad \varphi(s, 1) = W_2(s) \quad \text{für} \quad 0 \leqq s \leqq 1$$

gilt. Wie man leicht sieht, ist die Homotopie $\sim$ eine Äquivalenzrelation, die mit der Multiplikation und der Reziprokenbildung verträglich ist, d. h., aus $W_1 \sim W_2$, $W_1' \sim W_2'$ folgt $W_1 W_1' \sim W_2 W_2'$, $W_1^{-1} \sim W_2^{-1}$.

Der triviale Weg 1_Q von Q (nach Q) ist die Abbildung $1_Q(s) = Q$ für $0 \leqq s \leqq 1$. Für einen beliebigen Weg W von P nach Q ist

$$W W^{-1} \sim 1_P, \qquad W^{-1} W \sim 1_Q.$$

Die Homotopie wird vermittelt durch die Funktion $\varphi_P(s, t) = W W^{-1}(st)$ bzw. $\varphi_Q(s, t) = W^{-1} W(st)$.

Sei M jetzt *bogenweise zusammenhängend*, d. h., zwei beliebige Punkte von M lassen sich durch einen Weg verbinden. Wir fixieren einen Punkt P von M. Die *Fundamentalgruppe* F(M) von M ist definiert als die Menge aller Homotopieklassen von Wegen von P nach P mit der Multiplikation, die durch die Multiplikation der Wege induziert wird. Es ist leicht zu sehen, daß F(M) eine Gruppe ist und bis auf Isomorphie nicht von der Wahl von P abhängt.

In Kap. 8 haben wir ein Gebiet einfach zusammenhängend genannt, wenn sich in ihm jeder Weg auf einen Punkt zusammenziehen läßt. Nach Definition der Fundamentalgruppe ist dies äquivalent dazu, daß diese Gruppe nur aus dem Einselement besteht. (Genaugenommen haben wir der Einfachheit halber in Kap. 8 nur stückweise glatte Wege zugelassen. Man kann jedoch zeigen, daß die Fundamentalgruppe der stückweise glatten Wege zu der oben definierten Fundamentalgruppe isomorph ist.)

28.7. Die Kantenwegegruppe eines Polygonkomplexes

Um die Fundamentalgruppe eines Polyeders M berechnen zu können, definieren wir die *Kantenwegegruppe* des simplizialen Komplexes $\Re$, zu dem das Polyeder gehört. Wir beschränken uns im folgenden auf endliche Komplexe $\Re$. Dies ist gleichbedeutend damit, daß das zugehörige Polyeder kompakt ist. Da es für die Fundamentalgruppe nur auf den zweidimensionalen Teilkomplex von $\Re$ ankommt, gehen wir allgemeiner von einem Polygonkomplex $\mathfrak{P}$ aus (Abschn. 10.7.), der sich ja durch Anwendung von Elementartransformationen (Abschn. 10.8.) in einem simplizialen Komplex $\mathfrak{P}'$ verwandeln läßt. Die Homologiegruppen (Aufgabe 28.2.) und die Kantenwegegruppen von $\mathfrak{P}$ und $\mathfrak{P}'$ sind isomorph. Der Polygonkomplex kann aber oft so gewählt werden, daß die Berechnung der Homologiegruppe und der Kantenwegegruppe übersichtlicher wird. Die Schwerfälligkeit der Berechnung der Homologiegruppen konnte der Leser bereits am Beispiel des Torus und der projektiven Ebene beobachten.

Ein Kantenweg W von $\mathfrak{P}$ ist ein Weg in M, der längs Kanten von $\mathfrak{P}$ verläuft. Wir bezeichnen ihn durch das Produkt der durchlaufenen Kanten, wobei jeder Faktor mit der Potenz $+1$ oder -1 versehen wird, je nachdem ob die Kante in der gewählten Orientierung oder entgegengesetzt durchlaufen wird (Abschn. 10.7.). Zwei Kantenwege heißen *kombinatorisch homotop*, wenn sie durch endlich viele der folgenden beiden Arten von elementaren Homotopien ineinander übergeführt werden können:

a) Einschalten oder Weglassen von $A A^{-1}$ oder $A^{-1} A$, wobei A eine Kante ist, z. B. $W_1 A A^{-1} W_2 \sim W_1 W_2$;

b) Einschalten oder Weglassen des Randweges eines Polygons.

Unter dem *Randweg* ist dabei die Folge der Bilder der Kanten des Urbildpolygons zu verstehen. Beispielsweise haben wir bei der Darstellung der projektiven Ebene durch ein Polygon mit einer Kante A, das Bild eines Polygons mit zwei Kanten ist (siehe Abb. 22 und vgl. Abb. 21, S. 262), den Randweg AA.

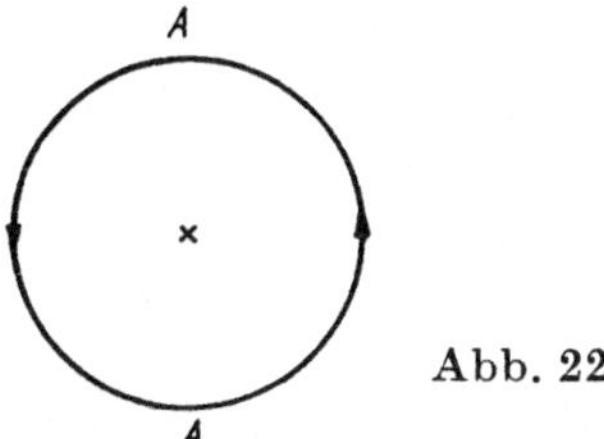

Abb. 22

Die Gesamtheit der Klassen bezüglich kombinatorischer Homotopie von Kantenwegen, die von einem fixierten Eckpunkt P von $\mathfrak{P}$ nach P zurückführen, ist die Kantenwegegruppe $\mathrm{F}'(\mathfrak{P})$, wobei die Gruppenoperation wieder durch das Zusammensetzen der Wege induziert wird.

Jeder Klasse von Kantenwegen in $\mathrm{F}'(\mathfrak{P})$ ordnen wir die entsprechende Klasse in $\mathrm{F}(\bigcup\mathfrak{P})$ zu. Wir erhalten einen Homomorphismus φ der Gruppe $\mathrm{F}'(\mathfrak{P})$ in die Gruppe $\mathrm{F}(\bigcup\mathfrak{P})$.

Hauptsatz über Kantenwegegruppen. φ *ist ein Isomorphismus von* $\mathrm{F}'(\mathfrak{P})$ *auf* $\mathrm{F}(\bigcup\mathfrak{P})$. Der Beweis dieses Satzes erfolgt im zweiten Band dieses Buches.

Man überzeugt sich leicht, daß zwei Komplexe $\mathfrak{P}$, $\mathfrak{P}'$, die durch Elementartransformationen auseinander hervorgehen, isomorphe Kantenwegegruppen haben. Beim Beweis des Hauptsatzes über Kantenwegegruppen kann man sich daher auf simpliziale Komplexe beschränken.

Vergleicht man die Definition der Kantenwegegruppe mit der Definition der ersten Homologiegruppe eines simplizialen Komplexes $\mathfrak{K}$, so sieht man, daß sich beide nur dadurch unterscheiden, daß man bei der Kantenwegegruppe die Reihenfolge der Kanten beachtet, bei der Homologiegruppe jedoch nicht. Die Homologiegruppe $\mathrm{H}_1(\mathfrak{K})$ ist daher die „größte" Faktorgruppe von $\mathrm{F}'(\mathfrak{K})$, die abelsch ist. Dem liegt der folgende gruppentheoretische Prozeß zugrunde: Sei G eine beliebige Gruppe und $x, y \in G$. Wenn für einen Normalteiler N von G die Faktorgruppe G/N abelsch sein soll, so muß offenbar der Kommutator $x^{-1}y^{-1}xy =: (x, y)$ in N liegen. N enthält also den kleinsten Normalteiler G^c von G, der von den Elementen (x, y) für alle $x, y \in G$ erzeugt wird. Andererseits ist G/G^c offensichtlich abelsch. G^c heißt *Kommutatorgruppe* von G und G/G^c *Faktorkommutatorgruppe* von G. Es gilt

$$\mathrm{H}_1(\mathfrak{K}) = \mathrm{F}'(\mathfrak{K})/\mathrm{F}'(\mathfrak{K})^c \, . \tag{2}$$

28.8. Beschreibung der Kantenwegegruppe durch Erzeugende und Relationen

Wir wollen die Gruppe $\mathrm{F}'(\mathfrak{K})$ eines Polygonkomplexes durch *Erzeugende* und *Relationen* beschreiben. Einer solchen Beschreibung liegt die folgende gruppentheoretische Konstruktion zugrunde: Seien $s_1, \ldots, s_m$ beliebige Objekte; wir nennen sie *Erzeugende* und ihre Gesamtheit ein *Alphabet*. Ein Ausdruck $w := s_{i_1}^{\varepsilon_1} \ldots s_{i_h}^{\varepsilon_h}$, wobei die $i_1, \ldots, i_h$ irgendwelche Zahlen zwischen 1 und m sind und ε_k gleich $+1$ oder -1 ist, $k = 1, \ldots, h$, heißt ein *Wort* in $s_1, \ldots, s_m$. Sei W die Menge der Wörter in $s_1, \ldots, s_m$. Hierzu rechnet auch das „leere Wort 1". Durch Hintereinanderschreiben der Wörter wird in W eine Multiplikation erklärt. Zwei Wörter heißen *äquivalent*, wenn sie durch endlich viele *Elementartransformationen* ineinander übergeführt werden können. Eine Elementartransformation besteht im Einschalten oder Weglassen von $s_k s_k^{-1}$ oder $s_k^{-1} s_k$, $k = 1, \ldots,$ $\ldots, m$. Wir erhalten so eine Äquivalenz, die mit der Multiplikation in W verträglich ist. Die Menge der Äquivalenzklassen in W ist eine Gruppe F_m, die als freie Gruppe mit den Erzeugenden $s_1, \ldots, s_m$ bezeichnet wird. Wir bezeichnen diese Äquivalenzklassen ebenfalls als Wörter in $s_1, \ldots, s_m$. Sie haben eine eindeutige kürzeste Darstellung, in der s_k und s_k^{-1} niemals nebeneinander stehen. Der Beweis der letzteren Behauptung sei dem Leser überlassen.

Seien $r_1, \ldots, r_l$ Wörter in F_m, und sei R der Normalteiler von F_m, der von $r_1, \ldots, r_l$ erzeugt wird. Dann heißt F_m/R die Gruppe mit den *Erzeugenden* $s_1, \ldots, s_m$ und den *Relationen* $r_1, \ldots, r_l$.

Wir kommen nun auf die Beschreibung von $F'(\mathfrak{K})$ als Gruppe mit Erzeugenden und Relationen zurück. Die Kanten von $\mathfrak{K}$ seien mit $A_1, \ldots, A_m$ bezeichnet.

Wir verbinden jede Ecke Q des Komplexes, der als zusammenhängend vorausgesetzt wird, mit P durch einen Kantenweg W_Q, insbesondere setzen wir $W_P = 1_P$. Der Kante A_k mit dem Anfangspunkt Q und dem Endpunkt Q' ordnen wir den von P nach P führenden Weg

$$s_k = W_Q A_k W_{Q'}^{-1}, \qquad k = 1, \ldots, m, \tag{3}$$

zu. (3) induziert wegen der Elementarhomotopien erster Art einen Homomorphismus φ von F_m in $F'(\mathfrak{K})$. Man sieht leicht, daß φ auf $F'(\mathfrak{K})$ abbildet.

Der Kern von φ wird erzeugt von den *Relationen erster* und *zweiter Art*: Die Relationen erster Art ergeben sich aus der Tatsache, daß die Erzeugenden s_k selbst Wörter in $A_1, \ldots, A_m$ sind. Wenn $s_k = A_{i_1}^{\varepsilon_1} \ldots A_{i_h}^{\varepsilon_h}$ ist, erhält man eine Relation $r_k := s_k^{-1} s_{i_1}^{\varepsilon_1} \ldots s_{i_h}^{\varepsilon_h}$. Die Relationen zweiter Art ergeben sich aus den Elementarhomotopien zweiter Art: Dem Polygon G mit dem Rand $A_{i_1}^{\varepsilon_1} \ldots A_{i_h}^{\varepsilon_h}$ wird die Relation $r_G = s_{i_1}^{\varepsilon_1} \ldots s_{i_h}^{\varepsilon_h}$ zugeordnet.

Damit haben wir $F'(\mathfrak{K})$ als Gruppe mit den Erzeugenden $s_1, \ldots, s_m$ und den Relationen r_k, r_G dargestellt, wobei k die Zahlen von 1 bis m und G alle Polygone von $\mathfrak{K}$ durchläuft.

Wir betrachten jetzt einige Beispiele. Eine geschlossene Riemannsche Fläche vom Geschlecht g wird durch ein Polygon mit einer Ecke P und den Kanten $A_1, B_1, \ldots$ $\ldots, B_g, B_g$ dargestellt. Der Randweg des Polygons ist

$$A_1^{-1} B_1^{-1} A_1 B_1 \ldots A_g^{-1} B_g^{-1} A_g B_g \tag{4}$$

(Abschn. 10.8.). Da wir nur eine Ecke haben, ist $F'(\mathfrak{K})$ die Gruppe mit den Erzeugenden $A_1, B_1, \ldots, A_g, B_g$ und der einzigen Relation (4).

Die Fundamentalgruppe der zweidimensionalen Sphäre bzw. der projektiven Ebene ist isomorph zu $\{1\}$ bzw. $Z/2Z$.

Sei $S(m)$ die zweidimensionale Sphäre, von der m Punkte weggelassen sind. Da $S(m)$ nicht kompakt ist, ist die Methode der Kantenwegegruppe zunächst nicht anwendbar. Auf Grund der Definition der Fundamentalgruppe ändert sich diese aber nicht, wenn man statt der m Punkte m disjunkte offene Kreisscheiben wegläßt (d. h. die m Löcher etwas vergrößert). Die so entstehende Fläche läßt sich durch ein Polygon mit $2m - 1$ Kanten und m Ecken darstellen. Die zugehörige Kantenwegegruppe ist isomorph zur freien Gruppe mit $m - 1$ Erzeugenden (siehe auch Aufgabe 28.5.).

28.9. Überlagerungsräume

Der Ausgangspunkt von RIEMANNs topologischen Überlegungen bestand in der Betrachtung von Flächen, die die Ebene überlagern (Kap. 10). Dieses Konzept kann man leicht für einen beliebigen topologischen Raum formulieren:

Seien M_1 und M topologische Räume und φ eine stetige Abbildung von M_1 auf M. Dann heißt $\{M_1, \varphi\}$ *Überlagerung von* M, wenn zu jedem Punkt $P \in M_1$ und jeder Umgebung von U von P auch $\varphi(U)$ eine Umgebung von $\varphi(P)$ ist. $\{M_1, \varphi\}$ heißt *unverzweigt im Punkt* $P \in M_1$, wenn es eine Umgebung U von P gibt, so daß U homöomorph auf $\varphi(U)$ abgebildet wird.

Die von RIEMANN betrachteten Überlagerungsflächen sind verzweigt in isolierten Punkten. Läßt man diese Punkte und ihre Bildpunkte weg, so erhält man eine unverzweigte Überlagerung. Im folgenden betrachten wir nur unverzweigte Überlagerungen. Genauer machen wir die folgenden Voraussetzungen:

Zu jedem Punkt von M gibt es eine Umgebung U, die bogenweise zusammenhängend und einfach zusammenhängend ist und die Eigenschaft hat, daß $\varphi^{-1}(U)$ in disjunkte Teilmengen zerfällt, die durch φ homöomorph auf U abgebildet werden. Weiter nehmen wir an, daß M_1 und damit M bogenweise zusammenhängend ist.

Zwei Überlagerungen $\{M_1, \varphi\}$, $\{M_1', \varphi'\}$ über M heißen *homöomorph*, wenn es einen Homöomorphismus ψ von M_1 auf M_1' gibt, der mit φ und φ' verträglich ist, d. h. $\varphi = \varphi'\psi$.

Sei $\{M_1, \varphi\}$ eine Überlagerung von M, $P \in M_1$ und $w(s), 0 \leq s \leq 1$, ein von $\varphi(P) = w(0)$ ausgehender Weg in M. Wir betrachten von P ausgehende Wege $\tilde{w}$ in M_1 mit $\varphi(\tilde{w}(s)) = w(s)$ für $0 \leq s < s_0$ für ein gewisses s_0 mit $0 < s_0 \leq 1$. Für festes s_0 ist $\tilde{w}$ wegen der Unverzweigtheitsbedingung eindeutig bestimmt. Weiter sieht man leicht, daß sich $\tilde{w}$ immer zu einem Weg fortsetzen läßt, der ganz w überlagert. Darüber hinaus gilt der folgende Satz, der als *Monodromiesatz* bezeichnet wird.

Satz 2. *Sei* $\{M_1, \varphi\}$ *eine Überlagerung von* M, *sei* $P \in M_1$ *und seien* w_1, w_2 *homotope Wege, die von* $\varphi(P)$ *ausgehen. Dann sind auch die von* P *ausgehenden Wege* $\tilde{w}_1, \tilde{w}_2$ *homotop.* $\square$

Im folgenden besteht unser Ziel darin, den Zusammenhang zwischen Überlagerungen und Fundamentalgruppe klarzustellen.

Sei $\{M_1, \varphi\}$ eine Überlagerung von M. Durch die Zuordnung der entsprechenden von einem fixierten Punkt ausgehenden geschlossenen Wege erhalten wir einen Homomorphismus φ_* von $\mathrm{F}(M_1)$ in $\mathrm{F}(M)$. Wegen Satz 2 ist φ_* ein Monomorphismus. Das Bild von φ_* in $\mathrm{F}(M)$ hängt von der Wahl des Ausgangspunktes P in M_1 ab. Geht man statt von P von einem Punkt P' aus, der den gleichen Bildpunkt in M hat, und ist w ein Weg von P nach P', so ist $\varphi(w)$ ein geschlossener Weg von $\varphi(P)$, dem das Element $\overline{\varphi(w)} \in \mathrm{F}(M)$ entspricht. Wir erhalten einen Homomorphismus mit dem Bild $\overline{\varphi(w)}^{-1}\varphi_*\big(\mathrm{F}(M_1)\big)\,\overline{\varphi(w)}$. Daher bestimmt $\{M_1, \varphi\}$ eine Klasse konjugierterter Untergruppen in $\mathrm{F}(M)$.

Wir wollen jetzt zeigen, daß umgekehrt jede Klasse konjugierter Untergruppen von $\mathrm{F}(M)$ eine Überlagerung $\{M_1, \varphi\}$ bestimmt. Sei H eine Untergruppe von $\mathrm{F}(M)$. Dann betrachten wir alle Wege w_Q, die von einem fixierten Punkt O von M zu einem Punkt Q gehen. Zwei solche Wege w_Q, w_Q' heißen *äquivalent*, wenn die Homotopieklasse von $w_Q w_Q'^{-1}$ in H liegt. M_1 wird erklärt als die Menge der Klassen äquivalenter Wege w_Q bei variablem Q. Die Abbildung φ ordnet der Klasse von w_Q den Punkt Q zu. Die Topologie in M_1 ist die von φ induzierte Topologie. Man überzeugt sich leicht, daß man so eine Überlagerung $\{M_1, \varphi\}$ von M erhält. Eine zu H konjugierte Untergruppe führt zu einer homöomorphen Überlagerung.

Damit haben wir eine Abbildung Φ_1 von der Menge $\mathfrak{M}_1$ der Homöomorphieklassen von Überlagerungen von M in die Menge $\mathfrak{M}$ der Klassen konjugierter Untergruppen von $\mathrm{F}(M)$ konstruiert, sowie eine Abbildung Φ_2 von $\mathfrak{M}_1$ in $\mathfrak{M}$. Wie man leicht sieht, sind beide Abbildungen zueinander invers. Damit haben wir den folgenden Satz bewiesen:

Satz 3. *Es gibt eine eineindeutige Entsprechung zwischen den Homöomorphieklassen von Überlagerungen eines topologischen Raumes M und den Klassen konjugierter Untergruppen von* $\mathrm{F}(M)$. $\square$

Bei einer Überlagerung $\{M_1, \varphi\}$ von M liegen über jedem Punkt von M gleich viel Punkte von M_1. Die Anzahl dieser Punkte wird als *Blätterzahl* der Überlagerung bezeichnet. Der Index einer zu M_1 gehörigen Untergruppe H in $\mathrm{F}(M)$ ist gleich der Blätterzahl von M_1.

Die zur Untergruppe $\{1\}$ von $\mathrm{F}(M)$ gehörige Überlagerung heißt *universelle Überlagerung*. Nach der obigen Überlegung ist jede Überlagerung von M homöomorph zu einer Überlagerung, die wiederum von der universellen Überlagerung überlagert wird. Insbesondere hat letztere keine echte Überlagerung und ist daher einfach zusammenhängend.

28.10. Decktransformationen

Eine *Decktransformation* ψ der Überlagerung $\{M_1, \varphi\}$ von M ist ein Homöomorphismus von $\{M_1, \varphi\}$ auf sich. ψ permutiert also die über einem Punkt von M gelegenen Punkte von M_1.

Satz 4. *Sei O ein Punkt von M, und seien O_1, O_2 zwei über O gelegene Punkte von M_1. Dann gibt es höchstens eine Decktransformation ψ, die O_1 in O_2 überführt.*

Beweis. Sei P ein beliebiger Punkt von M, sei P_1 ein über P liegender Punkt, sei $\tilde{w}$ ein Weg von O_1 nach P_1 und w der entsprechende Basisweg von O nach P. Dann gibt es genau einen über w liegenden Weg in M_1 von O_2 nach einem Punkt P_2 über P, und aus Stetigkeitsgründen gilt $\psi P_1 = P_2$. $\square$

Eine Überlagerung von M heißt *regulär*, wenn es zu je zwei Punkten O_1, O_2, die über dem gleichen Punkt O von M liegen, eine Decktransformation gibt, die O_1 in O_2 überführt. Beispielsweise ist die universelle Überlagerung regulär. Wie man leicht sieht, ist eine Überlagerung von M genau dann regulär, wenn die entsprechend Satz 3 zugeordnete Klasse von Untergruppen von $\mathrm{F}(M)$ nur aus einer Gruppe besteht, die also ein Normalteiler ist. In diesem Fall ist die Anzahl der Decktransformationen gleich der Anzahl der Blätter der Überlagerung.

Satz 5. *Die Fundamentalgruppe eines topologischen Raumes M ist isomorph zur Gruppe der Decktransformationen der universellen Überlagerung.*

Beweis. Sei O ein Punkt von M und sei $\mathrm{F}(M)$ realisiert als die Gruppe der Klassen homotoper Wege von O nach O. Weiter sei O_1 ein über O gelegener Punkt der universellen Überlagerung, w ein Weg von O nach O und w der entsprechende von O_1 ausgehende Weg. Nach Definition der universellen Überlagerung hängt der Endpunkt O_2 von $\tilde{w}$ nicht von der Wahl von w innerhalb der Homotopieklasse ab. Wir ordnen der

Klasse von w die Decktransformation zu, die O_1 auf O_2 abbildet. Das ergibt den gesuchten Isomorphismus. $\square$

Es besteht eine weitgehende Analogie zwischen der Galoisschen Theorie einer normalen Körpererweiterung (Kap. 17) und der Theorie der Teilüberlagerungen einer regulären Überlagerung. Der Galoisschen Gruppe entspricht dabei die Gruppe der Decktransformationen. Die Ausarbeitung der Einzelheiten dieser Theorie sei dem Leser überlassen.

28.11. Faktorräume

Sei M ein topologischer Raum und G eine Gruppe von Homöomorphismen von M auf sich. Zwei Punkte P_1, P_2 von M heißen *äquivalent* bezüglich G, wenn es ein $g \in G$ mit $P_2 = gP_1$ gibt. Auf diese Weise wird eine Äquivalenzrelation definiert. Die Klassen äquivalenter Punkte von M werden als *Bahnen* (oder *Orbits*) bezüglich G bezeichnet. Die Gesamtheit der Bahnen von M wird als *Faktorraum* $G \setminus M$ von M bezüglich G bezeichnet. Die Projektion $\pi: M \to G \setminus M$ bildet einen Punkt $P \in M$ auf die zugehörige Bahn $GP := \{gP \mid g \in G\}$ ab.

Wir nennen G *zulässig*, wenn es zu jedem Punkt von M eine Umgebung U gibt, so daß für alle $g \in G$, $g \neq 1$, die Mengen U und gU disjunkt sind. Wenn G zulässig ist, führen wir in $G \setminus M$ die Topologie ein, deren offene Mengen gerade die Bilder offener Mengen in M sind. Dann ist π eine stetige Abbildung.

Satz 6. *Sei M bogenweise zusammenhängend und G eine zulässige Gruppe von Homöomorphismen von M auf sich. Dann ist $\{M, \pi\}$ eine reguläre Überlagerung von $G \setminus M$ und G die Gruppe der Decktransformationen von $\{M, \pi\}$.*

Sei andererseits $\{M, \varphi\}$ eine reguläre Überlagerung eines topologischen Raumes M'. Dann ist die Gruppe G der Decktransformationen von $\{M, \varphi\}$ eine zulässige Gruppe von Homöomorphismen von M und M' ist homöomorph zu $G \setminus M$.

Der leichte Beweis von Satz 6 sei dem Leser überlassen. $\square$

Aufgaben

28.1. Man zeige, daß ein Polygonkomplex (Abschn. 10.7.) durch Elementartransformationen (Abschn. 10.8.) trianguliert werden kann.

28.2. Man definiere die Homologiegruppen eines Polygonkomplexes analog zur Definition der Homologiegruppen eines simplizialen Komplexes und zeige, daß diese Gruppen bis auf Isomorphie invariant bei Elementartransformationen sind.

28.3. Man berechne die Homologiegruppen der geschlossenen Riemannschen Flächen.

28.4. Man berechne die Homologiegruppen der nichtorientierbaren geschlossenen Flächen (Aufgabe 10.9.).

28.5. Sei $\mathscr{F}$ eine geschlossene Fläche und $\mathscr{F}(m)$ die Fläche, die auf $\mathscr{F}$ durch Entfernung von m Punkten entsteht. Man berechne die Fundamentalgruppe von $\mathscr{F}(m)$.

28.6. Sei G eine beliebige endliche Gruppe mit m Erzeugenden, z eine Unbestimmte, und seien $z_1, \dots, z_{m+1}$ beliebige Punkte der erweiterten komplexen Ebene $\mathscr{Z}$. Man zeige, daß es eine normale Erweiterung K des Körpers $\mathbb{C}(z)$ gibt, die höchstens in $z_1, \dots, z_{m+1}$ verzweigt ist (Kap. 23) und deren Galoissche Gruppe $G(K/\mathbb{C}(z))$ isomorph zu G ist. (Hinweis: Man stelle G als Faktorgruppe der Fundamentalgruppe von $\mathscr{Z} - \{z_1, \dots, z_{m+1}\}$ dar und benutze Abschn. 28.9. sowie Kap. 11, Satz 13.)

29. Die Idee der Riemannschen Fläche

RIEMANN hatte die später so genannten Riemannschen Flächen als Überlagerungen
der Ebene definiert (Kap. 10). Die sich hierauf aufbauende Funktionentheorie spielte
eine hervorragende Rolle in der Mathematik der zweiten Hälfte des 19. Jahrhunderts.
Sie genügte jedoch keineswegs den Anforderungen an Strenge der Theorie, wie sie
inzwischen an alle Zweige der Mathematik gestellt wurden. Trotzdem dauerte es bis
zum Jahre 1913, bis von WEYL die erste strenge Definition des Begriffs der Riemannschen Fläche gegeben wurde. Sein Buch „*Die Idee der Riemannschen Fläche*“ wurde
wegweisend für eine exakte Definition des Begriffs der Mannigfaltigkeit und stellte
daher einen wichtigen Schritt in der Entwicklung der Mathematik dar. Voraussetzung
war die Ausformung der Topologie als abstrakte Theorie, die sich zu dieser Zeit auf
der Grundlage der Mengenlehre von CANTOR und DEDEKIND vollzog. WEYL definierte
den Begriff der zweidimensionalen Mannigfaltigkeit gleichzeitig mit dem Begriff
des topologischen Raumes. Wir nehmen hier jedoch an, daß der Leser mit den Grund-
begriffen der mengentheoretischen Topologie vertraut ist (Anh. 2) und definieren,
wie heute üblich, eine n-dimensionale Mannigfaltigkeit ausgehend von einem gegebenem topologischen Raum.

29.1. Der Begriff der reellen n-dimensionalen Mannigfaltigkeit

Eine *n-dimensionale reelle Mannigfaltigkeit* ist ein Hausdorffscher topologischer
Raum M, der mit offenen Teilmengen U überdeckt ist, die homöomorph zu offenen
Teilmengen des R^n sind. Sei φ_U die entsprechende Abbildung von U in R^n. Die offene
Teilmenge U heißt *Karte* von M, und die Gesamtheit $\mathfrak{A}$ der M überdeckenden Mengen
heißt *Atlas* von M. Haben zwei Karten U_1, U_2 einen nichtleeren Durchschnitt U_{12}, so
geben sie Anlaß zu einer homöomorphen Abbildung $\varphi_{12} = \varphi_{U_2}\varphi_{U_1}^{-1}$ von $\varphi_{U_1}(U_{12})$ auf
$\varphi_{U_2}(U_{12})$. Da diese Mengen offene Teilmengen des R^n sind, können wir davon sprechen,
daß φ_{12} differenzierbar ist. φ_{12} heißt *Verklebungsabbildung* von U_1 und U_2. Wenn alle
Verklebungsabbildungen von $\mathfrak{A}$ differenzierbar sind, heißt M *differenzierbare* Mannigfaltigkeit.

Beispiel 1. Der R^n ist eine differenzierbare Mannigfaltigkeit. Das System der überdeckenden Teilmengen besteht aus der einzigen Menge $U := R^n$, und φ_U ist die identische Abbildung

Beispiel 2. Sei P_R^n der n-dimensionale reelle projektive Raum (Anh. 5). Die in
Anh. 5 definierten Abbildungen φ_i von R^n in P_R^n definieren einen Atlas von P_R^n,
bezüglich dessen P_R^n eine differenzierbare Mannigfaltigkeit ist.

29.2. Definition der Riemannschen Fläche

Im weiteren beschränken wir uns auf zusammenhängende zweidimensionale reelle Mannigfaltigkeiten, die triangulierbar im Sinne von Abschn. 28.2. sind. Die Bilder der zugehörigen Karten betrachten wir als Teilmengen von $\mathcal{C}$. Eine solche Mannigfaltigkeit $\mathcal{F}$ heißt *Riemannsche Fläche*, wenn die Verklebungsabbildungen holomorphe Funktionen sind.

Auf eine Riemannsche Fläche lassen sich die Grundbegriffe der Funktionentheorie in der gleichen Weise übertragen, wie wir das in Abschn. 10.4. für Überlagerungen der erweiterten Ebene durchgeführt haben.

Eine komplexwertige Funktion f, die auf einer offenen Teilmenge V von $\mathcal{F}$ definiert ist, heißt *holomorph* im Punkt $P \in V$, wenn für ein U aus dem Atlas $\mathfrak{A}_{\mathcal{F}}$ von $\mathcal{F}$ mit $P \in U$ die Abbildung $f\varphi_U^{-1}$ auf einer Umgebung von $\varphi_U(P)$ in $\varphi_U(U \cap V)$ *holomorph* ist. Da die Verklebungsabbildungen holomorph sind, hängt diese Definition nicht von der Wahl von $U \in \mathfrak{A}_{\mathcal{F}}$ ab.

Eine *Ortsuniformisierende* für P ist eine holomorphe Funktion t, die auf einer Umgebung V von P definiert ist und V homöomorph auf eine offene Menge in $\mathcal{C}$ abbildet, wobei $t(P) = 0$ ist. Ist u eine weitere Ortsuniformisierende von P, so wird $u = c_1 t + c_2 t^2 + \ldots$ eine Potenzreihe, die in einer Umgebung von 0 konvergiert. Da sich auch t durch u in dieser Weise ausdrücken läßt, muß $c_1 \neq 0$ sein. Für jedes $P \in \mathcal{F}$ und $U \in \mathfrak{A}_{\mathcal{F}}$ mit $P \in U$ ist $\varphi_U - \varphi_U(P)$ eine Ortsuniformisierende.

Seien $\mathcal{F}_1$ und $\mathcal{F}_2$ Riemannsche Flächen. Eine Abbildung φ von $\mathcal{F}_1$ in $\mathcal{F}_2$ heißt *holomorph* im Punkt $P \in F_1$, wenn für zwei beliebige Ortsuniformisierende t_1, t_2 von P und $\varphi(P)$ die Funktion $t_2 \varphi t_1^{-1}$ im Punkt 0 holomorph ist. Eine auf ganz $\mathcal{F}_1$ holomorphe Abbildung heißt auch *konform*.

Lokale Eigenschaften einer Riemannschen Fläche $\mathcal{F}$ sind solche, die sich auf eine genügend kleine Umgebung eines Punktes von $\mathcal{F}$ beziehen. Auf Grund der Definition von $\mathcal{F}$ sind lokale Eigenschaften und Begriffe äquivalent zu den lokalen funktionentheoretischen Eigenschaften und Begriffen auf $\mathcal{C}$.

Eine Triangulierung (Abschn. 28.2.) einer Riemannschen Fläche $\mathcal{F}$ heißt *analytisch*, wenn die zugehörigen Simplexabbildungen analytisch sind. Man kann beweisen, daß jede Riemannsche Fläche analytisch triangulierbar ist. Wir gehen hier auf den Beweis dieses Satzes nicht ein, sondern nehmen die analytische Triangulierbarkeit in die Definition der Riemannschen Fläche auf. In allen zu betrachtenden Beispielen läßt sie sich leicht beweisen.

Um die Triangulierung der Riemannschen Fläche besser mit ihrem Atlas vergleichen zu können, *verfeinert* man die Triangulierung, indem man jedes Dreieck durch die Seitenhalbierenden in sechs Teildreiecke zerlegt. Offensichtlich erhält man so wieder eine analytische Triangulierung. Wir geben jetzt Beispiele von Riemannschen Flächen.

Beispiel 1. Die Ebene $\mathcal{C}$. Wir können als einzige Karte ganz $\mathcal{C}$ und für $\varphi_{\mathcal{C}}$ die identische Abbildung auf $\mathcal{C}$ nehmen.

Beispiel 2. Die erweiterte Ebene $\mathcal{Z} := \mathcal{C} \cup \{\infty\}$. Die offenen Umgebungen von ∞ erhält man in der Form $(\mathcal{C} - X) \cup \{\infty\}$, wobei X eine beschränkte abgeschlossene Teilmenge von $\mathcal{C}$ ist. Wir überdecken $\mathcal{Z}$ durch zwei Karten $U_1 := C$ und $U_2 := (\mathcal{C} - \{0\}) \cup \{\infty\}$ und setzen $\varphi_{U_1}(z) = z$, $\varphi_{U_2}(z) = 1/z$ für $t \neq \infty$, $\varphi_{U_2}(\infty) = 0$. Die Verklebungsabbildung φ_{12} auf $U_1 \cap U_2 = \mathcal{C} - \{0\}$ ist $\varphi_{12}(z) = 1/z$. Man kann $\mathcal{Z}$ auch als komplexe projektive Gerade $P_{\mathcal{C}}^1$ interpretieren (vgl. Abschn. 29.1., Beispiel 2).

Beispiel 3. Sei $\Gamma := \omega_1 Z + \omega_2 Z$ mit $\omega_1, \omega_2 \in \mathbb{C}^\times$ ein Gitter in $\mathbb{C}$, d. h., ω_1 und ω_2 seien linear unabhängig über $\mathbb{R}$. Wir erklären die Faktorgruppe $\mathbb{C}/\Gamma$ zum topologischen Raum, indem wir als offene Mengen von $\mathbb{C}/\Gamma$ aller Bilder von offenen Mengen V in $\mathbb{C}$ bei der Projektion $\pi \colon \mathbb{C} \to \mathbb{C}/\Gamma$ erklären. Wenn V keine Zahlen z_1, z_2 enthält, die bei π auf die gleiche Klasse in $\mathbb{C}/\Gamma$ abgebildet werden, ist die Abbildung $\varphi_V := \pi|_{\pi^{-1}(V)}$ ein Homöomorphismus von $\pi^{-1}(V)$ auf V. Wir definieren $\mathbb{C}/\Gamma$ als Riemannsche Fläche durch den Atlas mit den Karten $\pi(V)$ und den Abbildungen φ_V^{-1}. Eine meromorphe Funktion auf $\mathbb{C}/\Gamma$ ist nichts anderes als eine elliptische Funktion auf $\mathbb{C}$ mit dem Periodengitter Γ (Abschn. 13.1.).

Beispiel 4. Die in Kap. 10 definierten Riemannschen Flächen sind Riemannsche Flächen im Sinne unserer jetzigen Definition.

29.3. Orientierbarkeit der Riemannschen Flächen

Wir haben in Abschn. 10.7. definiert, was es heißt, daß eine triangulierte Fläche orientierbar ist. Dazu hat man jedes Dreieck der Triangulierung mit einem Durchlaufungssinn zu versehen. Ist dies so möglich, daß die Durchlaufung einer Kante in den beiden angrenzenden Dreiecken immer gegenläufig ist, so ist die Fläche *orientierbar*.

Satz 1. *Jede Riemannsche Fläche ist orientierbar.*

Beweis. Wir wählen die Triangulierung so fein, daß jedes Dreieck Δ in *einer Karte U liegt*. Δ wird dann durch φ_K auf ein topologisches Dreieck in $\mathbb{C}$ abgebildet, das wir mit dem positiven Durchlaufungssinn versehen. Diesen Durchlaufungssinn übertragen wir mit Hilfe von φ_U^{-1} auf Δ. Da eine holomorphe und homöomorphe Abbildung in einem Teilgebiet von $\mathbb{C}$ den Durchlaufungssinn erhält (Abschn. 14.12.), hängt diese Definition nicht von der gewählten Karte ab. Durch Übergang zu einer feineren Triangulierung kann man immer erreichen, daß auch die an Δ angrenzenden Dreiecke in der Karte U liegen und folglich die Kanten von Δ in den angrenzenden Dreiecken gegenläufig orientiert sind. $\square$

Handelt es sich insbesondere um eine geschlossene Riemannsche Fläche, so ist diese als topologische Mannigfaltigkeit allein durch ihr Geschlecht bestimmt (Abschn. 10.8.).

29.4. Meromorphe Differentiale

Ein meromorphes Differential ω auf der Riemannschen Fläche $\mathcal{F}$ wird wie in Abschn. 11.1. definiert als eine Abbildung, die jedem Punkt P von $\mathcal{F}$ und jeder Ortsuniformisierenden t von P eine meromorphe Funktion ω/dt in einer Umgebung von P zuordnet, wobei für zwei Ortsuniformisierende t, t' von P, P' die Beziehung

$$\frac{\omega}{dt} = \frac{dt'}{dt} \frac{\omega}{dt'}$$

für alle Punkte Q aus dem Durchschnitt $U_P \cap U_{P'}$ erfüllt ist.

Das Residuum von ω an der Stelle P ist als a_{-1} definiert, wenn ω/dt die Form

$$\frac{\omega}{dt} = \sum_{i=i_0}^{\infty} a_i t^i$$

hat. Diese Definition ist unabhängig von der Wahl der Ortsuniformisierenden.

Sei f eine meromorphe Funktion auf $\mathcal{F}$. Dann ist das Differential df definiert als die Abbildung, die dem Punkt P von $\mathcal{F}$ und der Ortsuniformisierenden t von P die Funktion df/dt zuordnet.

Sei C eine (stückweise glatte) Kurve in $\mathcal{F}$, auf der ω regulär ist. Dann wollen wir das Integral $\int_C \omega$ definieren.

Wenn C in der Umgebung U_P einer Ortsuniformisierenden t liegt, setzen wir

$$\int_C \omega = \int_{tC} \frac{\omega}{dt}\, dt \; .$$

Im allgemeinen zerlegen wir C in endlich viele Teilkurven $C_1, C_2, \dots, C_s$, die jeweils im Definitionsgebiet einer Ortsuniformisierenden $t_1, \dots, t_s$ liegen (dies ist immer möglich, weil C nach Definition kompakt ist). Dann setzen wir

$$\int_C \omega = \sum_{i=1}^{s} \int_{C_i} \frac{\omega}{dt_i}\, dt_i \; .$$

Diese Definition ist unabhängig von der Wahl der Zerlegung von C und der Wahl der Ortsuniformisierenden.

Satz 2. *Sei f eine meromorphe Funktion auf einer Riemannschen Fläche $\mathcal{F}$, die auf der von P_1 nach P_2 führenden Kurve C regulär ist. Dann gilt*

$$\int_C df = f(P_2) - f(P_1) \cdot \; \square$$

Satz 3 *(Cauchyscher Integralsatz). Sei G ein einfach zusammenhängendes Gebiet auf der Riemannschen Fläche $\mathcal{F}$ und C eine geschlossene Kurve in G. Weiter sei ω ein Differential, das in G regulär ist. Dann gilt*

$$\int_C \omega = 0 \; .$$

Satz 4 *(Residuensatz). Die Voraussetzungen bezüglich G und C seien wie in Satz 3. Weiter sei ω ein Differential, das in G meromorph und auf C regulär ist. C werde im Gegenuhrzeigersinn durchlaufen. Dann gilt*

$$\int_C \omega = 2\pi\mathrm{i} \sum_P \mathrm{Res}_P\, \omega \; ,$$

wobei die Summe über die endlich vielen, von 0 verschiedenen Residuen von ω aus dem von C eingeschlossenen Gebiet zu erstrecken ist.

Der Beweis von Satz 3 und Satz 4 wird geführt, indem man in einer genügend feinen Triangulierung von $\mathcal{F}$ die Kurve C durch eine Kurve ersetzt, die aus Kanten der Triangulierung zusammengesetzt ist, was nach dem Cauchyschen Integralsatz in der Ebene möglich ist. Damit sind die Sätze 3 und 4 auf den Fall zurückgeführt, daß C die Berandung eines Dreiecks in der Ebene ist (Abschn. 8.3.). $\square$

29.5.   Das Dirichletsche Integral auf einer Riemannschen Fläche

Sei zunächst G ein beschränktes Gebiet im $\mathbb{R}^2$, das von einer geschlossenen Kurve C begrenzt wird, und H ein Gebiet, das den Abschluß $\overline{G}$ von G enthält. Dann ist für eine stetige Funktion f auf H das Integral

$$\iint_G f(x, y)\, dx\, dy$$

definiert. Sei φ eine homöomorphe glatte Abbildung von H auf ein Gebiet H_1 im $\mathbb{R}^2$, die durch die Funktionen $x_1(x, y)$, $y_1(x, y)$ gegeben ist. Dann gilt

$$\iint\limits_{G} f(x, y)\, dx\, dy = \iint\limits_{\varphi G} (f/d)\,(x, y)\, dx_1\, dy_1\ ,$$

wobei d die Determinante der Übergangsmatrix

$$\begin{pmatrix} \partial x_1/\partial x & \partial x_1/\partial y \\ \partial y_1/\partial x & \partial y_1/\partial y \end{pmatrix}$$

ist.

Wir bezeichnen mit S_H den Vektorraum der stetig differenzierbaren Funktionen auf H und setzen

$$D_G(v_1, v_2) := \iint\limits_{G} \left(\frac{\partial v_1}{\partial x} \cdot \frac{\partial v_2}{\partial x} + \frac{\partial v_1}{\partial y}\frac{\partial v_2}{\partial y} \right) dx\, dy \ \text{für}\ v_1, v_2 \in S_H\ .$$

$D_G(v_1, v_2)$ ist eine Bilinearform auf S_H. Die quadratische Form $D_G(v) := D_G(v, v)$ für $v \in S_H$ wird als *Dirichletsches Integral* bezeichnet. Es ist gegenüber einer konformen Abbildung φ von H auf H_1 invariant: Wegen der Cauchy-Riemannschen Differentialgleichungen

$$\frac{\partial x_1}{\partial x} = \frac{\partial y_1}{\partial y}\,, \qquad \frac{\partial x_1}{\partial y} = -\,\frac{\partial y_1}{\partial x}$$

wird nämlich in diesem Fall

$$\left(\frac{\partial v}{\partial x}\right)^2 + \left(\frac{\partial v}{\partial y}\right)^2 = \left(\left(\frac{\partial v}{\partial x_1}\right)^2 + \left(\frac{\partial v}{\partial y_1}\right)^2 \right)\left(\left(\frac{\partial x_1}{\partial x}\right)^2 + \left(\frac{\partial x_1}{\partial y}\right)^2 \right),$$

$$d = \left(\frac{\partial x_1}{\partial x}\right)^2 + \left(\frac{\partial x_1}{\partial y}\right)^2 ,$$

also

$$\iint\limits_{G} \left(\left(\frac{\partial v}{\partial x}\right)^2 + \left(\frac{\partial v}{\partial y}\right)^2 \right) dx\, dy = \iint\limits_{\varphi G} \left(\left(\frac{\partial v}{\partial x_1}\right)^2 + \left(\frac{\partial v}{\partial y_1}\right)^2 \right) dx_1\, dy_1\ .$$

Das zeigt, daß man das Dirichletsche Integral auf einer beliebigen Riemannschen Fläche definieren kann.

Dazu sei eine Triangulierung von $\mathcal{F}$ gegeben, die so fein ist, daß jedes Dreieck Δ innerhalb einer Karte von $\mathcal{F}$ liegt. Dann ist $D_\Delta(v)$ definiert. Wir definieren $D_F(v)$ als Summe der $D_\Delta(v)$ über alle Dreiecke der Triangulierung. $D_F(v)$ kann auch gleich ∞ sein. $D_F(v)$ ist unabhängig von der gewählten Triangulierung, was man einsieht, indem man zwei Triangulierungen überlagert.

$v \in S_F$ heißt *harmonisch* im Punkt $P \in \mathcal{F}$, wenn v in P zweimal stetig differenzierbar ist und für die Ortsuniformisierende $t = x + iy$ die Gleichung $\Delta v := \dfrac{\partial^2 v}{\partial x^2} + \dfrac{\partial^2 v}{\partial y^2} = 0$

gilt. Auf Grund der Cauchy-Riemannschen Differentialgleichungen wird für eine weitere Ortsuniformisierende $t_1 = x_1 + iy_1$

$$\frac{\partial^2 v}{\partial x_1^2} + \frac{\partial^2 v}{\partial y_1^2} = \left(\frac{\partial^2 v}{\partial x^2} + \frac{\partial^2 v}{\partial y^2} \right)\left(\left(\frac{\partial x}{\partial x_1}\right)^2 + \left(\frac{\partial x}{\partial y_1}\right)^2 \right).$$

Daher ist v in P harmonisch unabhängig von der Wahl der Ortsuniformisierenden.

Wenn v für alle Punkte P von $\mathcal{F}$ harmonisch ist, heißt v *Potentialfunktion* in $\mathcal{F}$.

Für eine solche Funktion ist $\omega := \left(\dfrac{\partial v}{\partial x} - \mathrm{i}\dfrac{\partial v}{\partial y}\right) \mathrm{d}t$ ein reguläres Differential auf $\mathcal{F}$.
In einem einfach zusammenhängenden Gebiet G von $\mathcal{F}$ erhält man aus ω durch Integration eine reguläre Funktion f mit $\mathrm{Re}\, f = v$. Durch Anwendung des Prinzips vom Maximum des Absolutbetrages (Satz 9, Kap. 8) auf e^f und e^{-f} erhält man

Satz 5. *Das Maximum (Minimum) einer Potentialfunktion in einem Gebiet G wird am Rand von G angenommen.*

Die im Riemannschen Existenzsatz (Satz 3, Kap. 11) gesuchten Differentiale werden wir mit Hilfe von Potentialfunktionen konstruieren.

29.6. Das Dirichletsche Prinzip

Sei G ein einfach zusammenhängendes Gebiet der Ebene, das durch eine geschlossene Kurve C begrenzt wird. Wir nennen eine auf $\overline{G} = G \cup C$ stetige und in G stetig differenzierbare Funktion *zulässig*.

Sei $Z(v_0)$ die Menge der zulässigen Funktionen auf G, die auf C mit einer vorgegebenen zulässigen Funktion v_0 übereinstimmen. In der ersten Randwertaufgabe der Potentialtheorie wird eine Funktion u aus $Z(v_0)$ gesucht, die in G eine Potentialfunktion ist.

DIRICHLET hat dieses Problem in Vorlesungen folgendermaßen „gelöst": Sei u eine Funktion aus $Z(v_0)$, für die $\mathrm{D}_G(u)$ endlich und gleich der unteren Grenze der $\mathrm{D}_G(v)$ für $v \in Z(v_0)$ ist. Wir zeigen, daß u eine Potentialfunktion in G ist. Sei dazu w eine zulässige Funktion, die auf C gleich 0 ist und λ ein reeller Parameter. Dann ist

$$\mathrm{D}_G(u + \lambda w) = \mathrm{D}_G(u) + 2\lambda \mathrm{D}_G(u, w) + \lambda^2 \mathrm{D}_G(w) \geqq \mathrm{D}_G(u)\,.$$

Hieraus folgt $\mathrm{D}_G(u, w) = 0$, da man sonst den Parameter λ so wählen könnte, daß $2\lambda \mathrm{D}_G(u, w) + \lambda^2 \mathrm{D}_G(w) < 0$ würde. Weiter ist nach der Gaußschen Formel (Anh. 3).

$$0 = \int\limits_C \left(\frac{\partial u}{\partial x} w\, \mathrm{d}y - \frac{\partial u}{\partial y} w\, \mathrm{d}x\right) = \iint\limits_G (\Delta u)\, w\, \mathrm{d}x\, \mathrm{d}y + \mathrm{D}_G(u, w) =$$

$$= \iint\limits_G (\Delta u)\, w\, \mathrm{d}x\, \mathrm{d}y\,.$$

Da diese Gleichung für alle zulässigen Funktionen w gilt, die am Rand verschwinden, folgt $\Delta u = 0$.

Sei andererseits u eine Funktion aus $Z(v_0)$, die in G Potentialfunktion ist. Dann gilt $\mathrm{D}_G(u) \leqq \mathrm{D}_G(v)$ für alle $v \in Z(v_0)$. Mit $w = v - u$ wird nämlich

$$\mathrm{D}_G(v) = \mathrm{D}_G(u) + 2\mathrm{D}_G(u, w) + \mathrm{D}_G(w)\,,$$

und es gilt

$$\mathrm{D}_G(u, w) = \int\limits_C \left(\frac{\partial u}{\partial x} w\, \mathrm{d}y - \frac{\partial u}{\partial y} w\, \mathrm{d}x\right) - \iint\limits_G (\Delta u)\, w\, \mathrm{d}x\, \mathrm{d}y = 0\,,$$

also $\mathrm{D}_G(v) \geqq \mathrm{D}_G(u)$.

Hieraus wie auch aus Satz 5 folgt, daß die Potentialfunktion u eindeutig bestimmt ist.

18*

Die eben durchgeführte Überlegung wurde von RIEMANN als *Dirichletsches Prinzip* bezeichnet und in einer seinen Zwecken angepaßten Form angewandt, wobei die Existenz einer Funktion u, für die die untere Grenze der $D_G(v)$ mit $v \in Z(v_0)$ angenommen wird, sowie die Anwendbarkeit der Gaußschen Formel als selbstverständlich vorausgesetzt wurden. WEIERSTRASS zeigte 1870 in seinem Vortrag „*Über das sogenannte Dirichletsche Princip*" (*Preußische Akademie der Wissenschaften*, 14. 7. 1870) die Unhaltbarkeit dieser Voraussetzung. Jedoch konnten SCHWARZ (*Berliner Berichte*) und NEUMANN (*Sächsische Berichte*) ebenfalls 1870 zeigen, daß der Existenzsatz für Differentiale (Kap. 11, Satz 3) trotzdem richtig ist. Schließlich gab HILBERT 1901 einen strengen Beweis des Dirichletschen Prinzips (siehe Abschn. 11.2.).

29.7. Das Poissonsche Integral

Das Poissonsche Integral löst die erste Randwertaufgabe der Potentialtheorie für den Kreis.

Sei $R > 0$, $K := \{z \in \mathbb{C} \mid |z| \leq R\}$ und δK der im Gegenuhrzeigersinn durchlaufene Rand von K.

Satz 6. *Sei auf δK eine stetige Funktion $u(\varphi)$ gegeben, wobei φ der Parameter für den Punkt $\zeta = Re^{i\varphi}$ auf δK ist. Dann ist*

$$f(z) := \frac{1}{2\pi} \int_0^{2\pi} \frac{\zeta + z}{\zeta - z} \, u(\varphi) \, d\varphi \tag{1}$$

für $|z| < R$ eine reguläre Funktion, deren Realteil sich stetig auf K fortsetzen läßt und auf δK gleich $u(\varphi)$ ist.

(1) wird als *Poissonsches Integral* bezeichnet.

B e w e i s v o n S a t z 6. Nach Definition ist $f(z)$ für $|z| < R$ regulär. Weiter ist

$$\operatorname{Re} \frac{\zeta + z}{\zeta - z} = \frac{|\zeta|^2 - |z|^2}{|\zeta - z|^2} \quad \text{für} \quad \zeta \neq z$$

und daher

$$2\pi \operatorname{Re} f(z) = \int_0^{2\pi} \frac{|\zeta|^2 - |z|^2}{|\zeta - z|} \, u(\varphi) \, d\varphi \quad \text{für} \quad |z| < R \,. \tag{2}$$

Nach dem Residuensatz wird

$$\int_0^{2\pi} \left(\frac{\zeta + z}{\zeta - z} \right) d\varphi = -i \int_{\delta K} \frac{(\zeta - z) \, d\zeta}{(\zeta - z)\zeta} = 2\pi \,.$$

Für ein fixiertes $\zeta_0 = R \, e^{i\varphi_0}$ wird daher

$$2\pi(\operatorname{Re} f(z) - u(\varphi_0)) = \int_0^{2\pi} \frac{\zeta + z}{\zeta - z} \, (u(\varphi) - u(\varphi_0) \, d\varphi \,. \tag{3}$$

Sei $\varepsilon > 0$ gegeben. Da $u(\varphi)$ stetig ist, gibt es ein $\delta_0 > 0$ mit $|u(\varphi) - u(\varphi_0)| \leq \varepsilon/2$ für $|\zeta - \zeta_0| \leq \delta_0$ und eine Konstante $M > 0$ mit $|u(\varphi)| \leq M$ für alle φ. Wir teilen jetzt das Intervall $[0, 2\pi]$ in zwei Teilmengen ein:

$$A := \{\varphi \in [0, 2\pi] \mid |R\,e^{i\varphi} - \zeta_0| \leq \delta_0\}, \qquad B := [0, 2\pi] - A\;.$$

Dann wird wegen (2) und (3)

$$2\pi\,|\mathrm{Re}\,f(z) - u(\varphi_0)| \leq \int\limits_A \frac{(|\zeta|^2 - |z|^2}{|\zeta - z|^2}\,\frac{\varepsilon}{2}\,\mathrm{d}\varphi + \int\limits_B \frac{(|\zeta|^2 - |z|^2)}{|\zeta - z|^2}\,2M\,\mathrm{d}\varphi$$

$$\leq \pi\varepsilon + 2M \int\limits_B \frac{(|\zeta|^2 - |z|^2)}{|\zeta - u|^2}\,\mathrm{d}\varphi\;.$$

Sei $|z - \zeta_0| = \delta \leq \delta_0/2$. Dann wird für $\varphi \in B$

$$|\zeta - z| \geq |\zeta - \zeta_0| - |z - \zeta_0| \geq \delta_0/2\;,$$

$$\frac{|\zeta|^2 - |z|^2}{|\zeta - z|^2} = \frac{(R + |z|)\,(R - |z|)}{|\zeta - z|^2} \leq \frac{2R\delta}{(\delta_0/2)^2} = \frac{8\delta}{\delta_0^2}$$

und daher

$$|\mathrm{Re}\,f(z) - u(\varphi_0)| \leq \frac{\varepsilon}{2} + \frac{16M\delta}{\delta_0^2} < \varepsilon\;,$$

wenn $|z - \zeta_0| = \delta$ genügend klein ist. $\square$

Wir benutzen zunächst das Poissonsche Integral, um einen im folgenden benötigten Konvergenzsatz von HARNACK zu beweisen.

Satz 7. *Sei $u_1, u_2, \ldots$ eine Folge von Potentialfunktionen, die für $|z| < R$ harmonisch sind und für $|z| \leq q$ gleichmäßig gegen eine Grenzfunktion u konvergieren, wobei q eine beliebige positive Zahl $< R$ ist. Dann ist u für $|z| < R$ ebenfalls eine Potentialfunktion. Die Ableitungen $u_i^{(n)}$ der Ordnung n konvergieren gleichmäßig in $|z| \leq q$ gegen $u^{(n)}$.*

Beweis. Man wendet das Poissonsche Integral für den Kreis mit dem Radius q an. Wegen der gleichmäßigen Konvergenz darf Limes und Integral vertauscht werden. Die zweite Behauptung folgt aus der Darstellung

$$2u_i^{(n)}(z) = \mathrm{Re} \int\limits_0^{2\pi} \left(\frac{\zeta + z}{\zeta - z}\right)^{(n)} u_i(\zeta)\,\mathrm{d}\varphi\;.$$

29.8. Das Dirichletsche Prinzip für den Kreis

In diesem Abschnitt zeigen wir, daß das Dirichletsche Prinzip für den Kreis gültig ist. Der hier gegebene Beweis folgt einem Ansatz von HADAMARD (*Sur le principe de Dirichlet, Bull. Soc. math. France* **34** (1906)) und ZAREMBA (*Sur le principe du minimum, Bull. Acad. sci. Cracovie, Juli* 1909).

Wir setzen $K_r := \{z \mid |z| \leq r\}$ und $\mathrm{D}_r := \mathrm{D}_{K_r}$.

Satz 8. *Sei $0 < q < R$ und v eine für den Kreis K_R zulässige Funktion, für die $\mathrm{D}_R(v) = \lim\limits_{q \to R} \mathrm{D}_q(v)$ endlich ist. Weiter sei u die eindeutig bestimmte Potentialfunktion, die auf ∂K_R mit v übereinstimmt.*

Dann gilt $\mathrm{D}_R(u) \leq \mathrm{D}_R(v)$.

Beweis. Wir führen Polarkoordinaten ein: $z = r\,\mathrm{e}^{\mathrm{i}\vartheta}$, $\zeta = R\,\mathrm{e}^{\mathrm{i}\varphi}$, und schreiben $v(\varphi)$ statt $v(R\,\mathrm{e}^{\mathrm{i}\varphi})$. Dann gilt für $r < R$

$$\mathrm{Re}\,\frac{\zeta + z}{\zeta - z} = \mathrm{Re}\left(1 + 2 \sum_{\nu=1}^{\infty} (z/\zeta)^{\nu}\right)$$
$$= 1 + 2 \sum_{\nu=1}^{\infty} (r/R)^{\nu}\,(\cos \nu\varphi \cos \nu\vartheta + \sin \nu\varphi \sin \nu\vartheta))\,, \tag{4}$$

und wegen der gleichmäßigen Konvergenz der rechts stehenden Reihe gilt für $r < R$ die Fourier-Entwicklung (vgl. Kap. 5)

$$u(r,\vartheta) := u(r\,\mathrm{e}^{\mathrm{i}\vartheta}) = \frac{a_0}{2} + \sum_{\nu=1}^{\infty} (r/R)^{\nu}\,(a_{\nu} \cos \nu\vartheta + b_{\nu} \sin \nu\vartheta) \tag{5}$$

mit

$$a_{\nu} = \frac{1}{\pi} \int_{0}^{2\pi} v(\varphi) \cos \nu\varphi \, \mathrm{d}\varphi\,, \qquad b_{\nu} = \frac{1}{\pi} \int_{0}^{2\pi} v(\varphi) \sin \nu\varphi \, \mathrm{d}\varphi\,.$$

Wir setzen $g_{\nu}(r,\vartheta) := r^{\nu} \cos \nu\vartheta$, $h_{\nu}(r,\vartheta) := r^{\nu} \sin \nu\vartheta$ für $\nu = 1, 2, \dots$. Nach der Gaußschen Formel (Anh. 3) wird für zulässige Funktionen v_1, v_2

$$\mathrm{D}_q(v_1, v_2) = - \iint_{K_q} v_1(\Delta v_2)\, r \, \mathrm{d}r \, \mathrm{d}\vartheta + q \int_{0}^{2\pi} \left(v_1 \frac{\partial v_2}{\partial r}\right)_{r=q} \mathrm{d}\vartheta\,. \tag{6}$$

(Hier setzen wir voraus, daß v_2 zweimal stetig differenzierbar ist.) Daher rechnet man leicht nach, daß die Potentialfunktionen g_{ν}, h_{ν} bezüglich D_q orthogonal sind und daß

$$\mathrm{D}_q(g_{\nu}) = \mathrm{D}_q(h_{\nu}) = \pi\nu q^{2\nu} \tag{7}$$

gilt. Weiter sieht man, daß

$$\lim_{q \to R} \mathrm{D}_q(v, g_{\nu}) = \lim_{q \to R} \nu q^{\nu} \int_{0}^{2\pi} v \cos \nu\vartheta \, \mathrm{d}\vartheta = \pi\nu R^{\nu} a_{\nu}, \tag{8}$$

ist. Die Vertauschung von Limes und Integral ist hier erlaubt, da $\mathrm{D}_q(v, g_{\nu})$ beschränkt ist. Entsprechend gilt

$$\lim_{q \to R} \mathrm{D}_q(v, h_{\nu}) = \pi\nu R^{\nu} b_{\nu}\,. \tag{9}$$

Die Reihe (5) konvergiert für $|z| \leqq q < R$ gleichmäßig und absolut in allen Ableitungen. Daher kann man $\mathrm{D}_q(u)$ aus ihr durch gliedweises Quadrieren und Integrieren berechnen. Man erhält

$$\mathrm{D}_q(u) = \sum_{\nu=1}^{\infty} \pi\nu q^{2\nu}(a_{\nu}^2 + b_{\nu}^2)/R^{2\nu}\,. \tag{10}$$

Andererseits wird

$$0 \leqq \mathrm{D}_q\Big(v - \sum_{\nu=1}^{n} (a_{\nu}g_{\nu} + b_{\nu}h_{\nu})/R^{\nu}\Big)$$
$$= \mathrm{D}_q(v) - 2 \sum_{\nu=1}^{n} \big(a_{\nu}\mathrm{D}_q(v, g_{\nu}) + b_{\nu}\mathrm{D}_q(v, h_{\nu})\big)/R^{\nu} + \sum_{\nu=1}^{n} \pi\nu q^{2\nu}(a_{\nu}^2 + b_{\nu}^2)/R^{2\nu}\,. \tag{11}$$

Für $q \to R$ erhält man wegen (8), (9)

$$0 \leqq \mathrm{D}_R(v) - \sum_{\nu=1}^{n} \pi\nu(a_{\nu}^2 + b_{\nu}^2)\,.$$

Es folgt

$$D_R(u) = \lim_{q \to R} D_q(u) = \sum_{\nu=1}^{\infty} \pi\nu(a_\nu^2 + b_\nu^2) \leqq D_R(v) \;.\; \square \qquad (12)$$

Satz 9 (*Dirichletsches Prinzip für den Kreis*). *Sei Z die Menge der auf K_R stetigen Funktionen, die im Innern von K_R stetig differenzierbar sind und auf dem Rand K_R vorgegebene Werte annehmen. Wir nehmen an, daß es ein $v \in Z$ gibt, für welches $D_R(v)$ endlich ist. Dann wird die untere Grenze der $D_R(v)$ mit $v \in Z$ für ein eindeutig bestimmtes $u \in Z$ angenommen. u ist im Innern von K_R eine Potentialfunktion.*

Beweis. Wegen Satz 8 genügt es, die Eindeutigkeit von u zu beweisen. Sei $v \in Z$ mit $D_R(v) = D_R(u)$. Dann ist auch $D_R(u - v) \leqq 2D_R(u) + 2D_R(v)$ endlich. Sei λ ein reeller Parameter und $w := u - v$. Dann wird $D_R(u) \leqq D_R(u + \lambda w)$ und daher $2\lambda D_R(u, w) + \lambda^2 D_R(w) \geqq 0$. Hieraus folgt $D_R(u, w) = 0$ (Abschn. 29.6.), also $D_R(w) = D_R(v) - D_R(u) = 0$. Da w auf δK_R gleich 0 ist, ist w auf ganz K_R gleich 0. $\square$

29.9. Der Glättungsprozeß

Sei K ein Kreis mit gleichem Mittelpunkt wie K_R, aber größerem Radius, und v eine in K stetig differenzierbare Funktion. Wir wollen Satz 9 in der folgenden Weise anwenden. Wenn v in K_R keine Potentialfunktion ist, so gilt nach Satz 9 für die im Innern von K_R reguläre Potentialfunktion u, die auf δK_R mit v übereinstimmt,

$$D_R(u) < D_R(v) \;.$$

Wir brauchen eine in K stetig differenzierbare Funktion $\tilde{v}$ mit

$$D_K(\tilde{v}) < D_K(v) \;.$$

Wir wollen diese Funktion konstruieren, indem wir $\tilde{v}(z) := v(z)$ für $z \in K - K_R$ setzen und u im Innern von K_R so glätten, daß eine Funktion $\tilde{v}$ entsteht, für die $D_R(\tilde{v})$ beliebig wenig von $D_R(u)$ abweicht. Dazu wählen wir ein q mit $R/2 < q < R$ und setzen

$$\tilde{v}(z) = \begin{cases} u(z) & \text{für} \quad |z| < q \;, \\ u(z) + \chi(r)\,(v(z) - u(z)) & \text{für} \quad q \leqq |z| = r \leqq R \;, \end{cases}$$

wobei $\chi(r) = (r - q)^2/(R - q)^2$ gesetzt ist. Dann ist $\tilde{v}$ in K stetig differenzierbar. Um das einzusehen, beweisen wir zunächst den

Hilfssatz 1. *Für $r = |z|$ mit $R/2 < r < R$ gilt*

$$\left(\frac{\partial u}{\partial x}\right)^2 + \left(\frac{\partial u}{\partial y}\right)^2 \leqq \frac{1}{\pi(R - r)^2}\left(D_R(u) - D_{2r - R}(u)\right) \;.$$

Beweis. Wegen (5) ist $\left(\dfrac{\partial u}{\partial x}\right)_{z=0} = a_1/R$, $\left(\dfrac{\partial u}{\partial y}\right)_{z=0} = b_1/R$ und daher nach (12)

$$\left(\left(\frac{\partial u}{\partial x}\right)^2 + \left(\frac{\partial u}{\partial y}\right)^2\right)_{z=0} \leqq \frac{1}{\pi R^2}D_R(u) \;.$$

Wenden wir diese Ungleichung statt auf K_R auf den Kreis $K_{R-r}(z)$ mit dem Mittelpunkt z und dem Radius $R - r$ an (Abb. 23), so folgt

$$\left(\left(\frac{\partial u}{\partial x}\right)^2 + \left(\frac{\partial u}{\partial y}\right)^2\right) \leq \frac{1}{\pi(R-r)^2} \iint\limits_{K_{R-r}(z)} \left(\left(\frac{\partial u}{\partial x}\right)^2 + \left(\frac{\partial u}{\partial y}\right)^2\right) dx\, dy \leq$$

$$\leq \frac{1}{\pi(R-r)^2}\left(\mathrm{D}_R(u) - \mathrm{D}_{2r-R}(u)\right),$$

da $K_{R-r}(z)$ im Kreisring $\{t \in \mathbb{C} \mid R \geq |t| \geq 2r - R\}$ enthalten ist. $\square$

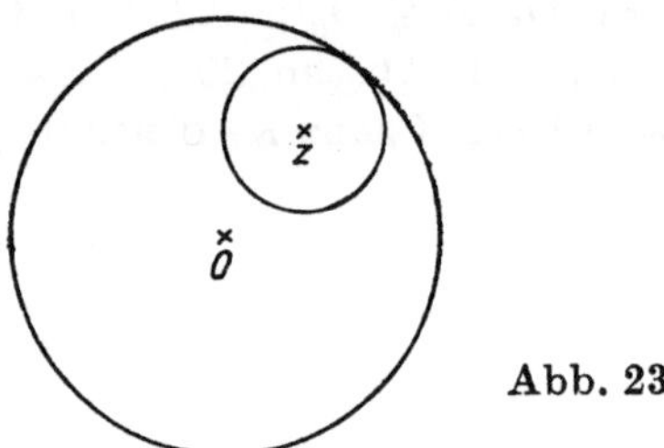

Abb. 23

Weiterhin setzen wir zur Abkürzung

$$\mathrm{D}_s^r := \mathrm{D}_r - \mathrm{D}_s \quad \text{für} \quad 0 < s \leq r.$$

Wir betrachten $\dfrac{\partial \tilde{v}}{\partial x}$ für $q \leq |z| < R$:

$$\frac{\partial \tilde{v}}{\partial x} = (1 - \chi(r))\frac{\partial u}{\partial x} + \chi(r)\frac{\partial v}{\partial x} + \frac{\partial \chi(r)}{\partial x}(v - u).$$

Nach Hilfssatz 1 wird gleichmäßig in ϑ

$$\lim_{r \to R}\left|(1 - \chi(r))\frac{\partial u}{\partial x}\right| \leq \lim_{r \to R}(1 - \chi(r))\frac{1}{\sqrt{\pi}(R - r)}\sqrt{D_{2r-R}^R(u)} = 0$$

und daher $\lim\limits_{r \to R}\dfrac{\partial \tilde{v}}{\partial x} = \dfrac{\partial v}{\partial x}$. Ebenso erhält man $\lim\limits_{r \to R}\dfrac{\partial \tilde{v}}{\partial y} = \dfrac{\partial v}{\partial y}$. Hieraus folgt, daß v in K stetig differenzierbar ist.

Wir schätzen jetzt $\mathrm{D}_R(\tilde{v} - u) = \mathrm{D}_q^R(\chi(r)(v - u))$ ab, wobei wir $w := v - u$ setzen. Wegen

$$\frac{\partial}{\partial x}(\chi(r)w) = \chi(r)\frac{\partial w}{\partial x} + w\frac{2(r - q)x}{(R - q)^2 r}$$

wird

$$\frac{1}{2}\iint\limits_{q \leq |z| \leq R}\left(\frac{\partial}{\partial x}(\chi(r)w)\right)^2 dx\, dy \leq$$

$$\leq \iint\limits_{q \leq |z| \leq R}\left(\chi^2(r)\left(\frac{\partial w}{\partial x}\right)^2 + \frac{4}{(R - q)^4}w^2(r - q)^2\left(\frac{x}{r}\right)^2\right) dx\, dy,$$

woraus zusammen mit einer entsprechenden Ungleichung für die partielle Ableitung nach y

$$\frac{1}{2}\,\mathrm{D}_R(\tilde{v} - u) \leqq \iint\limits_{q \leqq |z| \leqq R} \chi^2(r)\left(\left(\frac{\partial w}{\partial x}\right)^2 + \left(\frac{\partial w}{\partial y}\right)^2\right) \mathrm{d}x\,\mathrm{d}y +$$

$$+ \frac{4}{(R - q)^4} \int\limits_0^{2\pi} \int\limits_q^R w^2(r - q)^2\, r\, \mathrm{d}r\,\mathrm{d}\vartheta \tag{13}$$

folgt. Wegen $\chi(r)^2 \leqq 1$ ist

$$\iint\limits_{q \leqq |z| \leqq R} \chi^2(r)\left(\left(\frac{\partial w}{\partial x}\right)^2 + \left(\frac{\partial w}{\partial y}\right)^2\right) \mathrm{d}x\,\mathrm{d}y \leqq \mathrm{D}_q^R(w)\,. \tag{14}$$

Weiter schätzen wir $\int\limits_0^{2\pi} w^2\,\mathrm{d}\vartheta$ ab. Nach der Schwarzschen Ungleichung wird für $0 < r_1 < r_2 < R$

$$(w(r_2\,\mathrm{e})^{\mathrm{i}\vartheta} - w(r_1\,\mathrm{e}^{\mathrm{i}\vartheta}))^2 = \left(\int\limits_{r_1}^{r_2} \frac{\partial w(r\,\mathrm{e}^{\mathrm{i}\vartheta})}{\partial r}\,\mathrm{d}r\right)^2 \leqq \int\limits_{r_1}^{r_2} \left(\frac{\partial w}{\partial r}\right)^2 r\,\mathrm{d}r \int\limits_{r_1}^{r_2} \frac{\mathrm{d}r}{r}\,.$$

Integriert man diese Ungleichung nach ϑ und läßt dann r_2 gegen R konvergieren, so ergibt sich wegen

$$\mathrm{D}_{r_1}^{r_2}(w) = \int\limits_{r_1}^{r_2} \int\limits_0^{2\pi} \left(\left(\frac{\partial w}{\partial r}\right)^2 r + \left(\frac{\partial w}{\partial \vartheta}\right)^2 \frac{1}{r}\right) \mathrm{d}\vartheta\,\mathrm{d}r$$

die Beziehung

$$\int\limits_0^{2\pi} w^2\,\mathrm{d}\vartheta \leqq \left(\log \frac{R}{r}\right) \mathrm{D}_r^R(w) \leqq \left(\frac{R}{r} - 1\right) \mathrm{D}_r^R(w)\,. \tag{15}$$

Aus (15) folgt

$$\frac{4}{(R - q)^4} \int\limits_0^{2\pi} \int\limits_q^R w^2(r - q)^2\, r\, \mathrm{d}r\,\mathrm{d}\vartheta \leqq$$

$$\leqq \frac{4}{(R - q)^4} \mathrm{D}_r^R(w) \int\limits_q^R (R - r)\,(r - q)^2\,\mathrm{d}r = \frac{1}{3}\,\mathrm{D}_q^R(w)\,. \tag{16}$$

Aus (13), (14) und (16) ergibt sich

$$\mathrm{D}_R(\tilde{v} - u) \leqq \tfrac{8}{3}\,\mathrm{D}_q^R(w)\,.$$

Wegen $\lim\limits_{q \to R} \mathrm{D}_q^R(w) = 0$ wird also $\mathrm{D}_R(\tilde{v} - u)$ für passendes q beliebig klein. Da andererseits $\mathrm{D}_R(\tilde{v}) - \mathrm{D}_R(u) = \mathrm{D}_R(\tilde{v} - u)$ ist (Abschn. 29.8.), folgt, daß $\mathrm{D}_R(\tilde{v})$ für passendes q beliebig wenig von $\mathrm{D}_R(u)$ abweicht.

Wir ziehen aus (15) noch eine Folgerung, die wir im weiteren benötigen.

Hilfssatz 2.

$$\iint\limits_{K_R} \left(v - \frac{a_0}{2}\right)^2 \mathrm{d}x\,\mathrm{d}y \leq \frac{R^2}{2}\,\mathrm{D}_R(v)\,.$$

Beweis. Im folgenden setzen wir für eine stetige Funktion h in K_R

$$\mathrm{I}(h) := \iint\limits_{K_R} h^2\,\mathrm{d}x\,\mathrm{d}y\,.$$

Wir multiplizieren (15) mit $r\,\mathrm{d}r$ und integrieren über r von 0 bis R. Wegen $\mathrm{D}_r^R(w) \leq \mathrm{D}_R(w)$ und

$$\int\limits_0^R r\log\frac{R}{r}\,\mathrm{d}r = \frac{R^2}{4}$$

erhält man

$$\mathrm{I}(w) \leq \frac{R^2}{4}\,\mathrm{D}_R(w)\,. \tag{17}$$

Analog zu (10) und wegen (12) berechnet man

$$\mathrm{I}\left(u - \frac{a_0}{2}\right) = R^2 \sum_{\nu=1}^\infty \frac{\pi(a_\nu^2 + b_\nu^2)}{2(\nu+1)} \leq \frac{R^2}{4}\,\mathrm{D}_R(u)\,. \tag{18}$$

Unter Berücksichtigung von $\mathrm{I}(v - a_0/2) \leq 2\big(\mathrm{I}(u - a_0/2) + \mathrm{I}(w)\big)$ folgt aus (17) und (18)

$$\mathrm{I}\left(v - \frac{a_0}{2}\right) \leq \frac{R^2}{2}\big(\mathrm{D}_R(u) + \mathrm{D}_R(w)\big) = \frac{R^2}{2}\,\mathrm{D}_R(v)\,. \;\square$$

29.10. Ansatz zum Beweis des Existenzsatzes für Differentiale

Wir konstruieren Differentiale auf einer Riemannschen Fläche $\mathscr{F}$ mit Hilfe von Potentialfunktionen U: Aus U erhält man wegen der Cauchy-Riemannschen Differentialgleichungen ein analytisches Differential ω in der Form

$$\frac{\omega}{\mathrm{d}t} = \frac{\partial U}{\partial x} - \mathrm{i}\frac{\partial U}{\partial y}\,,$$

wobei $z = x + \mathrm{i}y$ eine Ortsuniformisierende ist.

Wir konstruieren zunächst Potentialfunktionen U mit einer einzigen singulären Stelle.

Satz 10. *Sei O ein beliebiger Punkt der Riemannschen Fläche $\mathscr{F}$ mit der Ortsuniformisierenden $z_0 = x_0 + \mathrm{i}y_0$. Dann gibt es auf $\mathscr{F} - \{O\}$ eine Potentialfunktion U, die sich in der Umgebung von O von $\operatorname{Re} 1/z_0$ um eine in O harmonische Potentialfunktion unterscheidet.*

Wenn $\mathscr{F}$ geschlossen ist, ist U durch diese Eigenschaft bis auf eine additive Konstante eindeutig bestimmt.

Beweis. Die letztere Aussage folgt daraus, daß eine überall reguläre Potentialfunktion auf einer geschlossenen Fläche nach dem Prinzip vom Maximum (Satz 5) konstant ist.

Wir wollen analog zu Satz 9 die Funktion U mit Hilfe eines Minimalprinzips bestimmen. Dazu betrachten wir die Menge V aller Funktionen v auf $\mathcal{F}$, die den folgenden Bedingungen genügen.

(i) *Wir wählen positive Zahlen* R_0, R_0^* *mit* $R_0 < R_0^*$ *so, daß der Kreis* $K_0^* :=$
$:= \{z_0 \mid |z_0| \leq R_0^*\}$ *innerhalb der zu der Ortsuniformisierenden* z_0 *gehörigen Umgebung von* O *liegt. Weiter sei* $K_0 := \{z_0 \mid |z_0| \leq R_0\}$.

Dann sei v *stetig differenzierbar auf* $\mathcal{F} - \partial K_0$, *und die Funktion* v^* *mit*

$$v^*|_{K_0} := v|_{K_0}, \qquad v^*|_{K_0^* - K_0} := v - \Phi|_{K_0^* - K_0}, \qquad \Phi = \mathrm{Re}\left(\frac{1}{z_0} - \frac{z_0}{R_0^2}\right)$$

sei auf K_0^* *stetig differenzierbar, d. h., die Funktion* v *hat längs* ∂K_0 *einen Sprung um die Funktion* Φ. Die Bedeutung des regulären Bestandteils $\mathrm{Re}\, z_0/R_0^2$ von Φ zeigt sich im Beweis von Hilfssatz 5.

Wenn $\mathcal{F}$ nicht geschlossen ist, kommt die folgende Bedingung hinzu:

(ii) $\mathrm{D}_{\mathcal{F}}(v)$ *ist endlich.*

Wie man leicht sieht, ist V nicht leer. Daher ist Satz 10 eine Teilaussage des folgenden Satzes.

Satz 11 (*Dirichletsches Prinzip*). *Sei*

$$d = \lim\inf\{\mathrm{D}_{\mathcal{F}}(v) \mid v \in V\}\,.$$

Dann gibt es ein bis auf eine additive Konstante eindeutig bestimmte Funktion u *in* V *mit folgenden Eigenschaften*:

(i) u *ist harmonisch in* $\mathcal{F} - \delta K_0$.
(ii) u^* *ist harmonisch in* K_0^*.
(iii) $\mathrm{D}_{\mathcal{F}}(u) = d$.

Wir setzen im folgenden $\mathrm{D}(v) := \mathrm{D}_{\mathcal{F}}(v)$.

29.11. Beweis des Dirichletschen Prinzips

Zum Beweis von Satz 11 leiten wir zunächst zwei Hilfssätze her.

Hilfssatz 3 (*Ungleichung von B. Levi*). *Für alle* $v_1, v_2 \in V$ *gilt*

$$\sqrt{\mathrm{D}(v_1 - v_2)} \leq \sqrt{\mathrm{D}(v_1) - d} + \sqrt{\mathrm{D}(v_2) - d}\,.$$

Beweis. Sei $\lambda_1, \lambda_2 \in \mathbb{R}$, $\lambda_1 + \lambda_2 \neq 0$. Dann ist $(\lambda_1 v_1 + \lambda_2 v_2)/(\lambda_1 + \lambda_2) \in V$ und daher

$$\mathrm{D}(\lambda_1 v_1 + \lambda_2 v_2) \geq d(\lambda_1 + \lambda_2)^2\,.$$

Diese Ungleichung gilt auch für $\lambda_1 + \lambda_2 = 0$. Daher ist

$$\lambda_1^2(\mathrm{D}(v_1) - d) + 2\lambda_1\lambda_2(\mathrm{D}(v_1, v_2) - d) + \lambda_2^2(\mathrm{D}(v_2) - d) \geq 0$$

für alle $\lambda_1, \lambda_2 \in \mathbb{R}$, also

$$(\mathrm{D}(v_1) - d)(\mathrm{D}(v_2) - d) \geq (\mathrm{D}(v_1, v_2) - d)^2\,.$$

Hieraus folgt

$$\mathrm{D}(v_1 - v_2) = \mathrm{D}(v_1) - d + \mathrm{D}(v_2 - d) - 2(\mathrm{D}(v_1, v_2) - d) \leq$$
$$\leq \mathrm{D}(v_1) - d + \mathrm{D}(v_2) - d + 2\sqrt{(\mathrm{D}(v_1) - d)(\mathrm{D}(v_2) - d)} =$$
$$\left(\sqrt{\mathrm{D}(v_1) - d} + \sqrt{\mathrm{D}(v_2) - d^2}\right). \quad \Box$$

Aus Hilfssatz 3 folgt unmittelbar die Eindeutigkeitsaussage von Satz 11.

Da mit v auch $v + a$ für $a \in R$ in V liegt, schränken wir die Menge V der Konkurrenzfunktionen v noch durch die Forderung

$$\int_0^{2\pi} v(R_0\, e^{i\varphi})\, d\varphi = 0 \tag{19}$$

ein. Die Bedeutung von (19) besteht in folgendem. Sei u die Potentialfunktion, die im Innern von K_0 regulär und auf ∂K_0 gleich v ist. Dann ist nach (5) für $r < R_0$

$$u(r\, e^{i\vartheta}) = \frac{a_0}{2} + \sum_{\nu=1}^{\infty} (r/R_0)^{\nu} (a_\nu \cos \nu\vartheta + b_\nu \sin \nu\vartheta) \quad \text{mit}$$

$$a_0 = \frac{1}{\pi} \int_0^{2\pi} v(R_0\, e^{i\varphi})\, d\varphi \ .$$

(19) bedeutet also $a_0 = 0$. Insbesondere gilt Hilfssatz 2 in der Form

$$\iint_{K_0} v^2\, dx\, dy \leqq \frac{R_0}{2} D_{R_0}(v) \ . \tag{20}$$

Eine ähnliche Abschätzung gilt für jeden Kreis in $\mathscr{F}$:

Sei V_0 die Menge der Funktionen $v \in V$ mit (19). $z = x + iy$ bezeichne eine Ortsuniformisierende von einem Punkt P von $\mathscr{F}$ und K einen z-Kreis um P.

Hilfssatz 4. *Es gibt eine Konstante* $k > 0$, *so daß für alle* $v \in V_0$

$$\iint_K v^2\, dx\, dy \leqq k D(v) \tag{21}$$

gilt.

Beweis. Wir bilden eine Kette von Punkten $P_0 = O$, $P_1, \dots, P_n = P$ mit zugehörigen Ortsuniformisierenden z_i und z_i-Kreisen $K_i = \{z_i \in \mathbb{C} \mid |z_i| \leqq R_i\}$, $i = 0, 1, \dots,$ n, mit der Eigenschaft, daß benachbarte Kreise K_i, K_{i+1} immer gemeinsame innere Punkte haben. Wir beweisen induktiv, daß es Konstanten $c_i > 0$ mit

$$\iint_{K_i} v^2\, dx_i\, dy_i \leqq c_i D(v) \tag{22}$$

gibt.

Für $i = 0$ folgt (22) aus (20). Angenommen, wir haben (22) schon für ein i bewiesen. Nach Hilfssatz 2 gibt es ein $c \in R$ mit

$$\iint_{K_{i+1}} (v - c)^2\, dx_{i+1}\, dy_{i+1} \leqq \frac{R_{i+1}^2}{2} D(v) \ . \tag{23}$$

Wir benötigen eine Abschätzung von c^2 und betrachten dazu $E_i := K_i \cap K_{i+1}$. In E_i ist z_{i+1} eine regulär analytische Funktion von z_i. Die Übergangsdeterminante

$$\det \begin{pmatrix} \dfrac{\partial x_{i+1}}{\partial x_i} & \dfrac{\partial x_{i+1}}{\partial y_i} \\[2mm] \dfrac{\partial y_{i+1}}{\partial x_i} & \dfrac{\partial y_{i+1}}{\partial y_i} \end{pmatrix} = \left| \frac{dz_{i+1}}{dz} \right|^2$$

ist in E_i kleiner oder gleich einer gewissen Konstanten M, und es wird

$$\iint_{E_i} v^2 \, dx_{i+1} \, dy_{i+1} = \iint_{E_i} v^2 \left| \frac{dz_{i+1}}{dz_i} \right|^2 dx_i \, dy_i \leqq M \iint_{K_i} v^2 \, dx_i \, dy_i \leqq c_i M \, \mathrm{D}(v) .$$

$$(24)$$

Andererseits ist nach (23)

$$\iint_{E_i} (v - c)^2 \, dx_{i+1} \, dy_{i+1} \leqq \frac{R_{i+1}^2}{2} \, \mathrm{D}(v) . \tag{25}$$

Sei $J := \iint\limits_{E_i} dx_{i+1} \, dy_{i+1}$. Wegen

$$c^2 \leqq 2(v^2 + (c - v)^2)$$

ergibt die Addition von (24) und (25) die gewünschte Abschätzung von c^2:

$$c^2 J \leqq (2c_i M + R_{i+1}^2) \, \mathrm{D}(v) .$$

Daraus folgt

$$\iint_{K_{i+1}} v^2 \, dx_{i+1} \, dy_{i+1} \leqq 2 \Big(\iint_{K_{i+1}} (v - c)^2 \, dx_{i+1} \, dy_{i+1} + c^2 R_{i+1}^2 \pi \Big)$$

$$\leqq R_{i+1}^2 (1 + (2c_i M + R_{i+1}^2) \, 2\pi/J) \, \mathrm{D}(v). \quad \square$$

Die Hilfssätze 3 und 4 ergeben für zwei Funktionen $v_1, v_2 \in V_0$ die Abschätzung

$$\iint_K (v_1 - v_2)^2 \, dx \, dy \leqq k \left(\sqrt{\mathrm{D}(v_1) - d} + \sqrt{\mathrm{D}(v_2) - d} \right)^2 . \tag{26}$$

Nach der Schwarzschen Ungleichung für die Funktionen $1, v_1 - v_2$ erhält man aus (26)

$$\left| \iint_K (v_1 - v_2) \, dx \, dy \right| \leqq \sqrt{k} \left(\sqrt{\mathrm{D}(v_1) - d} + \sqrt{\mathrm{D}(v_2) - d} \right) . \tag{27}$$

Wir kommen nun zum Beweis von Satz 11. Wir bezeichnen eine Folge $v_1, v_2, \ldots$ von Funktionen aus V_0 als *minimalisierende Folge*, wenn $\lim\limits_{i \to \infty} \mathrm{D}(v_i) = d$ gilt.

Für jeden Punkt $P \in \mathcal{F}$ modifizieren wir eine solche Folge. Für $P \in \mathcal{F} - K_0$ schlagen wir einen Kreis K um P, der in $\mathcal{F} - K_0$ liegt und bilden entsprechend Abschn. 29.9. die Funktionen $\tilde{v}_1, \tilde{v}_2, \ldots$. Um die Abhängigkeit der Funktion $\tilde{v}_i$ von P zu betonen, schreiben wir genauer $\tilde{v}_{iP} := \tilde{v}_i$. Die Funktionen $\tilde{v}_{1P}, \tilde{v}_{2P}, \ldots$ bilden nach Abschn. 29.9. ebenfalls eine minimalisierende Folge und sind in einem genügend kleinen Kreis K_P um P Potentialfunktionen.

Wir wollen zeigen, daß die v_{iP} in jedem Kreis K' um P mit $K' \subset K_P$ gleichmäßig gegen eine Funktion u_P konvergieren. Diese ist dann nach Satz 7 harmonisch.

Sei h die Differenz der Radien von K_P und K' und w eine Potentialfunktion in K_P. Dann ist nach dem Mittelwertsatz für harmonische Funktionen ((5) für $r = 0$)

$$w(Q) = \frac{1}{\pi h^2} \iint_{K_h(Q)} w \, dx \, dy \quad \text{für} \quad Q \in K' .$$

Wegen (27) gilt daher für alle i, j

$$|v_{iP}(Q) - v_{jP}(Q)| \leqq \frac{\sqrt{k}}{\pi h^2} \left(\sqrt{D(v_{iP}) - d} + \sqrt{D(v_{jP}) - d} \right) \quad \text{für} \quad Q \in K' .$$

Hieraus folgt die gleichmäßige Konvergenz der v_{iP}.

Wir betrachten jetzt die Funktionen u_P in K_P und $u_{P'}$ in $K_{P'}$ für den Fall, daß K_P und $K_{P'}$ gemeinsame innere Punkte haben. Wenn die entsprechenden modifizierten minimalisierenden Folgen $v_{1P}, v_{2P}, \ldots$ und $v_{1P'}, v_{2P'}, \ldots$ sind, so ist auch die gemischte Folge $v_{1P}, v_{1P'}, v_{2P}, v_{2P'}, \ldots$ minimalisierend und es ergibt sich, daß u_P und $u_{P'}$ in $K_P \cap K_{P'}$ übereinstimmen. Es folgt, daß die Funktionen u_P unabhängig von der Wahl des Kreises K_P sind und sich zu einer in ganz $\mathscr{F} - K_0$ definierten harmonischen Funktion u zusammenfügen.

Für $P \in K_0^*$ schlagen wir einen Kreis K um P, der in K_0^* liegt, und bilden entsprechend Abschn. 29.10., (i), und Abschn. 29.9. die Funktionen $v_1^*, v_2^*, \ldots$ und $\tilde{v}_{1P}^*, \tilde{v}_{2P}^*, \ldots$ Die zugehörigen Funktionen $\tilde{v}_{1P}, \tilde{v}_{2P}, \ldots$ bilden dann eine minimalisierende Folge. Um dies einzusehen, genügt es, den folgenden Hilfssatz zu beweisen.

Hilfssatz 5. *Sei v^* eine in K_0^* stetig differenzierbare Funktion und $\tilde{v}^*$ die entsprechend Abschn. 29.9. in K modifizierte Funktion. Dann ist*

$$\mathrm{D}_{K_0^*}(\tilde{v}) - \mathrm{D}_{K_0^*}(v) = \mathrm{D}_{K_0^*}(\tilde{v}^*) - \mathrm{D}_{K_0^*}(v^*) .$$

Beweis. Wir setzen $B := K \cap (K_0^* - K_0)$. Dann haben wir

$$\mathrm{D}_B(\tilde{v}^* + \Phi) - \mathrm{D}_B(v^* + \Phi) = \mathrm{D}_B(\tilde{v}^*) - \mathrm{D}_B(v^*)$$

zu zeigen (Abb. 24). Es genügt,

$$\mathrm{D}_B(\tilde{v}^*, \Phi) = \mathrm{D}_B(v^*, \Phi)$$

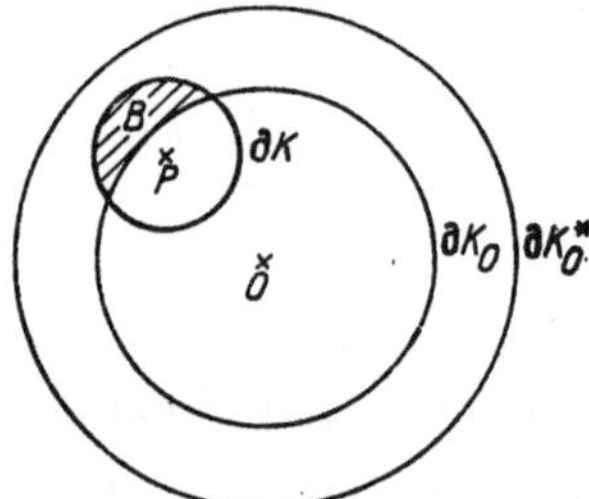

Abb. 24

zu beweisen. Analog zu (6) erhält man mit der Gaußschen Formel

$$\mathrm{D}_B(\tilde{v}^*, \Phi) - \mathrm{D}_P(v^*, \Phi) = \int_{\delta B} (\tilde{v}^* - v^*)\left(\frac{\partial \Phi}{\partial x}\,\mathrm{d}y - \frac{\partial \Phi}{\partial y}\,\mathrm{d}x\right).$$

Das rechts stehende Linienintegral verschwindet aber, weil auf ∂K die Differenz $\tilde{v}^* - v^*$ verschwindet und auf ∂K_0 nach Definition von Φ

$$\frac{\partial \Phi}{\partial x}\,\mathrm{d}y - \frac{\partial \Phi}{\partial y}\,\mathrm{d}x = \frac{\partial \Phi}{\partial r}\,r\,\mathrm{d}\vartheta = 0 , \qquad x + iy = r\,e^{i\vartheta} ,$$

ist. $\square$

Nach dem gleichen Schluß wie für die Funktionen $\tilde{v}_{1P}, \tilde{v}_{2P}, \ldots$ erhalten wir für $\tilde{v}_{1P}, \tilde{v}_{2P}, \ldots$ harmonische Funktionen $u_P^* := \lim_{i \to \infty} \tilde{v}_{iP}^*$. Die Funktionen u_P^* fügen sich zu einer in K_0^* harmonischen Funktion u^* zusammen, die gemeinsam mit der Funktion u auf $\mathscr{F} - K_0$ der Bedingung (i) in Abschn. 29.10. genügt.

Zum Beweis von Satz 11 bleibt noch zu zeigen, daß $\mathrm{D}(u) = d$ ist.

Innerhalb jedes genügend kleinen Kreises K um einen Punkt P gilt wegen der gleichmäßigen Konvergenz der $\tilde{v}_{iP}$ bzw. $\tilde{v}_{iP}^{*}$ und ihrer Ableitungen (Satz 7)

$$\lim_{i \to \infty} D_K(u - \tilde{v}_{iP}) = 0 . \tag{28}$$

Andererseits ist nach Hilfssatz 3 $D_K(v_i - \tilde{v}_{iP}) \leqq D(v_i - \tilde{v}_{iP}) \leqq 4\big(D(v_i) - d\big)$ und daher

$$\lim_{i \to \infty} D_K(v_i - \tilde{v}_{iP}) = 0 . \tag{29}$$

Aus (28) und (29) folgt $\lim\limits_{i \to \infty} D_K(u - v_i) = 0$.

Sei G ein Gebiet in K. Dann gilt auch $\lim\limits_{i \to \infty} D_G(u - v_i) = 0$ und nach der Schwarzschen Ungleichung $D_G(u) = \lim\limits_{i \to \infty} D_G(v_i)$.

Für eine endliche Anzahl disjunkter Gebiete G_ν in $\mathcal{F}$ gilt

$$\sum_\nu D_{G_\nu}(u) = \lim_{i \to \infty} \sum_\nu D_{G_\nu}(v_i) \leqq \lim_{i \to \infty} D(v_i) = d .$$

Hieraus folgt, daß $D(u)$ existiert und kleiner oder gleich d ist. Wegen $u \in V$ ist $D(u) = d$. $\square$

Die mit Hilfe des Dirichletschen Prinzips entsprechend Satz 11 konstruierte Potentialfunktion U läßt sich folgendermaßen unter den Potentialfunktionen, die den Bedingungen von Satz 10 genügen, charakterisieren.

Satz 12. *Sei K ein beliebig kleiner z_0-Kreis um O und W die Menge der stetig differenzierbaren Funktionen auf $\mathcal{F}$ mit endlichem Dirichletschen Integral, die in einer Umgebung von O verschwinden. Dann ist $D_{\mathcal{F}-K}(U)$ endlich, und $D(U, w) = 0$ für $w \in W$. Ist umgekehrt U' eine Potentialfunktion auf $\mathcal{F}$, die außerhalb O regulär ist und sich in einer Umgebung von O von Φ um eine in O reguläre Potentialfunktion unterscheidet, und genügt U' den Bedingungen $D_{\mathcal{F}-K}(U')$ endlich und $D(U', w) = 0$ für $w \in W$, so ist für die zugehörige Funktion u' das Dirichletsche Integral $D(u')$ minimal.*

Beweis. Es ist klar, daß $D_{\mathcal{F}-K}(U)$ endlich ist. Sei K_l ein z_0-Kreis in K_0 vom Radius l, in dem w verschwindet. Dann gilt zunächst für jedes $\lambda \in \mathbb{R}$ die Ungleichung $D(u) \leqq D(u + \lambda w)$ und daher $D(u, w) = 0$. Weiter wird mit $z_0 = r_0\, e^{i\vartheta_0}$

$$D(U, w) - D(u, w) = \iint\limits_{K_0 - K_l} \left(\frac{\partial \Phi}{\partial x_0} \frac{\partial w}{\partial x_0} + \frac{\partial \Phi}{\partial y_0} \frac{\partial w}{\partial y_0}\right) dx_0\, dy_0 = \int\limits_0^{2\pi} \left[r_0 w \frac{\partial \Phi}{\partial r_0}\right]_{r_0 = l}^{r_0 = R_0} d\vartheta_0 .$$

Auf ∂K_0 ist $\dfrac{\partial \Phi}{\partial r_0} = 0$ und auf ∂K_l ist $w = 0$. Daher gilt

$$D(U, w) = D(u, w) = 0 .$$

Andererseits setzen wir $u_0 = U' - U$. Dann ist u_0 eine auf ganz $\mathcal{F}$ reguläre Potentialfunktion, und es gilt $D(u_0, w) = 0$. Dies gilt nicht nur für die Funktionen, die in einer Umgebung von 0 verschwinden, sondern für alle stetig differenzierbaren Funktionen w mit $D(w)$ endlich. In der Tat sei w_1 eine Funktion aus W, die in $\mathcal{F} - K$ mit w übereinstimmt. Dann wird

$$D(u_0, w) = D(u_0, w_1) + D_{K_0}(u_0, w - w_1) = \int\limits_0^{2\pi} \left(r_0(w - w_1) \frac{\partial u_0}{\partial r_0}\right)_{R_0} d\vartheta = 0 .$$

Insbesondere ist $D(u_0, u_0) = 0$ und daher u_0 auf $\mathcal{F}$ konstant. $\square$

29.12. Beweis des Riemannschen Existenzsatzes für Differentiale auf geschlossenen Riemannschen Flächen

Sei jetzt $\mathcal{F}$ eine geschlossene Riemannsche Fläche. Satz 10 liefert uns ein Differential ω mit dem einzigen Pol O und dem Hauptteil $-1/z_0^2$ für die Ortsuniformisierende z_0 von O. Das Differential ω ist für die Ortsuniformisierende $z = x + iy$ im Punkt P durch $\dfrac{\omega}{dz} = \dfrac{\partial U}{\partial x} - i\,\dfrac{\partial U}{\partial y}$ gegeben.

Um Satz 3, Kap. 11, allgemein zu beweisen, müssen wir das oben entwickelte Verfahren zur Konstruktion von Potentialfunktionen verallgemeinern. Dazu bemerken wir, daß wir über die Potentialfunktion Φ in K_0^* beim Beweis von Satz 11 nur die folgenden Eigenschaften benutzt haben.

(i) *Φ ist in K_0^* harmonisch mit Ausnahme von endlich vielen Punkten und Kurven in K_0.*

(ii) $\dfrac{\partial \Phi}{\partial r_0}$ *verschwindet auf* ∂K_0.

Wir können daher allgemeiner auch die folgenden Potentialfunktionen Φ betrachten, für die (i) und (ii) erfüllt sind:

a) $\Phi(z_0) = \Phi_n(z_0) := \operatorname{Re}\left(\dfrac{1}{z_0^n} + \dfrac{z_0^n}{R_0^{2n}}\right)$. Das zugehörige Differential ω_n hat in O den Hauptteil $-\dfrac{n}{z_0^{n+1}}$.

b) Seien P_1, P_2 von O verschiedene Punkte in K_0 mit den Koordinaten z_1, z_2. Wir verbinden P_1 und P_2 durch eine Kurve D in K_0. Dann ist $\log \dfrac{z_0 - z_1}{z_0 - z_2}$ als eindeutige reguläre Funktion in $K_0^* - D$ erklärt (als Funktion von z_0 ist $\log \dfrac{z_0 - z_1}{z_0 - z_2}$ in jedem Pnnkt des einfach zusammenhängenden Gebiets $(\mathbb{C} \cup \{\infty\}) - D$ erklärt). Beim Durchgang durch D von rechts nach links im Sinn der Orientierung von D erleidet $\log \dfrac{z_0 - z_1}{z_0 - z_2}$ einen Sprung um $2\pi i$. Für die Gewährleistung von (ii) brauchen wir die Spiegelbilder $z_1' = R_0^2/\bar{z}_1$, $z_2' = R_0^2/\bar{z}_2$ von z_1, z_2. Diese dürfen nicht in K_0^* liegen, das daher passend zu wählen ist. Wir setzen

$$\Phi_{P_1 P_2}(z_0) := \operatorname{Re} \log \frac{z_0 - z_1}{z_0 - z_2} + \operatorname{Re} \log \frac{z_0 - z_1'}{z_0 - z_2'},$$

$$\Phi'_{P_1 P_2}(z_0) := \operatorname{Im} \log \frac{z_0 - z_1}{z_0 - z_2} - \operatorname{Im} \log \frac{z_0 - z_1'}{z_0 - z_2'}.$$

Beim Beweis von (ii) beachte man, daß für $z_0 \in \partial K_0$ die Beziehung $R_0^2 = z_0\bar{z}_0$ gilt.

Die zugehörigen Differentiale $\omega_{P_1 P_2}$, $\omega'_{P_1 P_2}$ sind regulär bis auf die Punkte P_1, P_2, in denen sie Pole mit den Hauptteilen $\dfrac{1}{z_0 - z_1}$, $-\dfrac{1}{z_0 - z_2}$ bzw. $-\dfrac{i}{z_0 - z_1}$, $\dfrac{i}{z_0 - z_2}$ haben.

Der Realteil des Integrals von $\omega_{P_1 P_2}$ über eine geschlossene Kurve C verschwindet. Bei $\omega'_{P_1 P_2}$ ist dies dann der Fall, wenn C die Kurve D nicht schneidet. Wenn C ein genügend kleiner Kreis um P_1 bzw. P_2 ist, der im Gegenuhrzeigersinn durchlaufen wird, ist $\operatorname{Re} \int_C \omega'_{P_1 P_2} = 2\pi$ bzw. $\operatorname{Re} \int_C \omega'_{P_1 P_2} = -2\pi$.

Durch Linearkombination der in a) und b) aufgestellten Differentiale erhält man alle für die Existenzaussage von Satz 3, Kap. 11, benötigten Differentiale.

Seien P, Q beliebige Punkte von $\mathscr{F}$. Wir wollen zunächst ein Differential dritter Gattung ω_{PQ} konstruieren, das in P das Residuum 1, in Q das Residuum -1 hat und für das der Realteil des Integrals über eine beliebige geschlossene Kurve verschwindet.

Wir verbinden P und Q durch eine Kurve D. Auf D wählen wir Punkte $P_1 = = P, P_2, \ldots, P_s = Q$, so daß zwei benachbarte Punkte P_i, P_{i+1} in einem Kreis K_i um einen Punkt Q_i auf D liegen. Dann leistet

$$\omega_{PQ} := \omega_{P_1 P_2} + \omega_{P_2 P_3} + \ldots + \omega_{P_{s-1} P_s} \tag{30}$$

das Verlangte.

Sei jetzt D eine geschlossene Kurve. Wir suchen ein Differential, erster Gattung ω_D mit $\mathrm{Re} \int\limits_C \omega_D = 0$, falls C die Kurve D nicht schneidet, und $\mathrm{Re} \int\limits_C \omega_D = 2\pi$, wenn C die Kurve D in einem einzigen Punkt von rechts nach links schneidet.

Seien $P_1, P_2, \ldots, P_s$ auf D wie oben gewählt und $P_1 = P_s$. Dann leistet

$$\omega_D := \omega'_{P_1 P_2} + \omega'_{P_2 P_3} + \ldots + \omega'_{P_{s-1} P_s} \tag{31}$$

das Verlangte.

Sei jetzt in den Bezeichnungen von Abschn. 11.2. eine kanonische Zerschneidung von $\mathscr{F}$ gegeben. Wir erhalten ein Differential ω erster Gattung mit

$$\mathrm{Re} \int\limits_{A_1} \omega = 2\pi , \qquad \mathrm{Re} \int\limits_{A_i} \omega = 0 \quad \text{für} \quad i = 2, \ldots, g ,$$

$$\mathrm{Re} \int\limits_{B_i} \omega = 0 \quad \text{für} \quad 1, \ldots, g ,$$

indem wir $\omega := \omega_D$ setzen mit einer Kurve D, die von einem Punkt P in $\mathscr{F}_0$ ausgehend in $\mathscr{F}_0$ zu einem Punkt auf $\widetilde{A}_1^{-1}$ läuft und von dem äquivalenten Punkt auf A_1 nach P zurückkehrt (siehe Abb. 11, S. 111). Entsprechendes gilt bei Auszeichnung von $A_2, \ldots, A_g$ oder $B_1, \ldots, B_g$.

Aus den durchgeführten Überlegungen folgt die Existenzaussage von Satz 3, Kap. 11, durch Linearkombination der aufgestellten Differentiale.

Sei jetzt ω ein Differential erster Gattung mit $\mathrm{Re} \int\limits_{A_i} \omega = \mathrm{Re} \int\limits_{B_i} \omega = 0$ für $i = 1, \ldots, g$. Dann definiert $f(Q) = \mathrm{Re} \int\limits_P^Q \omega$ eine überall harmonische Potentialfunktion auf $\mathscr{F}$, d. h., $f(Q)$ ist konstant und $\omega = 0$.

Damit ist Satz 3, Kap. 11, vollständig bewiesen.

Aus zwei nicht proportionalen meromorphen Differentialen ω_1, ω_2 auf $\mathscr{F}$ erhält man eine nichtkonstante meromorphe Funktion $f := \omega_1/\omega_2$ auf $\mathscr{F}$. Wie in Abschn. 11.4. zeigt man, daß f jeden Wert endlich oft und abgesehen von endlich vielen Stellen gleich oft annimmt, d. h., f ist eine Abbildung von $\mathscr{F}$ auf $\mathbb{C} \cup \{\infty\}$, die $\mathscr{F}$ als Überlagerung von $\mathbb{C} \cup \{\infty\}$ erklärt. Damit haben wir den allgemeinen Fall einer geschlossenen Riemannschen Fläche auf den in Kap. 10, 11 betrachteten speziellen zurückgeführt.

Aufgaben

29.1. Man konstruiere eine Riemannsche Fläche als Überlagerung von $\mathbb{C} - \{0\}$, auf der $\log z$ als eindeutige Funktion erklärt ist.

29.2. Seien $\mathscr{F}_1$ und $\mathscr{F}_2$ Riemannsche Flächen und f_1, f_2 holomorphe Abbildungen von $\mathscr{F}_1$ in $\mathscr{F}_2$. Wir nehmen an, daß f_1 und f_2 in einer Umgebung eines Punktes von $\mathscr{F}_1$ übereinstimmen. Man zeige, daß f_1 und f_2 auf ganz $\mathscr{F}_1$ übereinstimmen.

29.3. Seien $\mathscr{F}_1$ und $\mathscr{F}_2$ Riemannsche Flächen und f eine injektive holomorphe Abbildung von $\mathscr{F}_1$ in $\mathscr{F}_2$. Man zeige, daß die Umkehrabbildung f^{-1} von $f(\mathscr{F}_1)$ auf $\mathscr{F}_2$ auch holomorph ist.

29.4. Sei M eine unverzweigte Überlagerung einer Riemannschen Fläche $\mathscr{F}$ mit der Projektionsabbildung $\varphi: M \to \mathscr{F}$ (Abschn. 28.9.). Man zeige, daß M in eindeutiger Weise als Riemannsche Fläche erklärt werden kann, so daß φ eine holomorphe Abbildung wird.

29.5. Sei $\mathscr{F}$ eine Riemannsche Fläche und f eine homöomorphe Abbildung des Einheitskreises auf eine Teilmenge von M, deren Rand eine (geschlossene) Kurve ist. Weiter sei f im Innern des Einheitskreises holomorph. Man zeige, daß die erste Randwertaufgabe der Potentialtheorie für M lösbar ist.

30. Uniformisierung

In der Uniformisierungstheorie findet die von RIEMANN entworfene und u. a. von KLEIN, POINCARÉ und KOEBE fortgeführte geometrische Funktionentheorie ihren Höhepunkt. WEYL schreibt hierzu in der Einleitung zu seinem Buch ,,*Die Idee der Riemannschen Fläche*``, dem wir auch in diesem Kapitel folgen:

,,*Wir betreten damit den Tempel, in welchem die Gottheit (wenn ich dieses Bildes mich bedienen darf) aus der irdischen Haft ihrer Einzelverwirklichungen sich selber zurückgegeben wird: in dem Symbol des zweidimensionalen Nicht-Euklidischen Kristalls wird das Urbild der Riemannschen Flächen selbst, (soweit dies möglich ist) rein und befreit von allen Verdunklungen und Zufälligkeiten, erschaubar.*``

30.1. Der Begriff der Uniformisierung

Eine Ortsuniformisierende t für einen Punkt P einer Riemannschen Fläche $\mathcal{F}$ haben wir definiert als eine konforme Abbildung einer Umgebung V von P auf eine Umgebung U des Nullpunktes der komplexen Ebene. Eine Funktion f auf $\mathcal{F}$ kann mit Hilfe der Ortsuniformisierenden in V als Funktion auf U, d. h. als gewöhnliche analytische Funktion, beschrieben werden (Abschn. 29.2.). In der Uniformisierungstheorie interessiert man sich dafür, ob etwas Ähnliches ganz für $\mathcal{F}$ gefunden werden kann. Genauer fragt man nach der Existenz von Gebieten U in $\mathbb{C}$ und Abbildungen u von U auf $\mathcal{F}$, so daß f als eindeutige meromorphe Funktion $f(u(t))$ für $t \in U$ dargestellt werden kann.

Eine solche Uniformisierung kann für alle meromorphen Funktionen auf $\mathcal{F}$ gemeinsam in der folgenden Weise durchgeführt werden. Sei $\hat{\mathcal{F}}$ die universelle Überlagerung von $\mathcal{F}$ (Abschn. 28.9.). Dann ist $\hat{\mathcal{F}}$ eine einfach zusammenhängende Riemannsche Fläche. Wir werden zeigen, daß man $\hat{\mathcal{F}}$ eineindeutig und konform auf ein Gebiet U in $\mathbb{C}$ oder auf die erweiterte Ebene abbilden kann, wobei der letztere Fall nur eintritt, wenn $\mathcal{F} = \hat{\mathcal{F}}$ selbst schon einfach zusammenhängend ist. Durch Zusammensetzen der Abbildungen $U \to \hat{\mathcal{F}} \to \mathcal{F}$ erhält man die gesuchte Uniformisierung für alle meromorphen Funktionen auf $\mathcal{F}$.

30.2. Der Riemannsche Abbildungssatz

Es kommt also darauf an, den folgenden Satz zu beweisen, der in seiner Formulierung auf RIEMANN zurückgeht, in strenger Form aber zuerst von POINCARÉ und KOEBE 1907 bewiesen wurde.

Satz 1. *Sei $\mathcal{F}$ eine einfach zusammenhängende Riemannsche Fläche. Dann gibt es eine eineindeutige und konforme Abbildung τ von $\mathcal{F}$ auf eine der folgenden Flächen: (i) die erweiterte Ebene, (ii) die erweiterte Ebene mit Ausnahme eines Punktes, (iii) die erweiterte Ebene mit Ausnahme eines Schlitzes $\{U + iV_0 \mid U_1 \leqq U \leqq U_2\}$, wobei U_1, U_2, V_0 fixierte reelle Zahlen sind.*

Beweis. Wir wählen auf $\mathcal{F}$ einen Punkt O und eine Ortsuniformisierende z_0 für O. Auf Grund von Satz 12, Kap. 29, gibt es bis auf eine additive Konstante genau eine Potentialfunktion U auf $\mathcal{F}$ mit folgenden Eigenschaften:

(i) *U ist außerhalb O harmonisch.*

(ii) *In einer gewissen Umgebung von O ist $U - \operatorname{Re} \dfrac{1}{z_0}$ harmonisch.*

(iii) *Für jeden z_0-Kreis K um O ist $\mathrm{D}_{\mathcal{F}-K}(U)$ endlich.*

(iv) *Für jede stetig differenzierbare Funktion w auf $\mathcal{F}$ mit $\mathrm{D}(w) < \infty$, die in einer Umgebung von O verschwindet, ist $\mathrm{D}(U, w) = 0$.*

Nach Abschn. 29.10. gehört zu U ein Differential ω. Da $\mathcal{F}$ einfach zusammenhängend ist, hängt das von einem fixierten Punkt genommene Integral $\int \omega$ nicht vom Weg ab und stellt daher eine analytische Funktion $\tau = U + iV$ auf $\mathcal{F}$ dar, die außerhalb O regulär ist und in einer Umgebung von O sich von $1/z_0$ um eine reguläre Funktion unterscheidet. Wir wollen zeigen, daß τ die in Satz 1 gesuchte Abbildung ist. Dazu beweisen wir zunächst einige Hilfssätze.

Hilfssatz 1. *Sei $\mathcal{F}$ eine einfach zusammenhängende Riemannsche Fläche und C eine geschlossene Kurve auf $\mathcal{F}$. Dann zerlegt C die Fläche $\mathcal{F}$ in mehrere Gebiete.*

Beweis. Auf Grund der analytischen Struktur von $\mathcal{F}$ und da C stückweise stetig differenzierbar ist, können wir die linke und die rechte Seite von C voneinander unterscheiden. Angenommen, C zerlegt $\mathcal{F}$ nicht. Dann konstruieren wir in folgender Weise eine zweifache Überlagerung $\hat{\mathcal{F}}$ von $\mathcal{F}$: Wir nehmen zwei Exemplare von $\mathcal{F}$, die wir längs der Kurve C aufschneiden und über Kreuz wieder zusammenkleben, d. h., beim Durchgang durch C von der linken zur rechten Seite geht man jeweils von dem einem Exemplar von $\mathcal{F}$ zu dem anderen über. Auf diese Weise erhält man eine zusammenhängende Fläche $\hat{\mathcal{F}}$, da C die Fläche $\mathcal{F}$ nicht zerlegt. Über einer einfach zusammenhängenden Fläche gibt es jedoch nur triviale Überlagerungen (Abschn. 28.9.). $\square$

Hilfssatz 2. *Sei V_0 eine relle Zahl. Dann sind die Mengen*
$$M := \{P \in \mathcal{F} \mid \operatorname{Im} \tau(P) > V_0\} \quad und \quad M' := \{P \in \mathcal{F} \mid \operatorname{Im} \tau(P) < V_0\}$$
Gebiete in $\mathcal{F}$ (d. h., sie sind offen und zusammenhängend).

Beweis. Für O ist $1/\tau$ eine Ortsuniformisierende. Sei $K_0 := \left\{ P \in \mathcal{F} \,\middle|\, \left| \dfrac{1}{\tau(P)} \right| \leqq R_0 \right\}$ ein $1/\tau$-Kreis um O. Weiter setzen wir $E := \{P \in \mathcal{F} \mid \operatorname{Im} \tau(P) = V_0\}$. Da E abgeschlossen ist, zerfallen M und M' in Gebiete. Von diesen haben genau zwei mit K_0 Punkte gemeinsam. Wenn M oder M' nicht zusammenhängend ist, gibt es also unter den von E bestimmten Gebieten ein Gebiet mit $G \cap K_0 = \emptyset$.

Wir setzen für $u \in \mathbb{R}$
$$\varphi(u) = \arctan u \quad \text{mit} \quad -\pi/2 < \arctan u < \pi/2,$$
$$\psi(u) = (u - V_0)^2/(1 + (1 + (u - V_0))^2.$$

Diese Funktionen wurden so gewählt, daß die auf $\mathcal{F}$ definierte Funktion w mit
$$w(P) = \begin{cases} \varphi(U(P))\, \psi(V(P)) & \text{für} \quad P \in G, \\ 0 & \text{für} \quad P \notin G \end{cases}$$

stetig differenzierbar ist. w verschwindet in K_0.

Für $P \in G$ sei $z = x + iy$ eine Ortsuniformisierende. Dann gilt

$$\left(\frac{\partial w}{\partial x}\right)^2 + \left(\frac{\partial w}{\partial y}\right)^2 = \left(\varphi'(U)^2\,\psi(V)^2 + \varphi(U)^2\,\psi'(V)^2\right)\left(\left(\frac{\partial U}{\partial x}\right)^2 + \left(\frac{\partial U}{\partial y}\right)^2\right).$$

Da die Funktionen $\varphi, \varphi', \psi, \psi'$ in ganz R beschränkt sind, können wir $D(w)$ durch $D_{\mathcal{F}-K_\varepsilon}(U)$ abschätzen. Daher ist $D(w)$ endlich. Nach Voraussetzung ist also $D(U, w) = 0$. Weiter ist

$$\frac{\partial w}{\partial x}\frac{\partial U}{\partial x} + \frac{\partial w}{\partial y}\frac{\partial U}{\partial y} = \varphi'(U)\,\psi(V)\left(\left(\frac{\partial U}{\partial x}\right)^2 + \left(\frac{\partial U}{\partial y}\right)^2\right).$$

Da $\varphi'(u)$ und $\psi(u)$ für alle $u \in R$ positiv sind, führt das zu einem Widerspruch. $\square$

Hilfssatz 3. ω *hat keine Nullstelle.*

Beweis. Sei P eine Nullstelle von ω und $\operatorname{Im}\tau(P) = V_0$. Dann gilt für eine Ortsuniformisierende z von P

$$\tau(z) - \tau(P) = a_r z^r + a_{r+1} z^{r+1} + \dots$$

mit $a_r \neq 0$ und $r \geq 2$. O.B.d.A. können wir $\tau(z) - \tau(P) = z^r$ annehmen. Sei K ein z-Kreis um P vom Radius R. Wir verbinden P mit den Punkten $P_\nu = R\,e^{(2\nu-1)\pi i/2r}$ durch die Gerade $A_\nu, \nu = 1, 2, 3, 4$. Dann liegen P_1 und P_3 im Gebiet M mit $\operatorname{Im}\tau > V_0$ und können daher durch eine Kurve B_1, die in M verläuft, verbunden werden (Hilfssatz 2). Entsprechend liegen P_2 und P_4 im Gebiet M' mit $\operatorname{Im}\tau < V_0$. Wir verbinden sie durch eine Kurve B_2 in M'. Dann haben wir die geschlossenen Kurven $A_1 + B_1 - A_3$ und $A_2 + B_2 - A_4$, die sich im Punkt P kreuzen, aber sonst keinen Punkt gemeinsam haben (Abb. 25). Das ist jedoch nach Hilfssatz 1 auf einer einfach zusammenhängenden Fläche unmöglich. $\square$

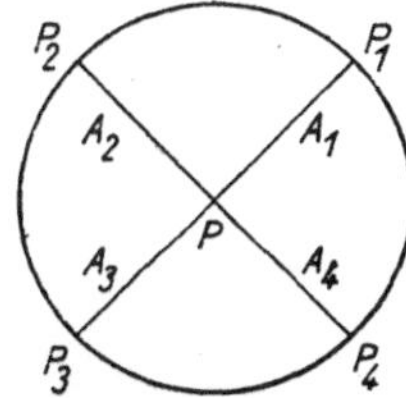

Abb. 25

Wir betrachten jetzt $\mathcal{F}$ als Überlagerungsfläche der erweiterten Ebene mit der Projektionsabbildung τ. Hilfssatz 3 besagt, daß $\mathcal{F}$ über $C \cup \{\infty\}$ unverzweigt ist. Über ∞ liegt der einzige Punkt O. Wir betrachten die Kurve auf $\mathcal{F}$, die über der Geraden $V = V_0$ liegt, wobei V_0 wieder eine fixierte reelle Zahl bedeutet (U, V bezeichnen sowohl Real- und Imaginärteil von τ als auch die Koordinaten der Punkte von C). Gehen wir von O aus in Richtung wachsender Werte von U, so gibt es zwei Möglichkeiten. Entweder kehrt man in $\mathcal{F}$ zu O zurück und hat dann eine geschlossene Kurve $\tilde{C}$, oder es gibt ein $U + iV_0$, über dem kein Punkt von $\mathcal{F}$ liegt, der die von O ausgehende Kurve fortsetzt. Sei U_1 der kleinste Wert von U, für den das eintritt, und $\tilde{C}_1$ die von O ausgehende Kurve mit $U < U_1$, $V = V_0$. Entsprechend erhält man eine von O in Richtung fallender U ausgehende Kurve $\tilde{C}_2$ mit $U > U_2$, $V = V_0$, wobei U_2 der größte Wert von U ist, über dem sich die Kurve nicht fortsetzen läßt.

Nach dem bisherigen könnte $U_2 < U_1$ sein und τ daher nicht injektiv. Wir werden jedoch im folgenden sehen, daß dies nicht der Fall ist.

Die Kurve $-\widetilde{C}_1 + \widetilde{C}_2$ bzw. $\widetilde{C}$ zerlegt die einfach zusammenhängende Fläche $\mathscr{F}$ in zwei Gebiete G', G'' (vgl. Hilfssatz 1; die Kurve $-\widetilde{C}_1 + \widetilde{C}_2$ ist zwar nicht geschlossen, aber sie ist eine Kurve ohne Enden, auf die sich der Beweis von Hilfssatz 1 ohne weiteres überträgt).

Sei $Q \in G'$ ein weiterer Punkt mit $\tau(Q) = V_0$. Dann gibt es in G' Punkte Q_1, Q_2 mit $\operatorname{Im} \tau(Q_1) > V_0$, $\operatorname{Im} \tau(Q_2) < V_0$, d. h., die Menge $\{P \in \mathscr{F} \mid \operatorname{Im} \tau(P) \neq V_0\}$ zerfällt in mindestens drei Gebiete, was nach Hilfssatz 2 nicht der Fall ist. G' enthält also keinen Punkt Q mit $\tau(Q) = V_0$. Entsprechend zeigt man, daß es kein $Q \in G''$ mit $\tau(Q) = V_0$ gibt.

Zum Beweis von Satz 1 genügt es nun zu zeigen, daß es höchstens eine reelle Zahl V_0 geben kann, für welche die zugehörige Kurve $\widetilde{C} = \{P \in \mathscr{F} \mid \operatorname{Im} \tau(P) = V_0\}$ auf $\mathscr{F}$ ungeschlossen ist. Der Fall $U_2 < U_1$ kann dann nicht eintreten, weil für ein U mit $U_2 < U < U_1$ eine ganze Umgebung von $U + iV_0$ von $\mathscr{F}$ zweiblättrig überlagert würde.

Wir nehmen an, es gibt zwei solche Kurven $\widetilde{C}$ und $\widetilde{C}'$, die zu den Werten V_0 und V_0' gehören, wobei $V_0 < V_0'$ sei. Wir wählen eine reelle Zahl U_3, so daß die Kurve $\{P \in \mathscr{F} \mid \operatorname{Re} \tau(P) = U_3\}$ in K_0 liegt, und verbinden $\widetilde{C}$ und $\widetilde{C}'$ mit der Teilkurve $\widetilde{D}$, die über dem Geradenabschnitt $V_0 \leqq V \leqq V_0'$ liegt. $\widetilde{C}$ und $\widetilde{C}'$ werden durch $\widetilde{D}$ in jeweils zwei Teilkurven zerlegt. Sei $\widetilde{C}_3$ bzw. $\widetilde{C}_3'$ die Teilkurve, die in Richtung $U = U_2$ bzw. $U = U_2'$ verläuft. Dann ist $-\widetilde{C}_3 + \widetilde{D} + \widetilde{C}_3'$ eine Kurve, die auf $\mathscr{F}$ ohne Überschneidung von einem Randpunkt zu einem anderen verläuft und daher $\mathscr{F}$ in zwei Gebiete G und G' zerlegt, wobei $O \in G'$ sei.

Wir schließen jetzt ähnlich wie im Beweis von Hilfssatz 2 weiter. Dazu definieren wir eine stetig differenzierbare Funktion

$$w(P) = \begin{cases} \varphi\big(U(P)\big)\,\psi\big(V(P)\big) & \text{für} \quad P \in G, \\ 0 & \text{für} \quad P \notin G, \end{cases}$$

wobei jetzt

$$\varphi(u) = \arctan(u - U_3)\,\frac{(u - U_3)^2}{1 + (u - U_3)^2},$$

$$\psi(u) = \frac{(u - V_0)^2\,(u - V_0')^2}{\big(1 + (u - V_0)^2\big)\big(1 + (u - V_0')^2\big)}$$

für $u \in \mathbb{R}$ gesetzt wird. Man hat $\mathrm{D}(w) < \infty$ und $\mathrm{D}(U, w) > 0$ im Widerspruch zur Voraussetzung. Damit ist Satz 1 bewiesen. $\square$

Wir kommen zu einer noch bequemeren Formulierung von Satz 1, indem wir zu einer anderen Uniformisierenden übergehen.

Satz 2 (*Riemannscher Abbildungssatz*). *Sei $\mathscr{F}$ eine einfach zusammenhängende Riemannsche Fläche. Dann gibt es eine eineindeutige und konforme Abbildung t von $\mathscr{F}$ auf eine der folgenden Flächen*: (i) *die erweiterte Ebene $\mathscr{F}$*, (ii) *die Ebene $\mathbb{C}$*, (iii) *die obere Halbebene* H.

Beweis. Im Fall (i) leistet $t = \tau$ das Verlangte. Im Fall (ii) setzen wir $t = 1/(\tau - \tau_0)$, wobei τ_0 der Punkt der Ebene ist, der nicht im Bild von τ liegt. Im Fall (iii) kann man zunächst durch eine lineare Transformation erreichen, daß der Schlitz $\{U + iV_0 \mid U_1 \leqq U \leqq U_2\}$ in $\{U \mid -1 \leqq U \leqq 1\}$ übergeht. Die Transformation $\tau = 2t/(t^2 + 1)$ leistet dann das Verlangte. $\square$

30.3. Die Automorphismen der einfach zusammenhängenden Riemannschen Flächen

Ein *Automorphismus* einer Riemannschen Fläche $\mathcal{F}$ ist eine eineindeutige konforme Abbildung von $\mathcal{F}$ auf sich. Wir wollen die Automorphismengruppen $\mathrm{Aut}(\mathcal{F})$ der drei obigen Normalformen einfach zusammenhängender Riemannscher Flächen bestimmen.

Für die erweiterte Ebene $\mathcal{Z}$ haben wir das bereits in Abschn. 10.2. durchgeführt. $\mathrm{Aut}(\mathcal{Z})$ ist die Gruppe aller gebrochen linearen Transformationen.

Sei f ein Automorphismus von $\mathbb{C}$. Dann ist f eine auf $\mathbb{C}$ reguläre Funktion, die in ∞ keine wesentlich singuläre Stelle hat. Da f eineindeutig ist, folgt, daß f in ∞ einen einfachen Pol hat, d. h., f kann zu einem Automorphismus von $\mathcal{Z}$ erweitert werden. Man sieht nun, daß $\mathrm{Aut}(\mathbb{C})$ die Gruppe aller gewöhnlichen linearen Transformationen von $\mathbb{C}$ ist.

$\mathrm{Aut}(\mathrm{H})$ haben wir bereits in Abschn. 14.11. bestimmt. Es ist die Gruppe aller gebrochen linearen Transformationen der Form

$$w(z) = \frac{az + b}{cz + d} \quad \text{mit} \quad a, b, c, d \in \mathbb{R} \quad \text{und} \quad ad - bc = 1 \, . \tag{1}$$

Diese Gruppe ist die Bewegungsgruppe der nichteuklidischen Geometrie.

30.4. Normalform einer Riemannschen Fläche

Sei jetzt $\mathcal{F}$ wieder eine beliebige Riemannsche Fläche und $\hat{\mathcal{F}}$ die universelle Überlagerung von $\mathcal{F}$. Wegen Satz 2 können wir o.B.d.A. annehmen, daß $\hat{\mathcal{F}}$ gleich $\mathcal{Z}$, $\mathbb{C}$ oder H ist. Eine Decktransformation von $\hat{\mathcal{F}}/\mathcal{F}$ ist nach Definition (Abschn. 28.10.) ein Automorphismus von $\hat{\mathcal{F}}$, der $\mathcal{F}$ punktweise festläßt. Nach Abschn. 30.3. ist die Gruppe Γ der Decktransformationen eine Gruppe von gebrochen linearen Transformationen. Nach Kap. 28, Satz 6, ist Γ zulässig, und $\mathcal{F}$ ist isomorph zu $\Gamma \setminus \hat{\mathcal{F}}$. Auf diese Weise erhalten wir eine Normalform für $\mathcal{F}$. Außer der Identität darf kein $\gamma \in \Gamma$ einen Fixpunkt haben, d. h. einen Punkt $R \in \hat{\mathcal{F}}$ mit $\gamma P = P$. Außerdem muß Γ diskret auf $\hat{\mathcal{F}}$ operieren, d. h., für jedes $P \in \hat{\mathcal{F}}$ darf die Bahn $\{\gamma P \mid \gamma \in \Gamma\}$ von P keinen Häufungspunkt haben.

Wir betrachten zunächst die Fälle $\mathcal{F} = \mathcal{Z}$ und $\mathcal{F} = \mathbb{C}$ genauer. Im ersten Fall kann Γ nur aus der identischen Transformation bestehen, da jede gebrochen lineare Transformation in $\mathcal{Z}$ Fixpunkte hat.

Sei jetzt $\hat{\mathcal{F}} = \mathbb{C}$. Da $\gamma \in \Gamma - \{1\}$ keinen Fixpunkt hat und linear ist, gilt $\gamma z = z + a$ mit $a \in \mathbb{C}$. Daher ist Γ zu einer diskreten Untergruppe der additiven Gruppe von $\mathbb{C}$ isomorph. Eine solche Untergruppe kann null-, ein-, oder zweidimensional sein. Im ersten Fall ist $\mathcal{F}$ zu $\mathbb{C}$, im zweiten zu $\mathbb{C}/\omega Z$ und im dritten zu $\mathbb{C}/(\omega_1 Z + \omega_2 Z)$ isomorph, wobei ω, ω_1, ω_2 von 0 verschiedene komplexe Zahlen mit $\omega_1/\omega_2 \notin \mathbb{R}$ sind.

Die meromorphen Funktionen auf $\mathbb{C}/(\omega_1 Z + \omega_2 Z)$ sind die elliptischen Funktionen mit den Grundperioden ω_1, ω_2, die wir ausführlich in Kap. 13 untersucht haben.

Insgesamt sehen wir, daß die Fälle $\mathcal{Z}$ und $\mathbb{C}$ als Ausnahmefälle anzusehen sind. Wir schließen dieses Kapitel mit einigen Bemerkungen zu dem *„allgemeinen Typ"* $\Gamma \setminus \mathrm{H}$.

In Abschn. 14.13. haben wir H als Modell der nichteuklidischen Geometrie eingeführt. Die in H definierte Metrik ist invariant gegenüber den konformen Abbildungen
von H auf sich. Sie bilden die volle Gruppe der Kongruenztransformationen der
orientierten nichteuklidischen Ebene.

Der folgende Satz gibt ein Kriterium dafür, daß eine Untergruppe Γ von Aut(H)
zulässig ist und daher zu einer Riemannschen Fläche in der Normalform $\Gamma \setminus H$
führt.

Satz 3. *Sei Γ eine Untergruppe von Aut(H). Folgende Bedingungen sind äquivalent*:
(i) *Γ ist zulässig.*

(ii) *Γ operiert diskret auf H, und kein von 1 verschiedenes Element von Γ hat einen
Fixpunkt in H.*

Beweis. Aus (i) folgt offensichtlich (ii). Sei (ii) erfüllt. Wir wollen (i) zeigen. Die
Untergruppe K von Aut(H) aller Transformationen, die i $\in H$ festlassen, ist, wie man
leicht sieht, homöomorph zur Kreislinie und daher kompakt. Wir beweisen zunächst
den folgenden

Hilfssatz. *Für zwei kompakte Teilmengen M_1 und M_2 von H gibt es nur endlich viele
$\gamma \in \Gamma$, für die $\gamma M_1 \cap M_2$ nicht leer ist.*

Beweis. Durch $\xi \to \xi i$ für $\xi \in$ Aut(H) wird eine stetige Abbildung ψ von Aut(H)
auf H definiert. Sei $V_1 = \psi^{-1} M_1$ und $V_2 = \psi^{-1} M_2$. Für ein $\gamma \in \Gamma$ mit $\gamma M_1 \cap M_2 \neq \emptyset$
ist auch $\gamma V_1 \cap V_2 \neq \emptyset$ und daher $\gamma \in \Gamma \cap V_2 V_1^{-1}$. Da K, M_1 und M_2 kompakt sind,
sind auch V_1, V_2 und damit $V_2 V_1^{-1}$ kompakt. $\Gamma \cap V_2 V_1^{-1}$ ist daher zugleich kompakt
und diskret und folglich endlich. $\Box$

Wir zeigen jetzt, daß Γ zulässig ist. Sei $a \in H$ ein beliebiger Punkt von H und M
eine kompakte Menge in H, die eine Umgebung von a enthält. Nach dem Hilfssatz
gibt es nur endlich viele Elemente $\gamma_k \in \Gamma$, $k = 1, \dots, s$, für die $\gamma_k M \cap M$ nicht leer ist.
Sei $\gamma_1 = 1$, wir wählen Umgebungen $U_1, \dots, U_s$ von $\gamma_1 a, \dots, \gamma_s a$, $U_1 \subset M$, die paarweise disjunkt sind, und setzen

$$U = \bigcap_{k=1}^{s} \gamma_k^{-1} U_k \; .$$

Dann gilt $\gamma U \cap U = \emptyset$ für alle $\gamma \in \Gamma - \{1\}$. $\Box$

Die Transformation (1) hat genau dann einen Fixpunkt in H, wenn sie die identi-
sche Transformation ist oder wenn $|a + d| < 2$ ist. Im letzteren Fall wird w als
elliptisch bezeichnet.

Die meromorphen Funktionen auf $\Gamma \setminus H$ können mit den meromorphen Funktionen auf H, die bei den Automorphismen aus Γ festbleiben, identifiziert werden.
Die letzteren Funktionen heißen *automorphe Funktionen*. Sie sind Gegenstand einer
umfangreichen Theorie, in der jedoch, verglichen mit der Theorie der elliptischen
Funktionen, die meisten Fragen noch offen sind.

Aufgaben

30.1. Sei Γ eine zulässige Untergruppe von Aut(H) und $z \in H$. Weiter sei $G(z)$ die
Menge der Punkte z_1 von H mit der Eigenschaft, daß der nichteuklidische Abstand
$d(z_1, z)$ (Abschn. 14.12.) der Bedingung

$$d(z_1, z) = \min \{z_2 \in \Gamma z_1 \mid d(z_2, z)\}$$

genügt. Man zeige:

a) $G(z)$ ist eine abgeschlossene Teilmenge von H.

b) Die inneren Punkte von $G(z)$ sind genau die Punkte z_1 von $G(z)$ mit $G(z) \cap \Gamma z_1$ $= \{z_1\}$.

c) Die Mengen $G(z')$ für $z' \in \Gamma z$ überdecken ganz H, und für $z' \neq z$ besteht $G(z')$ $\cap G(z)$ nur aus Randpunkten von $G(z)$ und $G(z')$.

d) $G(z)$ ist *nichteuklidisch konvex*, d. h., mit z_1 und z_2 gehören auch alle Punkte auf der Geodätischen durch z_1 und z_2 zu $G(z)$, die zwischen z_1 und z_2 liegen.

e) Die Begrenzung von $G(z)$ besteht aus Geodätischen-Abschnitten, deren Eckpunkte (die nicht unbedingt in H liegen müssen) sich in H nicht häufen. Diese Geodätischen-Abschnitte heißen die *Seiten* von $G(z)$.

f) Die Seiten von $G(z)$ sind dadurch paarweise aufeinander bezogen, daß es zu jeder Seite A von $G(z)$ genau ein $\gamma \in \Gamma$, $\gamma \neq 1$, gibt, so daß αA eine Seite von $G(z)$ ist. Die dabei auftretenden $\gamma \in \Gamma$ erzeugenden die Gruppe Γ.

g) $\Gamma \setminus$ H ist genau dann geschlossen, wenn $G(z)$ endlich viele Seiten hat und alle Eckpunkte der Seiten in H liegen.

30.2. Sei Γ eine zulässige Untergruppe von Aut(H) und $\Gamma \setminus$ H geschlossen. Man interpretiere $G(z)$ als Polygonkomplex (Abschn. 10.7.) von $\Gamma \setminus$ H.

30.3. Sei H die obere komplexe Halbebene. Wir erweitern H durch Hinzufügung der rationalen Punkte und eines Punktes ∞ zu der Menge H*. In H* wird eine Topologie erklärt, indem man als Umgebungen $U_z(\varepsilon)$ von $z \in$ H* die folgenden Mengen nimmt:

$$U_z(\varepsilon) = \{\tau \in H \mid |\tau - z| \leqq \varepsilon\} \qquad \text{für} \quad z \in H\,,$$

$$U_z(\varepsilon) = \{z\} \cup \{\tau \in H \mid |\tau - z| < \varepsilon\} \quad \text{für} \quad z \in Q\,,$$

$$U_\infty(\varepsilon) = \{\infty\} \cup \{\tau \in H \mid \operatorname{Im} \tau > 1/\varepsilon\}\,.$$

Die Gruppe G der gebrochen linearen Transformationen $z \to \dfrac{az + b}{cz + d}$ mit $ad - bc = 1, a, b, c, d \in Z$, operiert auf H*, wobei die Menge $Q \cup \{\infty\}$ einen Orbit bildet. Wir setzen $G_z = \{g \in G \mid gz = z\}$.

a) Man zeige, daß G_z eine zyklische Gruppe der Ordnung 1 für $z \in H - G_i - G_\varrho$, der Ordnung 2 für $z \in G_i$, der Ordnung 3 für $z \in G_\varrho$ und der Ordnung ∞ für $z \in G\infty$ ist, $\varrho = -1/2 + (i/2)\sqrt{3}$. Weiter gebe man erzeugende Transformationen für G_z an (Kap. 13, Satz 13).

b) Man zeige, daß es zu jedem $z \in$ H* eine offene Umgebung U_z mit $G_z = \{g \in G \mid g(U_z) \cap U_z \neq \emptyset\}$ gibt.

c) Sei φ die kanonische Projektion H* $\to G \setminus$ H*. Man zeige, daß $G \setminus$ H* als Riemannsche Fläche erklärt wird durch die folgenden Ortsuniformisierungen $t_{\varphi(z)}$, die in $\varphi(U_z)$ definiert sind.

$$t_{\varphi(z)}(\varphi(\tau)) = \tau - z \quad \text{für} \quad z \in H - Gi - G\varrho\,, \qquad \tau \in U_z\,,$$

$$t_{\varphi(i)}(\varphi(\tau)) = h_i^2(\tau)\,, \qquad \tau \in U_i, t_{\varphi(\varrho)}(\varphi(\tau)) = h_\varrho^3(\tau)\,, \qquad \tau \in U_\varrho\,,$$

wobei h_z für $z \in \{i, \varrho\}$ eine eineindeutige und konforme Abbildung von H auf das Innere des Einheitskreises ist, die z in 0 überführt,

$$t_{\varphi(\infty)}(\varphi(\tau)) = \exp\,(2\pi i \tau)\,, \qquad \tau \in U_\infty\,.$$

d) Man zeige, daß $G \setminus$ H* konform äquivalent zur erweiterten Ebene ist.

e) Man zeige, daß die elliptische Modulfunktion (Abschn. 13.4.) eine meromorphe Funktion auf $G \setminus$ H* induziert, die in $G\infty$ einen einfachen Pol hat.

Anhang 1. Ringe

A 1.1. Grundbegriffe über Ringe

Ein *Ring Λ* ist eine abelsche Gruppe, deren Gruppenoperation mit $+$ bezeichnet wird, in der eine zusätzliche Operation, die Multiplikation ab von je zwei Elementen a, b aus Λ, erklärt ist, wobei für alle a, b, c aus Λ die folgenden Beziehungen erfüllt sind:

$$a(bc) = (ab)c \qquad \text{(Assoziativität)}, \tag{1}$$

$$a(b + c) = ab + ac, \qquad (b + c)\,a = ba + ca \qquad \text{(Distributivität)}. \tag{2}$$

Wegen (1) kann man ein Produkt mit mehreren Faktoren ohne Klammern schreiben. Aus (2) folgt $a0 = 0a = 0$.

Ein Ring Λ heißt *kommutativ*, wenn $ab = ba$ für alle a, b aus Λ gilt. Ein Einselement von Λ ist ein Element $u \neq 0$ mit $ua = au = a$ für alle $a \in \Lambda$. Ein Ring hat höchstens ein Einselement. Es wird im folgenden mit 1 bezeichnet.

In diesem Anhang verstehen wir unter einem Ring immer einen kommutativen Ring mit Einselement.

Eine *Einheit e* eines Ringes Λ ist ein Element von Λ, das ein Inverses besitzt, d. h., es gibt ein $e' \in \Lambda$ mit $ee' = 1$. Das Element e' ist durch e eindeutig bestimmt. Die Gesamtheit der Einheiten von Λ bildet eine Gruppe $\Lambda^{\times}$ bezüglich der Multiplikation in Λ, die als *Einheitengruppe* von Λ bezeichnet wird.

$a \in \Lambda$ heißt *Nullteiler*, wenn $ab = 0$ für ein $b \in \Lambda$ mit $b \neq 0$ gilt. Ein Ring mit 0 als einzigem Nullteiler heißt *Integritätsbereich*. In der gleichen Weise, wie man aus Paaren von ganzen Zahlen den Körper der rationalen Zahlen konstruiert, erhält man aus Paaren von Elementen eines Integritätsbereichs O den zugehörigen *Quotientenkörper $Q(O)$*.

Ein *Homomorphismus φ* des Ringes Λ_1 in den Ring Λ_2 ist eine Abbildung von Λ_1 in Λ_2 mit $\varphi(a + b) = \varphi(a) + \varphi(b)$, $\varphi(ab) = \varphi(a)\,\varphi(b)$ für alle a, $b \in \Lambda_1$.

$$\operatorname{Ker}\varphi := \{a \in \Lambda_1 \mid \varphi(a) = 0\}$$

heißt *Kern von φ*. Dies ist ein Teilring von Λ_1, der bei Multiplikation mit Elementen aus Λ_1 in sich übergeführt wird. Ein Teilring mit dieser Eigenschaft wird als *Ideal* von Λ_1 bezeichnet. Ein Ideal $\mathfrak{A}$, das von einem Element erzeugt wird, $\mathfrak{A} = a\Lambda_1$, heißt *Hauptideal*.

Analog zur Faktorgruppe ist der *Faktorring $\Lambda_1/\mathfrak{A}$* von Λ_1 nach einem Ideal $\mathfrak{A}$ erklärt. Der Homomorphismus φ induziert einen Isomorphismus $\Lambda_1/\operatorname{Ker}\varphi \to \varphi(\Lambda_1)$ (*Homomorphiesatz*).

Ein Ideal $\mathfrak{A}$ des Ringes Λ heißt *maximal*, wenn $\mathfrak{A} \neq \Lambda$ ist und sich zwischen $\mathfrak{A}$ und Λ kein Ideal $\mathfrak{B}$ mit $\mathfrak{A} \subsetneqq \mathfrak{B} \subsetneqq \Lambda$ einschieben läßt.

Satz 1. *Ein Ideal $\mathfrak{A}$ des Ringes Λ ist genau dann maximal, wenn $\Lambda/\mathfrak{A}$ ein Körper ist.*

Beweis. $\mathfrak{A}$ ist genau dann maximal, wenn es für alle $a \in \Lambda$ mit $a \notin \mathfrak{A}$ eine Darstellung $1 = xa + b$ mit $x \in \Lambda$, $b \in \mathfrak{A}$ gibt. Letzteres ist gleichbedeutend damit. daß $a + \mathfrak{A}$ in $\Lambda/\mathfrak{A}$ ein Inverses besitzt. $\square$

Ein Ideal $\mathfrak{P}$ von $\varLambda$ heißt *Primideal*, wenn der Faktorring $\varLambda/\mathfrak{P}$ ein Integritätsbereich ist. Nach Satz 1 ist also jedes maximale Ideal ein Primideal.

Ein injektiver Homomorphismus φ des Integritätsbereiches O_1 in den Integritätsbereich O_2 läßt sich auf die Quotientenkörper fortsetzen durch

$$\varphi(a/b) := \varphi(a)/\varphi(b) \quad \text{für} \quad a, b \in O_1, \qquad b \neq 0 \, .$$

Sei O ein Integritätsbereich. $a \in O$ *teilt* $b \in O$, wenn es ein $c \in O$ mit $ac = b$ gibt. In diesem Fall schreibt man $a \mid b$. Für $a, b \in O - \{0\}$ mit $a \mid b$ und $b \mid a$ folgt, daß c eine Einheit ist. a und b heißen dann *assoziiert*.

Sei A eine beliebige Teilmenge von O. Ein *Teiler* von A ist ein $b \in O$, das alle $a \in A$ teilt. Ein *größter gemeinsamer Teiler* (g. g. T.) von A ist ein Teiler von A, der von allen Teilern von A geteilt wird. Der g.g.T. von A ist eindeutig bis auf Assoziierte, existiert aber im allgemeinen nicht. Weiter unten betrachten wir *euklidische Ringe*, in denen der g.g.T. immer existiert.

Ein *Primelement* p in O ist ein von 0 verschiedenes Element, das sich nicht in das Produkt zweier Faktoren zerlegen läßt, die beide keine Einheiten sind.

Beispiel 1. Sei $O = Z$ der Ring der ganzen Zahlen. Die Einheitengruppe $Z^\times$ besteht aus 1 und -1. Die Primelemente von Z haben die Form p oder $-p$, wobei p eine Primzahl ist.

Beispiel 2. Sei K ein Körper und $O = K[x]$ der Ring der Polynome in der Unbestimmten x mit Koeffizienten in K. Die Einheiten sind die von 0 verschiedenen Konstanten, und die Primelemente sind die irreduziblen Polynome.

Man sagt, daß O ein *Ring mit eindeutiger Primelementzerlegung* ist, wenn sich jedes von 0 und von einer Einheit verschiedene Element a von O als Produkt von Primelementen schreiben läßt und zwei derartige Darstellungen $a = p_1 \cdots p_n = q_1 \cdots q_m$ gleiche Länge haben (d. h. $n = m$) und bei passender Reihenfolge der Faktoren p_i zu q_i assoziiert ist, $i = 1, \ldots, n$.

A 1.2.   Euklidische Ringe

Ein Integritätsbereich O heißt *euklidischer Ring*, wenn es in O einen *euklidischen Algorithmus* gibt, d. h. wenn für alle von 0 verschiedenen Elemente a aus O eine nichtnegative ganze Zahl $h(a)$, *die Höhe von a*, definiert ist und den folgenden Eigenschaften genügt:

1. *Für $a, b \in O - \{0\}$ gilt $h(ab) \geqq h(a)$.*

2. *Für $a, b \in O - \{0\}$ gibt es ein $c \in O$ mit*

$$h(a - bc) < h(b) \quad \text{oder} \quad a = bc \, . \tag{3}$$

Der euklidische Algorithmus besteht dann in der Berechnung des g.g.T. zweier Elemente $a, b \in O - \{0\}$: Sei c ein Element mit (3). Dann ist $b_1 =: a - bc$ gleich 0, in diesem Fall ist der g.g.T. gleich b; oder die Höhe von b_1 ist kleiner als die Höhe von b, dann wiederholen wir das Verfahren mit b und b_1. Entweder ist b_1 ein Teiler von b, dann sind wir fertig, oder wir haben eine Gleichung $b_2 = b - b_1 c_1$ mit $h(b_2) < h(b_1)$. Wir setzen das Verfahren fort, das nach endlich vielen Schritten abbrechen muß, da sich die Höhe bei jedem Schritt verringert. Wir gelangen also zu einem b_s mit $b_{s-1} = b_s c$. Dann ist b_s der g.g.T. von a und b. Der Algorithmus zeigt auch, daß b_s von der Form $b_s = ga + hb$ mit gewissen g, h aus O ist.

Beispiel 1. Z ist ein euklidischer Ring mit $h(a) = |a|$.

Beispiel 2. $K[x]$ ist ein euklidischer Ring, wobei die Höhe eines Polynoms f gleich dem Grad von f ist.

Satz 2. *In einem euklidischen Ring existiert der g.g.T. b einer beliebigen Teilmenge A von O und läßt sich in der Form*

$$b = g_1 a_1 + \dots + g_s a_s \quad mit \quad g_1, \dots, g_s \in O\,, \quad a_1, \dots, a_s \in A \tag{4}$$

darstellen.

Beweis. O.B.d.A. sei $A \neq \{0\}$. Wir betrachten alle Elemente von der Form (4) und wählen unter diesen ein Element b minimaler Höhe. Dann ist b der g.g.T. von A. $\square$

Satz 3. *Jeder euklidische Ring ist ein Ring mit eindeutiger Primelementzerlegung.*

Beweis. Wir beweisen Satz 3 induktiv über die Höhe der Elemente von O. Ein Element hat genau dann minimale Höhe, wenn es eine Einheit ist. Wir betrachten die Einheiten als Elemente mit einer Primelementzerlegung der Länge 0. Sei die Behauptung schon für alle Elemente bewiesen, deren Höhe kleiner als h ist, und sei $a \in O$ mit $h(a) = h$. Wenn a ein Primelement ist, sind wir fertig. Wenn das nicht der Fall ist, hat a die Form $a = a_1 a_2$, wobei a_1 und a_2 keine Einheiten sind. Dann gilt $h(a_1) < h(a)$, $h(a_2) < h(a)$. In der Tat gibt es $c, d \in O$ mit $a_1 = ca + d$, $h(d) < h(a)$, und wegen $a_1 \mid d$ gilt $h(a_1) \leqq h(d)$. Entsprechend zeigt man $h(a_2) < h(a)$. Nach Induktionsvoraussetzung gibt es also ein Primelementzerlegung von a. Sei p ein Primfaktor von a. Dann kommt p in jeder Primelementzerlegung $p_1 \dots p_s$ von a vor. Denn wenn p kein Teiler von p_1 ist, gilt nach Satz 2 die Gleichung $1 = b_1 p + b_2 p_1$ mit $b_1, b_2 \in O$. Hieraus folgt $p \mid p_2 \dots p_s$. Aus der Induktionsvoraussetzung ergibt sich nun die Eindeutigkeit der Primelementzerlegung von a. $\square$

In einem euklidischen Ring ist wegen Satz 2 jedes Ideal Hauptideal. Ringe mit dieser Eigenschaft heißen *Hauptidealringe*.

A 1.3. Die Charakteristik eines Ringes

In jedem Ring Λ kann man die Elemente a mit ganzen Zahlen m multiplizieren. Für positive m setzen wir $ma =: a + \dots + a$ (m Summanden). Für $m = 0$ setzen wir $ma = 0$ und für negative m $ma = -(-m)\,a$.

Es gelten die folgenden Rechenregeln:

$$m(a + b) = ma + mb\,, \qquad (ma)\,b = m(ab) = a(mb) \quad \text{für} \quad m \in Z, a, b \in \Lambda\,,$$

$$(m_1 + m_2)\,a = m_1 a + m_2 a \quad \text{für} \quad m_1, m_2 \in Z\,, \qquad a \in \Lambda\,.$$

Wir definieren jetzt die *Charakteristik* $\mathrm{ch}(\Lambda)$ von Λ: Wenn für alle positiven ganzen Zahlen m und das Einselement 1 von Λ die Ungleichung $m \cdot 1 \neq 0$ gilt, so ist $\mathrm{ch}(\Lambda) = 0$. Wenn das nicht der Fall ist, ist $\mathrm{ch}(\Lambda)$ gleich der kleinsten positiven ganzen Zahl m mit $m \cdot 1 = 0$.

Wenn Λ ein Integritätsbereich ist, ist $\mathrm{ch}(\Lambda)$ gleich 0 oder gleich einer Primzahl. Ist nämlich $\mathrm{ch}(\Lambda) = m_1 m_2$, so gilt $(m_1 \cdot 1)\,(m_2 \cdot 1) = m_1 m_2 \cdot 1 = 0$.

A 1.4. Moduln über euklidischen Ringen

Sei Λ ein Ring. Ein Λ-*Modul* (oder *Modul über Λ*) ist eine additiv geschriebene Gruppe, in der eine Multiplikation (von links) mit den Elementen aus Λ erklärt ist, wobei folgende Beziehungen erfüllt sind:

$$\lambda(a + b) = \lambda a + \lambda b \quad \text{für} \quad \lambda \in \Lambda, a, b \in M \,,$$

$$\lambda(\mu a) = (\lambda \mu)\, a \quad \text{für} \quad \lambda, \mu \in \Lambda, a, \in M \,,$$

$$1 \cdot a = a \quad \text{für} \quad a \in M \,.$$

M heißt *endlich erzeugt*, wenn es Elemente $a_1, \ldots, a_s$ aus M gibt, so daß jedes Element $a \in M$ eine Darstellung

$$a = \lambda_1 a_1 + \ldots + \lambda_s a_s \tag{5}$$

mit $\lambda_1, \ldots, \lambda_s \in \Lambda$ hat.

Beispiele für Moduln sind abelsche Gruppen ($\Lambda = Z$) und Vektorräume (Λ ein Körper). Eine Reihe von Begriffen und Sätzen, die sowohl bei abelschen Gruppen als auch bei Vektorräumen auftreten, übertragen sich mühelos auf Λ-Moduln. Hierzu gehören die Begriffe Homomorphismus, Faktormodul, der Homomorphiesatz, die direkte Summe $M_1 \dotplus M_2$ zweier Moduln M_1, M_2 und der Begriff der exakten Sequenz: Seien M_1, M_2, M_3 Λ-Moduln und φ_1 bzw. φ_2 Homomorphismen von M_1 in M_2 bzw. von M_2 in M_3. Dann heißt die Sequenz

$$M_1 \xrightarrow[\varphi_1]{} M_2 \xrightarrow[\varphi_2]{} M_3$$

exakt in M_2, wenn $\varphi_1(M_1) = \mathrm{Ker}\, \varphi_2$ ist.

Wir spezialisieren uns jetzt wieder auf euklidische Ringe O. Eine Folge $a_1, \ldots, a_s$ von Elementen des O-Moduls M heißt *Basis von* M, wenn die Darstellung (5) für jedes $a \in M$ eindeutig ist. Insbesondere haben Moduln, die eine Basis besitzen, die folgende Eigenschaft:

Für alle $a \in M$, $\lambda \in O$ mit $\lambda a = 0$ gilt $a = 0$ oder $\lambda = 0$.

Ein Modul mit dieser Eigenschaft heißt *torsionsfrei*. Umgekehrt wollen wir zeigen, daß ein endlich erzeugter torsionsfreier O-Modul eine Basis besitzt. Wir beweisen allgemeiner gleich den folgenden

Satz 4. *Sei M ein endlich erzeugter torsionsfreier Modul und N ein Teilmodul von M. Dann gibt es eine Basis $a_1, \ldots, a_m$ von M und Elemente $\varepsilon_1, \ldots, \varepsilon_n, n \leqq m$, mit $\varepsilon_i \mid \varepsilon_{i+1}$ für $i = 1, \ldots, n - 1$, so daß $\varepsilon_1 a_1, \ldots, \varepsilon_n a_n$ eine Basis von N ist.*

Beweis. Sei zunächst M ein Modul mit einer Basis $b_1, \ldots, b_m$. Wir beweisen Satz 4 durch Induktion über m. Für $m = 0$ gibt es nichts zu beweisen. Wir nehmen daher an, daß $m \geqq 1$ ist und die Behauptung schon für Moduln mit $m - 1$ Basiselementen bewiesen ist.

O.B.d.A. sei $N \neq \{0\}$. Wir betrachten ein $b \neq 0$ aus N, in dessen Darstellung $b = \lambda_1 b_1 + \ldots + \lambda_m b_m$ ein Koeffizient λ_i mit minimaler Höhe $h = h(\lambda_i)$ vorkommt, d. h., für alle $b' \neq 0$ aus N haben die Koeffizienten λ_j' in der Darstellung $b' = \lambda_1' b_1 + \ldots$ $\ldots + \lambda_m' b_m$ die Eigenschaft $\lambda_j' = 0$ oder $h(\lambda_j') \geqq h$, $j = 1, \ldots, m$. O.B.d.A. sei $i = 1$.

Wir unterscheiden 3 Fälle.

1. Für alle $b' \in N$ sind die Koeffizienten λ_j' Vielfache von λ_1. Wir setzen $a_1 := b_1 + (\lambda_2/\lambda_1)\, b_2 + \ldots + (\lambda_m/\lambda_1)\, b_m$ und $\varepsilon_1 := \lambda_1$. Dann ist auch $a_1, b_2, \ldots, b_m$ eine Basis von M, das Element $\varepsilon_1 a_1$ gehört zu N, und jedes Element b' von N hat die Form

$$b' = \varepsilon_1(\lambda_1' a_1 + \lambda_2' b_2 + \ldots + \lambda_m' b_m) \quad \text{mit} \quad \lambda_1', \ldots, \lambda_m' \in O \,.$$

Hieraus folgt die Behauptung nach Induktionsannahme.

2. Wir nehmen jetzt an, daß es ein $b' = \lambda_1' b_1 + \ldots + \lambda_m' b_m$ aus N gibt mit einem Koeffizienten λ_j', der kein Vielfaches von λ_1 ist, daß aber b' nicht gleich b gesetzt werden kann, d. h., daß $\lambda_2, \ldots, \lambda_m$ Vielfache von λ_1 sind.

Dann gibt es ein $\mu \in O$ mit $h(\lambda_j' - \mu\lambda_1) < h$. Daher kann j nicht gleich 1 sein, denn in diesem Fall hätte der Koeffizient von $b' - \mu b$ bei b_1 eine kleinere Höhe als λ_1 im Widerspruch zur Wahl von λ_1. Sei $\lambda_1' = \nu\lambda_1$. Dann ist

$$b'' := b' + (1 - \nu)\, b =$$
$$= \lambda_1 b_1 + \dots + (\lambda_j' + (1 - \nu)\, \lambda_j)\, b_j + \dots + (\lambda_m' + (1 - \nu)\lambda_m)\, b_m$$

ein Element von N, dessen Koeffizient bei b_1 gleich λ_1 ist und dessen Koeffizient bei b_j nicht durch λ_1 teilbar ist. Es bleibt daher der folgende Fall zu betrachten.

3. Es gibt ein j, so daß λ_j nicht durch λ_1 teilbar ist.

Sei μ ein Element aus O mit $h(\lambda_j - \mu\lambda_1) < h$. Wir gehen zu der Basis $b_1' = b_1 + \mu b_j$, $b_2' = b_2, \dots, b_m' = b_m$ über. Dann wird

$$b = \lambda_1 b_1' + \dots + (\lambda_j - \mu\lambda_1)\, b_j' + \dots + \lambda_m b_m' \,.$$

b hat in der neuen Basis den Koeffizienten $\lambda_j - \mu\lambda_1$, dessen Höhe kleiner als h ist.

Wir führen nun das gleiche Verfahren mit der Basis $b_1', \dots, b_m'$ durch und fahren so fort. Nach endlich vielen Schritten kommen wir zum Fall 1. Damit ist der Induktionsbeweis beendet.

Es bleibt zu zeigen, daß jeder endlich erzeugte torsionsfreie Modul M eine Basis hat.

Sei $b_1, \dots, b_s$ ein Erzeugendensystem von M. Wir betrachten den „freien Modul" $M_1 = O^s$, der aus allen s-Tupeln $(\lambda_1, \dots, \lambda_s)$ besteht, die komponentenweise addiert und mit Elementen λ aus O multipliziert werden. M_1 hat nach Definition die Basis $(1, 0, \dots, 0), (0, 1, 0, \dots, 0), \dots, (0, \dots, 0, 1)$. Der Homomorphismus $\varphi \colon M_1 \to M$ mit

$$\varphi(\lambda_1, \dots, \lambda_s) = \lambda_1 b_1 + \dots + \lambda_s b_s$$

ist surjektiv. Sein Kern sei N_1. Dann gibt es nach dem bereits Bewiesenen eine Basis $a_1, \dots, a_s$ von M_1 und Elemente $\varepsilon_1, \dots, \varepsilon_n$, so daß $\varepsilon_1 a_1, \dots, \varepsilon_n a_n$ eine Basis von N_1 ist. Da M torsionsfrei ist, sind $\varepsilon_1, \dots, \varepsilon_n$ Einheiten von O. Daher ist $\varphi a_{n+1}, \dots, \varphi a_s$ eine Basis von M. $\square$

Satz 5. *Sei M ein endlich erzeugter torsionsfreier Modul. Dann bestehen alle Basen von M aus der gleichen Anzahl r von Elementen. r wird als Rang von M bezeichnet.*

Beweis. Sei K der Quotientenkörper von O und $b_1, \dots, b_m$ eine Basis von M. Wir erhalten eine Einbettung von M in K^m durch die Abbildung φ, die jedem $b = \lambda_1 b_1 + \dots$ $\dots + \lambda_m b_m$ den Vektor $(\lambda_1, \dots, \lambda_m)$ zuordnet. Sei $b_1, \dots, b_n$ eine weitere Basis von M. Dann ist $\varphi b_1, \dots, \varphi b_n$ eine Basis von K^m, also $n = m$. $\square$

Satz 6. *Die Elemente $\varepsilon_1, \dots, \varepsilon_n$ in Satz 4 sind bis auf assoziierte eindeutig bestimmt.*

Beweis. Eine Basis von N wird mit Hilfe einer Matrix A mit Koeffizienten in O durch eine Basis von M ausgedrückt. Übergang zu einer anderen Basis von N bzw. M bedeutet Multiplikation von A mit einer quadratischen Matrix, deren Determinante eine Einheit ist, von links bzw. rechts (solche Matrizen heißen *unimodular*). Nach Satz 4 läßt sich A auf diese Weise auf Diagonalform mit der Hauptdiagonalen $\varepsilon_1, \dots, \varepsilon_n$ transformieren. Man überzeugt sich leicht von der Eindeutigkeit dieser Diagonalmatrix. $\square$

Sei jetzt M ein beliebiger endlich erzeugter O-Modul und $b_1, \dots, b_s$ ein Erzeugendensystem von M. Wie im Beweis von Satz 4 haben wir einen surjektiven Homomorphismus von O^s auf M. Satz 4 liefert nun den

Satz 7 (*Hauptsatz über endlich erzeugte O-Moduln*). *Es gibt ein Erzeugendensystem $a_1, \dots, a_m$ von M und Elemente $\varepsilon_1, \dots, \varepsilon_m$ aus O mit $\varepsilon_i \mid \varepsilon_{i+1}$ für $i = 1, \dots, m-1$,*

$\varepsilon_1 \in O^\times$, *so daß eine Relation*

$$\lambda_1 a_1 + \dots + \lambda_m a_m = 0 \quad mit \quad \lambda_1, \dots, \lambda_m \in O$$

genau dann besteht, wenn $\varepsilon_i \mid \lambda_i$ *für* $i = 1, \dots, m$ *gilt.* $\square$

Satz 7 kann auch folgendermaßen formuliert werden.

Satz 7'. $M \cong O/\varepsilon_1 O + \dots + O/\varepsilon_m O$.

M ist genau dann torsionsfrei, wenn $\varepsilon_1 = 0$ ist. Dann ist m der Rang von M.

Satz 8. *Die Elemente* $\varepsilon_1, \dots, \varepsilon_m$ *in Satz 7 sind bis auf assoziierte eindeutig bestimmt.*

Beweis. Die Gesamtheit der Elemente a von M, für die es ein $\alpha \in O, \alpha \neq 0$, mit $\alpha a = 0$ gibt, bildet einen Teilmodul M_t von M, der als *Torsionsmodul* von M bezeichnet wird. Sei n maximal mit $\varepsilon_n \neq 0$. Dann ist M/M_t ein torsionsfreier Modul vom Rang $m - n$, und M_t ist isomorph zu $O/\varepsilon_1 O + \dots + O/\varepsilon_n O$. Die Elemente $\varepsilon_1, \dots, \varepsilon_n$ werden als Torsionskoeffizienten von M bezeichnet. Zum Beweis von Satz 8 können wir $M = M_t$ annehmen.

Dann ist das Ideal $\varepsilon_n O$ der Annulator von M, d. h.

$$\varepsilon_n O = \{\alpha \in O \mid \alpha a = 0 \text{ für alle } a \in M\} \ .$$

Sei π ein Primelement von O. Die Menge M_π der Elemente von M, die durch eine Potenz von π annuliert werden, ist ein O-Modul, der als π-*Komponente* von M bezeichnet wird. M_π ist genau dann von $\{0\}$ verschieden, wenn π ein Teiler von ε_n ist. M ist die direkte Summe seiner π-Komponenten (Chinesischer Restklassensatz für O-Moduln).

Es genügt, Satz 8 für die π-Komponenten von M zu beweisen, d. h., wir können annehmen, daß ε_n Potenz eines Primelements π ist. Wir setzen

$$M(i) = \{a \in M \mid \pi^i a = 0\} \ , \quad M^{i+1} =: M(i+1)/M(i) \ , \quad i = 0, 1, \dots \ ,$$

M^i ist ein endlichdimensionaler Vektorraum über dem Körper $O/\pi O$. Sei $\varepsilon_1 = \pi^{j_1}, \dots, \varepsilon_n = \pi^{j_n}$. Die Folge dim $M^1 = n$, dim $M^2, \dots$ ist eine Invariante von M, welche die Folge $j_1, \dots, j_n$ eindeutig bestimmt. $\square$

Sei jetzt M ein endlich erzeugter Torsionsmodul, d. h. $M = M_t$. Im Fall $O = Z$ ist M eine endliche abelsche Gruppe der Ordnung $|\varepsilon_1 \dots \varepsilon_n|$. Allgemein bezeichnen wir die Klasse der zu $\varepsilon_1 \dots \varepsilon_n$ assoziierten Elemente von O als *Ordnung* $[M]$ des Moduls M.

Satz 9. *Sei* M_1 *ein Teilmodul des endlich erzeugten Torsionsmoduls* M_2. *Dann gilt*

$$[M_2] = [M_1] \cdot [M_2/M_1] \ .$$

Beweis. Wir stellen M_2 als Faktormodul eines endlich erzeugten torsionsfreien Moduls F dar. Sei dann $M_2 \cong F/F_2$, $M_1 \cong F_1/F_2$ und folglich $M_2/M_1 \cong F/F_1$ mit den Teilmoduln F_1, F_2 von F. Da M_2 Torsionsmodul ist, haben F, F_1 und F_2 gleichen Rang (Satz 4). Wir wählen in F, F_1, F_2 Basen $\mathfrak{A}$, $\mathfrak{A}_1$, $\mathfrak{A}_2$. Sei A_1 bzw. A_2 die Übergangsmatrix von $\mathfrak{A}$ zu $\mathfrak{A}_1$ bzw. von $\mathfrak{A}_1$ zu $\mathfrak{A}_2$. Dann ist $A_2 A_1$ die Übergangsmatrix von $\mathfrak{A}$ zu $\mathfrak{A}_2$, und es gilt nach Satz 4

$$[M_1] = |\det A_1| \ , \qquad [M_2/M_1] = |\det A_2| \ , \qquad [M_2] = |\det A_2 A_1| \ . \ \square$$

A 1.5. Körperkonstruktion

Sei Λ_1 ein Ring und Λ ein Teilring von Λ_1. Für ein $a \in \Lambda_1$ bezeichnet $\Lambda[a]$ den *kleinsten Teilring* von Λ_1, der Λ und a umfaßt.

Entsprechend sei L ein Körper und K ein Teilkörper von L. Für ein $a \in L$ bezeichnet $K(a)$ den *kleinsten Teilkörper* von L, der K und a umfaßt. Man sagt, $\Lambda[a]$ bzw. $K(a)$ entsteht durch *Adjunktion* von a aus Λ bzw. K.

Sei $K[x]$ der Ring der Polynome in der Unbestimmten x mit Koeffizienten in K und $f(x)$ ein irreduzibles Polynom in $K[x]$. Das von $f(x)$ erzeugte Ideal in $K[x]$ ist ein maximales Ideal. Der Faktorring $K[x]/(f(x))$ ist daher ein Körper. K ist in kanonischer Weise in $K[x]/(f(x))$ eingelagert. Sei $\bar{x} = x + (f(x))$. Dann ist $K(\bar{x}) = K[\bar{x}] = K[x]/(f(x))$, und der Grad der Körpererweiterung $K(\bar{x})/K$ ist gleich dem Grad von $f(x)$. Der Körper $K(\bar{x})$ heißt *Stammkörper von* $f(x)$. In $K(\bar{x})$ hat $f(x)$ die Nullstelle $\bar{x}$.

Satz 10 (KRONECKER). *Sei K ein Körper und $g(x)$ ein Polynom aus $K[x]$. Dann gibt es eine Erweiterung L von K, in der $g(x)$ in Linearfaktoren zerfällt. L wird als Zerfällungskörper von $g(x)$ über K bezeichnet.*

Beweis. Wir beweisen Satz 10 durch Induktion über den Grad von $g(x)$. Wenn $g(x)$ den Grad 0 oder 1 hat, gibt es nichts zu beweisen. Sei der Satz schon für alle Körper K und Polynome vom Grad n bewiesen, und sei $g(x)$ ein Polynom vom Grad $n + 1$. Dann wählen wir einen irreduziblen Faktor $f(x)$ von $g(x)$. Über dem Stammkörper von $f(x)$ hat $g(x)$ eine Nullstelle, zerfällt also in das Produkt von zwei Polynomen vom Grad 1 und n. Nach Induktionsvoraussetzung gibt es daher eine Erweiterung L von K, über der $g(x)$ in Linearfaktoren zerfällt. $\square$

Sei jetzt L/K eine beliebige Körpererweiterung und a ein Element von L, das über K algebraisch ist, d. h., es gibt ein Polynom $g(x) \in K[x] - \{0\}$ mit $g(a) = 0$. Dann wird durch die Zuordnung

$$\varphi : f(x) \to f(a) \quad \text{für} \quad f(x) \in K[x]$$

ein Ringhomomorphismus von $K[x]$ auf $K[a]$ definiert. Ker φ wird von dem irreduziblen Polynom $f_a(x)$ mit $f_a(a) = 0$ und höchstens Koeffizienten 1 erzeugt. $f_a(a)$ wird als *Minimalpolynom* von a über K bezeichnet. Nach dem Homomorphiesatz (Abschn. A 1.1.) haben wir einen Isomorphismus des Stammkörpers von $f_a(x)$ auf $K[a]$. Daher ist $K[a]$ ein Körper, $K[a] = K(a)$, und der Grad von $K(a)$ über K ist gleich dem Grad von $f_a(x)$.

A 1.6. Polynome über Körpern

Sei K ein Körper und $K[x]$ der Ring der Polynome in der Unbestimmten x. Ein Polynom $f(x) = a_0 x^n + a_1 x^{n-1} + \ldots + a_n$ mit $a_0 \neq 0$ heißt *normiert*, wenn $a_0 = 1$ ist. In jeder Klasse assoziierter Polynome (Abschn. A 1.1.) gibt es genau ein normiertes Polynom.

Satz 11. *Seien $f_1(x)$ und $f_2(x)$ normierte irreduzible Polynome aus $K[x] - \{0\}$. Wenn $f_1(x)$ und $f_2(x)$ in einer Erweiterung L von K eine gemeinsame Nullstelle haben, ist $f_1(x) = f_2(x)$.*

Beweis. Wenn $\alpha \in L$ Nullstelle von $f_1(x)$ und $f_2(x)$ ist, haben diese Polynome den gemeinsamen Faktor $x - \alpha$. Ihr größter gemeinsamer Teiler $t(x)$ kann also nicht gleich 1 sein. Da $f_1(x)$ und $f_2(x)$ normiert und irreduzibel sind, ist $t(x) = f_1(x) = f_2(x)$. $\square$

Für $f(x) = a_0 x^n + a_1 x^{n-1} + \ldots + a_{n-1} x + a_n$ wird die Ableitung $f'(x)$ durch

$$f'(x) = n a_0 x^{n-1} + (n-1) a_1 x^{n-2} + \ldots + a_{n-1} \tag{6}$$

definiert. Es gilt die Produktregel

$$(f_1(x)\, f_2(x))' = f_1(x)\, f_2'(x) + f_1'(x)\, f_2(x) \tag{7}$$

und die Schachtelungsregel

$$(f_1(f_2(x)))' = f_1'(f_2(x))\, f_2'(x) \ . \tag{8}$$

für $f_1(x), f_2(x) \in K[x]$.

Satz 12. *Sei $f(x) \in K[x]$ ein Polynom, das in dem Erweiterungskörper L in Linearfaktoren zerfällt. $f(x)$ hat genau dann eine mehrfache Nullstelle in L, wenn $f(x)$ und $f'(x)$ einen gemeinsamen Teiler haben.* □

Satz 13. *Wenn K die Charakteristik 0 hat, ist ein Polynom $f(x)$ aus $K[x]$ mit einer mehrfachen Nullstelle in einem Erweiterungskörper L reduzibel in $K[x]$.* □

Die Beweise von Satz 12 und Satz 13 seien dem Leser als Übungsaufgabe überlassen.

Anhang 2. Mengentheoretische Topologie

Wir begnügen uns mit der Aufzählung einiger Grundbegriffe und dem Beweis des Satzes von HEINE-BOREL.

A 2.1. Definition des topologischen Raumes

In der mengentheoretischen Topologie werden der Begriff der Stetigkeit von Funktionen und damit zusammenhängende, im R^n geläufige Begriffe in abstrakter Weise gefaßt. An Stelle des Konzeptes einer ε-Umgebung eines Punktes im R^n tritt das Konzept einer Umgebung eines Punktes in einem topologischen Raum.

Bei der Definition des topologischen Raumes gehen wir vom Begriff der offenen Menge aus:

Eine Menge M heißt (*Hausdorffscher*) *topologischer Raum*, wenn in M ein System $\mathfrak{U}$ von Teilmengen von M ausgezeichnet ist, die als *offene Mengen* von M bezeichnet werden, wobei folgende Eigenschaften erfüllt sind:

(i) *Die Vereinigung beliebig vieler offener Mengen ist offen.*

(ii) *Der Durchschnitt endlich vieler offener Mengen ist offen.*

(iii) (*Hausdorffsches Trennungsaxiom*) *Zu je zwei verschiedenen Punkten P, Q von M gibt es offene Mengen U_P, U_Q mit $P \in U_P, Q \in U_Q$ und $U_P \cap U_Q = \emptyset$.*

Durch die Vorgabe von $\mathfrak{U}$ mit den Eigenschaften (i) bis (iii) ist eine *Topologie* in M definiert.

Eine *Umgebung U eines Punktes P* ist eine Teilmenge von M, die eine offene Menge V mit $P \in V$ enthält.

Die Topologie in M ist bestimmt durch die Angabe eines Systems $\mathfrak{U}_M$ von Umgebungen mit der Eigenschaft, daß für jede offene Menge V und jeden Punkt $P \in V$ von M ein $U \in \mathfrak{U}_M$ existiert mit $P \in U \subset V$. Eine Menge X in M ist genau dann offen, wenn es zu jedem $P \in X$ ein $U \in \mathfrak{U}_M$ mit $P \in U \subset X$ gibt. Beispielsweise wird die Topologie im R^n durch die ε-Umgebungen gegeben.

In einer beliebigen Menge M gibt es die *diskrete Topologie*, in der alle Teilmengen von M offen sind. Wenn M endlich ist, ist dies auch die einzige Möglichkeit zur Erklärung einer Topologie in M.

Eine Abbildung φ des topologischen Raumes M in den topologischen Raum M' heißt *stetig* im Punkt $P \in M$, wenn es zu jeder Umgebung U' von $\varphi(P)$ eine Umgebung U von P mit $\varphi(U) \subset U'$ gibt. φ heißt *stetig* (auf M), wenn φ in jedem Punkt von M stetig ist.

M und M' heißen *homöomorph*, wenn es stetige Abbildungen $\varphi: M \to M'$ und $\varphi': M' \to M$ gibt, die zueinander invers sind, d. h., $\varphi\varphi'$ und $\varphi'\varphi$ sind identische Abbildungen.

Eine Menge A des topologischen Raumes M heißt *abgeschlossen*, wenn das Komplement $M - A$ offen ist. Der Durchschnitt von beliebig vielen und die Vereinigung von endlich vielen abgeschlossenen Mengen ist wieder abgeschlossen. Eine Folge $P_1, P_2, \ldots$ von Punkten in M hat den Grenzwert $P = \lim_{i \to \infty} P_i$, wenn in jeder Umgebung von P fast alle $P_1, P_2, \ldots$ liegen. In diesem Fall heißt $P_1, P_2, \ldots$ *konvergente Folge*. Eine Menge in M ist genau dann abgeschlossen, wenn sie mit jeder konvergenten Folge auch deren Grenzwert enthält.

Eine Teilmenge M' eines topologischen Raumes M mit dem System $\mathfrak{U}$ offener Mengen kann als topologischer Raum mit dem System $\{ M' \cap U \mid U \in \mathfrak{U} \}$ offener Mengen betrachtet werden. M' heißt *diskrete Teilmenge* von M, wenn diese Topologie diskret ist.

Ein Punkt P einer Menge A in dem topologischen Raum M heißt *innerer Punkt* von A, wenn es eine Umgebung von P gibt, die ganz in A liegt.

Die *topologische Abschließung* $\overline{A}$ von A ist gleich der Menge der Grenzwerte konvergenter Punktfolgen aus A. Die Abschließung $\overline{A}$ ist gekennzeichnet als Durchschnitt der abgeschlossenen Mengen, die A enthalten. Insbesondere ist $\overline{A}$ abgeschlossen. Ein *Randpunkt* von A ist ein Punkt von $\overline{A}$, der kein innerer Punkt von A ist.

A 2.2. Kompakte Räume

Sei M ein topologischer Raum und K eine Teilmenge von M. Eine *Überdeckung von K* ist ein System von Teilmengen von M, deren Vereinigung K umfaßt. K heißt *kompakt*, wenn man aus jeder Überdeckung von K mit offenen Mengen endlich viele Mengen wählen kann, die noch immer K überdecken.

Eine kompakte Menge ist abgeschlossen. Das Bild einer kompakten Menge bei einer stetigen Abbildung ist kompakt. Eine abgeschlossene Teilmenge einer kompakten Menge ist kompakt.

Satz 1 (*Satz von Heine-Borel*). *Jede beschränkte abgeschlossene Teilmenge des R^n ist kompakt.*

Beweis. Wir beweisen Satz 1 für $n = 1$. Der Beweis für $n > 1$ verläuft analog. Da eine abgeschlossene Teilmenge einer kompakten Menge wieder kompakt ist, genügt es, Satz 1 für ein Intervall $[a, b]$ zu beweisen.

Sei $\mathfrak{K}$ eine offene Überdeckung von $[a, b]$. Wir nehmen an, daß $\mathfrak{K}$ kein endliches Teilsystem besitzt, das $[a, b]$ überdeckt. Sei c der Mittelpunkt von $[a, b]$. Dann läßt sich $[a, c]$ oder $[c, b]$ nicht durch endlich viele Mengen aus $\mathfrak{K}$ überdecken. Es gibt also ein Intervall $[a_1, b_1] \subset [a, b]$ der Länge $(b - a)/2$, das sich nicht durch endlich viele Mengen aus $\mathfrak{K}$ überdecken läßt. Auf $[a_1, b_1]$ wenden wir die gleiche Überlegung an. So fortfahrend erhalten wir eine Intervallschachtelung $[a, b] \subset [a_1, b_1] \supset [a_2, b_2] \supset \ldots$, wobei die Folgen $a_1, a_2, \ldots$ und $b_1, b_2, \ldots$ gegen den gleichen Grenzwert a konvergieren. Sei U eine Menge aus $\mathfrak{K}$ mit $a \in U$. Dann enthält U eines der Intervalle $[a_i, b_i]$ im Widerspruch zur Konstruktion der Intervallschachtelung. $\square$

Anhang 3. Die Gaußsche Integralformel

Wir gehen von den Voraussetzungen von Abschn. 8.3. aus. Sei also U ein einfach zusammenhängendes Gebiet in der x,y-Ebene und C eine geschlossene doppelpunktfreie Kurve in U. Weiter seien g und h stetig differenzierbare Funktionen in U. Die Kurve C werde so durchlaufen, daß das eingeschlossene Gebiet $F(C)$ zur Linken liegt.

Wir wollen die folgende Formel von GAUSS, GREEN und OSTROGRADSKI beweisen:

$$\iint\limits_{F(C)} \left(\frac{\partial h}{\partial x} - \frac{\partial g}{\partial y}\right) dx\, dy = \int\limits_{C} (g\, dx + h\, dy)\,. \tag{1}$$

Wir nehmen zunächst an, daß C von jeder Geraden parallel zur x- oder y-Achse höchstens in zwei Punkten geschnitten wird. Sei (x_1, y_1) bzw. (x_3, y_3) der Punkt von C mit der kleinsten bzw. mit der größten x-Koordinate und (x_2, y_2) bzw. (x_4, y_4) der Punkt von C mit der kleinsten bzw. mit der größten y-Koordinate. Dann wird

$$\iint\limits_{F(C)} \frac{\partial g}{\partial y}\, dx\, dy = \int\limits_{x_1}^{x_3} \left(\int\limits_{y_1(x)}^{y_3(x)} \frac{\partial g}{\partial y}\, dy \right) dy = \int\limits_{x_1}^{x_3} (g(x, y_3(x)) - g(x, y_1(x)))\, dx\,,$$

wobei $(x, y_1(x))$ bzw. $(x, y_3(x))$ für $x_1 \leqq x \leqq x_3$ den unteren bzw. den oberen Punkt von C mit der Abzisse x bezeichnet. Wegen der getroffenen Festlegung der Orientierung von C ist

$$\int\limits_{x_1}^{x_3} (g(x, y_3(x)) - g(x, y_1(x)))\, dx = - \int\limits_{C} g\, dx\,.$$

In analoger Weise zeigt man

$$\iint\limits_{F(C)} \frac{\partial h}{\partial x}\, dx\, dy = \int\limits_{C} h\, dy\,.$$

Sei jetzt C beliebig. Geht man zu neuen Koordinaten x', y' über, die von x, y umkehrbar eindeutig und zweimal stetig differenzierbar abhängen, so gilt

$$\iint\limits_{F(C)} \left(\frac{\partial h'}{\partial x'} - \frac{\partial g'}{\partial y'}\right) dx'\, dy' = \iint\limits_{F(C)} \left(\frac{\partial h}{\partial x} - \frac{\partial g}{\partial y}\right) dx\, dy\,,$$

$$\int\limits_{C} (g'\, dx' + h'\, dy') = \int\limits_{C} (g\, dx + h\, dy)$$

mit

$$g' = g\frac{\partial x}{\partial x'} + h\frac{\partial y}{\partial x'}, \quad h' = g\frac{\partial x}{\partial y'} + h\frac{\partial y}{\partial y'}.$$

(Im Sinne von Abschn. 14.6. sind g, h die Komponenten eines kovarianten Vektorfeldes auf U.)

Wir unterteilen $F(C)$ durch ein Netz von Geraden parallel zur x- oder y-Achse. Es genügt dann, (1) für die Maschen dieses Netzes zu beweisen. Wenn die Maschen genügend fein gewählt werden, kann man durch Koordinatentransformation (z.B. Drehung der Koordinatenachsen um den Nullpunkt) erreichen, daß die Maschen von der speziellen Form sind, für die wir (1) bereits bewiesen haben. $\square$

Anhang 4. Euklidische Vektor- und Punkträume

Ein n-dimensionaler Vektorraum V über dem Körper $\mathbb{R}$ der reellen Zahlen heißt *euklidischer Vektorraum*, wenn in V ein Skalarprodukt, d. h. eine positiv-definite symmetrische Bilinearform, definiert ist, die wir für v_1, v_2 aus V mit (v_1, v_2) bezeichnen. $\|v\| = \sqrt{(v, v)}$ wird als *Länge* des Vektort v bezeichnet. Mit Hilfe von vollständiger Induktion zeigt man, daß es in V eine Basis $e_1, \ldots, e_n$ mit

$$(e_i, e_j) = \delta_{ij} \quad \text{für} \quad i, j = 1, \ldots, n$$

gibt. Eine solche Basis wird als *orthonormierte Basis* bezeichnet. Hieraus folgt sofort, daß zwei n-dimensionale euklidische Vektorräume V, V' isomorph sind, d. h., es gibt einen Vektorraumisomorphismus ψ von V auf V' mit $(\psi v_1, \psi v_2) = (v_1, v_2)$ für alle $v_1, v_2 \in V$. Es genügt, einer orthonormierten Basis von V eine orthonormierte Basis von V' zuzuordnen. Man kann daher von dem *n-dimensionalen euklidischen Vektorraum* sprechen. Das Standardmodell des n-dimensionalen euklidischen Vektorraum ist $V =: \mathbb{R}^n = \{(x_1, \ldots, x_n) \mid x_1, \ldots, x_n \in \mathbb{R}\}$ mit dem Skalarprodukt $(x, x') = x_1 x_1' + \ldots$ $\ldots + x_n x_n'$ für $x = (x_1, \ldots, x_n)$, $x' = (x_1', \ldots, x_n')$.

Eine Menge E heißt *n-dimensionaler euklidischer Punktraum* zum Vektorraum V, wenn für alle P aus E und v aus V die Summe $P + v$ erklärt ist, die wieder aus E ist. Dabei müssen folgende Regeln erfüllt sein.

1. *Für alle $P \in E$ gilt $P + o = P$.*
2. *Für alle $P \in E$ und $v_1, v_2 \in V$ gilt $(P + v_1) + v_2 = P + (v_1 + v_2)$.*
3. *Für zwei Punkte P_1, $P_2 \in E$ gibt es genau einen Vektor $v \in V$ mit $P_2 = P_1 + v$.*

Dieser Vektor wird mit $\overrightarrow{P_1 P_2}$ bezeichnet. Der Abstand $|P_1 P_2|$ zweier Punkte wird durch $|P_1 P_2| := \|\overrightarrow{P_1 P_2}\|$ definiert.

Wir fixieren einen Punkt Q aus E. Dann gibt es eine eineindeutige Abbildung zwischen E und V, die dem Punkt P den Vektor $\overrightarrow{OP}$ zuordnet. Durch zusätzliche Auszeichnung einer orthonormierten Basis $e_1, \ldots, e_n$ von V erhalten wir ein cartesisches Koordinatensystem: Die Koordinaten des Punktes P sind die eindeutig bestimmten Zahlen $x_1, \ldots, x_n$ mit

$$x_1 e_1 + \ldots + x_n e_n = \overrightarrow{OP} . \tag{1}$$

Umgekehrt gehört zu einem beliebigen n-Tupel $x_1, \ldots, x_n$ genau ein Punkt P mit (1). Ein euklidischer Punktraum ist also wieder durch seine Dimension bis auf Isomorphie eindeutig bestimmt. Wir sprechen daher von dem *n-dimensionalen enklidischen Raum*.

Sei jetzt $a_1, \ldots, a_n$ eine beliebige Basis von V. Eine zweite Basis $b_1, \ldots, b_n$ von V hat per definitionem die gleiche Orientierung wie $a_1, \ldots, a_n$, wenn die Übergangsmatrix von der ersten zur zweiten Basis eine positive Determinante hat. Wenn diese Determinante negativ ist, haben $a_1, \ldots, a_n$ und $b_1, \ldots, b_n$ entgegengesetzte Orientierung. Die Gesamtheit der Basen von V zerfällt in zwei Klassen gleicher Orientierung. Durch Auszeichnung einer der beiden Klassen wird V orientiert. Die Basen der ausgezeichneten Klasse werden als *positiv orientiert* bezeichnet. Ein euklidischer Punktraum E zu V heißt *orientiert*, wenn V orientiert ist.

Eine Bewegung φ des euklidischen Vektorraums V ist ein Automorphismus von V, der die Orientierung erhält. Sei $e_1, \ldots, e_n$ eine orthonormierte Basis von V. Dann ist φ durch die Matrix $A = (a_{ij})$ mit $\varphi(e_i) = a_{i1}e_1 + \ldots + a_{in}e_n$ gegeben, wobei

$$AA^\mathsf{T} = E \text{ (Einheitsmatrix)} \tag{2}$$

und

$$\det A = 1 \tag{3}$$

ist (A^T bezeichnet die zu A transponierte Matrix). Die erste Bedingung bedeutet die Erhaltung des Skalarproduktes, die zweite die Erhaltung der Orientierung. Umgekehrt liefert jede Matrix mit (2) und (3) eine Bewegung von V. Die Gesamtheit aller Matrizen mit (2) und (3) bildet eine Gruppe, die spezielle orthogonale Gruppe SO(n).

Eine *Kongruenz* von E ist eine Abbildung ψ von E in sich, die den Abstand zweier beliebiger Punkte P_1, P_2 von E ungeändert läßt, d. h.

$$|\psi(P_1)\,\psi(P_2)| = |P_1P_2| \,.$$

Wir fixieren einen Punkt O von E und definieren eine Abbildung ψ' von V in sich durch

$$\psi'(\overrightarrow{OP}) = \overrightarrow{\psi(O)\,\psi(P)} \quad \text{für} \quad P \in E \,.$$

Wir wollen zeigen, daß ψ' ein Automorphismus von V ist.

ψ' erhält das Skalarprodukt; Wegen

$$\overrightarrow{\psi(O)\,\psi(P_2)} - \overrightarrow{\psi(O)\,\psi(P_1)} = \overrightarrow{\psi(P_1)\,\psi(P_2)}$$

wird

$$\big(\psi'(\overrightarrow{OP_1}), \psi'(\overrightarrow{OP_2})\big) = \tfrac{1}{2}\left(|\psi(O)\,\psi(P_2)|^2 + |\psi(O)\,\psi(P_1)|^2 - |\psi(P_1)\,\psi(P_2)|^2\right)$$

$$= \tfrac{1}{2}\left(|OP_2|^2 + |OP_1|^2 - |P_1P_2|^2\right) = (\overrightarrow{OP_1}, \overrightarrow{OP_2}) \,.$$

Hieraus folgt leicht für beliebige $v_1, v_2 \in V$ und $a \in \mathbb{R}$

$$\big(\psi'(v_1 + av_2) - \psi'(v_1) - a\psi'(v_2)\big)^2 = 0$$

und daher

$$\psi'(v_1 + av_2) = \psi'(v_1) + a\psi'(v_2) \,.$$

ψ' ist umkehrbar, da aus $\psi'(v) = o$ folgt, daß $||v|| = ||\psi'(v)|| = 0$ und daher $v = o$ ist.

Bei der Definition von ψ' haben wir einen Punkt O ausgezeichnet. ψ' ist jedoch unabhängig von der Wahl von O, denn es wird

$$\psi'(\overrightarrow{P_1P_2}) = \psi'(\overrightarrow{OP_2} - \overrightarrow{OP_1}) = \psi'(\overrightarrow{OP_2}) - \psi'(\overrightarrow{OP_1}) = \overrightarrow{\psi(P_1)\,\psi(P_2)} \,.$$

Umgekehrt ist klar, daß für beliebiges $O' \in E$ und einen beliebigen Automorphismus φ von V durch

$$\psi(P) = O' + \varphi(\overrightarrow{OP}) \quad \text{für} \quad P \in E$$

eine Kongruenz gegeben ist.

Eine Kongruenz ψ heißt *Bewegung* von E, wenn ψ' eine Bewegung ist, d. h., wenn ψ' die Orientierung erhält.

Die Gruppe aller Bewegungen von E nennen wir die *Bewegungsgruppe* von E. Wählen wir in V eine orthonormierte Basis, so erhalten wir mit O als Nullpunkt ein cartesisches Koordinatensystem. Die Bewegung ψ nimmt dann die Form

$$x' = a + Ax \tag{4}$$

an, wobei x bzw. x' der Koordinatenvektor von P bzw. $\psi(P)$, A die zu ψ' gehörige Matrix und a der Koordinatenvektor von O' ist.

Die *n-dimensionale euklidische Geometrie* betrachtet Größen, die bei allen Bewegungen invariant bleiben. Hierzu gehören der Abstand zweier Punkte, der Winkel α zwischen den Vektoren $a_1 = \overrightarrow{OP_1}$, $a_2 = \overrightarrow{OP_2}$, der durch

$$\cos \alpha = \frac{(a_1, a_2)}{\|a_1\| \, \|a_2\|}, \qquad 0 \le \alpha \le \pi,$$

gegeben ist, und der orientierte Inhalt des von den Vektoren $a_1 = \overrightarrow{OP_1}, \dots, a_n = \overrightarrow{OP_n}$ aufgespannten Parallelotops, der durch

$$D(a_1, \dots, a_n) := \det (x_1, \dots, x_n)$$

gegeben ist, wobei x_i der Koordinatenvektor von a_i bezüglich einer positiv orientierten orthonormierten Basis von V ist.

Die so definierte dreidimensionale euklidische Geometrie entspricht der anschaulichen Geometrie. Beispielsweise kann man durch keine Bewegung des Raumes einen linken Handschuh in einen rechten überführen.

Läßt man als Transformationen von E alle Kongruenzen zu, so erhält man die metrische Geometrie oder Kongruenzgeometrie, bei der die Orientierung nicht erhalten bleibt. In dieser Geometrie sind ein linker und ein rechter Handschuh keine verschiedenartigen Objekte, da sie sich durch eine zulässige Transformation ineinander überführen lassen. In Koordinatenschreibweise haben Kongruenzen die Form (4), wobei A nur der Orthogonalitätsbedingung $AA^\mathsf{T} = E$ zu genügen hat. Die Gesamtheit dieser Matrizen heißt *orthogonale Gruppe* $\mathrm{O}(n)$. Offensichtlich hat $\mathrm{SO}(n)$ in $\mathrm{O}(n)$ den Index 2.

Die eben dargestellte Form der euklidischen und der metrischen Geometrie als Studium der geometrischen Größen, die bei gewissen Transformationsgruppen invariant bleiben, wurde explizit zuerst von KLEIN 1872 in seiner Antrittsvorlesung an der Universität Erlangen vertreten, die als *Erlanger Programm* bekannt geworden ist. GAUSS benutzt die Orientierung einer Fläche, um deren Krümmung in einem Punkt zu definieren, und stellt anschließend fest, daß sie unabhängig von der Orientierung ist (Kap. 4). Hierin kann man einen Keim der Kleinschen Konzeption sehen.

EUKLID geht beim Aufbau seiner Geometrie von Axiomen über gewisse Grundbegriffe, wie Punkt, Gerade, Ebene, Bewegung, aus. Sein Axiomensystem ist allerdings unvollständig. Da man die euklischen Grundbegriffe ohne weiteres in unserem Aufbau erklären und dann die euklidschen Axiome verifizieren kann, kann man diesen mit einer gewissen Freiheit als Realisierung des euklidschen Aufbaus verstehen. Eine vollständige Darstellung der euklidischen Geometrie, die im engeren Sinne an EUKLID anschließt und insbesondere die reellen Zahlen nicht voraussetzt, wurde von HILBERT 1899 in seinem Buch „*Grundlagen der Geometrie*" gegeben.

Aufgaben

A 5.1. Man zeige, daß sich jede Matrix $A \in \mathrm{SO}_2(\mathbb{R})$ in der Form

$$A = A(\varphi) = \begin{pmatrix} \cos\varphi & \sin\varphi \\ -\sin\varphi & \cos\varphi \end{pmatrix}$$

darstellen läßt. Genauer ist die Abbildung $\varphi \to A(\varphi)$ ein Homomorphismus der additiven Gruppe der reellen Zahlen auf $\mathrm{SO}_2(\mathbb{R})$ mit dem Kern $2\pi\mathbb{R}$. Man gebe eine geometrische Interpretation von φ.

A 5.2 (EULER). Man zeige, daß jede Bewegung A des dreidimensionalen euklidischen Vektorraums einen von o verschiedenen Vektor festläßt und daß A gleich einer Drehung um diesen Vektor ist.

Anhang 5. Projektive Räume

Sei K ein beliebiger Körper. Der *n-dimensionale projektive Raum* P_K^n über K besteht aus allen eindimensionalen Unterräumen von K^{n+1}, d. h., ein Punkt P von P_K^n ist gegeben durch $n + 1$ Koordinaten $x_0, x_1, \dots, x_n \in K$, die nicht alle gleich Null sind, und P bestimmt $x_0, x_1, \dots, x_n$ nur bis auf einen gemeinsamen Faktor aus $K^\times$. Man schreibt daher $P = (x_0 : x_1 : \dots : x_n)$.

Der Punktraum K^n ist in P_K^n durch die Abbildung

$$(x_1, \dots, x_n) \to (1 : x_1 : \dots : x_n)$$

eingebettet. Bezüglich dieser Einbettung bezeichnet man die Punkte von P_K^n mit $x_0 = 0$ als *unendlich ferne Punkte*.

Jedem linearen Unterraum V von K^{n+1} entspricht eine Teilmenge von $V/K^\times$ von P_K^n, die als linearer Unterraum von P_K^n bezeichnet wird. Wenn V die Dimension m hat, wird $V/K^\times$ die Dimension $m - 1$ zugeordnet. Man sieht leicht, daß sich zwei voneinander verschiedene Geraden (d. h. lineare Unterräume der Dimension 1) in der projektiven Ebene P_K^2 immer in genau einem Punkt schneiden (parallele Geraden schneiden sich in einem unendlich fernen Punkt).

Ein *Automorphismus* von P_K^n (auch *Kollineation* genannt) ist eine Abbildung von P_K^n auf sich, die lineare Unterräume in lineare Unterräume überführt. Die Gruppe aller Automorphismen von P_K^n heißt *n-dimensionale projektive Gruppe* von K und wird mit $\mathrm{PL}_n(K)$ bezeichnet. Die Gruppe aller linearen Abbildungen von K^n auf sich heißt *n-dimensionale allgemeine lineare Gruppe* von K und wird mit $\mathrm{GL}_n(K)$ bezeichnet.

Jedes $\varphi \in \mathrm{PL}_n(K)$ ist gegeben durch eine lineare Abbildung von K^{n+1} auf sich. Man hat eine exakte Sequenz

$$1 \to K^\times \to \mathrm{GL}_{n+1}(K) \to \mathrm{PL}_n(K) \to 1 \,,$$

wobei die Abbildung $K^\times \to \mathrm{GL}_{n+1}(K)$ jedes $a \in K^\times$ auf die zugehörige Skalarmatrix abbildet.

Im Sinne von Kleins Erlanger Programm (Anh. 4) untersucht die projektive Geometrie die geometrischen Größen, die bei allen Automorphismen des projektiven Raumes invariant bleiben. Eine solche Größe ist z. B. das Doppelverhältnis von vier paarweise verschiedenen Punkten Punkten $P_j = (x_0^j : x_1^j)$, $j = 1, 2, 3, 4$, auf einer projektiven Geraden:

$$(P_1 P_2 P_3 P_4) := \frac{(x_0^1 x_1^4 - x_0^4 x_1^1)\,(x_0^3 x_1^2 - x_0^2 x_1^3)}{(x_0^3 x_1^4 - x_0^4 x_1^3)\,(x_0^1 x_1^2 - x_0^2 x_1^1)} \,.$$

Sei jetzt K der Körper der reellen oder der komplexen Zahlen. Dann führen wir in P_K^n in folgender Weise eine Topologie ein: Sei U_i die Teilmenge von P_K^n, die aus allen Punkten besteht, deren i-te Koordinate von 0 verschieden ist. Durch

$$(x_0, \dots , x_{i-1}, x_{i+1}, \dots , x_n) \to (x_0 : \dots : x_{i-1} : 1 : x_{i+1} : \dots : x_n)$$

wird eine eineindeutige Abbildung φ_i von K^n auf U_i definiert. Wir übertragen die Topologie von K^n mit Hilfe von φ_i auf U_i, $i = 0, \dots , n$. Wie man leicht sieht, ist für zwei Indizes i, j eine Teilmenge U von $U_i \cap U_j$ in U_i genau dann offen, wenn sie in U_j offen ist. Daher können wir die Topologie in P_K^n mit Hilfe der Topologien in den Teilmengen U_i definieren, die also eine Überdeckung von P_K^n mit offenen Teilmengen darstellen.

Durch vollständige Induktion über n beweist man leicht unter Benutzung von Satz 1, Anh. 2, daß der so definierte topologische Raum P_K^n kompakt ist.

Literaturverzeichnis

ARTIN, E.
   [1] Galois theory, Notre Dame University, 2. Aufl. 1948 (deutsche Übers. Teubner-Verlag 1965).

BÖHM, J., und H. REICHARDT (Hrsg.)
   [1] Gaußsche Flächentheorie, Riemannsche Räume und Minkowski-Welt. Teubner-Archiv zur Mathematik, Bd. 1, Teubner-Verlag 1985.

BOREWICZ, Z. I., und I. R. SCHAFAREWITSCH
   [1] Zahlentheorie, Nauka, 2. Auflage 1972 (russ.; deutsche Übers. nach der 1. Aufl. Birkhäuser-Verlag 1966).

CONFORTO, F.
   [1] Abelsche Funktionen und algebraische Geometrie, Springer-Verlag 1956.

DAVENPORT, H.
   [1] The higher arithmetic, Harper Brothers 1962 (russ. Übers. Nauka 1965).
   [2] Multiplicative number theory, Markham Publishing Company 1967; 2. Aufl. Springer-Verlag 1980 (russ. Übers. nach der 1. Aufl. Nauka 1971).

EICHLER, M.
   [1] Einführung in die Theorie der algebraischen Zahlen und Funktionen, Birkhäuser-Verlag 1963.

EDWARDS, H. M.
   [1] Fermat's last theorem, a genetic introduction to algebraic number theory, Springer-Verlag 1977 (russ. Übers. Mir 1980).

HASSE, H.
   [1] Vorlesungen über Zahlentheorie, Springer-Verlag, 2. Aufl. 1964.
   [2] Zahlentheorie, Akademie-Verlag 1969.

HELGASON, S.
   [1] Differential geometry and symmetric spaces, Academic Press 1962 (russ. Übers. Mir 1964).

HURWITZ, A.
   [1] Vorlesungen über allgemeine Funktionentheorie und elliptische Funktionen, herausgegeben und ergänzt von R. COURANT, Springer-Verlag, 4. Aufl. 1964.

KARAZUBA, A. A.
   [1] Grundlagen der analytischen Zahlentheorie, Nauka 1975 (russ.).

KNOPP, K.
   [1] Funktionentheorie I, II, Walter de Gruyter & Co. 1955.

KOCH, H., und H. PIEPER
   [1] Zahlentheorie, VEB Deutscher Verlag der Wissenschaften 1976.

KRA, I.
   [1] Automorphic forms and Kleinian groups, W. A. Benjamin 1972 (russ. Übers. Mir 1975).

KREYSZIG, E.
   [1] Differentialgeometrie, Geest & Portig, 2. Aufl. 1968.

LANG, S.
   [1] Introduction to algebraic and abelian functions, Addison-Wesley Publishing Company 1972 (russ. Übers. Mir 1976).

MARKUSCHEWITSCH, A. I.
   [1] Einführung in die klassische Theorie der Abelschen Funktionen, Nauka 1979 (russ.).

NARKIEWICZ, W.

[1] Elementary and analytic theory of algebraic numbers, Polish scientific publishers 1974.

PONTRJAGIN, L. S.

[1] Grundlagen der kombinatorischen Topologie, Nauka, 2. Aufl. 1976 (russ.).

PRACHAR, K.

[1] Primzahlverteilung, Springer-Verlag 1957.

PRIWALOW, I. I.

[1] Einführung in die Theorie der Funktionen einer komplexen Veränderlichen, Nauka, 11. Aufl. 1967 (deutsche Übers. in 3 Bd. nach der 9. Aufl. Teubner-Verlag 1959).

REICHARDT, H.

[1] Vorlesungen über Vektor- und Tensorrechnung, VEB Deutscher Verlag der Wissenschaften 1957; 2. Aufl. 1968.

[2] Gauß und die nicht-euklidische Geometrie, Teubner-Verlag 1976.

RIEMANN, B.

[1] Über die Hypothesen, welche der Geometrie zu Grunde liegen, neu herausgegeben und erläutert von H. WEYL, Springer-Verlag, 3. Aufl. 1923.

SCHARLAU, W., und H. OPOLKA

[1] Von Fermat bis Minkowski. Eine Vorlesung über Zahlentheorie und ihre Entwicklung. Springer-Verlag 1980.

SCHOLZ, E.

[1] Geschichte des Mannigfaltigkeitsbegriffs von Riemann bis Poincaré. Birkhäuser-Verlag 1980.

SEIFERT, H., und W. THRELFALL

[1] Lehrbuch der Topologie, Teubner-Verlag 1934.

SERRE, J.-P.

[1] Cours d'arithmétique, Presses Universitaires de France 1970 (russ. Übers. Mir 1972)

SHIMURA, G.

[1] Introduction to the arithmetic theory of automorphic functions, Princeton University Press 1971 (russ. Übers. Mir 1973).

SPRINGER, G.

[1] Introduction to Riemann surfaces, Addison-Wesley Publishing Company 1957 (russ. Übers. Izd. inostrannoi literatury 1960).

VAN DER WAERDEN, B. L.

[1] Algebra I, II, Springer-Verlag 1971, 1967 (russ. Übers. Nauka 1976).

SMIRNOW, W. I.

[1] Lehrgang der höheren Mathematik, II, Nauka, 12. Aufl. 1953 (russ.; deutsche Übers. VEB Deutscher Verlag der Wissenschaften 1955).

WEIL, A.

[1] Number Theory. An approach through history. From Hammurapi to Legendre, Birkhäuser-Verlag 1984.

WEISS, E.

[1] Algebraic number theory, Mc Graw-Hill Book Company 1963.

WINOGRADOW, I. M.

[1] Grundlagen der Zahlentheorie, Nauka, 7. Aufl. 1965 (russ.; deutsche Übers. nach der 6. Aufl. VEB Deutscher Verlag der Wissenschaften 1955).

Verwendete und weiterführende neuere Literatur

Kap. 1. DAVENPORT [1], Kap. 1 bis 3; HASSE [1], Abschnitt 1, 2; KOCH-PIEPER [1], Kap. 1 bis 4; WINOGRADOW [1].
Kap. 2. DAVENPORT [1], Kap. 4 bis 7.
Kap. 3. VAN DER WAERDEN [1], § 60.
Kap. 4. KREYSZIG [1]; SMIRNOW [1], Kap. 5.
Kap. 5. SMIRNOW [1], Kap. 6.
Kap. 6. HASSE [1], Abschnitt 3; KOCH-PIEPER [1], Kap. 6.13 bis 6.17; SERRE [1], Kap. 6.
Kap. 7. VAN DER WAERDEN [1], Kap. 6; ARTIN [1], Kap. 3.
Kap. 8. KNOPP [1]; PRIWALOW [1], Kap. 1 bis 7.
Kap. 9. KNOPP [1], II, Kap. 1, 2; PRIWALOW [1], Kap. 9, 10.
Kap. 10. KNOPP [1], II, Kap. 4 bis 6; SEIFERT-THRELFALL [1], Kap. 6; SPRINGER [1], Kap. 1 bis 5.
Kap. 11. SPRINGER [1], Kap. 10.1 bis 10.6.
Kap. 12. LANG [1], Kap. 3; SPRINGER [1], Kap. 10.7 bis 10.10.
Kap. 13. HURWITZ-COURANT [1]; KNOPP [1], II, Kap. 3; PRIWALOW [1], Kap. 11; CONFORTO [1]; MARKUSCHEWITSCH [1].
Kap. 14. RIEMANN-WEYL [1]; HELGASON [1], Kap. 1; REICHARDT [1], Kap. 12; REICHARDT [2].
Kap. 15. DAVENPORT [2], Kap. 8.
Kap. 16. KOCH-PIEPER [1], Kap. 4.5; VAN DER WAERDEN [1], Kap. 8.
Kap. 17. VAN DER WAERDEN [1], Kap. 8; ARTIN [1], Kap. 2.
Kap. 18. VAN DER WAERDEN [1], Kap. 17; BOREWICZ-SCHAFAREWITSCH [1], Kap. 3; NARKIEWICZ [1], Kp. 1.1.
Kap. 19. BOREWICZ-SCHAFAREWITSCH [1], Kap. 2.1 bis 2.6.
Kap. 20. BOREWICZ-SCHAFAREWITSCH [1], Kap. 5.1.
Kap. 21. BOREWICZ-SCHAFAREWITSCH [1], Kap. 2.7.
Kap. 22. NARKIEWICZ [1], Kap. 4; WEISS [1], Kap. 4.8.
Kap. 23. HASSE [1], Kap. 24, 25; LANG [1], Kap. 1; VAN DER WAERDEN [1], Kap. 19.
KAP. 24. HASSE [2], Kap. 30; NARKIEWICZ [1], Kap. 2.
Kap. 25. WEISS [1], Kap. 4.10.
Kap. 26. KARAZUBA [1], Kap. 1; PRACHAR [1], Anh., § 5.
Kap. 27. DAVENPORT [2], Kap. 18; KARAZUBA [1], Kap. 3, 4.
Kap. 28. PONTRJAGIN [1], Kap. 1; SEIFERT-THRELFALL [1], Kap. 1 bis 4, 7, 8.
Kap. 29. SPRINGER, [1] Kap. 1, 6 bis 8.
Kap. 30. SPRINGER [1], Kap. 9; SHIMURA [1], Kap. 1, 2. KRA [1], Kap. 1, 2.

Namenverzeichnis

(Es werden nur die im historischen Zusammenhang genannten Namen aufgeführt.)

Sachverzeichnis